从三维建模、虚拟装配到数控加工

王亚辉　著

科学出版社

北　京

内 容 简 介

本书主要介绍各种机构的三维建模、虚拟装配及其主要零部件的数控加工技术。首先，以CAXA软件为平台，利用CAXA实体设计的CAD功能完成机构中所有零件的三维建模，并进行定位装配；然后对典型零件的加工工艺进行设计，确定加工刀具类型，制定工艺卡片；最后利用CAXA软件的CAM功能对机构典型零件进行加工仿真，生成零件的刀具轨迹路径。仿真无误后经过后置处理输出NC代码，并把NC代码加载到VNUC仿真软件里进行试切，实时模拟零件实际的加工过程，预测切削过程的正确性，确保所生成的零件加工程序完全正确可靠，保证刀具与机床部件和夹具间不发生碰撞和干涉。

本书可供普通高等院校机械类及其相关专业的教师和研究生，以及科研机构和企业中从事CAD/CAM技术研究的工程技术人员阅读。

图书在版编目(CIP)数据

从三维建模、虚拟装配到数控加工/王亚辉著.—北京:科学出版社，2016
ISBN 978-7-03-049854-0

Ⅰ.①从… Ⅱ.①王… Ⅲ.①机械设计-应用软件 Ⅳ.①TH122-39

中国版本图书馆CIP数据核字(2016)第217766号

责任编辑:陈 婕 / 责任校对:郭瑞芝
责任印制:张 伟 / 封面设计:蓝正设计

科学出版社出版
北京东黄城根北街16号
邮政编码：100717
http://www.sciencep.com

北京中石油彩色印刷有限责任公司 印刷
科学出版社发行 各地新华书店经销

*

2017年2月第 一 版 开本:720×1000 1/16
2019年6月第四次印刷 印张:21
字数:410 000

定价:120.00元

(如有印装质量问题，我社负责调换)

前　言

《中国制造2025》(国发〔2015〕28号),是我国实施制造强国战略的第一个十年的行动纲领。在从制造业大国向制造业强国转变的背景下,开展新一代信息技术与制造装备融合的集成创新和工程应用研究尤为重要。其中,依托优势企业,对关键工序智能化、生产过程智能优化控制、供应链优化,是建设智能工厂/数字化车间过程中的关键要素。

中国制造行业存在大而不强的局面,整体实力与发达国家相比还存在较大差距。随着近几年国际制造业格局的调整,中国经济进入了转型期,产业不断升级给制造业带来了巨大的压力,这就需要有大批的制造技术人员快速成长。

随着互联网+、云服务和智能工厂/数字化车间等的提出,对制造行业企业而言,实现生产过程智能优化控制和关键工序最优化是技术变革的必然。本书顺应《中国制造2025》文件指示精神,为企业的关键工序智能化、生产过程智能化控制提出了理论基础,为智能工厂/数字化车间提供了依据,为实现企业的数字化控制与管理奠定了基础。

本书详细讨论了六种机构的三维建模、虚拟装配及其典型零件的数控加工技术,主要以六种机构中各个零件的三维建模、虚拟装配以及每种机构的典型零件数控加工的后置处理、加工仿真和优化等为核心内容,以CAXA实体设计、制造工程师、数控车、VNUC仿真软件为技术平台,结合数控加工工艺优化等内容,对六种机构的数控加工进行了较为全面的研究。研究结果证明:VNUC仿真软件与CAXA2013软件的完美结合,能有效地检测加工过程中刀具与机床部件及刀具与工件夹具之间的干涉碰撞和工件的过切,为刀位的修改提供依据,这是一种解决数控仿真加工行之有效的办法,具有非常重要的理论意义和实用价值。

一部学术著作,有没有价值就在于其有没有创新。本书从三维建模到NC加工这个老问题的新角度出发,勾勒出了一个完整的逻辑体系;在内容的安排上,既充分吸收全国数控大赛最新教学改革的成果,又渗透了作者长期教学积累的经验与体会。作者曾带领学生在实训基地亲自实践操作过书中涉及的每个项目,并将CAD/CAM、数控加工等相关知识贯穿到了校级大学生创新创业项目中,接受了理论和实践的巨大挑战。

本书可作为普通高等院校机械类和近机械类专业本科生、研究生进行毕业设计及大学生创新课题研究的参考资料,也可供在机械工程领域从事科学研究的高校教师、相关企业工程技术人员参考。

本书由华北水利水电大学王亚辉撰写，得到了河南省高等学校重点科研项目“基于多目标动态特征信息建模技术的生产过程智能优化方法研究”（项目号：17A460019）、“基于绿色环保航空薄壁件加工轨迹优化与变形控制”（项目号：17A460020）、河南省重点科技攻关项目“水上无损插桩设备关键技术研究”（项目号：152102210110）以及2015年度河南省高等学校教学团队项目“机械设计制造及其自动化专业机电类课程教学团队”等资助。

在书稿的撰写过程中，选取了一部分数控大赛的题目，进行建模、装配以及加工仿真，旨在重点介绍每个机构的建模及典型零件的加工方法，淡化机床的实际加工，这是本书的不足之处。在对零件仿真加工时，有很多参数需要设置，由于作者实践不足、加工经验有限，很多参数的设置虽经多方查阅，但可能仍然存在不合理的现象，希望同行们互相交流。感谢所有为本书书稿整理工作提供帮助的本科生和研究生！

由于作者水平有限，书中难免存在不妥之处，恳请读者批评指正。

作　者

2016年7月

目　录

第 1 章　凸轮机构的 3D 设计与 NC 加工

1.1　基于 CAXA 平台凸轮机构各部分零件的 3D 设计

在各种机械中，特别是自动机床和自动控制装置中，广泛采用着各种形式的凸轮机构。图 1-1 和图 1-2 分别是内燃机内的配气机构和自动机床的进刀机构。

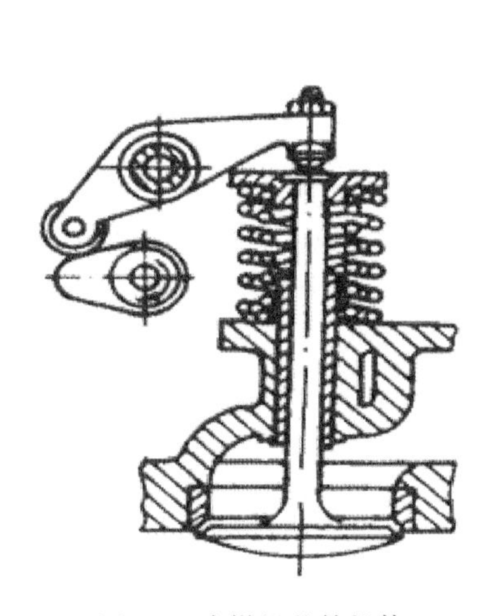

图 1-1　内燃机凸轮机构

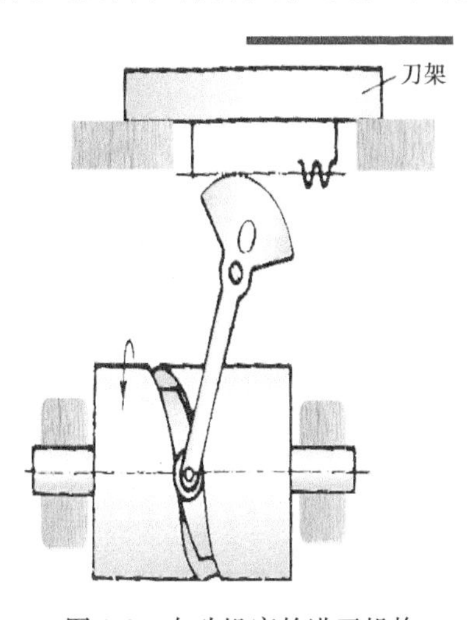

图 1-2　自动机床的进刀机构

凸轮机构的最大优点是只要设计出合适的轮廓曲线，就可以使推杆做各种预期的运动，而且响应快速，机构简单紧凑。目前凸轮机构还无法被数控电控等装置完全代替。

凸轮机构是机械装备中应用非常广泛的机构。传统的凸轮机构加工方法常常由于人为因素的影响导致凸轮机构各个零部件精度不够精确，而数控加工具有加工精度高、质量稳定的优点，这使得凸轮机构加工生产效率提高、精度及表面粗糙度一致，从而实现了凸轮机构加工自动化。因此，本章对凸轮机构的数控加工技术进行研究。

1.1.1　CAXA 实体设计简介

CAXA 实体设计是一款集创新设计、工程设计和协同设计于一体的新一代三维系统。易学易用、快速设计和兼容协同是它最明显的特点。

1. 创新模式

创新模式将可视化的自由设计与精确化设计结合在一起，使产品设计跨越了传统参数化造型 CAD 软件的复杂性限制，无论是经验丰富的专业人员，还是刚进入设计领域的初学者，都能轻松开展产品创新工作。

2. 工程模式

CAXA 实体设计除提供创新模式外，还具备传统 3D 软件普遍采用的全参数化设计模式(即工程模式)，符合大多数 3D 软件的操作习惯和设计思想，可以在数据之间建立严格的逻辑关系，便于设计修改。

3. 2D 集成

CAXA 实体设计无缝集成了 CAXA 电子图板，工程师可在同一软件环境下自由进行 3D 和 2D 设计，无须转换文件格式，可以直接读写 DWG/DXF/EXB 等数据，把三维模型转换为二维图纸，并实现二维图纸和三维模型的联动。

4. 数据兼容

CAXA 实体设计的数据交互能力处于业内领先水平，兼容各种主流 3D 文件格式，从而方便设计人员之间以及与其他公司的交流和协作。

1.1.2 凸轮机构的实体建模

1. 凸轮机构的组成

本章研究的是凸轮机构的数控加工技术。此凸轮机构是由心轴、基座、凸轮、上盖、螺母、活塞六个零件组成的。图 1-3 是凸轮机构装配二维图。可以利用 CAXA 实体设计的 CAD 功能完成对这六个零件的建模、装配。在建模过程中，对零件进行了实体拉伸(增料、除料)、旋转(增料、除料)、实体倒圆角、实体倒角等特征操作。图 1-4 是凸轮机构装配三维图。

2. 心轴的实体建模

下列实体建模部分仅对心轴部分进行详细的步骤操作及过程说明，对于后边的零件部分如基座、凸轮、上盖、螺母、活塞进行详细的步骤说明，但不再进行每一步的过程截图，只给出关键过程的操作截图及结果截图。在建模过程中不进行具体尺寸的说明，具体的尺寸将在零件工程图和加工操作过程中显示。

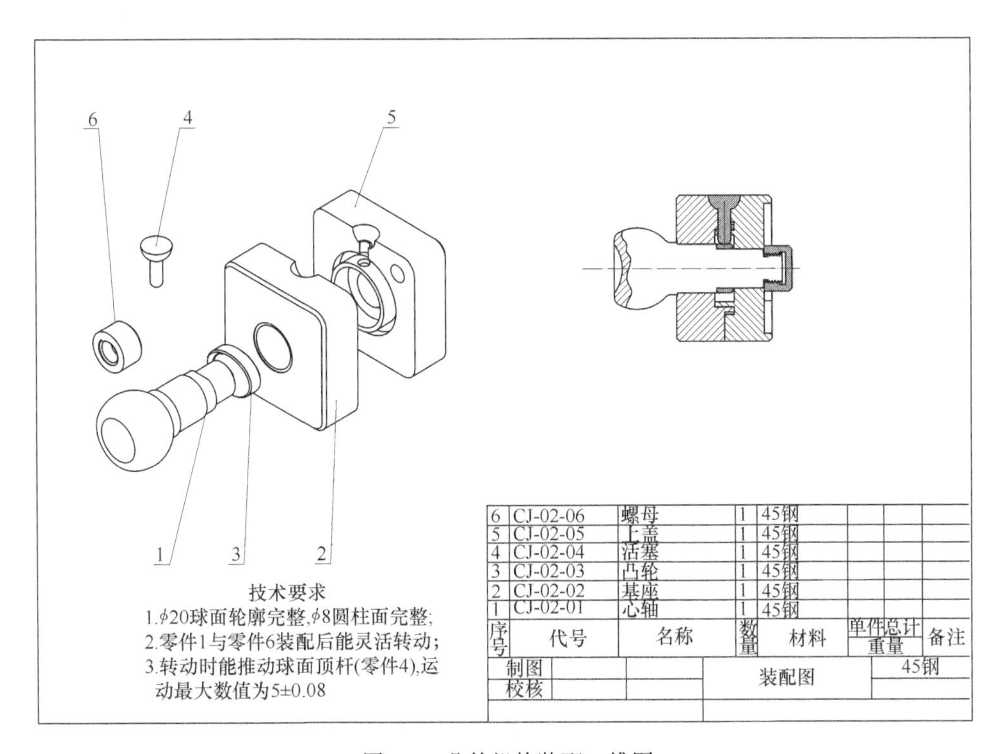

图 1-3　凸轮机构装配二维图

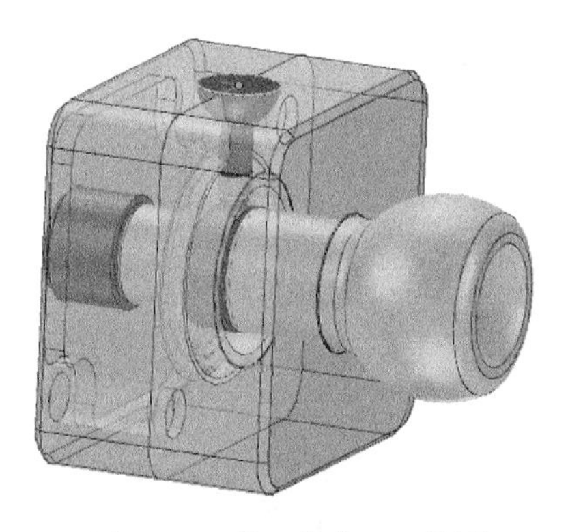

图 1-4　凸轮机构装配三维图

图 1-5 是心轴的零件图。下面对心轴进行建模。

(1) 画出心轴的截面草图,如图 1-6 所示。

(2) 对草图截面进行旋转特征操作,如图 1-7 所示。通过对草图截面进行旋转特征操作,生成三维实体的外圆部分。

(3) 对图 1-8(a)进行拉伸特征操作,生成心轴需要铣削部分;再对图 1-8(b)的铣削部分进行倒圆角操作，生成结果如图 1-9 所示；最后对螺纹端进行生成螺纹操作，最终心轴的建模结果如图 1-10 所示。

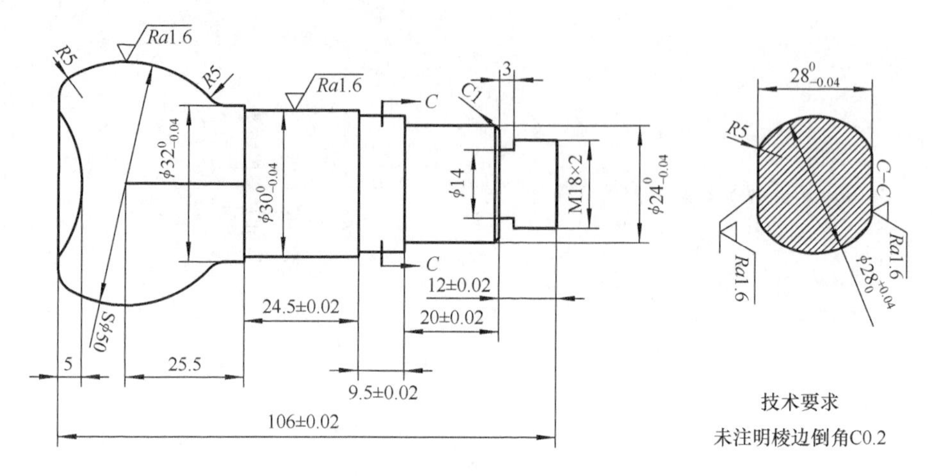

图 1-5　心轴的零件图

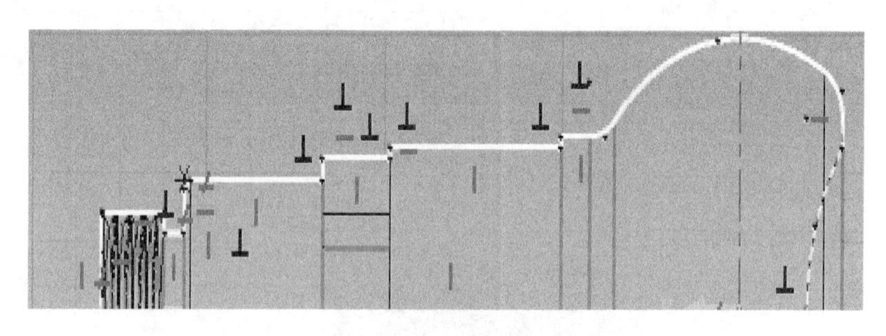

图 1-6　心轴截面草图

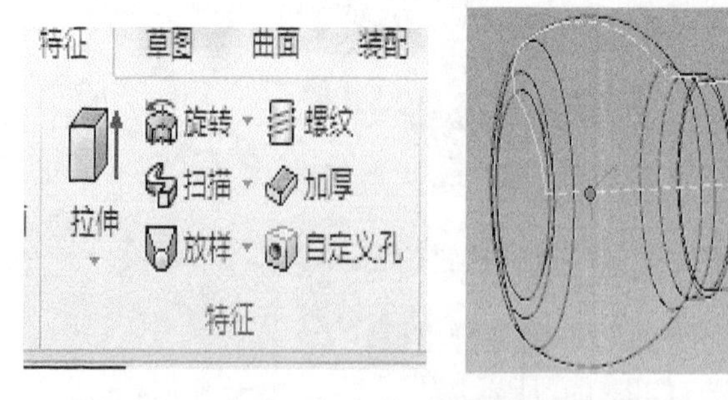

图 1-7　心轴外圆轮廓生成

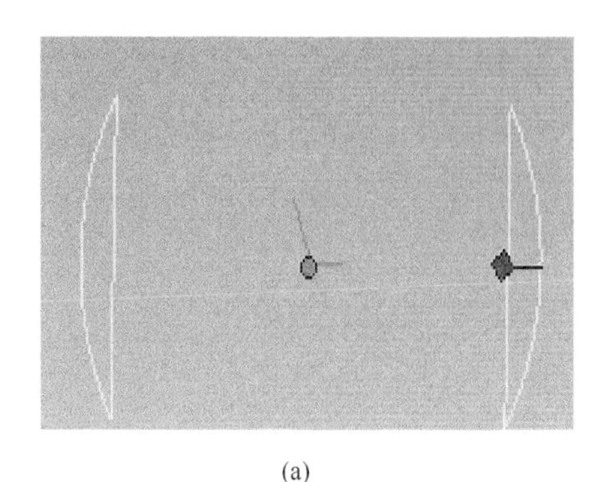

(a)

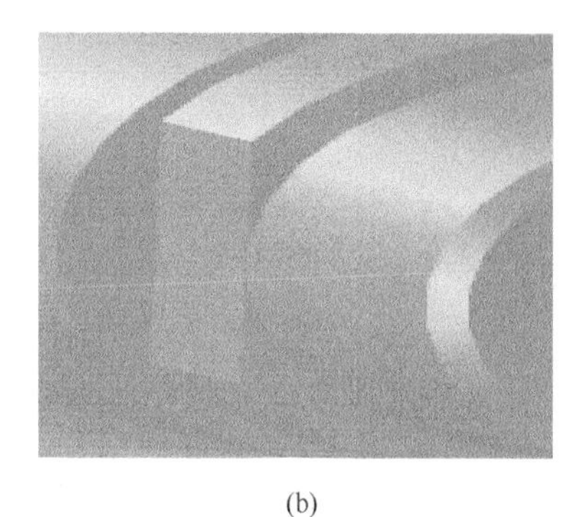

(b)

图 1-8　心轴铣削部分生成

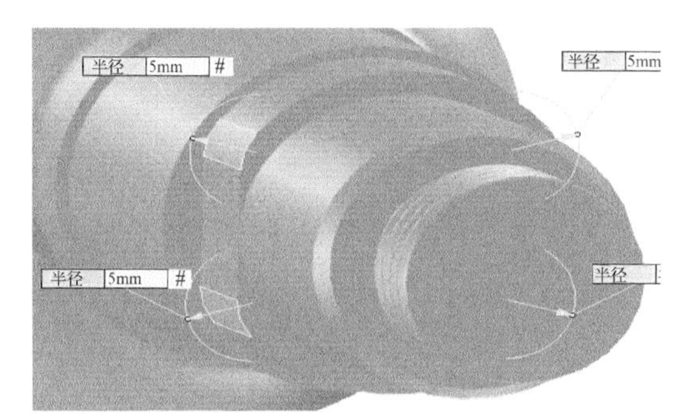

图 1-9　心轴铣削部分倒圆角

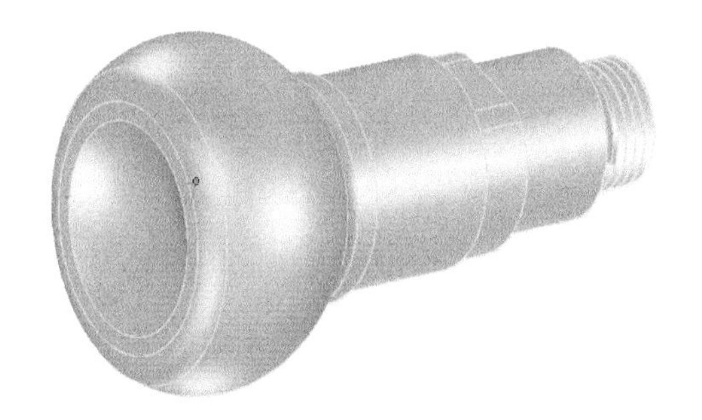

图 1-10　心轴

3. 基座的实体建模

图 1-11 是基座的零件图，图中给出了基座的具体尺寸和技术要求。下面对基座进行实体建模。

(1) 通过设计元素库拖入长方体，并进行包围盒的编辑操作，确定基座的基本尺寸。对长方体四周进行倒圆角操作，并对底面指定边进行倒角操作，结果如图 1-12所示。

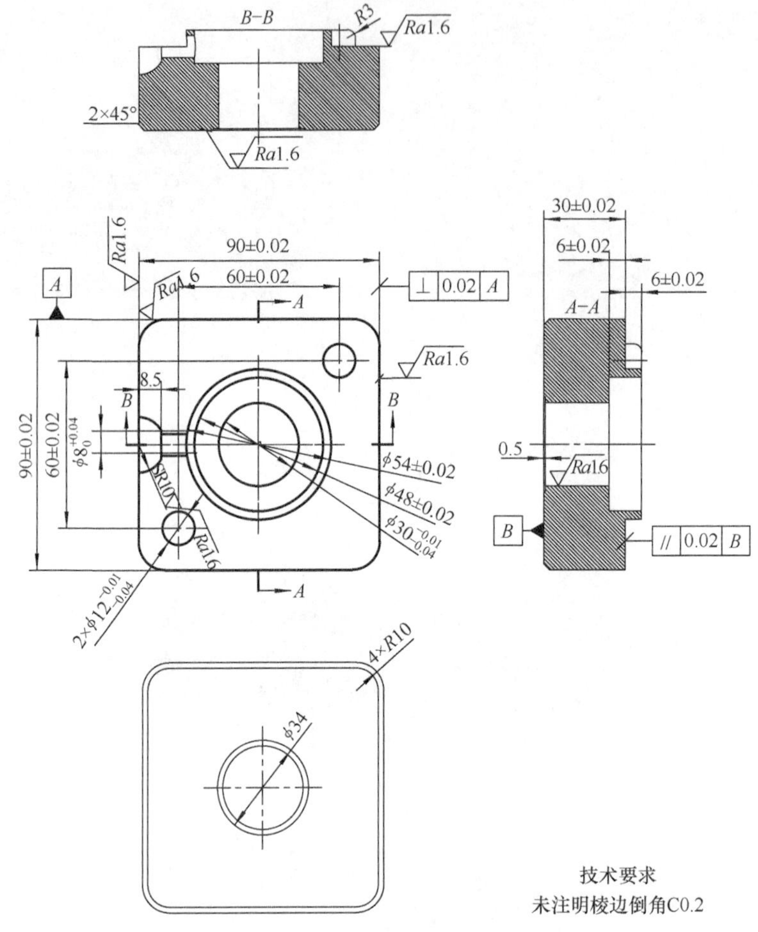

图 1-11　基座的零件图

(2) 利用设计元素库中的圆柱体和孔类圆柱体按照尺寸要求在长方体的基础上进行操作,结果如图 1-13 所示。

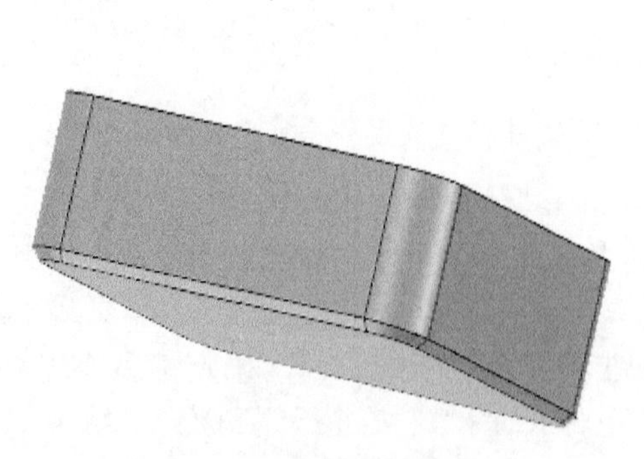

图 1-12　基座外圆及下表面

图 1-13　基座上表面

(3) 接着在长方体上截面上生成小圆柱凸台,并对其进行倒圆角操作。在长方体上通过旋转操作生成上截面的凹槽。结果如图 1-14 所示。

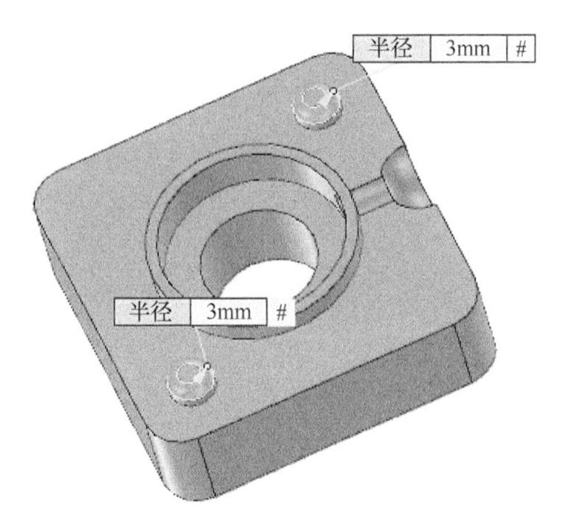

图 1-14　基座上表面

4. 凸轮的实体建模

凸轮的零件图如图 1-15 所示。下面对其进行实体建模。

(1) 按照尺寸画出凸轮截面的草图部分,通过草图的椭圆命令、圆命令、直线命令、裁剪命令、倒角命令即可做出图 1-16。

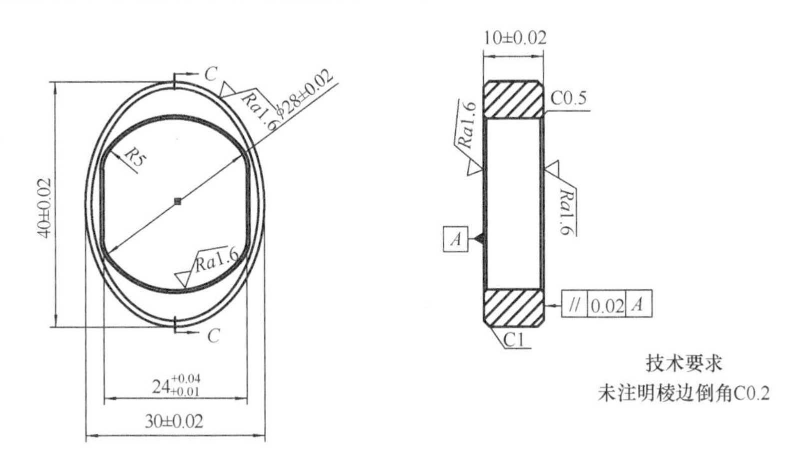

图 1-15　凸轮的零件图

(2) 对图 1-16 所示草图截面进行拉伸增料操作,并对内圆和外圆进行倒角操作,得到的结果如图 1-17 所示。

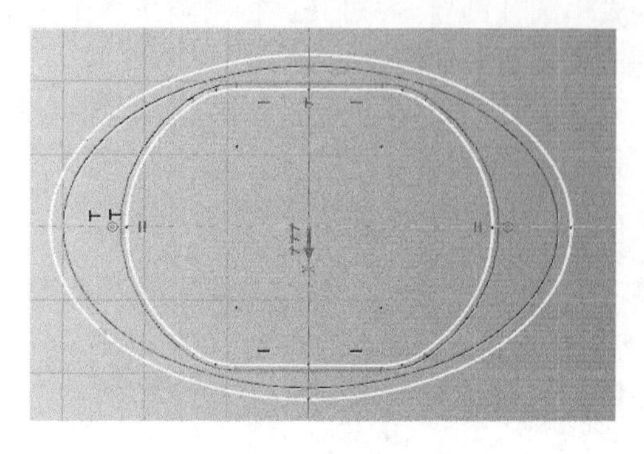

图 1-16　凸轮截面草图

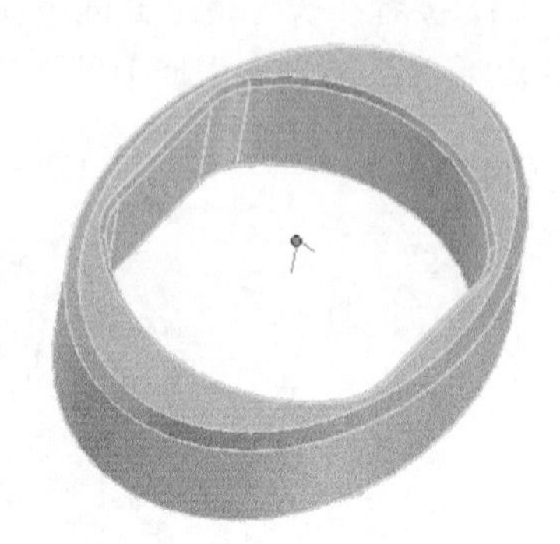

图 1-17　凸轮

5．上盖的实体建模

图 1-18 为凸轮机构上盖的零件图。下面对其进行实体建模。

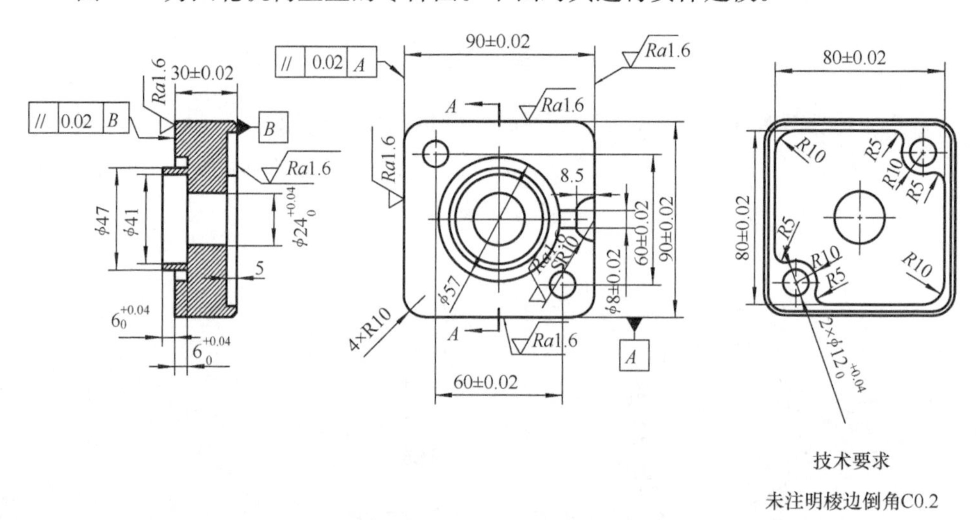

图 1-18　上盖的零件图

(1) 上盖的上表面建模操作参照基座的实体建模过程，生成的上盖上表面如图 1-19 所示。

(2) 在上盖的下表面画出要求的截面草图，进行拉伸除料操作，并利用设计元素库中的孔类圆柱体命令，按照尺寸编辑包围盒，并对要求的边进行倒角操作，如图 1-20 所示。

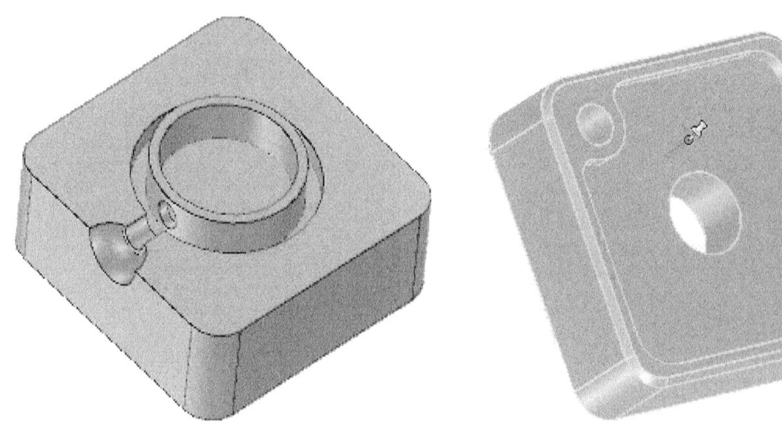

图 1-19　上盖上表面　　　　图 1-20　上盖下表面

6. 螺母的实体建模

如图 1-21 所示的为凸轮机构螺母的零件图。下面对其进行实体建模。

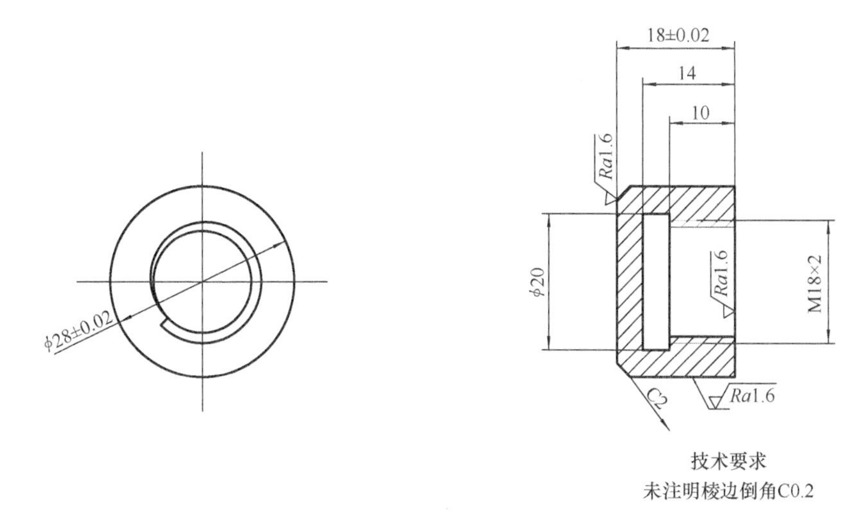

图 1-21　螺母的零件图

(1) 此螺母非标准件，所以只需要按照尺寸和外形的要求对螺母建模。通过设计元素库中的圆柱体和孔类圆柱体图素，对螺母进行包围盒编辑，并对外圆要求部分进行倒角操作，即可完成螺母外圆和内孔的加工，如图 1-22 所示。

(2) 对该实体进行内螺纹孔加工，画出螺纹牙型，然后进行螺纹加工。螺母的螺纹孔建模结果如图 1-23 所示。

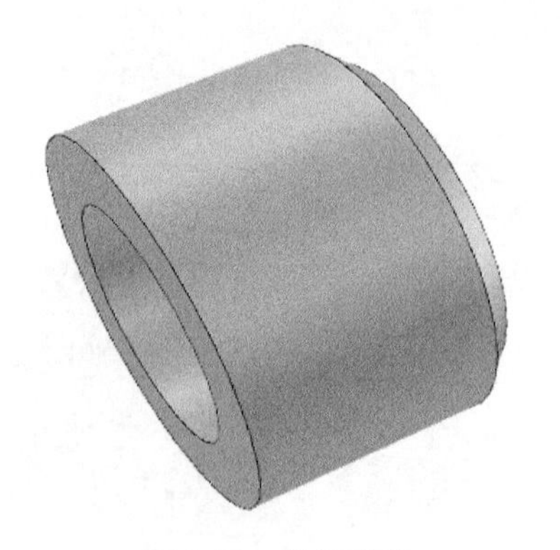

图 1-22　螺母外圆

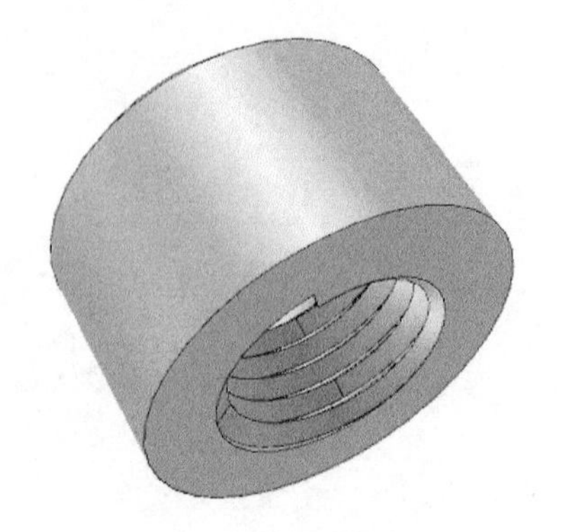

图 1-23　螺母螺纹孔

7. 活塞建模

图 1-24 为凸轮机构活塞的零件图。下面对活塞进行实体建模。

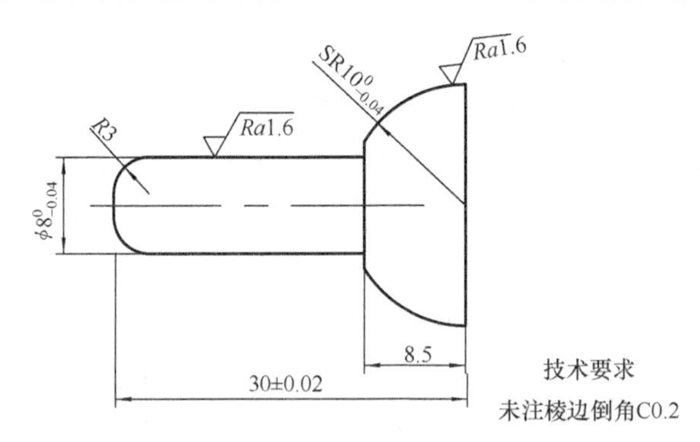

图 1-24　活塞的零件图

活塞的建模只需画出活塞轮廓的下半部分，如图 1-25 所示，通过旋转操作即可。活塞建模结果如图 1-26 所示。

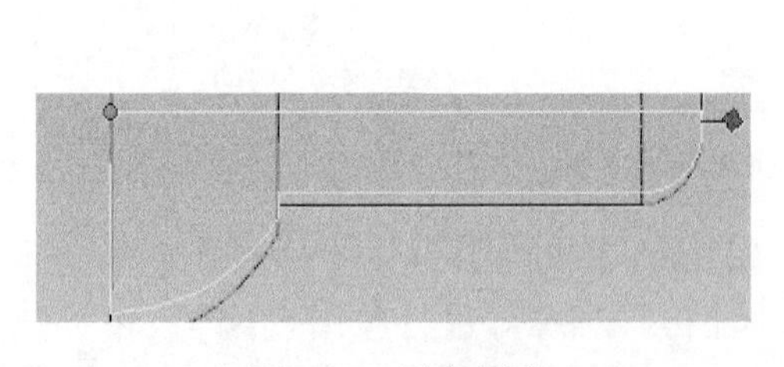

图 1-25　活塞草图

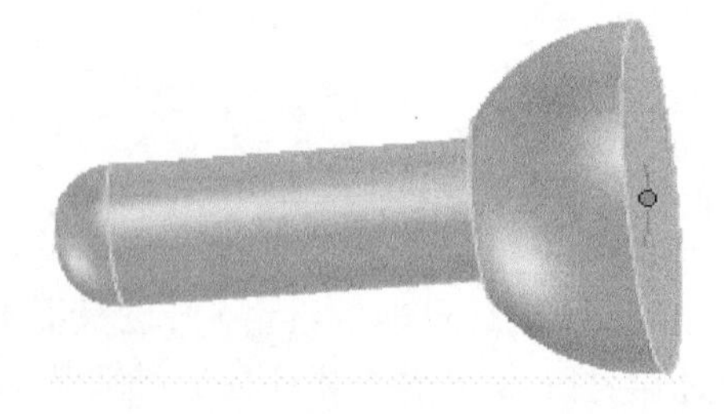

图 1-26　活塞

通过凸轮机构的各个零部件的建模，可以总结出以下规律：

（1）在进行旋转特征操作过程中，需要画截面图，截面图仅能包含实体的外圆部分，截面内部不能包含任何线型，否则不能生成旋转特征。

(2) 在拉伸特征操作过程中,画的草图中有可能包含重复的线型,导致拉伸特征出现错误,因此需要检查截面草图中是否包含重复的线型。

(3) 进行螺纹特征操作过程中,必须画出螺纹牙型,才能准确地生成螺纹。

1.2　凸轮机构的装配以及爆炸图的生成

1.2.1　凸轮机构的装配

对凸轮机构的定位装配主要利用到的工具是三维球,下边先来简单介绍以下三维球。三维球外观如图 1-27 所示,图中标数字的部分分别是:1 外控制柄,2 圆周,3 定向控制手柄,4 中心控制手柄,5 内侧,6 二维控制平面。

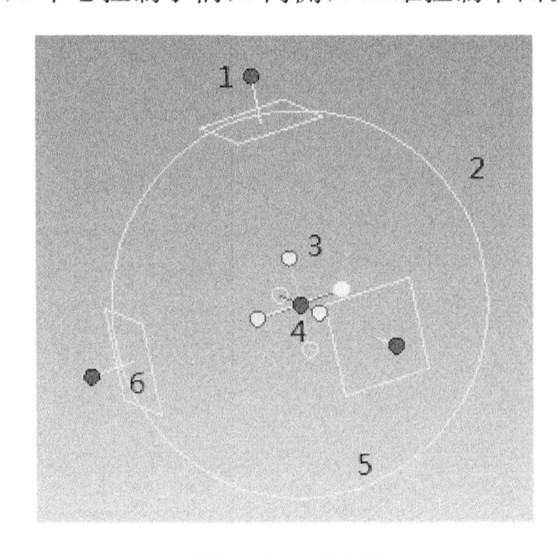

图 1-27　三维球

三维球的打开与关闭是用如下的方法:先选中一个对象,对象可以是零件、装配、图素、光源(平行广元除外)、照相机、动画轨迹关键点等;然后单击三维球开关按钮,即打开三维球,若再单击一下,则表示关闭,也可使用快捷键 F10。

图中各部分的作用如下:

(1) 左键点击外控制柄可用来对轴线进行暂时的约束,使三维物体只能进行沿此轴线上的线性平移,或绕此轴线进行旋转。

(2) 拖动圆周,可以围绕一条从视点延伸到三维球中心的虚拟轴线旋转。

(3) 定向控制柄用来将三维球中心作为一个固定的支点,进行对象的定向。主要有两种使用方法:①拖动控制柄,使轴线对准另一个位置;②右键点击,然后从弹出的菜单中选择一个项目进行移动和定位。

(4) 中心控制柄主要用来进行点到点的移动。它的使用方法是将它直接拖至另一个目标位置,或右键点击,然后从弹出的菜单中挑选一个选项。它还可以与约束的轴线配合使用。

(5) 在这个空白区域内侧拖动进行旋转,也可以右键点击这里,出现各种选项,对三维球进行设置。

(6) 拖动二维平面,可以在选定的虚拟平面中自由移动。

默认情况下三维球是附着在对象上的,移动三维球就可以移动对象,但也可以对三维球进行独立操作,以完成一些特殊的操作如圆形阵列等。使三维球脱离所附着物体的办法是按一下空格键,这时三维球变成白色的,然后就可独立操作三维球了,需要三维球再附着到对象上时,再按一下空格键。

下面利用三维球的功能模块进行凸轮机构的装配。装配步骤分别是:

(1) 心轴与基座的装配如图 1-28 所示。

(2) 凸轮与装配一的组装图如图 1-29 所示。

图 1-28　装配一

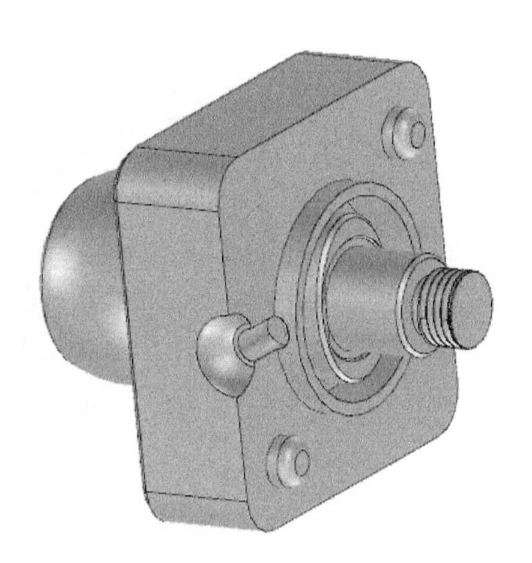

图 1-29　装配二

(3) 上盖与装配二的组装图如图 1-30 所示。

(4) 螺母与装配三的组装图如图 1-31 所示。

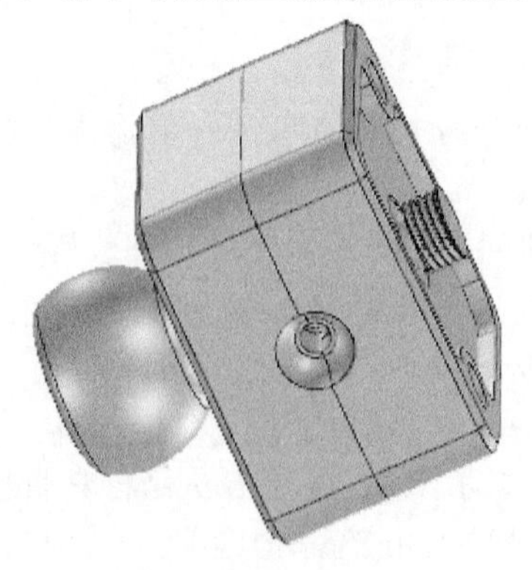

图 1-30　装配三

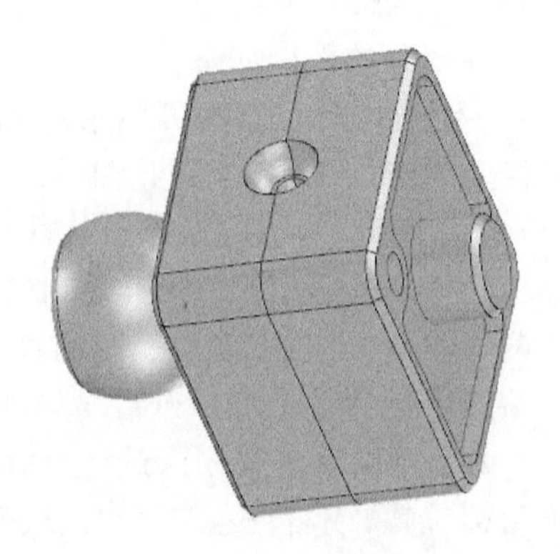

图 1-31　装配四

(5) 活塞与装配四的组装图即总的装配结果截图如图 1-32 所示。

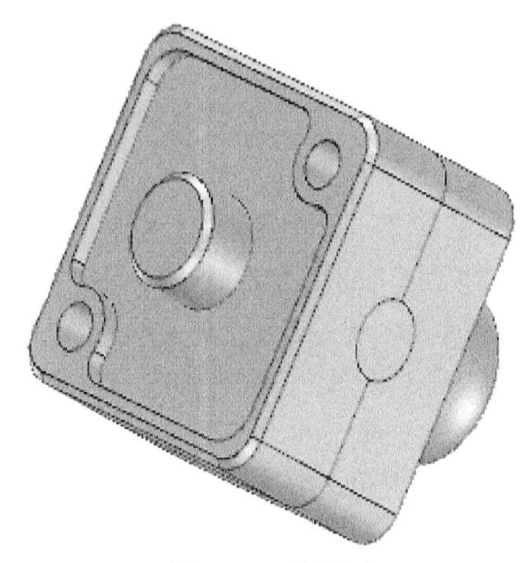

图 1-32　装配五

1.2.2　凸轮机构的爆炸图生成

如图 1-33 所示，打开装配图生成爆炸图的对话框，生成的爆炸图如图 1-34 所示。

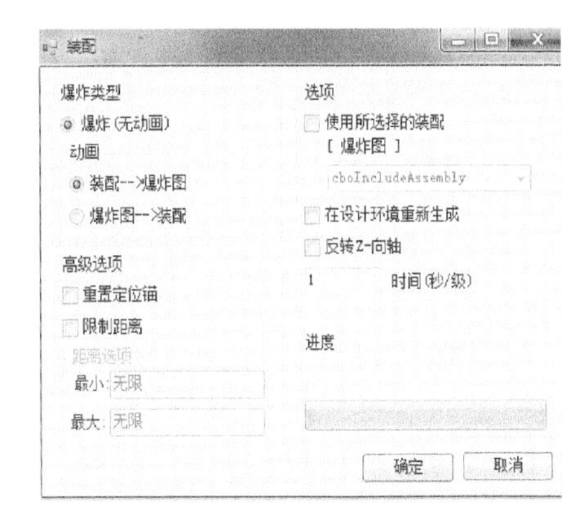

图 1-33　爆炸图对话框

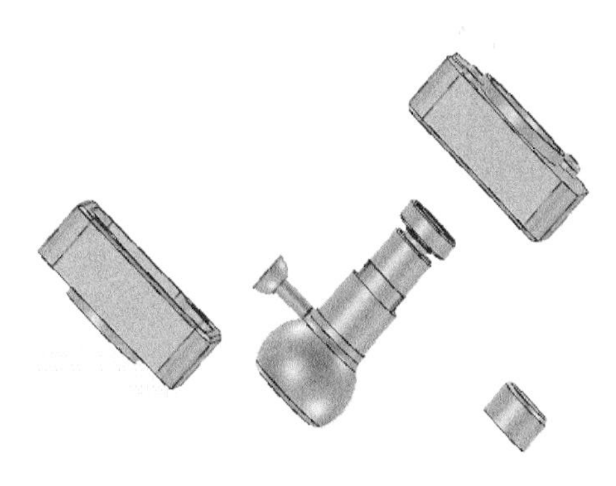

图 1-34　爆炸图

在凸轮机构的各个零部件进行装配的过程中，可以看出：

(1) 装配过程中利用三维球时，有时在装配过程中不能一步到位，需要对个别零件进行旋转操作才能将零件准确定位，但如果零件位置放置得当，则有可能一步到位。

(2) 直接生成爆炸图的过程中，有可能零件之间会产生干涉，即有的零件被阻挡而不能看到，需要对零件位置进行调整才能生成完整的爆炸图。

零件的实体建模部分到此就结束了，接下来要对凸轮机构中的部分零件进行加工以及代码生成。

1.3 凸轮机构典型零件铣削加工

1.3.1 CAXA软件的CAM功能

“CAXA制造工程师2013”是一套具有曲面实体完美结合、功能强大的CAD/CAM工具软件，提供了实体造型、曲面造型功能以及数控加工功能等。造型的最终目的是要进行加工，把设计的构想变为现实。CAXA制造工程师2013提供了多种加工方法，如平面轮廓、平面区域、参数线加工、曲面区域加工、曲面轮廓加工、限制线加工、投影加工、空间曲线加工及等高线加工等。每一种加工方式，针对不同的工件情况，又可以有不同的特色，基本上满足了数控铣床、加工中心的编程和加工需要。

1.3.2 上盖下表面的铣削加工及代码生成

按图1-18所示画出的上盖三维实体模型如图1-19、图1-20所示。现在仅对上盖下表面进行数控加工（上表面的加工与此类似不再赘述）。该零件长度为90mm，宽度为90mm，厚度为30mm，底面上凹槽部分的深度为5mm，长度为80mm，宽度为80mm，大圆弧半径为10mm，小圆弧半径为5mm。相对于一些复杂零件来说，该零件的造型比较简单，但对于数控铣削来说，其加工又是一个相对复杂的过程。

1. 数控加工工艺的设计

上盖零件的外形尺寸简单，毛坯尺寸为92mm×92mm×32mm，由于只对下底面加工，所以加工时以上底面的毛坯为基准。加工的顺序以及加工所需的刀具及刀具号见表1-1。

表1-1 加工顺序和刀具选择

刀具号	刀具类型	加工内容	
01	ϕ20铣刀	粗	下表面顶面粗加工
02	ϕ10铣刀	粗、精	毛坯侧面粗精加工
03	ϕ4铣刀	精	毛坯顶面凹槽及圆孔的加工

2. 上盖下表面的三维造型

1）基准面与草图

基准面是草图和实体赖以生存的平面，而草图实为特征的生成准备轮廓曲线，属于平面曲线。选择好基准面以后，就进入草图绘制或编辑草图，进行草图参数化驱动，如图 1-35 所示。

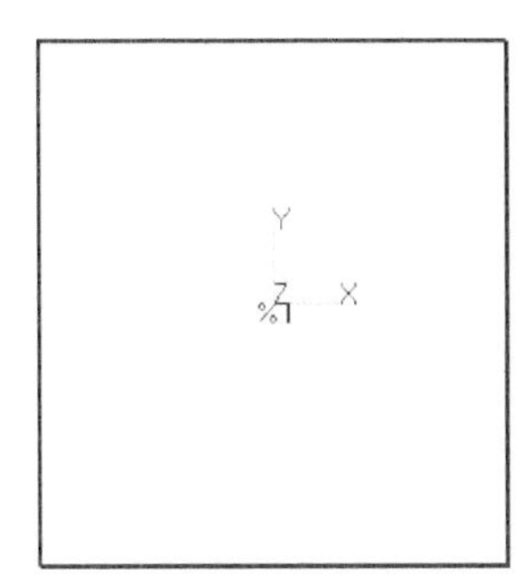

图 1-35　草图绘制状态

2）特征生成

利用图 1-35 特征生成工具拉伸增料、拉伸除料、完成实体操作，如图 1-36 和图 1-37 所示。

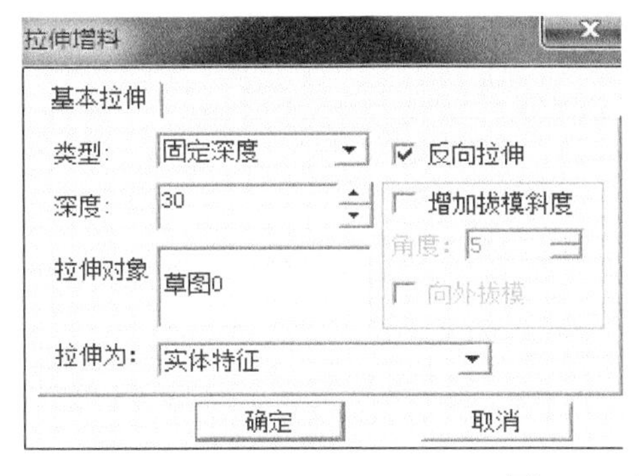

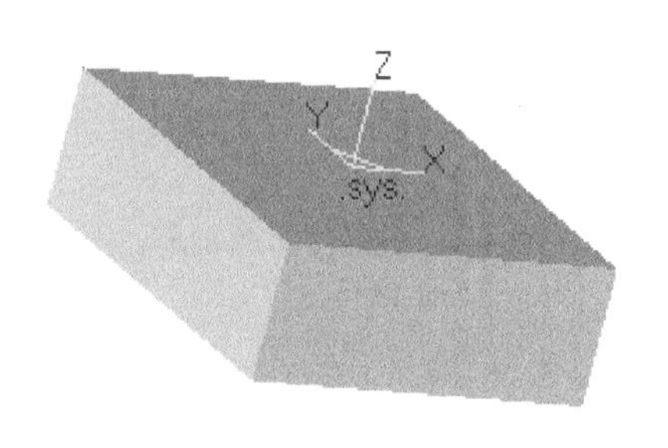

图 1-36　拉伸增料

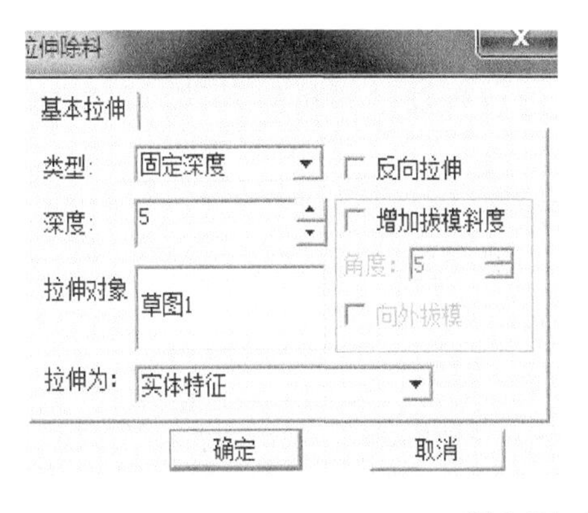

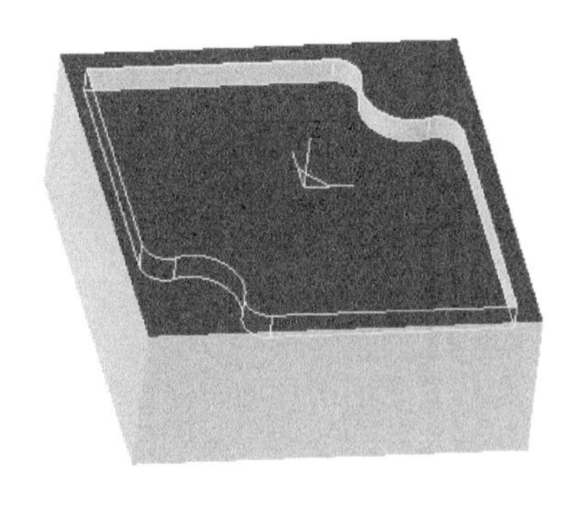

图 1-37　拉伸除料

3）特征处理

利用特征处理工具进行倒角、圆角过渡等编辑，完成上盖下表面的实体造型，如图 1-38 所示。

3. 上盖下表面的铣削加工及代码生成

1）毛坯的设定

根据图 1-38 的造型结果进行毛坯的设定，弹出对话框如图 1-39 所示。

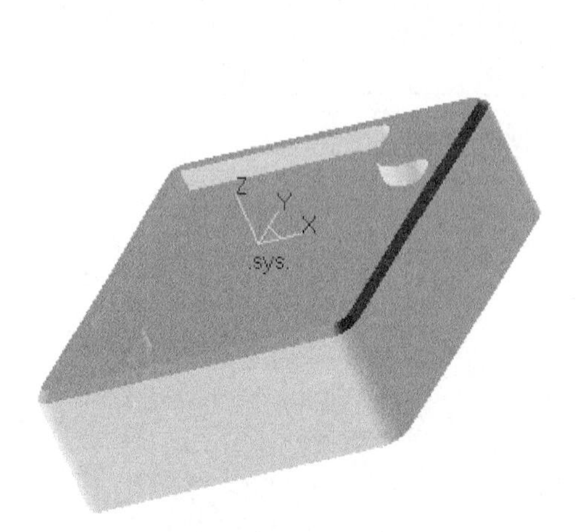

图 1-38　特征处理

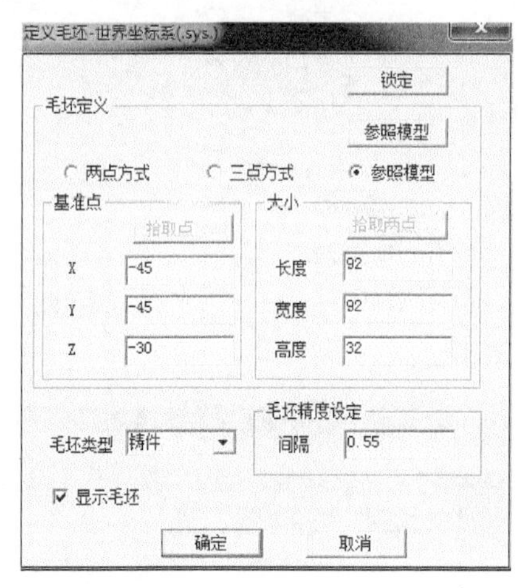

图 1-39　毛坯设定

2）设定工件的原点

工件的原点设定在工件顶面中心处，这样毛坯就均匀分布于坐标系的四周。

3）选择加工方式

(1) 选择“平面区域粗加工”进行平面加工，由于顶面只需光出来就可以，所以直接采用精加工方式。

(2) 选择“轮廓线精加工”对外形轮廓进行粗加工和精加工，粗加工时预留 0.3～0.5mm 的加工余量留作精加工。

(3) 选择“等高线粗加工”和“等高线精加工”，完成下底面凹槽以及圆孔的粗精加工。

4）加工路线

(1) 下表面顶面加工：选择“加工”→“粗加工”→“平面轮廓粗加工”的 ▣ 平面区域粗加工图标，出现“平面区域粗加工”对话框后，设置加工参数。

① 点选“加工参数”选项，设置参数如图 1-40 所示。

② 点选“接近”“返回”选项，设置参数如图 1-41 所示。

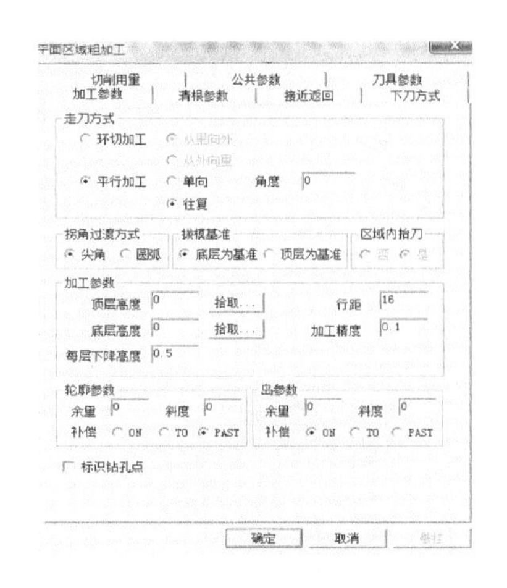

图 1-40　加工参数设置

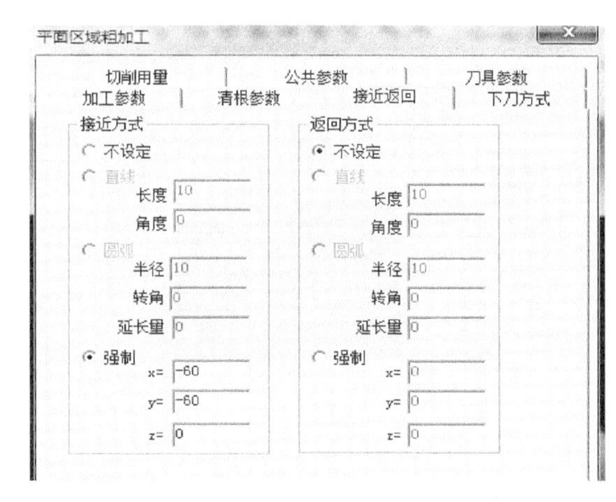

图 1-41　接近返回参数设置

③ 点选“下刀方式”选项，设置参数如图 1-42 所示。

④ 点选“刀具参数”选项，设置参数如图 1-43 所示。

⑤ 点选“切削用量”选项，设置参数如图 1-44 所示。

⑥ “公共参数”和“清根参数”为系统默认。

⑦ 参数选项设置完成之后，点击“确定”按钮，然后按照提示选择平面轮廓生成刀具轨迹，如图 1-45 所示。

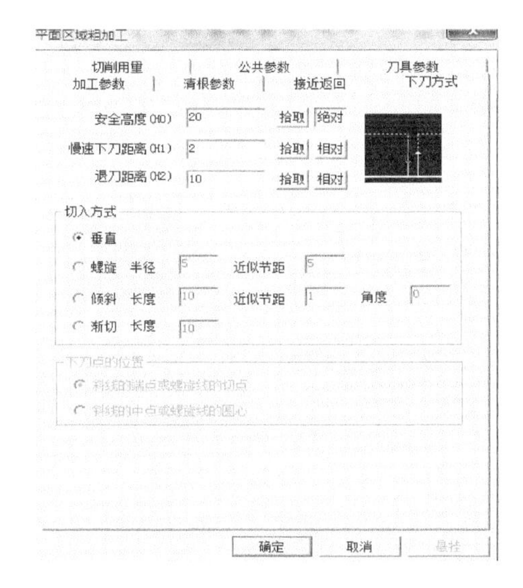

图 1-42　下刀方式参数设置

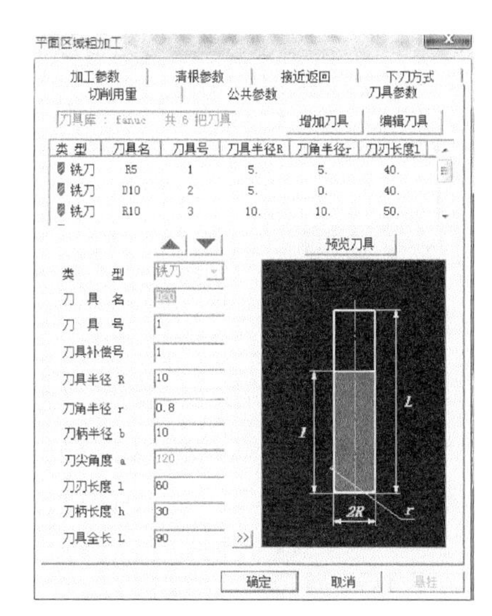

图 1-43　刀具参数设置

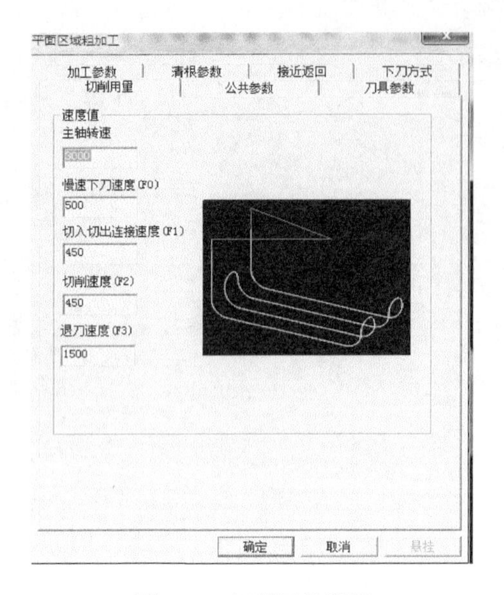

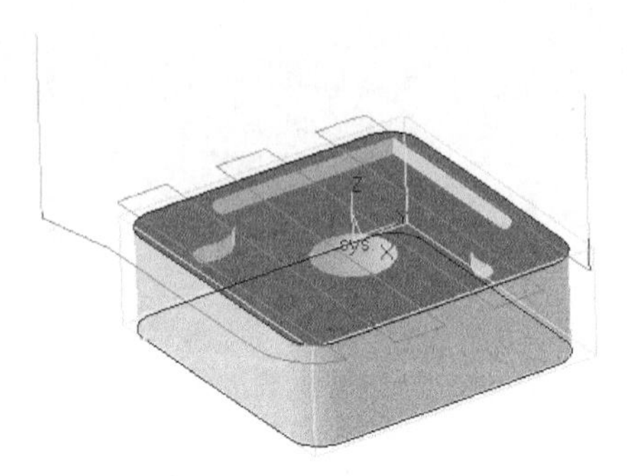

图 1-44 切削用量设置

图 1-45 平面区域粗加工刀具轨迹

(2) 下表面外轮廓粗加工：选择“加工”→“精加工”→“轮廓线精加工”的轮廓线精加工图标，出现“轮廓线精加工”的对话框，设置加工参数。

① 点选“加工参数”选项，设置参数如图 1-46 所示。

② 点选“切入切出”选项，设置参数如图 1-47 所示。外轮廓粗加工时，切入切出方式采取不设定的方式。

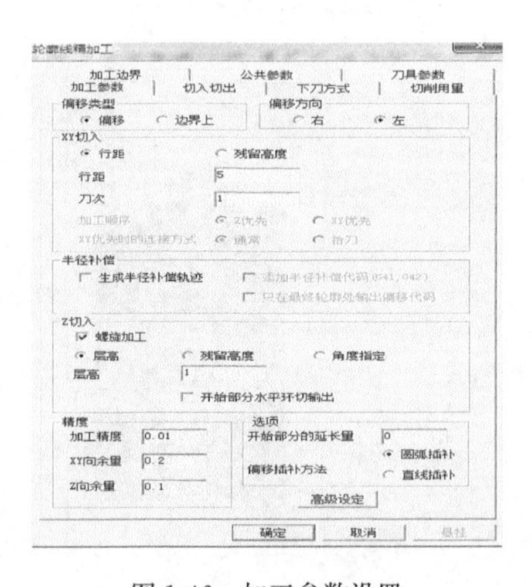

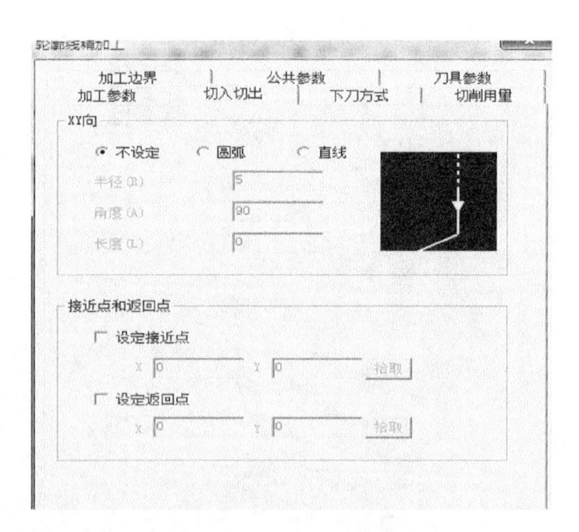

图 1-46 加工参数设置

图 1-47 切入切出设定

③ 点选“下刀方式”选项，设置参数如图 1-48 所示。

④ 点选“切削用量”选项,设置参数如图 1-49 所示。

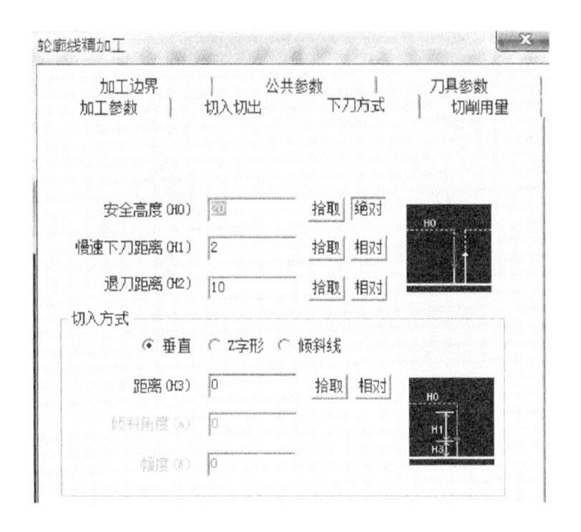

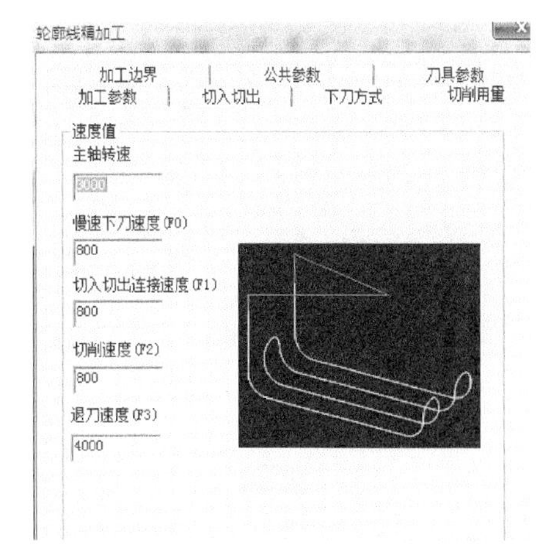

图 1-48　下刀方式设置

图 1-49　切削用量设置

⑤ 点击“加工边界”选项,设置参数如图 1-50 所示。

⑥ 刀具参数设置同前,如图 1-43 所示。

⑦ 参数设置完成后,点击“确定”按钮,按照提示操作生成外轮廓粗加工轨迹,如图 1-51 所示。

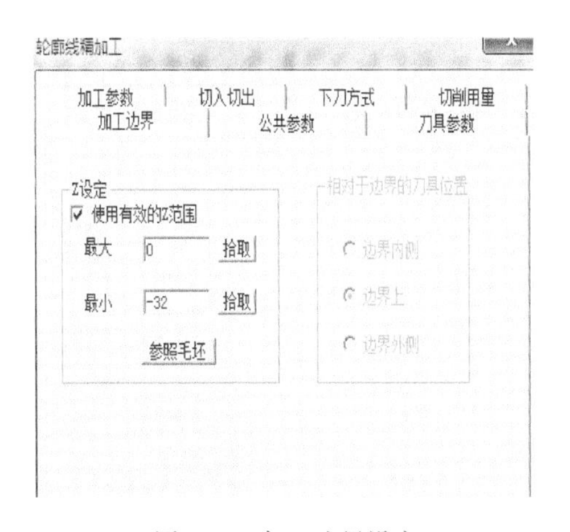

图 1-50　加工边界设定

图 1-51　外轮廓粗加工轨迹

(3) 下表面外轮廓精加工:仍然选择“加工”→“精加工”→“轮廓线精加工”的轮廓线精加工图标,外轮廓粗加工和外轮廓精加工的参数基本上相同,仅有个别项需要修改。

① 点选“加工参数”选项,设置参数如图 1-52 所示。

② 点选“切入切出”选项，设置参数如图 1-53 所示。

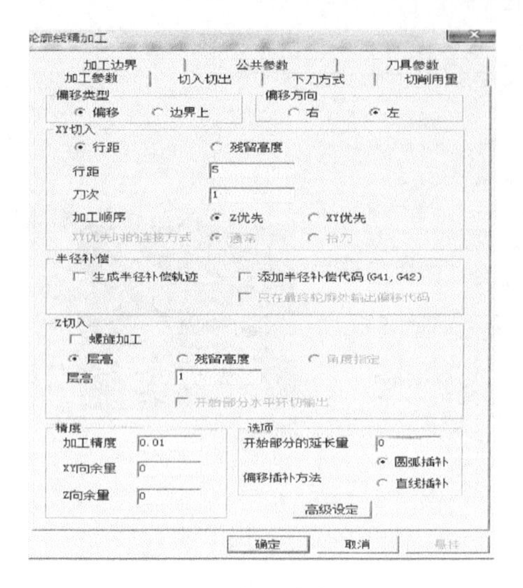

图 1-52　加工参数设置

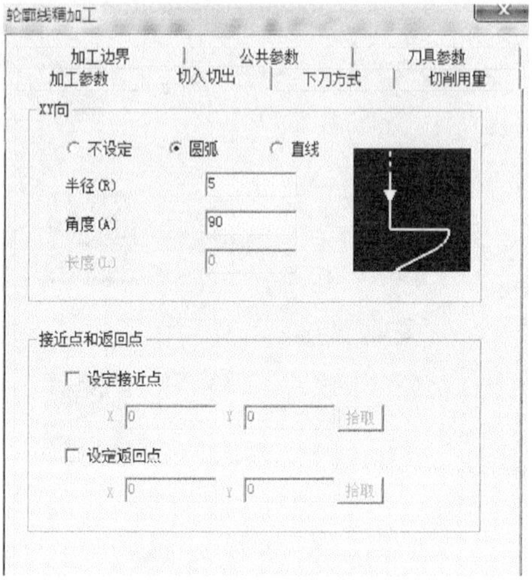

图 1-53　切入切出设置

③ 点选“切削用量”选项，设置参数如图 1-54 所示。

④ 点选“刀具参数”选项，设置参数如图 1-55 所示。

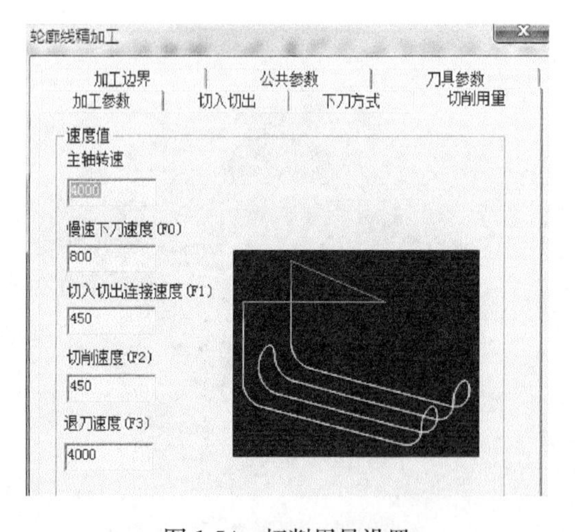

图 1-54　切削用量设置

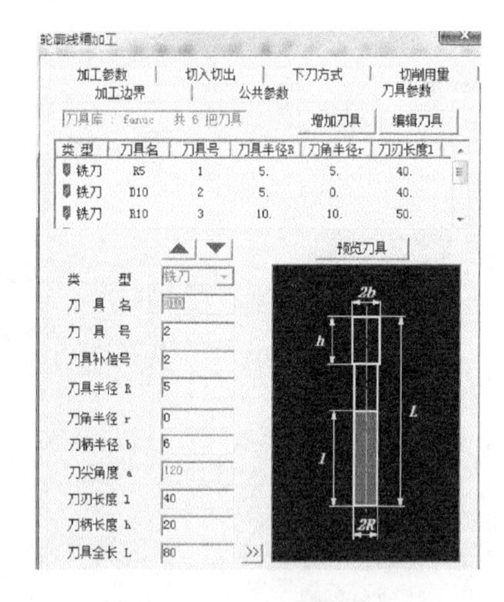

图 1-55　刀具参数设置

其余选项皆与外轮廓粗加工参数相同。外轮廓精加工的刀具轨迹如图 1-56 所示。

(4) 下表面凹槽及孔的粗加工：选择“加工”→“粗加工”→“等高线粗加工”的等高线粗加工图标，出现“等高线粗加工”对话框后，设置加工参数。

① 点选“加工参数 1”选项，设置参数如图 1-57 所示。

图 1-56　外轮廓精加工刀具轨迹

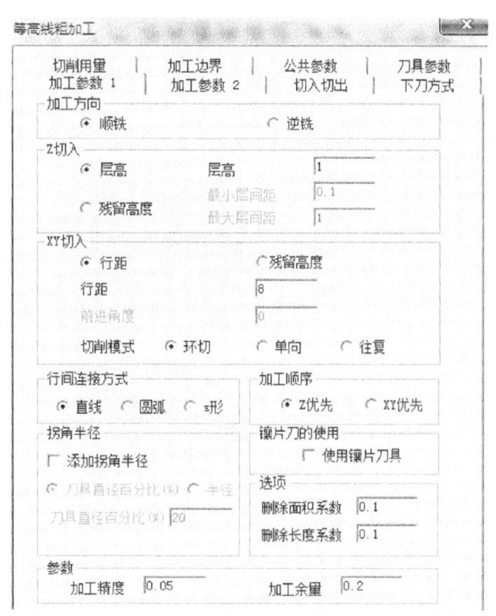

图 1-57　切削参数 1 设置

② 点选“切入切出”选项，设置参数如图 1-58 所示。

③ 点选“下刀方式”选项，设置参数如图 1-59 所示。

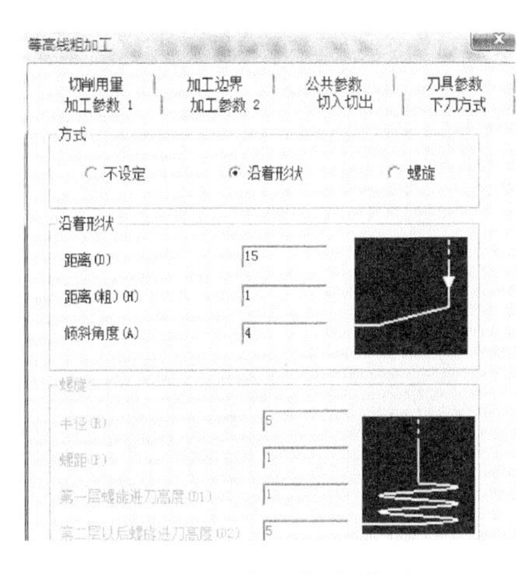

图 1-58　切入切出设置

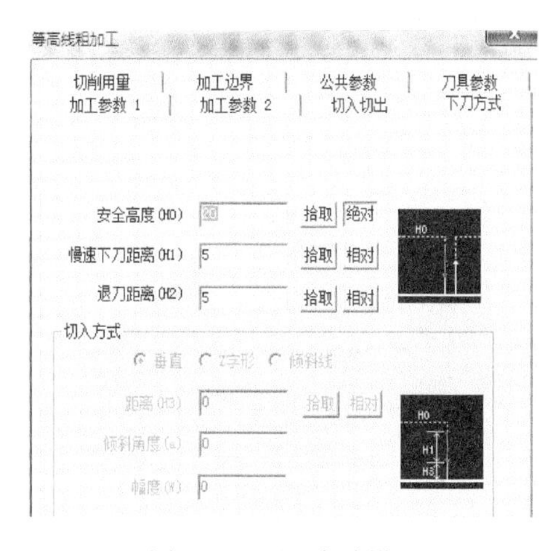

图 1-59　下刀方式设置

④ 点选“刀具参数”选项，设置参数如图 1-60 所示。

⑤ 点选“切削用量”选项，设置参数如图 1-61 所示。

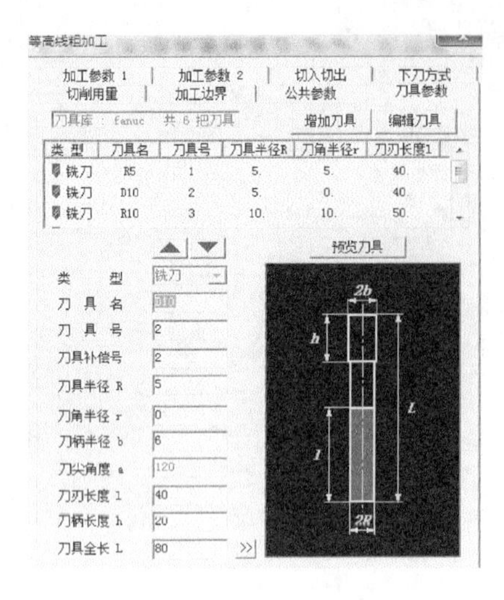

图 1-60　刀具参数设置

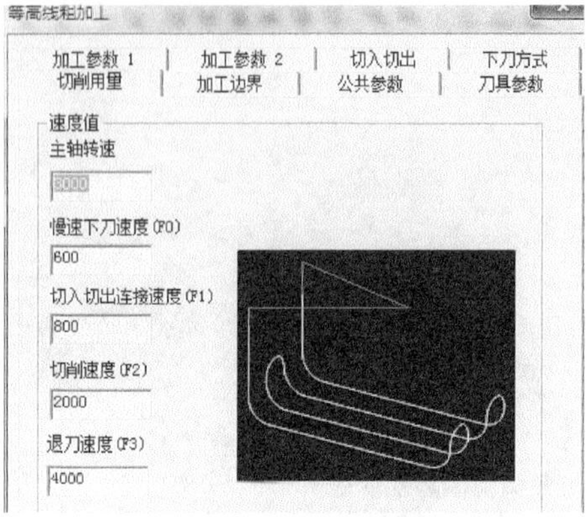

图 1-61　切削用量选项

⑥ 参数设置完成后，点选“确定”，最终生成的刀具轨迹如图 1-62 所示。

(5) 下表面凹槽及孔的精加工：孔的加工需先用中心孔打孔，再用钻头扩孔。选择“加工”→“精加工”→“等高线精加工”的 等高线精加工 图标，出现“等高线精加工”对话框后设置加工参数。精加工和粗加工的参数设置同样仅需要修改个别项即可。

① 点选“加工参数 1”选项，设置参数如图 1-63 所示。

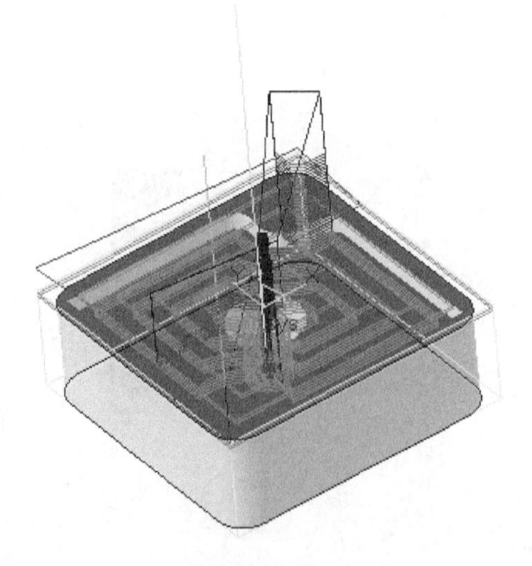

图 1-62　凹槽及孔的粗加工轨迹

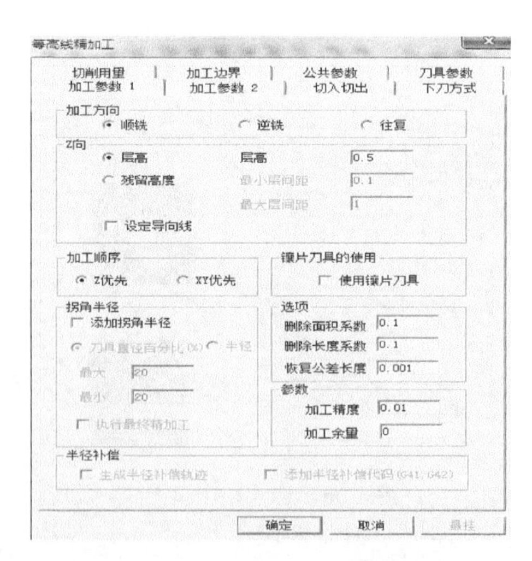

图 1-63　加工参数 1 设置

② 点选“切入切出”选项，设置参数如图 1-64 所示。

③ 点选“刀具参数”选项，设置参数如图 1-65 所示。

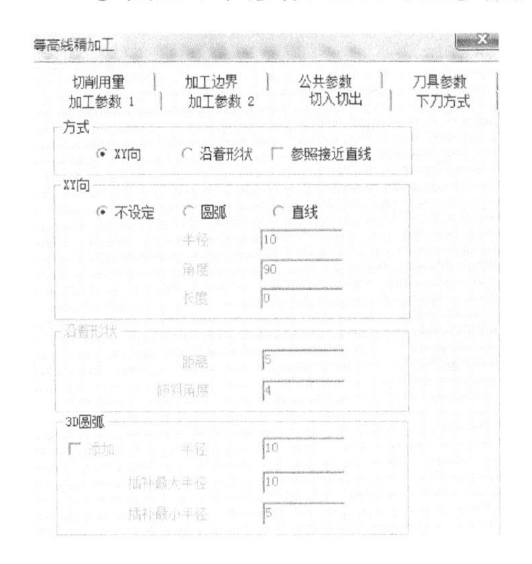

图 1-64　切入切出设置

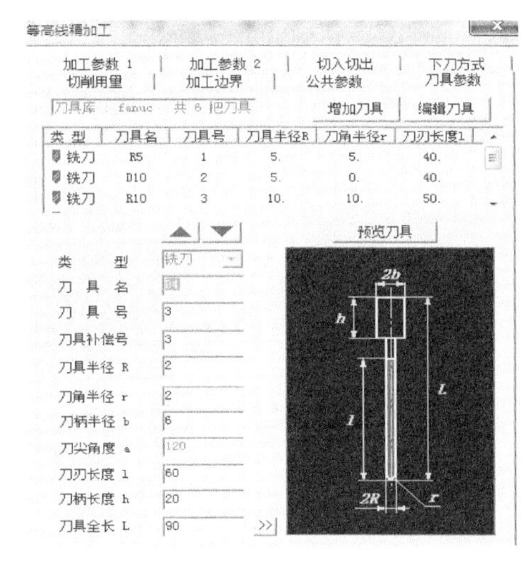

图 1-65　刀具参数设置

④ 点选“切削用量”选项，设置参数如图 1-66 所示。

其余选项同粗加工相同。生成的精加工轨迹如图 1-67 所示。

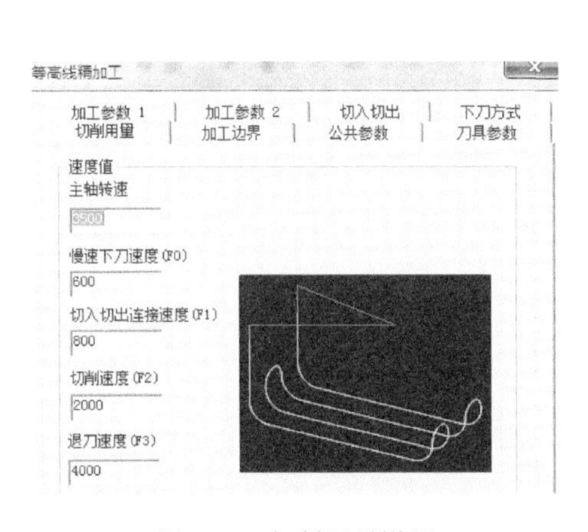

图 1-66　切削用量设置

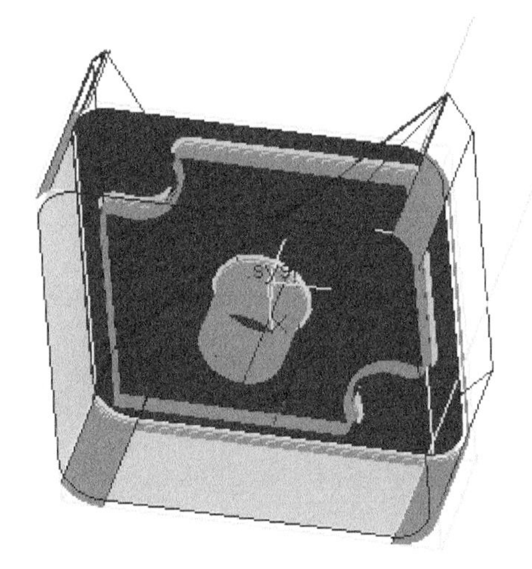

图 1-67　凹槽及孔的精加工轨迹

最终生成的所有粗、精加工轨迹如图 1-68 所示。

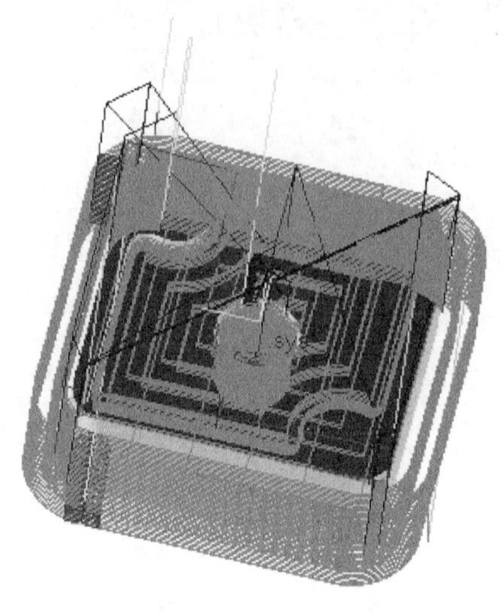

图 1-68 上盖下表面刀具加工轨迹

5) 后置处理及代码生成

(1) 刀具轨迹后置处理方式如图 1-69 所示。

(2) CAXA 制造工程师生成后置处理代码文件如图 1-70 所示。后置处理设置对话框如图 1-71 所示。

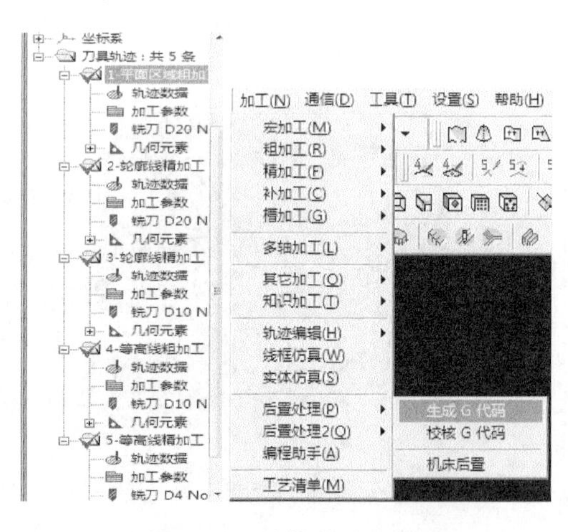

图 1-69 刀具轨迹后置处理

图 1-70 后置处理对话框

(3) 生成 G 代码如图 1-72 所示。

通过凸轮机构上盖上表面的自动编程，可以总结出以下规律：在加工过程进行前应先对机床和后置处理进行设置，否则程序加载到机床中后运行程序时加工不出来合格的工件。

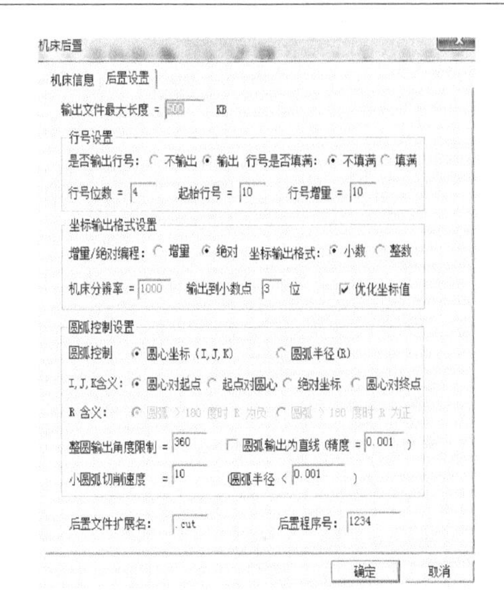

图 1-71　后置处理设置

上盖下表面凹槽粗加工 - 记事...
文件(F)　编辑(E)　格式(O)　查看(V)　帮助(H)

```
(上盖下表面凹槽粗加工,2014.5.9,12:39:58.812)
N10G90G54G00Z100.000
N20S3000M03
N30X-45.000Y-45.000Z100.000
N40Z21.200
N50G01Z16.200F600
N60Y47.000Z9.767F800
N70X47.000Z3.333
N80Y16.490Z1.200
N90Y-45.000F2000
N100X-45.000
N110Y47.000
N120X47.000
N130Y16.490
N140X39.000F800
N150Y-37.000F2000
N160X-37.000
N170Y39.000
N180X39.000
N190Y16.490
N200X31.000F800
N210Y-29.000F2000
N220X-29.000
N230Y31.000
N240X31.000
N250Y16.490
```

图 1-72　生成 G 代码程序

1.4　凸轮机构典型零件(心轴)的车铣复合加工

1.4.1　心轴车铣复合加工工艺

图 1-5 为心轴的零件图。心轴分为螺纹车削端、圆球车削端和铣削部分，因此可以先对螺纹端车削加工，再对圆球端进行车削加工，最后对铣削部分进行铣削加工。数控加工方案如下：

1）装夹方案确定

心轴形状简单，毛坯尺寸采用 ϕ55mm×110mmm 毛坯，两头加工，夹具采用三爪卡盘，反面加工时，采用装夹红铜片的方式，保护已加工面。

2）加工顺序和刀具选择

表 1-2 给出了加工顺序和刀具选择。

表 1-2　加工顺序和刀具选择

刀具号	刀具类型	加工内容	
螺纹端加工顺序和刀具选择			
01	左偏外圆车刀	粗、精	螺纹端外轮廓加工
02	外切槽车刀	粗、精	螺纹端切槽
03	左偏外螺纹车刀	粗、精	螺纹端车螺纹
圆球端加工顺序和刀具选择			
01	左偏外圆车刀	粗、精	圆球端内外轮廓加工
螺纹端铣削部分加工顺序和刀具选择			
01	直径 12mm 铣刀	粗、精	螺纹端部分铣削

1.4.2　心轴螺纹端外圆车削加工

1. 螺纹端外圆粗加工

1）绘制图形

图 1-73 给出了绘制图形。

2）设定毛坯

图 1-74 给出了毛坯轮廓。

3）粗加工路线及参数设定

（1）选择加工方式，将鼠标移动至粗加工图标处单击左键，弹出“粗车参数表”对话框，如图 1-75 所示。

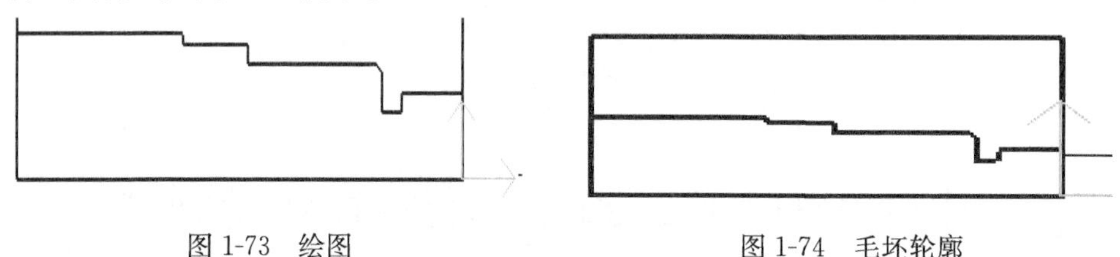

图 1-73　绘图　　　　图 1-74　毛坯轮廓

（2）点选“加工参数”选项，设置加工参数。

（3）点选“进退刀方式”选项，设置进退刀方式，如图 1-76 所示。

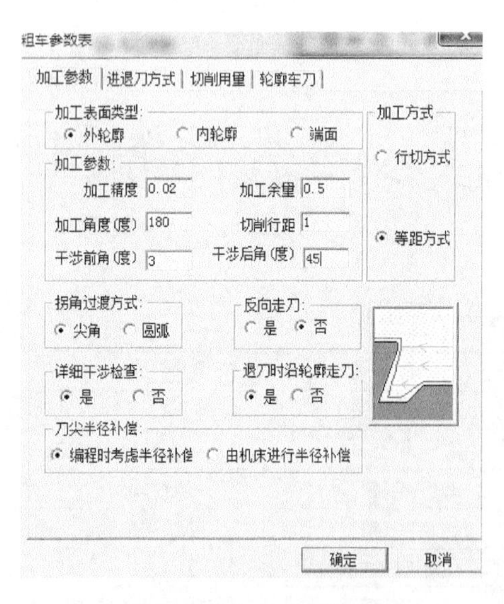

图 1-75　加工参数设置　　　　图 1-76　进退刀方式设置

（4）点选“切削用量”选项，设置切削用量，如图 1-77 所示。

(5) 点选“刀具参数”选项,设置刀具参数,如图 1-78 所示。

(6) 拾取被加工工件表面,如图 1-79 所示。

(7) 拾取毛坯轮廓,如图 1-80 所示。

(8) 确定进退刀点,生成的螺纹端外圆粗加工的刀具路径如图 1-81 所示。

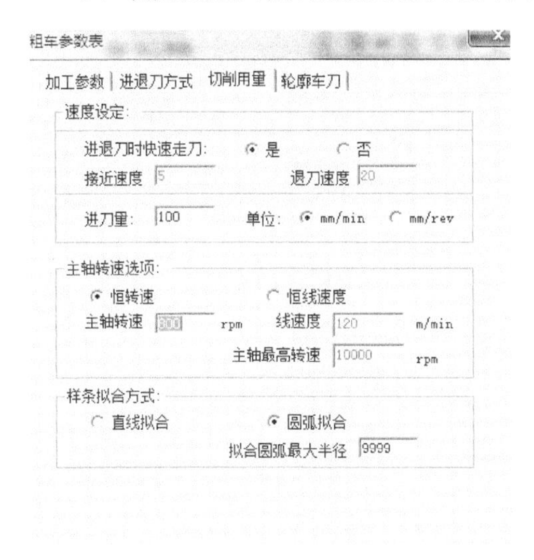

图 1-77　切削用量设置

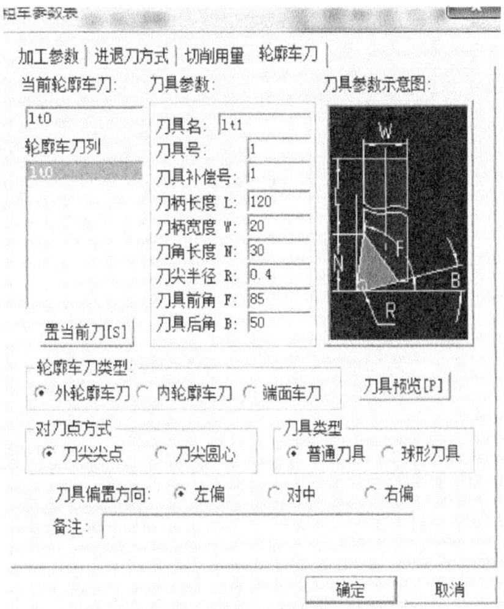

图 1-78　刀具参数设置

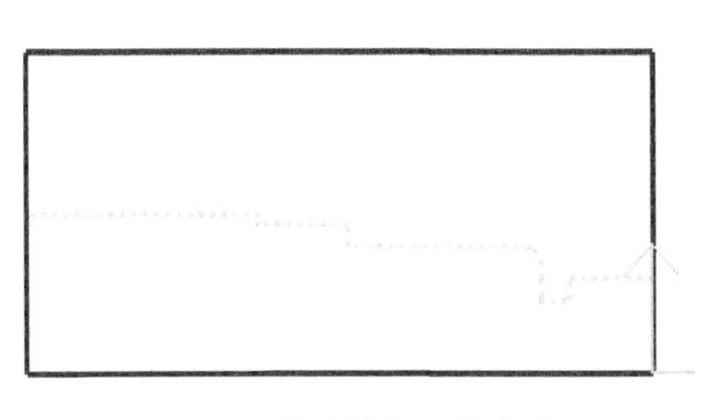

图 1-79　拾取被加工轮廓表面

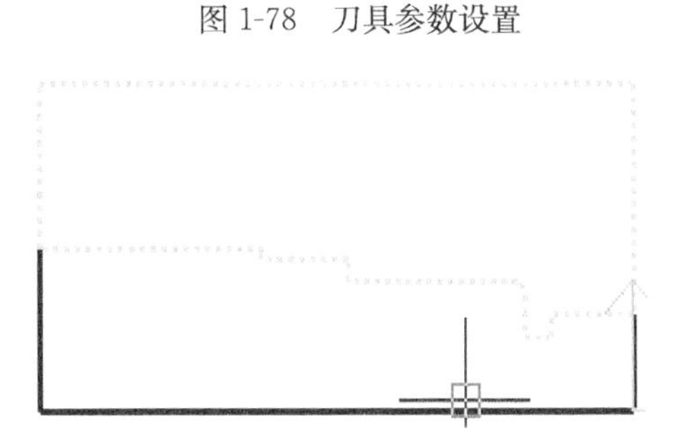

图 1-80　拾取毛坯轮廓

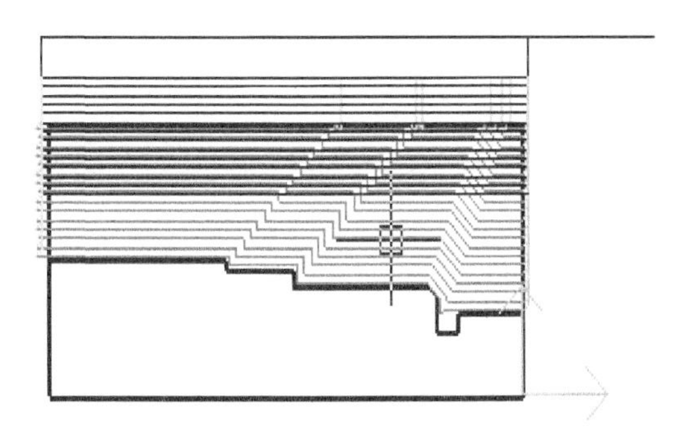

图 1-81　确定进退刀点

2. 螺纹端外圆精加工

(1) 选择加工方式,将鼠标移动至粗加工图标处单击左键,弹出“精车参数表”对话框,如图 1-82 所示。

(2) 点选“进退刀方式”选项,设置进退刀方式,如图 1-83 所示。

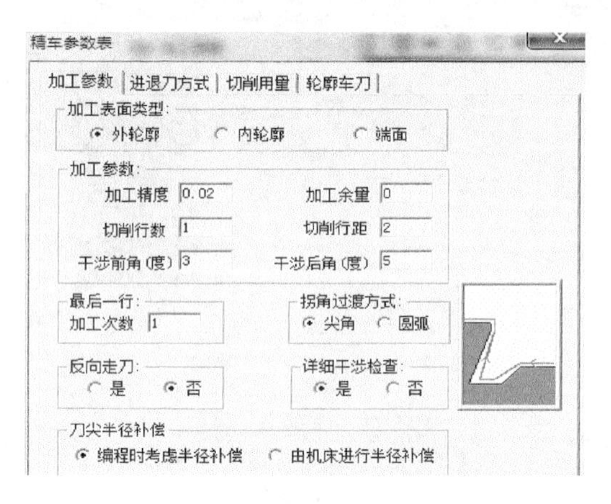

图 1-82　加工参数设置

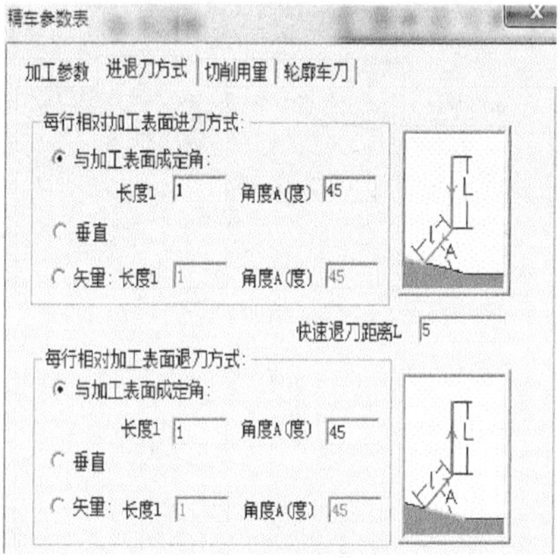

图 1-83　进退刀方式设置

(3) 点选“切削用量”选项,设置切削用量,如图 1-84 所示。

(4) 点选“刀具参数”选项,设置刀具参数,如图 1-85 所示。

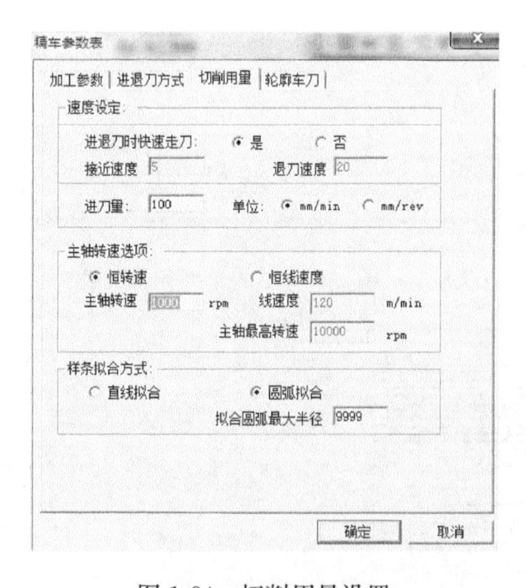

图 1-84　切削用量设置

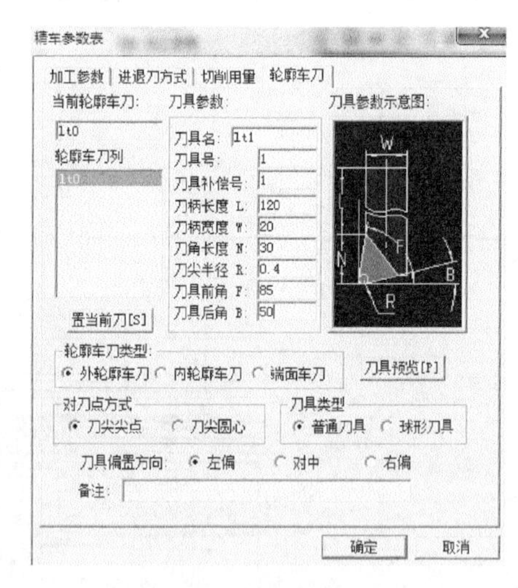

图 1-85　刀具参数设置

(5) 拾取被加工工件表面,如图 1-86 所示。

(6) 确定进退刀点,生成的螺纹端外圆精加工的刀具路径如图 1-87 所示。

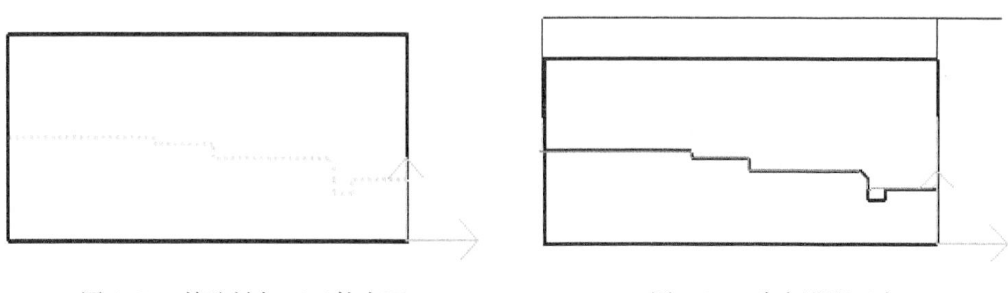

图 1-86　拾取被加工工件表面　　　　图 1-87　确定进退刀点

3. 螺纹端外圆切槽

1) 绘图

图 1-88 为所绘图形。

2) 毛坯设定

图 1-89 为设定的毛坯。

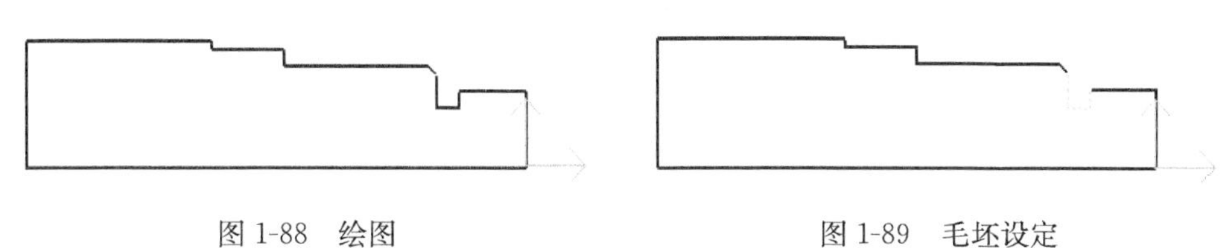

图 1-88　绘图　　　　图 1-89　毛坯设定

3) 粗、精加工路线及参数设定

(1) 选择加工方式，将鼠标箭头移到切槽加工图标处单击鼠标左键，弹出"切槽参数表"对话框，如图 1-90 所示。

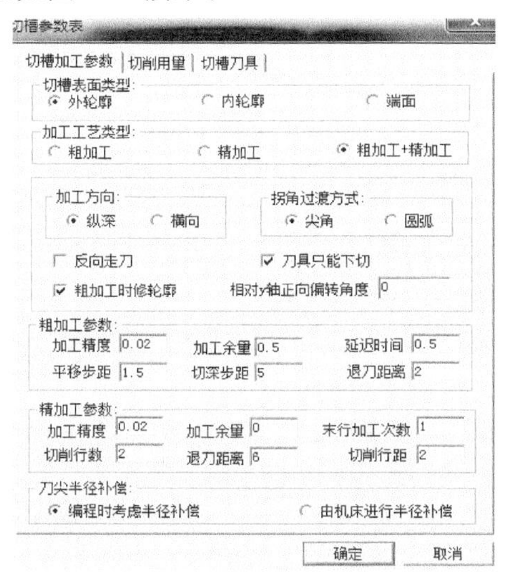

图 1-90　切槽加工参数设置

（2）点选“切槽加工参数选项”，设置切槽加工参数，如图 1-90 所示。

（3）点选“切削用量”选项，设置切削用量，如图 1-91 所示。

（4）点选“切槽刀具”选项，设置切槽刀具，如图 1-92 所示。

（5）拾取被加工工件表面轮廓，如图 1-93 所示。

（6）确定退刀点，生成的槽的刀具路径如图 1-94 所示。

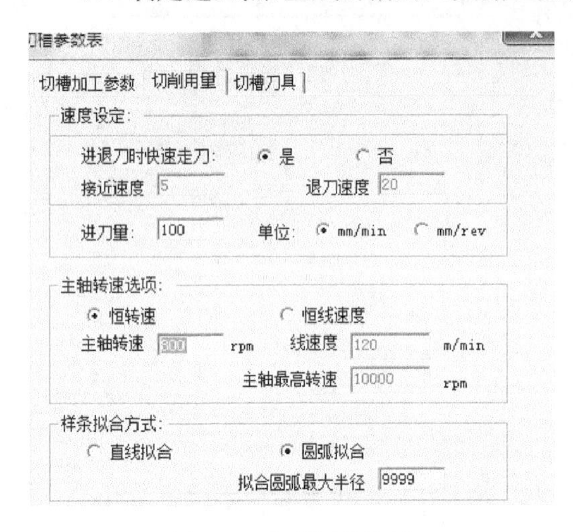

图 1-91　切削用量设置

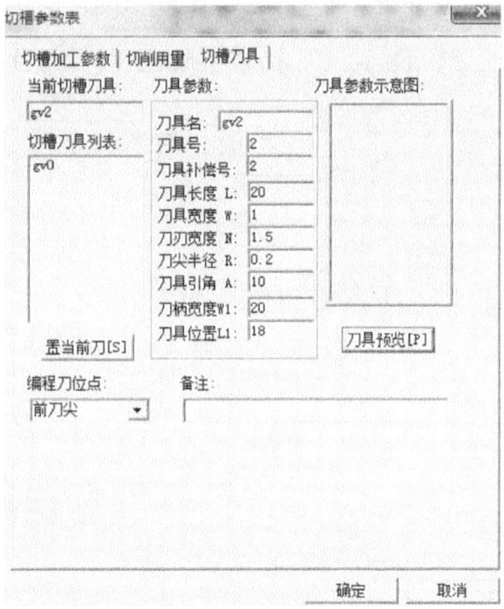

图 1-92　切槽刀具设置

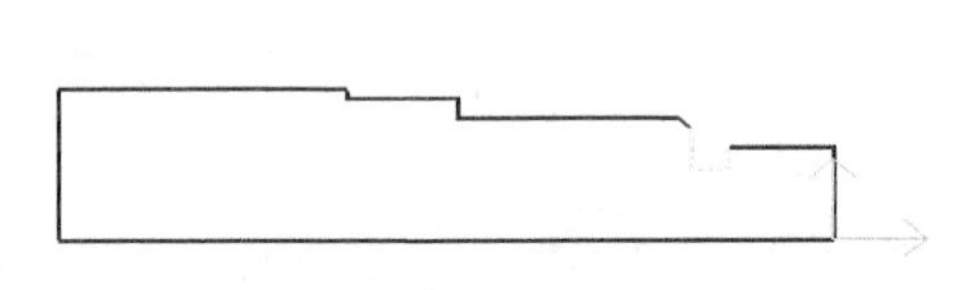

图 1-93　拾取毛坯轮廓

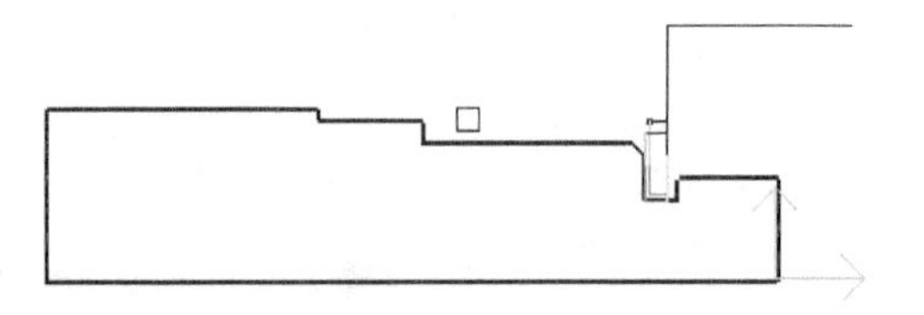

图 1-94　确定退刀点

4. 螺纹端外螺纹加工

螺纹起点与螺纹终点径向尺寸的确定如下：径向起点（编程大径）的确定取决于螺纹大径。螺纹小径可按经验公式确定：

$$d'=d-2\times0.62P（或 d'=d-2h）$$

其中，P 为螺距；$2h=d-d'$ 为 2 倍的螺纹牙高。

螺纹起点与螺纹终点轴向尺寸的确定如下：车螺纹时，必须设置升速段 $L1$ 和降速段 $L2$，可避免车刀升降速对螺距稳定的影响。通常 $L1$、$L2$ 按下面公式计算：

$$L1=n\times P/400（或 1-2P），\quad L2=n\times P/1800（或 0.5P 以上）$$

其中，n 为主轴转速；P 为螺纹螺距。

在本书中，利用 CAXA 数控车软件生成螺纹加工路径时，忽略了 $L1$、$L2$ 的距离，仅介绍了软件模拟螺纹的生成路径。但在机床上现场加工螺纹时一定不能忽略 $L1$、$L2$ 的距离。

1）绘图

图1-95为所绘图形。

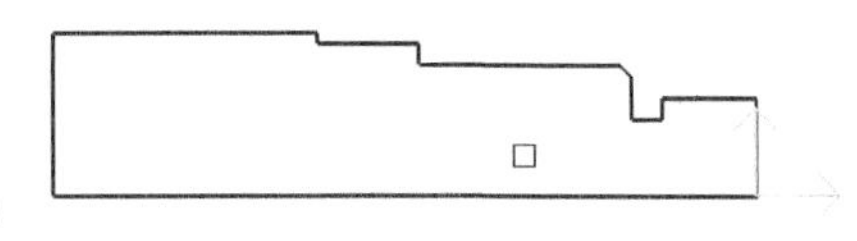

图1-95　绘图

2）粗、精加工路线及参数设定

(1) 选择加工方式。将鼠标箭头移到螺纹加工图标出单击鼠标左键，屏幕左下方提示“拾取螺纹起始点”，选择螺纹的起点如图1-96所示；屏幕左下方提示“拾取螺纹终点”，如图1-97所示；选好后系统弹出“螺纹参数表”对话框。

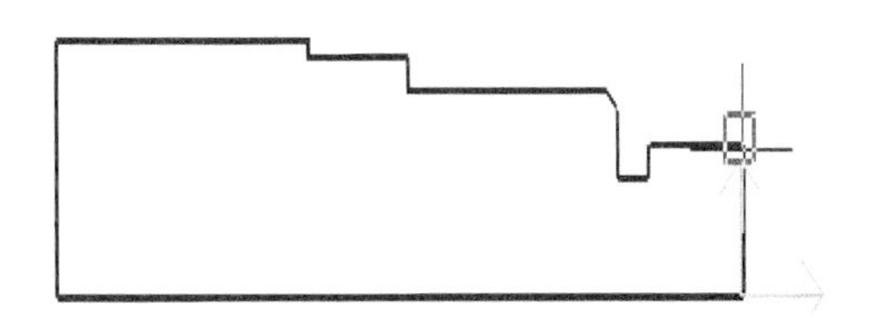

图1-96　拾取螺纹起始点　　图1-97　拾取螺纹终点

(2) 点选“螺纹参数”选项，设置螺纹参数，如图1-98所示。

(3) 点选“螺纹加工参数”选项，设置螺纹加工参数，如图1-99所示。

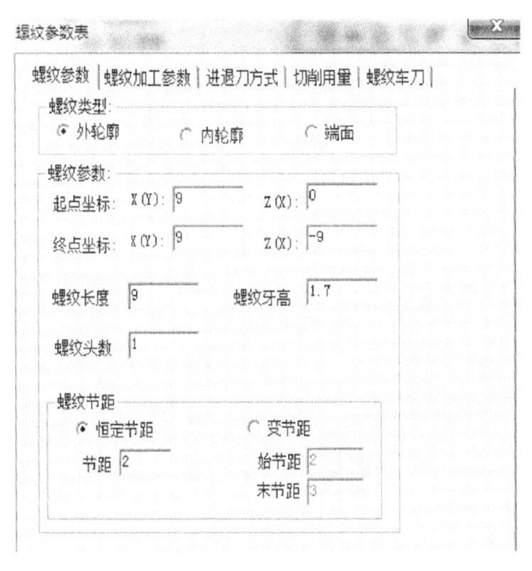

图1-98　螺纹参数设置

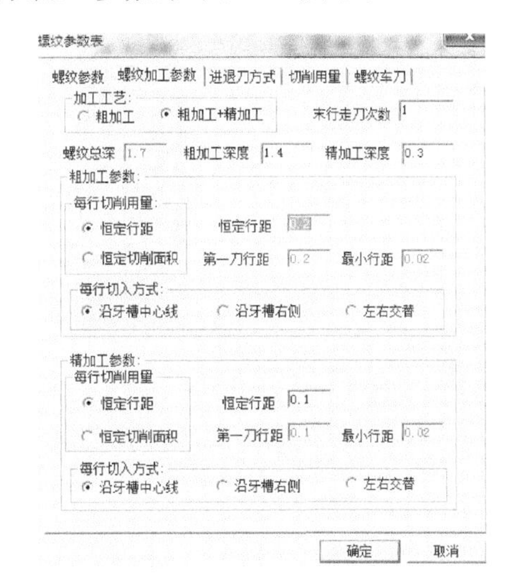

图1-99　螺纹加工参数设置

(4) 点选“进退刀方式”选项，设置进退刀方式，如图1-100所示。

(5) 点选“切削用量”选项，设置切削用量，如图1-101所示。

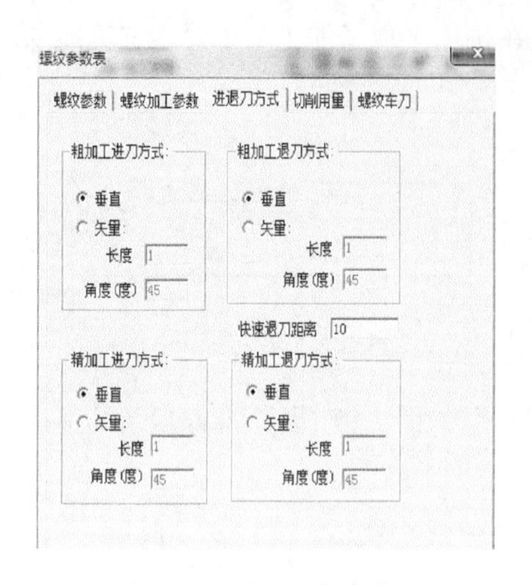

图 1-100　进退刀方式设置

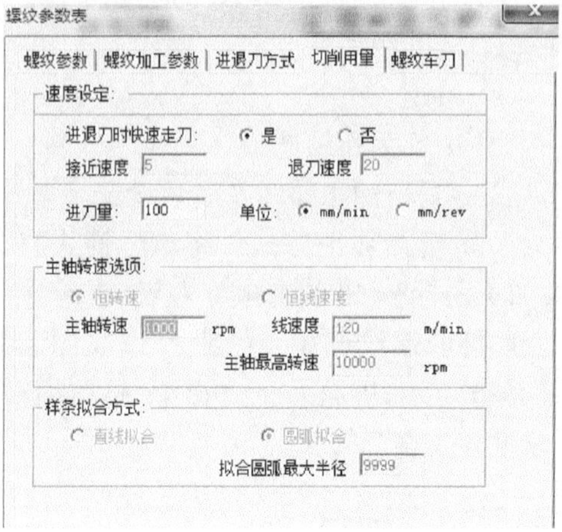

图 1-101　切削用量设置

(6) 点选“螺纹车刀参数”选项，设置螺纹车刀参数，如图 1-102 所示。

(7) 确定退刀点，生成的螺纹的刀具路径如图 1-103 所示。

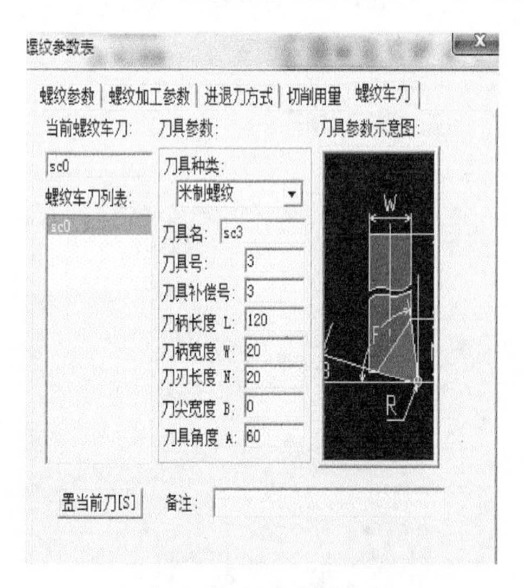

图 1-102　螺纹车刀设置

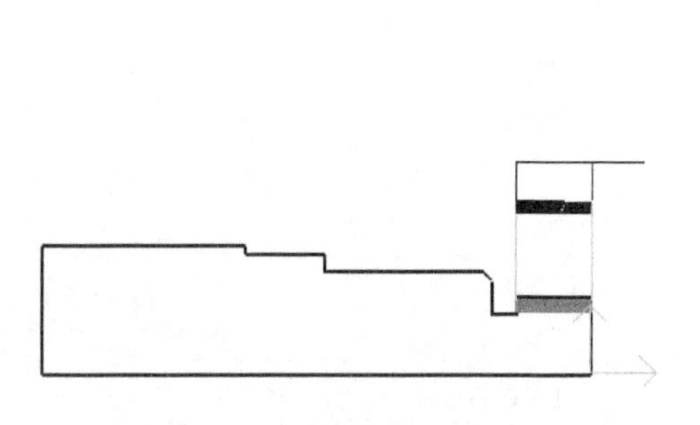

图 1-103　确定退刀点

1.4.3　心轴圆球端车削加工

1. 圆球端外圆粗精车

(1) 绘心轴圆球端零件图，如图 1-104 所示。

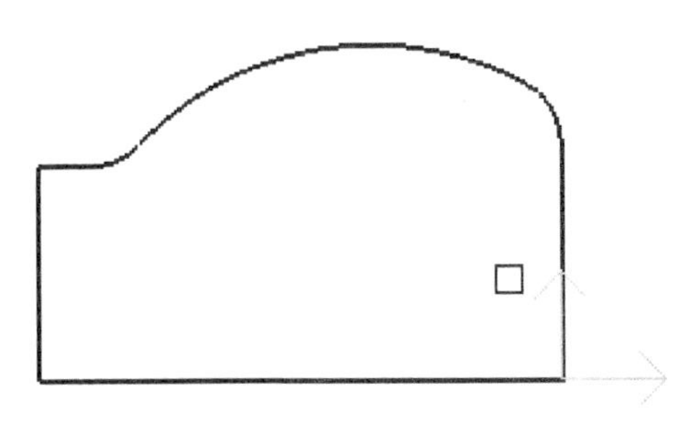

图 1-104　绘图

(2) 毛坯设定，如图 1-105 所示。

(3) 外圆的粗、精加工路线及参数设定同螺纹端外圆设置相同，此处不再赘述。粗、精车刀具轨迹如图 1-106 所示。

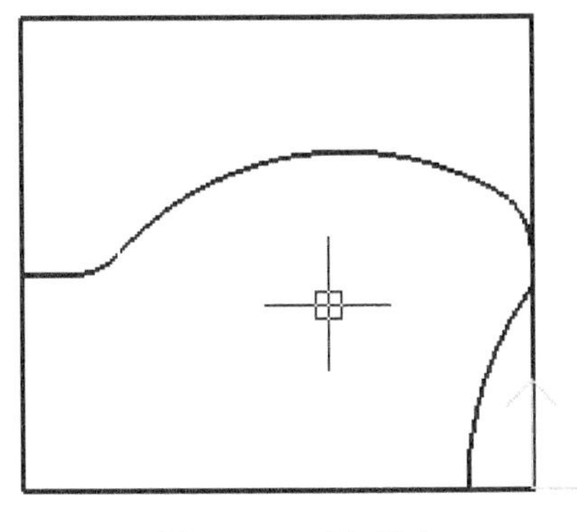

图 1-105　毛坯设定

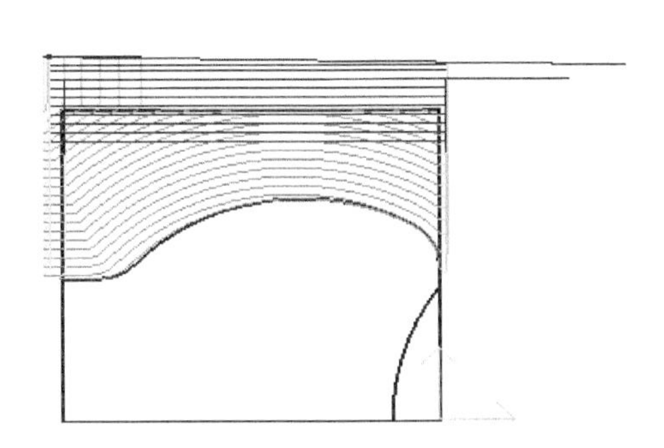

图 1-106　外圆粗、精加工刀具轨迹

2. 圆球端端面内圆弧加工

(1) 绘图，如图 1-107 所示。

(2) 毛坯设定，如图 1-108 所示。

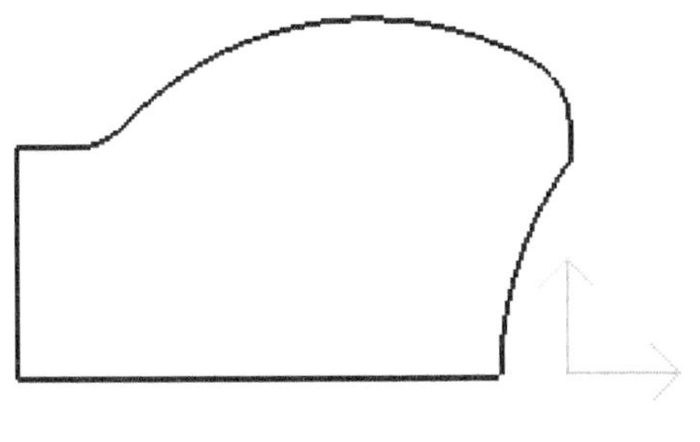

图 1-107　绘图

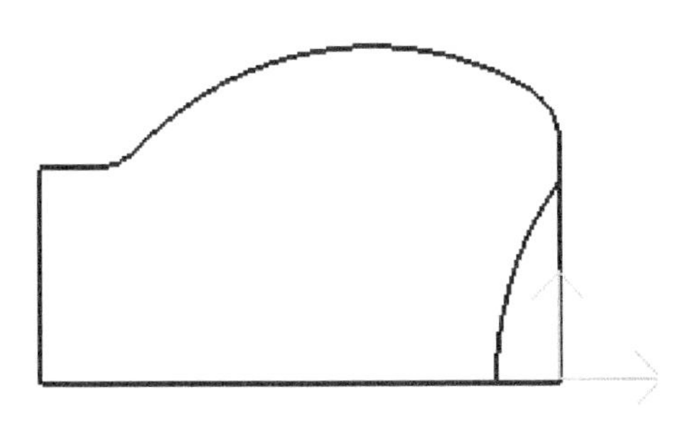

图 1-108　毛坯设定

(3) 粗、精加工路线及参数设定参考外轮廓。圆球端刀具粗、精加工加工刀具路径如图 1-109 所示。

(4) CAXA 数控车 G 代码生成步骤如下：

① 选择后置处理图标，并点击，弹出“生成后置处理代码”对话框，如图 1-110 所示。

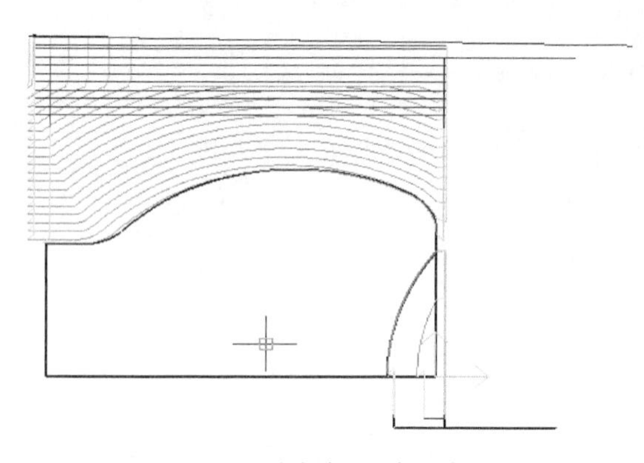

图 1-109　圆球端刀具加工轨迹

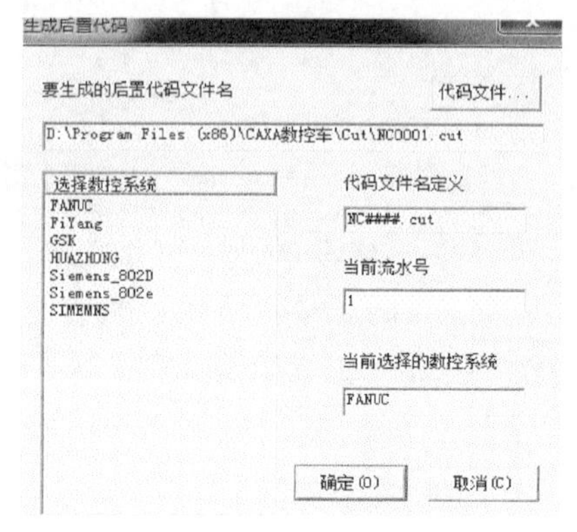

图 1-110　生成后置代码对话框

② 点击“代码文件…”按钮，即可设置代码存储路径和文件名，如图 1-111 所示。

③ 选择数控系统图如图 1-112 所示。

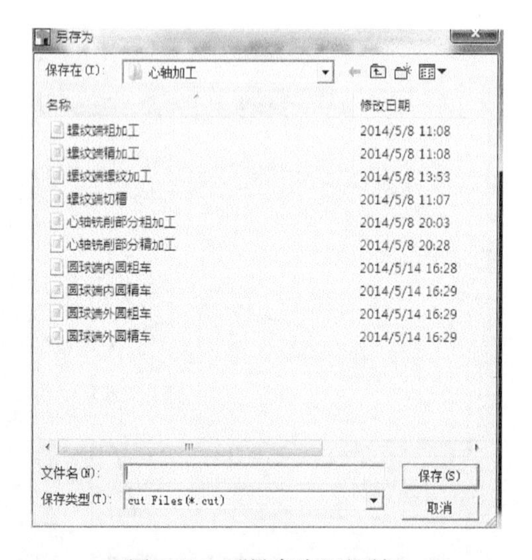

图 1-111　“另存为”对话框

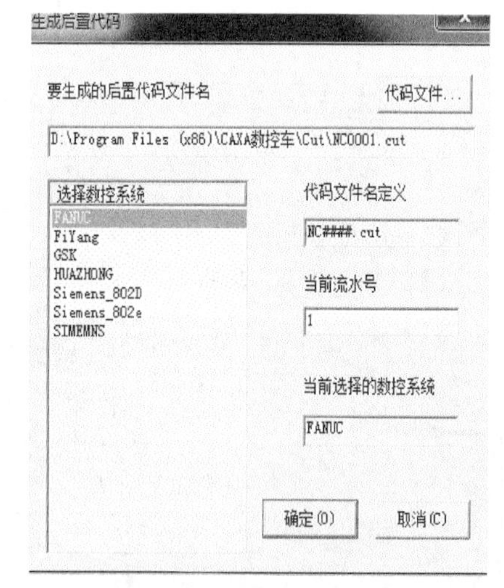

图 1-112　选择数控系统图

④ 机床后置设置如图 1-113 所示。

⑤ 后置处理设置如图 1-114 所示。

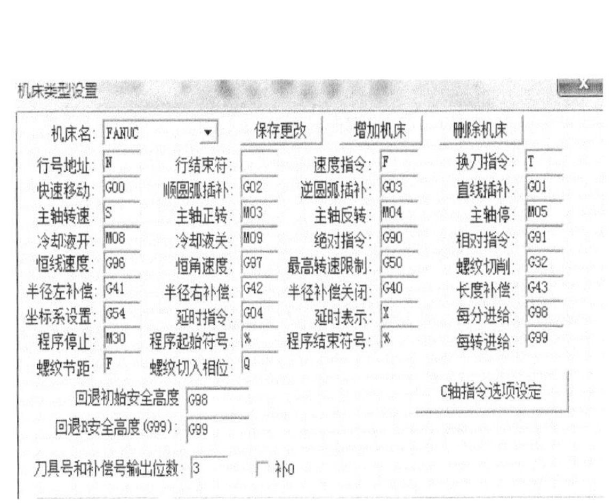

图 1-113　机床后置设置

图 1-114　后置处理设置对话框

⑥ 选择刀具路径如图 1-115 所示。

⑦ 单击鼠标左键选择，再单击鼠标右键，弹出“记事本”对话框，如图 1-116 所示。

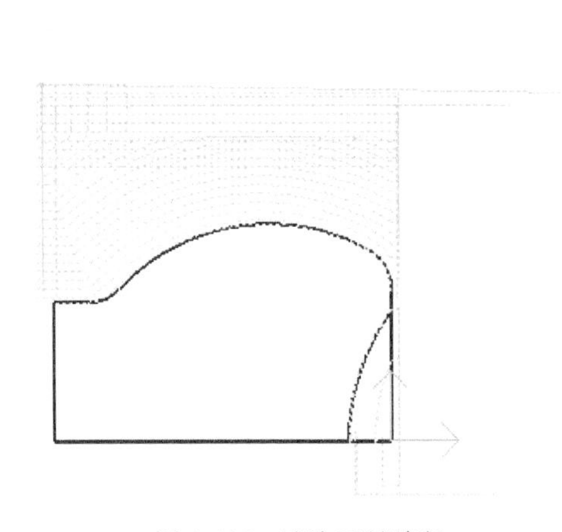

图 1-115　选取刀具路径

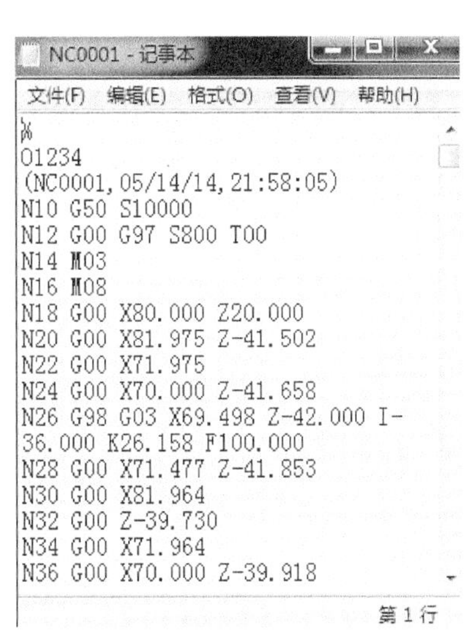

图 1-116　“记事本”对话框

1.4.4　心轴铣削部分加工

1）绘图

图 1-117 给出了图形绘制时的加工要素。

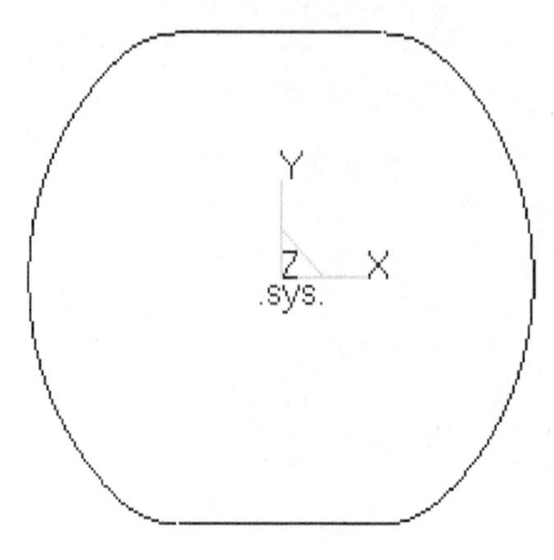

图 1-117　绘制的加工要素

2）选择加工方式和加工路线

（1）选择“轮廓线精加工”进行外形的粗、精加工，选择“加工”→“精加工”→“轮廓线精加工”的 轮廓线精加工 图标，出现对话框后，设定加工参数。

（2）点选“加工参数”选项，粗加工采用螺旋式加工方式，如图 1-118 所示，精加工则取消螺旋式加工方式，如图 1-119 所示。

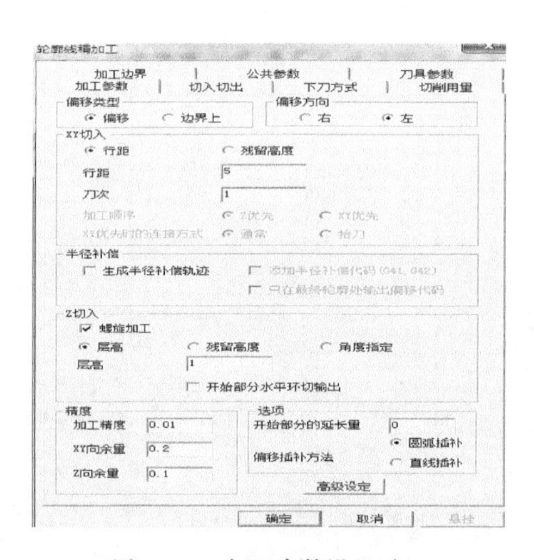

图 1-118　加工参数设置(粗)

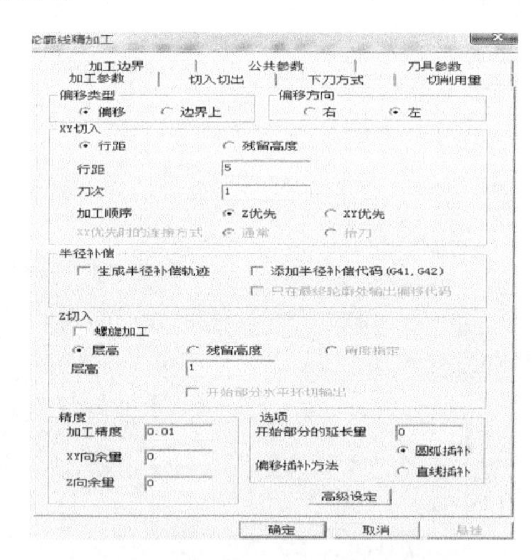

图 1-119　加工参数设置(精)

（3）点选“切入切出”选项，使用螺旋式加工方式进行粗加工时，此项不用设置；精加工时，增加进退刀如图 1-120 所示。

（4）点选“下刀方式”选项，使用通用的下刀距离，如图 1-121 所示。

（5）点选“切削用量”选项，由于此工件较长，参数要适当调整，分别如图 1-122

和图 1-123 所示。

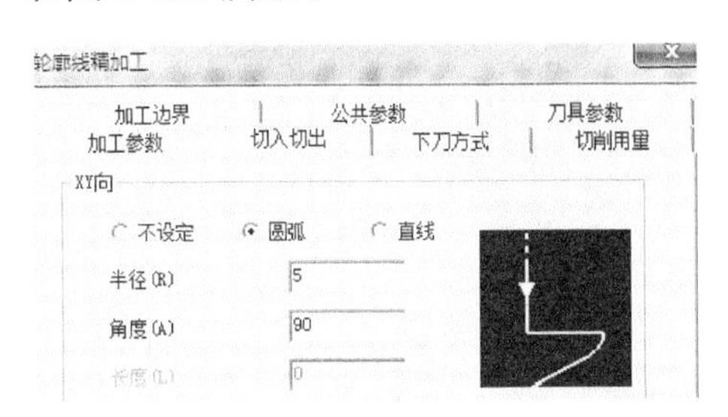

图 1-120　切入切出参数设置

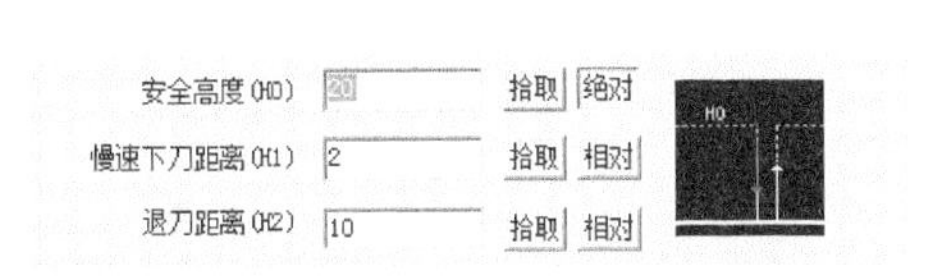

图 1-121　下刀方式参数设置(粗、精)

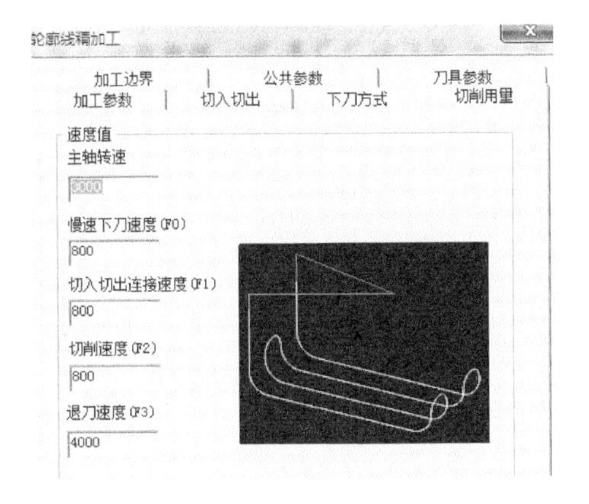

图 1-122　切削用量参数设置(粗)

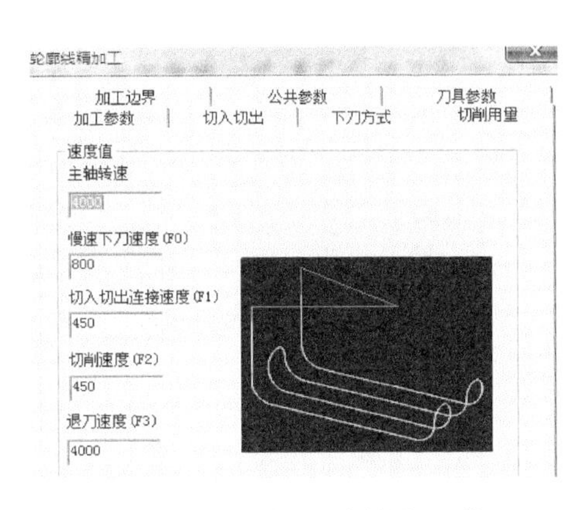

图 1-123　切削用量参数设置(精)

(6) 点选“加工边界”选项，根据零件尺寸进行设置，分别如图 1-124 和图 1-125 所示。

(7) 刀具选择直径 12mm 的铣刀，参数设置同前。

(8) 设置完成后点选“确定”，生成刀具轨迹如图 1-126 所示。

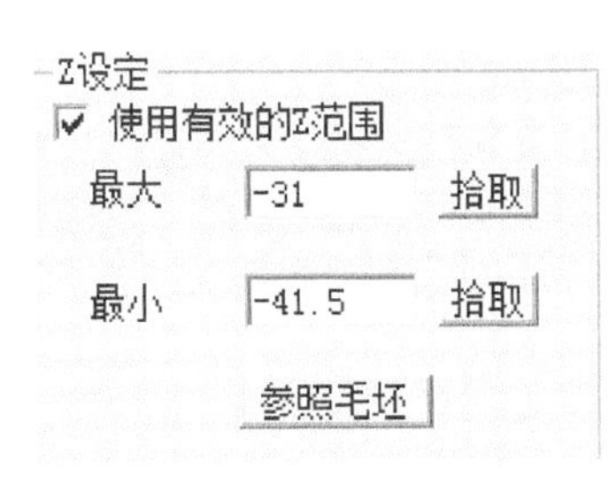

图 1-124　加工边界设置(粗)

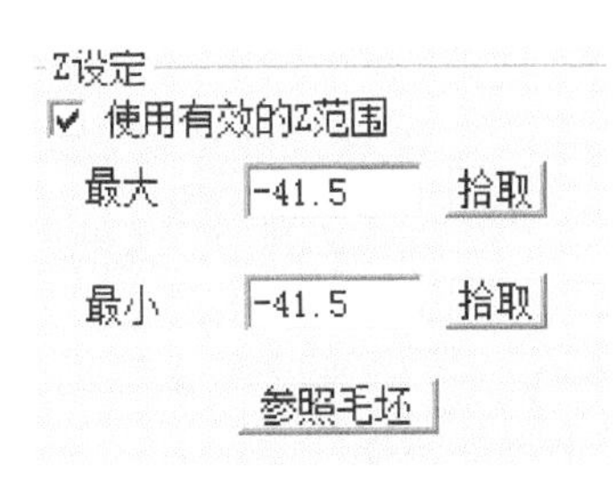

图 1-125　加工边界设置(精)

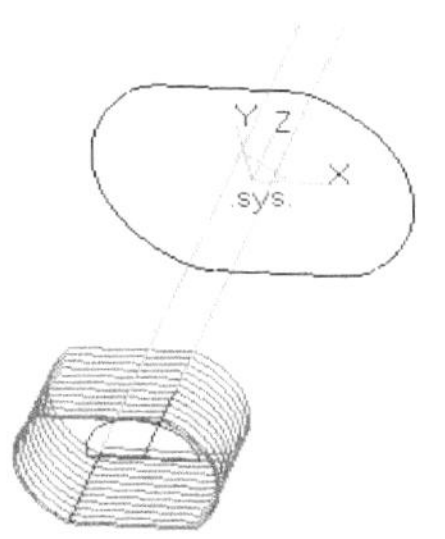

图 1-126　刀具轨迹

有了心轴铣削的刀具的路径，再进行机床的后置设置，就可以生成心轴铣削的程序了。同前面介绍的类似,此处不再介绍。

1.5 凸轮机构典型零件的仿真加工

1.5.1 数控仿真概述

1. 数控仿真的一般步骤

现代制造业发展非常迅速,其明显的标志为高效率和高智能。目前,其以此为目标正逐渐朝着虚拟化和智能化方向发展。机械加工中的数控仿真是一个非常重要的环节,它通过机床、刀具和工件构成的工艺系统对所要加工零件进行仿真加工,以此来预测零件在实际生产加工中的可行性,并在仿真的基础上对零件加工过程进行改进和优化。

计算机数控仿真是应用计算机技术对数控加工过程进行模拟仿真的新兴技术。该技术可以利用计算机反复在机床上模拟零件的实际加工过程,有效地解决因费用或危险性而不能在实际中实验加工的问题。

本次数控仿真是按以下顺序进行的:

(1) 首先针对加工对象进行分析,并按所用机床数控系统规定的格式编制 NC 代码存盘。

(2) 打开仿真软件选择数控机床。

(3) 打开机床并回到参考点。

(4) 设置工件参数并安装工件。

(5) 选择刀具并设置刀具参数,安装刀具。

(6) 对刀建立工件坐标系。

(7) 加载 NC 代码。

(8) 校验程序。

(9) 自动加工。

2. 数控仿真软件 VNUC 简介

VNUC 是一款融合了三维实体造型与真实图形显示技术、虚拟现实技术,综合了机床、机械加工、软件开发等多学科技术,独立研发了实现动画效果的三维形体 OpenGL 开发类库,它全面再现了机床加工的操作细节,使仿真数控机床在开动和切削过程中的音响、动画等功能操作接近真实效果,实现了数控机床操作仿真、数控系统仿真、教学仿真等多种功能。

1.5.2 典型铣削零件上盖(下表面)的模拟数控仿真

首先打开 VNUC 软件,选择所要使用的机床。本书所选用的机床为华中世纪星三轴立式铣床，如图 1-127 所示。

接着进行毛坯安装。在安装之前，先定义毛坯尺寸和毛坯材料，另外还要定义夹具类型。图 1-128 为安装毛坯定义。图 1-129 为安装后的毛坯。

图 1-127　数控机床选择

图 1-128　定义毛坯

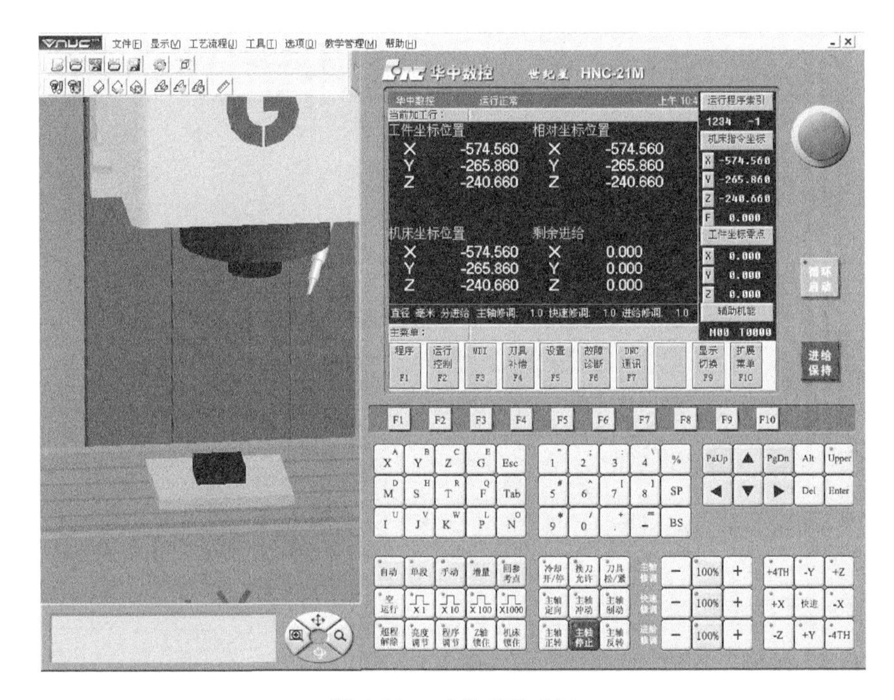

图 1-129　安装后的毛坯

先选择刀具并设置刀具参数，之后安装刀具。此工件用到三把环形铣刀，直径分别为 20mm、10mm、4mm(实际加工过程中需要用到钻头,因为钻孔时必须先用钻头钻孔再用铣刀扩孔)。图 1-130、图 1-131、图 1-132 分别是三把刀具的设置图,图 1-133显示了安装刀具之后的铣床。

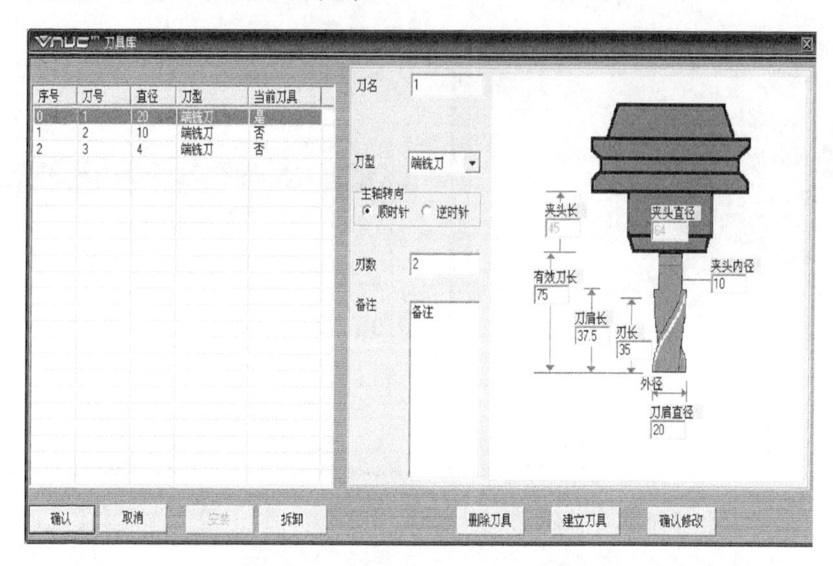

图 1-130 直径 20mm 的环形铣刀

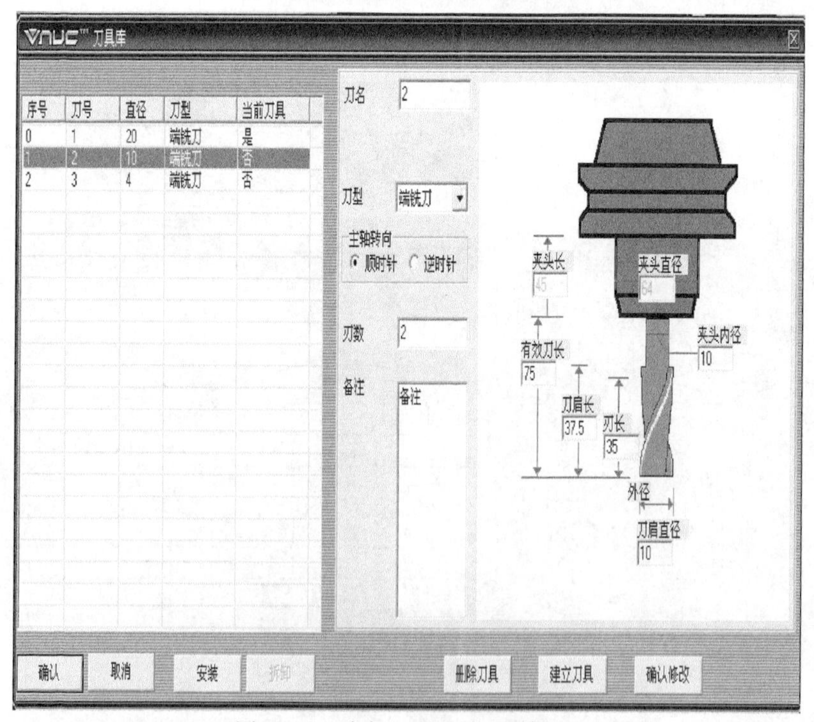

图 1-131 直径 10mm 的环形铣刀

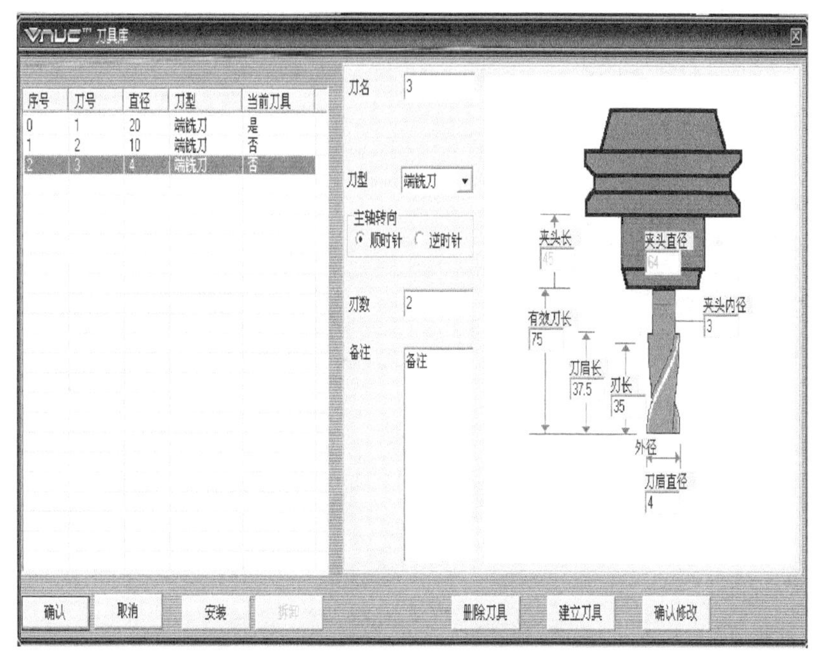

图 1-132　直径 4mm 的环形铣刀

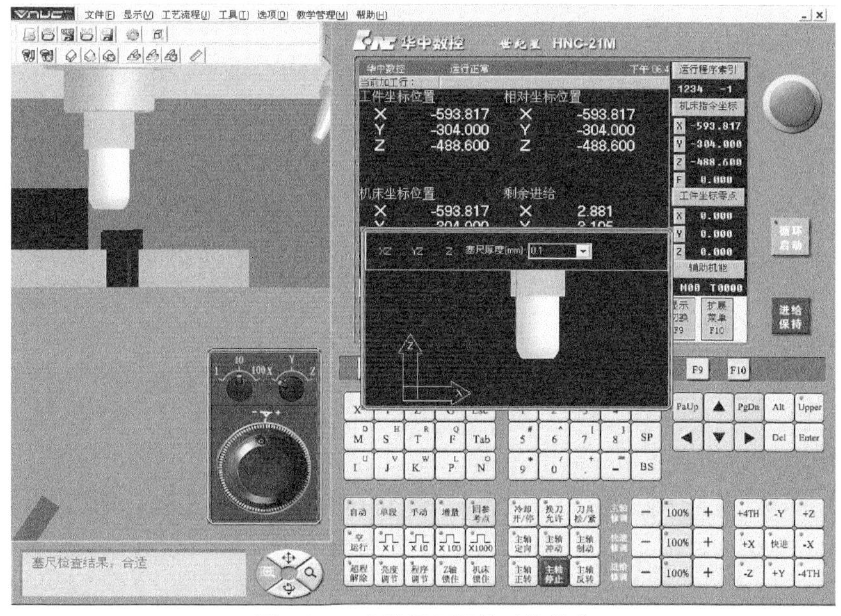

图 1-133　安装了环形铣刀的机床

然后，分别在 X、Y、Z 上进行对刀。首先要将 X、Y、Z 回到参考点，然后将分别对刀 $X1$、$X2$、$Y1$、$Y2$ 和 Z，待塞尺显示由太松变为合适时停止，最后得到 X 轴上坐标为$(X1+X2)/2$，Y 轴上坐标为$(Y1+Y2)/2$，Z 轴上坐标为 $Z-$工件厚度。在对刀的过程中要使用软件自带的辅助视图，即塞尺来判断刀具和工件之间的距离。图 1-134 为对刀后建立的坐标系。图 1-135 为塞尺检查结果。

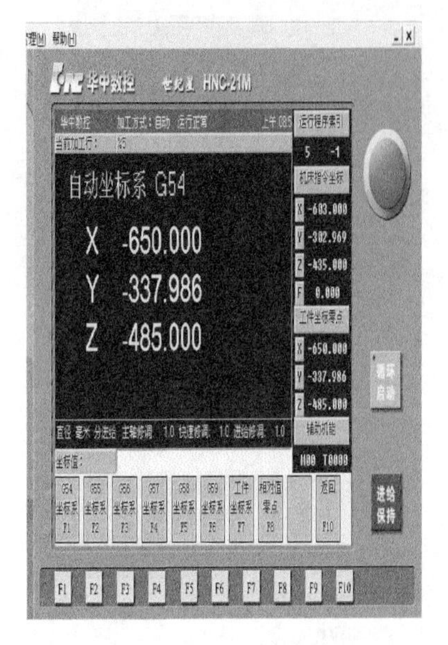

图 1-134 工件坐标系

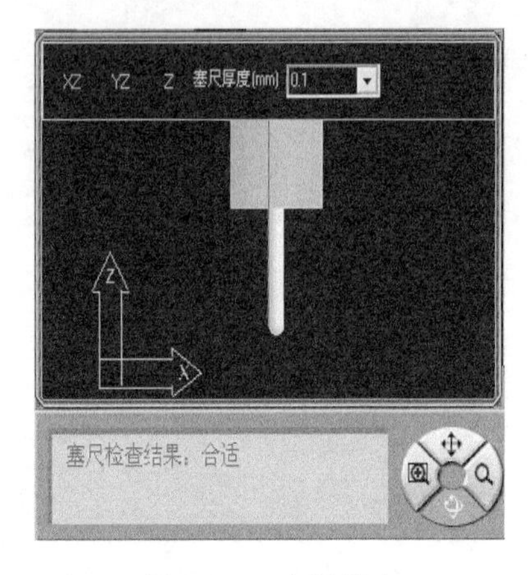

图 1-135 塞尺检查

最后，导入 NC 代码，对零件进行加工仿真。对在 CAXA 中生成的 NC 代码进行修改，将生成的 NC 代码的第一行的文件名字改为由百分号%开头，之后将修改过的 NC 代码加载到数控机床上，并且对 NC 代码进行校验，程序校验无误后点击“自动运行”，然后“循环启动”即可。零件加工过程分别如图 1-136、图 1-137 和图 1-138 所示。

凸轮机构广泛应用于自动控制机械装置中。传统的凸轮机构加工的零件精度完全是靠人工控制的，在精度要求上不容易满足要求，且比较费时。而数控机床是根据加工程序对工件进行自动加工的先进设备，工件的加工质量主要由机床的加工精度、工艺和加工程序的质量决定，基本上排除了机床操作人员手工操作技能的影响，且省时省力。

本章详细讨论了凸轮机构的三维建模、虚拟装配及其典型零件的数控加工技术。此凸轮机构是由心轴、基座、凸轮、上盖、螺母、活塞六个零件组成的。首先，通过 CAXA 制造工程师软件对凸轮机构的各个零件进行建模；然后对其进行装配；最后，对凸轮机构的典型零件进行 CAD 建模、CAM 加工仿真，生成了薄壁零件的刀具轨迹路径。仿真无误后经过后置处理输出 NC 代码，并把 NC 代码加载到 VNUC 仿真软件里进行试切，实时模拟了薄壁零件实际的加工过程，预测了切削过程的正确性。在工件试切时，决定采用高速加工技术。切削试验结果表明，高速干式加工技术生产效率高，加工成本低，零件的内应力和热变形小，加工表面质量好，环境污染小，符合现代绿色加工的发展趋势。

图 1-136　上表面加工

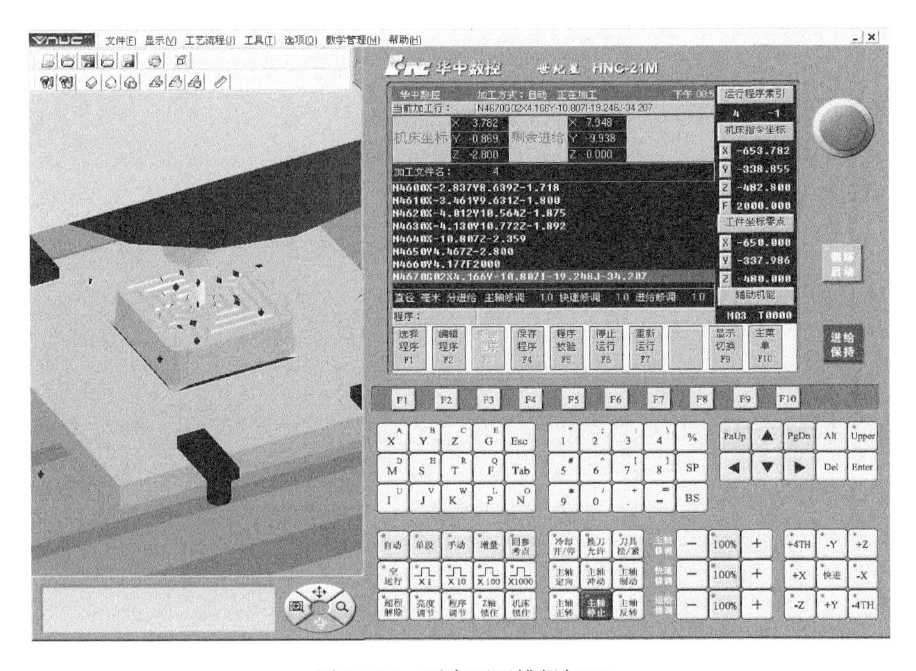

图 1-137　下表面凹槽粗加工

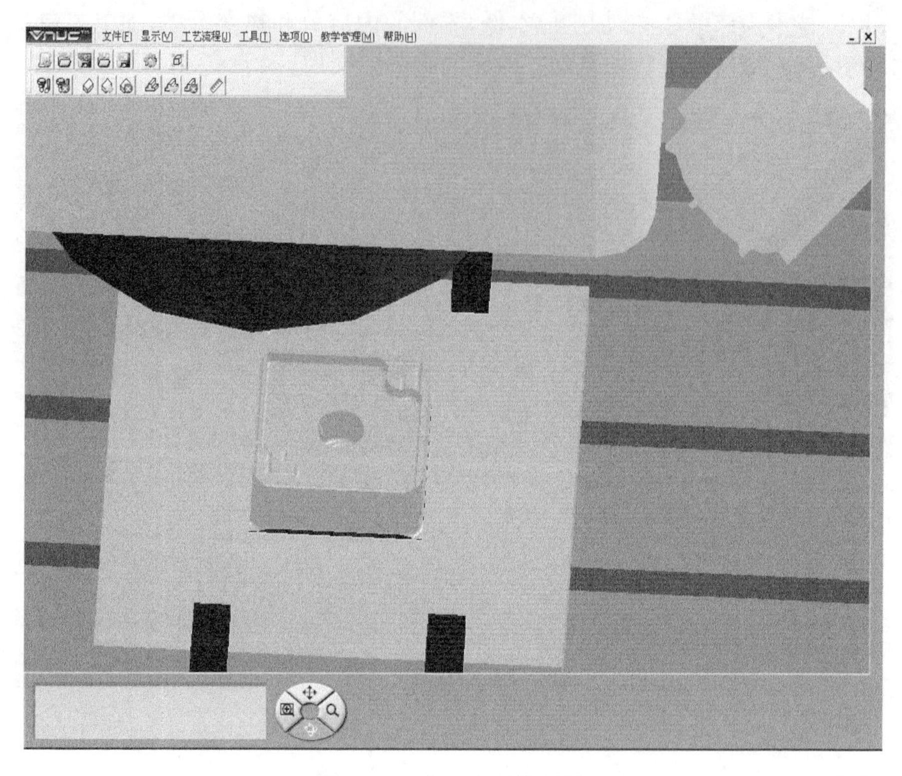

图 1-138　加工完成效果图

第 2 章　伞式结构的 3D 设计与 NC 加工

2.1　基于 CAXA 平台伞式结构各部分零件的 3D 设计

伞式结构是水轮发电机中常用到的典型机构，就其结构本身来说，加工起来有一定的难度。伞式结构主要零件的加工精度和表面质量会影响其运动性能。近年来，随着计算机技术的不断进步，制造业也顺应时代的潮流有了长足的进步，这也使得伞式结构能够得到更加精确的设计加工。

2.1.1　伞式结构的组成

本章研究的是伞式结构的数控加工技术。此伞式结构是由底座、锥体、螺纹滑块、螺柱、球摆杆、摆杆、顶板、螺栓、螺钉、螺母等零件组成。图 2-1 是伞式结构装配三维图。图 2-2 是伞式结构的装配二维图。本章主要以伞式机构各个零件的三维建模、虚拟装配以及侧板零件数控加工的后置处理、加工仿真和优化等为核心内容，以 CAXA 实体设计、制造工程师、数控车、VNUC 仿真软件为技术平台，结合数控加工工艺优化等内容，对伞式结构的数控加工进行了较为全面的研究。

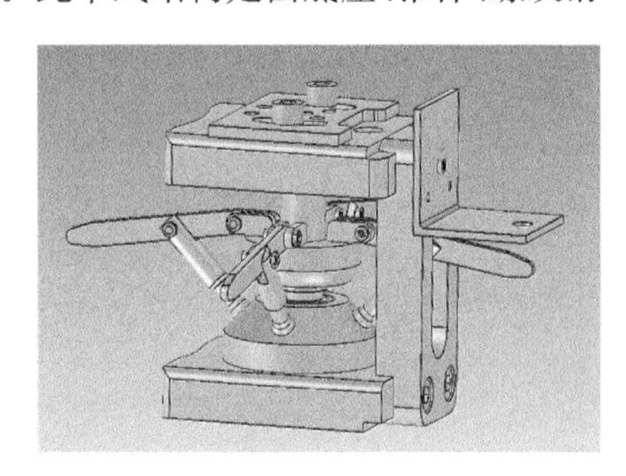

图 2-1　伞式结构装配三维图

2.1.2　伞式结构的实体建模

1. 顶板的实体建模

下列实体建模部分仅对顶板、锥体、螺纹滑块部分进行详细的过程说明及每一步的截图操作，对于后边的零件部分底座、侧板、球摆杆、摆杆进行详细的步骤说明，但不再进行每一步的过程截图，对于电动机固定板、传感器固定板部分只给出关键过程的操作截图及结果截图。在建模过程中不进行具体尺寸的说明，具体的尺寸将在零件工程图和加工操作过程中显示。建模过程利用 CAXA 实体设计建模工具。

图 2-3 是顶板的零件图。下面对顶板进行建模。

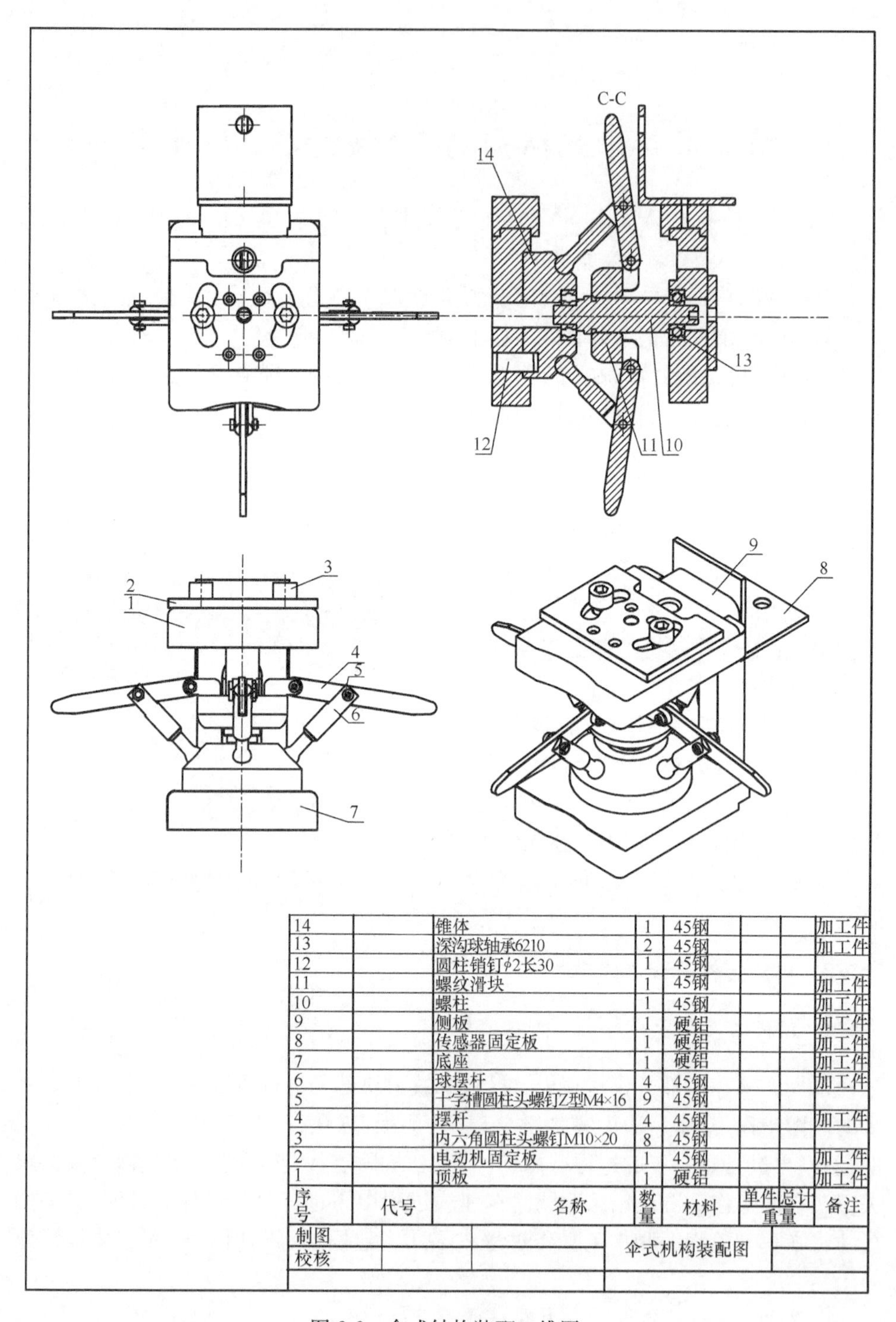

序号	代号	名称	数量	材料	单件重量	总计重量	备注
14		锥体	1	45钢			加工件
13		深沟球轴承6210	2	45钢			加工件
12		圆柱销钉ϕ2长30	1	45钢			
11		螺纹滑块	1	45钢			加工件
10		螺柱	1	45钢			加工件
9		侧板	1	硬铝			加工件
8		传感器固定板	1	硬铝			加工件
7		底座	1	硬铝			加工件
6		球摆杆	4	45钢			加工件
5		十字槽圆柱头螺钉Z型M4×16	9	45钢			
4		摆杆	4	45钢			加工件
3		内六角圆柱头螺钉M10×20	8	45钢			
2		电动机固定板	1	45钢			加工件
1		顶板	1	硬铝			加工件

制图			伞式机构装配图	
校核				

图 2-2　伞式结构装配二维图

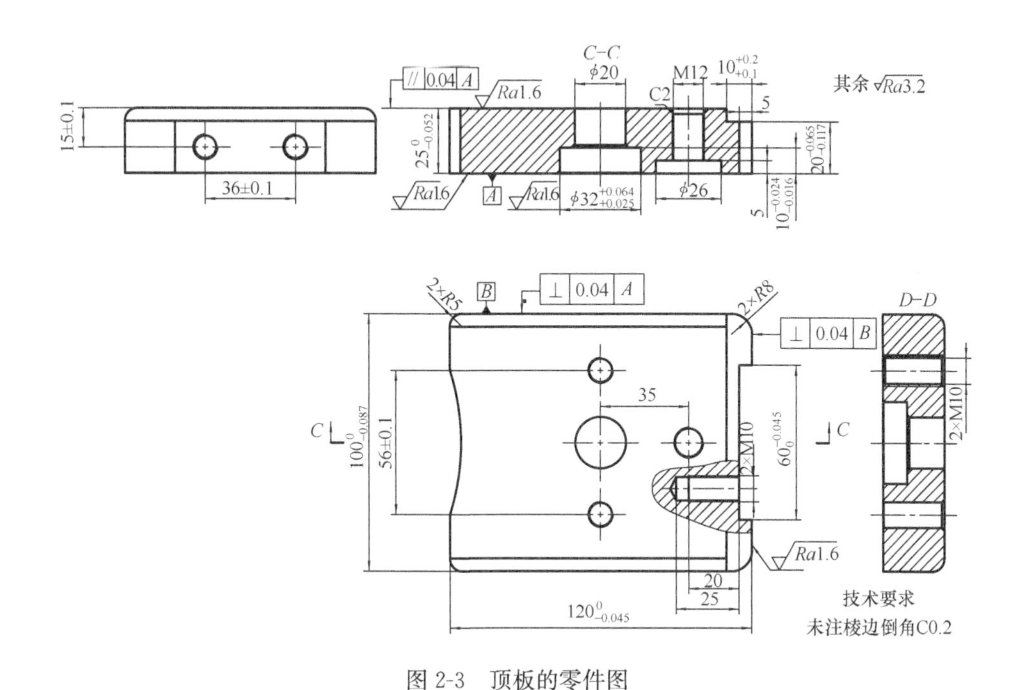

图 2-3　顶板的零件图

(1) 双击桌面图标，打开“CAXA 实体设计 2013”；选择“创建一个新的设计文件”，单击“确定”；然后选择“公制、蓝色”模板，单击“确定”，来创建一个新的设计环境。

(2) 鼠标左键单击图素设计元素库中的“长方体”，拖动至设计工作显示区域，松开鼠标左键。

(3) 在默认状态下，用鼠标左键单击实体两次，进入智能图素编辑状态，会显示出一个具有 6 个方向操作手柄的包围盒，右击包围盒操作手柄，从弹出的快捷菜单中选择“编辑包围盒”命令，在弹出的“编辑包围盒”对话框中输入尺寸数值，点击“确定”，如图 2-4、图 2-5 所示。

(4) 从设计元素库中拖动“孔类圆柱体”至长方体上表面中心，单击两次，进入智能图素编辑状态。同上述步骤，输入正确的尺寸数值，单击“确定”，如图 2-6 所示。

(5) 同样拖动“孔类圆柱体”至长方体下底面中心，编辑包围盒，输入尺寸数值，点击“确定”，如图 2-7 所示。

(6) 单击特征功能面板中的“自定义孔”，在设计环境中选择“长方体”作为零件，在左侧“属性”面板中单击 ，选择“二线、圆、圆弧、椭圆确定平面”，然后选择“上表面中心孔”，如图 2-8 所示，生成二维平面，单击 完成。输入两个螺纹孔位置坐标，单击“完成”，得到两螺纹孔位置如图 2-9 所示。在自定义空类型中选择“简单孔”，孔深类型选择“贯穿”，螺纹选项中螺纹类型选择 M10×1.25，点击完成,如图 2-10 所示,生成实体如图 2-11 所示。

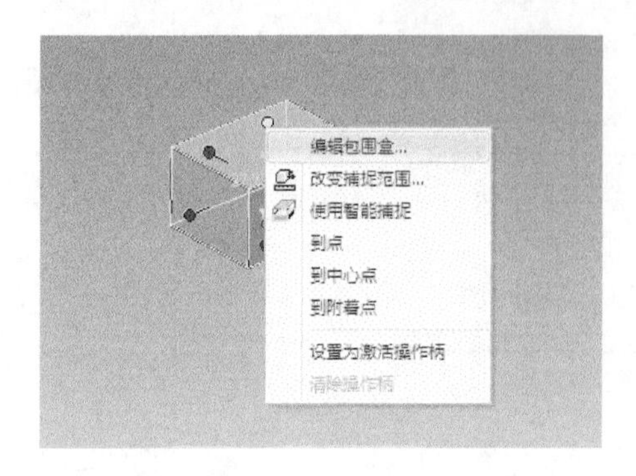

图 2-4 编辑包围盒

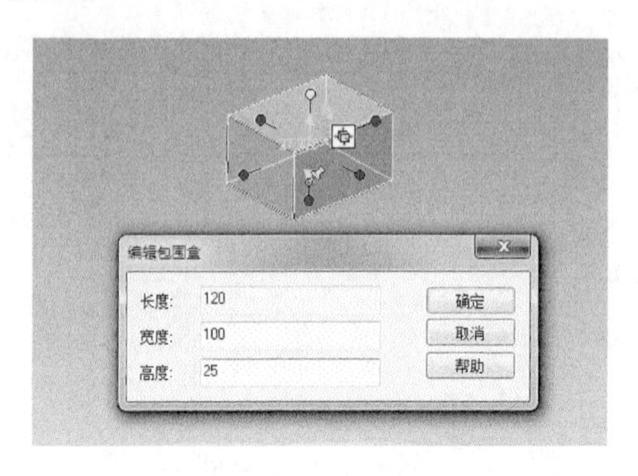

图 2-5 尺寸参数

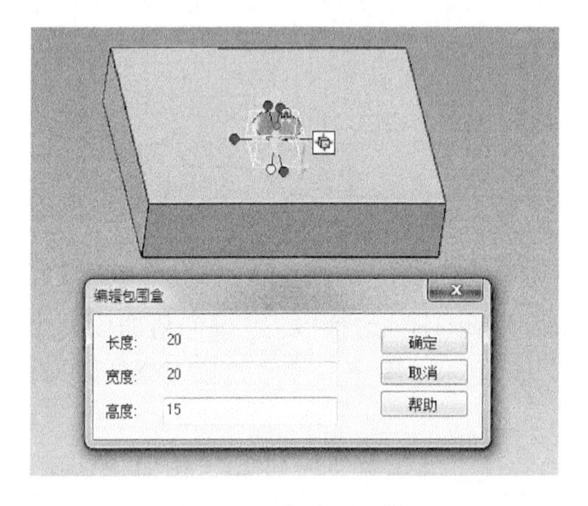

图 2-6 孔类圆柱体

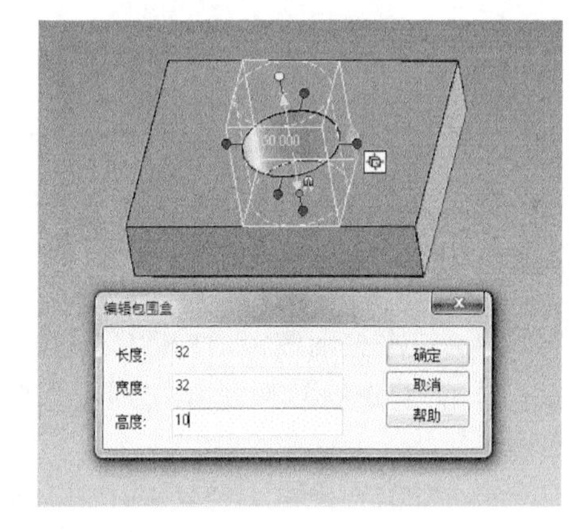

图 2-7 尺寸参数

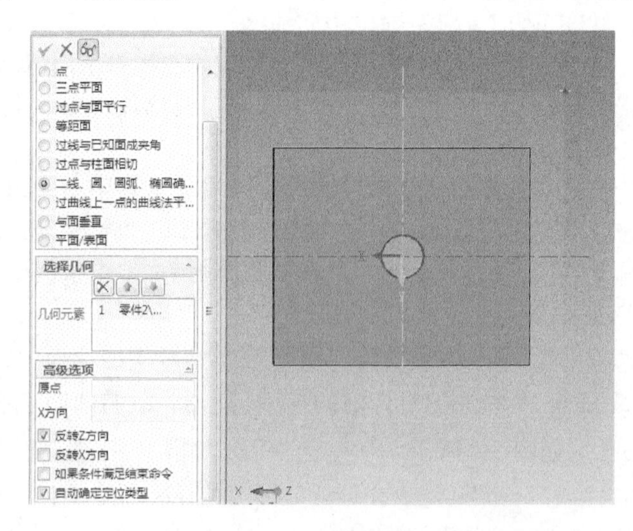

图 2-8 二维平面

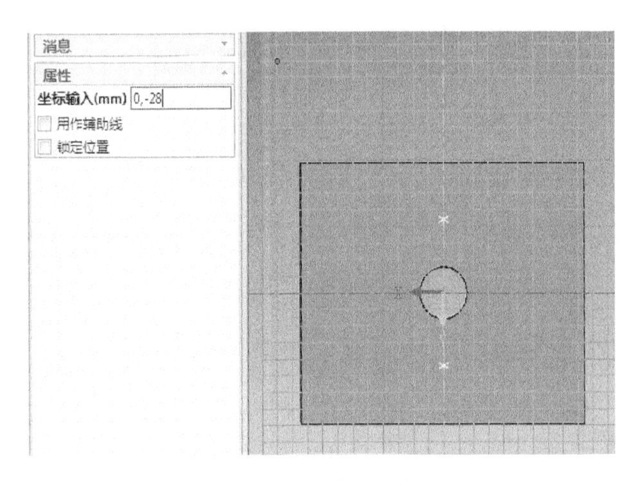

图 2-9　孔位置坐标

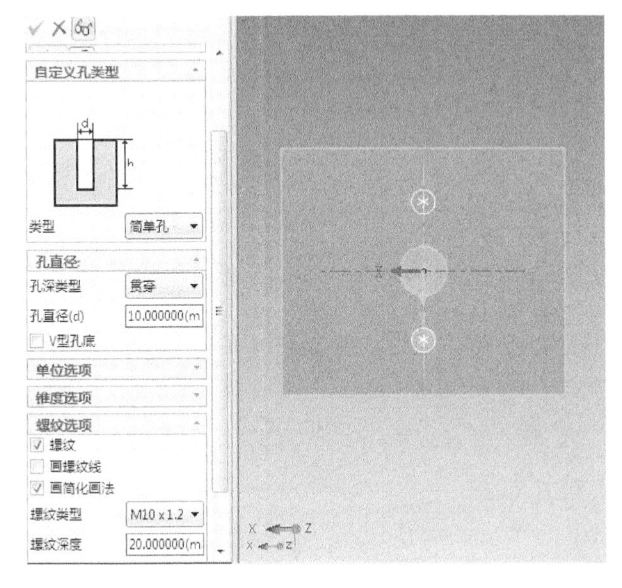

图 2-10　草图

(7) 单击特征功能面板中的“自定义孔”,同步骤(6),输入坐标(−35,0),螺纹类型选择 M12×1.25,孔深类型选择“贯穿”,螺纹深度输入 20mm,点击 完成,如图 2-12 所示。

(8) 拖动“孔类圆柱体”至 M12 螺纹孔中心,以下底面为标准编辑包围盒,输入正确的数值,点击“确定”,如图 2-13 所示。

(9) 拖动“孔类长方体”至上表面右侧棱边中点,如图 2-14 所示,按下键盘 Shift 键,同时左键单击右侧长度操作手柄,拖动至与右侧平面平齐,左键分别单击两个宽度方向操作手柄，向两侧拖动至贯穿整个长方体，如图 2-15 所示。然后以上表面为基准右键单击高度方向操作手柄，选择“编辑包围盒”，输入高度 5mm，长度 10mm，如图 2-16 所示，点击“确定”得到图 2-17。

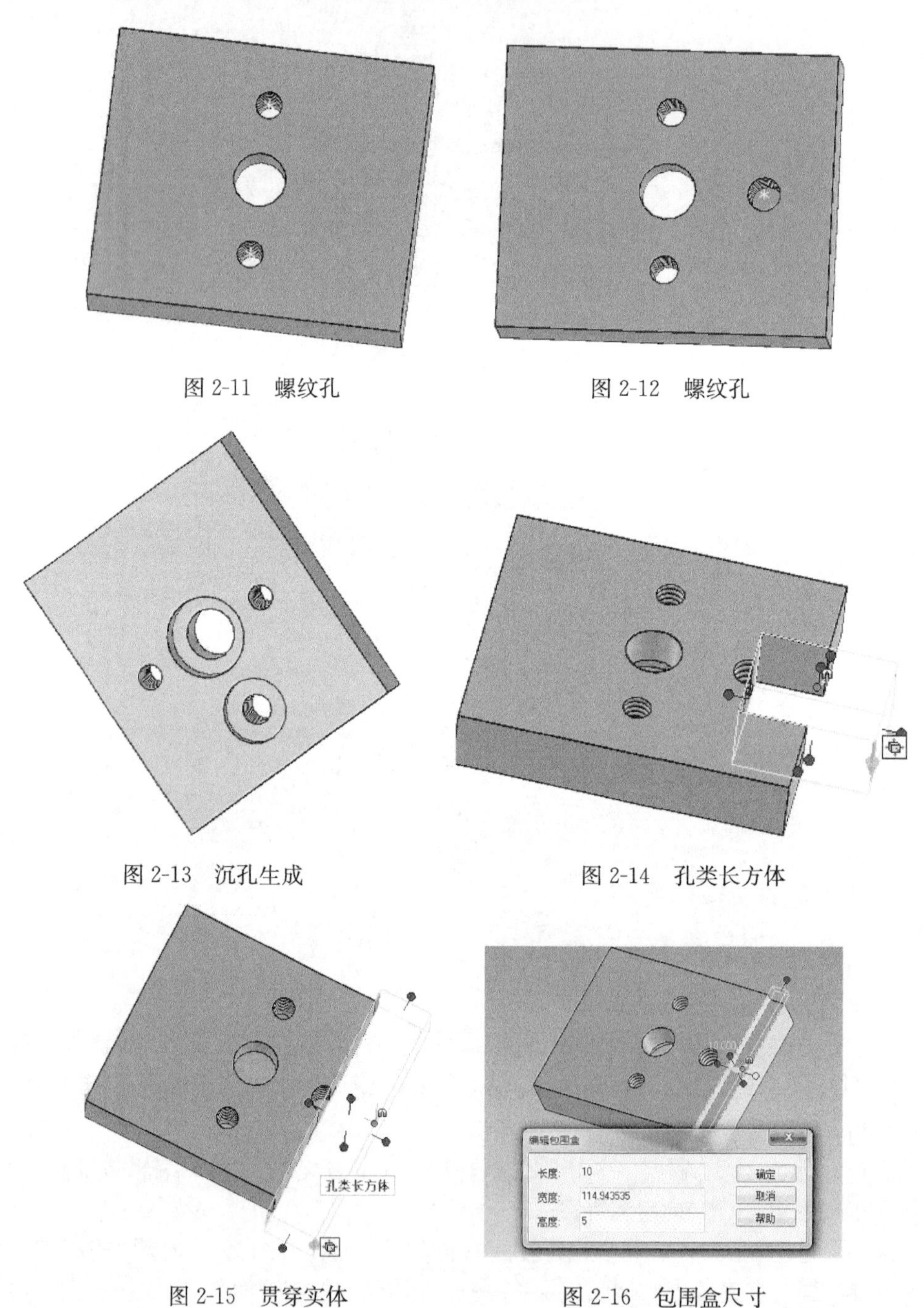

图 2-11　螺纹孔

图 2-12　螺纹孔

图 2-13　沉孔生成

图 2-14　孔类长方体

图 2-15　贯穿实体

图 2-16　包围盒尺寸

(10) 同步骤(9)操作，在输入长度方向数值时，按下“Ctrl”键，同时选择两个方向的操作手柄，在弹出的对话框中输入正确的长度数值，使孔类长方体以中点为基准向两侧对称生成，以完成类似孔类长方体的生成，如图 2-18 所示。

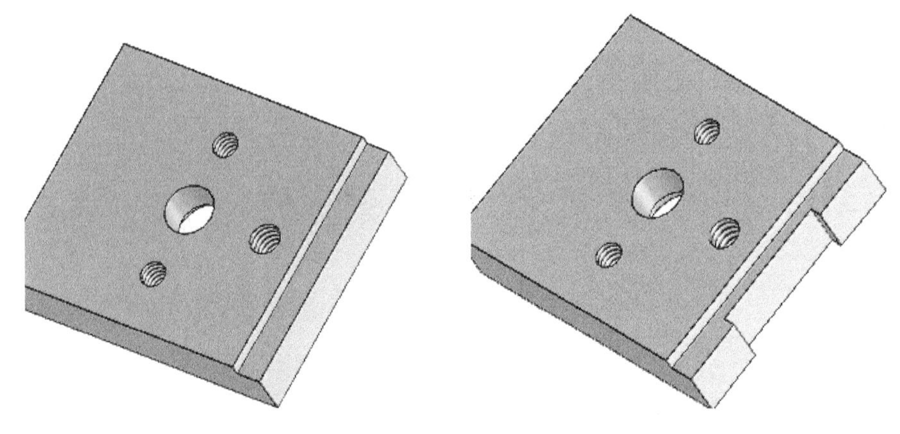

图 2-17　孔类长方体生成　　　　图 2-18　孔类长方体除料

(11) 同步骤(6)，在右侧面生成两个深度 25mm、螺纹长度 20mm、M10×1.25 的螺纹孔，如图 2-19 所示。

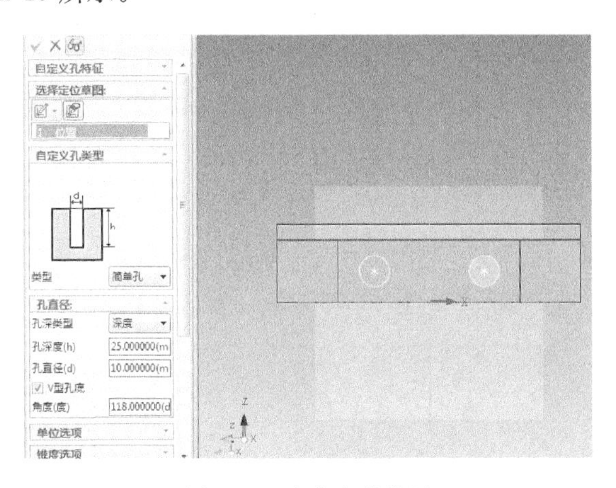

图 2-19　自定义孔位置

(12) 点击特征功能区中的“拉伸向导”，先选择“二线、圆、圆弧、椭圆确定平面”，再选择“上表面中心孔”，然后选择“除料”“实体”，点击“下一步”；选择“在特征末端(向前拉伸)”、“离开选择的表面”，点击“下一步”；输入距离 25mm，点击“完成”，如图 2-20、图 2-21 所示，画出拉伸除料的草图如图 2-22 所示。点击“完成”，若发现拉伸方向错误，可以在设计环境中右击拉伸，在弹出的快捷菜单中选择“切换拉伸方向”，得到图 2-23。点击特征功能区的“圆角过渡”，在设计环境中选择

“等半径”，半径修改为 3mm，选择要倒角的“几何”，点击 完成，如图 2-24 所示。

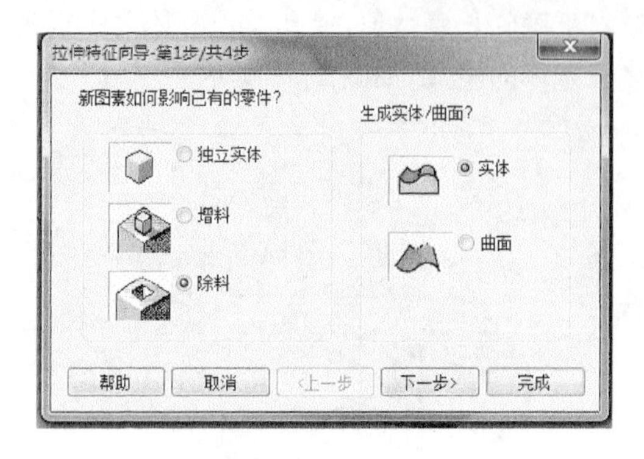

图 2-20　拉伸向导

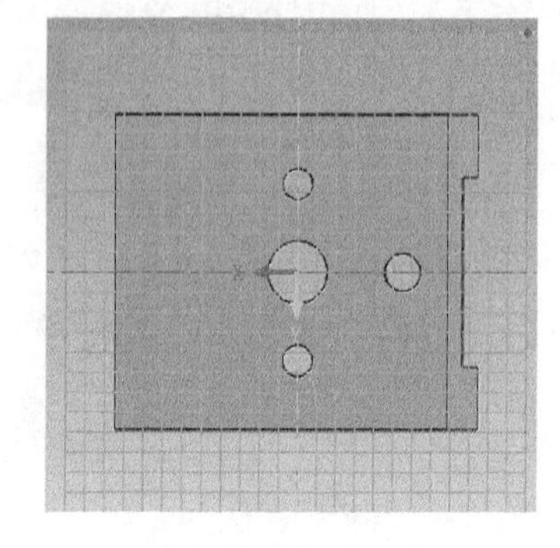

图 2-21　二维平面

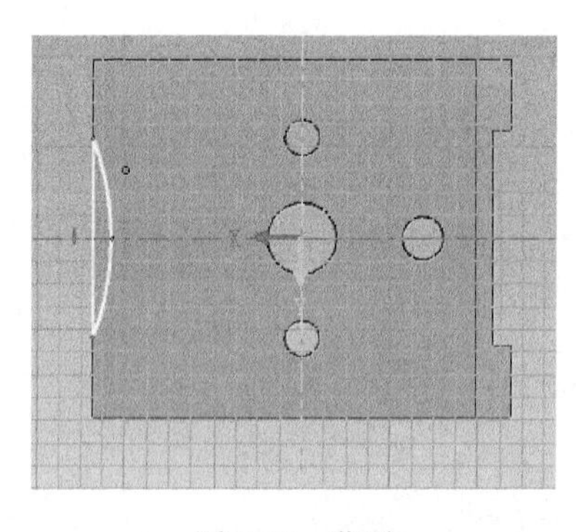

图 2-22　草图

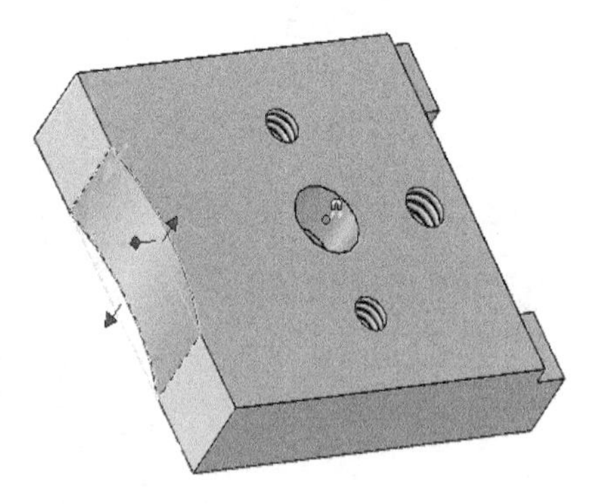

图 2-23　拉伸除料

(13) 点击特征功能区的“边过渡”或者“圆角过渡”，完成其他几何的棱边倒角或倒圆，生成最终的顶板建模实体，如图 2-25 所示。

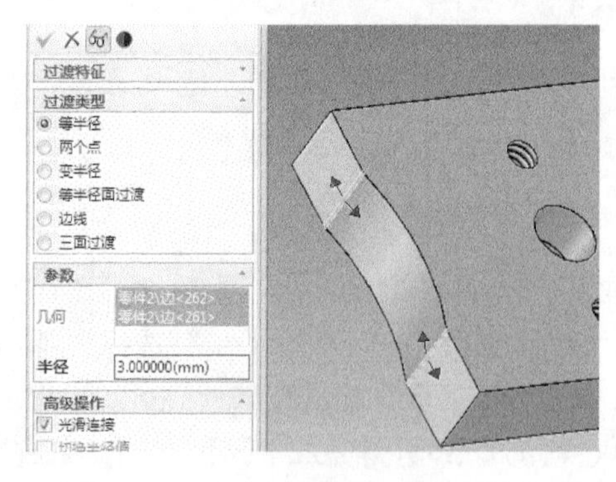

图 2-24　圆角过渡

图 2-25　顶板建模实体

2. 锥体的实体建模

锥体零件图如图 2-26 所示。下面对其进行实体建模。

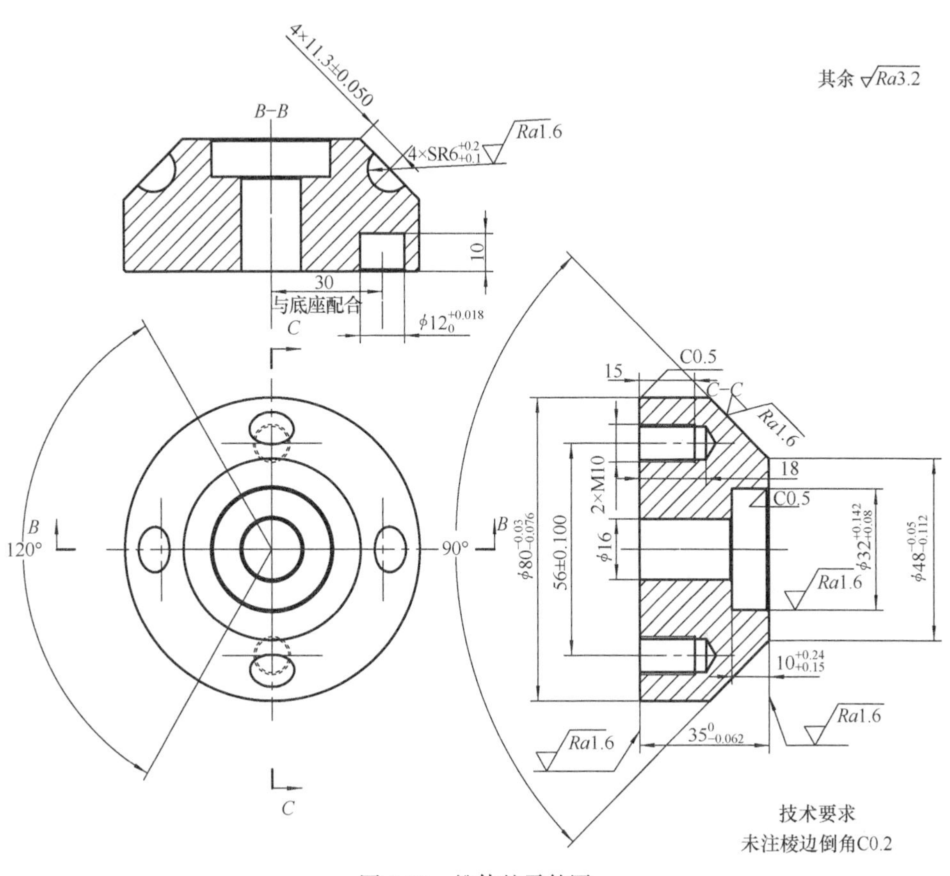

图 2-26　锥体的零件图

(1) 双击桌面图标,打开"CAXA 实体设计 2013";选择"创建一个新的设计文件",单击"确定";然后选择"公制、蓝色"模板,单击"确定",来创建一个新的设计环境。

(2) 点击特征功能区内的 旋转向导,在弹出的对话框中依次选择"独立实体"→"实体",点击"完成"按钮,进入二维草图编辑状态;以 Y 轴为旋转轴,绘制出锥体零件图的截面图轮廓,如图 2-27 所示;点击功能区"完成"按钮,生成锥体零件的基础外形,如图 2-28 所示。

(3) 拖动设计元素库中的"孔类圆柱体"至锥体上表面中心点,编辑孔类圆柱体包围盒,生成图 2-29。

(4) 重复步骤(3)相关操作,如图 2-30 所示。

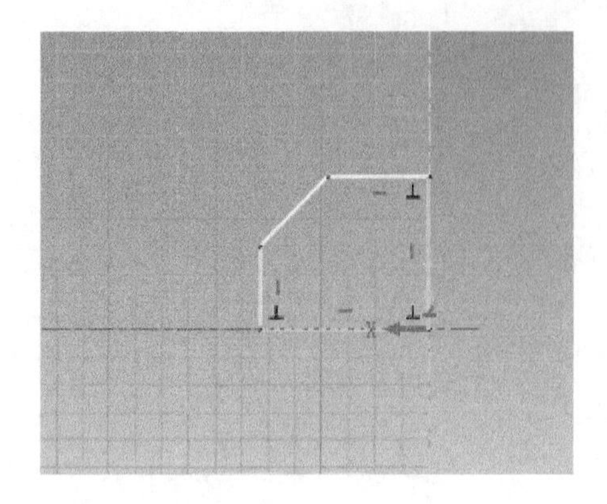

图 2-27　草图

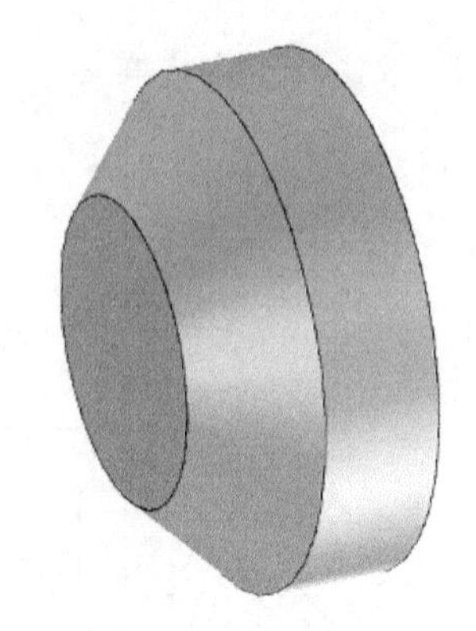

图 2-28　旋转实体

图 2-29　端面除料

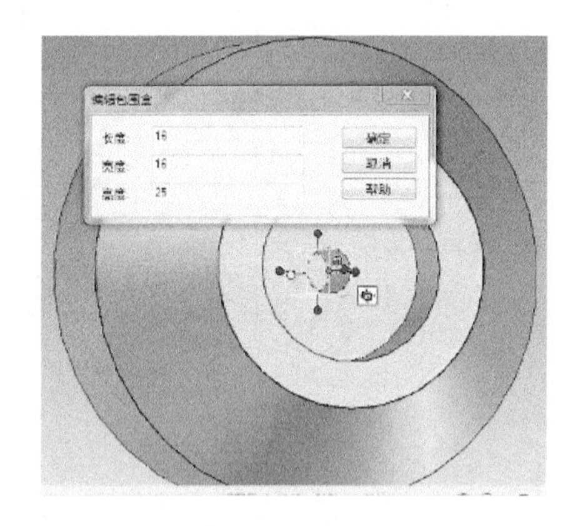

图 2-30　深孔除料

(5) 拖动设计元素库中的“孔类球体”至锥体上表面棱边一点，编辑包围盒，生成的图形如图 2-31 所示，按下“F10”激活三维球，如图 2-32 所示。以长度方向为基准，旋转合适角度，使高度方向与锥面平行，拖动高度方向三维球操作手柄，输入正确的距离数值，得到孔类球体的位置。点击功能区域中的“阵列特征”，在属性对话框中选择“圆形阵列”、“生成的孔类圆柱体”，选择锥体中心轴线为阵列旋转轴，角度为 90°，生成数量为 4，如图 2-33 所示，点击 ✓ 完成阵列操作。

(6) 仿照上述孔类圆柱体的生成过程，生成锥体底面孔类圆柱体，如图 2-34 所示。

(7) 点击特征功能区的 自定义孔，选择“锥体”为设计零件，点击 ，选择“二圆、圆、圆弧、椭圆确定平面”，在几何元素中选择底面的中心孔，生成二维坐标平面，如图 2-35 所示；在坐标平面内输入两个螺纹孔的正确位置坐标如图 2-36 所示；编辑属性栏中螺纹孔的参数，点击 ✓，完成两个螺纹孔的生成，如图 2-37 所示。

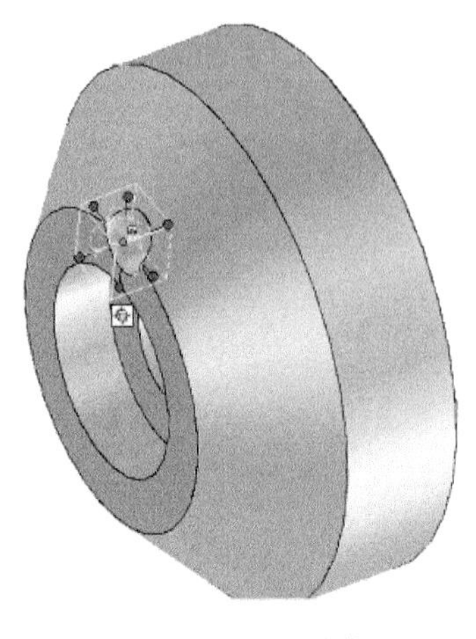

图 2-31　孔类球体

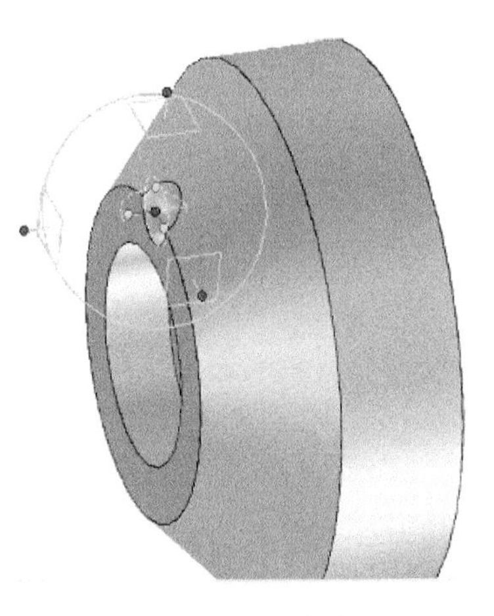

图 2-32　三维球

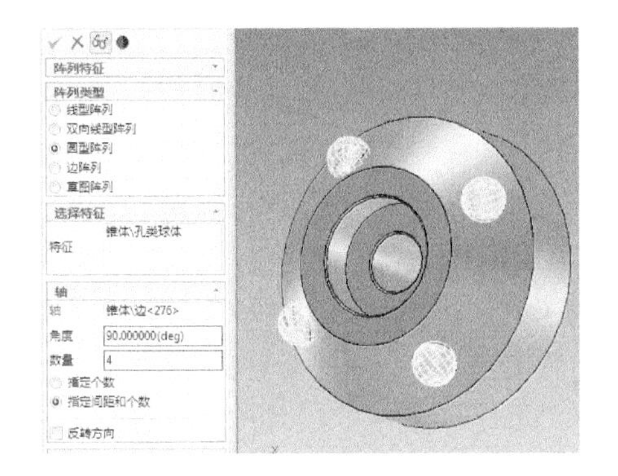

图 2-33　阵列

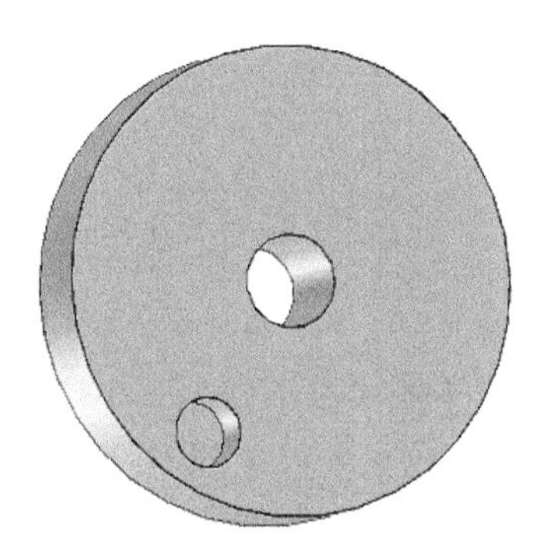

图 2-34　底面孔生成

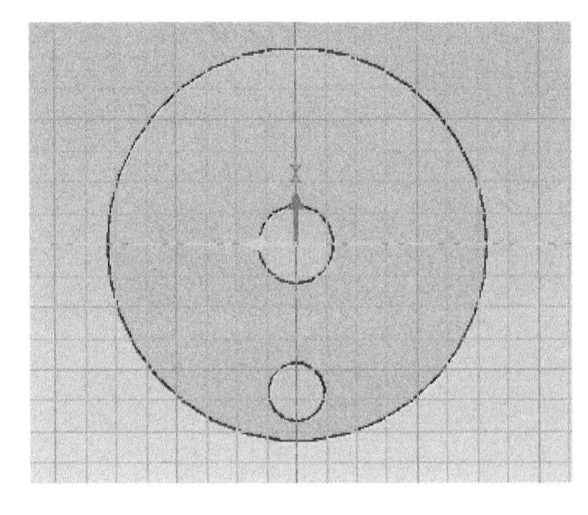

图 2-35　草图平面

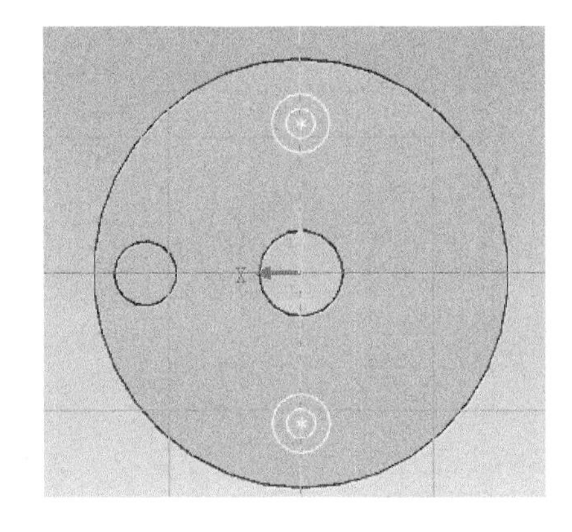

图 2-36　自定义孔坐标

(8) 使用功能区域的边倒角功能,选择应倒角的零件棱边,输入合适的倒角参数,完成零件的倒角,生成最终的建模实体,如图 2-38 所示。

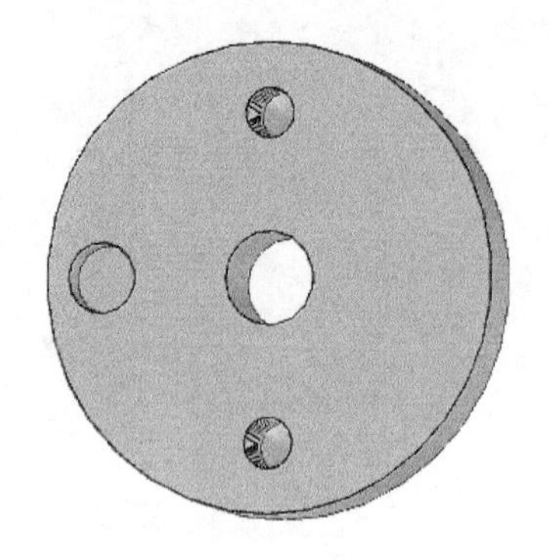

图 2-37 自定义孔生成

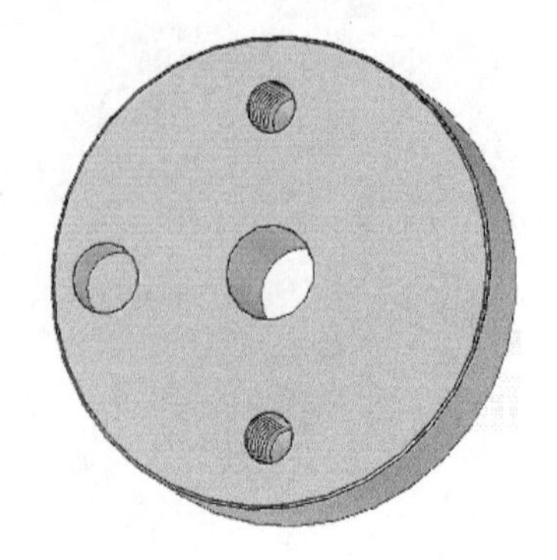

图 2-38 锥体建模实体

3. 螺纹滑块的实体建模

图 2-39 为伞式结构螺纹滑块的零件图。下面对螺纹滑块进行实体建模。

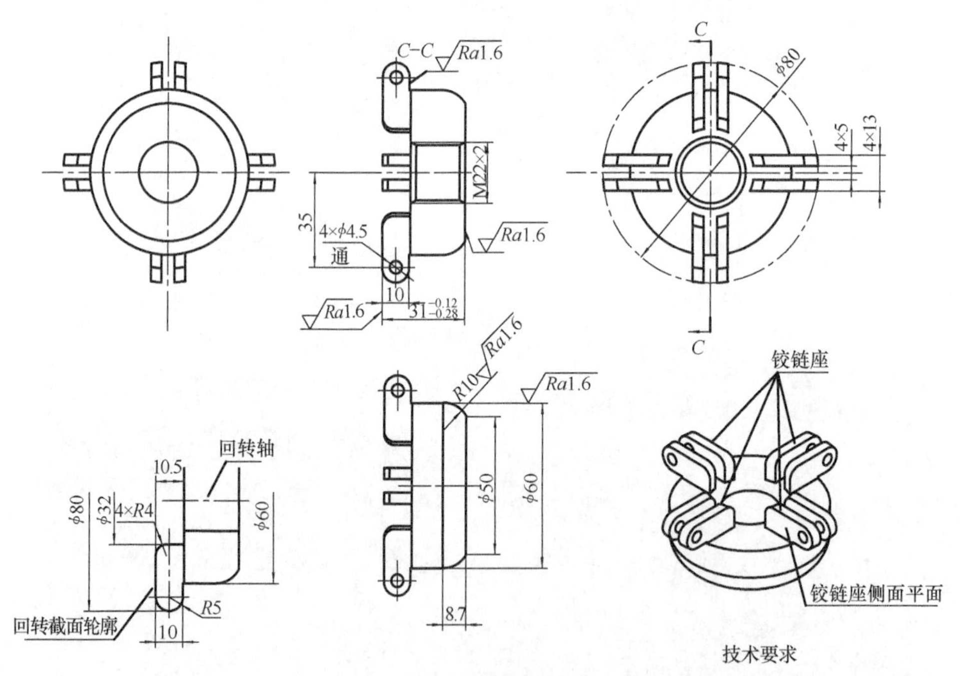

图 2-39 螺纹滑块的零件图

（1）点击特征功能区的“旋转向导”按钮，选择“独立实体”、“实体”、“旋转角度为360°”、“离开选择的表面”、“显示绘制栅格”，点击“确定”按钮完成旋转设置，生成二维绘图平面。在平面区域内，以*Y*轴为旋转轴，绘制螺纹滑块的外部轮廓曲线，如图2-40所示；然后点击“完成”按钮，生成螺纹滑块的基础旋转体，如图2-41所示。

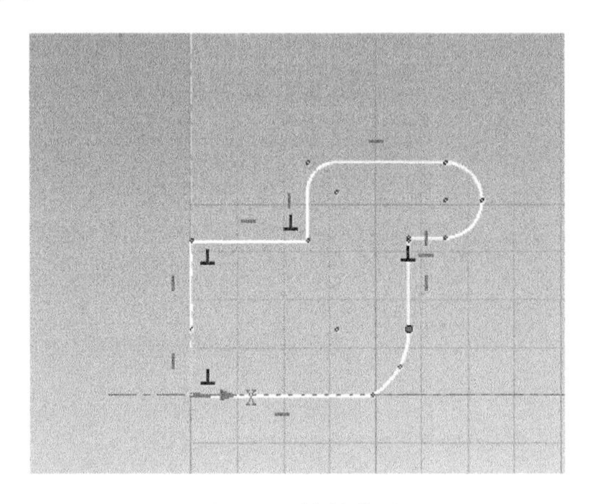

图2-40　旋转草图

图2-41　旋转实体

（2）点击特征功能区的 自定义孔，选择设计环境中的旋转体为设计零件，点击“属性”面板中的 ，选择“二圆、圆、圆弧、椭圆确定平面”来确定二维平面坐标，选择螺纹滑块表面一完整圆弧来确定坐标原点位置，并在“属性”对话框中编辑螺纹孔的正确参数，如图2-42所示；然后点击 完成编辑，生成最终螺纹孔，如图2-43所示。

图2-42　自定义孔平面

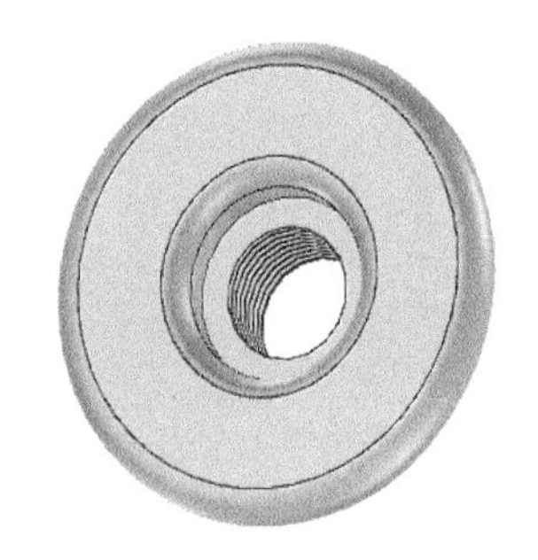

图2-43　孔生成

（3）点击特征功能区的“拉伸向导”，选择“二圆、圆、圆弧、椭圆确定平面”来确定二维平面坐标，选择螺纹滑块表面一完整圆弧来确定坐标原点位置，选择“除料”、“实体”，按照步骤提示输入正确的拉伸数值，如图 2-44 所示；接着点击“完成”来确定拉伸除料的二维平面，在二维坐标平面内利用“草图”功能面板中的“绘制”、“修改”等功能绘制需要进行拉伸除料部分的轮廓曲线，如图 2-45 所示；然后点击“完成”生成拉伸实体，如图 2-46 所示。

(4) 拖动“孔类圆柱体”至螺纹滑块铰链座一侧圆弧中点，如图 2-47 所示；右击操作手柄选择“编辑包围盒”，输入孔类圆柱体的正确尺寸，如图 2-48 所示。按下“F10”激活三维球，拖动三维球操作手柄，松开后输入孔类圆柱体距离铰链座断点的数值，使其移动至正确的位置，如图 2-49 所示；在其余三个铰链座上重复以上操作，完成其余三个孔类圆柱体的生成，如图 2-50 所示。

(5) 使用特征功能区的边倒角功能，选择需要进行倒角的棱行倒角，完成螺纹滑块的实体建模，如图 2-51 所示。

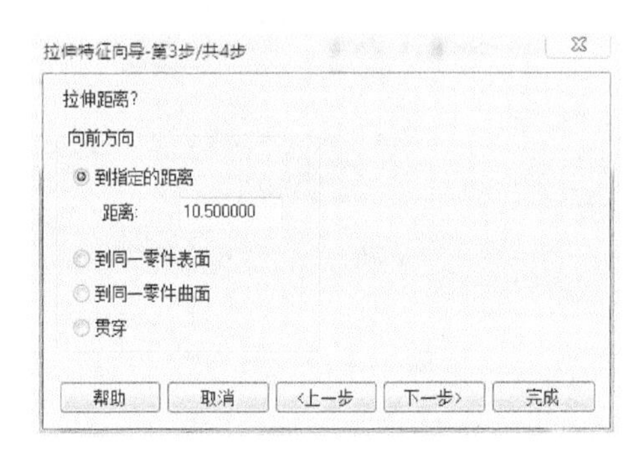

图 2-44　拉伸向导

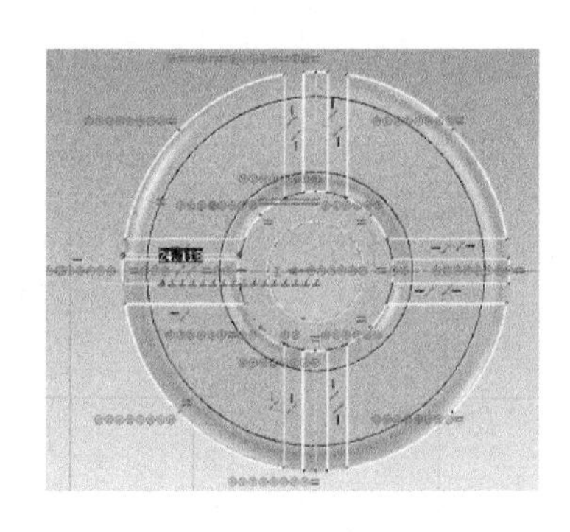

图 2-45　除料草图

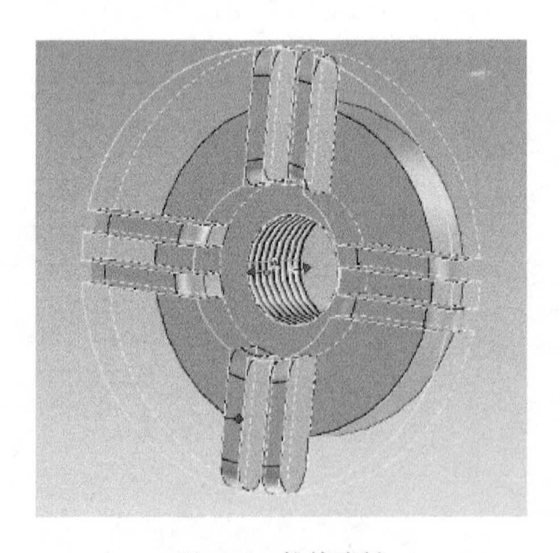

图 2-46　拉伸除料

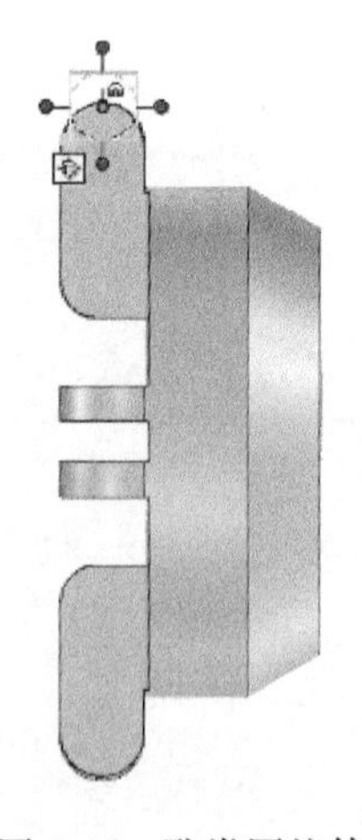

图 2-47　孔类圆柱体

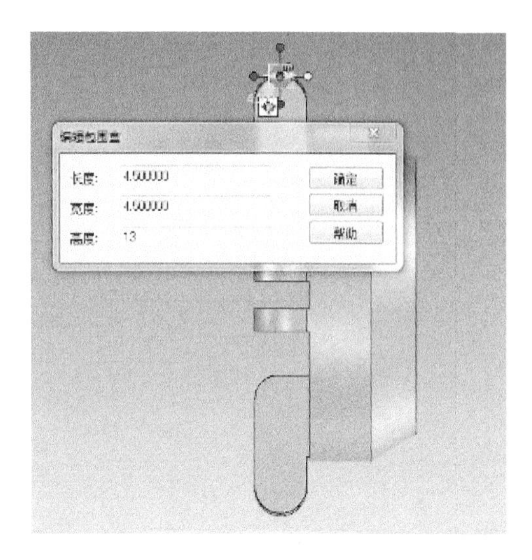

图 2-48　包围盒编辑

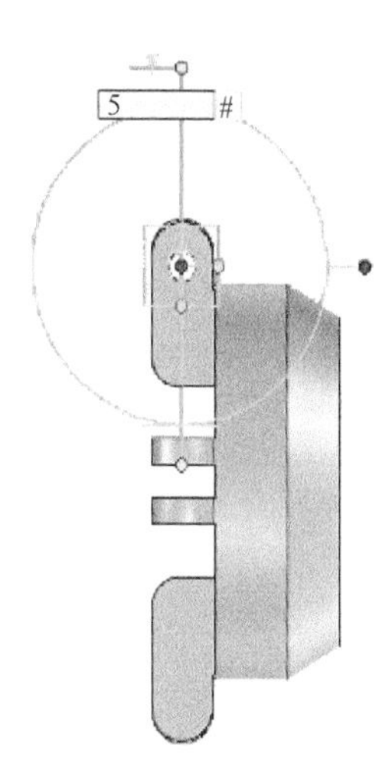

图 2-49　三维球移动

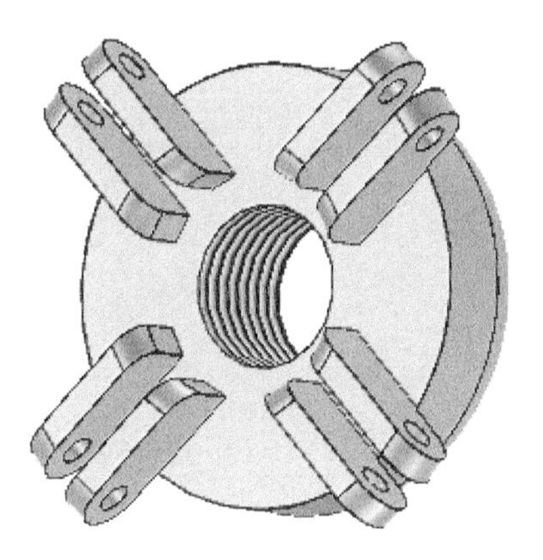

图 2-50　孔生成

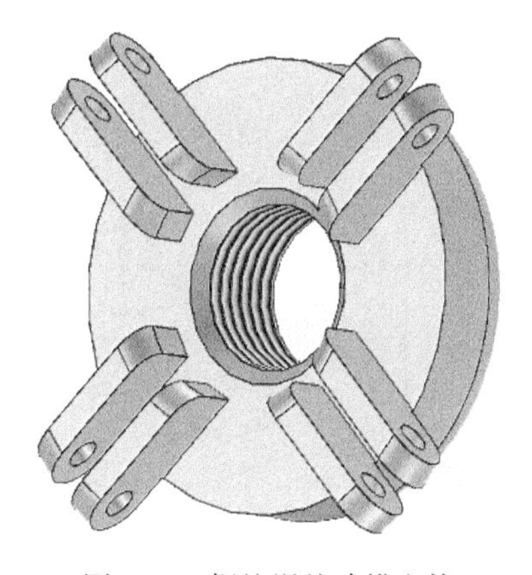

图 2-51　螺纹滑块建模实体

4. 底座的实体建模

图 2-52 为伞式结构底座的零件图。下面对其进行实体建模。

(1) 采用从设计元素库中拖动，选择“编辑包围盒”和“自定义孔”功能，实现底座建模的基本操作，如图 2-53 所示。

(2) 利用“圆角过渡”、“边倒角”功能，对底座需要进行倒角及圆角过渡的棱边进行倒角操作，生成最终的底座实体，如图 2-54 所示。

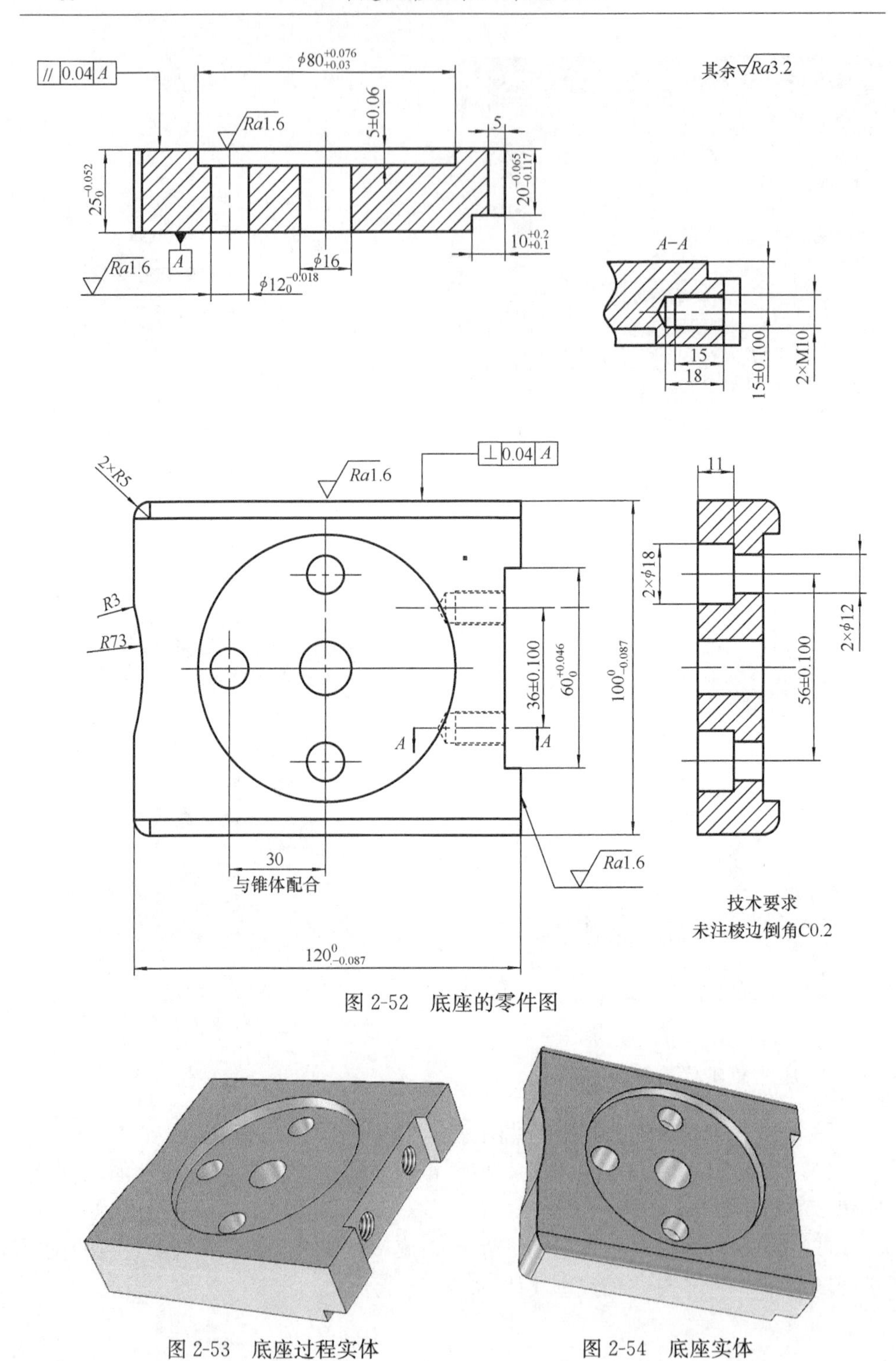

图 2-52　底座的零件图

图 2-53　底座过程实体

图 2-54　底座实体

5. 侧板的实体建模

图 2-55 为伞式结构侧板的零件图。下面对其进行实体建模。

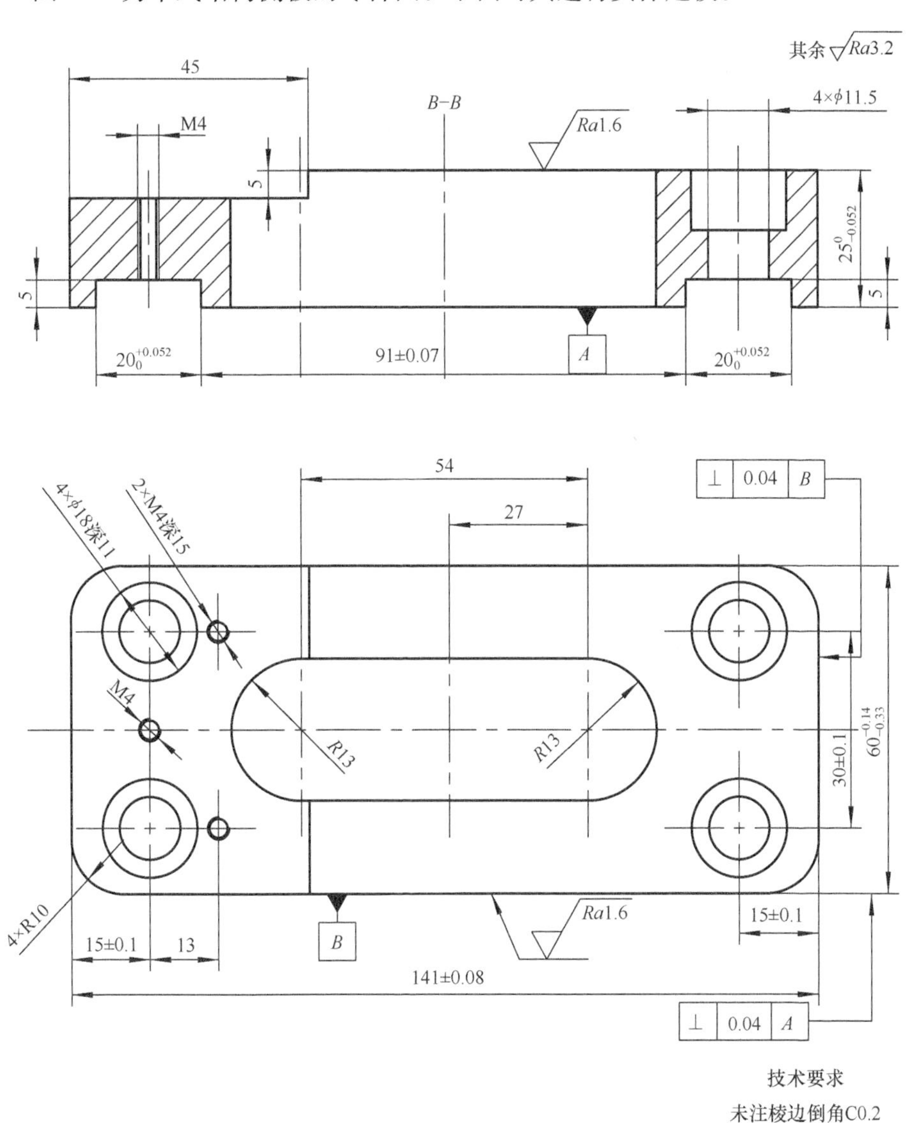

图 2-55　侧板的零件图

(1) 根据侧板零件工程图，使用设计元素库中的“长方体”、“孔类圆柱体”，以及特征功能区的“拉伸向导”指令，进行拉伸除料操作，完成侧板建模的部分操作，生成如图 2-56 所示的部分建模实体。

(2) 使用特征功能区中的“自定义孔”功能，完成侧板上表面左侧三个螺纹孔的建模，并使用“圆角过渡”、“边倒角”功能对需要进行倒角过渡的棱边进行倒角加工，完成侧板零件的建模，如图 2-57 所示。

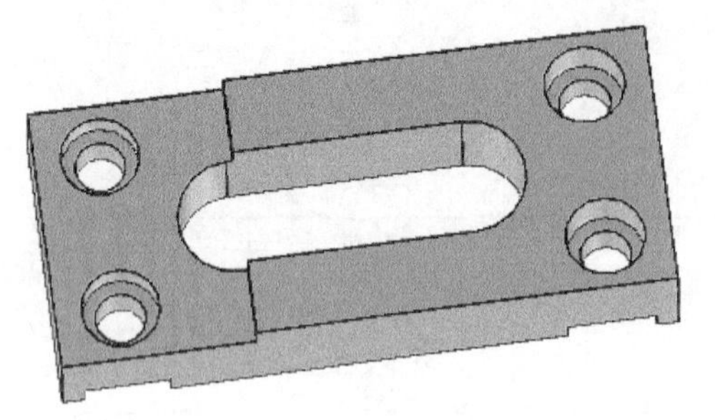

图 2-56　侧板部分建模实体

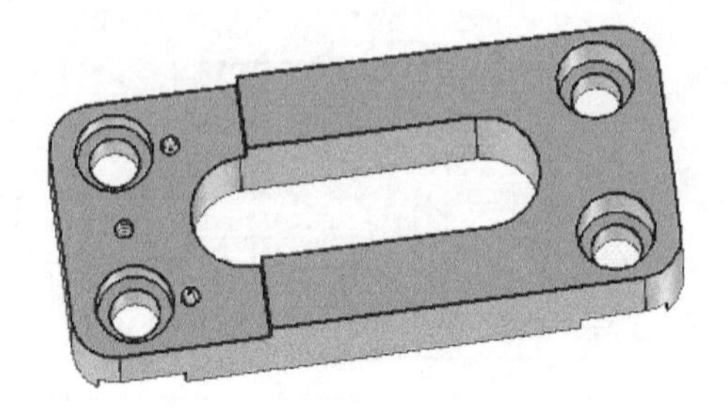

图 2-57　侧板建模实体

6. 球摆杆的实体建模

图 2-58 为伞式结构球摆杆的零件图。下面对球摆杆进行实体建模。

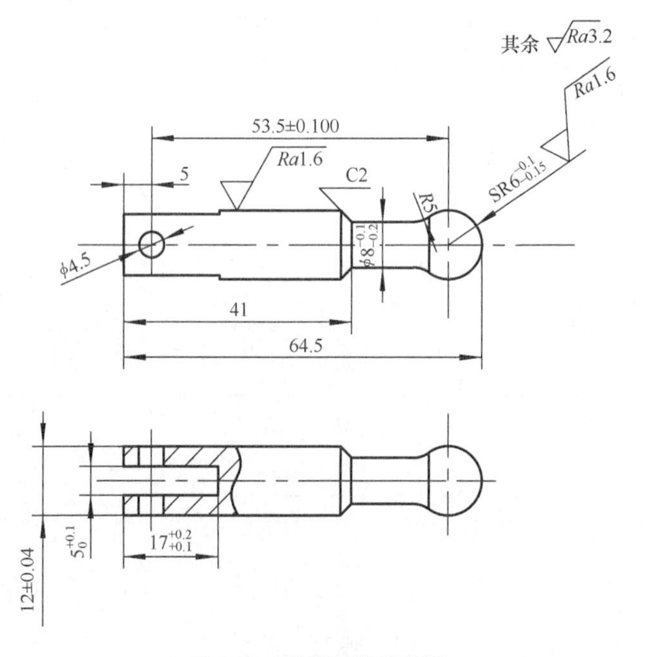

图 2-58　球摆杆的零件图

(1) 打开“CAXA 实体设计 2013”，创建新的设计环境，根据球摆杆的零件工程图，点击特征功能区中的“旋转向导”，选择“独立实体”、“实体”，根据“旋转向导”对话框完成设置操作，点击“确定”完成设置，生成二维绘图平面，然后在此二维平

面内以 Y 轴为旋转轴，绘制出球摆杆的轮廓曲线，绘制完成后要使用草图功能区中的“删除重复”来删除可能存在的重复草图轮廓线，否则会导致旋转实体生成的失败，球摆杆轮廓曲线如图 2-59 所示。点击“完成”可生成旋转实体。

(2) 拖动设计元素库中的“孔类圆柱体”至球摆杆平面端轮廓上一点松开，编辑包围盒输入通孔的尺寸，按 F10 激活三维球，沿球摆杆轴线方向拖动三维球操作手柄，输入通孔位置数据，完成通孔的生成，如图 2-60 所示。

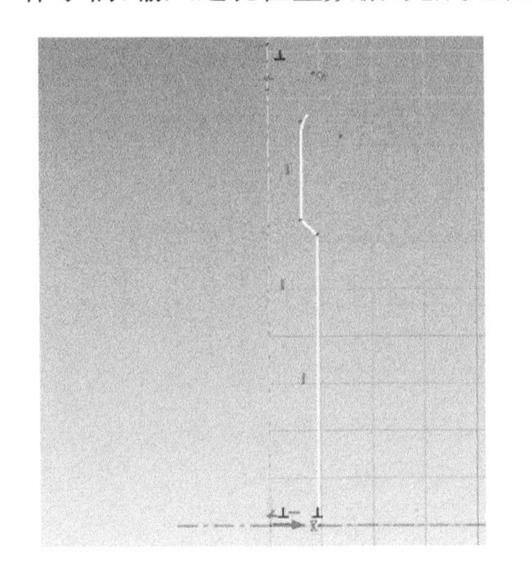

图 2-59　球摆杆草图

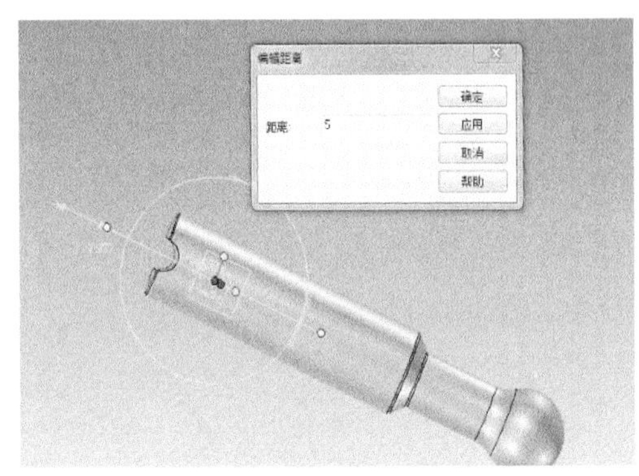

图 2-60　通孔的生成

(3) 同样操作，拖动“孔类长方体”至球摆杆端面且与通孔垂直方向，编辑包围盒，完成孔类长方体生成，最后使用特征功能区的边倒角功能，对需要进项倒角处理的棱边进行倒角处理，生成最终的球摆杆建模实体，如图 2-61 所示。

图 2-61　球摆杆建模实体

7. 螺柱的实体建模

图 2-62 为伞式结构球螺柱的零件图。下面对螺柱进行实体建模。

(1) 打开“CAXA 实体设计 2013”，创建新的设计环境，根据球摆杆的零件工程图，点击特征功能区中的“旋转向导”，选择“独立实体”、“实体”，根据旋转向导对话框完成设置操作，点击“确定”完成设置，生成二维绘图平面，然后在此二维平面内以 Y 轴为旋转轴，绘制出螺柱的轮廓曲线，如图 2-63 所示，点击“完成”生成旋转实体。

(2) 利用“拉伸向导”中的拉伸除料操作，加工出螺柱端面深度为 6mm 的不规则孔，如图 2-64 所示。

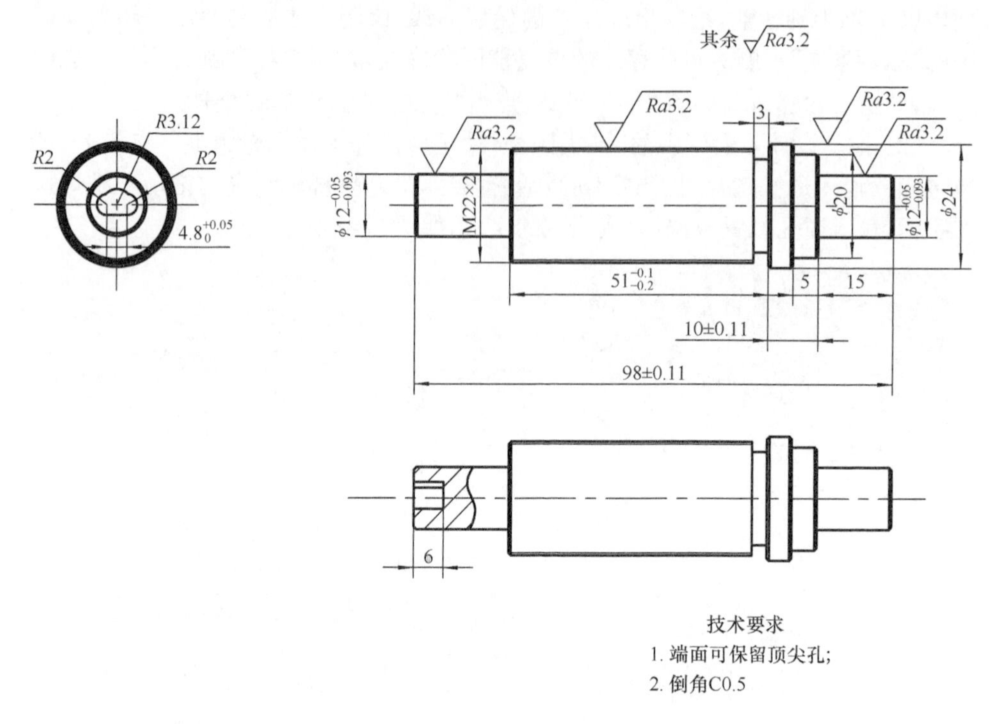

图 2-62　螺柱的零件图

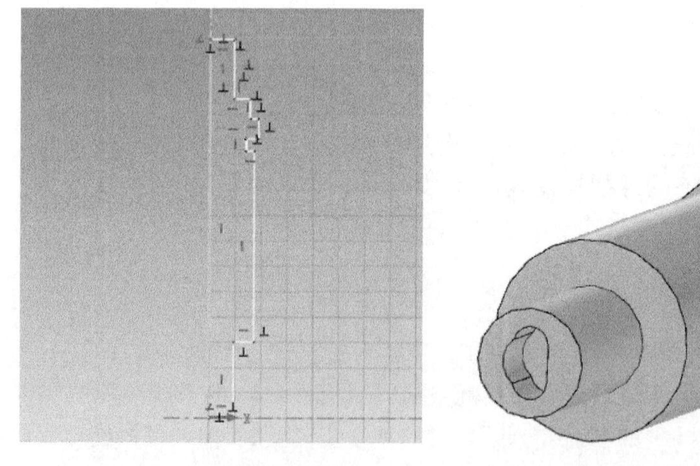

图 2-63　螺柱轮廓草图　　　　图 2-64　端面深孔

(3) 点击特征控制面板中的“螺纹”按钮，在弹出的属性对话框中选择“材料删除”，节距为等半径，螺纹旋向为右旋，其实螺距为 2mm，螺纹长度根据零件图上螺纹长度填写，但要稍长出实际螺纹长度，以保证结束位置处螺纹的完整度，起始距离为稍小于零的负值，这样可以保证在生成螺纹时初始位置螺纹的完整度。选择二维平面，画出螺纹的牙型截面图，如图 2-65 所示，完成后选择要生成螺纹的曲面来生成螺纹，如图 2-66 所示。

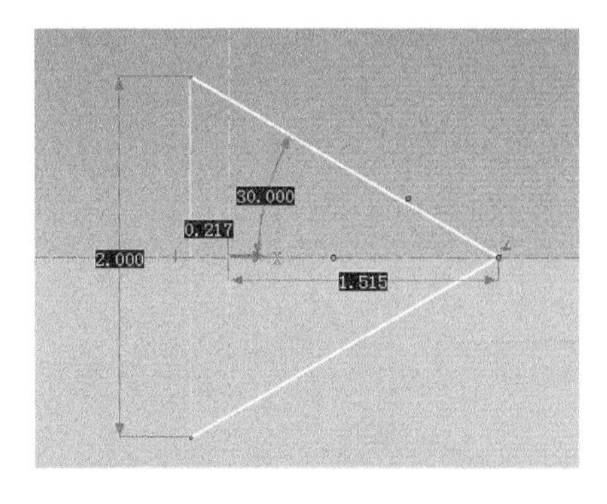

图 2-65　螺纹牙型草图

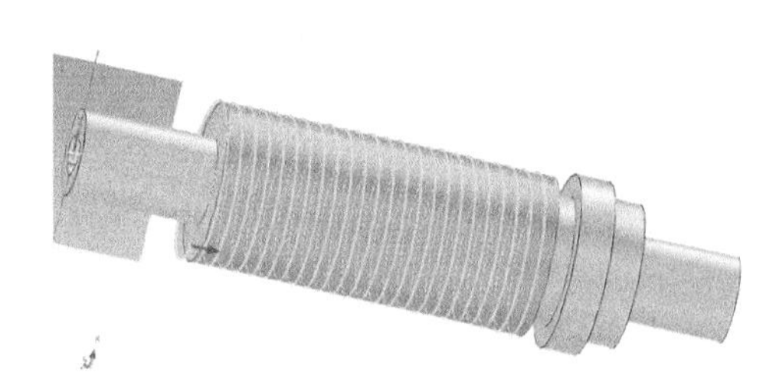

图 2-66　螺纹的生成

(4) 对需要进行倒角处理的棱边进行倒角处理，完成螺柱的最终建模，如图 2-67所示。

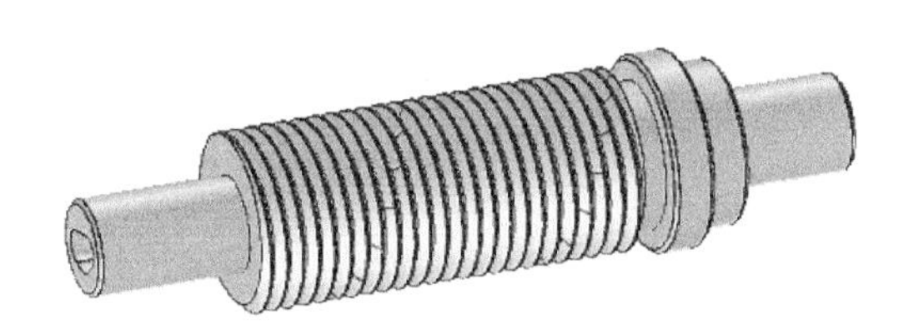

图 2-67　螺柱建模实体

8. 摆杆、电动机固定板、传感器固定板的实体建模

摆杆、电动机固定板、传感器固定板的结构比较简单，因此建模过程也相对比较简单。对摆杆和电动机固定板来说，可以使用“拉伸向导”的方式，绘制出零件的轮廓曲线，进行独立实体的拉伸生成，而对于传感器固定板的建模则可采用拖动“长方体”、“孔类长方体”、“孔类圆柱体”以及“自定义孔的方式”方式进行实体建模，最后对需要进行圆角过渡以及倒角过渡的棱边进行相应的操作，在此不在给出具体的操作步骤，只给出对应的零件工程图和建模实体，分别如图 2-68～图 2-73 所示。

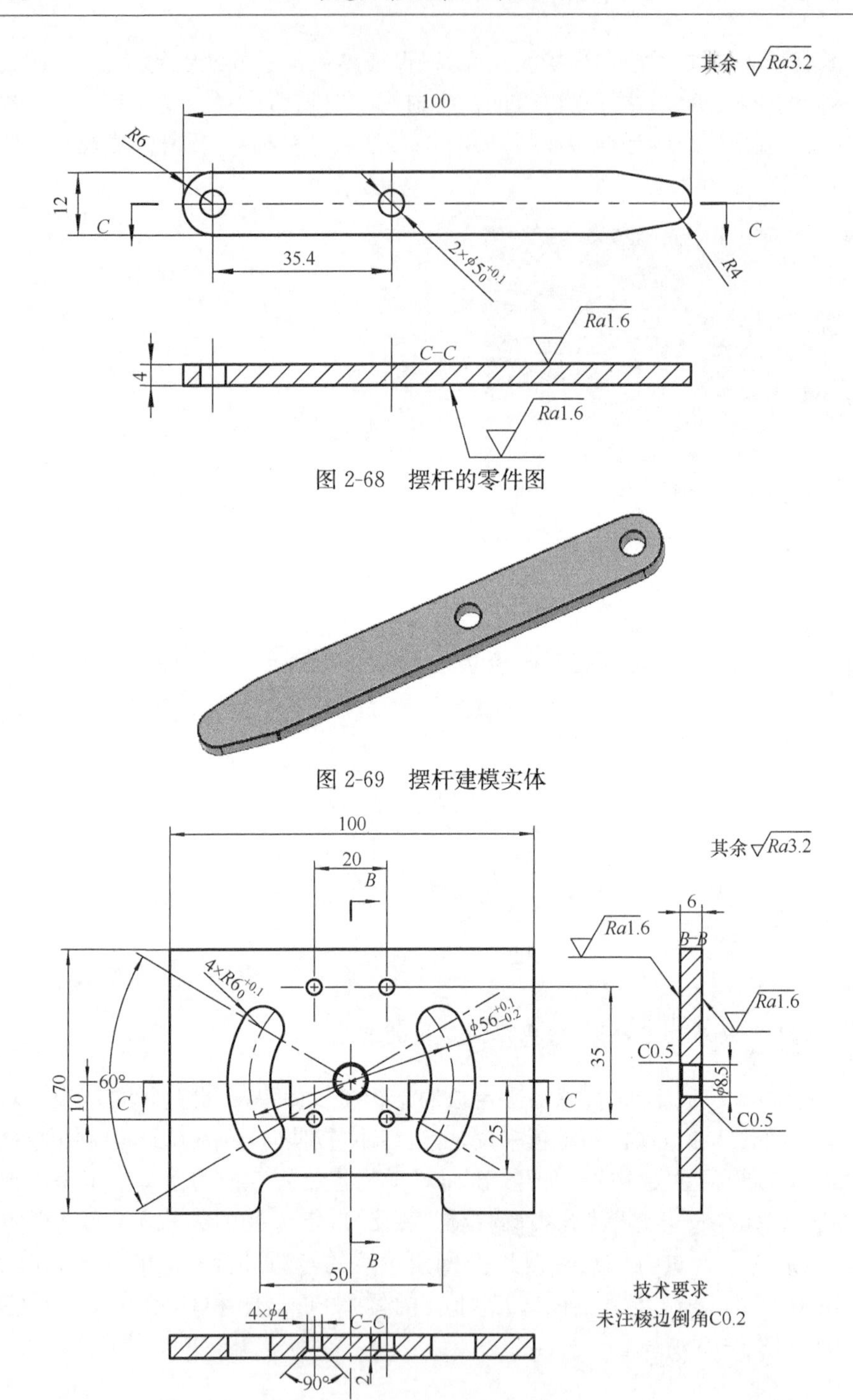

图 2-68 摆杆的零件图

图 2-69 摆杆建模实体

图 2-70 电动机固定板的零件图

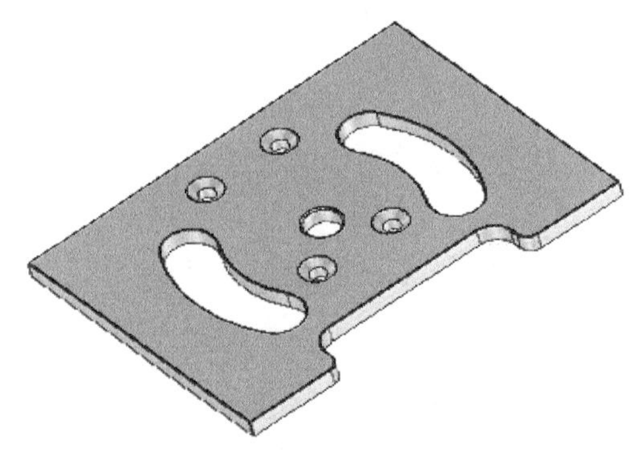

图 2-71　电动机固定板建模实体

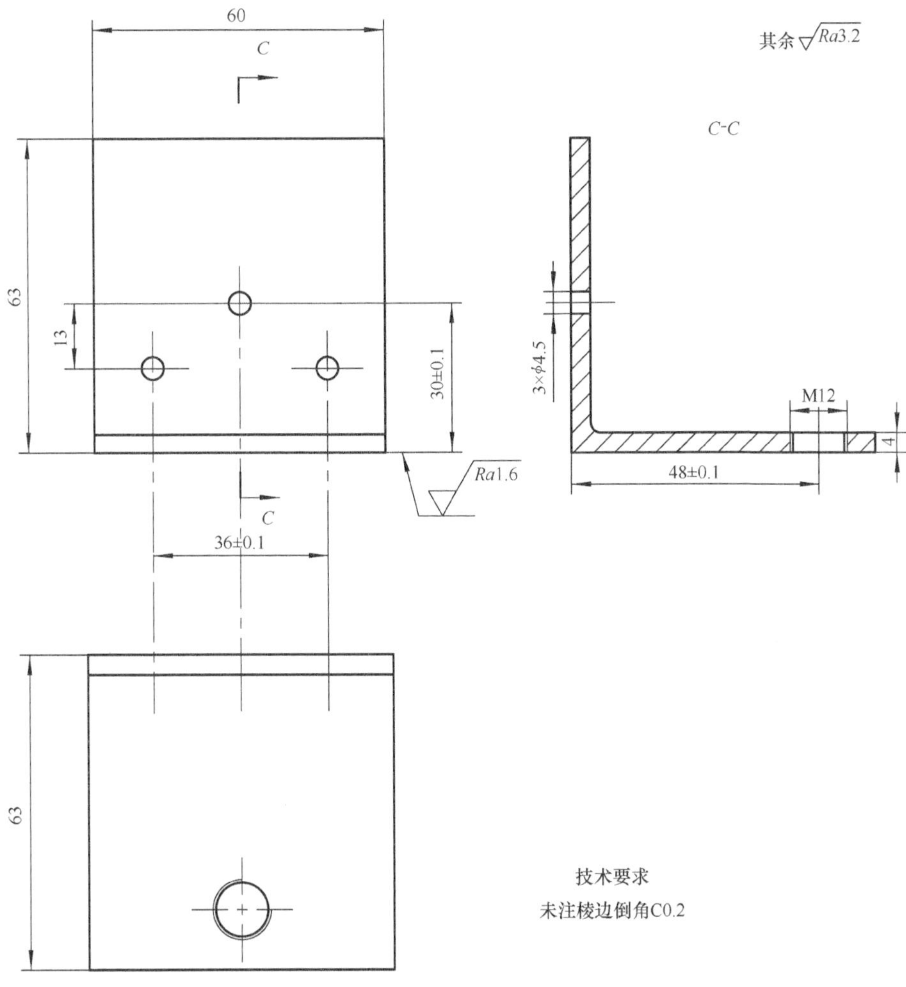

图 2-72　传感器固定板的零件图

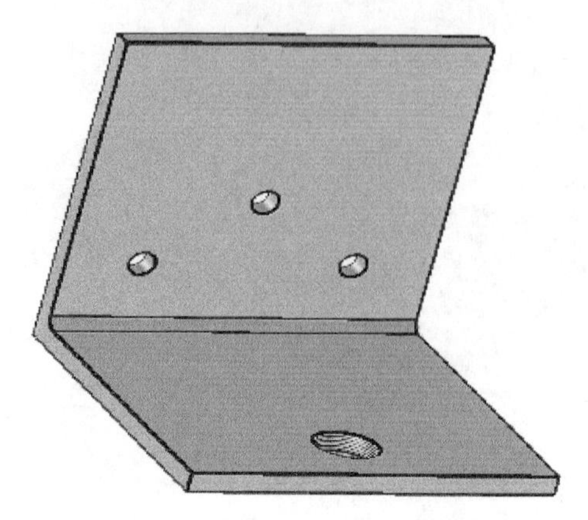

图 2-73　传感器固定板建模实体

本节主要讲述了运用 CAXA 实体设计 2013 进行零件实体建模的详细过程，虽然看起来占据较大篇幅，稍显臃肿冗杂，但实际上却是必不可少的，因为每一个零件在一个结构中都起着不可或缺的作用，对一个零件建模过程的介绍，就是对一个零件结构的分析，但对于一些重复的零件结构，就只对其中有代表性的零件建模进行了详细介绍，其他建模步骤则是一笔带过。

2.2　伞式结构的装配以及爆炸图的生成

2.2.1　伞式结构的装配

通过参照源零件和目标零件之间的位置关系，如点、线、面等，使用“无约束装配”工具来进行装配。这样的装配只是移动了各个零件之间的空间位置关系，却没有生成固定的约束关系，也就是说零件的空间自由度是不发生改变的。

CAXA 实体设计采用的是通过约束条件的方法实现对零件和已经完成装配的部件进行约束，“定位约束”工具与“无约束装配”工具类似，但“定位约束”能形成一种“永恒的”约束。零件或装配件之间的空间关系可以在“定位约束”工具的作用下得到保留。

零件之间的干涉一般发生在装配件中两个独立零件相互接触的地方。所以在进行装配的过程中最好能够在进行每一步装配后都及时进行干涉检查，以便及时发现干涉出现的位置。同时，还要对出现干涉的部位进行分析，查看哪些干涉是合理的，那些干涉是不合理的，对不合理的干涉要立刻给出修改意见，确定是因为设计原因而导致的问题，还是由于装配的过程中出现失误，最终达到消除零件间不合理的干涉现象。

下面利用三维球的功能模块进行伞式结构的装配。装配步骤分别是：

(1) 装配体一：底座与锥体的装配，如图 2-74 所示。

(2) 装配体二:装配体一与轴承的装配,如图 2-75 所示。
(3) 装配体三:螺纹滑块与摆杆的装配,如图 2-76 所示。
(4) 装配体四:装配体三与螺柱的装配,如图 2-77 所示。
(5) 装配体五:装配体四与装配体二的装配,如图 2-78 所示。
(6) 装配体六:顶板与电动机固定板的装配,如图 2-79 所示。

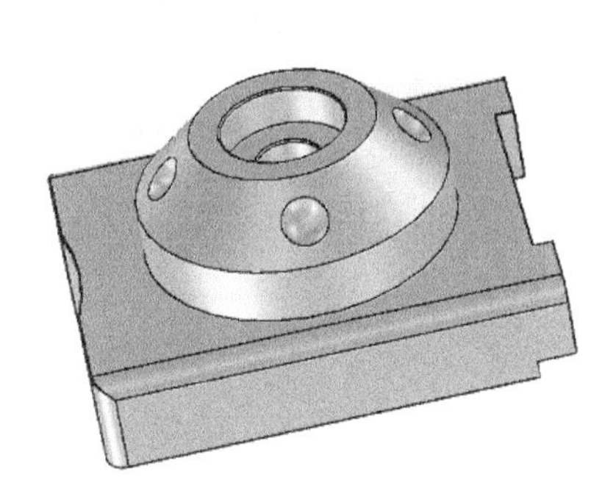

图 2-74　底座与锥体

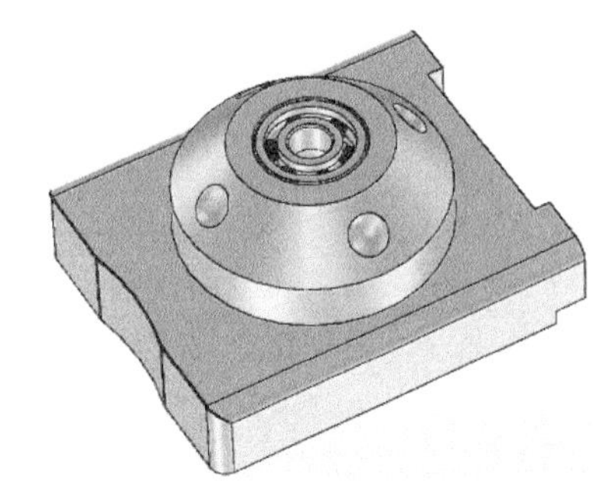

图 2-75　装配体一与轴承

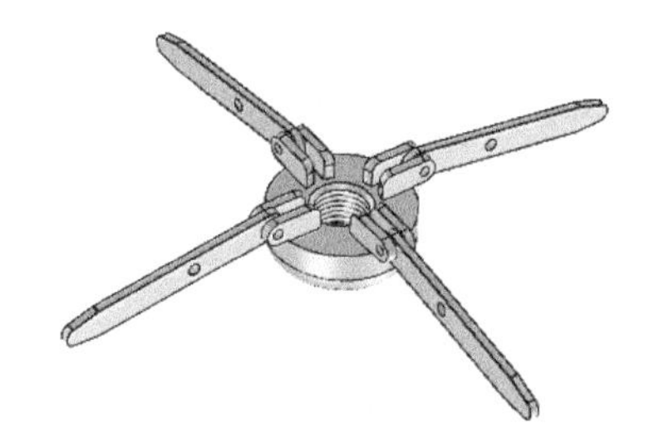

图 2-76　螺纹滑块与摆杆

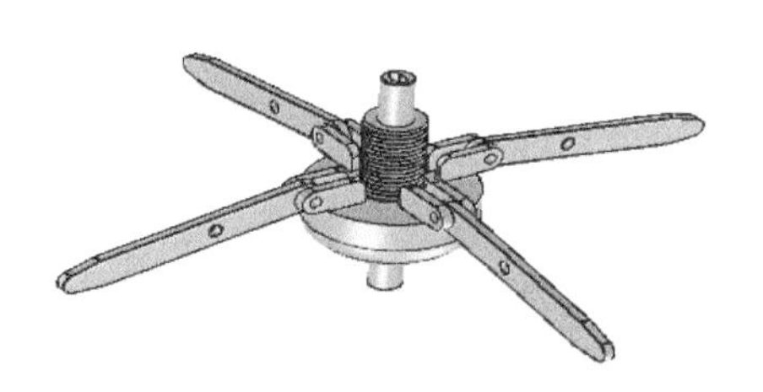

图 2-77　装配体三与螺柱

图 2-78　装配体四与装配体二

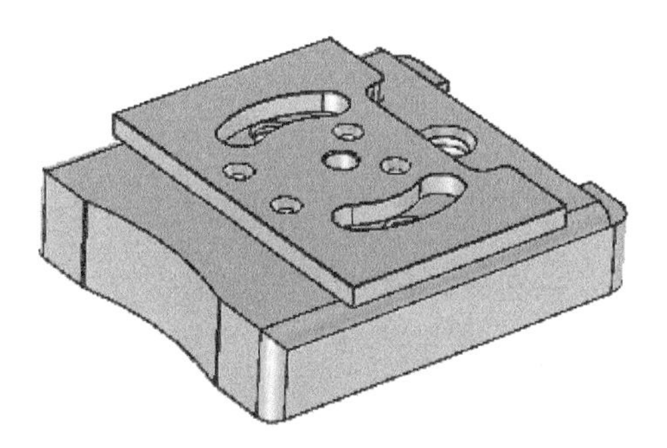

图 2-79　顶板与电动机固定板

(7) 装配体七:装配体五与装配体六的装配,如图 2-80 所示。
(8) 装配体八:装配体七与侧板的装配,如图 2-81 所示。

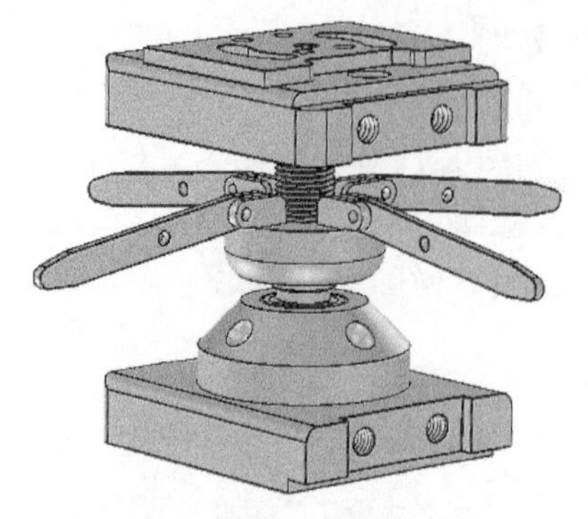

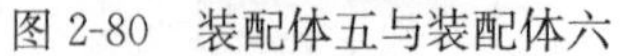
图 2-80　装配体五与装配体六

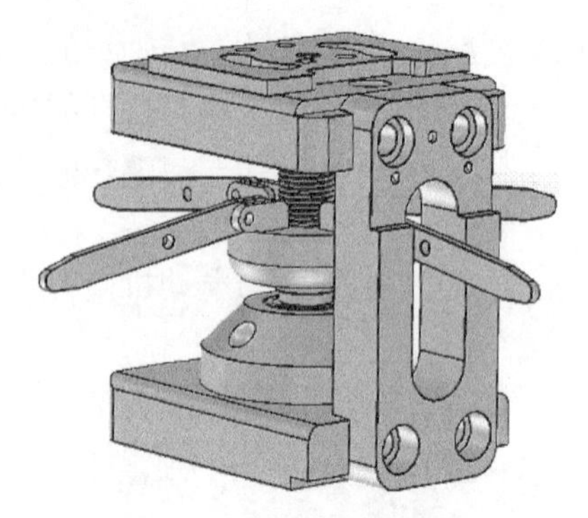

图 2-81　装配体七与侧板

(9) 装配体九:装配体八与传感器固定板的装配,如图 2-82 所示。

(10) 装配体十:装配体九与球摆杆的装配,如图 2-83 所示。

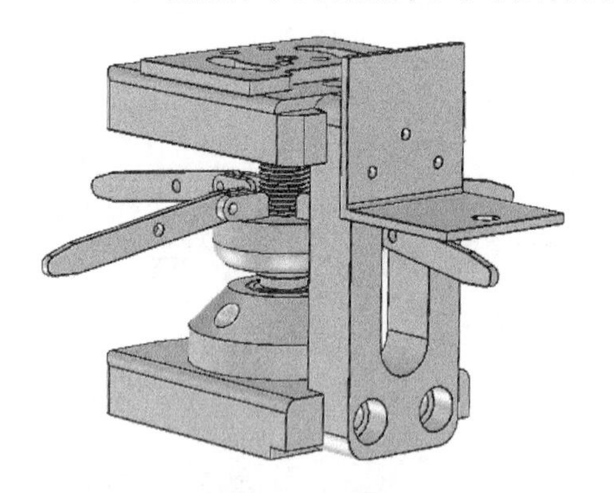

图 2-82　装配体八与传感器固定板

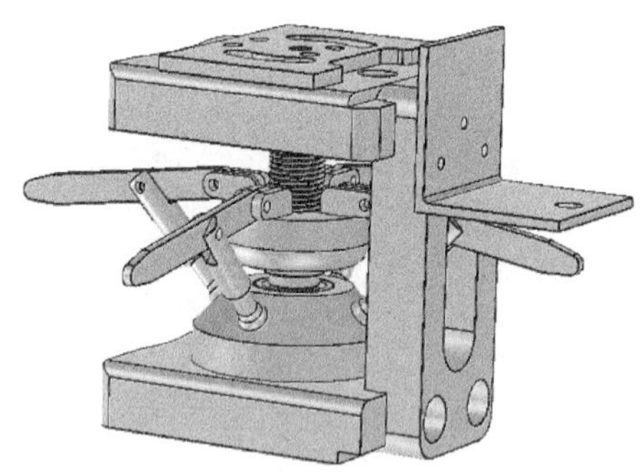

图 2-83　装配体九与球摆杆

(11) 装配体十一:装配体十与紧固件的装配。装配结果截图如图 2-84 所示。

对已经装配完成的伞式结构进行干涉检查,来检验结构设计的合理性,得到的结果如图 2-85 所示。

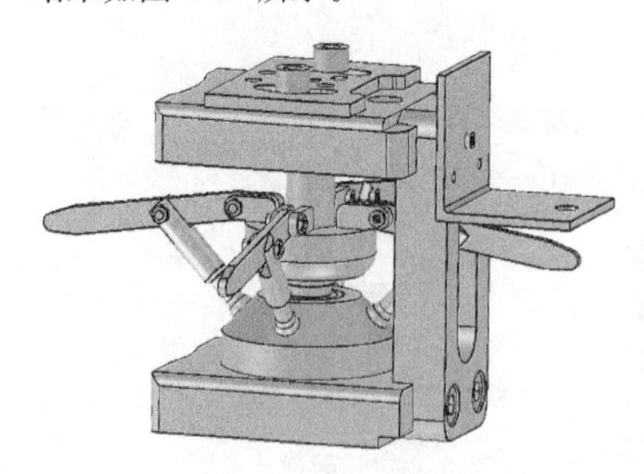

图 2-84　三维装配图

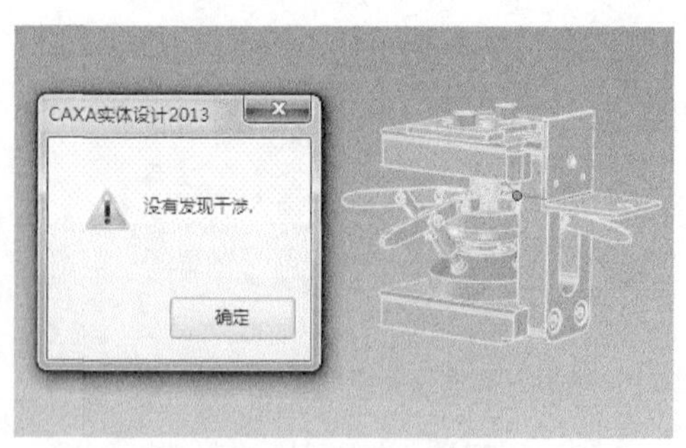

图 2-85　干涉检查

2.2.2 伞式结构的爆炸图生成

使用设计元素库工具中的"装配"来完成爆炸视图的生成，对话框如图2-86所示。生成的爆炸图如图2-87所示。

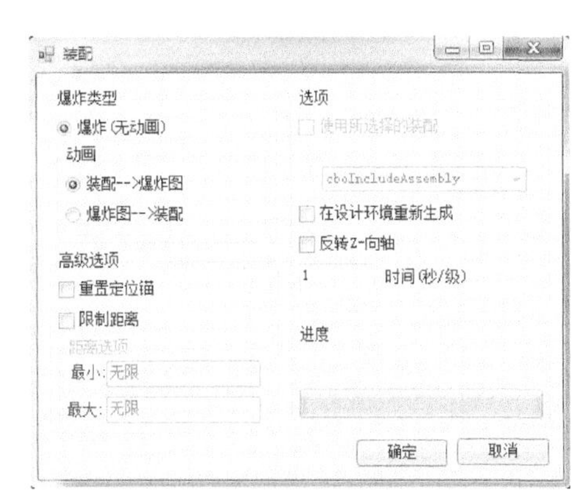

图2-86　爆炸图对话框

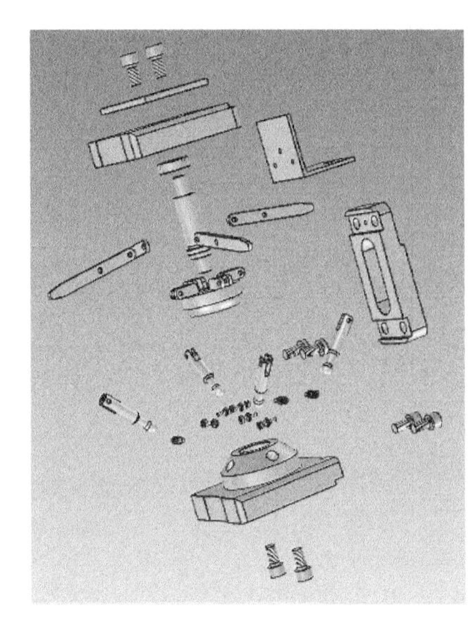
图2-87　爆炸图

对伞式结构的各个零部件进行装配的过程中可以看出：

(1) 装配过程中较多地利用了"定位约束"功能，这样可以保证在整个装配过程中各零件之间空间相对位置关系不会发生改变。

(2) 利用干涉检查可以直观地看出零件结构设计的合理性，避免出现较大的设计失误。

(3) 爆炸图的生成过程中零件之间有可能会产生干涉，即有的零件被阻挡而不能看到，需要对零件的移动方向与移动距离进行调整才能生成合理、美观的爆炸图。

2.3 伞式结构典型零件(侧板)铣削加工

2.3.1 侧板下表面的数控加工工艺的设计铣削加工及代码生成

图2-55是侧板的零件图。按图2-55画出的侧板三维实体模型如图2-56、图2-57所示。现在仅对侧板下表面进行数控加工(上表面的加工与此类似不再赘述)。根据侧板的外形尺寸，选用半成品毛坯，故确定毛坯尺寸为143mm×62mm×27mm，加工时使用电磁吸盘固定毛坯，先以上表面为基准对下表面进行加工。侧

板数控加工工艺卡片如表 2-1 所示。

表 2-1　侧板数控加工工艺卡片

零件名称	侧板	图号		加工部位		上下表面
序号	内容	刀具	主轴转速 /(r/min)	进给量 /(mm/min)	背吃刀量 /mm	备注
01	下表面、内槽及轮廓	ϕ16 立铣刀	600	90	0.5	粗铣
02	下表面、内槽及轮廓	ϕ12 立铣刀	1200	180	0.2	精铣
03	下表面孔打点	ϕ2.5 中心钻	3	80		钻中心孔
04	下表面孔钻孔	ϕ3.3 钻头	1000	300		钻孔
05	下表面孔钻孔	ϕ11.5 钻头	650	100		钻孔
06	下表面孔扩孔	ϕ17 扩孔刀	600	40		扩孔
07	下表面孔铰孔	ϕ12 铰刀	200	60		铰孔
08	下表面孔铰孔	ϕ18 铰刀	150	50		铰孔
09	下表面螺纹加工	M4 丝锥	100	120		攻丝
10	上表面、内槽加工	ϕ12 立铣刀	800	120	0.5	粗铣
11	上表面、内槽加工	ϕ12 立铣刀	1200	180	0.2	精铣

2.3.2　侧板下表面的铣削加工

1. 侧板下表面的三维造型

侧板的实体建模已在 2.3.1 节中完成，如图 2-88 所示。

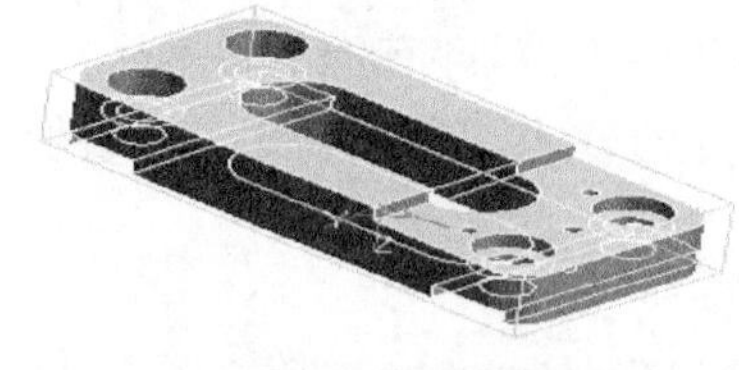

图 2-88　侧板造型

2. 侧板下表面的 NC 加工

(1) 将在 CAXA 实体设计中侧板的建模导入制造工程师中。

(2) 设定毛坯，根据实体来设定，但为了除去毛坯表面硬皮，所以毛坯略大于实体，如图 2-89 所示。

(3) 设定工件坐标系的原点。工件原点设定在工件上表面的对称中心处，这样方便机床对刀，建立工件坐标系和机床坐标系的联系。每个工件坐标系的原点在机床坐标系中的坐标值就是该坐标系的偏置值，该偏置值必须在加工前提前输入到数控机床的数控系统中。

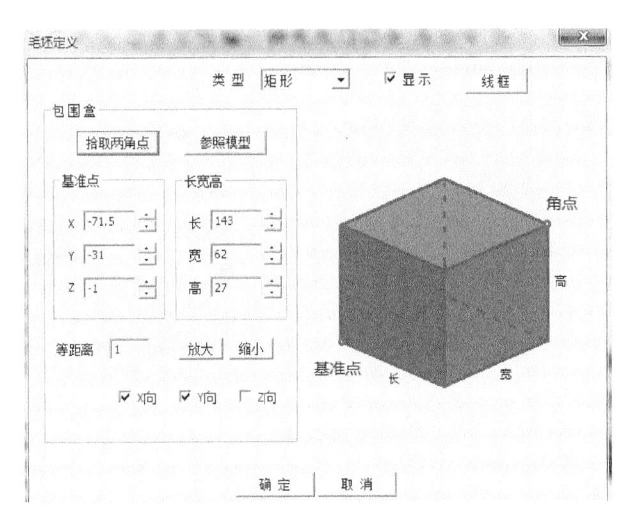

图 2-89　毛坯设定

(4) 选择加工方式如下：

① 对于下表面部分铣削加工，选择平面区域粗加工、等高线粗加工，对下表面和内槽进行粗加工，保留 0.3mm 的加工余量，完成粗加工后使用平面精加工、等高线精加工、钻孔对下表面、内槽和孔进行精加工。

② 对于上表面部分铣削加工，选择平面区域粗加工和平面精加工进行粗、精加工，粗加工时预留 0.3mm 的加工余量留作精加工。

(5) 加工路线如下：

① 上表面部分表面粗加工。

选择“加工”→“常用加工”→“等高线粗加工”，出现“等高线粗加工”对话框后，对加工参数进行设置。

ⓐ 点击“加工参数”选项，设置参数如图 2-90 所示。

ⓑ 点击“连接参数”中的“下/抬刀方式”，设置参数如图 2-91 所示。

ⓒ 点击“切削用量”选项，设置参数如图 2-92 所示。

ⓓ 点击“刀具参数”选项，设置参数如图 2-93 所示。

ⓔ其余参数为系统默认。

ⓕ 参数设置完成后在几何中拾取要进行加工的曲面，点击“确定”生成刀具轨迹，如图 2-94 所示。

② 上表面凸台平面粗加工。

选择“加工”→“常用加工”→“平面区域粗加工”，出现“平面区域粗加工”对话框，设置加工参数。

ⓐ 点击“加工参数”，设置参数如图 2-95 所示。

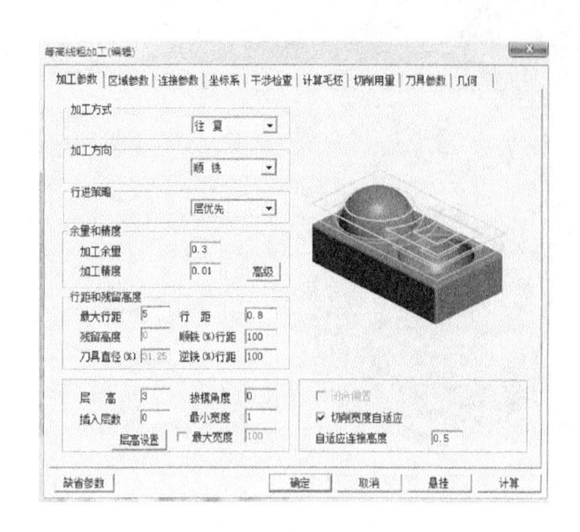

图 2-90　“加工参数”设置

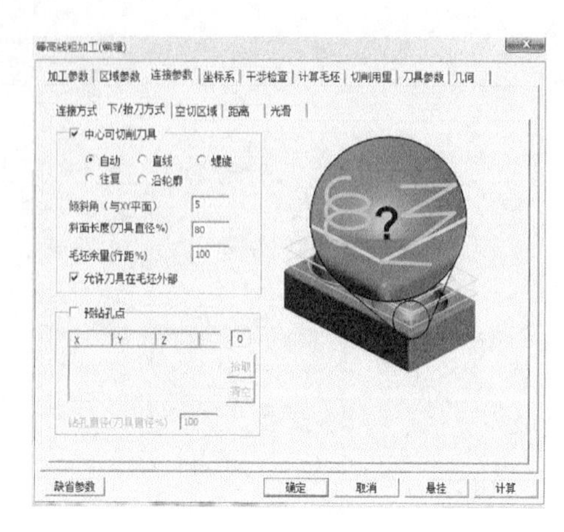

图 2-91　“下/抬刀方式”设置

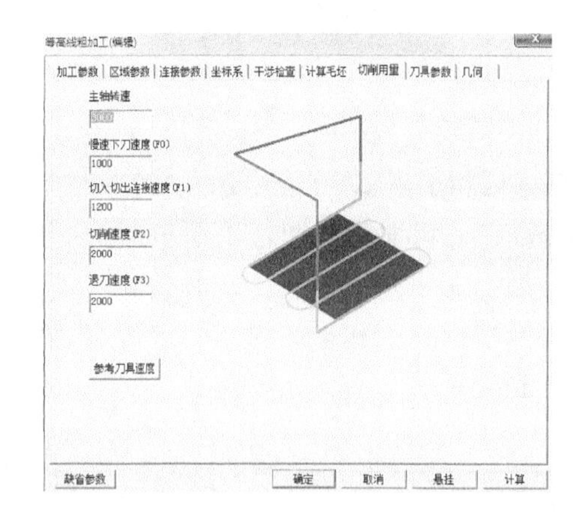

图 2-92　“切削用量”设置

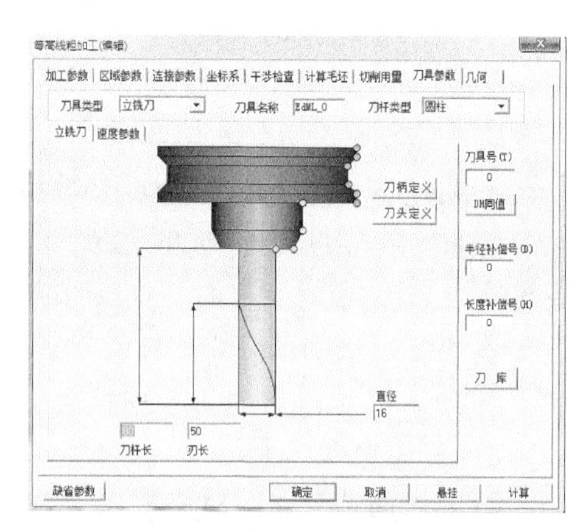

图 2-93　“刀具参数”设置

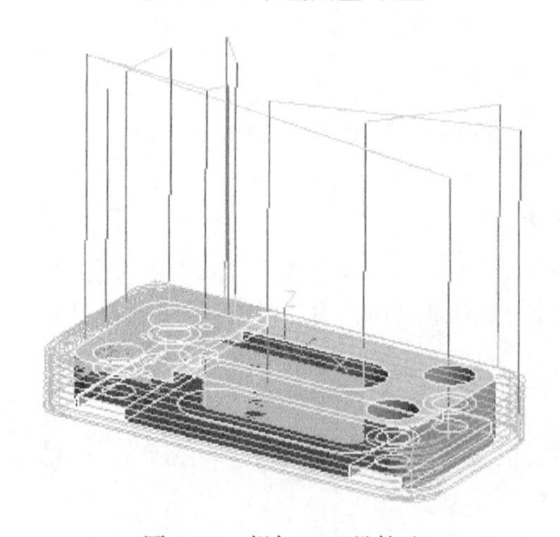

图 2-94　粗加工刀具轨迹

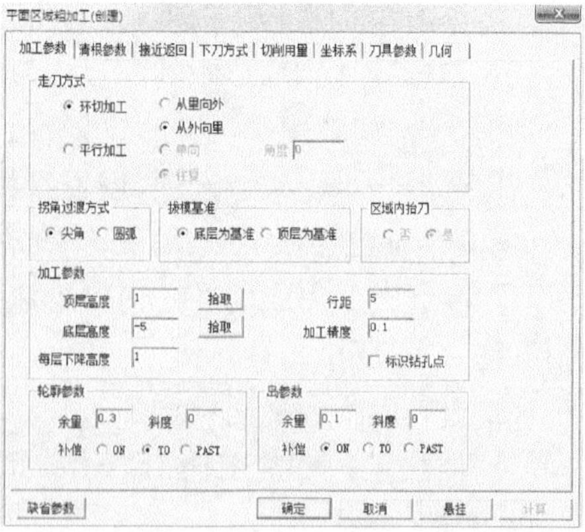

平面区域粗加工(创建)
加工参数 | 清根参数 | 接近返回 | 下刀方式 | 切削用量 | 坐标系 | 刀具参数 | 几何
走刀方式
环切加工
从里向外
从外向里
平行加工
单向
角度 0
往复
拐角过渡方式
尖角
圆弧
拔模基准
底层为基准
顶层为基准
区域内抬刀
否
是
加工参数
顶层高度 1
拾取
行距 5
底层高度 -5
拾取
加工精度 0.1
每层下降高度 1
标识钻孔点
轮廓参数
余量 0.3
斜度 0
补偿 ON TO PAST
岛参数
余量 0.1
斜度 0
补偿 ON TO PAST
缺省参数
确定
取消
悬挂
计算

图 2-95　“加工参数”设置

ⓑ 点击“清根参数”，设置参数如图 2-96 所示。

ⓒ 点击“下刀方式”，设置参数如图 2-97 所示。

ⓓ 点击“切削用量”，设置参数如图 2-98 所示。

ⓔ 点击“刀具参数”，设置参数如图 2-99 所示。

ⓕ 其余参数的设置选择系统默认值。

ⓖ 参数设置完成后，点击“几何”，拾取需要进行平面区域粗加工的对象，点击“确定”，生成刀具轨迹，如图 2-100 所示。

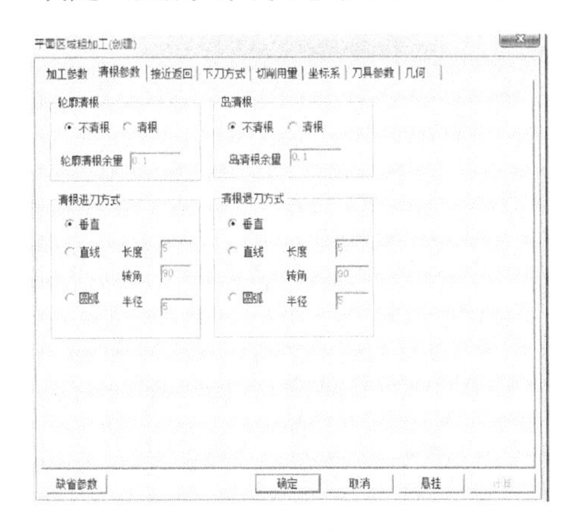

图 2-96　“清根参数”设置

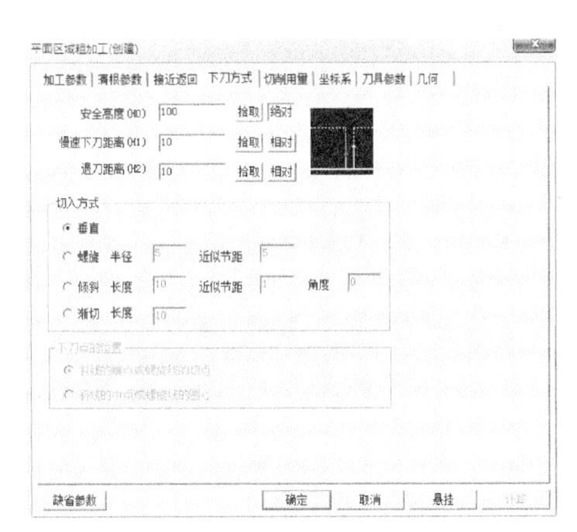

图 2-97　“下刀方式”设置

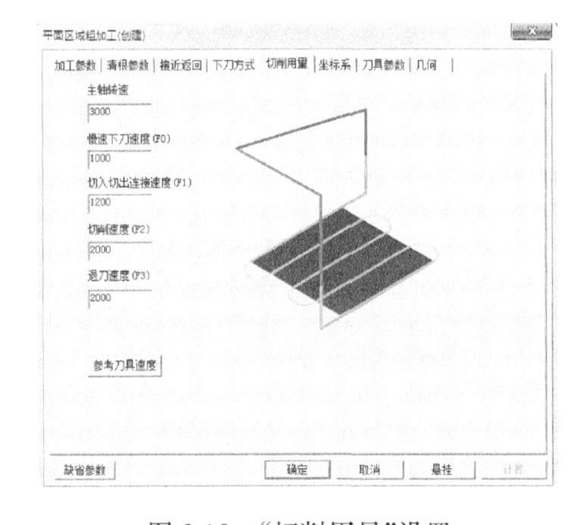

图 2-98　“切削用量”设置

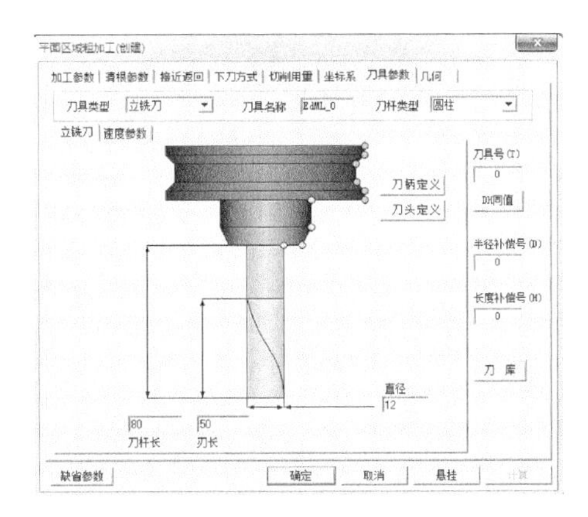

图 2-99　“刀具参数”设置

③ 下表面孔的加工。

在孔加工和攻丝的过程中，参数的设置基本类似，区别只在于刀具的选择，所以在此只给出其中一组孔的粗加工过程。

点击“加工”→“其他加工”→“孔加工”，弹出“孔加工参数”设置对话框，设置加工参数。

ⓐ 点击“加工参数”,设置参数如图 2-101 所示。

ⓑ 点击“刀具参数”,设置参数如图 2-102 所示。

ⓒ 其他参数设置选择系统默认。

ⓓ 点击“确定”,完成刀具轨迹的生成,如图 2-103 所示。

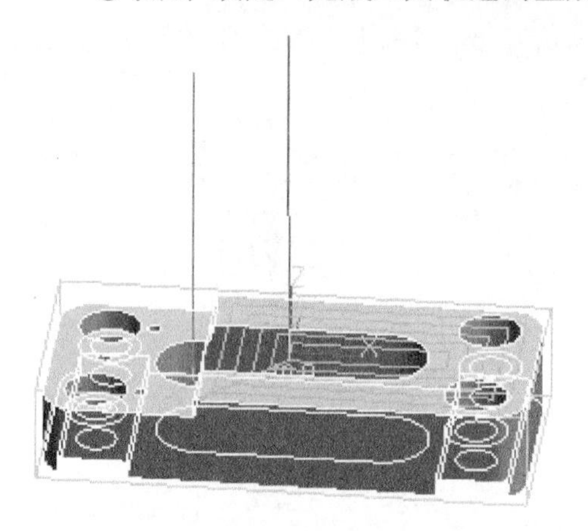

图 2-100　粗加工刀具轨迹

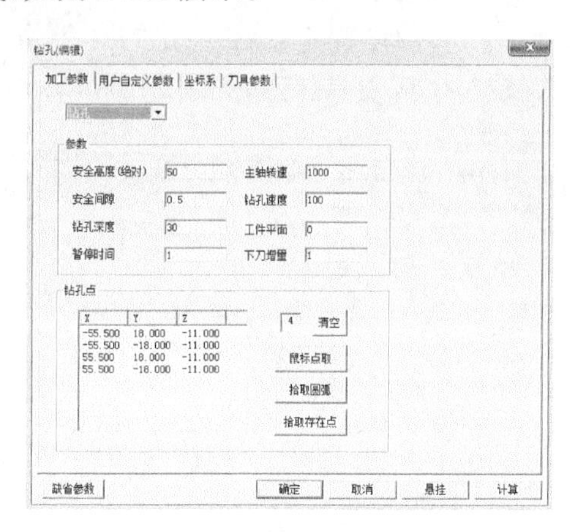

图 2-101　“加工参数”设置

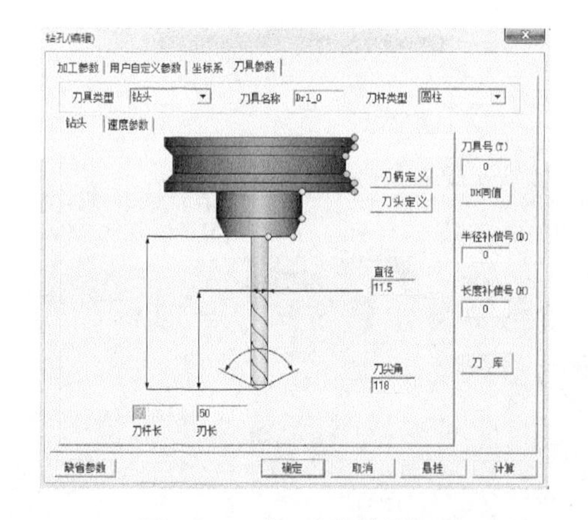

图 2-102　“刀具参数”设置

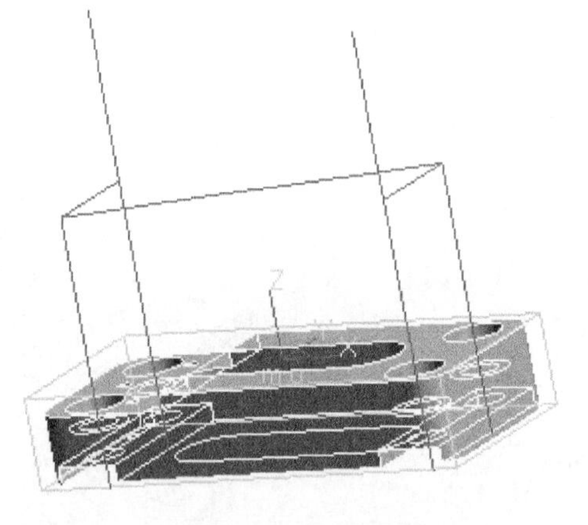

图 2-103　刀具轨迹

④ 上表面部分精加工

选择“加工”→“常用加工”→“等高线精加工”,出现“等高线精加工”对话框,设置加工参数。

ⓐ 点击“加工参数”选项,设置参数如图 2-104 所示。

ⓑ 点击“切削用量”选项,设置参数如图 2-105 所示。

ⓒ 点击“刀具参数”选项,设置参数如图 2-106 所示。

ⓓ 其他参数的设置为系统默认。

ⓔ 点击“几何选项”,选择进行精加工的曲面,单击“确定”,完成等高线精加工刀具轨迹的生成,如图 2-107 所示。

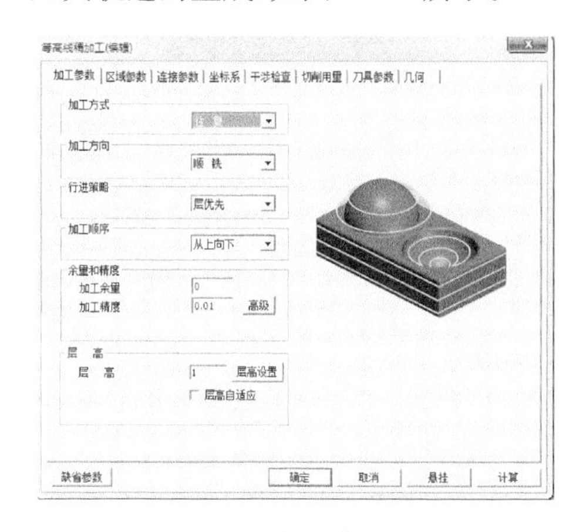

图 2-104　“加工参数”设置

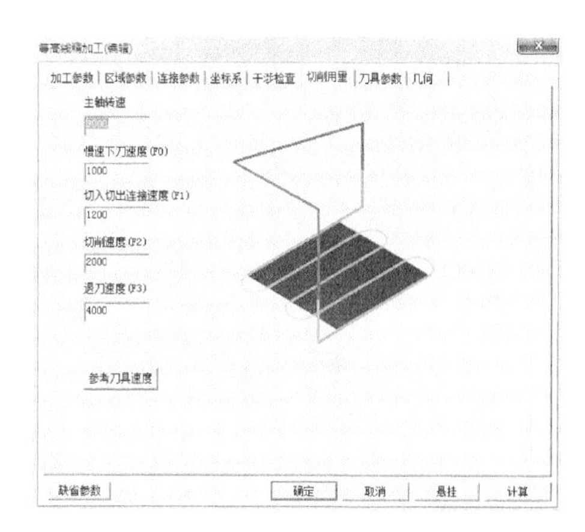

图 2-105　“切削用量”设置

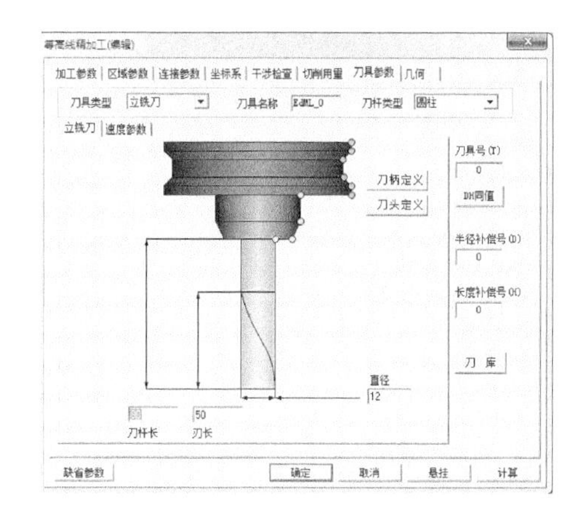

图 2-106　“刀具参数”设置

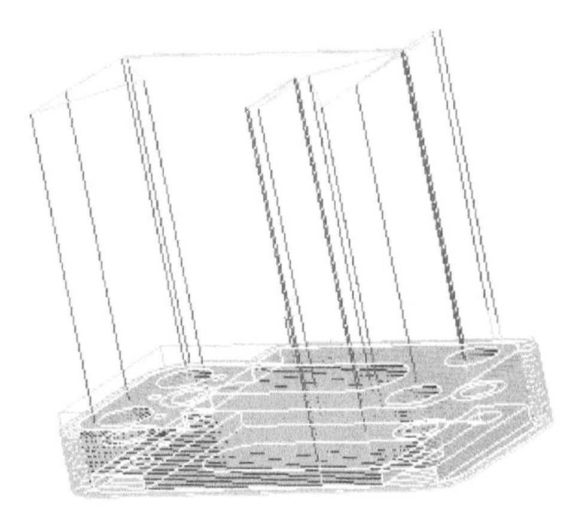

图 2-107　精加工刀具轨迹

⑤ 侧板上表面的加工:侧板上表面结构比较简单,运用平面区域粗加工和平面精加工即可完成对上表面的铣削加工,所以在此不再重复赘述。不过要注意的是,在对上表面进行铣削加工时要建立新的坐标系,并使坐标原点位于上表面的几何中心,这样方便实际加工时进行对刀,完成接下来的铣削加工。在此只给出上表面精加工的刀具轨迹,如图 2-108 所示。

(6) 后置处理及代码生成如下:

① 刀具轨迹后置处理方式如图 2-109 所示。

② 后置代码的生成如图 2-110 所示。

③ 生成的代码如图 2-111 所示。

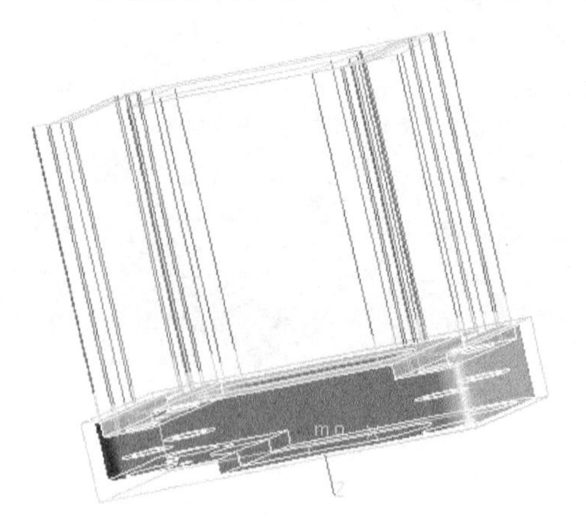

图 2-108　上表面精加工刀具轨迹

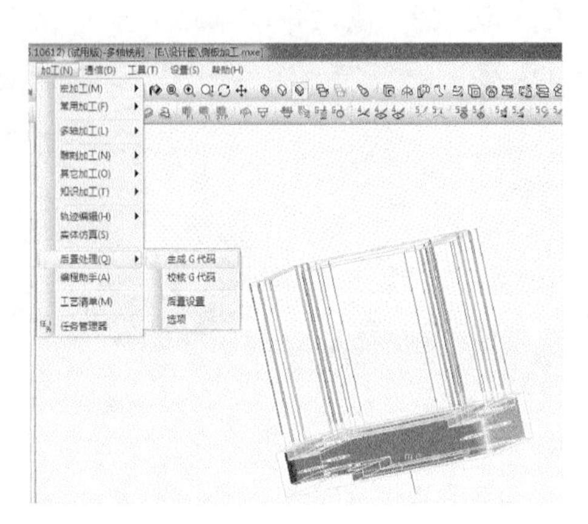

图 2-109　后置处理

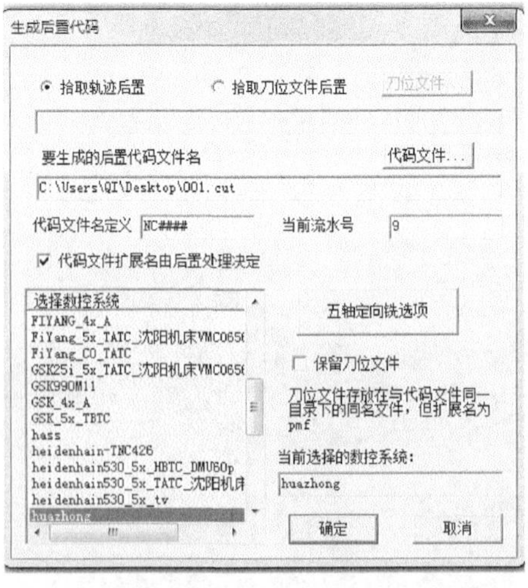

图 2-110　后置代码生成

001.cut - 记事本

文件(F)　编辑(E)　格式(O)　查看(V)　帮助(H)

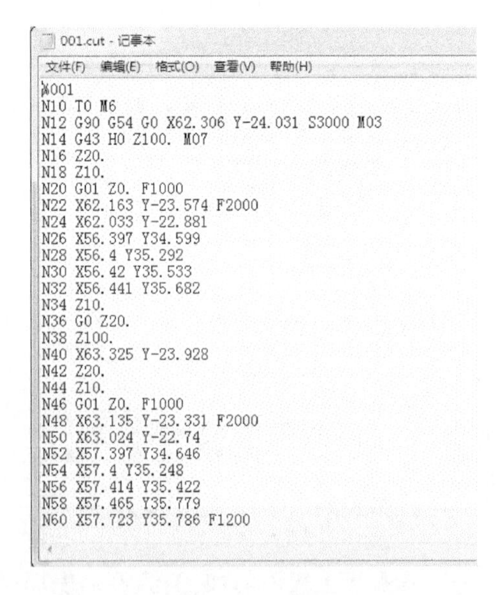

```
%001
N10 T0 M6
N12 G90 G54 G0 X62.306 Y-24.031 S3000 M03
N14 G43 H0 Z100. M07
N16 Z20.
N18 Z10.
N20 G01 Z0. F1000
N22 X62.163 Y-23.574 F2000
N24 X62.033 Y-22.881
N26 X56.397 Y34.599
N28 X56.4 Y35.292
N30 X56.42 Y35.533
N32 X56.441 Y35.682
N34 Z10.
N36 G0 Z20.
N38 Z100.
N40 X63.325 Y-23.928
N42 Z20.
N44 Z10.
N46 G01 Z0. F1000
N48 X63.135 Y-23.331 F2000
N50 X63.024 Y-22.74
N52 X57.397 Y34.646
N54 X57.4 Y35.248
N56 X57.414 Y35.422
N58 X57.465 Y35.779
N60 X57.723 Y35.786 F1200
```

图 2-111　代码

本节的主要任务是对伞式结构侧板下表面的铣削加工进行自动编程，对生成的刀具轨迹进行后置处理，生成能够在实际生产中用于数控加工的刀具轨迹代码。这一步也为后一节中运用仿真软件来校验数控代码的正确性做好基础工作。

首先在 CAXA 实体设计中完成对本书中所选择的侧板零件的建模，然后将完成的实体模型导入制造工程师中。在导入的时候，由于在用实体设计完成建模的过程中选择的坐标系可能与制造工程师中的坐标系不尽相同，这时就需要对制造工程师中的模型进行新坐标系的建立，保证坐标系的原点位于加工部分的上表面，且 Z 轴的正方向要指向远离实体模型的方向。

侧板是伞式结构中较为典型的可以用铣削来进行加工的零件，对于零件的铣削加工，要综合考虑零件的结构和精度要求，设计合理的工艺过程和选择合适的加工刀具，通过认真分析来选择不同的加工方法，然后通过观察结果择优选定。

2.4　伞式结构典型零件(螺纹滑块)的车削加工

2.4.1　螺纹滑块车削总体方案

图 2-39 为螺纹滑块的零件图，而图 2-51 为螺纹滑块的三维图。螺纹滑块零件形状简单，分为正面弧面和底面弧面外轮廓、内轮廓、内螺纹的加工，先对正面进行车削加工，再调头对底面进行车削加工。

1）装夹方案确定

螺纹滑块采用 ϕ85mm×35mm 毛坯，两头加工，夹具选用通用的三爪卡盘。调头加工时，装夹红铜片，以保护已加工表面。

2）加工顺序和刀具选择。

加工顺序和刀具选择如表 2-2 所示。

表 2-2　加工顺序和刀具选择

零件名称	螺纹滑块	零件号	加工部位			正面与底面
序号	内容	刀具	主轴转速/(r/min)	进给量/(mm/r)	背吃刀量/mm	备注
01	螺纹滑块正面外轮廓	35°外圆车刀	200	0.3	0.8	粗车
02	螺纹滑块正面外轮廓	35°外圆车刀	500	0.1	0.2	精车
03	螺纹滑块底面外轮廓	35°外圆车刀	200	0.3	0.8	粗车
04	螺纹滑块底面	35°外圆车刀	500	0.1	0.2	精车
05	螺纹滑块底面	ϕ2.5 中心钻	3	0.05		打中心孔

续表

零件名称	螺纹滑块	零件号	加工部位			正面与底面
序号	内容	刀具	主轴转速/(r/min)	进给量/(mm/r)	背吃刀量/mm	备注
06	螺纹滑块底面	ϕ18 麻花钻	500	0.3		钻孔
07	螺纹滑块底面	ϕ16 内孔车刀	500	0.32	0.8	车内孔
08	螺纹滑块底面	ϕ16 内螺纹车	300		1.2	车内螺纹

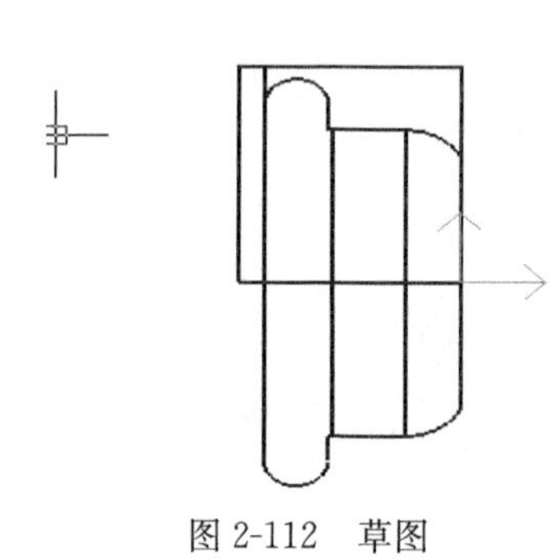
图 2-112　草图

2.4.2　螺纹滑块正面车削加工

1. 正面粗加工

1）绘制图形、毛坯

图 2-112 为绘制的草图。

2）粗加工路线及参数设定

（1）加工参数与进退刀方式如图 2-113 和图 2-114所示。

（2）切削用量和轮廓车刀分别如图 2-115 和图 2-116 所示。

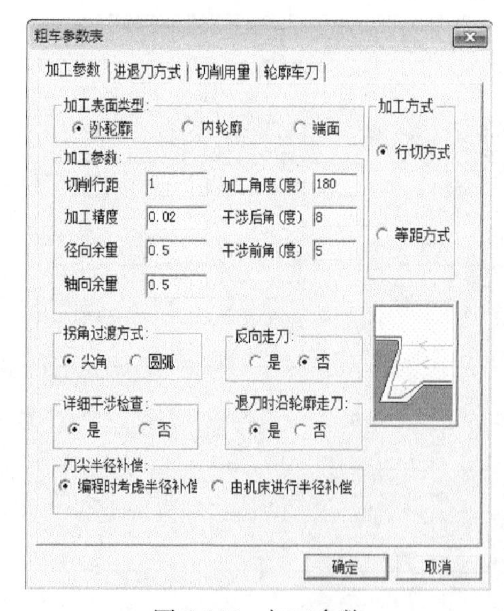

图 2-113　加工参数

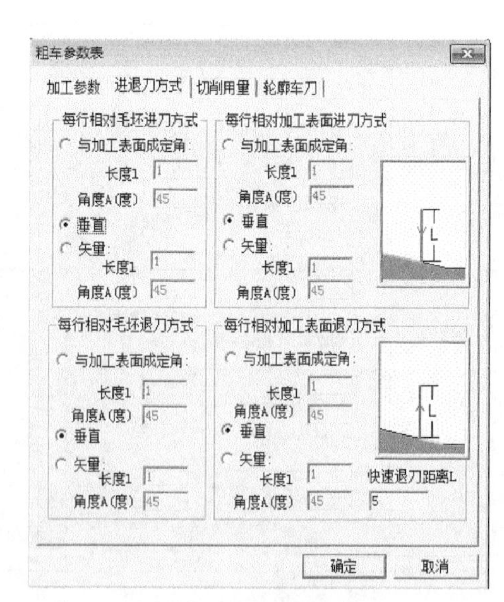

图 2-114　进退刀方式

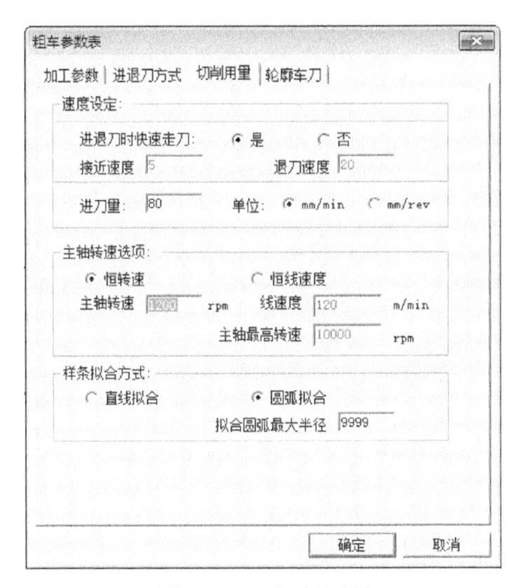

图 2-115　切削用量

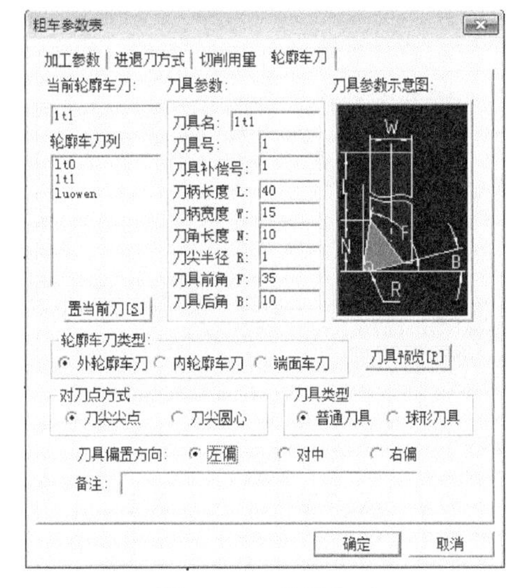

图 2-116　轮廓车刀

3) 拾取被加工工件表面轮廓

拾取被加工工件表面轮廓和毛坯轮廓如图 2-117 所示。

4) 外轮廓车刀轨迹

外轮廓车刀轨迹如图 2-118 所示。

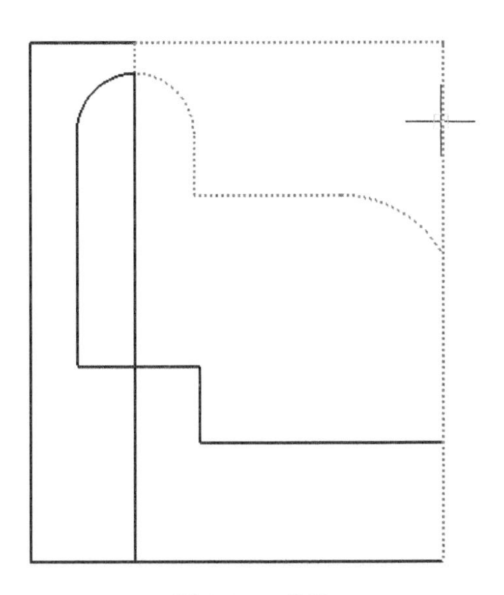

图 2-117　轮廓

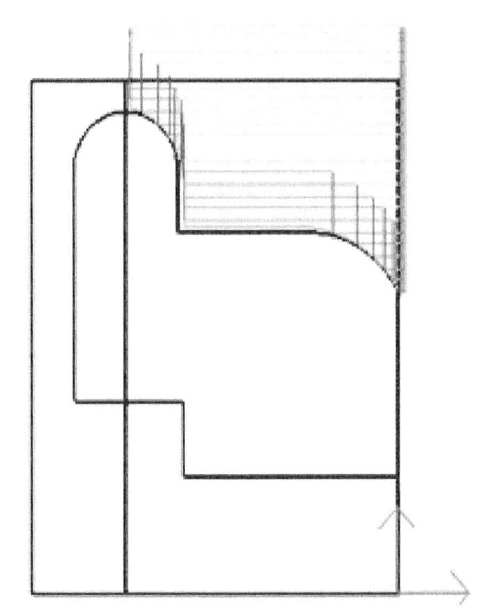

图 2-118　正面外轮廓粗车刀具轨迹

2. 正面精加工

精加工路线及参数设定

(1) 打开“数控车”,选择“轮廓精车”,弹出“精车参数表”对话框,设置加工参数如图 2-119 所示。

(2) 设制切削用量参数如图 2-120 所示,其余参数设置同正面粗车参数。

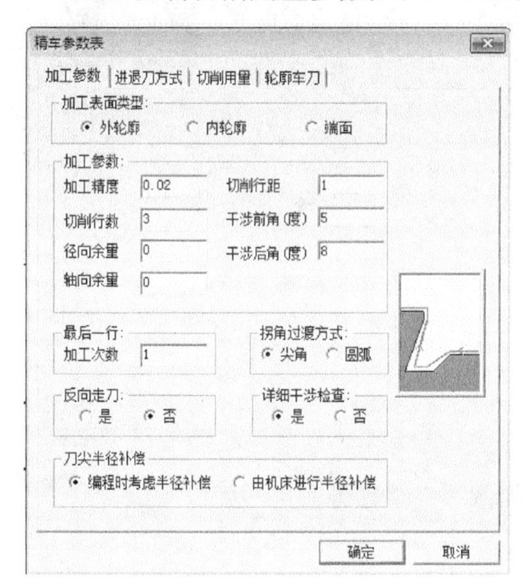

图 2-119　加工参数

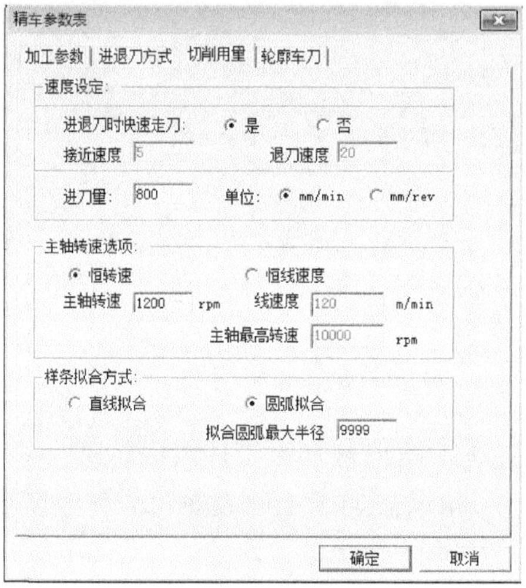

图 2-120　切削用量

(3) 精车刀具轨迹如图 2-121 所示。

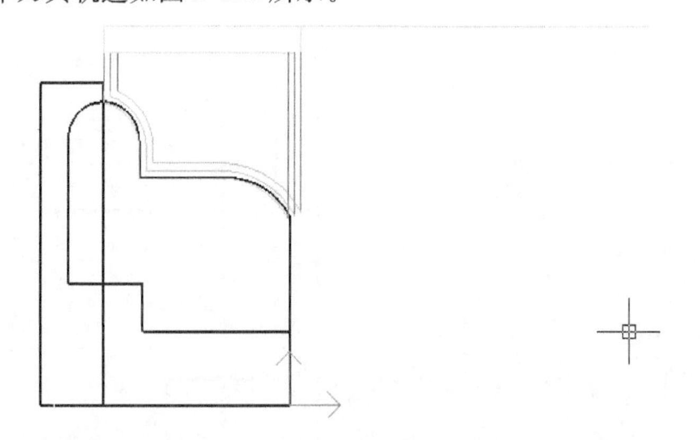

图 2-121　正面外轮廓精车刀具轨迹

2.4.3　螺纹滑块底面车削加工

1. 底面外轮廓粗、精加工

底面外轮廓在工件调头装夹后的粗加工和精加工参数设置与正面轮廓粗加工

和精加工的参数设置相同，所以在此不再重复赘述，只给出粗加工轨迹，如图 2-122 所示。

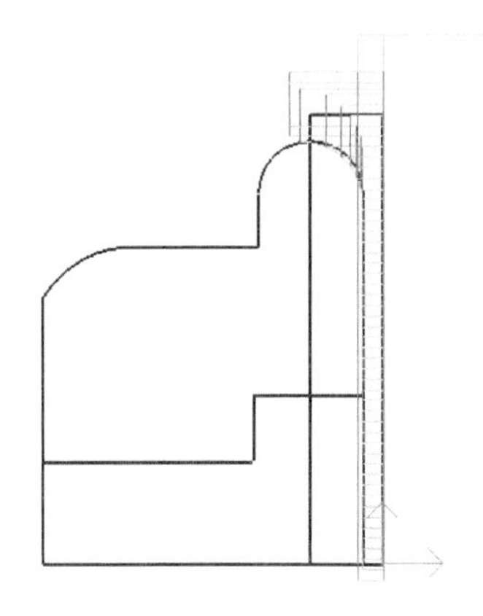

图 2-122　底面外轮廓调头粗车刀具轨迹

2. 底面内轮廓粗加工

粗加工路线及参数设定：

(1) 打开“数控车”，选择“轮廓粗车”，弹出“粗车参数表”对话框，设置加工参数如图 2-123 所示。

(2) 设定进退刀方式和切削用量，分别如图 2-124 和图 2-125 所示。

(3) 设定轮廓车刀参数如图 2-126 所示，点击“确定”拾取加工轮廓，生成内轮廓粗车刀具轨迹如图 2-127 所示。

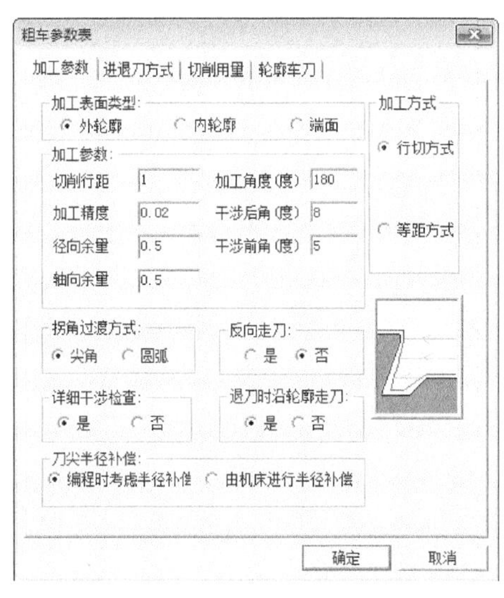

图 2-123　加工参数

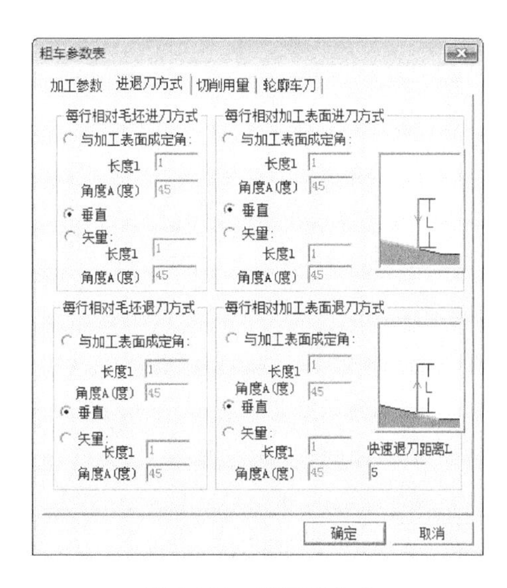

图 2-124　进退刀方式

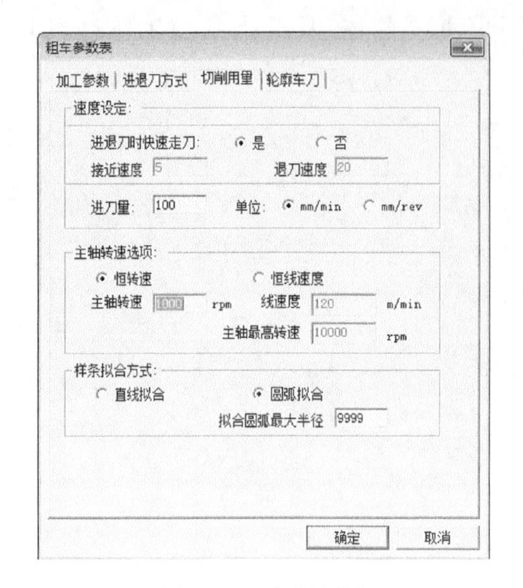

图 2-125　切削用量

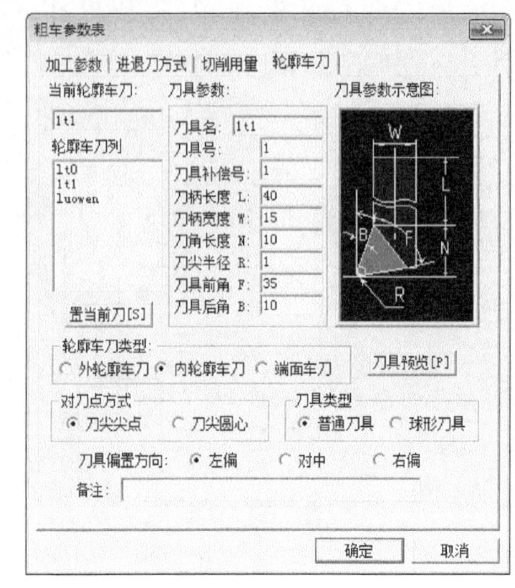

图 2-126　轮廓车刀

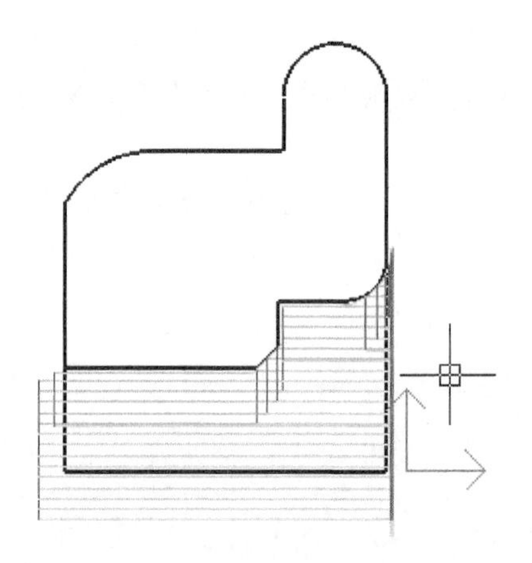

图 2-127　内轮廓粗车刀具轨迹

3. 底面内轮廓精加工

精加工路线及参数设定如下：

(1) 打开“数控车”，选择“轮廓精车”，弹出“精车参数表”，设置加工参数和切削用量分别如图 2-128 和图 2-129 所示。

(2) 进退刀方式和轮廓车刀参数的设定与粗加工相同，点击“确定”拾取精车轮廓，生成刀具轨迹如图 2-130 所示。

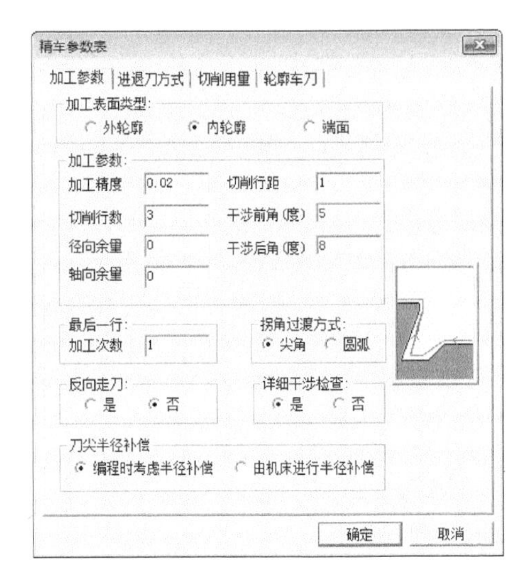

图 2-128　加工参数

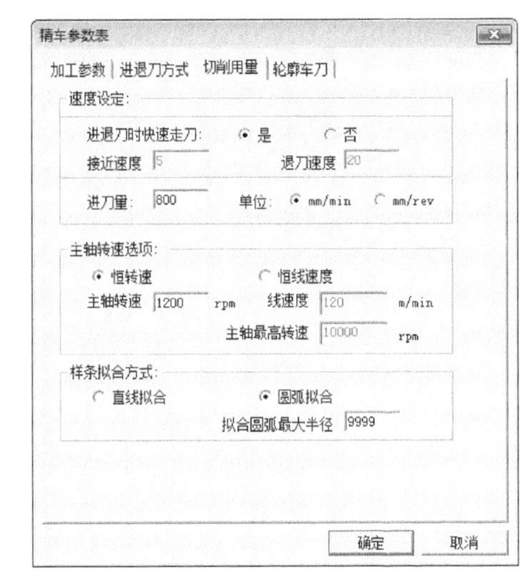

图 2-129　切削用量

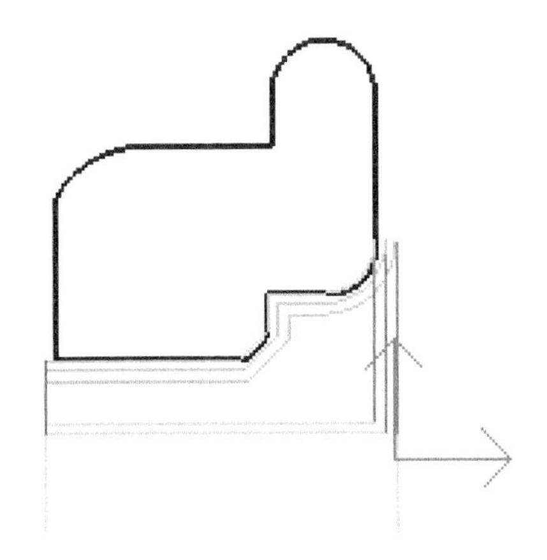

图 2-130　内轮廓精车刀具轨迹

4. 底面内螺纹加工

(1) 打开“数控车”,点击“数控车”中的“车螺纹”,拾取螺纹起始点,填写螺纹参数,如图 2-131～图 2-135 所示。

(2) 点击“确定”,输入进退刀点,生成螺纹加工轨迹,如图 2-136 所示。

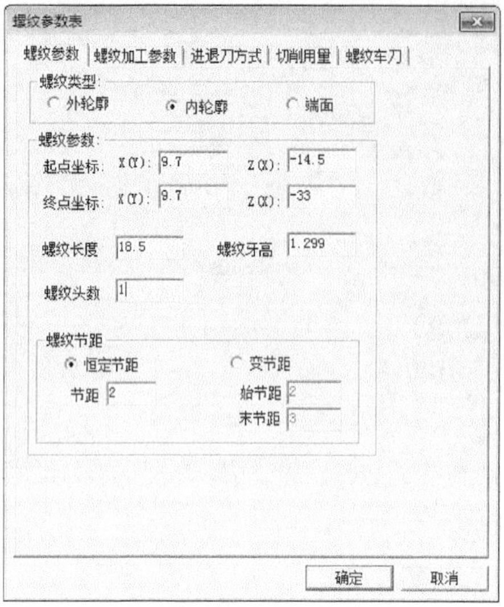

图 2-131　螺纹参数

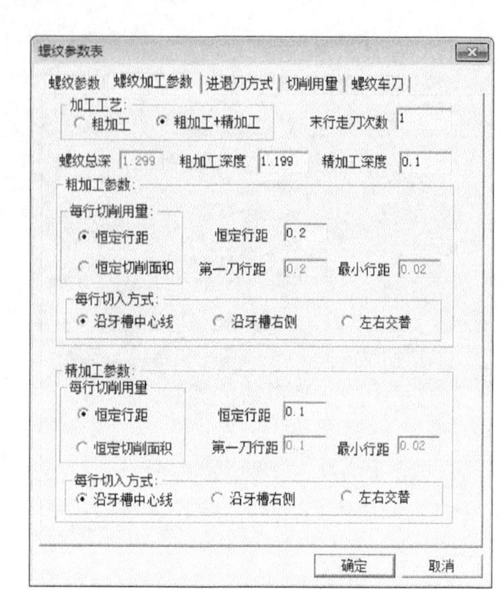

图 2-132　螺纹加工参数

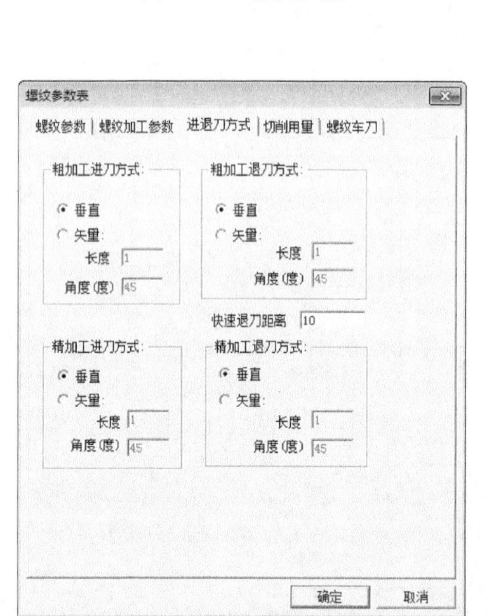

图 2-133　进退刀方式

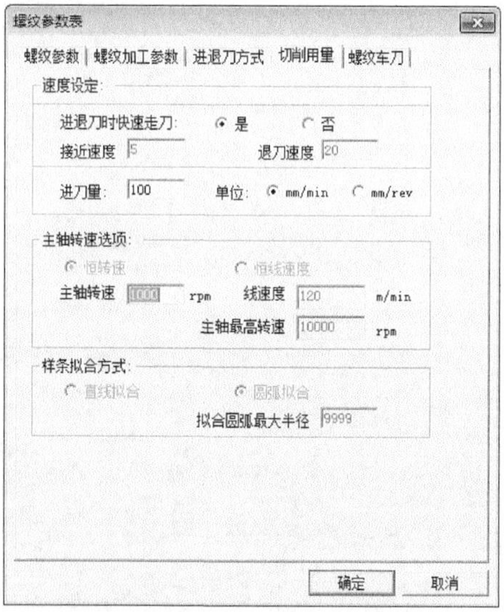

图 2-134　切削用量

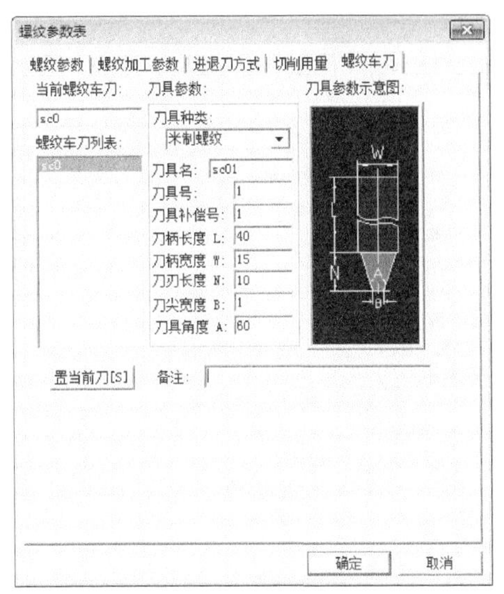

图 2-135　螺纹车刀

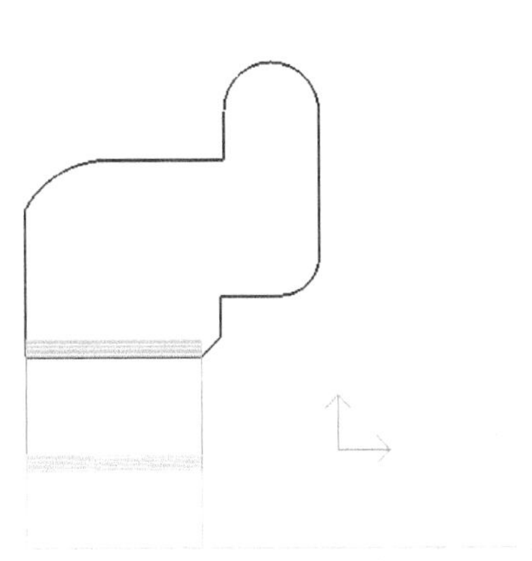

图 2-136　螺纹车刀轨迹

2.4.4　后置处理及代码生成

(1) 点击“数控车”，选择“机床设置”，弹出“机床类型设置”，设置参数如图 2-137 所示。

(2) 点击“数控车”，选择“后置处理”，设置参数如图 2-138 所示。

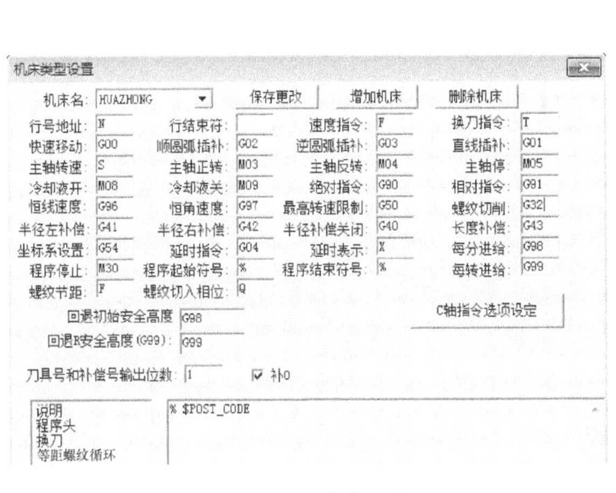

图 2-137　机床类型设置

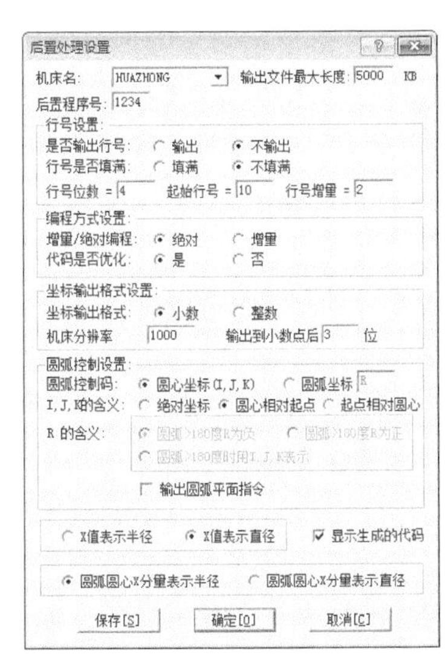

图 2-138　后置处理设置

(3) 点击“数控车”，选择“代码生成”，弹出“生成后置代码”对话框，如图 2-139

所示。

(4) 点击“确定”按钮，拾取刀具轨迹，然后单击右键“确定”，生成代码如图 2-140 所示。

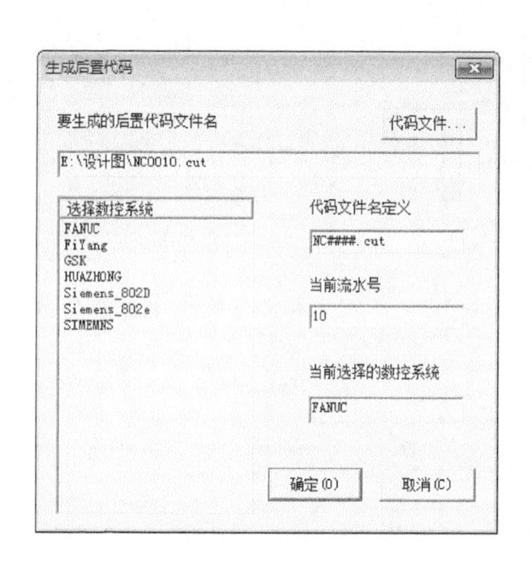

图 2-139　生成后置代码

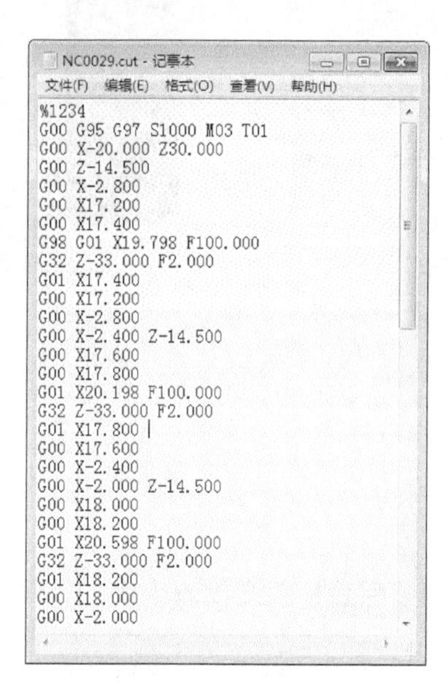

图 2-140　代码

螺纹滑块的车削加工既包含了圆弧的车削加工、内外孔的车削加工，又包含了螺纹的车削加工，并且总体通过两次装夹来完成，可以说是一个典型的车削加工零件的实例，通过对此零件的车削加工，能够对车削工艺有更深刻的了解。

2.5　伞式结构典型零件的仿真加工

2.5.1　数控仿真概述

随着越来越复杂的机械零件的生产加工、计算机技术的不断进步和 CAD/CAM 技术的飞速发展，计算机仿真技术也被广泛地应用到加工制造业之中。计算计仿真技术与零件数控加工技术的结合便形成了数控仿真技术。数控仿真技术也就是利用计算机的图形显示技术来模拟零件的实际数控加工过程，可以有力地验证数控加工程序的正确性，可以将数控加工过程中的状态进行空间的、立体的、真实的显示，在进行实物加工之前就对加工过程中可能出现的过渡切削、欠切削现象以及刀具和工件、刀具和夹具之间的碰撞进行可视性的验证，让使用者对数控加工过程有一个更加形象、直观的了解。

数控仿真技术实际上就是在虚拟环境中模拟各种型号的数控机床。和真实的机床比起来，虚拟机床具有与真实机床完全相同的结构，并且是对机床操作过程的全仿真，它有丰富的刀具库，能全面地进行碰撞检测，有强大的测量功能、完善的图形和标准数据接口，各种便利条件促进了数控仿真技术的不断发展和被广泛推广应用。

2.5.2　零件的模拟加工

(1) 打开 VNUC 软件，选择需要使用的机床。本书所选用的是华中世纪星三轴立式加工中心，如图 2-141 所示。

(2) 进行毛坯安装。首先要对毛坯尺寸和材料进行设置，并设定夹具类型，如图 2-142 所示。

图 2-141　机床选择界面

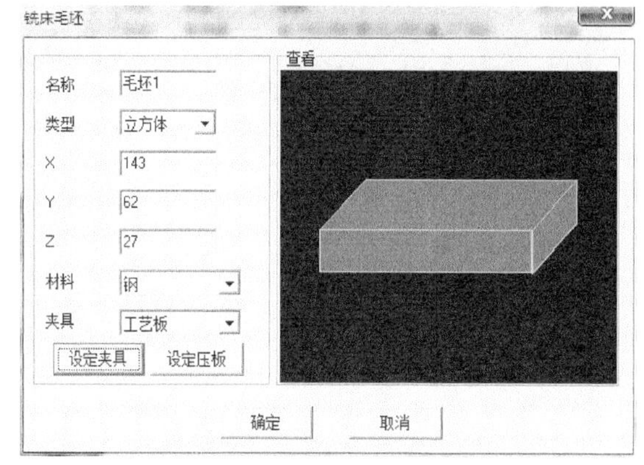

图 2-142　毛坯设定

(3) 选择刀具并设置刀具参数，此工件用到 $\phi16$ 的立铣刀、$\phi12$ 立铣刀和 $\phi11.5$ 的钻头，安装刀具后如图 2-143 所示。

图 2-143　刀具安装

(4) 对刀。在加工中心中，只需要完成第一把刀的对刀，其他刀具可以根据长度进行刀具补偿，从而实现自动换刀加工。分别在 X、Y、Z 上进行对刀，首先将刀具在 X、Y、Z 方向回参考点，在对刀过程中打开手轮和辅助视图来协助对刀，分别对工件四周进行对刀，得到 $X1$、$X2$、$Y1$、$Y2$ 值，在 Z 轴方向对刀得到 Z 值，待塞尺显示由太松变为合适时停止，最后得到 X 轴上的坐标为 $(X1+X2)/2$，Y 轴上的坐标为 $(Y1+Y2)/2$，Z 轴上的坐标为 Z。图 2-144 显示了对刀后建立的共建坐标系。对刀过程如图 2-145 所示。

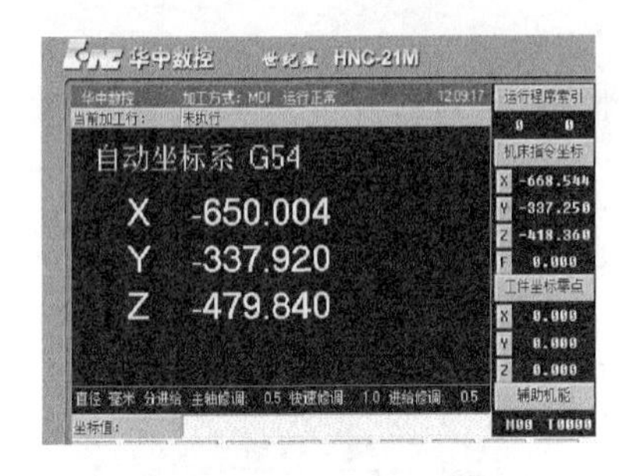

图 2-144 坐标系设定

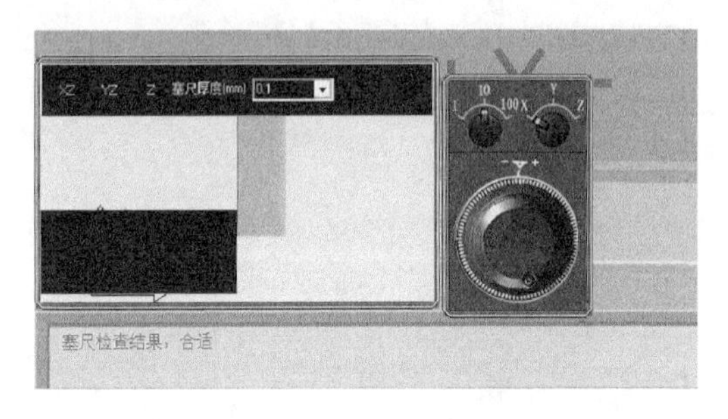

图 2-145 对刀

(5) 导入编辑好的 NC 代码，并对代码进行校验，若没有发现错误，则选择“自动”，循环启动，进行仿真加工。零件加工图如图 2-146 所示。

(6) 完成加工后如图 2-147 所示。

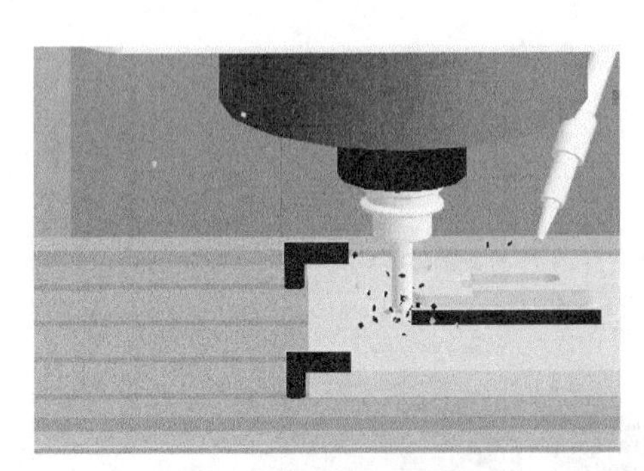

图 2-146 侧板铣削加工

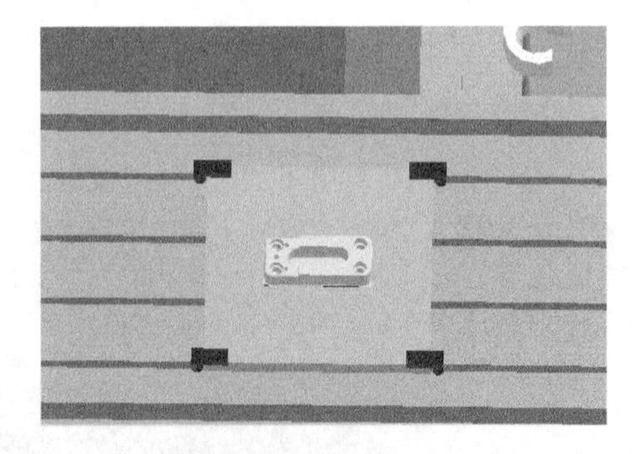

图 2-147 侧板下表面

伞式结构是水轮发电机中常用到的典型机构，就其结构本身来说，加工起来有一定的难度。伞式结构主要零件的加工精度和表面质量会影响其运动性能。伞式结构由底座、锥体、螺纹滑块、螺柱、球摆杆、摆杆、顶板、螺栓、螺钉、螺母等零件组成。本章详细讨论了伞式结构的三维建模、虚拟装配及其典型零件的数控加工技术，主要以伞式机构各个零件的三维建模、虚拟装配以及侧板零件数控加工的后置处理、加工仿真和优化等为核心内容，以 CAXA 实体设计、制造工程师、数控车、

VNUC仿真软件为技术平台，结合数控加工工艺优化等内容，对伞式结构的数控加工进行了较为全面的研究。主要的研究内容如下：①对CAXA2013软件的各功能模块进行了深入的研究与学习，利用CAXA2013软件的实体设计功能完成伞式结构的各个零件的实体建模，利用三维球工具和定位约束功能实现各零件之间的装配，完成伞式结构的装配；②对伞式结构特殊零件进行加工工艺设计，如毛坯的确定、零件的加工顺序、使用刀具类型等；③利用CAXA制造工程师的CAM功能和CAXA数控车的CAM功能分别对典型零件进行铣削加工和车削加工，生成了伞式结构侧板零件的刀具加工路径及数控G代码，并对零件进行了加工质量检查与刀具轨迹优化，实现了CAXA2013的CAM软件的虚拟加工；④在VNUC软件中调用华中世纪星系统的虚拟加工中心，设置刀具库里的刀具，把生成的G代码程序加载到虚拟加工中心，利用数控加工仿真软件对零件加工过程进行动态仿真演示，来检测刀具在加工过程中是否存在过切与欠切、刀具与机床部件和工件夹具之间是否存在干涉碰撞等问题，从而更好地完成零件虚拟加工。

以上的研究证明：VNUC仿真软件与CAXA2013软件的完美结合，能有效地检测加工过程中刀具与机床部件及刀具与工件夹具之间的干涉碰撞和工件的过切，为刀位的修改提供依据，是一种解决数控仿真加工行之有效的办法，对其进行研究具有非常重要的理论意义和实用价值。

第 3 章　摇杆机构的 3D 设计与 NC 加工

3.1　基于 CAXA 平台摇杆机构各部分零件的 3D 设计

摇杆机构是生活生产中常用的基本机构，尤其是曲柄摇杆机构，应用广泛，能把往复摆动变为整周回转运动，也能把整周回转运动变为往复摆动，在各行各业中也发挥着越来越重要的作用。图 3-1～图 3-4 为摇杆机构在生活生产中的具体应用。实际应用中对摇杆机构的加工精度和加工质量的要求越来越高，而以高精度、高效率为特点的数控加工正是解决这一问题的关键。

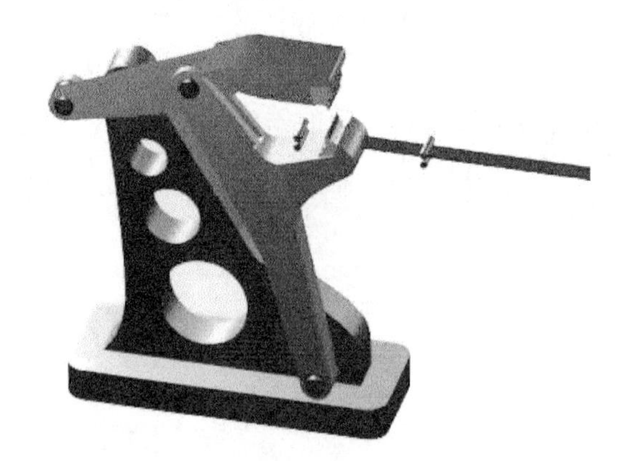

图 3-1　飞剪

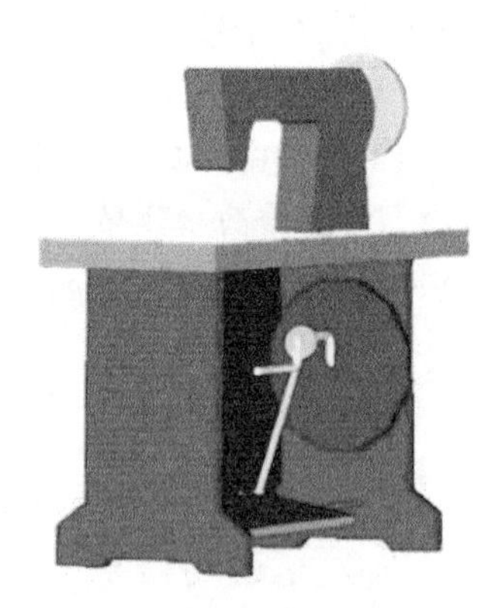

图 3-2　缝纫机

图 3-3　搅拌机构

图 3-4　牛头刨床横向进给机构

数控加工具有加工精度高、生产效率快、可以完成复杂零件的加工等特点，有广泛的适应性和较大的灵活性，可以通过改变加工程序进行新产品试制；具有良好的一致性和互换性，方便设计人员之间的信息交流与数据转换。数控加工技术是现代自动化、柔性化及数字化生产加工技术，能够促进产品转换加工，提高生产效率，降低生产成本。因此，本章对摇杆机构进行三维设计与数控加工技术的研究。

3.1.1　摇杆机构的组成

本章研究的是摇杆机构的三维设计与数控加工技术。此摇杆机构是由底板、轴、销、螺柱、垫圈、手柄、转轮、垫块、立柱、摆轮和齿条等 11 个零件组成的。利用 CAXA 实体设计的 CAD 功能完成对 11 个零件的建模、装配等。在建模的过程中，可以从设计元素库中直接拖出需要的图素，也可以建立草图，对草图进行拉伸、旋转等特征操作生成零件，然后通过倒角、螺纹、阵列等特征操作完成零件的建模。

图 3-5 为摇杆机构的装配二维图。图 3-6 为摇杆机构的装配三维图。

3.1.2　摇杆机构的实体建模

1. 底板的实体建模

下列实体建模部分仅对底板部分进行详细的步骤说明，并对每一步操作进行截图，对于之后的零件部分如轴、销、垫圈、转轮、摆轮和齿条等只进行详细的步骤说明，但不再进行每一步的过程截图，只给出关键过程的操作截图及结果截图。对含有螺纹的零件如手柄、螺柱、垫块、立柱等，对其螺纹加工部分作出详细说明，并进行过程截图，在建模的过程中不再进行详细的尺寸说明，具体的尺寸数据将在二维零件图中显示。

图 3-7 为底板的零件图，图中给出了底板的具体尺寸参数和技术要求。下面对其进行实体建模。

(1) 打开“CAXA 实体设计 2013”，选择“创建一个新的设计文件”，再选择“空白模板”，单击“确定”，如图 3-8 和图 3-9 所示。

(2) 从设计元素库中选择“长方体”元素拖入到设计环境中，双击设计环境中的“长方体”元素进入智能图素编辑状态，选中“包围盒尺寸手柄”，单击右键，选择“编辑包围盒”选项，在弹出的对话框中，输入尺寸参数，如图 3-10 所示。

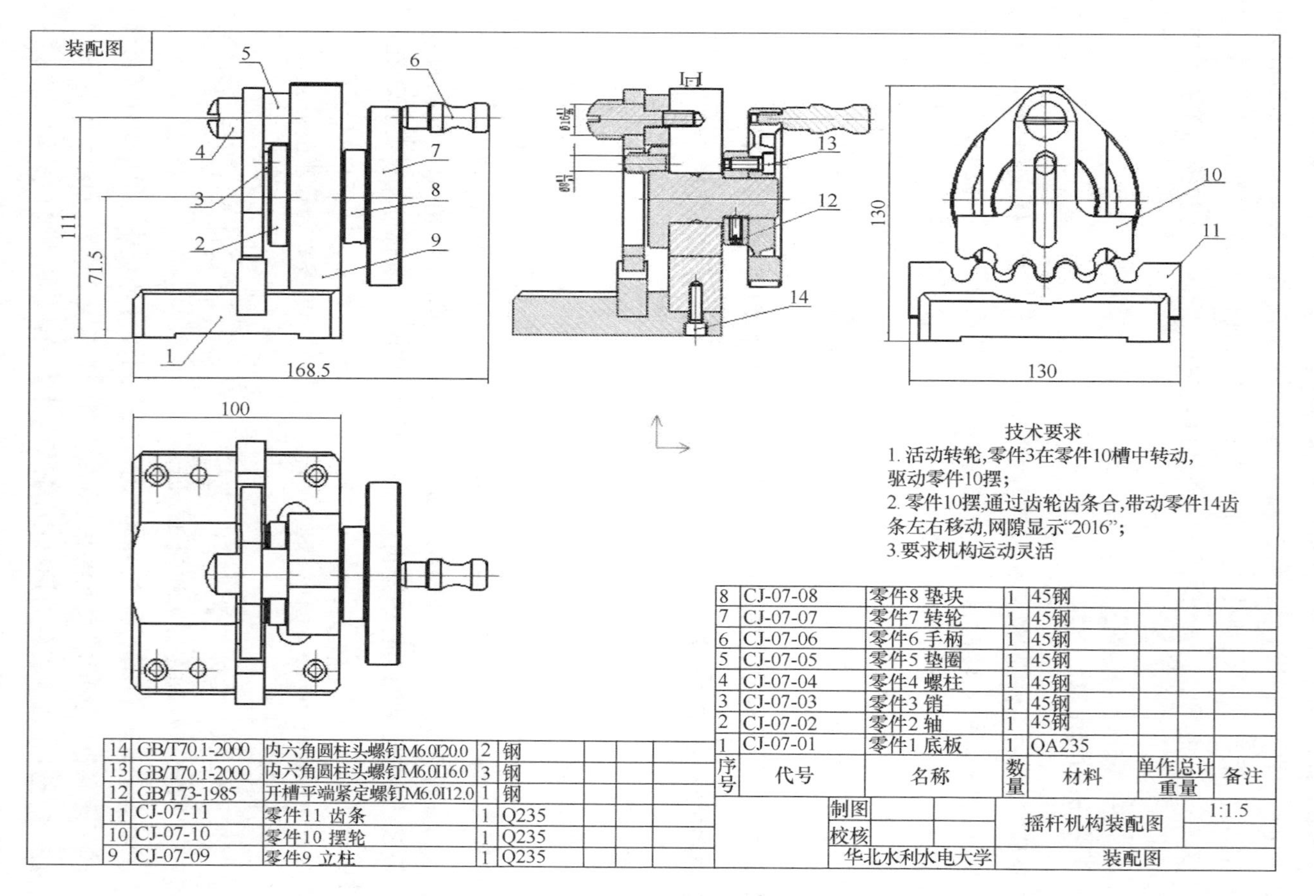

图 3-5 摇杆机构的装配二维图

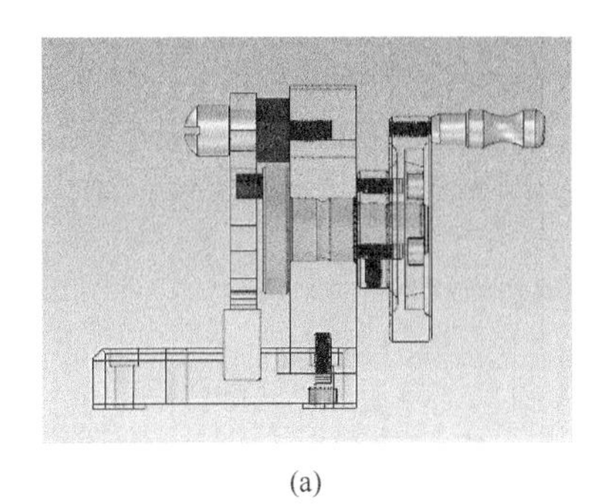

(a)

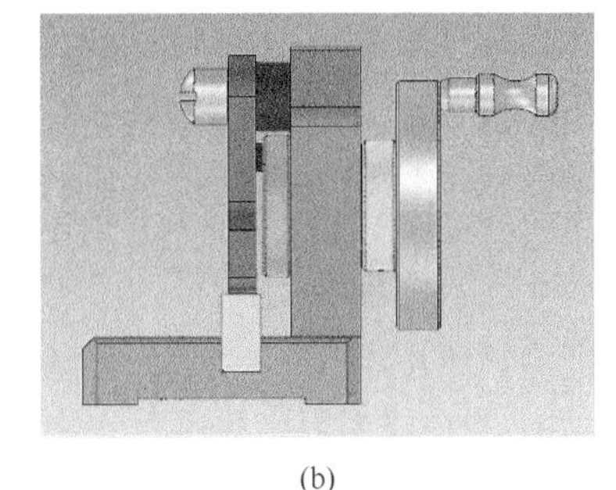

(b)

图 3-6　摇杆机构的装配三维图

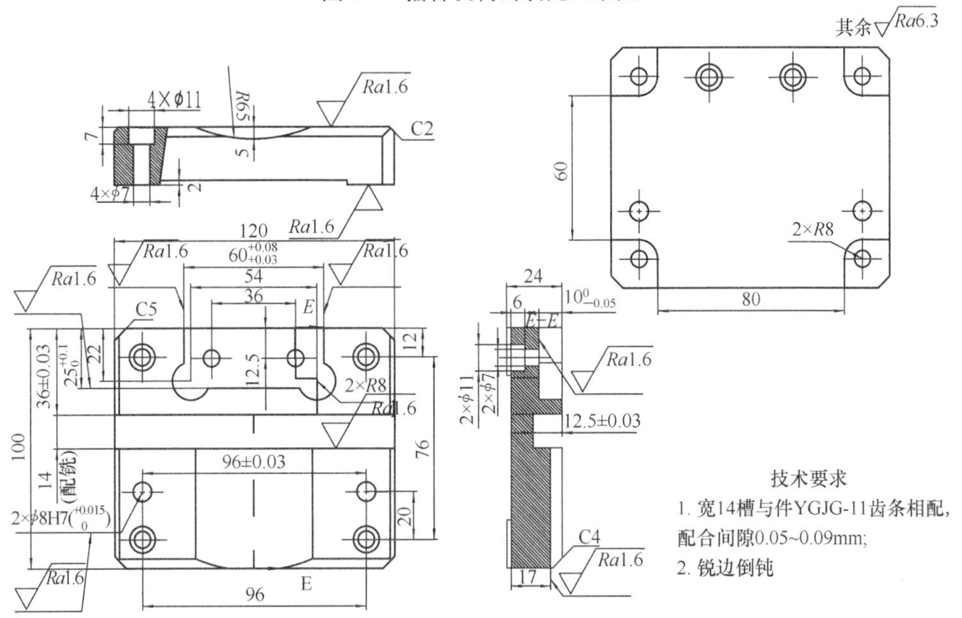

图 3-7　底板的零件图

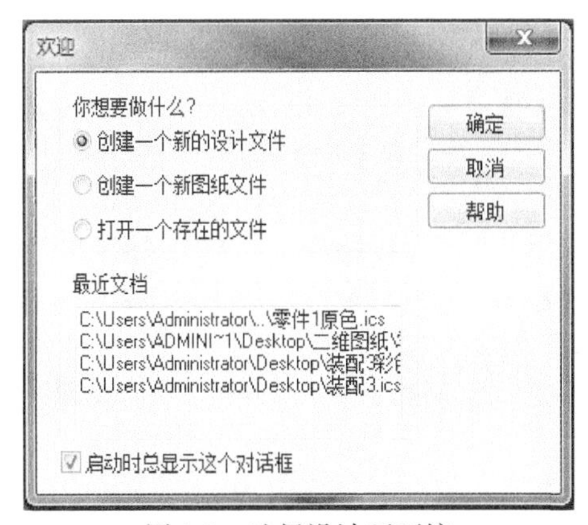

图 3-8　选择设计环环境

图 3-9　选择设计模板

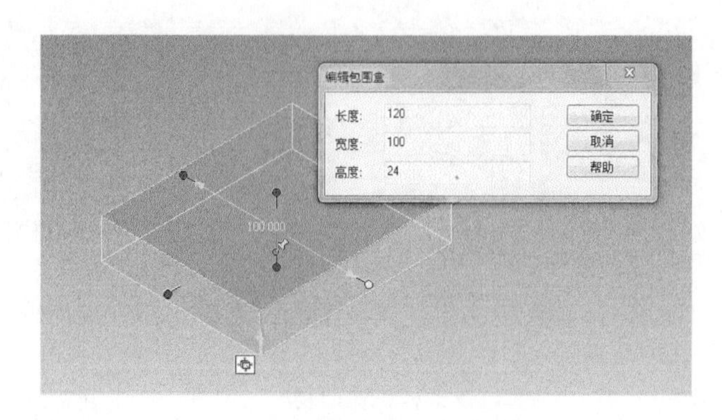

图 3-10　修改底板尺寸参数

(3) 从设计元素库中选择“孔类长方体”元素，按住鼠标左键拖动“孔类长方体”元素到长方体前表面的上棱边中点处，当上棱边中点显示为绿色点时，松开左键。双击孔类元素，按住 Shift 键拖动包围盒尺寸手柄，使孔类元素的前表面和上表面分别与长方体的前表面和上表面重合，编辑包围盒，如图 3-11 所示。

(4) 选中“孔类圆柱体”元素，选择“快速启动”工具栏中的“三维球工具”。选中三维球工具的外部控制柄，按住右键拖动，单击选择“平移”命令，在弹出的对话框中输入平移距离，如图 3-12 所示。

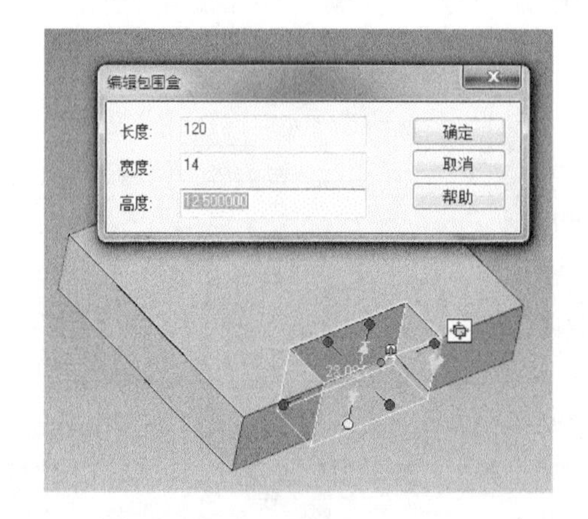

图 3-11　孔类元素尺寸

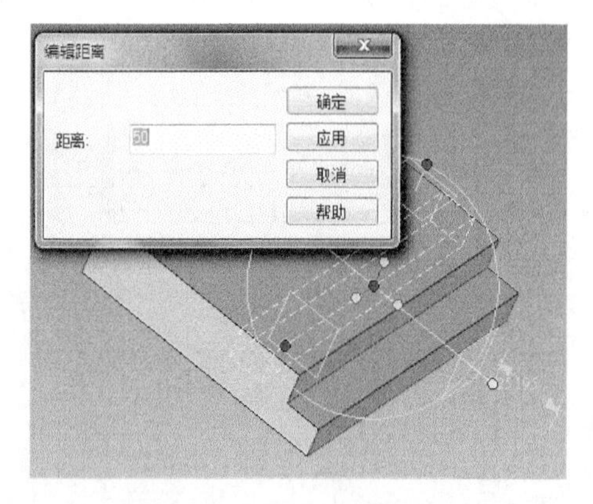

图 3-12　孔类元素平移距离

(5) 在特征功能区选择“拉伸”特征操作，选择“新生成一个零件”。选择以点的方式在长方体前表面的上棱边处创建草图，如图 3-13 所示。

编辑草图，通过“绘制圆”、“裁剪”等命令，绘制半径为 65 的圆弧，设置拉伸参数，单击“确定”，拉伸形成曲面，如图 3-14 所示。

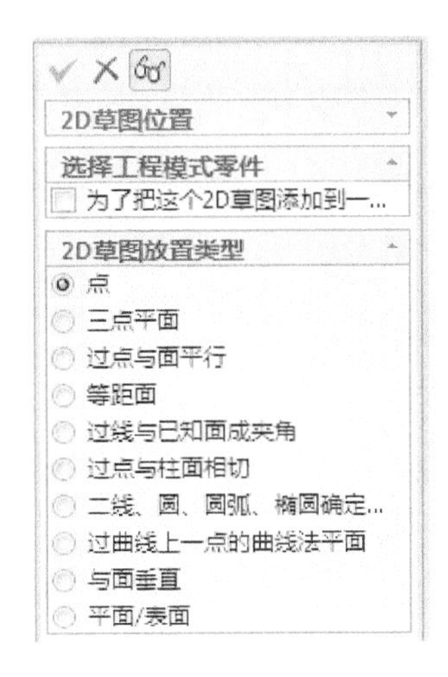

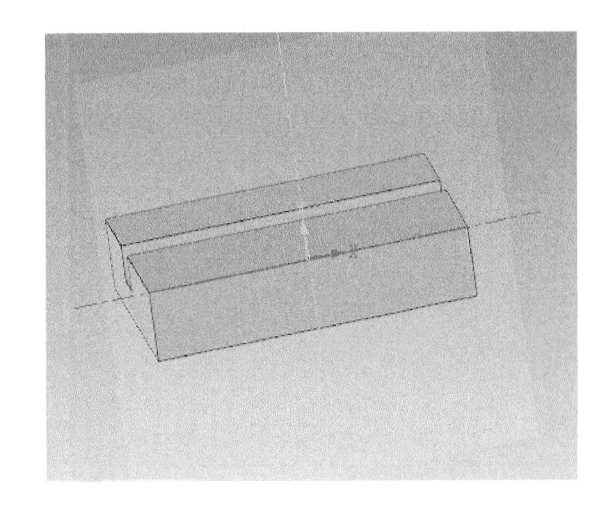

图 3-13 创建草图

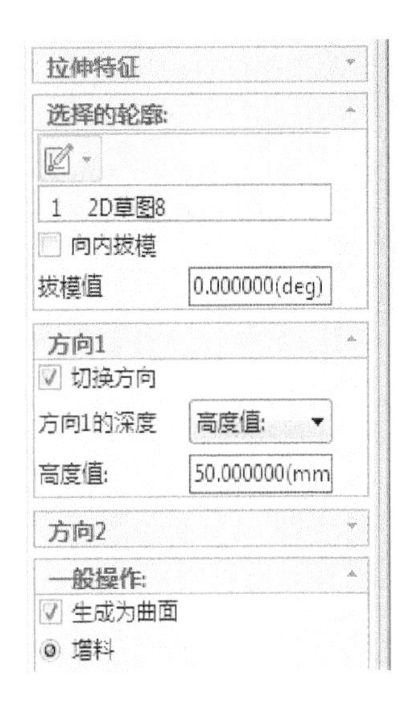

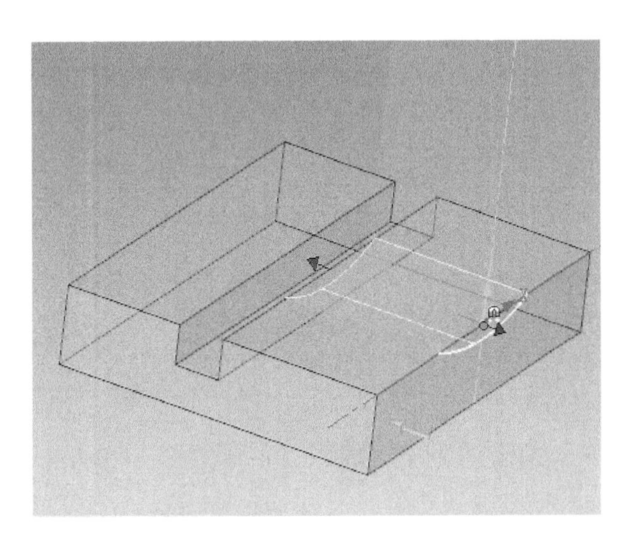

图 3-14 曲面拉伸特征

(6) 选择特征功能区中的“分割”功能，对目标零件长方体进行分割操作，分割工具零件为曲面，删除分割之后形成的零件，如图 3-15 和图 3-16 所示。

(7) 从设计元素库中选择“孔类圆柱体”元素，拖放到长方体后表面的上棱边中点处，打开三维球工具，选中外部操作手柄并作为旋转轴，对圆柱孔进行旋转操作，旋转角度 90°，编辑圆柱孔包围盒尺寸，如图 3-17 所示。

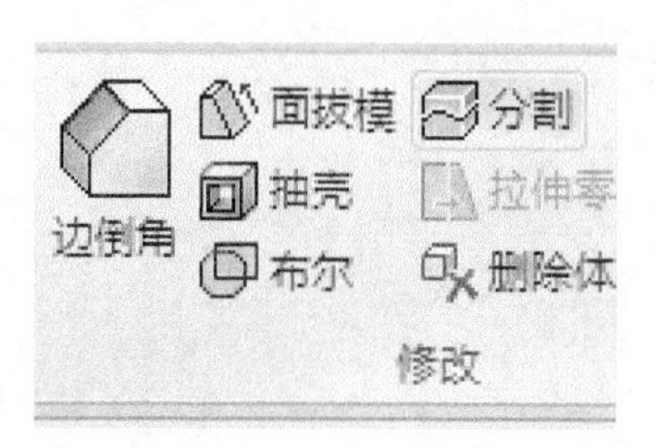

图 3-15　分割零件

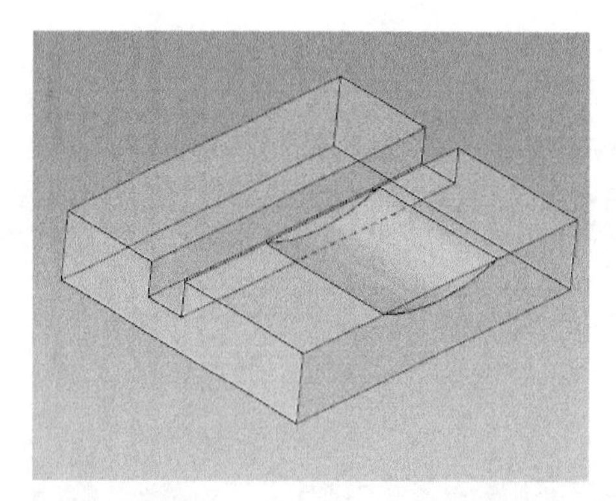

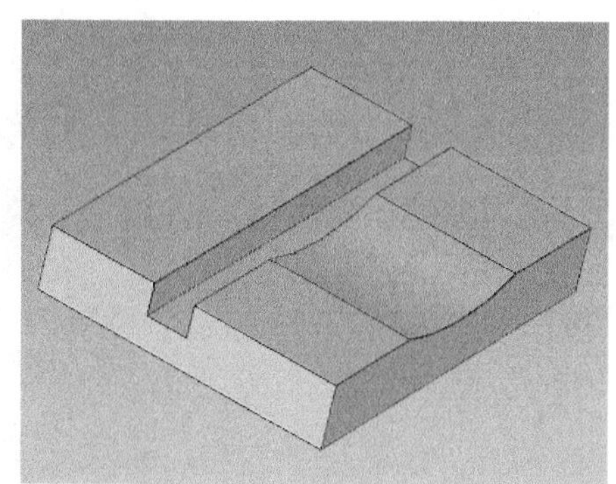

图 3-16　分割后的零件

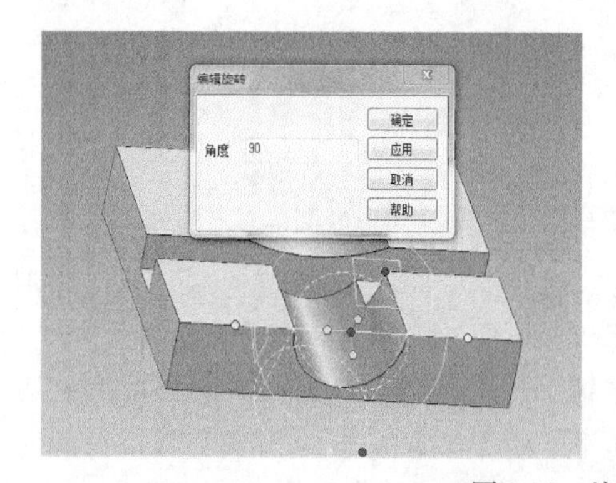

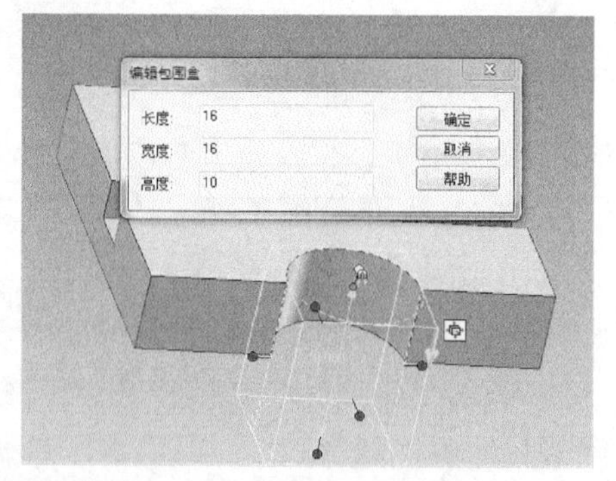

图 3-17　编辑圆柱孔

根据零件图尺寸，利用三维球工具对圆柱孔元素进行平移操作，通过三维球“拷贝”、“链接”功能生成一个对称的圆柱孔，如图 3-18 所示。

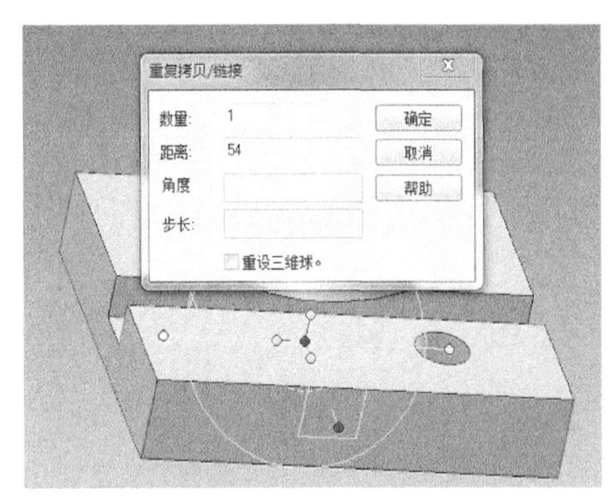

图 3-18　孔类圆柱体链接操作

从设计元素库中选择“孔类长方体”元素，拖放到后表面的上棱边处，编辑包围盒，确定孔类长方体尺寸，如图 3-19 所示。

(8) 从设计元素库的工具栏中选择“自定义孔”元素，拖放到上表面的边角处，选择孔的种类为沉头孔，修改沉头孔参数如图 3-20所示。

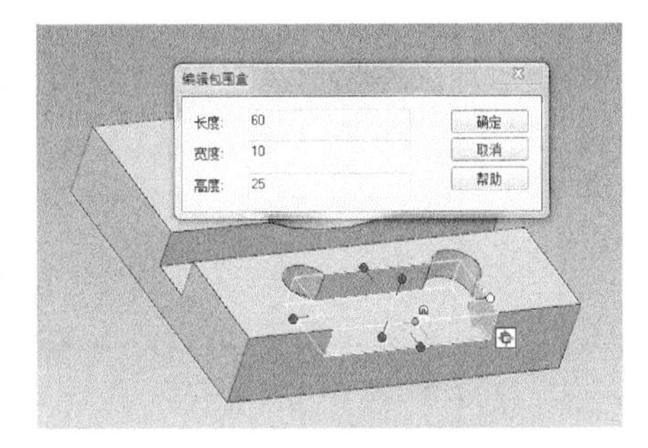

图 3-19　孔类长方体的编辑

利用三维球工具，根据零件图的尺寸参数对沉头孔进行两次平移操作，如图 3-21所示。

选择特征功能区中的“阵列特征”功能，对沉头孔进行阵列特征操作，设置阵列方向、数量和距离等，如图 3-22 所示。

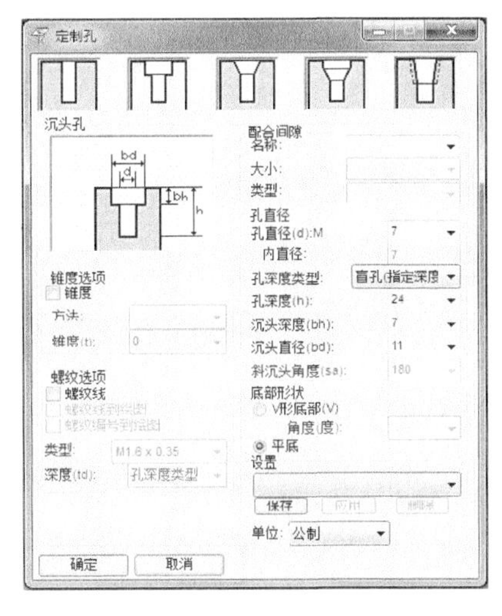

图 3-20　沉头孔参数图

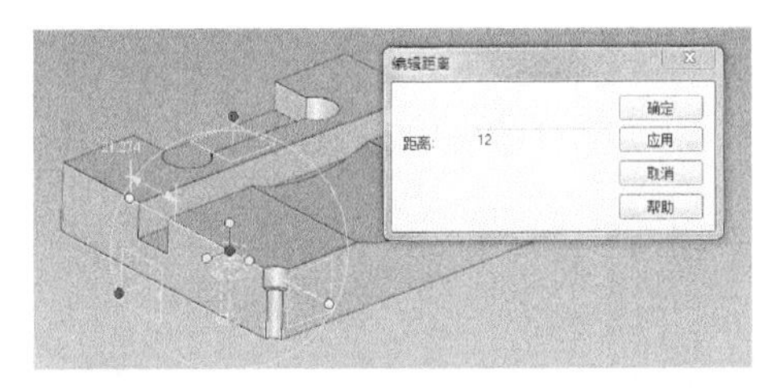

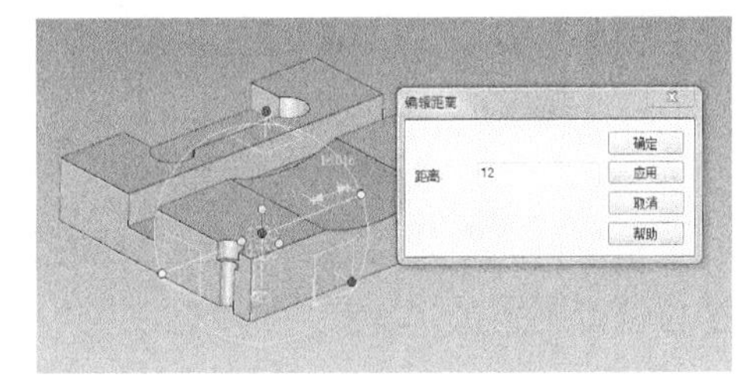

图 3-21　沉头孔平移操作

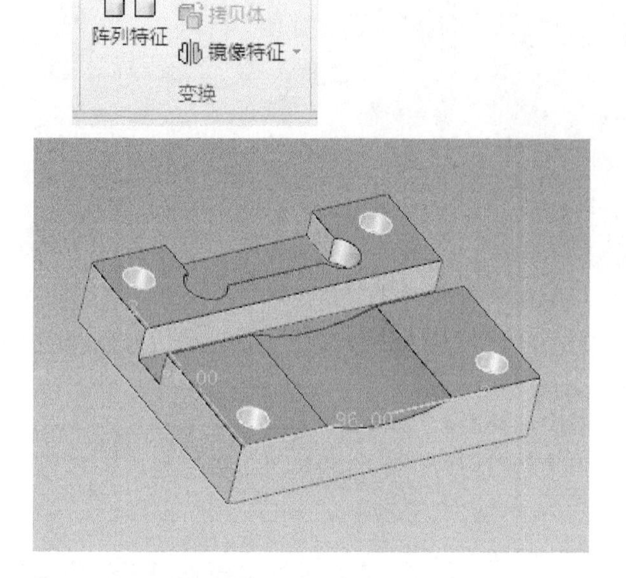

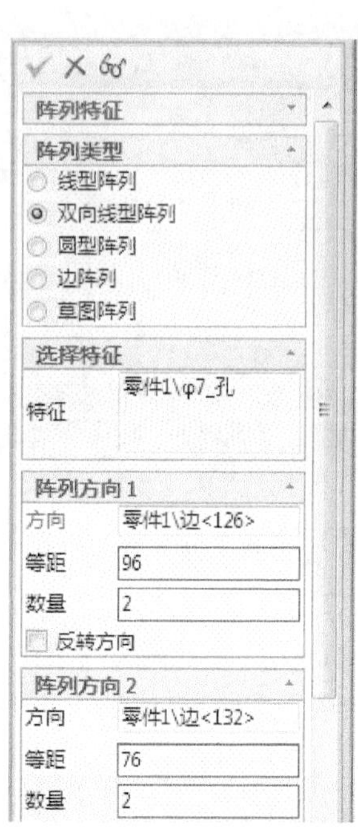

图 3-22　沉头孔的阵列特征

(9) 从设计元素库中选择“孔类厚板”元素，拖入到长方体下底面棱边的中点，编辑包围盒，确定尺寸，厚板高度为 2mm；再次拖入“孔类厚板”元素到下底面，编辑包围盒，确定尺寸，厚板高度同样也是 2mm，如图 3-23 所示。

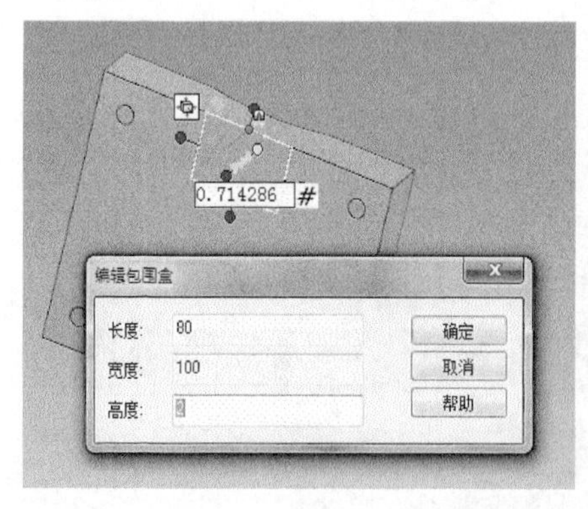

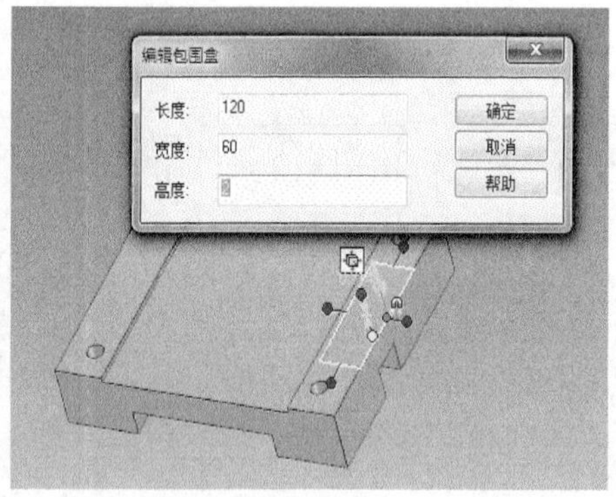

图 3-23　底面孔类厚板设置

从菜单栏的特征功能区中选择圆角过渡工具，对下底面凸台支柱的四个角的棱边进行圆角过渡操作，选择过渡类型为“等半径”过渡，设置圆角过渡特征参数，如图 3-24 所示。

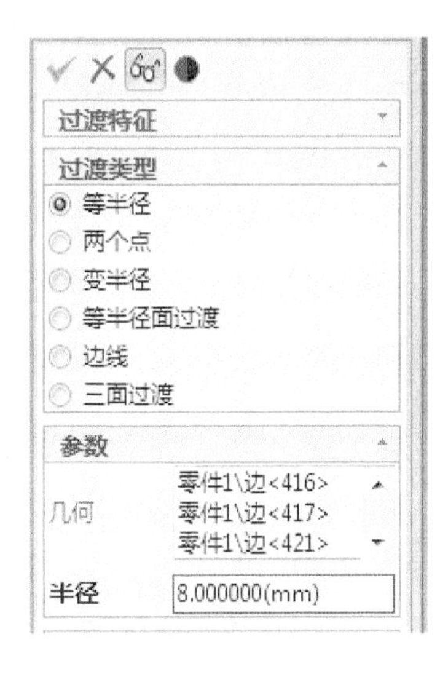

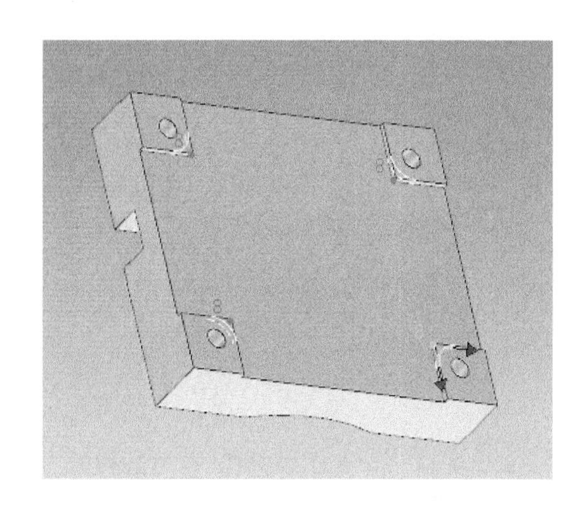

图 3-24　边倒角

从设计元素库工具栏中选择“自定义孔”元素，拖入到在后表面下棱边中点处，选择孔的种类为沉头孔，设置沉头孔参数，根据零件图尺寸，利用三维球工具对沉头孔进行平移操作，如图 3-25 所示。

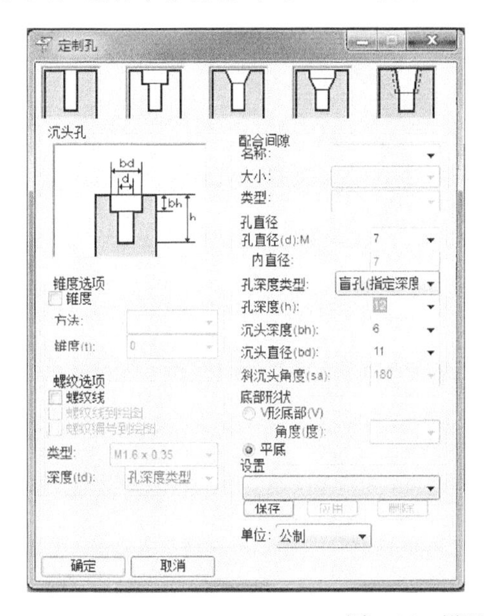

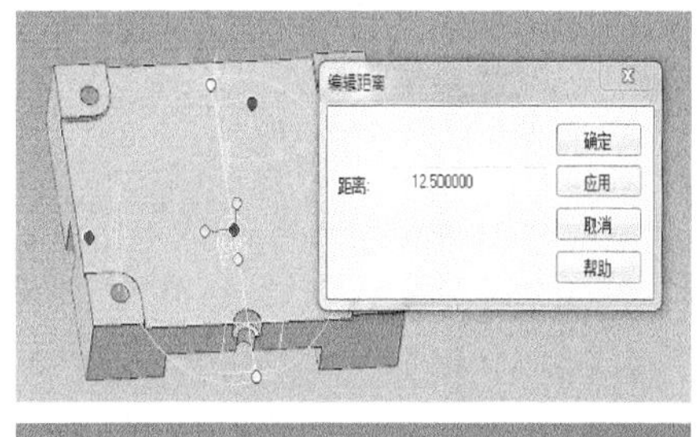

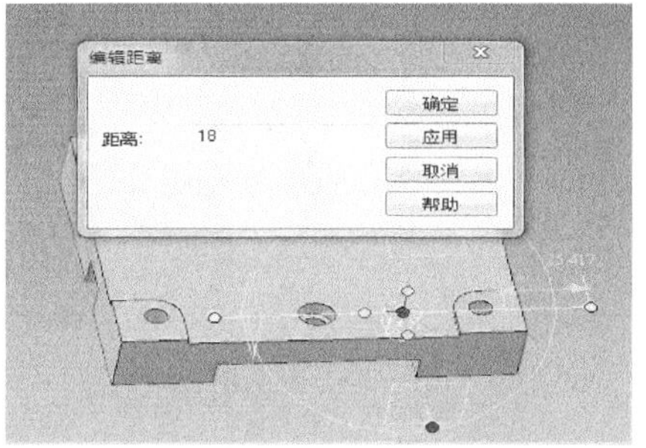

图 3-25　设置沉头孔参数

根据零件图尺寸参数，利用三维球工具对沉头孔进行拷贝、链接操作，生成关于长方体中轴线对称的另一沉头孔，如图 3-26 所示。

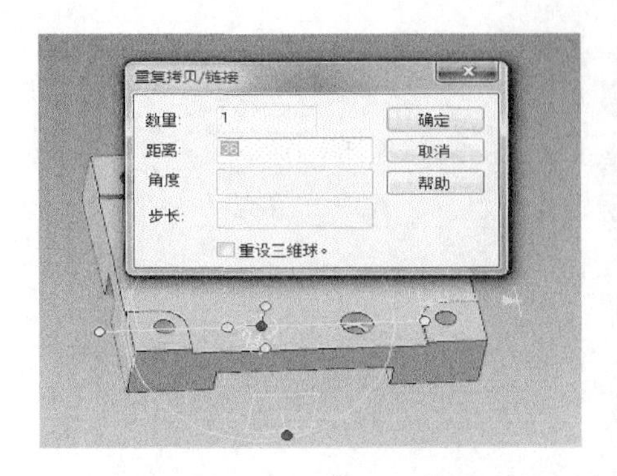

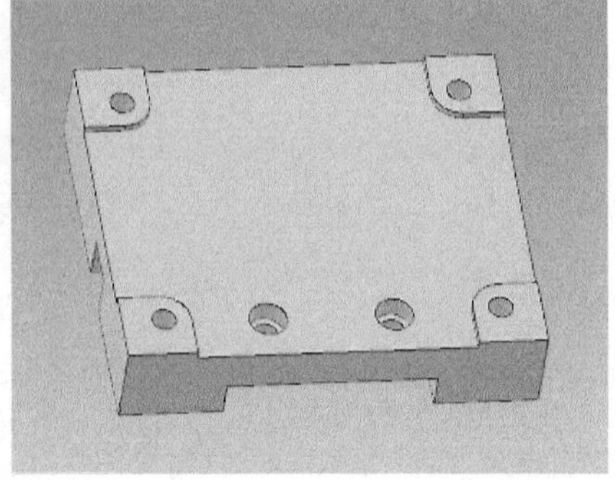

图 3-26 链接生成沉头孔

(10) 从设计元素库中选择“孔类圆柱体”元素，拖入到底板上表面的沉头孔圆心处，编辑包围盒，修改尺寸参数，如图 3-27 所示。

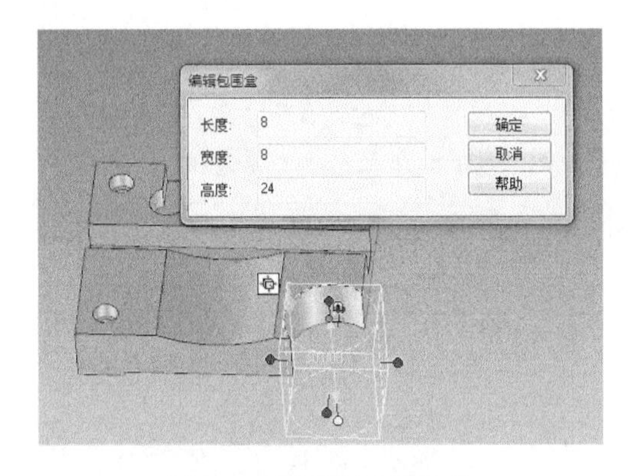

图 3-27 设置圆柱孔参数

根据零件图尺寸，利用三维球工具对圆柱孔进行平移、链接等操作，如图 3-28所示。图 3-29 是圆柱孔链接结果。

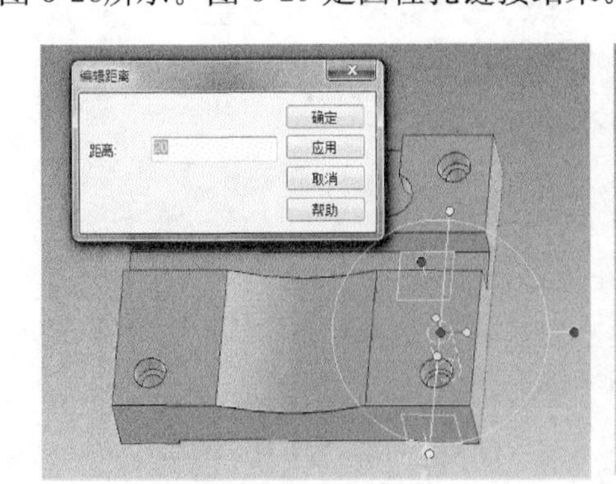

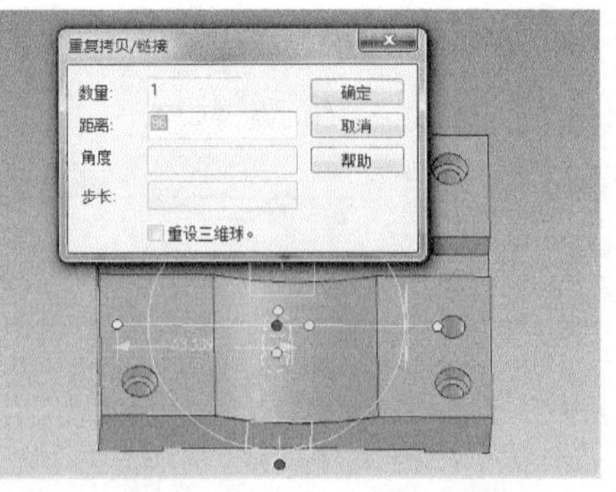

图 3-28 简单孔的链接操作

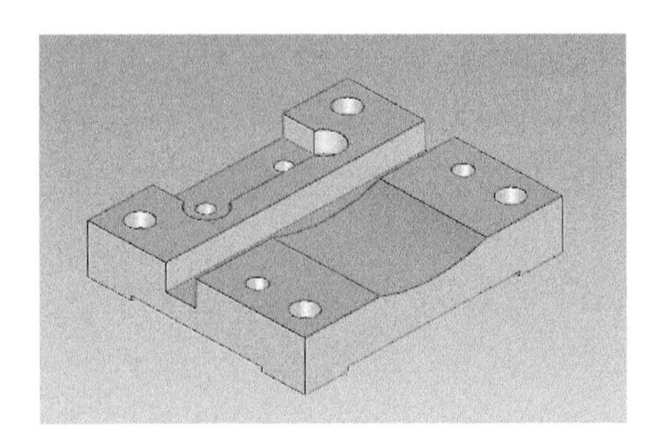

图 3-29　简单孔的生成结果

（11）从特征功能区中选择边倒角工具，对底板上表面、侧面各棱边进行倒角特征操作，如图 3-30～图 3-32 所示。

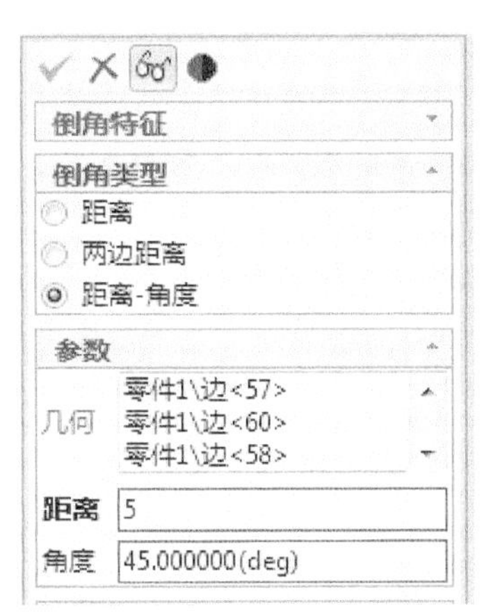

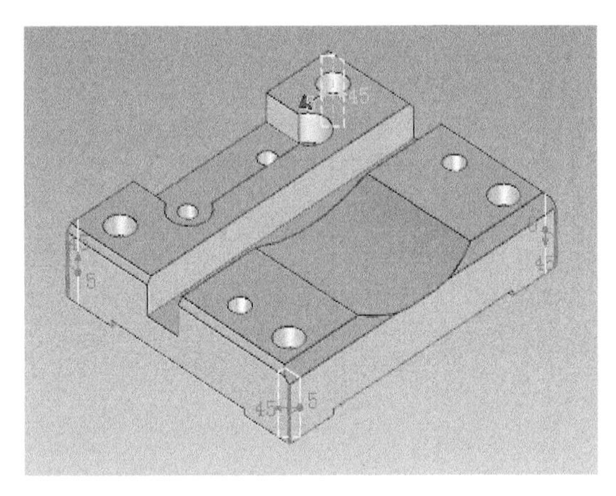

图 3-30　C5 边倒角特征操作

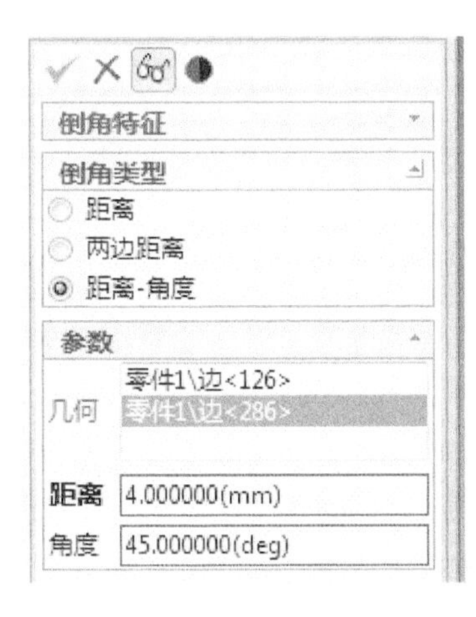

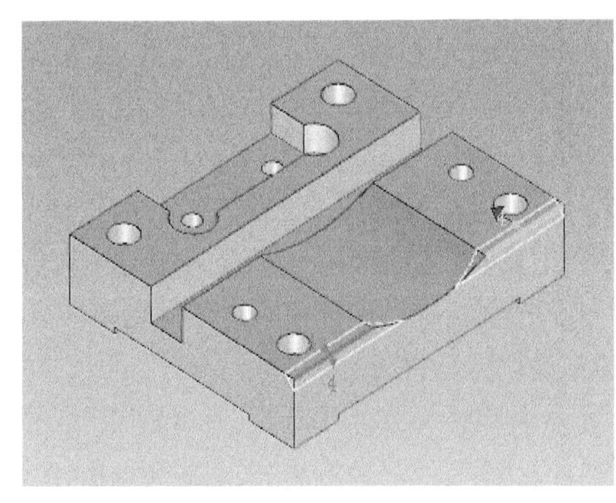

图 3-31　C4 边倒角特征操作

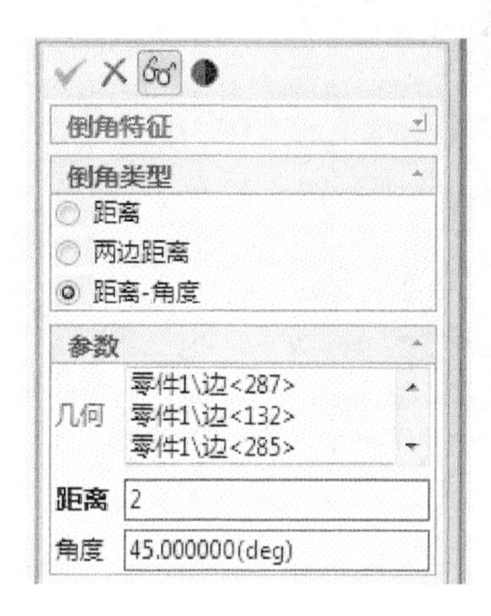

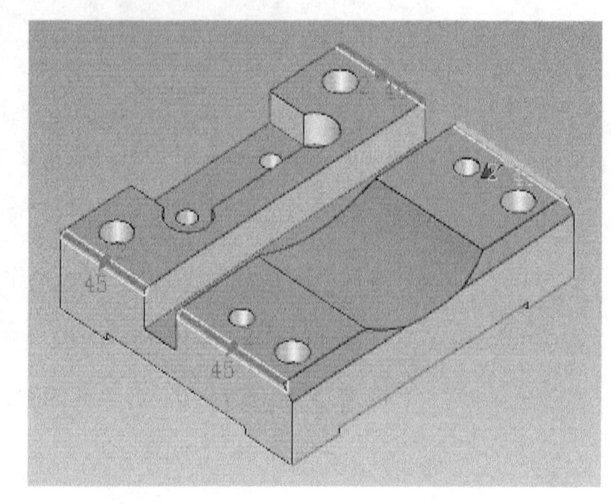

图 3-32　C2 边倒角特征操作

零件底板的三维实体模型如图 3-33 所示。

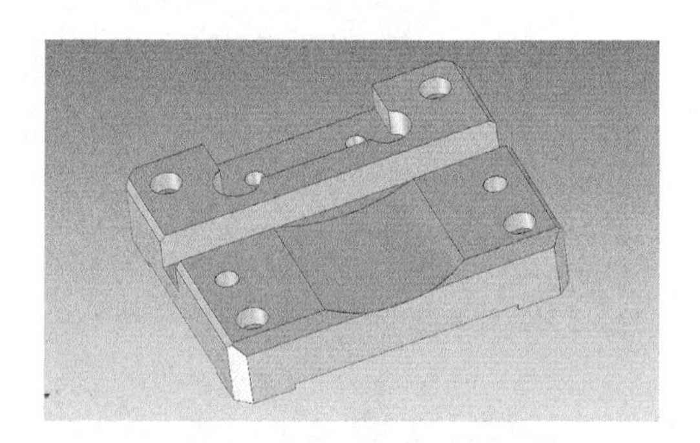

图 3-33　底板的三维实体模型

2. 轴的实体建模

图 3-34 是轴的零件图，图中给出了轴的具体尺寸参数和技术要求。下面对轴进行实体建模。

(1) 在 *X-Y* 平面创建草图，通过“两点线”、“圆弧”、“裁剪”等命令，绘制轴的截面草图及作旋转轴结构辅助线，如图 3-35 所示。

(2) 选择特征功能区中的旋转功能，选择“旋转轴”，对轴的截面草图进行旋转特征操作，如图 3-36 所示。

(3) 从设计元素库中选择“孔类厚板”元素，拖入到轴的截面处，通过三维球工具，对孔类厚板进行旋转、平移等操作，编辑包围盒尺寸，如图 3-37 所示。

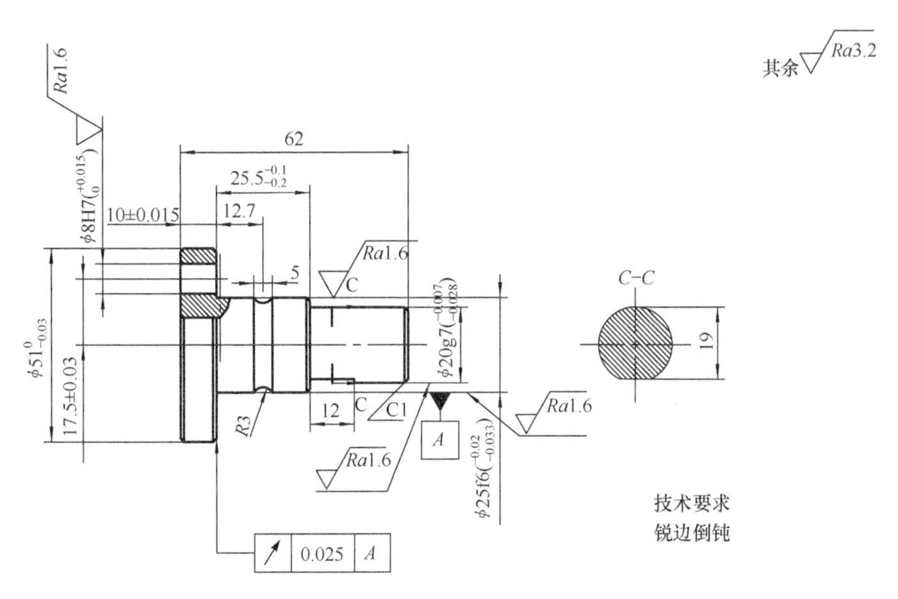

图 3-34　轴的零件图

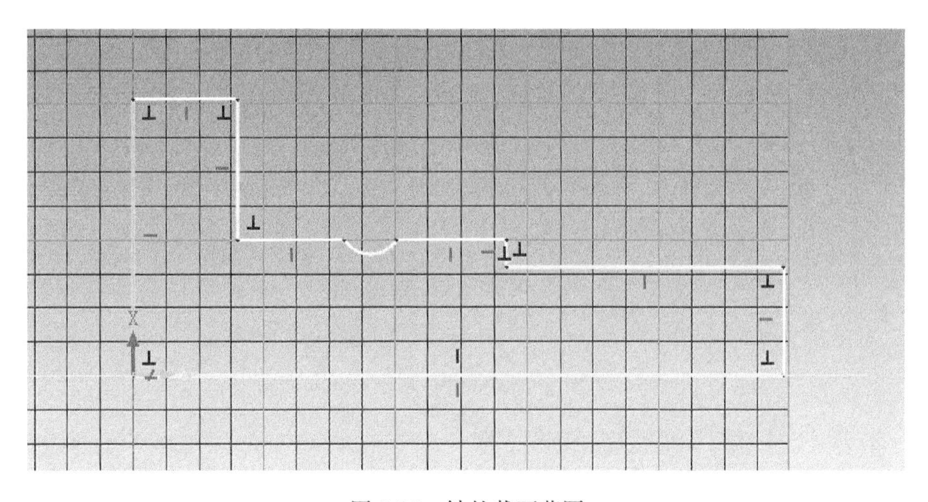

图 3-35　轴的截面草图

(4) 从设计元素库中选择“孔类圆柱体”元素，拖入到孔类厚板的中心处。通过三维球工具，对孔类圆柱体进行旋转、平移等操作，编辑孔类圆柱体的包围盒，确定尺寸，如图 3-38 所示。

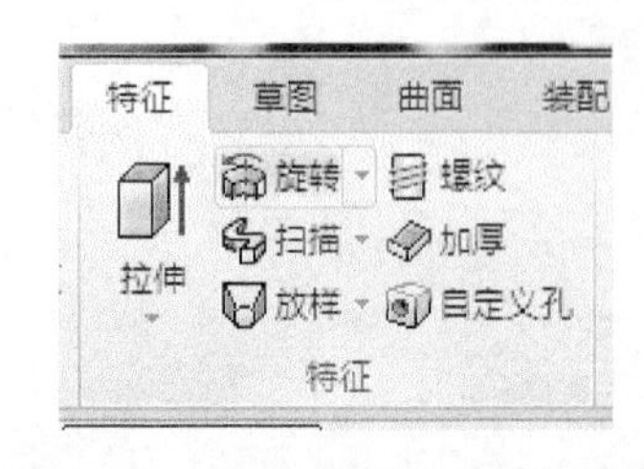

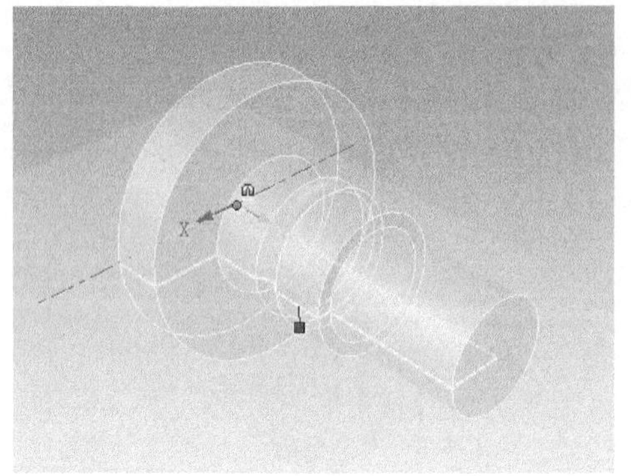

图 3-36　轴的旋转特征

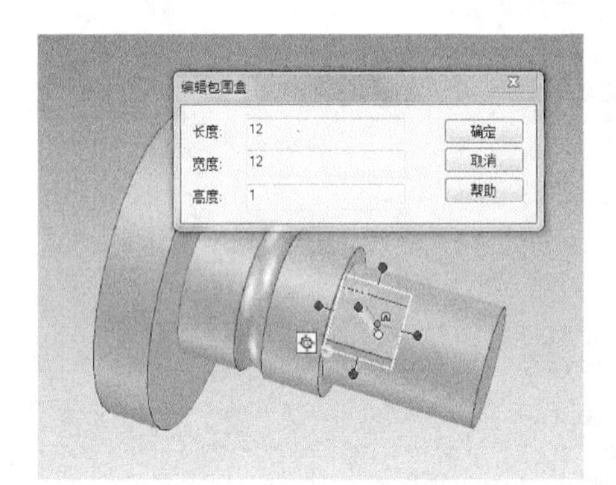

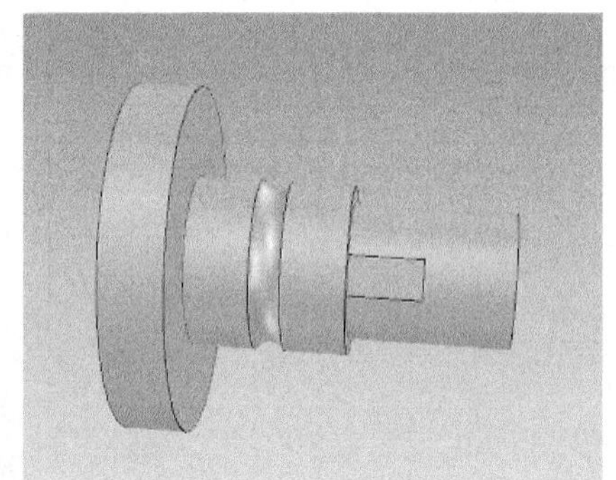

图 3-37　编辑孔类厚板

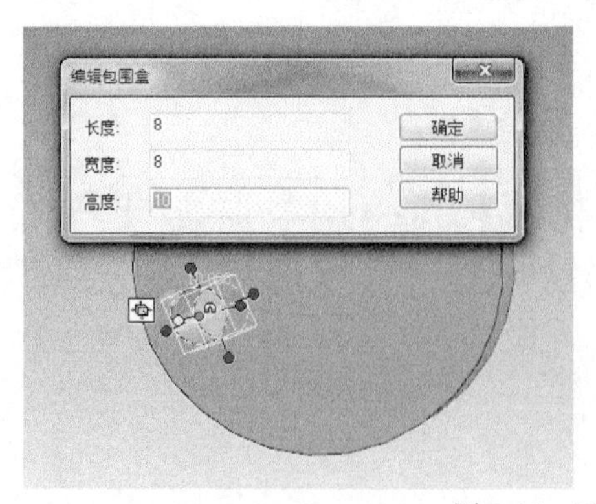

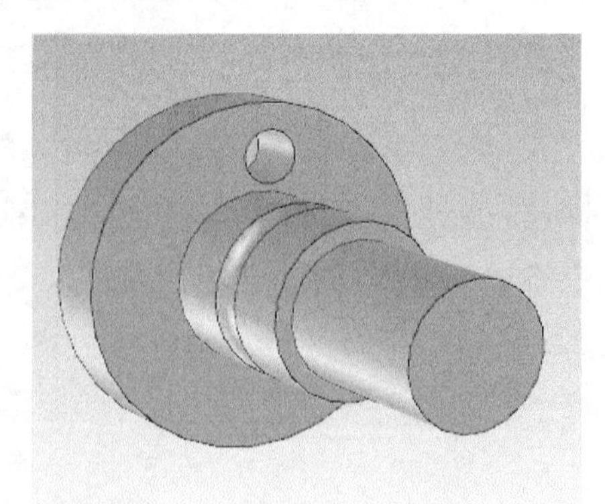

图 3-38　通孔的生成

(5) 选择特征功能区中的边倒角功能，对轴的各棱边进行边倒角特征操作，选择倒角类型为“距离-角度”，距离为 1mm，角度为 45°，边倒角几何为轴的所有棱边。零件轴的三维实体模型如图 3-39 所示。

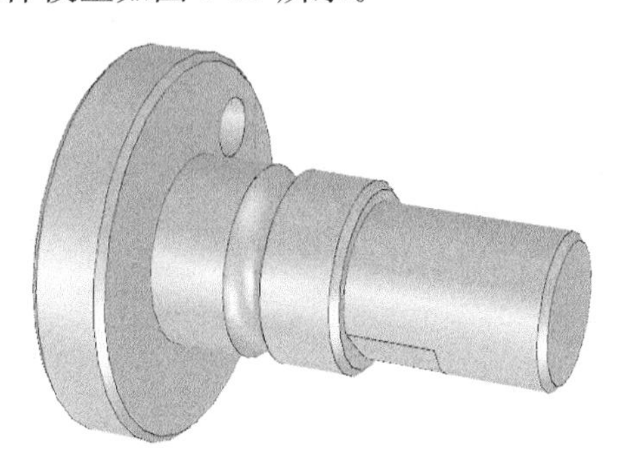

图 3-39　轴的三维实体模型

3. 销的实体建模

图 3-40 是销的零件图，图中给出了销的具体尺寸参数和技术要求。下面对销进行实体建模。

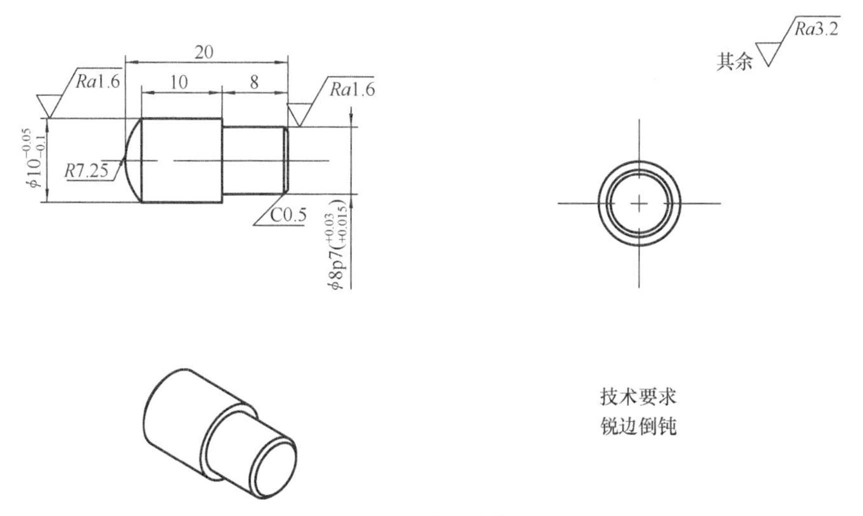

图 3-40　销的零件图

(1) 在 X-Y 平面创建草图，通过“圆弧”、“两点线”和“裁剪”等命令绘制销的截面草图(如图 3-41 所示)，并对其截面草图进行旋转特征操作(如图 3-42 所示)。

(2) 从特征功能区中选择边倒角功能，对销的棱边进行边倒角特征操作，选择倒角类型为“距离-角度”，距离为 0.5mm，角度为 45°，边倒角几何为销的小端面。

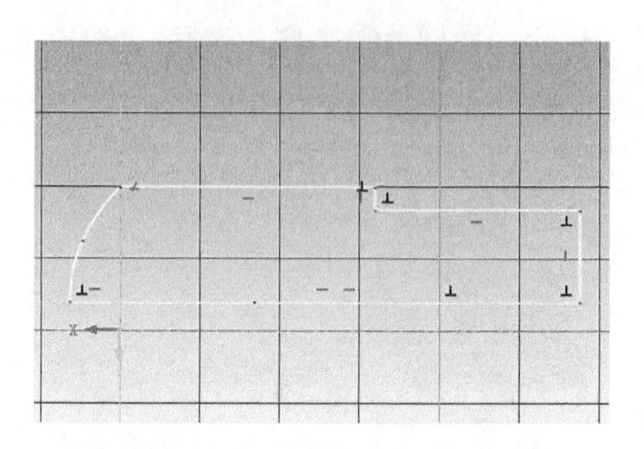

图 3-41　销的截面草图

零件销的三维实体模型如图 3-43 所示。

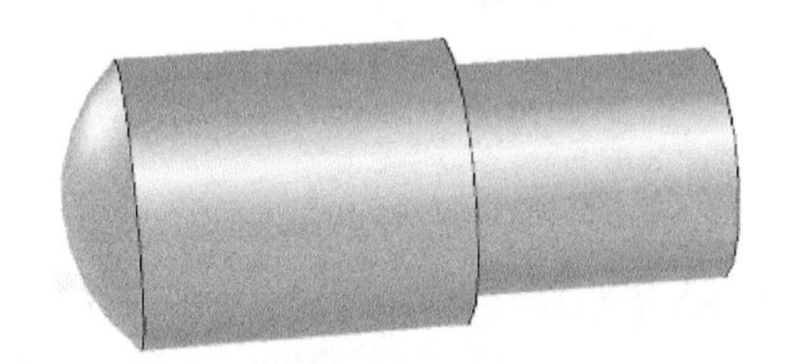

图 3-42　销的旋转特征

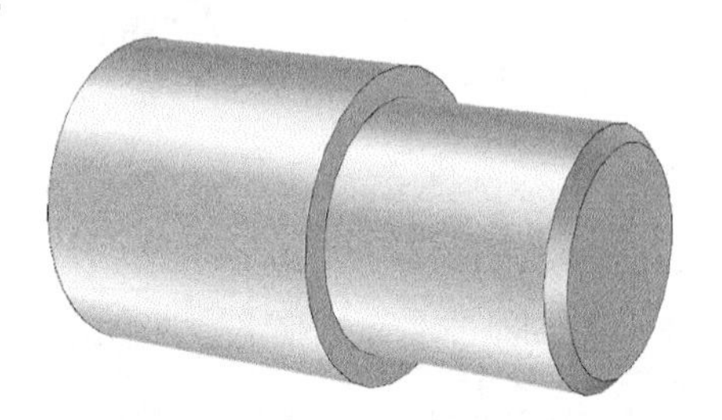

图 3-43　销的三维实体模型

4. 螺柱的实体建模

图 3-44 是螺柱的零件图，图中给出了螺柱的具体尺寸参数和技术要求。下面对螺柱进行实体建模。

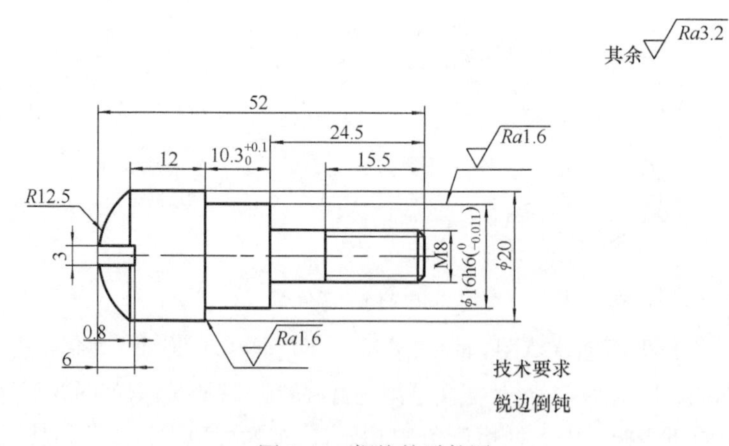

图 3-44　螺柱的零件图

(1) 在 X-Y 平面创建草图,通过“圆弧”、“两点线”和“裁剪”等命令绘制螺柱的截面草图,构造旋转轴辅助线,如图 3-45 所示。选择特征功能区中的旋转命令,对螺柱的截面草图进行旋转特征操作,如图 3-46 所示。

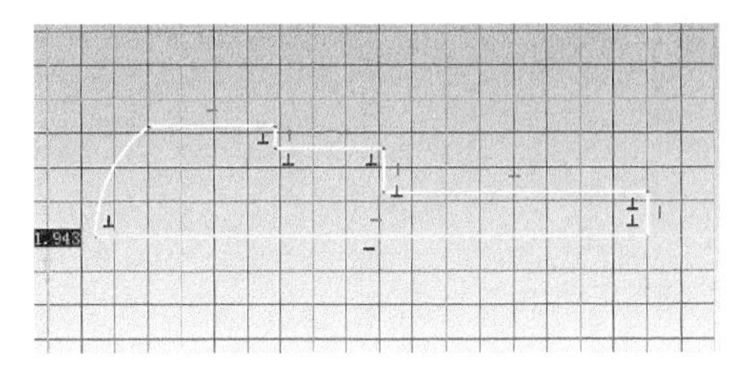

图 3-45　螺柱的截面草图

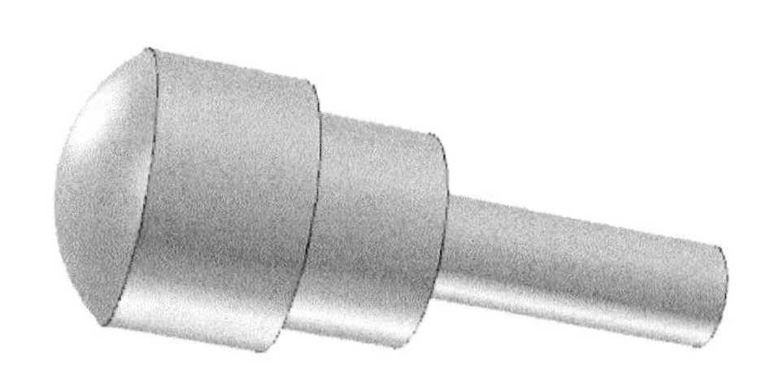

图 3-46　螺柱的旋转特征

(2) 从设计元素库中选择“孔类长方体”元素,拖放到螺柱圆弧端的平面的圆心处,修改包围盒尺寸。打开三维球工具,选中三维球与圆柱表面方向垂直的的外部控制手柄,右键拖动手柄,选择“平移”命令,输入平移距离 0.8mm,如图 3-47 所示。

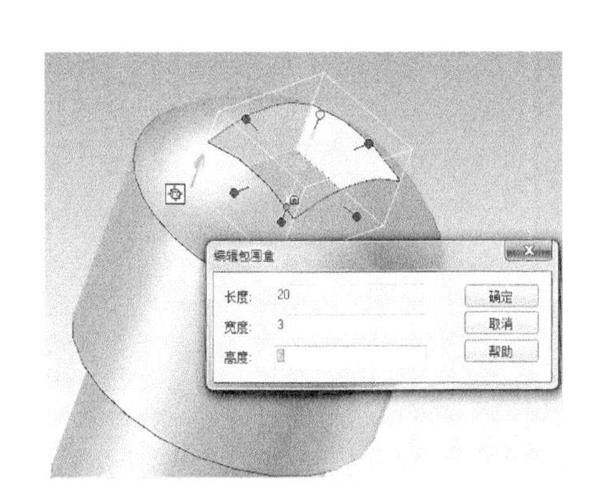

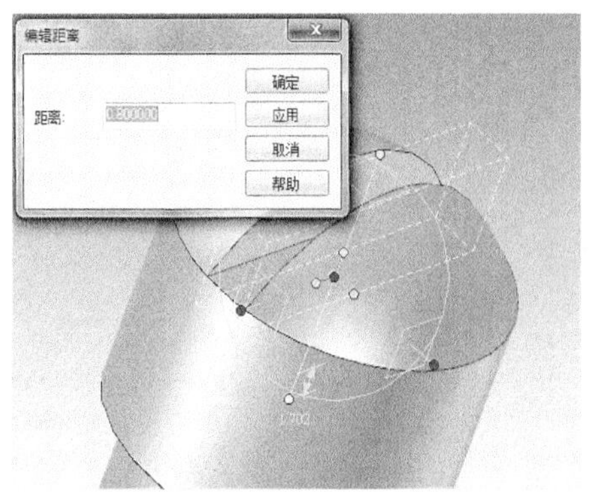

图 3-47　孔类长方体的编辑、平移

(3) 选择特征功能区中的“螺纹”特征操作命令,在设计环境中选择螺柱,选择以点的方式创建草图,在草图中绘制边长为 1mm 的等边三角形,作为螺纹牙型的截面草图,如图 3-48 所示。

在“螺纹特征”属性栏中修改螺纹参数,选择“删除材料”来生成螺纹。根据螺纹参数表,选择螺纹螺距为 1mm,为防止生成的螺纹不能全部覆盖螺柱,选择从 −1mm处开始生成螺纹,如图 3-49 所示。

零件螺柱的三维实体模型如图 3-50 所示。

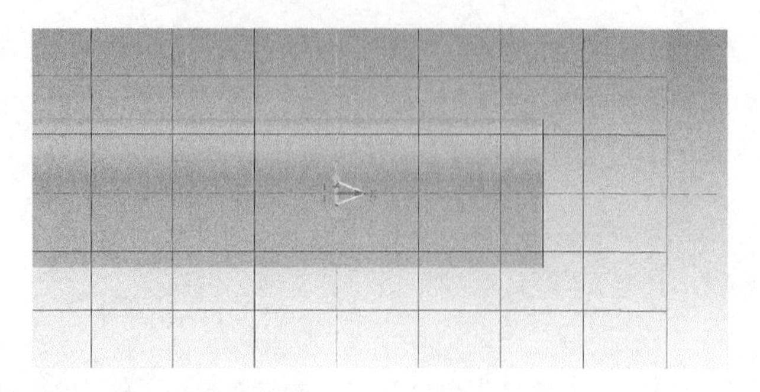

图 3-48　螺纹截面草图

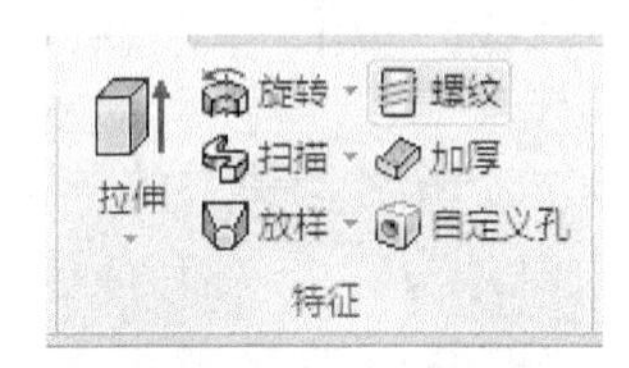

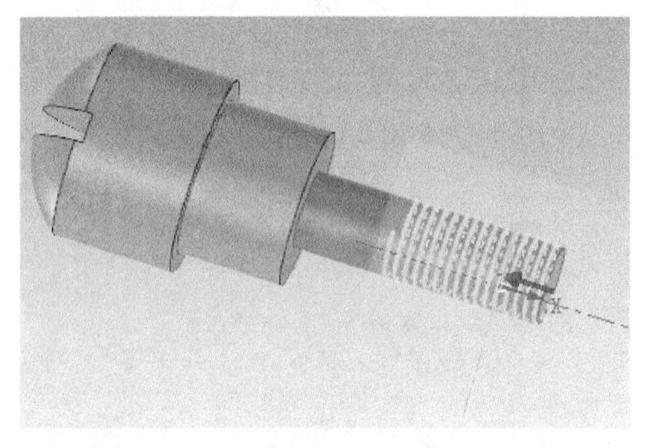

图 3-49　螺纹特征参数

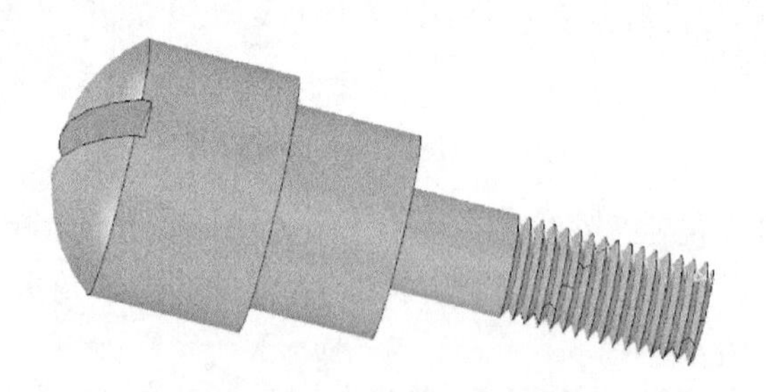

图 3-50　螺柱的三维实体模型

5. 垫圈的实体建模

图 3-51 是垫圈的零件图，图中给出了垫圈的具体尺寸参数和技术要求。下面对垫圈进行实体建模。

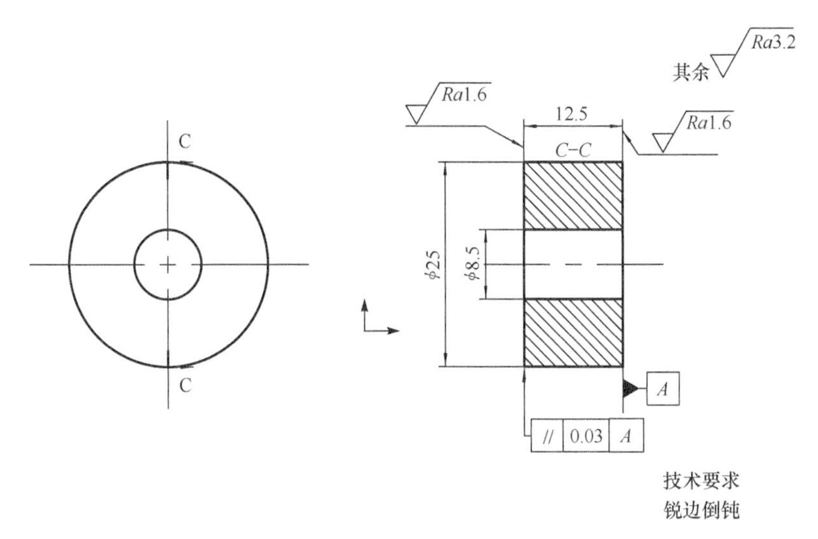

图 3-51　垫圈的零件图

(1) 从设计元素库中选择"圆柱体"元素，拖入到设计环境中，编辑包围盒，根据零件图确定尺寸参数，如图 3-52 所示。

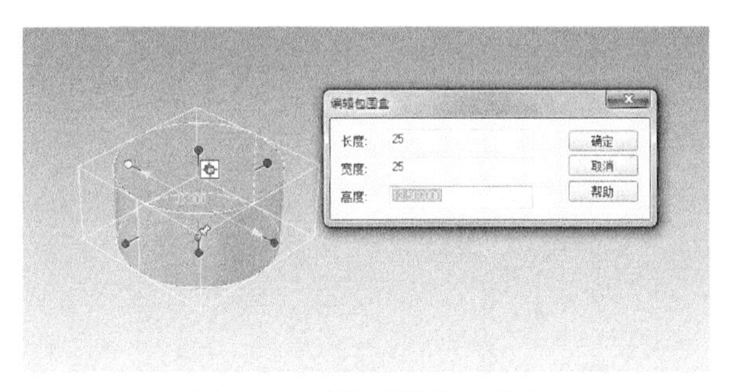

图 3-52　编辑圆柱体包围盒

(2) 从设计元素库中选择"孔类圆柱体"元素，拖放到圆柱体上表面中心处，选中圆柱孔，编辑包围盒，确定尺寸参数，如图 3-53 所示。

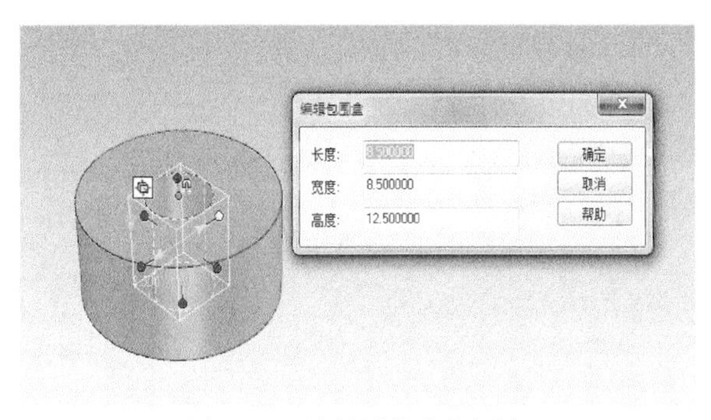

图 3-53　编辑圆柱孔包围盒

垫圈的三维实体模型如图 3-54 所示。

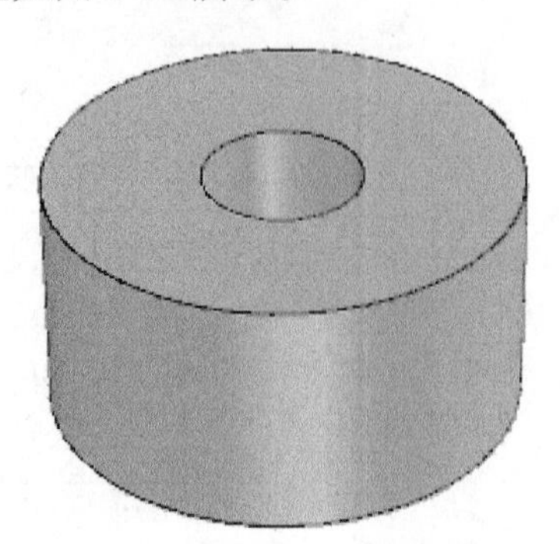

图 3-54 垫圈的三维实体模型

6. 手柄的实体建模

图 3-55 是手柄的零件图，图中给出了手柄的具体尺寸参数和技术要求。下面对手柄进行实体建模。因为零件手柄是典型的车削零件，需要进行数控车仿真加工，因此，将对其建模过程做出详细说明。

(1) 在 X-Y 平面创建草图，通过“圆弧”、“两点线”、“相切”、“裁剪”、“构造线”、“尺寸约束”等命令绘制手柄的截面草图，并构造旋转轴辅助线，如图 3-56 所示。

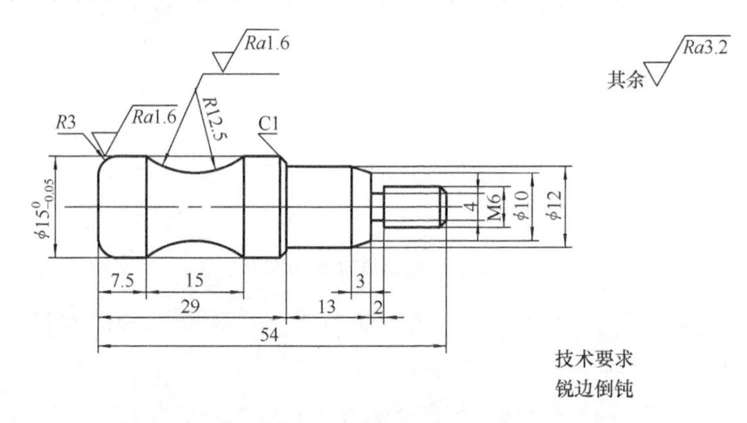

图 3-55 手柄的零件图

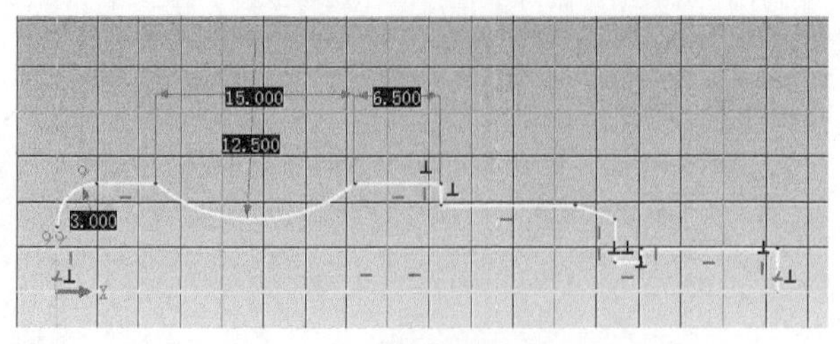

图 3-56 手柄的截面草图

(2) 选择特征功能区中的旋转特征功能，在属性栏中设置旋转特征参数，对手柄的截面草图进行旋转特征操作，如图 3-57 所示。

(3) 选择特征功能区中的边倒角功能，选择“距离-角度”倒角类型，根据零件图，手柄的棱的边倒角尺寸不同，分别为 0.5mm 和 1mm，角度均为 45°，手柄的边倒角特征如图 3-58 所示。

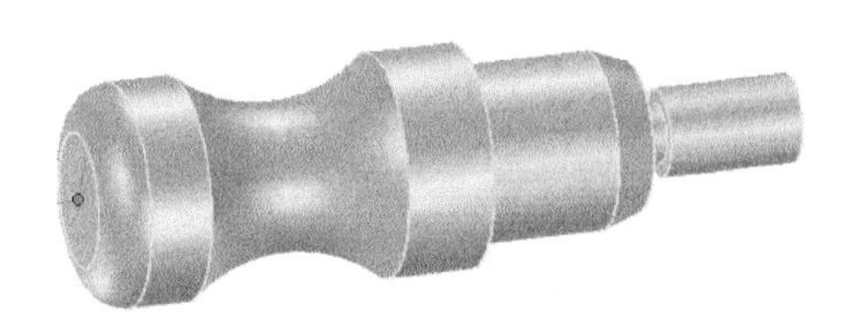

图 3-57　手柄截面草图的旋转特征

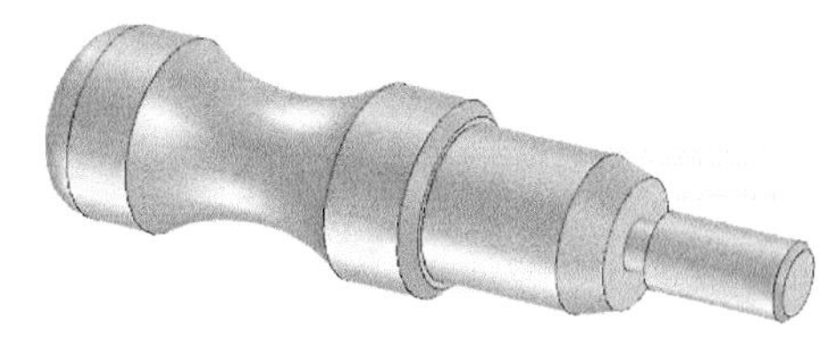

图 3-58　手柄的边倒角特征

(4) 从特征功能区中选择“螺纹”特征操作命令，选择以点为基准的方式创建草图。在草图中绘制边长为 1mm 的等边三角形，作为螺纹牙型的截面草图，如图 3-59 所示。

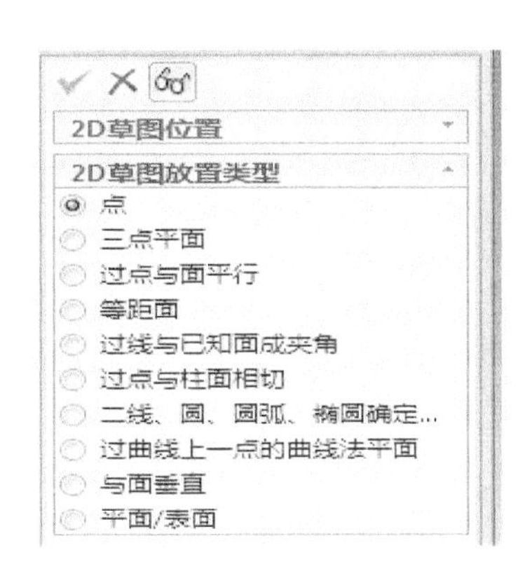

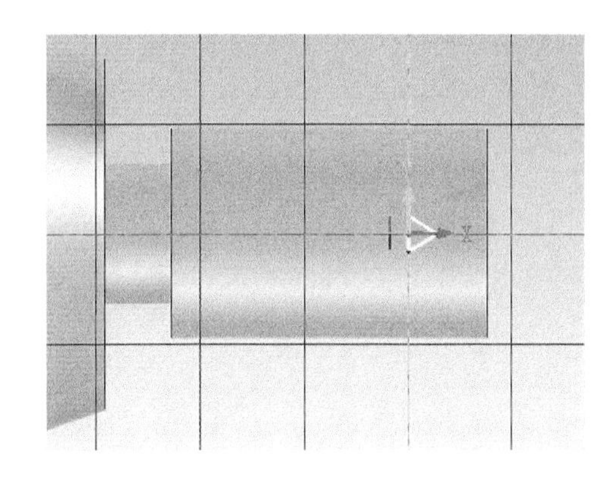

图 3-59　编辑螺纹的截面草图

(5) 在“螺纹特征”属性栏中修改螺纹参数，选择等半径删除材料的方式生成螺纹，螺纹右旋，螺纹起始位置为－1mm，如图 3-60 所示。

手柄的三维实体模型如图 3-61 所示。

7. 转轮的实体建模

图 3-62 是转轮的零件图，图中给出了转轮的具体尺寸参数和技术要求。下面对转轮进行实体建模。

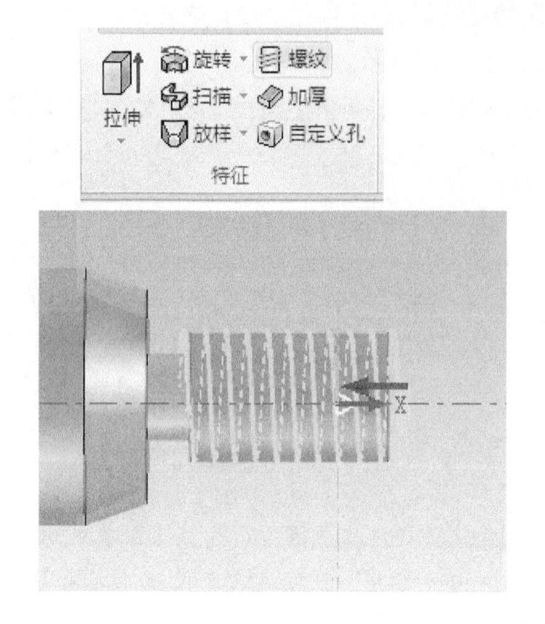

图 3-60　螺纹的特征参数

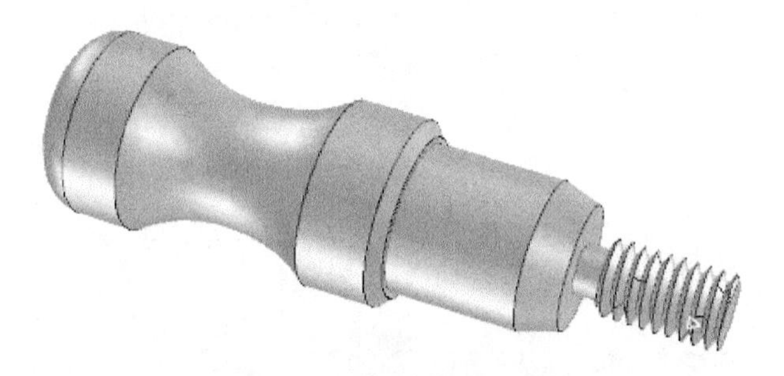

图 3-61　手柄的三维实体模型

(1) 在 X-Y 平面创建草图，通过“圆弧”、“两点线”、“相切”、“尺寸约束”等命令绘制转轮的截面草图，如图 3-63 所示。

(2) 从特征功能区中选择旋转特征操作命令，对转轮的截面草图进行旋转特征操作，设置旋转特征参数，旋转特征结果如图 3-64 所示。

(3) 从设计元素库中选择“孔类圆柱体”元素，拖放到转轮上表面中心处，编辑包围盒，确定尺寸，结果如图 3-65 所示。

(4) 从设计元素库中选择“孔类圆柱体”元素，拖放到转轮中心孔的圆心处，编辑包围盒。根据零件图尺寸参数，选择三维球工具对圆柱孔进行平移操作。

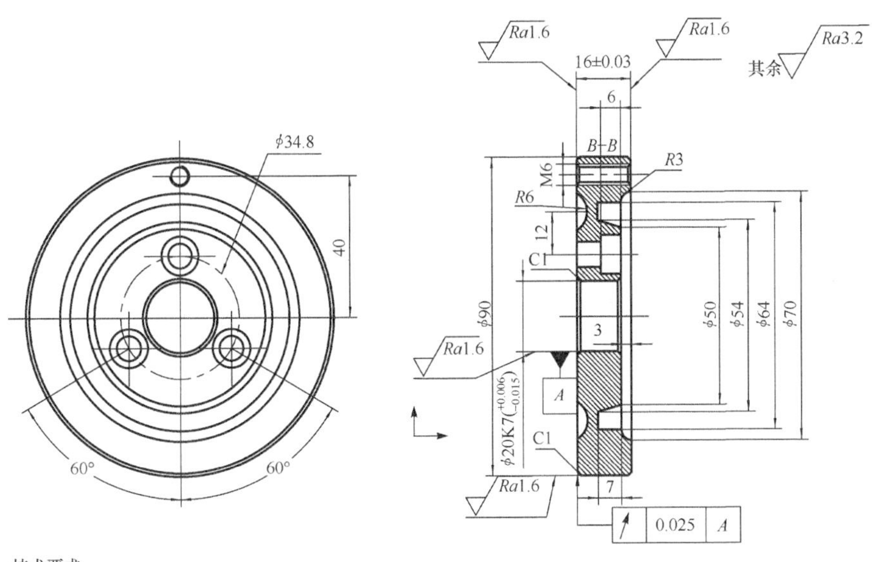

图 3-62　转轮的零件图

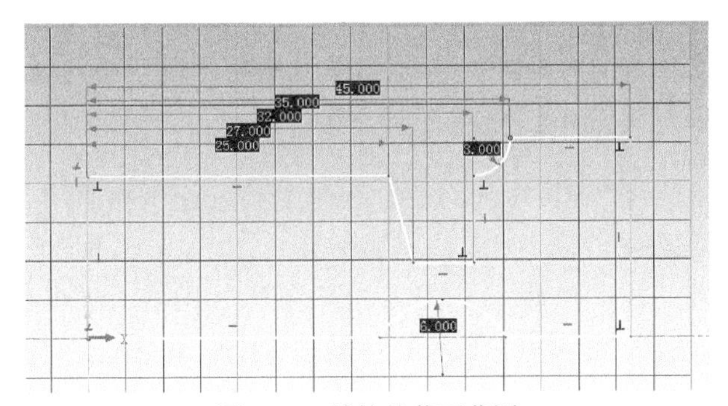

图 3-63　转轮的截面草图

图 3-64　转轮截面草图的旋转特征

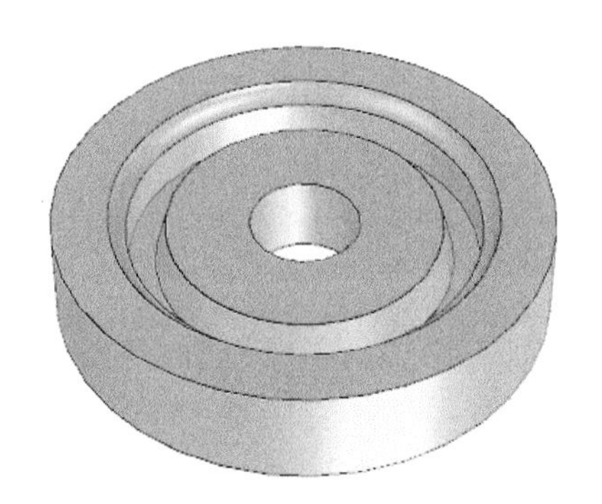

图 3-65　编辑孔类圆柱体

(5) 从特征功能区中选择“螺纹”特征操作命令，选择以点为基准的方式创建草图，草图创建在转轮的圆柱面上。在草图中绘制边长为 1mm 的等边三角形作为螺纹牙型的截面草图，如图 3-66 所示。

在“螺纹特征”属性栏中修改螺纹参数，选择等半径添加材料的方式生成螺纹，螺纹右旋，螺纹起始位置为－1mm，螺纹长度为 18mm，螺纹生成结果 3-67 所示。

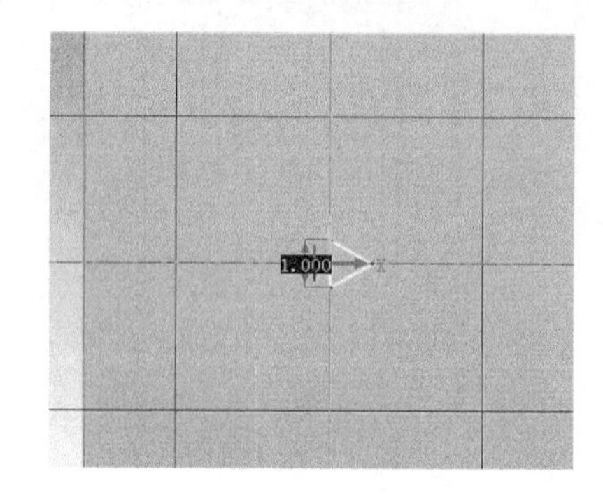

图 3-66　螺纹的截面草图

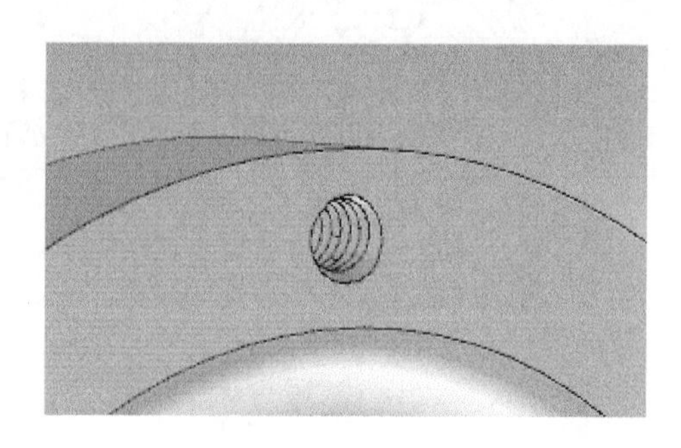

图 3-67　螺纹的生成

(6) 从设计元素库的工具栏中选择“自定义孔”，拖放到转轮凹面中心孔圆心处，选择自定义孔的种类为沉头孔，设置沉头孔参数，如图 3-68 所示。

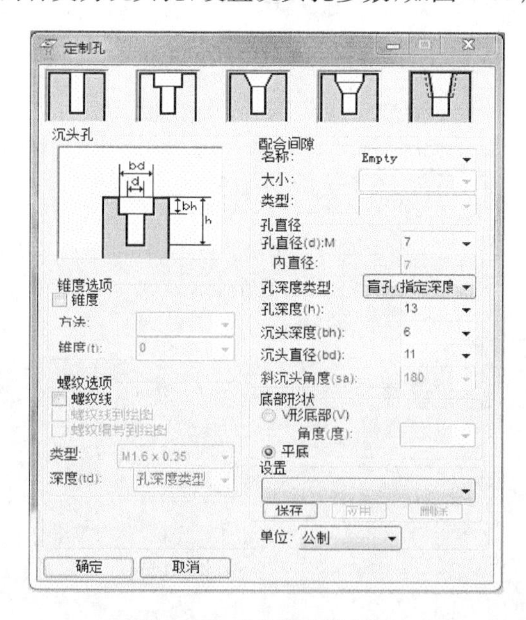

图 3-68　沉头孔参数设置

选中沉头孔，通过三维球工具对沉头孔进行平移操作，平移距离

17.4mm。从特征功能区选择阵列特征命令，对沉头孔进行圆形阵列操作，如图 3-69 所示。

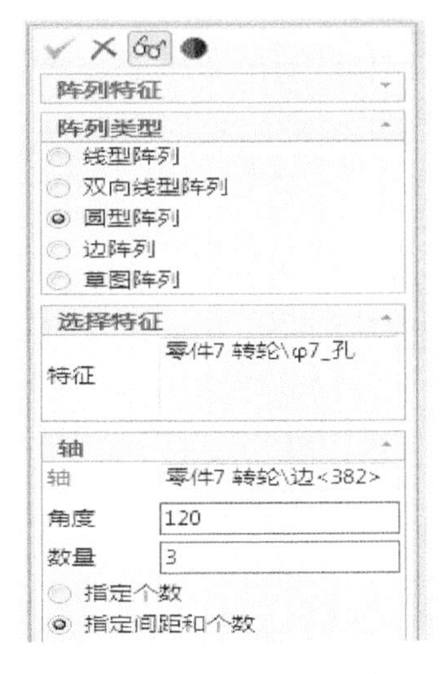

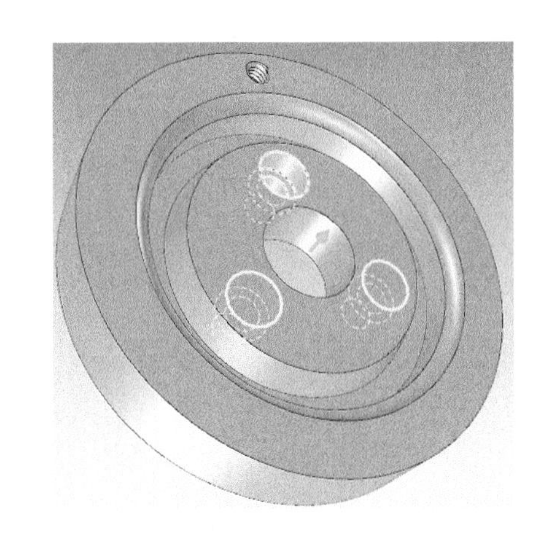

图 3-69　沉头孔的阵列生成

零件转轮的三维实体模型如图 3-70 所示。

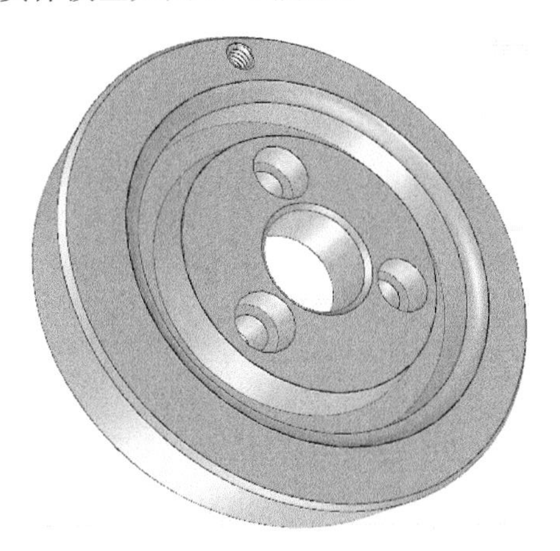

图 3-70　转轮的三维实体模型

8. 垫块的实体建模

图 3-71 是垫块的零件图，图中给出了垫块的具体尺寸参数和技术要求。下面对垫块进行实体建模。

(1) 在 *X-Y* 平面创建草图，通过“绘制圆”、“同心”、“尺寸约束”等命令绘制垫

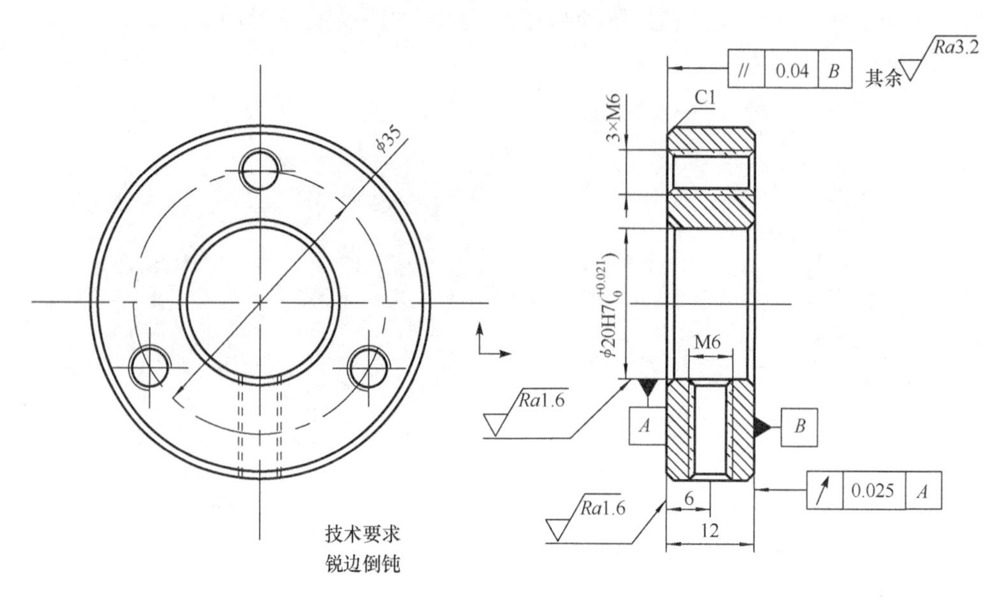

图 3-71　垫块的零件图

块的截面草图，并对其截面草图进行拉伸特征操作，拉伸结果如图 3-72 所示。

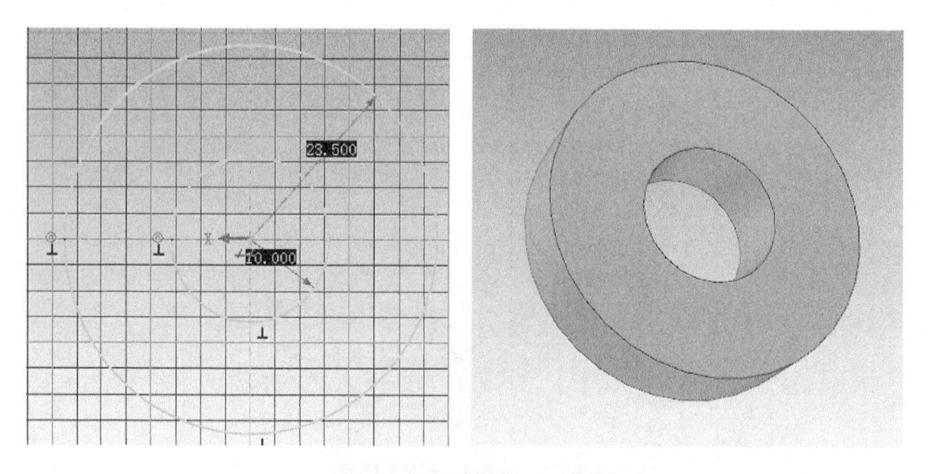

图 3-72　垫块的截面草图

(2) 从设计元素库中选择“孔类圆柱体”元素，拖入到垫块上表面边缘处，编辑包围盒，确定尺寸，通过三维球工具对圆柱孔元素进行“旋转”、“平移”、“链接”操作，操作结果如图 3-73 所示。

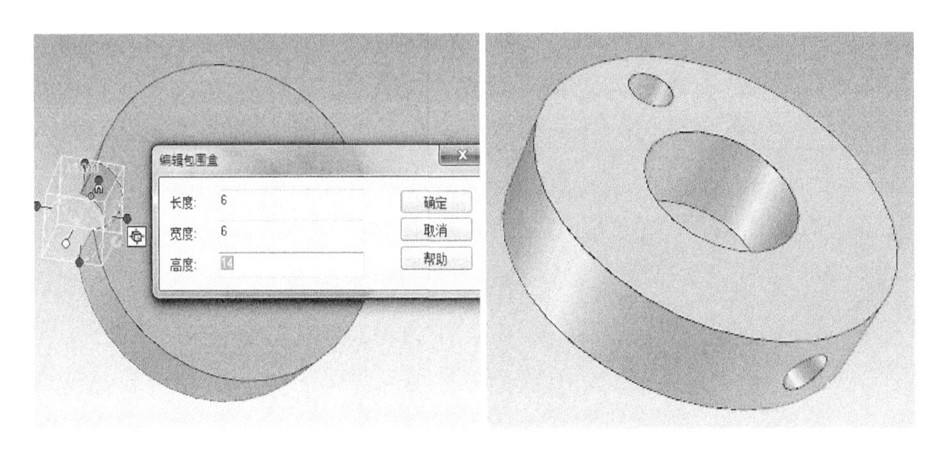

图 3-73　圆柱孔的旋转、平移和链接

(3) 利用三维球工具的"生成圆周阵列"命令对垫块表面上的圆柱孔进行圆周阵列生成操作。选中圆柱孔，激活三维球，按下空格键，使三维球和圆柱孔脱离进行重新定位，选中三维球中心定位锚，单击右键，选择到中心处，拾取中心孔表面轮廓，按下空格激活三维球。选中三维球竖直方向上的外部控制手柄，单击右键进行旋转，选择"生成圆周阵列"，输入阵列数量及角度，点击"确定"完成圆柱孔的阵列生成，如图 3-74 所示。

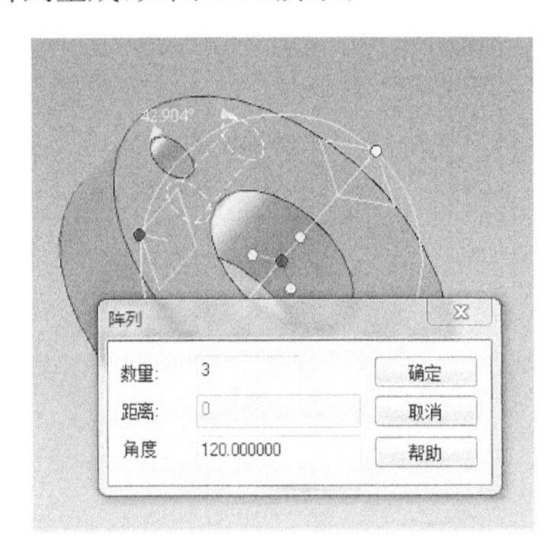

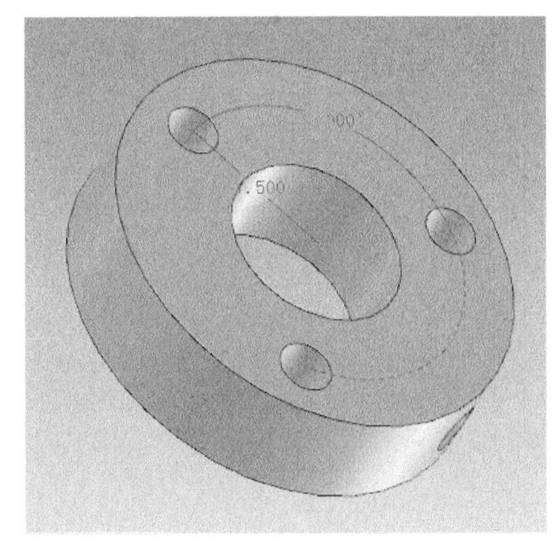

图 3-74　圆柱孔圆周阵列的生成

(4) 从特征功能区选择"螺纹"特征操作命令，对垫块上的四个圆柱孔进行添加螺纹生成操作。圆柱孔生成内螺纹的具体过程和转轮建模时生成内螺纹的方式相同，螺距为 1mm，起始位置为－1mm，螺纹长度分别为 14mm、16mm，具体步骤不再详细叙述。

(5) 从菜单栏的特征功能区中选择边倒角命令，选择倒角类型为“距离-角度”，对垫块的外轮廓及中心孔进行边倒角操作，距离为 1mm，角度 45°。

零件垫块的三维实体模型如图 3-75 所示。

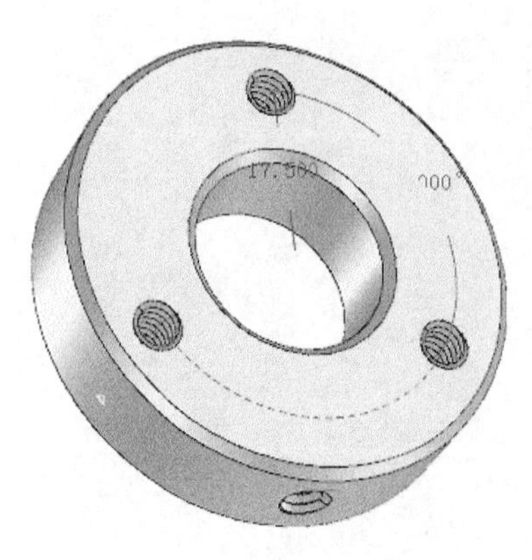

图 3-75　垫块的三维实体模型

9. 立柱的实体建模

图 3-76 是立柱的零件图，图中给出了立柱的具体尺寸参数和技术要求。下面对立柱进行实体建模。

(1) 在 X-Y 平面创建草图，通过“圆弧”，“两点线”、“相切”、“裁剪”、“尺寸约束”等命令绘制立柱的截面草图，通过拉伸特征操作完成零件立柱的生成，拉伸高度为 25mm，如图 3-77 所示。

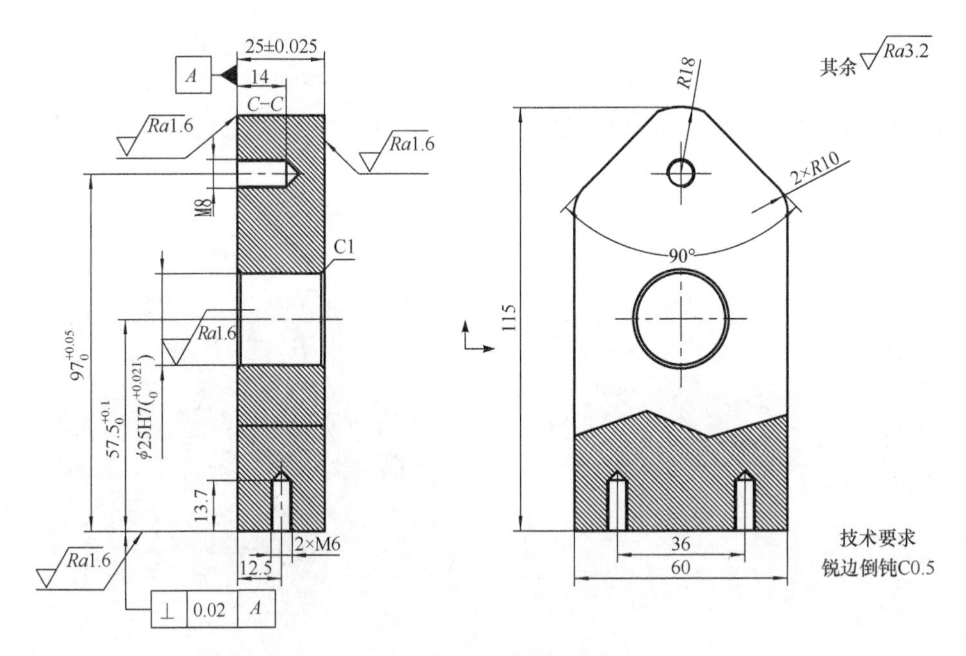

图 3-76　立柱的零件图

(2) 从设计元素库中选择“孔类圆柱体”元素，拖放到立柱表面下棱边的中点处，编辑包围盒。根据零件图尺寸参数，通过三维球工具对圆柱孔进行平移操作，平移距离为 57.5mm。从特征功能区选择边倒角命令，对立柱中心孔进行边倒角特征操作，到边角距离为 1mm，如图 3-78 所示。

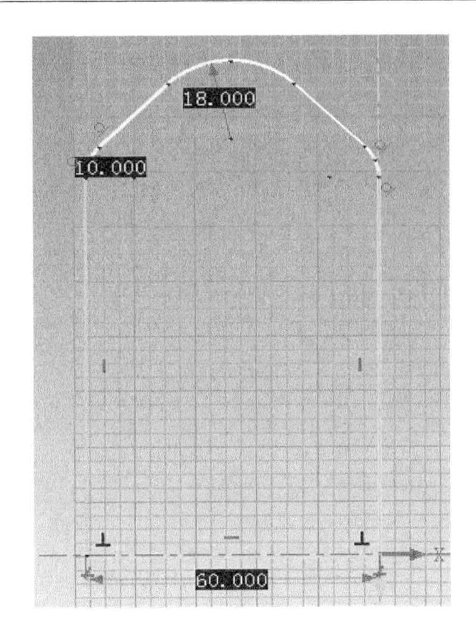

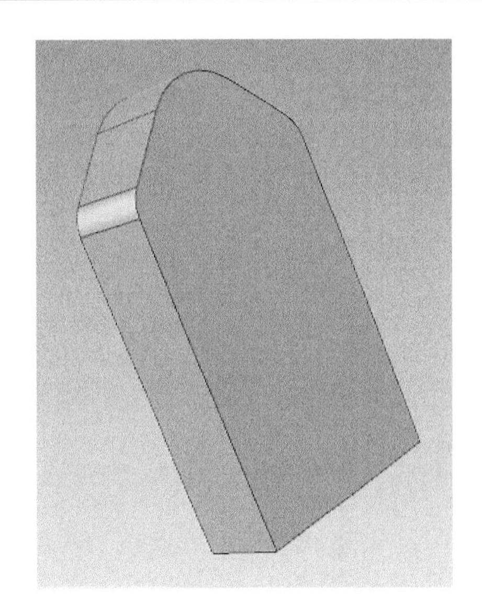

图 3-77　立柱的截面草图及拉伸特征

（3）从设计元素库中选择“孔类圆柱体”元素，拖放到立柱表面下棱边中点处，编辑包围盒，确定尺寸，通过三维球工具对圆柱孔进行平移操作，平移距离为 97mm，如图 3-79 所示。

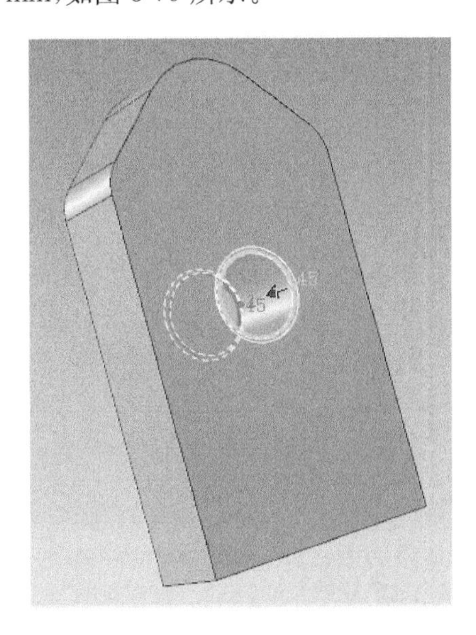

图 3-78　边倒角操作

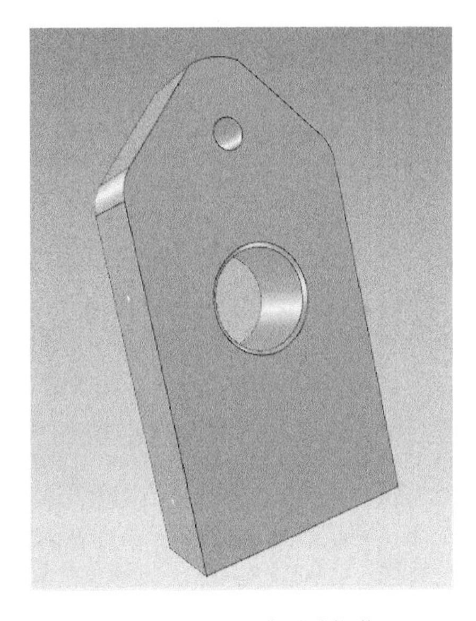

图 3-79　圆柱孔平移操作

（4）从设计元素库中选择“孔类圆柱体”元素，拖放到立柱侧面下棱边的中点处，编辑包围盒，确定尺寸。根据零件图尺寸参数，利用三维球工具对圆柱孔进行平移、链接等操作。

(5) 从菜单栏的特征功能区中选择“螺纹”特征操作命令，对立柱上的三个圆柱孔进行添加材料生成内螺纹的螺纹特征操作，内螺纹生成的具体过程和转轮内螺纹生成方法相同，不再详细说明，螺纹特征的参数如图 3-80 所示。

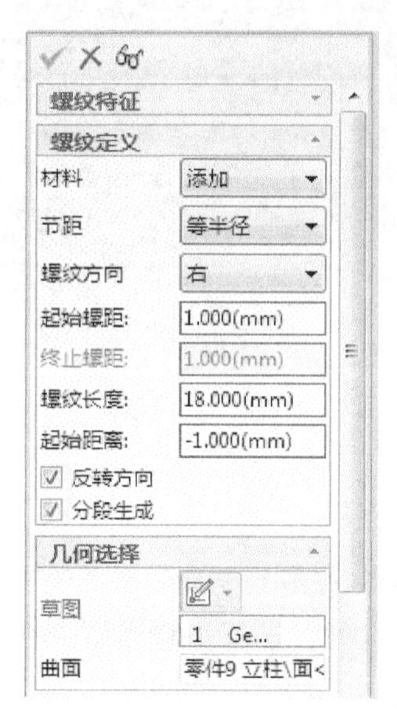

图 3-80　螺纹特征参数

立柱的三维实体模型如图 3-81 所示。

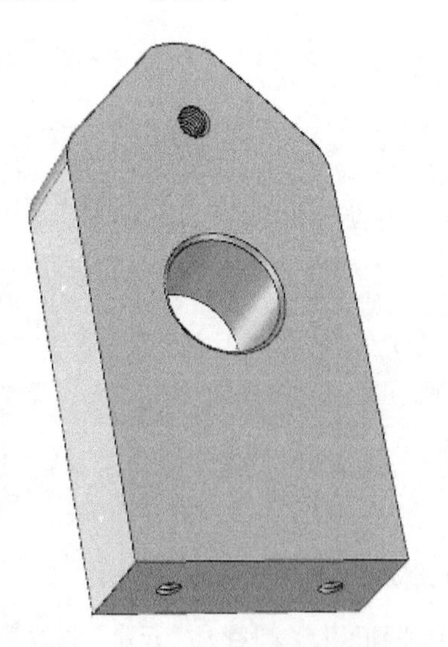

图 3-81　立柱的三维实体模型

10. 摆轮的实体建模

图 3-82 是摆轮的零件图，图中给出了摆轮的具体尺寸参数和技术要求。下面对摆轮进行实体建模。

(1) 在 *X-Y* 平面创建草图，通过“圆”、“相切”、“两点线”、“构造线”、“尺寸约束”等命令绘制摆轮的截面草图，如图 3-83 所示。

从菜单栏的特征功能区中选择“拉伸”特征命令，对摆轮的截面草图进行拉伸操作，拉伸高度 10mm，摆轮截面草图的拉伸结果如图 2-84 所示。

(2) 从设计元素库中选择“孔类圆柱体”元素，拖放到摆轮表面上端的圆心处，编辑包围盒，确定尺寸，如图 3-85 所示。

(3) 从设计元素库的工具栏中选择“孔类键”元素，拖放到摆轮顶端的圆弧处，编辑包围盒，确定尺寸。打开三维球工具，选择与摆轮表面相垂直的外部控制手柄，对孔类键进行平移操作，旋转角度 90°。根据零件图尺寸参数，对孔类键进行平移操作，平移距离 54.5mm，如图 3-86 所示。

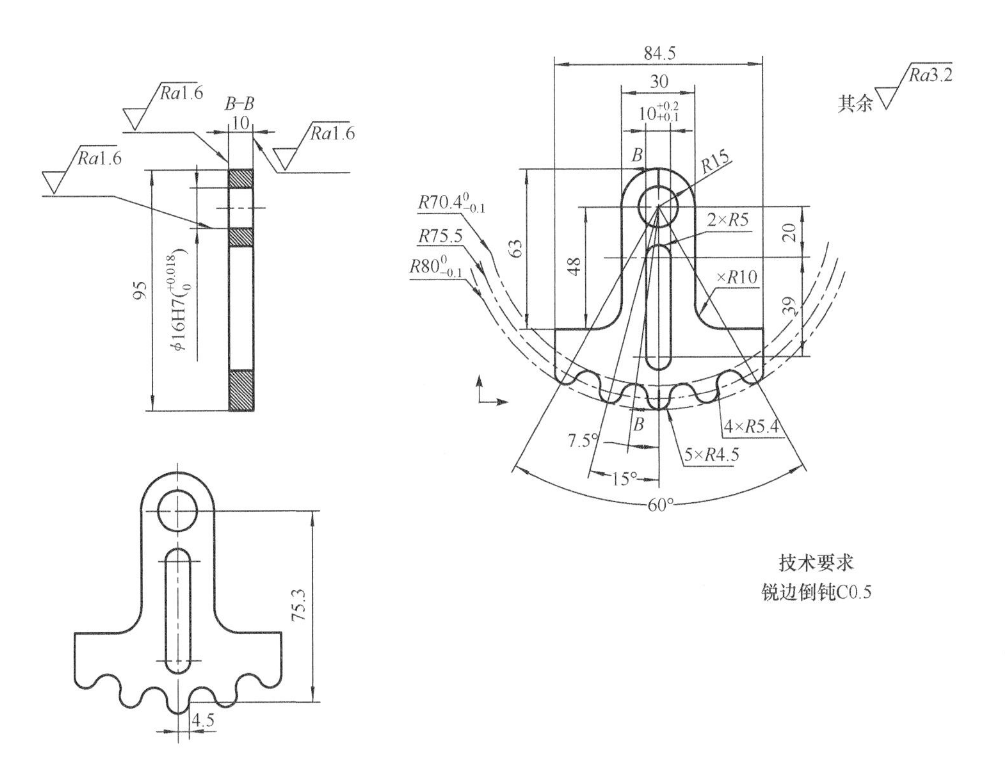

图 3-82　摆轮的零件图

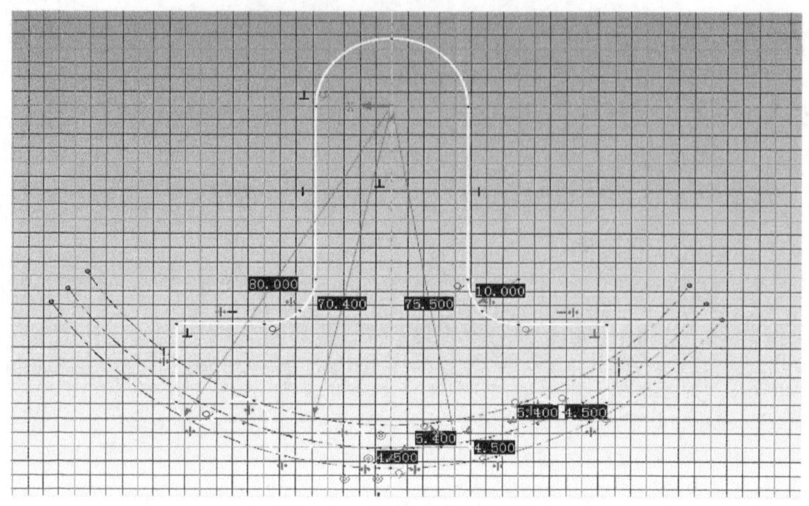

图 3-83　摆轮的截面草图

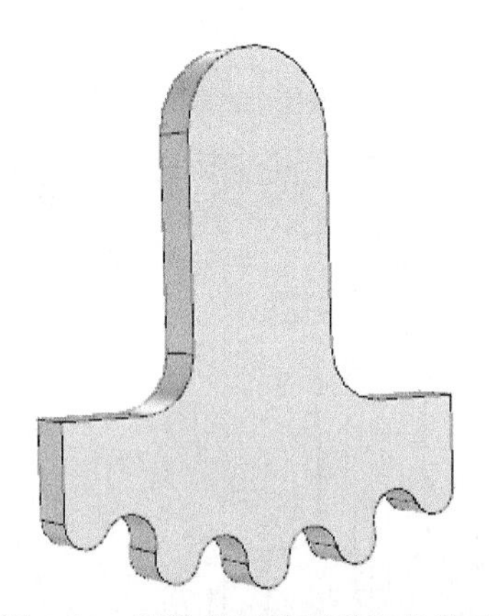

图 3-84　摆轮截面草图的拉伸特征

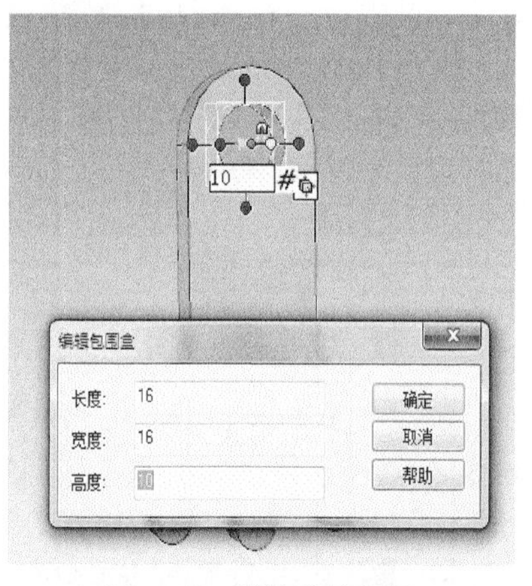

图 3-85　圆柱孔的编辑

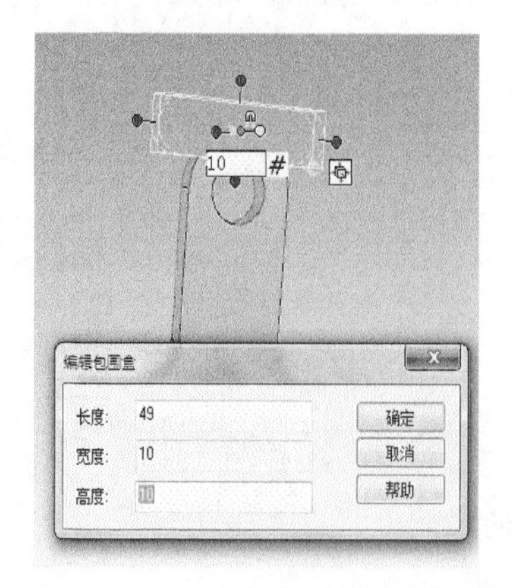

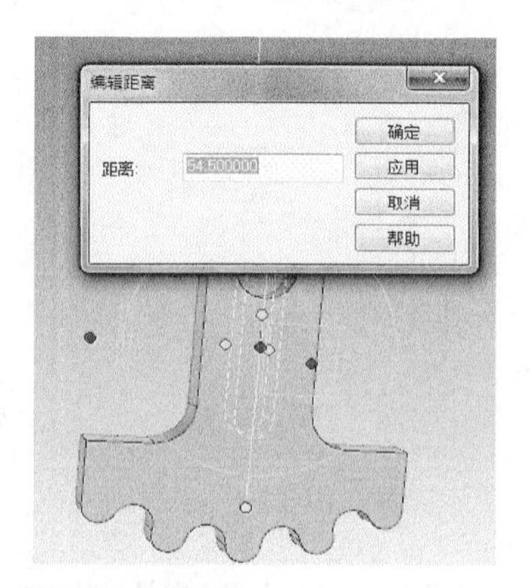

图 3-86　孔类键尺寸编辑及平移操作

零件摆轮的三维实体模型如图 3-87 所示。

图 3-87　摆轮的三维实体模型

11. 齿条的实体建模

图 3-88 是齿条的零件图，图中给出了齿条的具体尺寸参数和技术要求。下面对齿条进行实体建模。

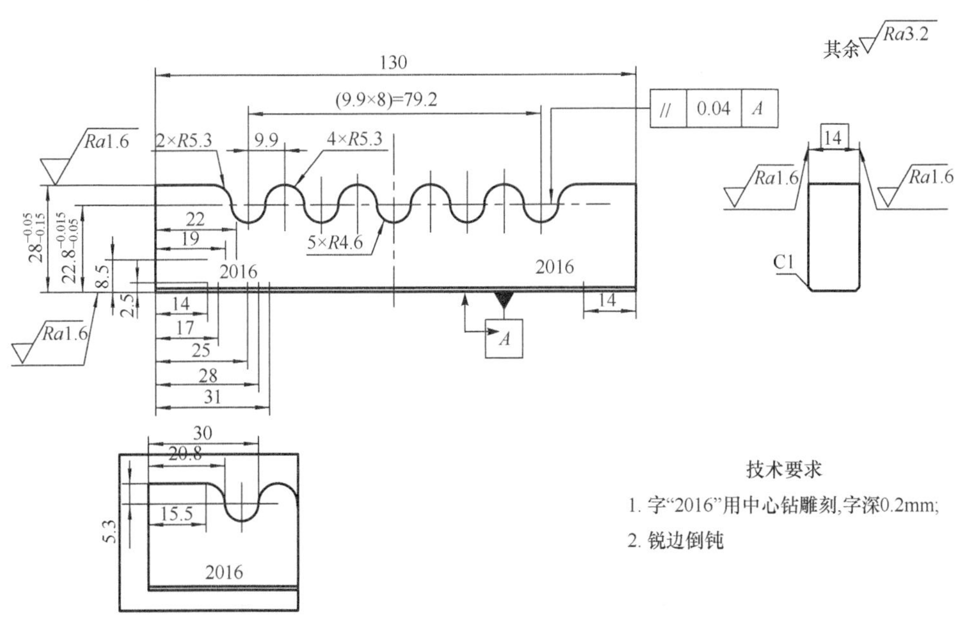

图 3-88　齿条的零件图

(1) 在 X-Y 平面创建草图，通过“两点线”、“圆”、“相切”、“裁剪”、“尺寸约束”等命令绘制齿条的截面草图，如图 3-89 所示。从菜单栏的特征功能区中选择“拉伸”特征命令，对齿条的截面草图进行拉伸，拉伸高度为 14mm，拉伸特征不再显示。

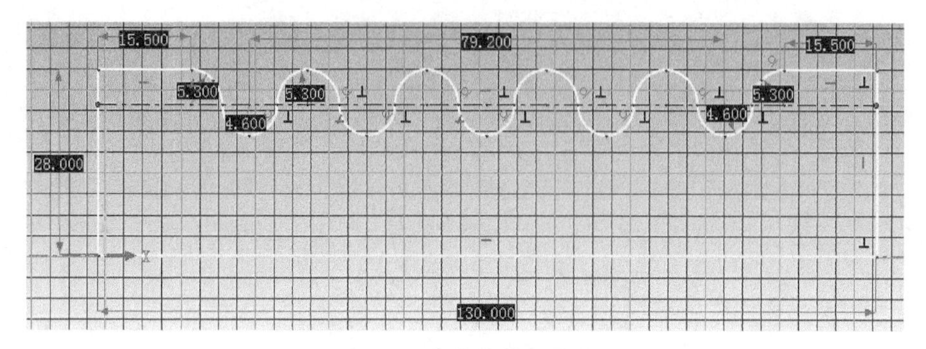

图 3-89　齿条的截面草图

(2) 从菜单栏的特征功能区中选择边倒角命令，对齿条的棱边进行边倒角特征操作，边倒角距离为 1mm，角度为 45°，如图 3-90 所示。

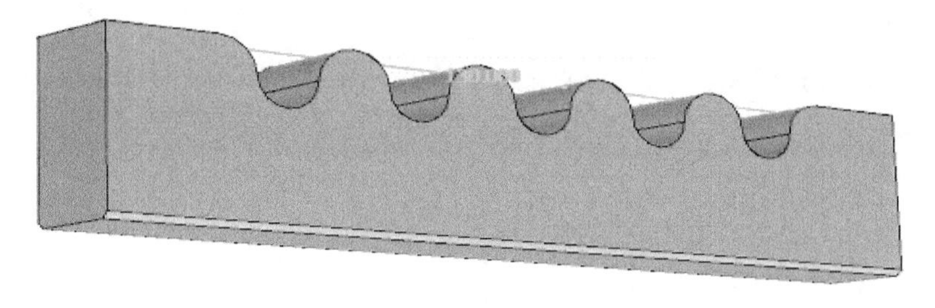

图 3-90　齿条边倒角操作

(3) 在齿条表面边角处以点为基准的方式创建草图，通过“两点线”、“尺寸约束”等命令绘制草图，草图数据参照齿条的零件图。

从特征功能区中选择“阵列特征”命令，根据零件图中的尺寸参数，对草图中的数字“2016”进行线性阵列操作，如图 3-91 所示。

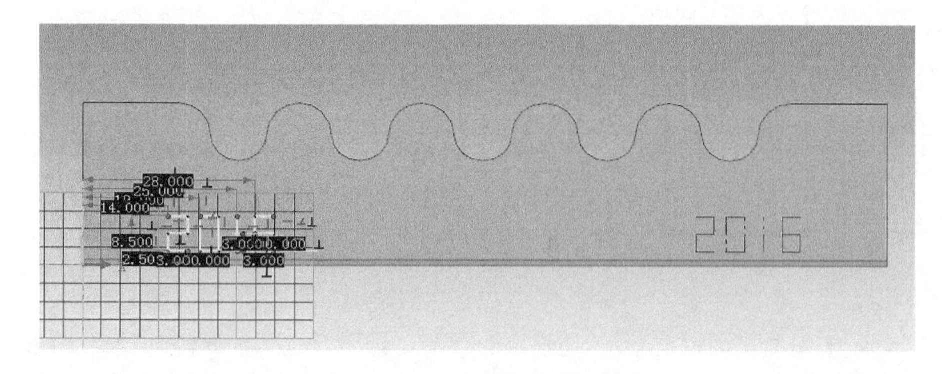

图 3-91　编辑草图

零件齿条的三维实体模型如图 3-92 所示.

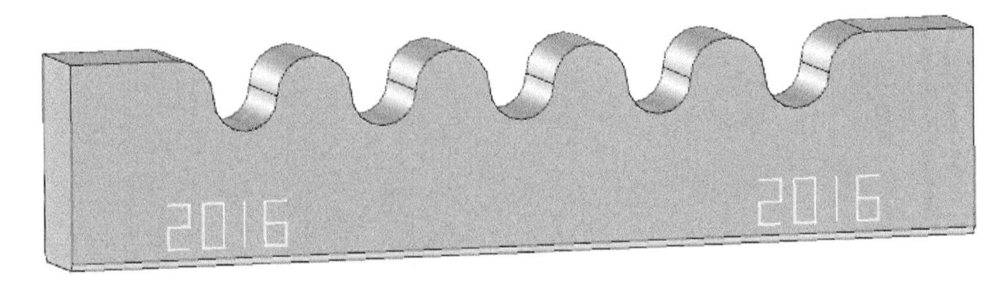

图 3-92　齿条的三维实体模型

本节主要是根据零件图尺寸数据,运用 CAXA 实体设计完成各个零件的建模。零件的建模主要有两种方式:

(1) 创建草图,通过对草图的拉伸、除料和旋转等特征变换完成建模。

(2) 从设计元素库中拖入各类实体元素,然后通过三维球的旋转、平移和链接功能完成零件的建模。

在实际设计中,要考虑很多问题,例如:在简单孔中生成螺纹,螺纹的起始端要从一1mm 处开始,在进行草图绘制的时候,要通过尺寸约束确认需要的尺寸。因此,在零件建模的过程中要需要注意细节,需要对软件进行充分的学习。

3.2　摇杆机构的装配及爆炸图的生成

3.2.1　摇杆机构的装配

摇杆机构的装配需要用到三维球和定位约束命令。将摇杆机构零件输入到装配界面后,通过三维球的“旋转”、“平移”功能和定位约束中的“同轴”、“对齐”、“贴合”、“尺寸”等命令完成对摇杆机构的装配。装配步骤如下,比较简易的装配过程不再进行截图操作。

(1) 装配一:立柱与底板通过“对齐”、“贴合”等命令进行装配,如图 3-93 所示。

(2) 装配二:轴与立柱通过“同轴”、“贴合”等命令进行装配,如图 3-94 所示。

(3) 装配三:销与轴通过“同轴”、“贴合”等命令进行装配;垫圈与立柱通过“同轴”、“贴合”等命令进行装配,如图 3-95 所示。

(4) 装配四:齿条与底板通过“对齐”、“贴合”、“尺寸”等命令进行装配,如图 3-96所示。

(5) 装配五:摆轮与垫圈通过“同轴”、“贴合”等命令进行装配,如图 3-97 所示。

(6) 装配六:螺柱与摆轮和垫圈通过“同轴”、“贴合”等命令进行装配,如图 3-98所示。

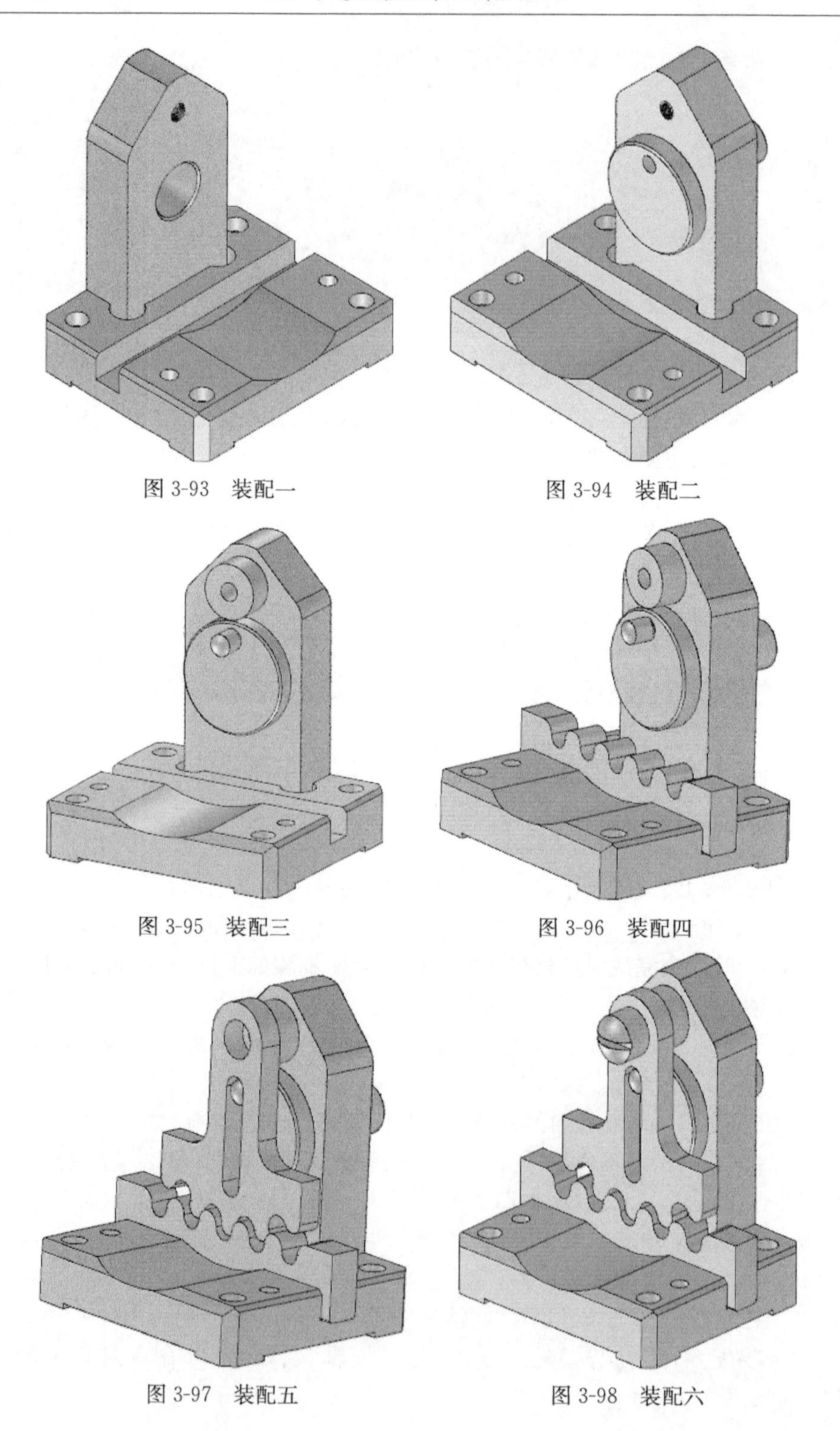

图 3-93　装配一

图 3-94　装配二

图 3-95　装配三

图 3-96　装配四

图 3-97　装配五

图 3-98　装配六

(7) 装配七:垫块与轴和立柱通过“同轴”、“贴合”等命令进行装配,如图 3-99 所示。

(8) 装配八:转轮与垫块和轴通过“同轴”、“贴合”等命令进行装配,如图 3-100 所示。

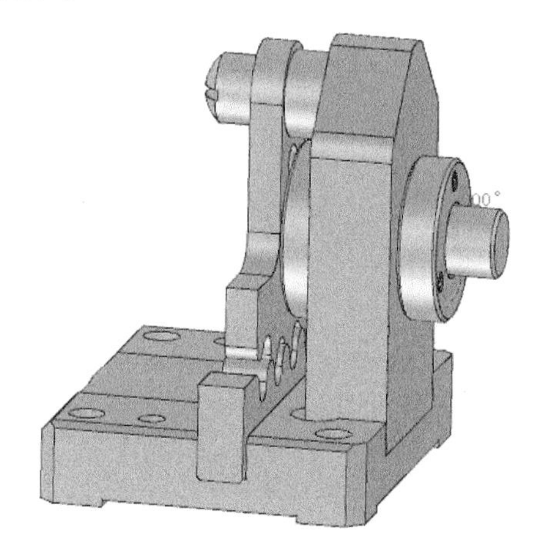

图 3-99　装配七

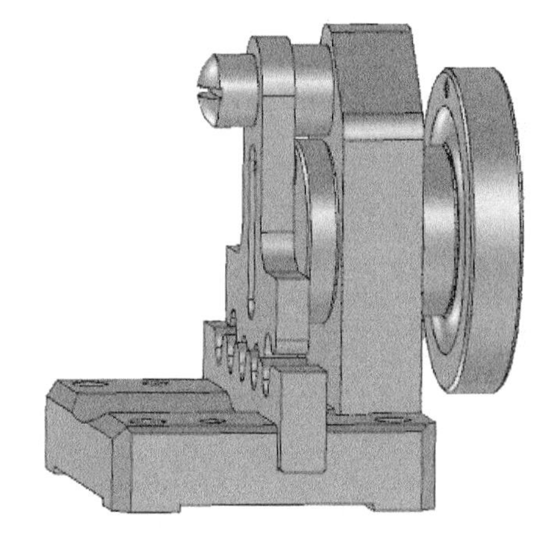

图 3-100　装配八

(9) 装配九:手柄与转轮通过“同轴”,“贴合”等命令进行装配,如图 3-101 所示。

(10) 装配十:内六角圆柱头螺钉与转轮通过“同轴”、“贴合”等命令进行装配,如图 3-102 所示。

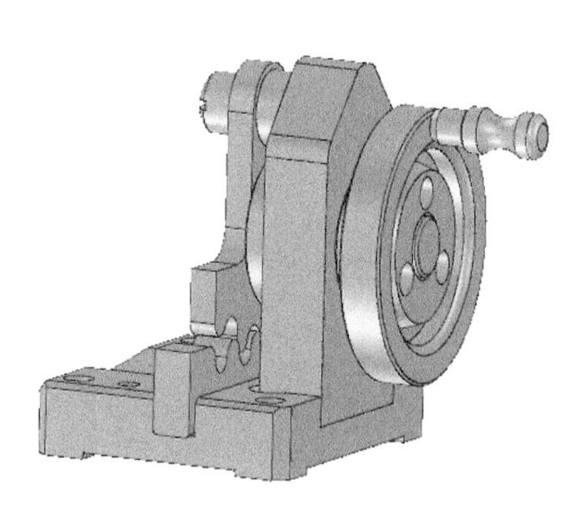

图 3-101　装配九

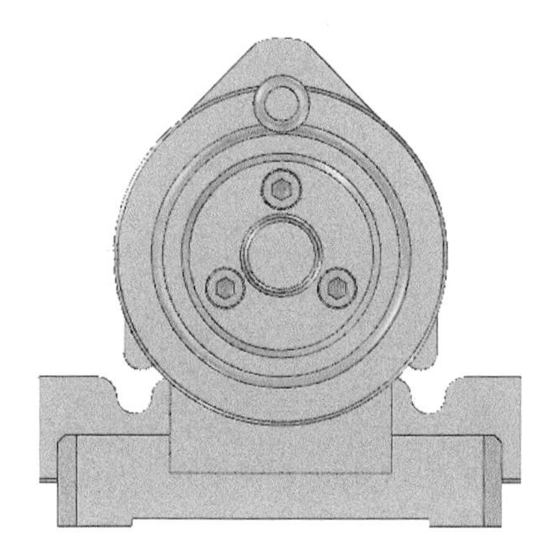

图 3-102　装配十

(11) 装配十一:内六角圆柱头螺钉与底板和立柱通过“同轴”、“贴合”等命令进行装配;开槽平端紧定螺钉与垫块和轴通过“同轴”、“贴合”等命令进行装配,如图 3-103 所示。

装配完成后，需要对装配件进行干涉检查，确定装配件之间是否存在干涉。从快速启动栏中单击“设计树”按钮，打开设计树，按住 Shift 键全选设计环境中的所有参与装配的零件，从工具功能区中选择“干涉检查”命令，根据检查结果查看是否存在干涉，存在干涉的部位会加亮显示，需要对发生干涉的零件进行调整，直至没有干涉存在，如图 3-104 所示。

图 3-103 装配十一

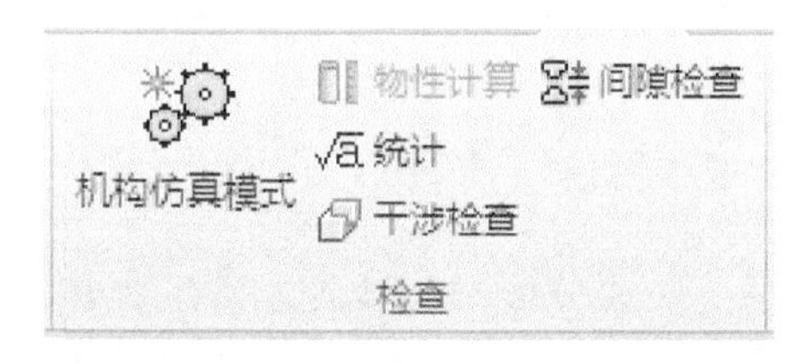

图 3-104 干涉检查

摇杆机构的装配结果如图 3-105 所示。

图 3-105 摇杆机构的装配图

3.2.2 摇杆机构的爆炸图生成

从设计元素库的工具栏中选择“装配”命令，在弹出的对话框中选择生成爆炸图，设置参数，如图 3-106 和图 3-107 所示。

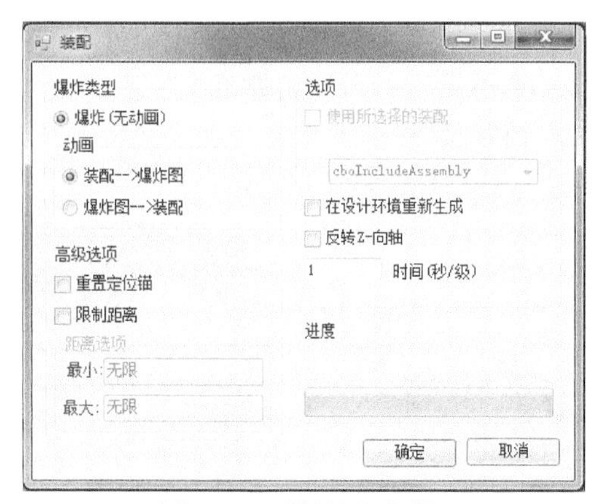

图 3-106　爆炸图对话框

图 3-107　摇杆机构爆炸图

在摇杆机构的各个零部件进行装配的过程中,可以看出:

(1) 在装配过程中,零件之间可能会发生干涉,需要对零件进行调整;装配时可通过三维球对零件进行平移、旋转等操作,使零件能够准确地进行装配。

(2) 在生成爆炸图的过程中,要利用三维球对零件的爆炸轨迹进行调整,防止有些零件被其他零件遮挡住,确定无遮挡后才能生成完整的爆炸图。

3.3　摇杆机构典型零件(底板)的铣削加工

3.3.1　数控加工工艺的设计

摇杆机构的主要零件底板的三维实体模型如图 3-32 所示。现在对摇杆机构典型零件底板进行铣削加工。底板的铣削加工可以分为两个部分,即底板上、下表面的加工。从实体设计中选中零件底板,并以 x_t 的格式输出,然后从 CAXA 制造工程师中打开,得到底板的三维实体模型。

零件底板长 120mm,宽 100mm,高 24mm,其他参数可由底板的零件图得到,故定义其毛坯尺寸为 124mm×104mm×28mm,设定工件的坐标原点,如图 3-108 所示。

由于需要对底板的上、下表面都进行加工，因此需要分别设定坐标系，通过菜单栏工具选项中的“创建坐标系”命令，在实体模型模型上、下表面中心处分别建立坐标系，如图 3-109 所示，制定数控加工工艺方案。

零件底板的数控加工工艺卡片如表 3-1 所示。

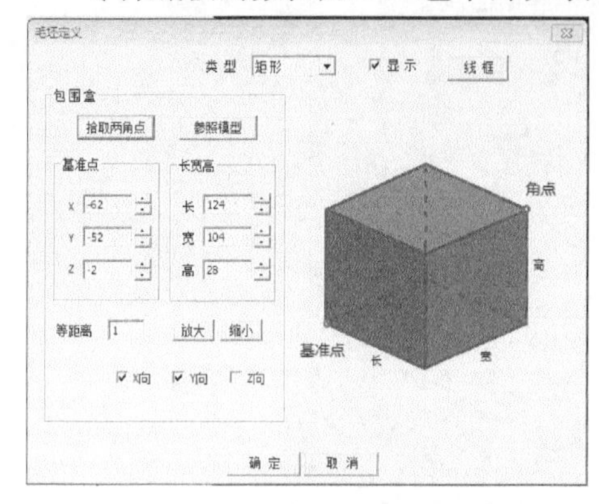

图 3-108　毛坯设定

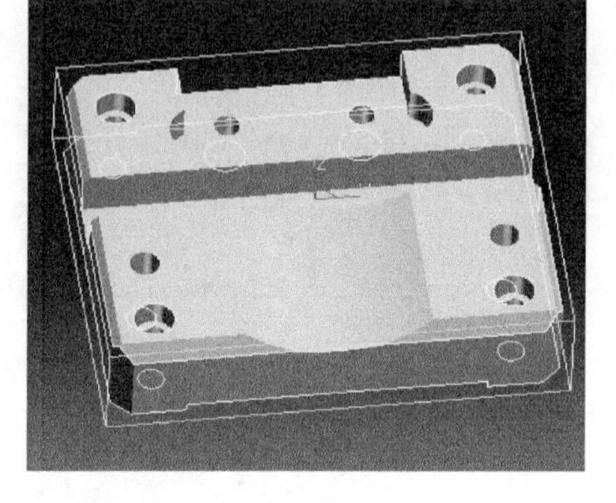

图 3-109　建立坐标系

表 3-1　零件数控加工顺序及刀具选择

零件名称		底板	零件图号	CJ-07-01	加工部位	下表面
序号	内容	刀具	主轴转速/(r/mm)	进给量/(mm/min)	背吃刀量 mm	备注
1	下表面、外轮廓	ϕ10 立铣刀	1600	1000	0.5	粗铣
2	下表面	ϕ10 立铣刀	2000	600	0.02	精铣
3	*R*8 圆角、外轮廓	ϕ10 立铣刀	2000	600	0.02	精铣
4	ϕ7 孔、ϕ8 孔	ϕ3 中心钻	2000	100	—	钻中心孔
5	ϕ7 孔、ϕ8 孔、ϕ11 孔	ϕ7 钻头	800	100	—	钻孔
6	ϕ11 孔	ϕ11 钻头	600	100	—	钻孔
6	ϕ8 孔	ϕ8 铰刀	300	80	—	精铰
				加工部位		下表面
7	上表面、凹槽	ϕ10 立铣刀	1600	1000	0.5	粗铣
8	上表面、凹槽	ϕ10 立铣刀	2000	600	0.02	精铣
9	C2、C4 边倒角	ϕ10 球头铣刀	2000	600	—	精铣
10	ϕ11 孔	ϕ11 钻头	600	100	—	钻孔

3.3.2　底板下表面数控加工

1. 选择加工方式

(1) 选择“等高线粗加工”的加工方式对底板下表面和外轮廓进行粗加工，粗加工时应预留 0.2mm 的加工余量留作精加工。

(2) 选择“平面精加工”和“等高线精加工”对底板下表面和外轮廓进行精加工。

(3) 选择“G01 钻孔”加工方式，对下表面上的所有圆孔进行钻孔加工。

2. 加工路线

1) 下表面及轮廓粗加工

从菜单栏中选择“加工”→“常用加工”→“等高线粗加工”选项。在弹出的“等高线粗加工”的对话框中设置加工参数。

(1) 点选“加工参数”选项，设置加工方式、加工余量、加工精度、层高行距等参数，如图 3-110 所示。

(2) 点选“区域参数”选项，设置高度范围，设置参数如图 3-111 所示。

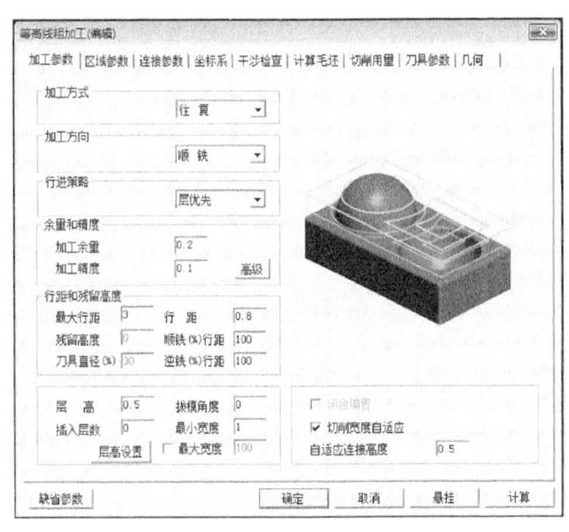

图 3-110　加工参数

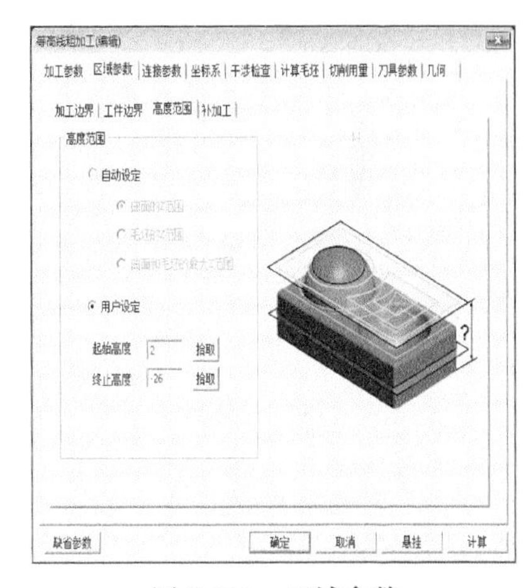

图 3-111　区域参数

(3) 点选“连接参数”选项，设置距离参数，如图 3-112 所示。

(4) 点选“切削用量”选项，设置刀具切削速度，设置参数如图 3-113 所示。

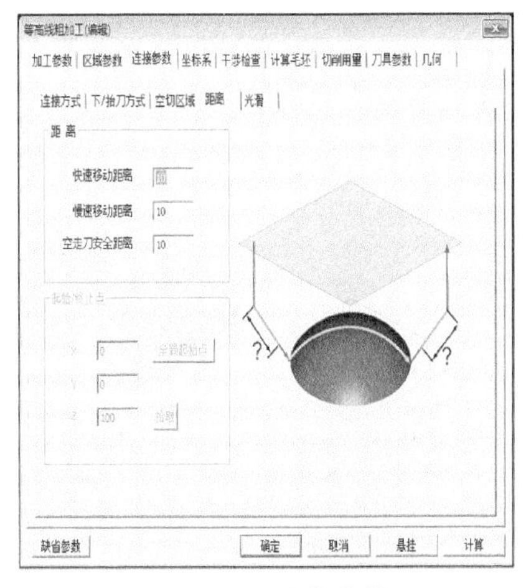

图 3-112　连接参数

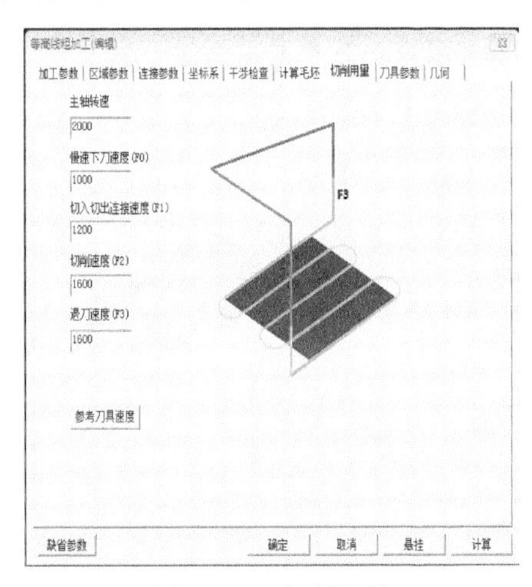

图 3-113　切削用量

(5) 点选“刀具参数”选项，从刀库中选择设定好的刀具，设置参数如图 3-114 所示。

(6) 参数设置完成之后，单击“确定”按钮，拾取加工曲面，单击鼠标右键确认，计算生成等高线粗加工的加工轨迹，如图 3-115 所示。

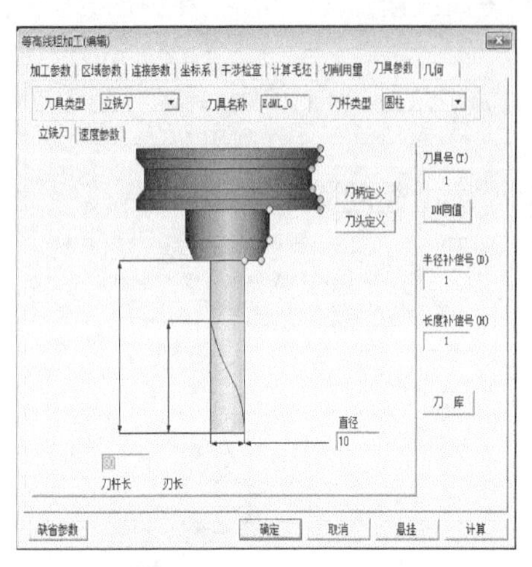

图 3-114　刀具参数

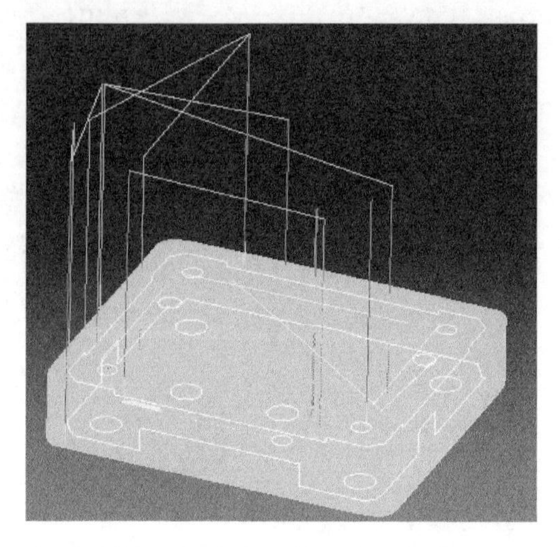

图 3-115　等高线粗加工刀具轨迹

2) 下表面平面精加工

从菜单栏中选择“加工”→“常用加工”→“平面精加工”选项，在弹出的“平面精加工”的对话框中设置加工参数。

(1) 点选“加工参数”选项，设置加工方式、加工余量、行距、高度等参数，如图 3-116 所示。

(2) 点选“区域参数”选项，设置加工高度范围等参数，如图 3-117 所示。

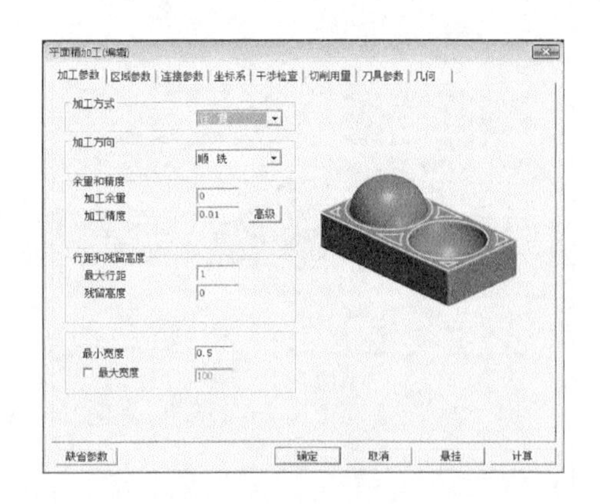

图 3-116　加工参数

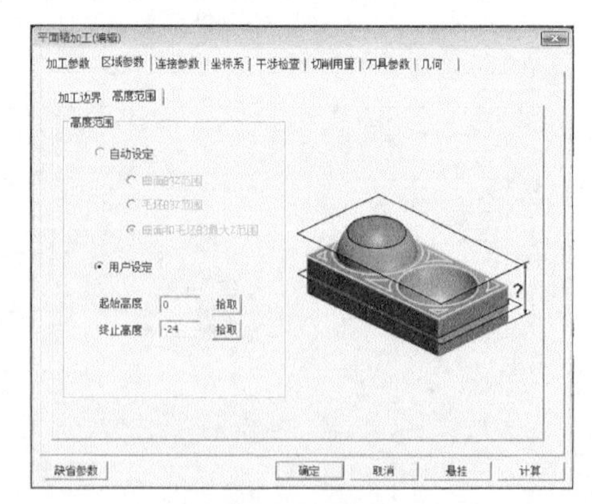

图 3-117　区域参数

(3) 点选“切削用量”选项，设置刀具切削速度，如图 3-118 所示。

(4) 点选“连接参数”选项，设置距离参数，和等高线粗加工参数相同。

(5) 点选“刀具参数”选项，从刀库中选择设定好的刀具，和等高线粗加工参数相同。

(6) 加工参数设置完成之后，拾取加工曲面，单击“确定”按钮，计算并生成平面精加工的加工轨迹，如图 3-119 所示。

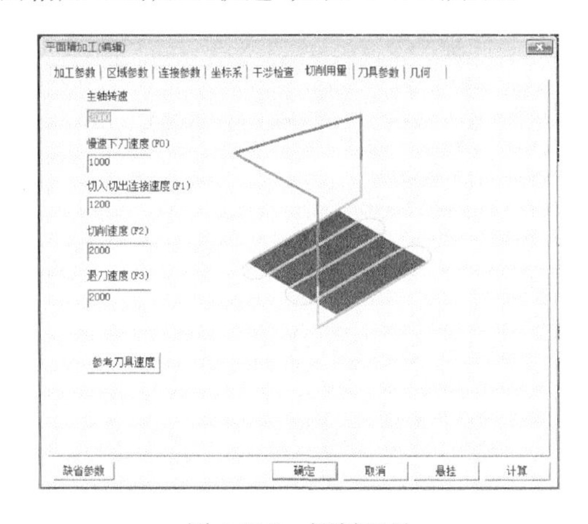

图 3-118　切削用量

图 3-119　平面精加工加工轨迹

3) 下表面及外轮廓等高线精加工

从菜单栏中选择“加工”→“常用加工”→“等高线精加工”，在弹出的“等高线精加工”的对话框中设置加工参数。

(1) 点选“加工参数”选项，设置加工顺序、行进策略、余量精度、高度等参数，如图 3-120 所示。

(2) 点选“区域参数”选项，设置加工高度范围，和等高线粗加工参数相同。

(3) 点选“连接参数”选项，设置距离参数，和等高线粗加工参数相同。

(4) 点选“切削用量”选项，设置刀具切削速度，和平面精加工参数相同。

(5) 点选“刀具参数”选项，从刀库中选择设定好的刀具，和等高线粗加工参数相同。

(6) 参数设置完成之后，单击“确定”按钮，拾取加工曲面，单击鼠标右键确认，计算生成等高线精加工的加工轨迹，如图 3-121 所示。

4) 下表面圆孔加工

从菜单栏中选择“加工”→“其他加工”→“G01 钻孔”，在弹出的“G01 钻孔”对话框中设置加工参数。由于零件表面粗糙度为 $Ra6.3$，且制造工程师没有铰刀，因此下表面上的 $\phi7$ 孔可直接钻孔得到，$\phi8$ 的定位孔则选择使用铣刀铣孔，$\phi11$ 的孔由等高线粗精加工得到。

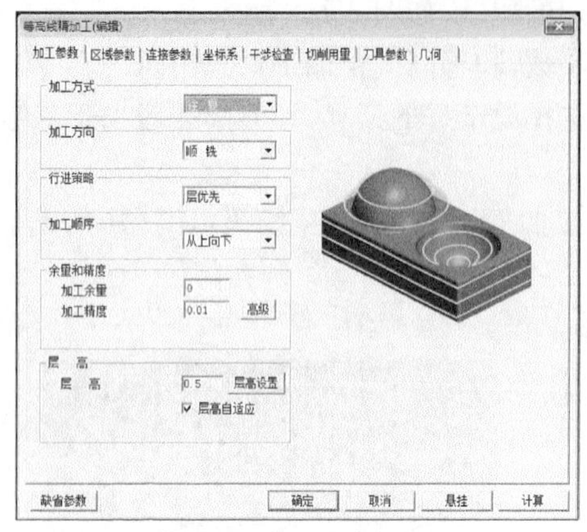

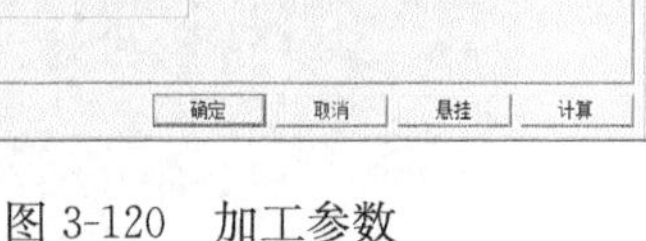

图 3-120　加工参数

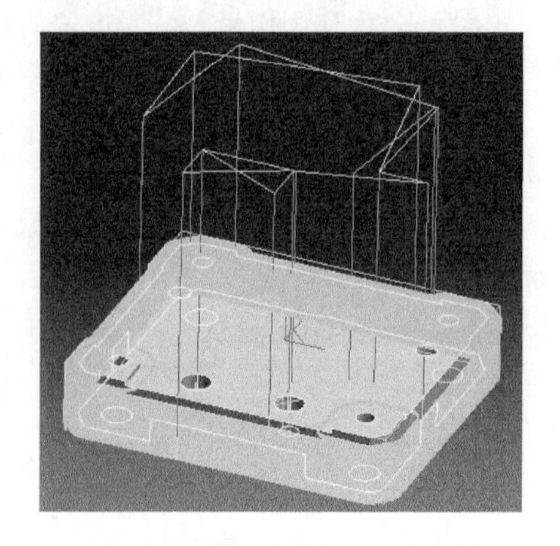

图 3-121　等高线精加工刀具轨迹

(1) 输入加工参数，根据提示拾取需要进行钻孔的圆弧，设置参数如图 3-122 所示。

(2) 拾取加工坐标系，点选“刀具参数”选项，设置参数如图 3-123 所示。

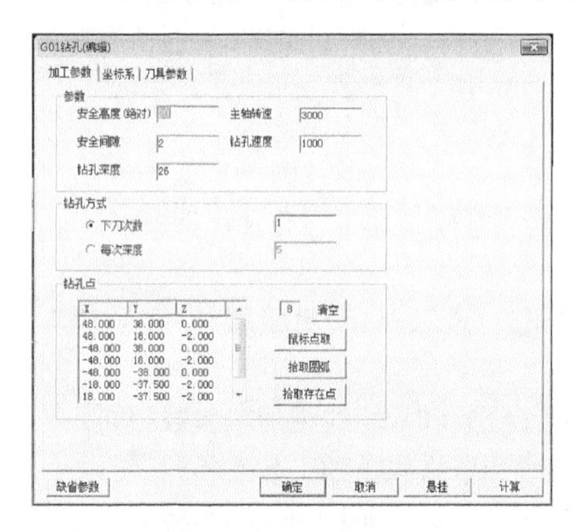

图 3-122　加工参数

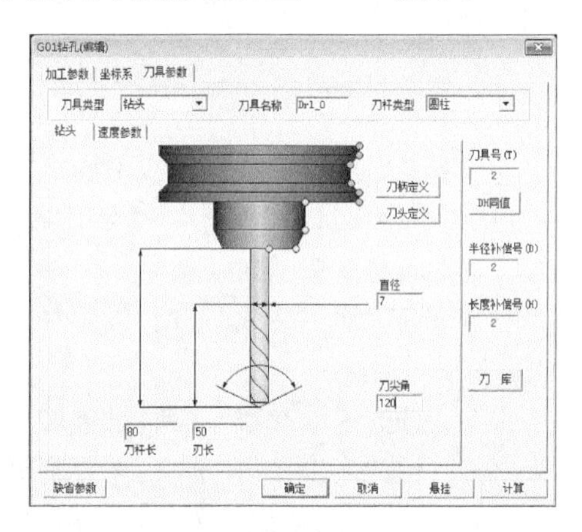

图 3-123　刀具参数

(3) 参数设置完成后，点击“确定”按钮，生成下底面八个孔的加工轨迹，如图 3-124 所示。

3. 实体仿真结果

底板下表面的实体仿真结果如图 3-125 所示。

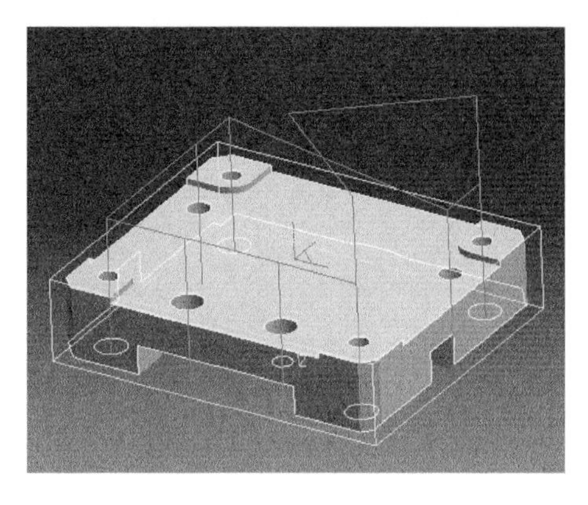

图 3-124　孔加工刀具轨迹

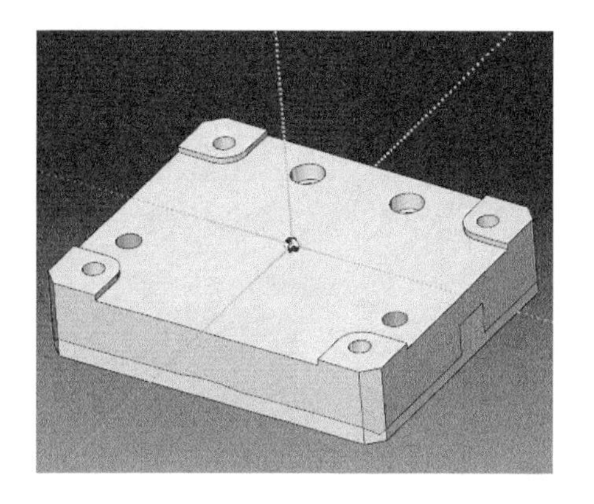

图 3-125　下表面数控加工实体仿真

3.3.3　底板上表面数控加工

1. 选择加工方式

(1) 选择“等高线粗加工”加工方式对上表面、曲面、凹槽和外轮廓进行粗加工，粗加工时预留 0.2mm 的加工余量留进行精加工。

(2) 选择“等高线精加工”对上表面、曲面、凹槽和外轮廓进行精加工。

(3) 选择“扫描线精加工”对曲面、边倒角进行精加工。

2. 加工路线

1) 上表面、凹槽及外轮廓等高线粗加工

从菜单栏中选择“加工”→“常用加工”→“等高线粗加工”，在弹出的等高线粗加工的对话框中设置加工参数。

(1) 点选“加工参数”选项，设置加工方式、加工顺序、余量精度、层高行距等参数，和下底面等高线粗加工参数相同。

(2) 点选“区域参数”选项，设置加工高度范围等参数，如图 3-126 所示。

(3) 点选“连接参数”选项，设置快速移动距离参数，如图 3-127 所示。

(4) 点选“切削用量”选项，设置刀具切削速度，和下底面等高线粗加工参数相同。

(5) 点选“刀具参数”选项，从刀库中选择设定好的刀具，和等高线粗加工参数相同。

(6) 参数设置完成之后，单击“确定”按钮，拾取加工曲面，单击鼠标右键确认，计算生成等高线粗加工的加工轨迹，如图 3-128 所示。

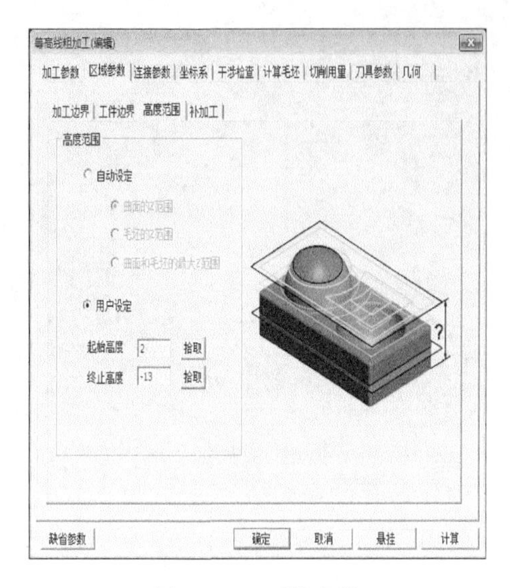

图 3-126　区域参数

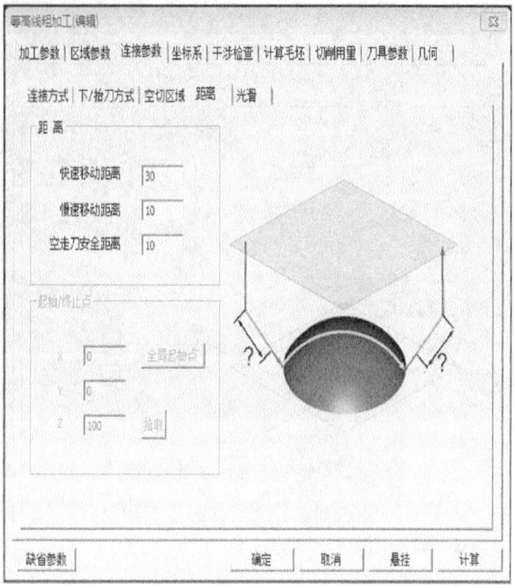

图 3-127　连接参数

2) 曲面、凹槽及外轮廓等高线精加工

从菜单栏中选择“加工”→“常用加工”→“等高线精加工”选项，在弹出的“等高线精加工”的对话框中设置加工参数，等高线精加工可同时完成 ϕ11 孔的加工。

(1) 点选“加工参数”选项，设置加工顺序、行进策略、余量精度、高度等参数，如图 3-129 所示。

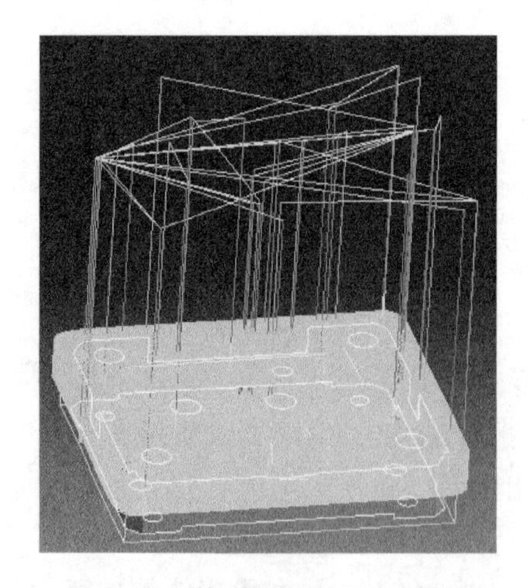

图 3-128　等高线粗加工加工轨迹

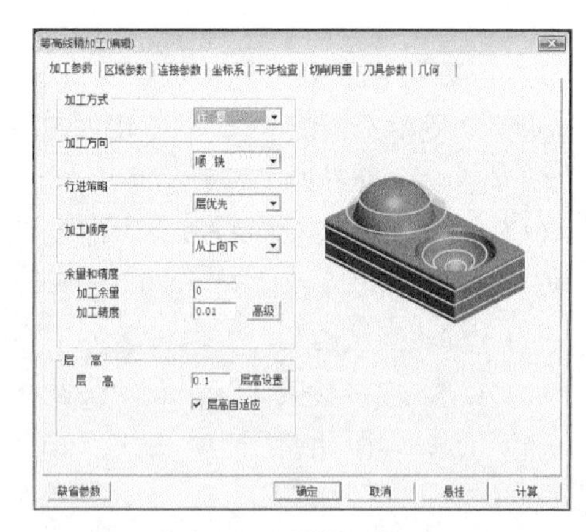

图 3-129　加工参数

(2) 点选“区域参数”选项，设置加工高度范围，和上底面等高线粗加工参数相同。

(3) 点选“连接参数”选项,设置距离参数,和上底面等高线粗加工参数相同。

(4) 点选“切削用量”选项,设置刀具切削速度,和上底面等高线粗加工参数相同。

(5) 点选“刀具参数”选项,从刀库中选择设定好的刀具,和上底面等高线粗加工参数相同。

(6) 参数设置完成之后,单击“确定”按钮,拾取加工曲面,单击鼠标右键确认,计算生成等高线精加工的加工轨迹,如图 3-130 所示。

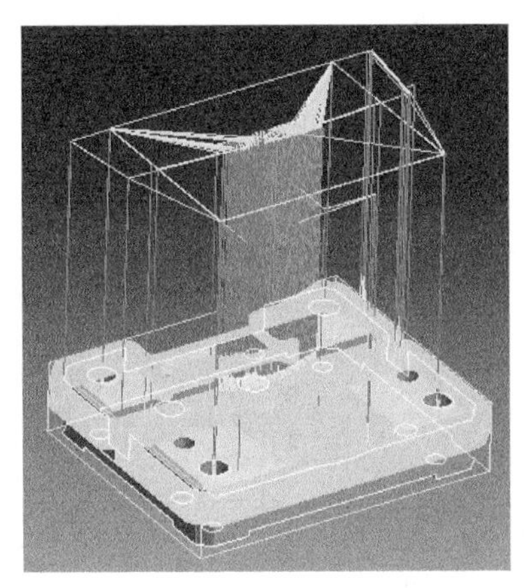

图 3-130　等高线精加工加工轨迹

3) 曲面、外轮廓扫描线精加工

从菜单栏中选择“加工”→“常用加工”→“等高线精加工”选项,在弹出的“等高线精加工”的对话框中设置加工参数。

(1) 点选“加工参数”选项,设置加工方式、余量精度、行距等参数,设置参数如图 3-131 所示。

(2) 点选“刀具参数”选项,从刀库中选择设定好的刀具,设置参数如图 3-132 所示。

(3) 点选“区域参数”选项,设置加工高度范围,和上底面等高线粗加工参数相同。

(4) 点选“连接参数”选项,设置距离参数,和上底面等高线粗加工参数相同。

(5) 点选“切削用量”选项,设置刀具切削速度,和上底面等高线粗加工参数相同。

(6) 参数设置完成之后,单击“确定”按钮,拾取加工曲面,单击鼠标右键确认,计算生成扫描线精加工的加工轨迹,如图 3-133 所示。

3. 实体仿真结果

底板上表面的实体仿真结果如图 3-134 所示。

图 3-131　加工参数

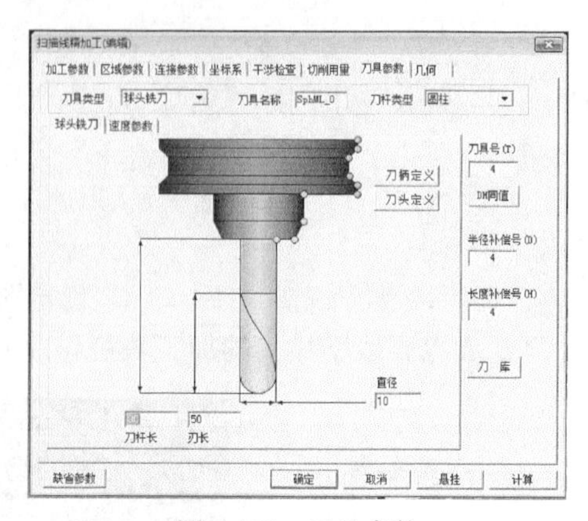

图 3-132　刀具参数

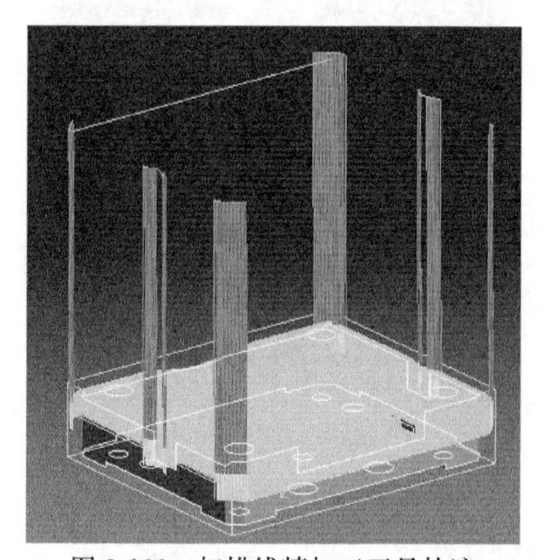

图 3-133　扫描线精加工刀具轨迹

底板上、下表面数控加工最终生成的刀具轨迹如图 3-135 所示。实体仿真结果如图 3-136 所示。

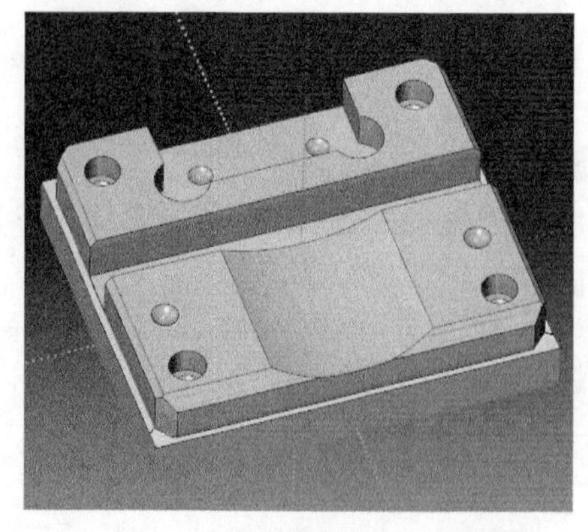

图 3-134　上表面数控加工实体仿真

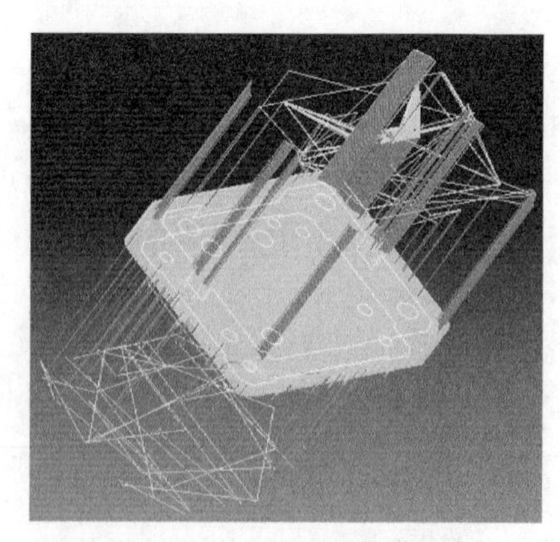

图 3-135　底板数控加工轨迹

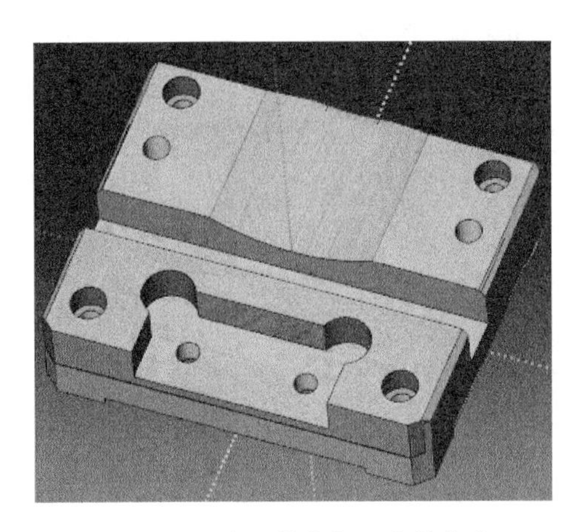

图 3-136　底板数控加工实体仿真

3.3.4　后置处理及代码生成

以下表面为例进行 G 代码生成，上表面 G 代码生成方法与之相同。

(1) 从轨迹管理属性栏中按下 Ctrl 键依次选取需要生成 G 代码的刀具轨迹。从菜单栏中选择“加工”→“后置处理”→“生成 G 代码”，如图 3-137 所示。

(2) 从菜单栏中选择“加工”→“后置处理”→“后置设置”。选择“huazhong 数控系统”文件，对其进行编辑，如图 3-138 所示。

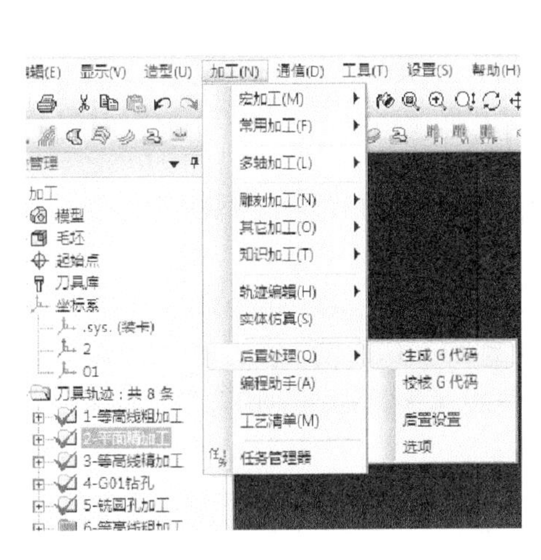

图 3-137　生成 G 代码

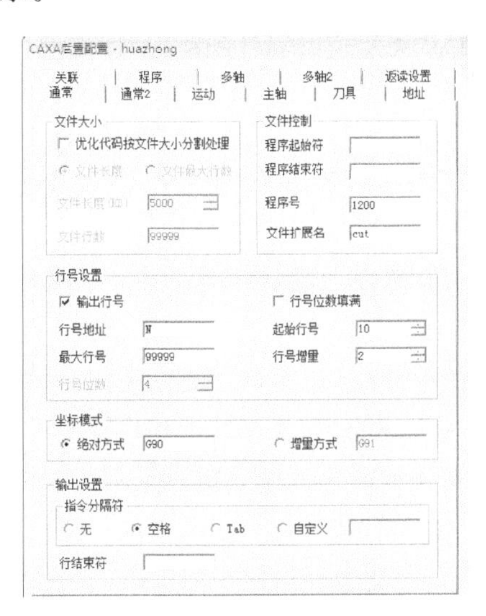

图 3-138　后置设置

(3) 生成G代码，如图3-139所示。

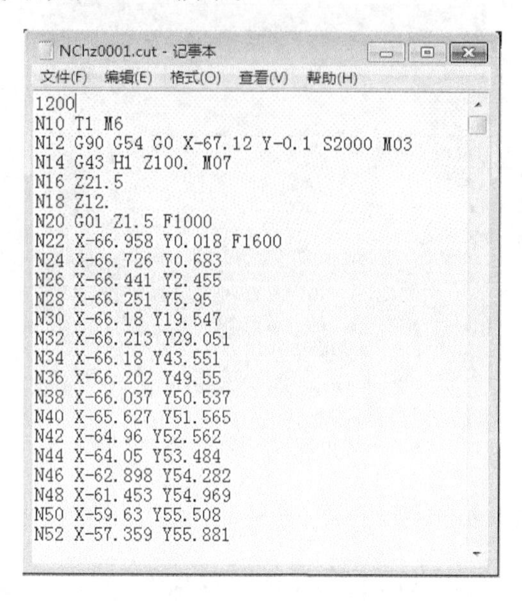

图3-139　生成G代码

底板是摇杆机构中典型的铣削零件，加工上、下表面需要建立不同的坐标系，应根据实际机械加工要求先对下表面进行加工，对于有凹槽和曲面以及边倒角的上表面来说，应综合考虑各种加工方法优缺点，尽可能通过最少的加工路线和最少的刀具来实现对零件的加工，还应根据实际要求合理安排加工顺序。

3.4　摇杆机构典型零件(手柄)的车削加工

3.4.1　车削加工工艺的设计

由手柄的零件图(图3-55)及其三维图(图3-61)可以看出：手柄的数控加工分为螺纹车削端和圆弧车削端，因此先对螺纹车削端进行车削加工，再对圆弧车削端进行车削加工。具体加工工艺如下：

(1) 确定装夹方案：手柄零件直径最大为15mm，长度54mm，因此确定其毛坯尺寸为ϕ25mm×60mm，两面加工，采用三爪卡盘夹具，反面加工时，采用装夹红铜片的方式，保护已加工面。

(2) 制定数控加工工艺方案。数控加工工艺顺序及刀具选择如表3-2所示。

表 3-2　数控加工顺序及刀具选择

零件名称		手柄	零件图号	CJ-07-06	加工部位	螺纹端
序号	内容	刀具号	主轴转速 /(r/mm)	进给量 /(mm/min)	背吃刀量 mm	备注
1	螺纹端外轮廓	93°外圆车刀	800	100	0.5	粗车
2	螺纹端外轮廓	93°外圆车刀	1000	100	0.02	精车
3	螺纹端外圆	2mm 外切槽刀	800	100	—	切槽
4	螺纹端外圆	60°外螺纹刀	1000	100	—	车螺纹
				加工部位		圆弧端
5	圆弧端外轮廓	93°外圆车刀	800	100	0.5	粗车
6	圆弧端外轮廓	93°外圆车刀	1000	100	0.02	精车

3.4.2　手柄螺纹端车削加工

1. 螺纹端外轮廓粗加工

1）绘制手柄螺纹端图形、设定毛坯（如图 3-140 所示）

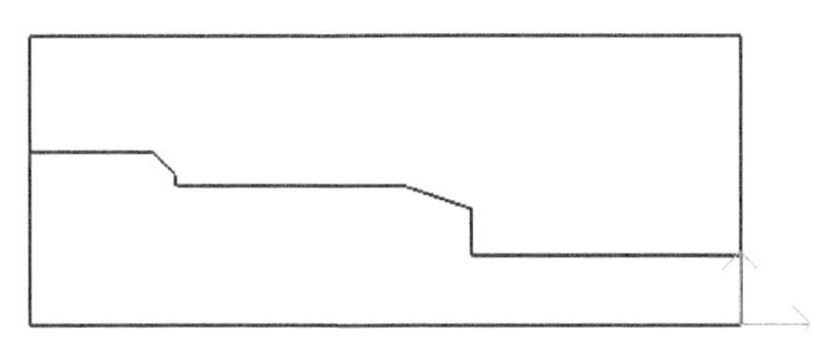

图 3-140　毛坯轮廓

2）粗加工路线及参数确定

选择加工方式。在菜单栏中打开“数控车”子菜单，选择“轮廓粗车”命令，在弹出的“轮廓粗车”对话框中设置加工参数。

（1）点选“加工参数”选项，选择加工表面类型，设置精度余量、过渡方式、走刀方式等，设置加工参数如图 3-141 所示。

（2）点选“进退刀方式”选项，设置进退刀方式，设置参数如图 3-142 所示。

（3）点选“切削用量”选项，设置进刀量、主轴转速，设置参数如图 3-143 所示。

（4）点选“轮廓车刀”选项，设置刀具参数，如图 3-144 所示。

（5）根据提示，拾取工件加工轮廓，右键确定，如图 3-145 所示。

(6) 根据提示，拾取毛坯轮廓，如图 3-146 所示。

(7) 根据提示，输入进退刀点(20,20)，单击右键确认生成螺纹端外轮廓粗加工的刀具轨迹，如图 3-147 所示。

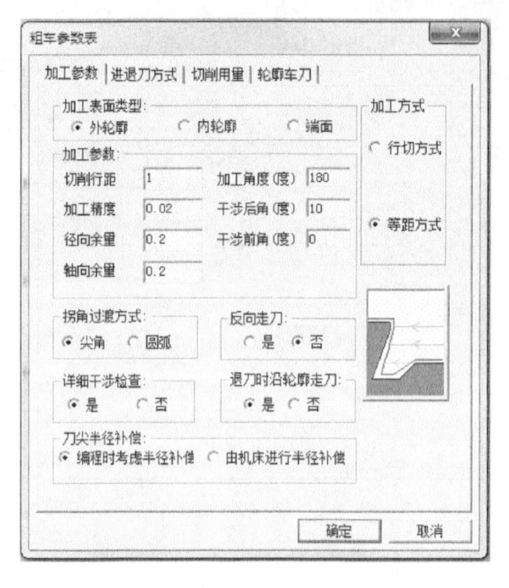

图 3-141　加工参数

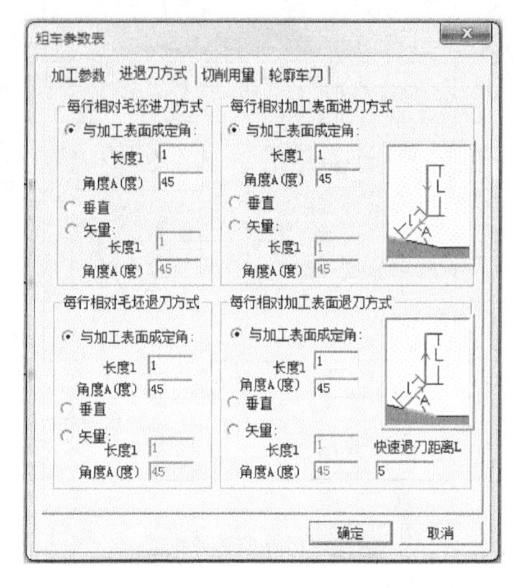

图 3-142　进退刀方式

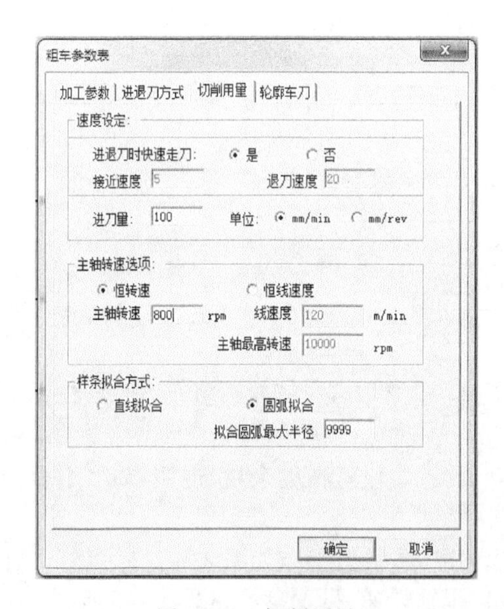

图 3-143　切削用量

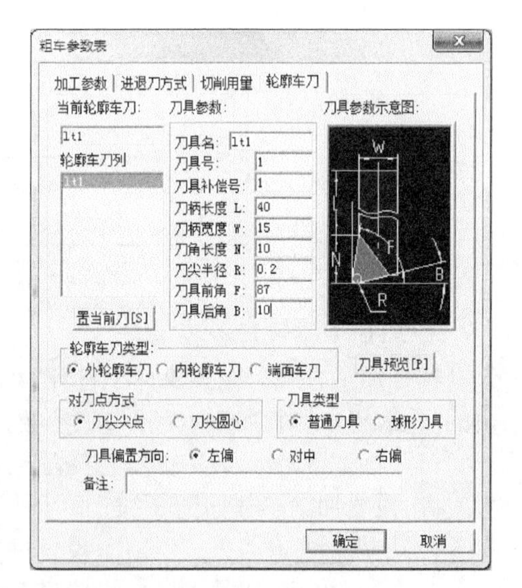

图 3-144　刀具参数

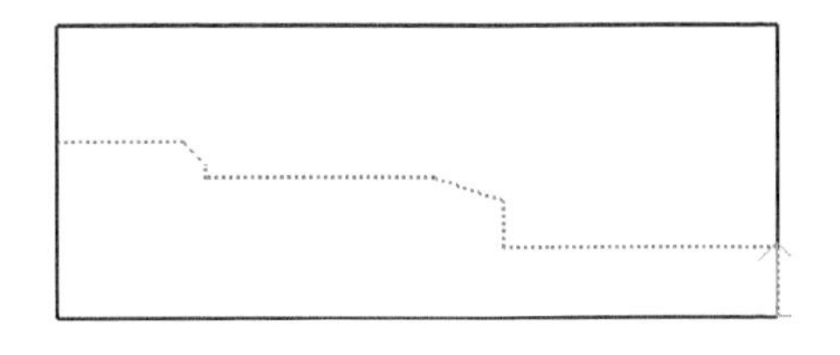

图3-145　工件轮廓

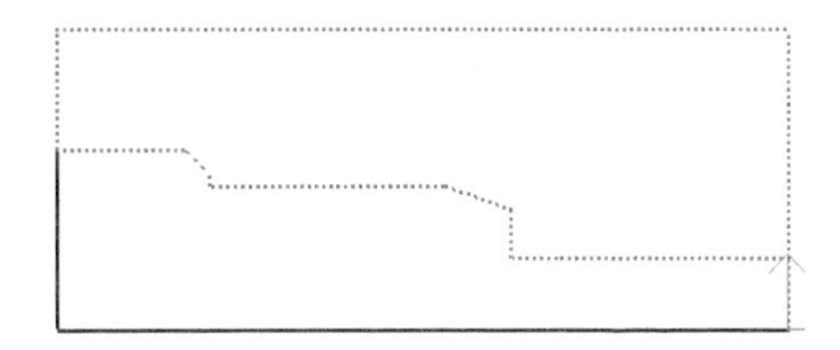

图3-146　毛坯轮廓

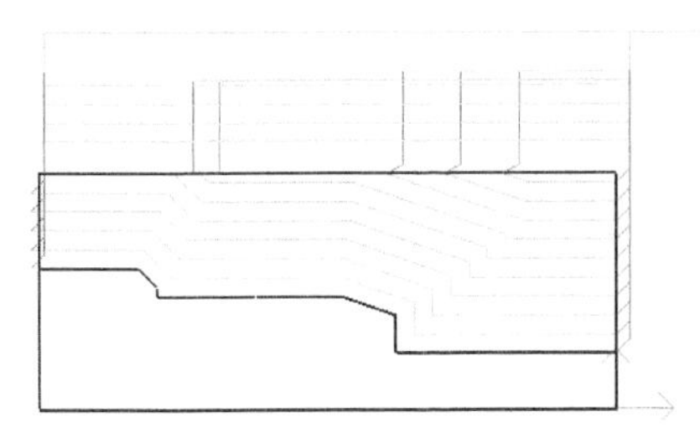

图3-147　螺纹端外轮廓粗车刀具轨迹

2. 螺纹端外轮廓精加工

对于精加工路线及参数设定，先选择加工方式。在菜单栏中打开“数控车”子菜单，选择“轮廓精车”命令，在弹出的“轮廓精车”对话框中设置加工参数。

(1) 点选“加工参数”选项，设置精度余量，设置参数如图3-148所示。

(2) 点选“进退刀方式”选项，设置进退刀方式，设置参数与外轮廓粗车参数相同。

(3) 点选“切削用量”选项，设置切削用量，设置参数如图3-149所示。

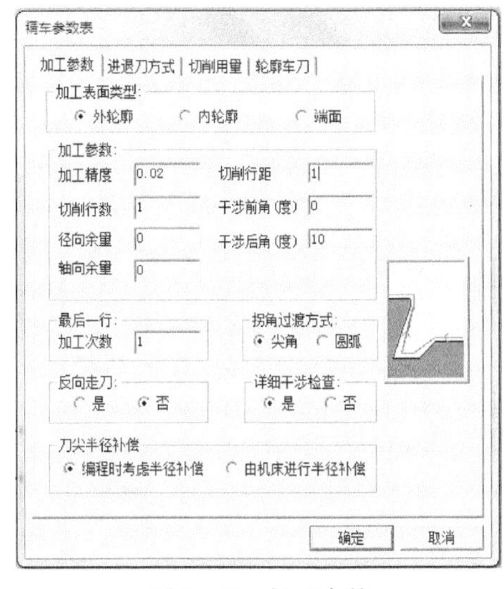

图3-148　加工参数

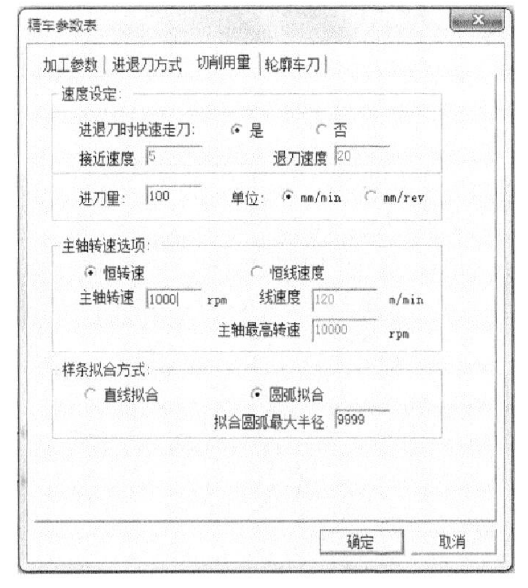

图3-149　切削用量

(4) 点选“轮廓车刀”选项，设置刀具参数，设置参数与外轮廓粗车参数相同。

(5) 根据提示，拾取工件加工表面，如图 3-150 所示。

(6) 根据提示，确定进退刀点(20,20)，单击右键确认生成螺纹端外轮廓精加工的刀具轨迹，如图 3-151 所示。

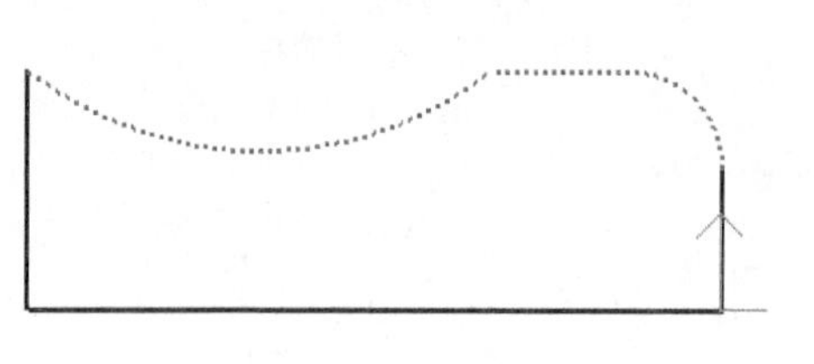

图 3-150　加工轮廓

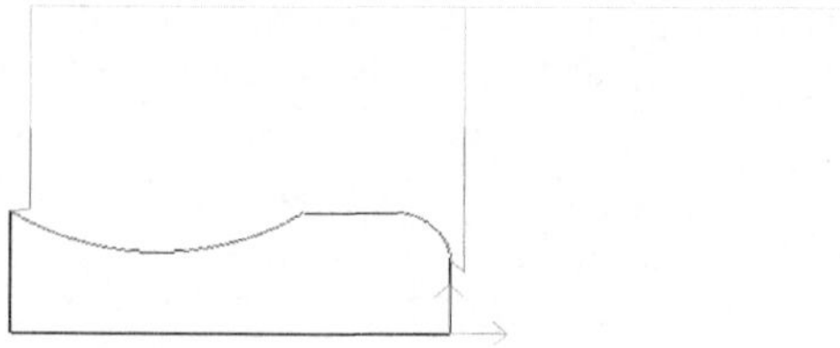

图 3-151　螺纹端外轮廓精加工刀具轨迹

3. 螺纹端外圆切槽

1) 绘制手柄螺纹端图形、设定毛坯(如图 3-152 所示)

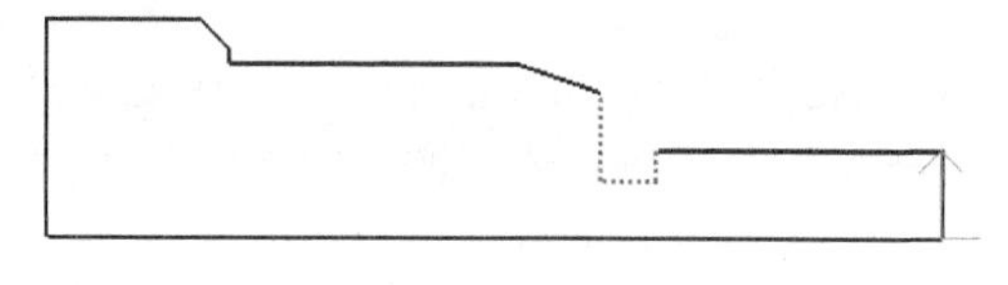

图 3-152　毛坯设定

2) 加工路线及参数确定

选择加工方式。在菜单栏中打开“数控车”子菜单，选择“切槽”命令，在弹出的“切槽”对话框中设置加工参数。

(1) 点选“加工参数”选项，选择粗、精加工同时进行的加工工艺，选择切槽表面类型，设置粗精加工精度余量等，设置参数如图 3-153 所示。

(2) 点选“切削用量”选项，设置进刀量和主轴转速，设置加工参数与外轮廓粗车参数相同。

(3) 点选“切槽刀具”选项，设置刀具参数，设置参数如图 3-154 所示。

(4) 根据提示，拾取工件加工轮廓。

(5) 根据提示，输入进退刀点(20,20)，单击右键确认生成螺纹端外圆切槽的刀具轨迹，如图 3-155 所示。

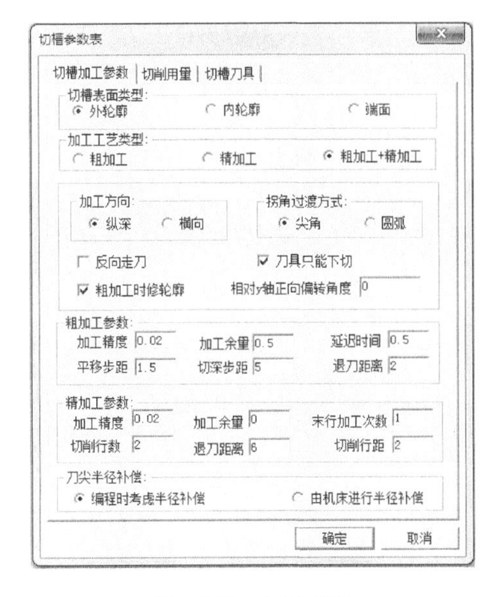

图 3-153　加工参数

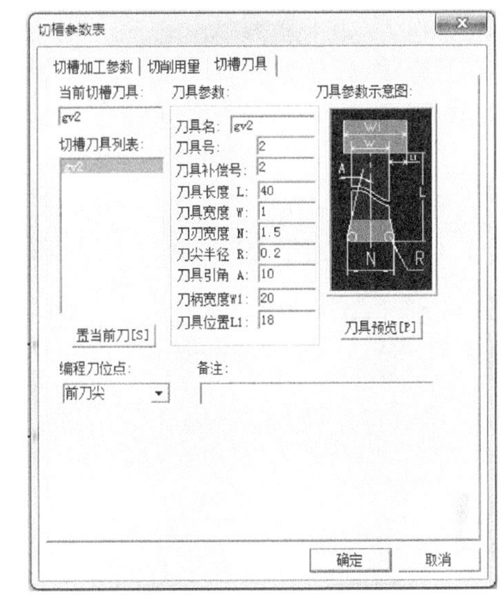

图 3-154　刀具参数

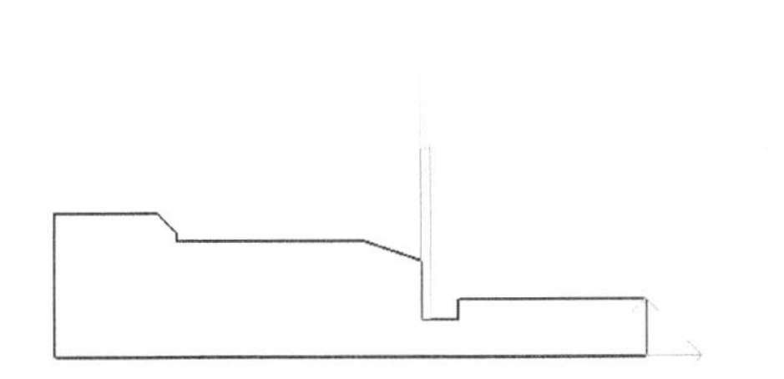

图 3-155　螺纹端外圆切槽的刀具轨迹

4. 螺纹端车螺纹

1）绘制手柄螺纹端图形、设定毛坯

2）加工路线及参数确定

选择加工方式。在菜单栏中打开“数控车”子菜单，选择“车螺纹”命令，根据提示拾取螺纹起始点，距离 Z 坐标原点 3mm 距离，如图 3-156 所示；根据提示拾取螺纹终点，在－11mm 处，如图 3-157 所示。在弹出的“车螺纹”对话框中设置加工参数。

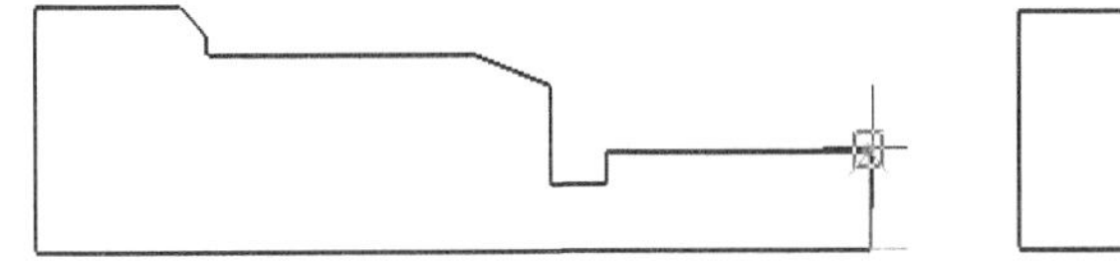

图 3-156　螺纹起始点

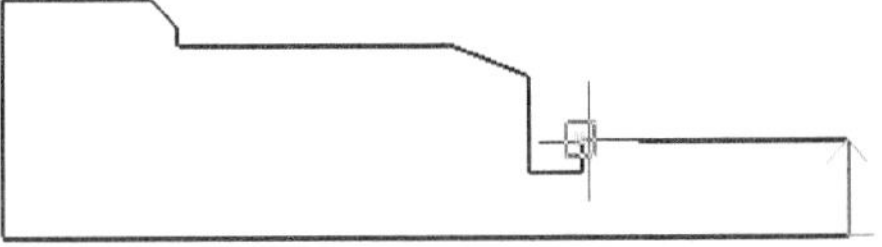

图 3-157　螺纹终点

(1) 点选“螺纹参数”选项，设置螺纹牙高、节距等，设置参数如图 3-158 所示。

(2) 点选“螺纹加工参数”选项，设置粗精加工深度等，设置参数如图 3-159 所示。

(3) 点选“切削用量”选项，设置参数与外轮廓精加工参数相同。

(4) 点选“进退刀方式”选项，设置参数如图 3-160 所示。

(5) 点选“螺纹车刀”选项，设置刀具参数，如图 3-161 所示。

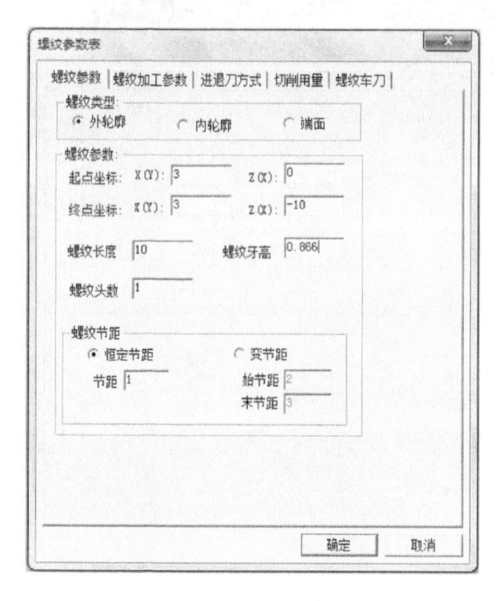

图 3-158　螺纹参数

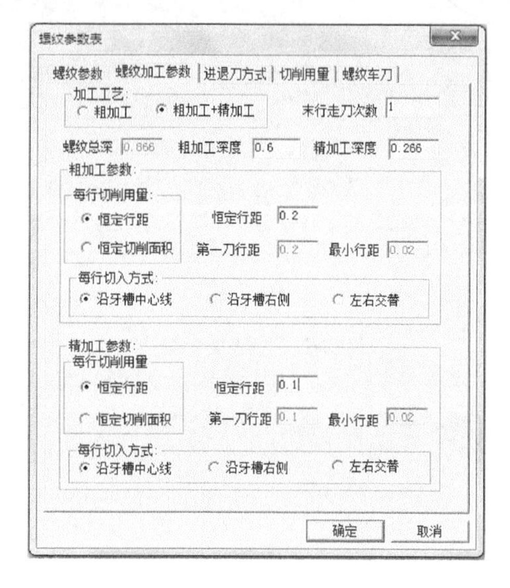

图 3-159　螺纹加工参数

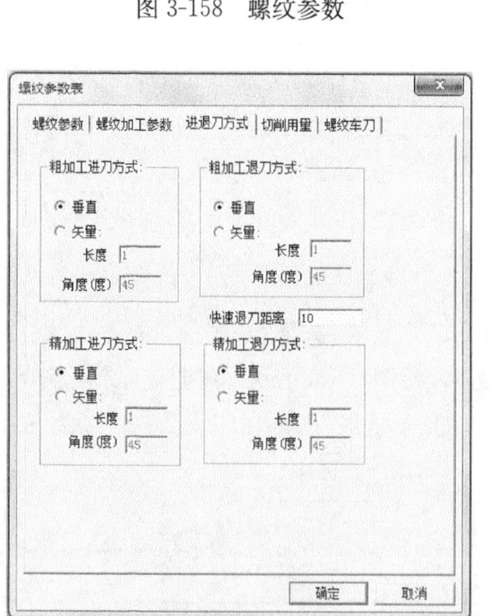

图 3-160　进退刀方式

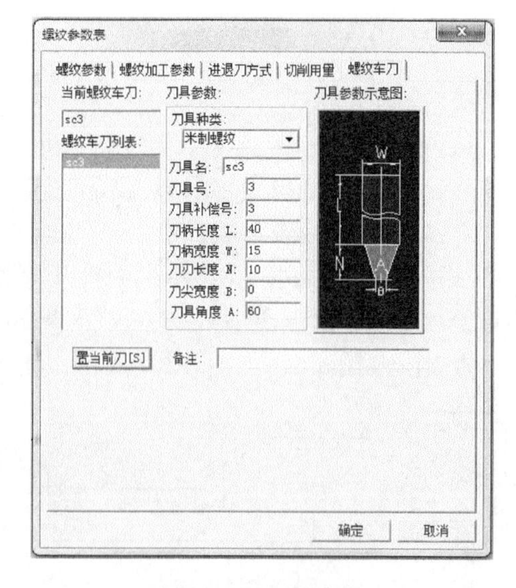

图 3-161　刀具参数

(6) 单击对话框“确定”按钮，根据提示输入进退刀点，右键确认生成车螺纹加工刀具轨迹，如图 3-162 所示。

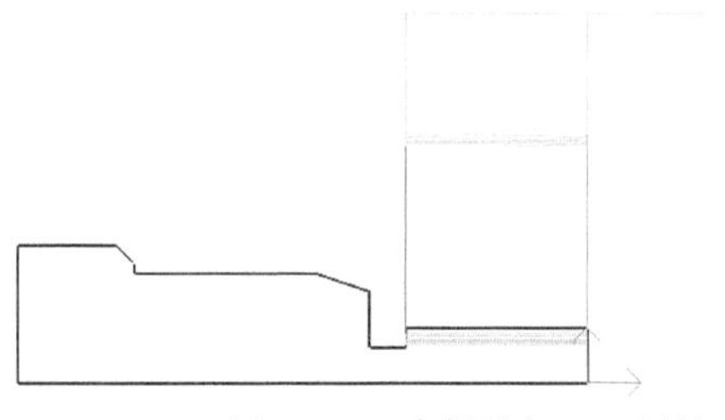

图 3-162　车螺纹加工刀具轨迹

3.4.3　手柄圆弧端车削加工

1. 圆弧端外轮廓粗加工

1) 绘制手柄圆弧端图形、设定毛坯(如图 3-163 所示)

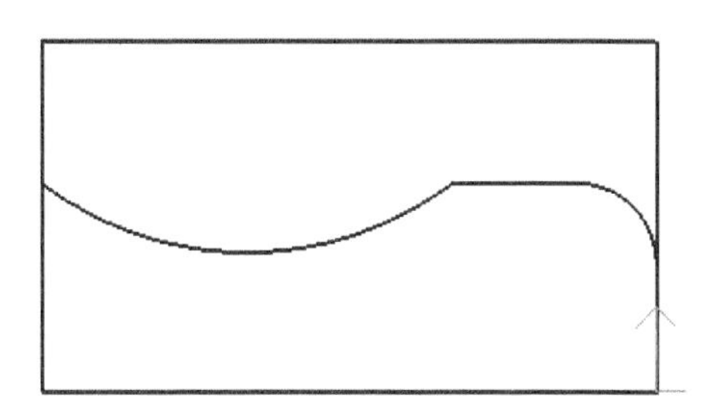

图 3-163　圆弧端毛坯

2) 粗加工路线及参数确定

选择加工方式。在菜单栏中打开“数控车”子菜单，选择“轮廓粗车”命令。在弹出的“轮廓粗车”对话框中设置加工参数。

(1) 圆弧端外轮廓粗车的加工参数及刀具参数与螺纹端外轮廓粗车不同，即干涉前、后角，刀具后角，如图 3-164 和图 3-165 所示，其他参数与螺纹端外轮廓粗车参数相同，不再一一叙述。

(2) 圆弧端外轮廓粗车的刀具轨迹如图 3-166 所示。

2. 圆弧端外轮廓精加工

(1) 圆弧端外轮廓精加工的加工参数及刀具参数与螺纹端外轮廓精车不同，即干涉前、后角不同，如图 3-167、图 3-168 所示，其他参数与螺纹端外轮廓精车参数相同，不再叙述。

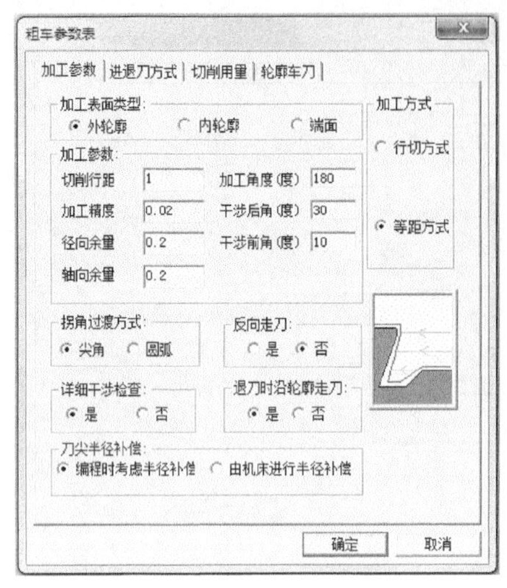

图 3-164　加工参数

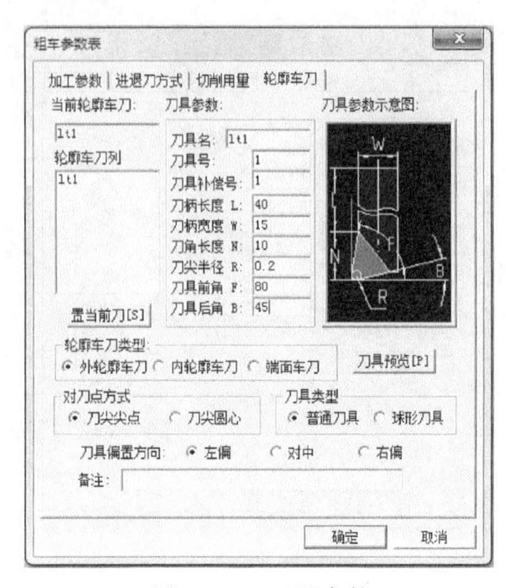

图 3-165　刀具参数

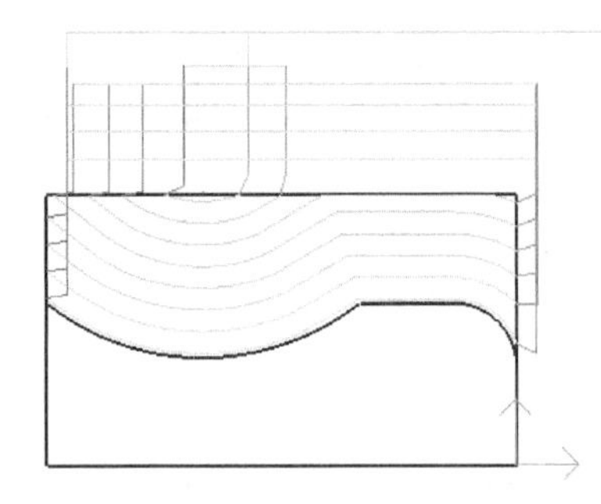

图 3-166　圆弧端外轮廓粗车刀具轨迹

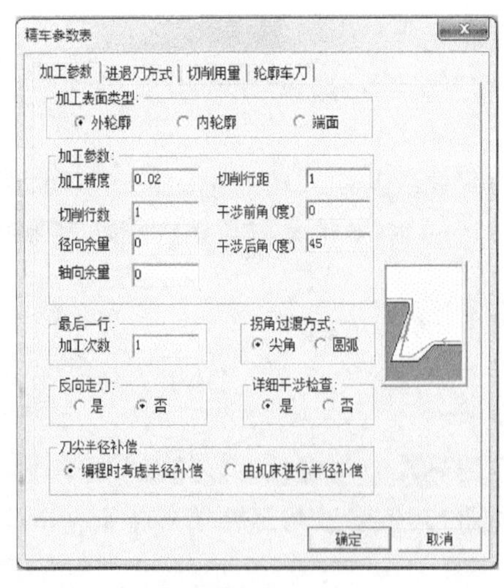

图 3-167　加工参数

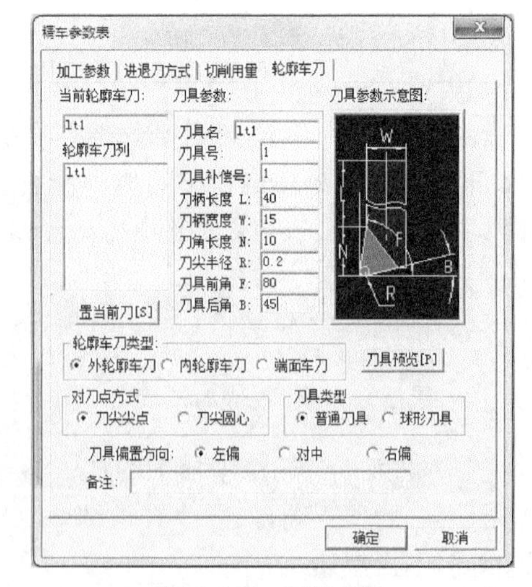

图 3-168　刀具参数

(2) 圆弧端外轮廓精加工的刀具轨迹如图 3-169 所示。

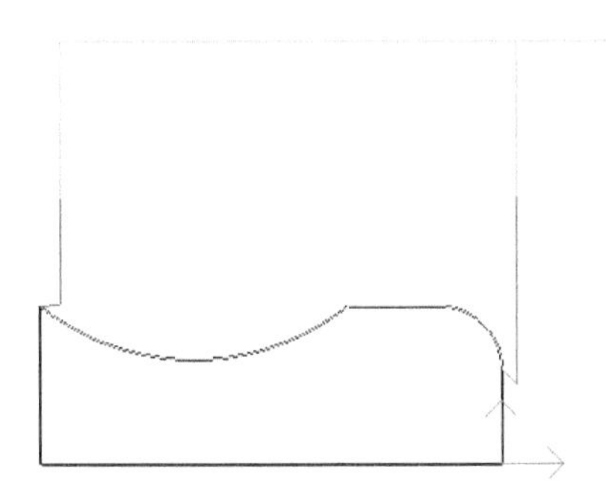

图 3-169　圆弧端外轮廓精车加工轨迹

3.4.4　车削加工 G 代码生成

以圆弧端外轮廓精车为例生成 G 代码。

1. 机床设置

选择菜单栏中的“数控车”子菜单，选择“机床设置”命令，设置机床参数如图 3-170所示。

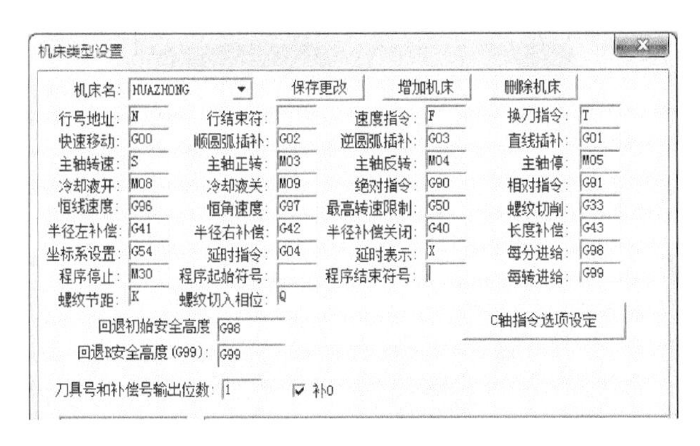

图 3-170　机床设置

2. 后置处理设置

选择菜单栏中的“数控车”子菜单，选择“后置处理设置”命令，设置后置参数如图 3-171 所示。

3. 生成 G 代码

选择菜单栏中的“数控车”子菜单，选择“代码生成”命令，选择数控系统，定义

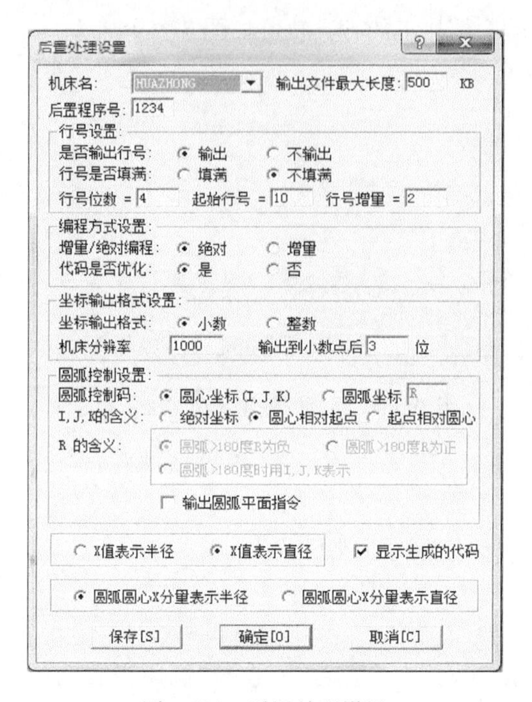

图 3-171　后置处理设置

代码文件,选择保存位置,生成后置代码,如图 3-172 和图 3-173 所示。

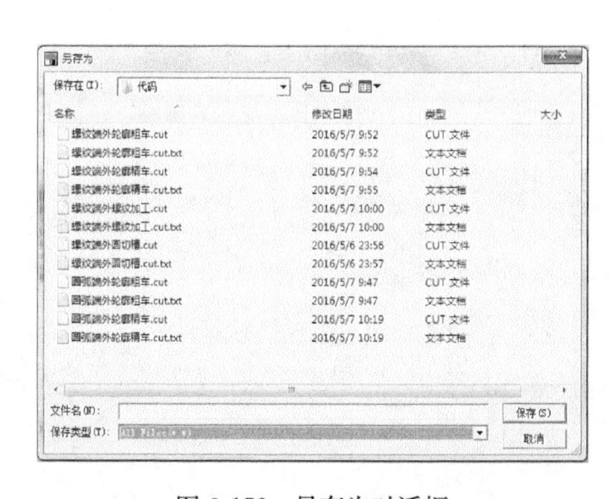

图 3-172　另存为对话框

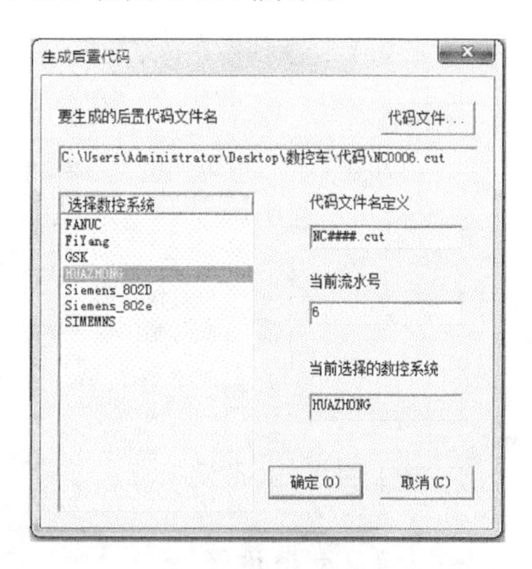

图 3-173　生成后置代码

单击“确定”按钮,根据提示拾取刀具轨迹,刀具轨迹拾取如图 3-174 所示。

单击右键确认生成加工 G 代码,G 代码生成如图 3-175 所示。

手柄是摇杆机构中典型的车削零件,是通过两次装夹,分别对螺纹端和圆弧端进行加工得到的。螺纹端和圆弧端的加工参数有的相同,有的则有区别,因此零件的加工要根据实际情况来综合分析，来设置正确加工参数，制定合理的工艺工序。在输出零件加工代码之前要先完成机床系统和后置处理的设置，才能输出正确的加工 G 代码。

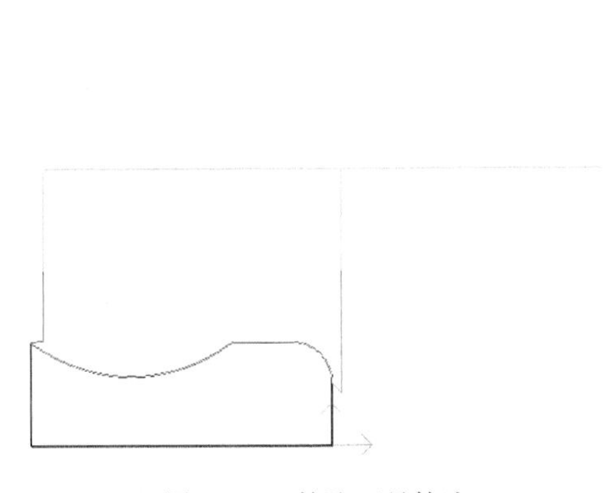

图 3-174　拾取刀具轨迹

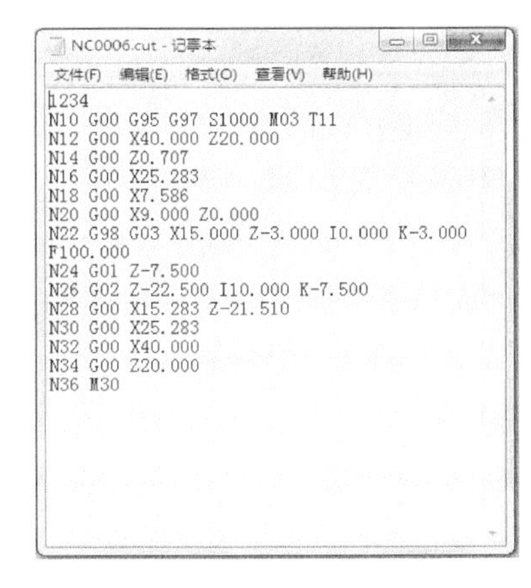


```
1234
N10 G00 G95 G97 S1000 M03 T11
N12 G00 X40.000 Z20.000
N14 G00 Z0.707
N16 G00 X25.283
N18 G00 X7.586
N20 G00 X9.000 Z0.000
N22 G98 G03 X15.000 Z-3.000 I0.000 K-3.000
F100.000
N24 G01 Z-7.500
N26 G02 Z-22.500 I10.000 K-7.500
N28 G00 X15.283 Z-21.510
N30 G00 X25.283
N32 G00 X40.000
N34 G00 Z20.000
N36 M30
```

图 3-175　生成加工 G 代码

3.5　摇杆机构典型零件的仿真加工

3.5.1　底板的数控仿真加工

零件底板的数控仿真加工是模拟现实数控机床加工的效果，通过数控加工仿真技术来完成底板的模拟加工。依据零件的加工是否与所设计的三维实体模型相同，是否在加工的过程出现工艺上的失误，来验证加工工艺方案的准确性与合理性。对底板上、下表面进行加工仿真，由于上、下表面坐标系均在表面中心，因此，只需要完成一个坐标系设定即可。数控加工仿真工艺方案如下：

(1) 打开 VNUC 仿真软件，在选项菜单下选择“选择机床和系统”命令，选用的机床是华中世纪星型三轴立式加工中心，如图 3-176 所示。

(2) 定义毛坯，设置毛坯尺寸，选择毛坯材料，设定夹具、压板类型，如图 3-177 所示。

(3) 选择毛坯进行安装，安装压板。

(4) 选择工艺流程菜单下的“加工中心刀库”命令，根据 CAXA 制造工程师中选用的刀具，设置刀具参数，铣削零件底板的加工需要用到四把刀具，即 ϕ10mm 的立铣刀、ϕ7mm 的钻头、ϕ8mm 的立铣刀和 ϕ10mm 的球头铣刀。其中钻头用于简单空的加工，用 ϕ8mm 的立铣刀代替铰刀进行铰孔操作，刀具参数如图 3-178～图 3-181 所示。安装刀具后的铣床如图 3-182 所示。

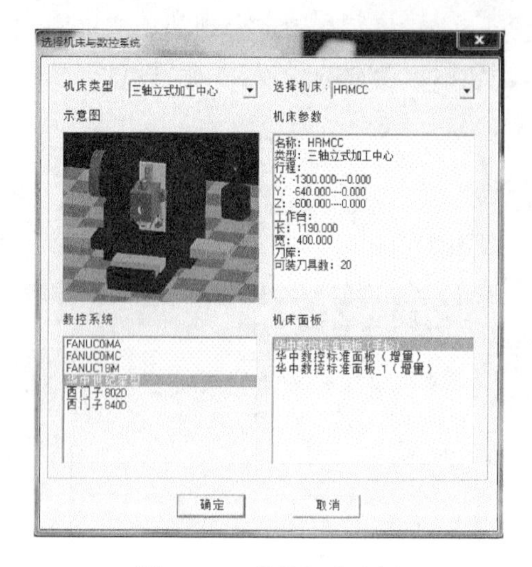

图 3-176　数控机床选择

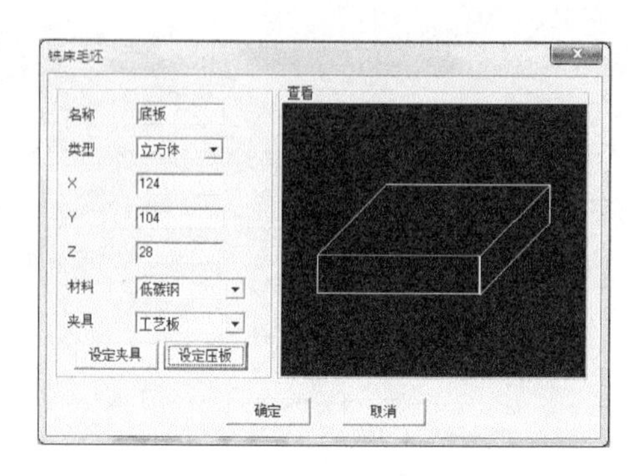

图 3-177　定义毛坯

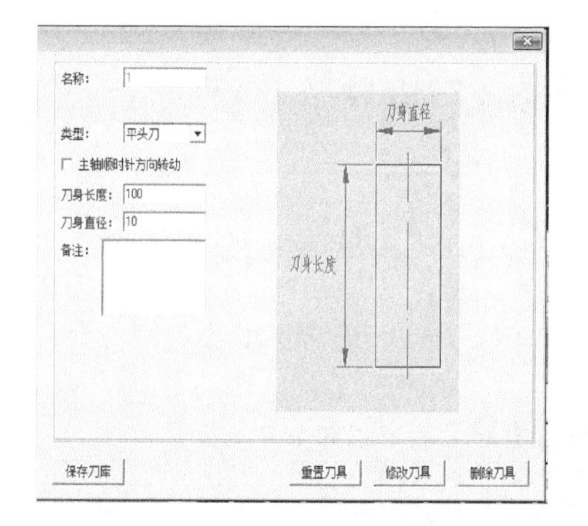

图 3-178　平头刀参数

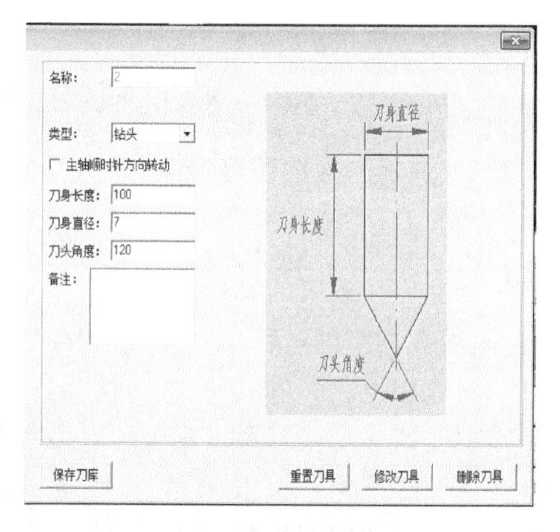

图 3-179　钻头参数

(5) 设定坐标系。首先要进行对刀操作，工件返回参考点，打开辅助视图并显示手柄，通过手动和增量方式，参考辅助视图，利用塞尺判断距离，当塞尺显示由太松变为合适时即可，分别得到关于 $X1$、$X2$、$Y1$、$Y2$ 和 Z 的坐标数值，对其进行计算：X 轴上的坐标为 $(X1+X2)/2$，Y 轴上的坐标为 $(Y1+Y2)/2$，Z 轴上坐标为 $Z-2$mm(因为零件坐标系在工件上表面，工件上表面与毛坯上表面间的距离为 2mm)。在机床操作面板中选择“设置”→“设定坐标系”，选择 G54 坐标系，输入计算得到的坐标值，单击“Enter”确认输入。塞尺检查如图 3-183 所示。工件坐标系如图 3-184 所示。

名称: 3
类型: 平头刀
主轴顺时针方向转动
刀身长度: 100
刀身直径: 8
备注:
刀身直径
刀身长度
保存刀库
重置刀具
修改刀具
删除刀具

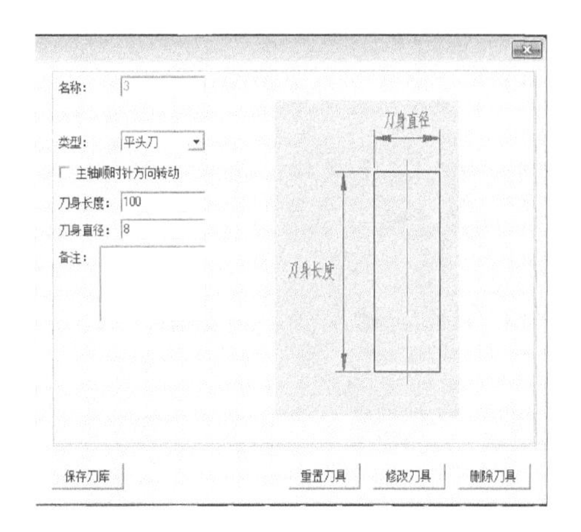

图 3-180　平头刀参数

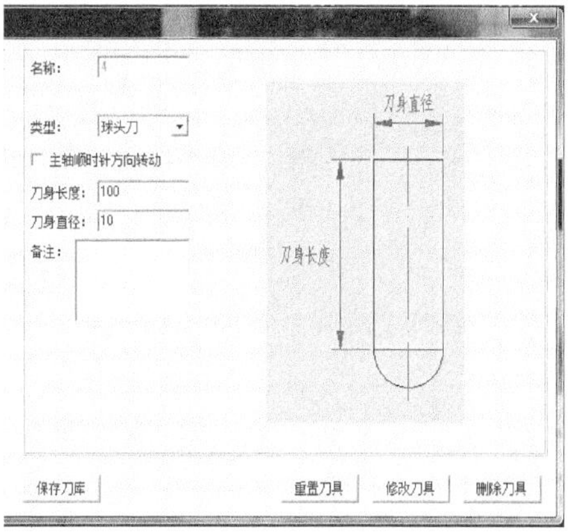

名称: 4
类型: 球头刀
主轴顺时针方向转动
刀身长度: 100
刀身直径: 10
备注:
刀身直径
刀身长度
保存刀库
重置刀具
修改刀具
删除刀具

图 3-181　球头刀参数

+Z−
+X−

图 3-182　安装刀具后的铣床

XZ
YZ
Z
塞尺厚度(mm)
0.1
塞尺检查结果：合适

图 3-183　塞尺检查

华中数控
运行正常
16:07:04
当前加工行:
自动坐标系 G54
X -650.000
Y -337.922
Z -479.839
直径 毫米 分进给 主轴修调: 1.0 快速修调: 1.0 进给修调: 1.0

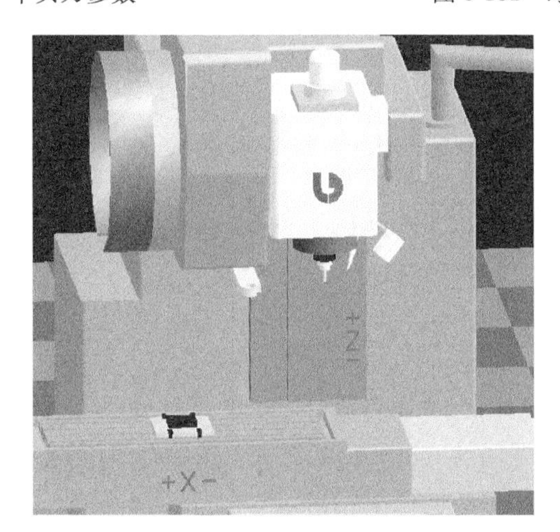

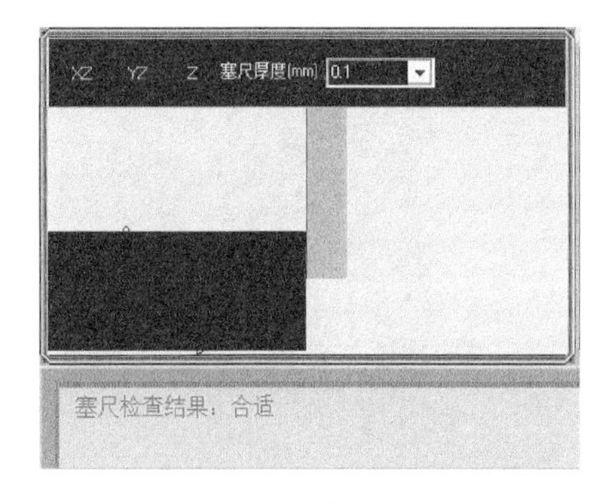

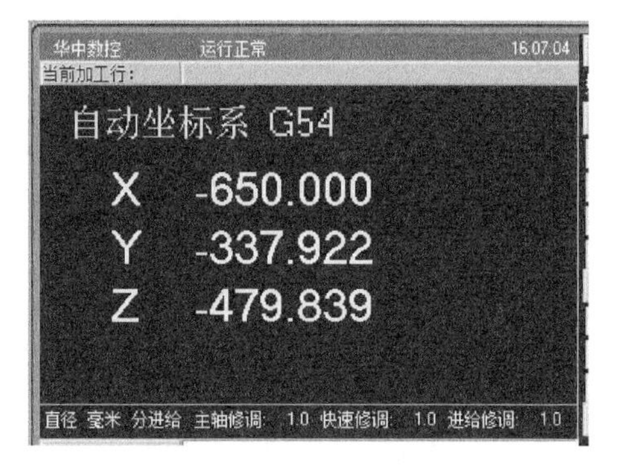

图 3-184　工件坐标系

(6) 加载 NC 代码,对零件进行加工仿真。对 CAXA 制造工程师生成的 NC 代码进行修改,第一行修改为以%＋四位有效数字的文件名,完成了 NC 代码文件的编辑。由于是在加工中心中进行仿真加工,因此进行自动换刀,则 NC 加工程序需要连接在一起,删去程序头和程序尾即可完成连接。在菜单栏中选择“文件”→“加载 NC 代码文件”命令,完成对 NC 加工程序的加载。输入程序,对程序进行检验,校验无误后,点击“自动运行”,然后循环启动即可。

分别加载上、下表面的代码程序,完成零件的加工,仿真结果分别如图 3-185、图 3-186所示。

图 3-185　下表面加工仿真结果

图 3-186　上表面加工仿真结果

3.5.2　手柄的数控仿真加工

(1) 打开 VNUC 仿真软件,在选项菜单下选择“选择机床和系统”命令,选用的机床是华中世纪星型卧式车床,选择“机床系统”,单击“确定”,如图 3-187 所示。

(2) 定义毛坯。设置毛坯尺寸,选择毛坯材料的类型,如图 3-188 所示。

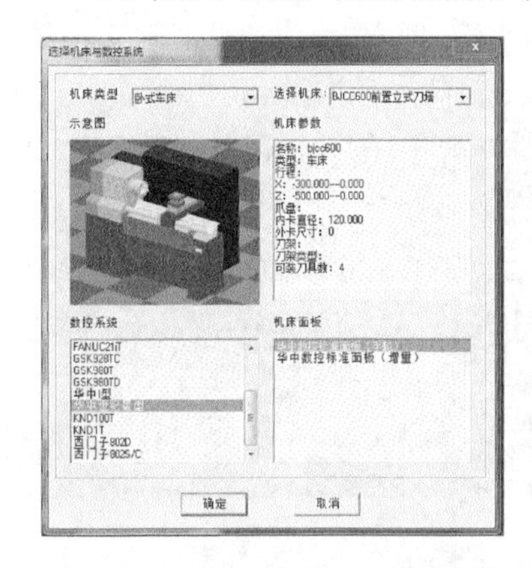

图 3-187　选择机床类型及数控系统

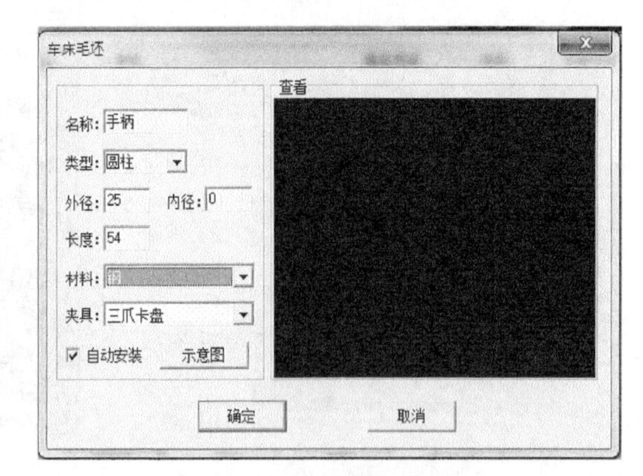

图 3-188　定义车床毛坯

(3) 选择毛坯，进行安装，设置毛坯露出三爪卡盘的尺寸，单击“确定”，将毛坯安装在车床上，毛坯在车床上安装后如图 3-189 所示。

图 3-189　安装毛坯的车床

(4) 在到库中设定刀具，根据 CAXA 数控车仿真中所选用的刀具进行设定，具体刀具设定如图 3-190～图 3-192 所示。

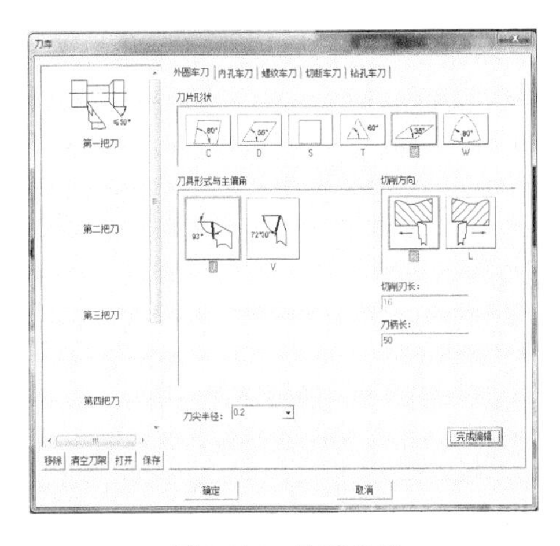

图 3-190　外圆车刀

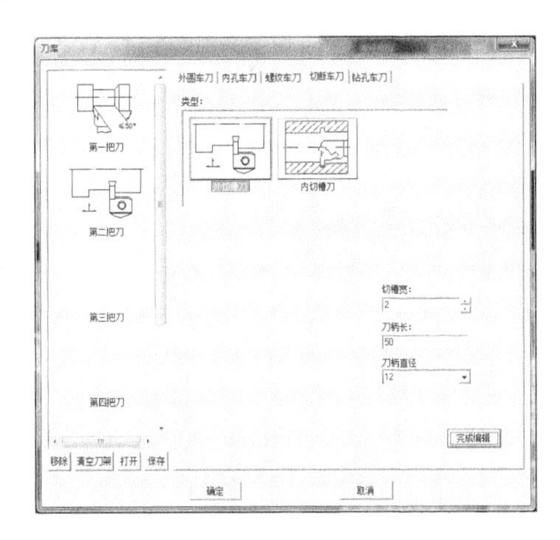

图 3-191　外切槽刀

(5) 设置刀具补偿。在控制面板中选择“刀具补偿”选项，打开“刀偏表”。在手动模式下，进行刀位转换，选择第一把刀即外圆车刀，通过坐标移动面板和增量手轮，试切毛坯外圆。利用工具选项下的“测量”工具，得到毛坯试切直径，输入到刀偏表的试切直径一栏，沿径向方向车削毛坯，有切屑产生即可，在试切长度一栏输入试切长度 0.0. 其他两把刀具的试切直径与第一把刀的试切直径相同，刀尖与毛坯端面之间有切屑产生即可确定试切长度。刀具补偿刀偏表如图 3-193 所示。

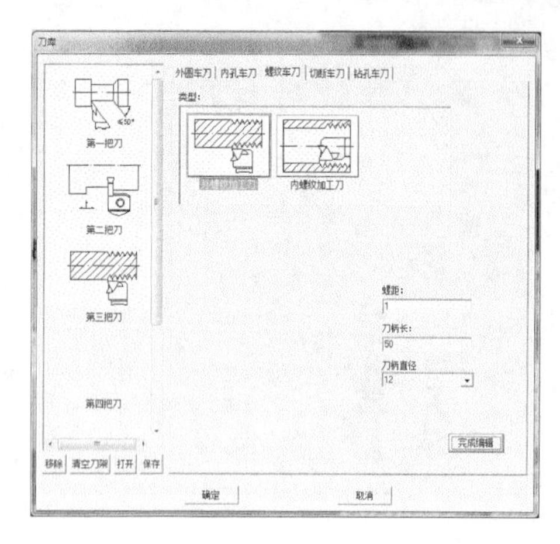

图 3-192　外螺纹车刀

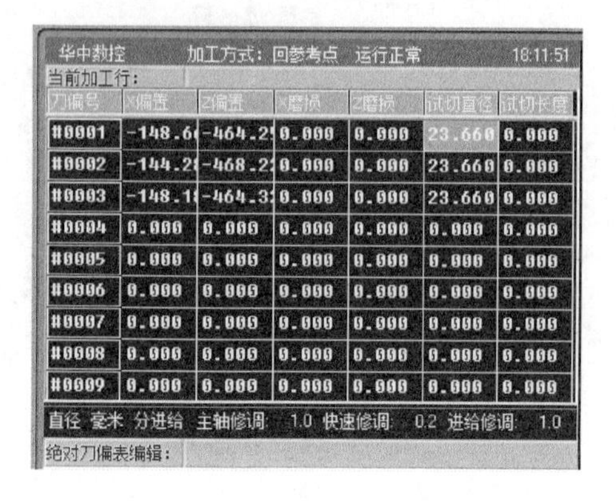

刀偏号	X偏置	Z偏置	X磨损	Z磨损	试切直径	试切长度
#0001	-148.6	-464.2	0.000	0.000	23.660	0.000
#0002	-144.2	-468.2	0.000	0.000	23.660	0.000
#0003	-148.1	-464.3	0.000	0.000	23.660	0.000
#0004	0.000	0.000	0.000	0.000	0.000	0.000
#0005	0.000	0.000	0.000	0.000	0.000	0.000
#0006	0.000	0.000	0.000	0.000	0.000	0.000
#0007	0.000	0.000	0.000	0.000	0.000	0.000
#0008	0.000	0.000	0.000	0.000	0.000	0.000
#0009	0.000	0.000	0.000	0.000	0.000	0.000

图 3-193　刀具补偿刀偏表

(6) 加载 NC 代码。打开文件菜单，选择“加载 NC 代码文件”命令，在弹出的对话框中选择 CAXA 数控车生成的程序代码文件，完成加载。

(7) 数控加工仿真。在控制面板中选择“程序”→“选择程序”命令，按照加工工序选择 NC 代码文件，点击“Enter”按钮，输入程序，完成程序的检验，确认程序无误后，点击“重新运行”按钮，确认程序开始，点击“自动运行”按钮，打开主轴正转，然后循环启动即可，按照工序依次完成对工件的加工。加工结果如图 3-194～图 3-196 所示。

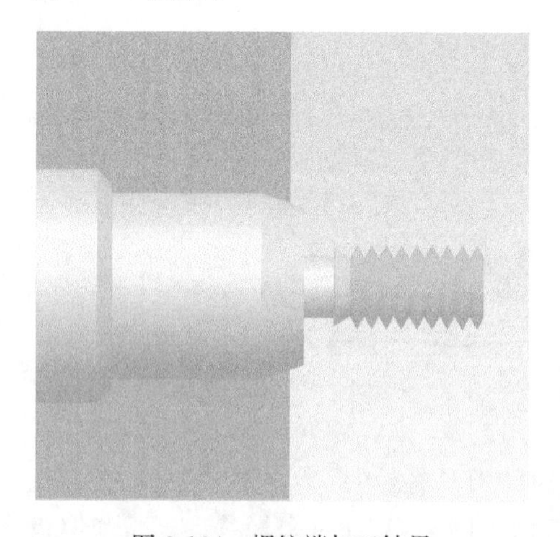

图 3-194　螺纹端加工结果

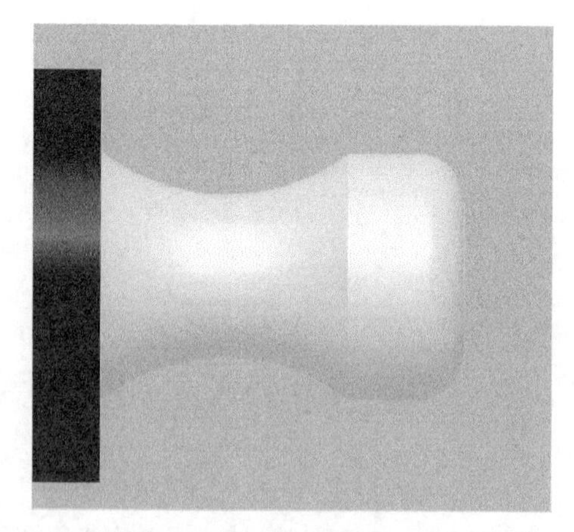

图 3-195　圆弧端加工结果

本节的数控加工仿真是对上两节 CAXA 制造工程师和 CAXA 数控车所加工零件的加工工艺与刀具轨迹的实时检测。在数控铣床加工中心中对底板零件进行

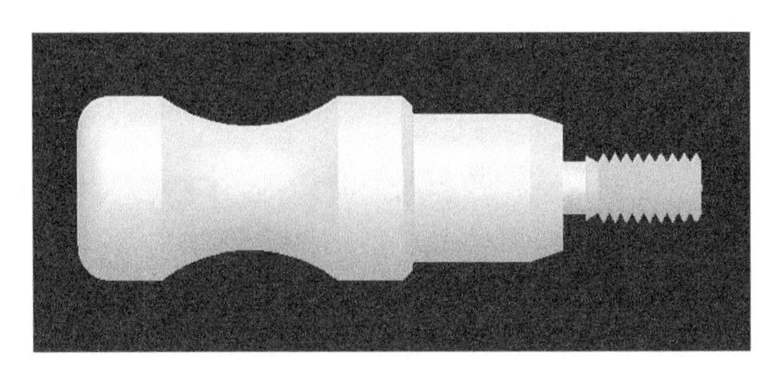

图 3-196　加工仿真后的零件

加工，在卧式车床上对手柄零件进行加工，通过实际加工过程，验证了零件加工工艺的可行性和加工刀具轨迹的准确性。这种仿真验证方式对实际生活中的设计生产具有重要意义。

摇杆机构是生活生产中常用的基本机构，尤其是曲柄摇杆机构，应用广泛，能把往复摆动变为整周回转运动，也能把整周回转运动变为往复摆动，在各行各业中也发挥着越来越重要的作用。实际应用中对摇杆机构的加工精度和加工质量的要求也越来越高，而以高精度、高效率为特点的数控加工正是解决这一问题的关键。

本章研究的是摇杆机构三维建模、虚拟装配及其典型零件的数控加工技术。摇杆机构由底板、轴、销、螺柱、垫圈、手柄、转轮、垫块、立柱、摆轮和齿条几个主要部分组成。首先，利用 CAXA 实体设计对各个零件进行实体建模和装配并生成爆炸图。在建模的过程中，进行了拉伸、旋转、螺纹、倒角和阵列等特征操作，配合使用了设计元素库中的图素和工具；在装配和生成爆炸图的过程中，通过各零件间的同轴、对齐、贴合等定位约束完成装配，通过三维球工具完成爆炸图的生成。然后，利用数控车和 CAXA 制造工程师的 CAM 功能对典型的车削零件手柄和铣削零件底板进行仿真加工。在对底板的铣削加工中用到了等高线粗、精加工、平面区域精加工和扫描线精加工等命令；在对手柄的车削加工中用到了外轮廓粗车、外轮廓精车、切槽和车螺纹等命令。最后，在完成后置处理设置后，修改刀具轨迹生成的 G 代码程序，将其加载到数控仿真软件 VNUC 中，分别完成底板的铣削加工仿真和手柄的车削加工仿真。

第4章 凸轮槽机构的3D设计与NC加工

4.1 基于CAXA平台凸轮槽机构各部分零件的3D设计

凸轮槽机构是典型的常用机构之一。凸轮槽机构具有运动平稳、重复性能好、机构紧凑、刚度大、周期可控性好、可靠度高等优点，在现代工业生产设备很常用，广泛应用于各种自动机械中。

目前，对凸轮从动件的运动要求越来越苛刻，由于其运动规律越来越复杂，因此对凸轮槽机构的性能和加工精度的要求越来越高。要达到预期的从动件运动精度和加工精度，单靠人工设计的凸轮槽轮廓和普通机床进行加工难以满足要求。

4.1.1 凸轮槽机构的实体建模的概述及其组成

本章研究的是凸轮槽机构的三维设计与数控加工技术。此凸轮槽机构是由下基座、上盖板、滑块、凸轮套、芯轴、螺母等零件组成的。实体建模部分仅对凸轮槽机构中具有典型特征的下基座、芯轴零件的建模进行每一步截图，对于其他的零件，如上盖板、滑块、凸轮套及螺母，由于特征相似，就不再对它们的建模步骤进行详细说明，只给出零件的关键建模步骤和结果。建模中的尺寸不详细指出，具体的尺寸会在零件二维图和加工操作过程中详细说明。建模过程可以利用CAXA实体设计与CAXA制造工程师两大建模工具，根据个人对软件的熟悉程度，取长补短综合利用，各零件的主体模型采用CAXA制造工程师来完成，这一点是与其他章节的不同之处。其中螺纹部分采用CAXA实体设计来完成，最后利用CAXA实体设计的CAD功能完成对6个零件的装配与动画仿真等。

图4-1是凸轮槽机构的装配二维图。

4.1.2 凸轮槽机构的实体建模

1. 下基座的实体建模

图4-2为下基座的零件图，图中给出了具体尺寸参数和技术要求。下面对下基座进行实体建模。

(1) 打开CAXA制造工程师软件，进入制造环境，选中“平面XY”，点击“绘制草图”按钮进入草图环境，根据下基座零件图(图4-2)在平面*XY*上绘制如图4-3所示的草图。实体建模的草图不允许出现开口环，检测草图是否闭合。

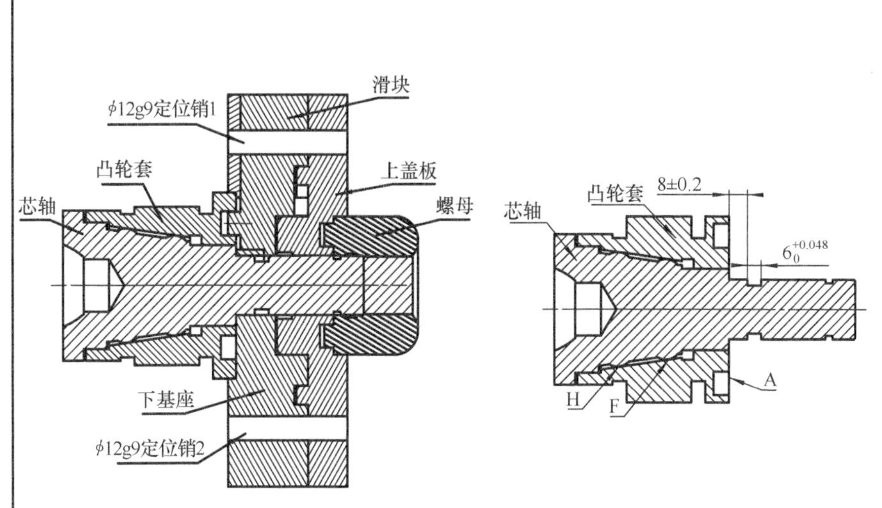

技术要求

1. 当所有零件按装配图组装好后,两个ϕ12g9定位销应能够插入到ϕ12H9孔内,并贯通;
2. 在装配后,凸轮套在圆凹槽中应转动灵活并且不晃动;
3. 将ϕ12g9定位销取出转动凸轮套,通过凸轮套端面上的椭圆槽推动滑块,最大可移动5±0.25mm;
4. 下基座和滑块装配在一起时应行成完整的曲线槽,保证槽宽8H11,同时保证两ϕH9的孔距;
5. 上盖板每花形凸台与下基座梅花形凹槽应相互配合做保证尺寸,上下配合间隙为0.1mm;
6. 芯轴和凸轮套装配后应保证凸轮套的A面与芯轴上槽的一边尺寸为8±0.2mm;
7. 将红丹研磨粉涂在凸轮套内锥面上,将芯轴装入套内并转动,保证芯轴上两R7圆弧的H的F点的圆周同时与凸轮套内锥面接触,检验时观察其接触点

零件号	零件名称	材料	图纸比例
00	装配图	45钢	1:2

图 4-1　凸轮槽机构的装配二维图

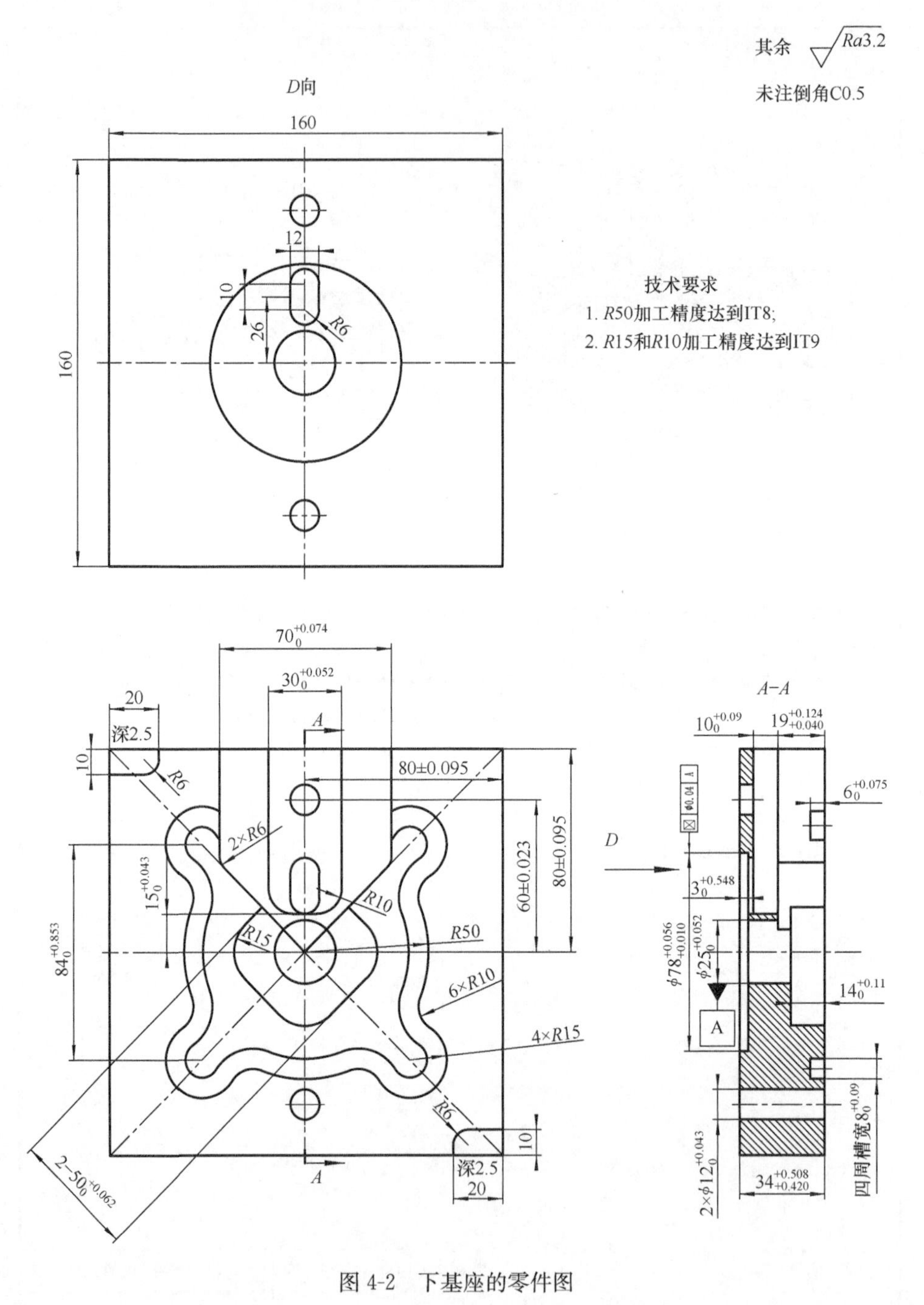

其余 Ra3.2
未注倒角C0.5
D向
160
12
10
26
R6
技术要求
1. R50加工精度达到IT8;
2. R15和R10加工精度达到IT9
深2.5
20
A
80±0.095
2×R6
R10
R15
R50
6×R10
4×R15
60±0.023
深2.5
A-A
D
A
四周槽宽

图 4-2　下基座的零件图

(2) 再次点击“绘制草图”按钮退出草图环境，点击“拉伸增料”按钮，在弹出的对话框中设置图 4-4 所绘草图的拉伸增料特征参数。选择“固定深度”，拉伸深度为 34.5，拉伸对象为“草图 9”(注：在 CAXA 制造工程师中的草图编号是从 0 开始，依次递增，在同一个制造文件下，草图编号是按从下到大的顺序依次编号，由于操作问题可能会删除部分错误草图，以致在实际建好的模型中草图可能会出现不从 0 开始或者草图编号不连续的现象，这并不影响模型的建立)，拉伸为“实体特征”，如图 4-4 所示。点击“确定”，生成拉伸实体特征即下基座的坯体，如图 4-5 所示。

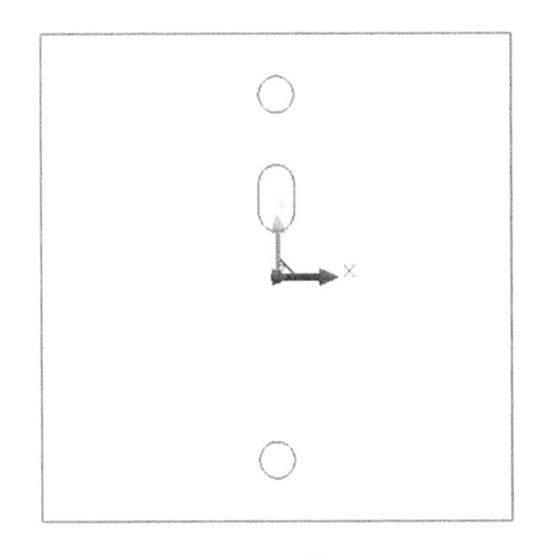

图 4-3　坯体草图

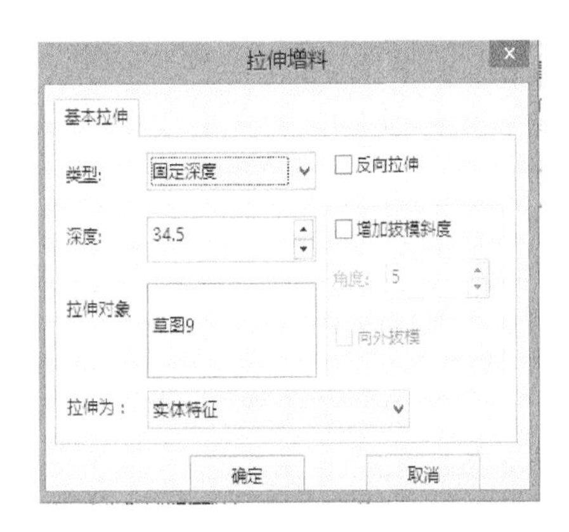

图 4-4　拉伸增料对话框

(3) 在生成的下基座坯体的基础上，左键选择“坯体上表面”，右键弹出对话框如图 4-6 所示，选择“创建草图”，并在上表面绘制如图 4-7 所示的草图(此过程为在实体表面建立草图，后续不再赘述)。点击“绘制草图”按钮退出草图，点击“拉伸除料”按钮，在弹出的对话框中设置所绘草图的拉伸除料特征参数。选择“固定深度”，深度为 14，拉伸对象为“草图 10”，拉伸为“实体特征”，如图 4-8 所示。点击“确定”，在下基座的坯体上生成拉伸除料实体特征，如图 4-9 所示。

图 4-5　下基座坯体

图 4-6　创建草图

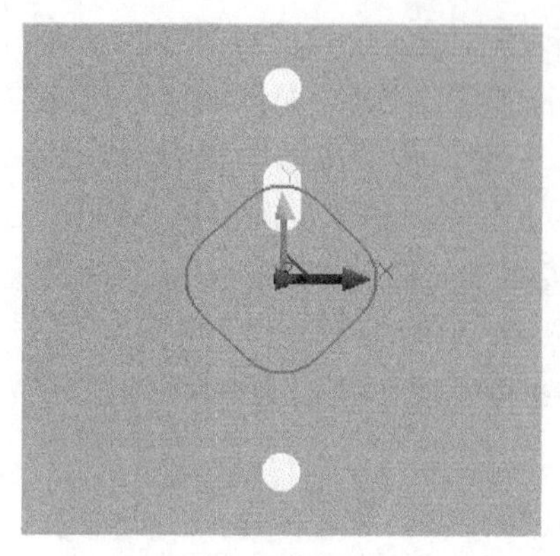

图 4-7　带圆角正方形凹槽草图

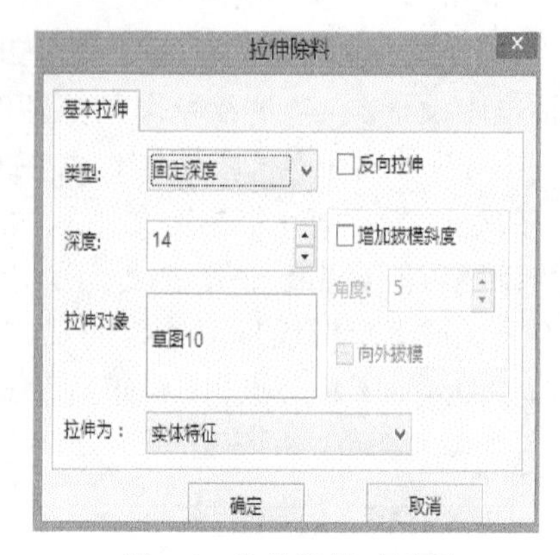

图 4-8　拉伸除料对话框

(4) 在坯体下表面绘制如图 4-10 所示的草图。点击“绘制草图”按钮退出草图,再点击“拉伸除料”按钮,在弹出的对话框中设置所绘草图的拉伸除料特征参数。选择“贯穿”,拉伸对象为“草图 11”,拉伸为“实体特征”,如图 4-11 所示。点击“确定”生成拉伸除料实体特征,如图 4-12 所示。

图 4-9　凹槽实体

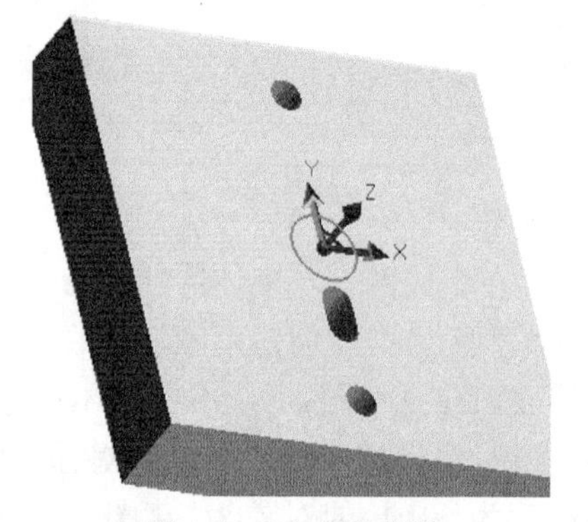

图 4-10　中心孔草图

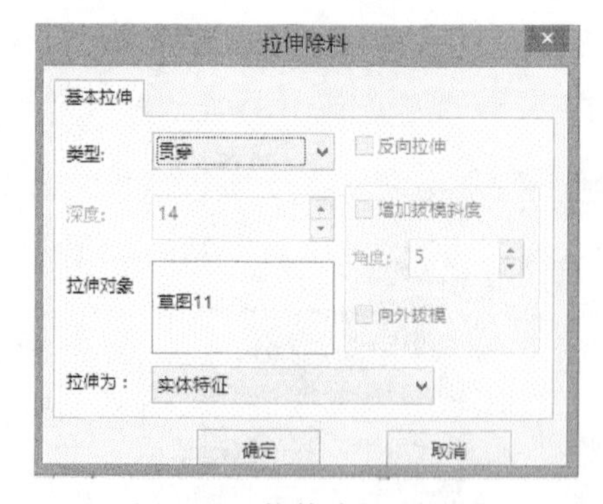

图 4-11　拉伸除料对话框

图 4-12　中心孔实体

(5) 在上表面建立如图 4-13 所示的草图。点击“绘制草图”按钮退出草图，再点击“拉伸除料”按钮，在弹出的对话框中设置所绘草图的拉伸除料特征参数，见图 4-14。点击“确定”生成拉伸除料实体特征，如图 4-15 所示。

(6) 建立如图 4-16 所示的草图。点击“退出草图”，再点击“拉伸除料”按钮，在弹出的对话框中设置所绘草图的拉伸除料特征参数，见图 4-17。点击“确定”生成拉伸除料实体特征，如图 4-18 所示。

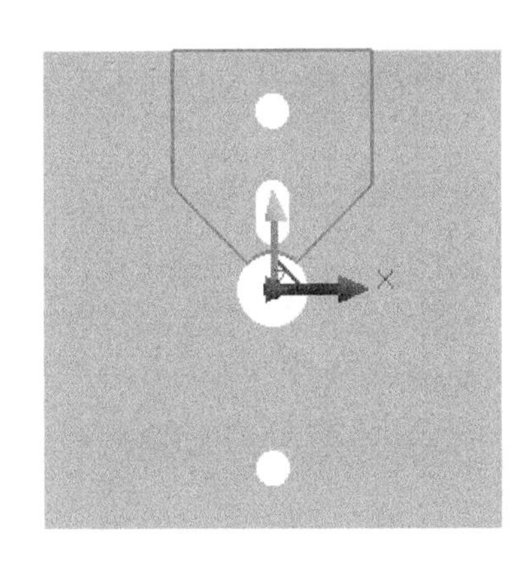

图 4-13　滑块位上阶梯面草图

图 4-14　拉伸除料对话框

图 4-15　滑块位上阶梯面实体

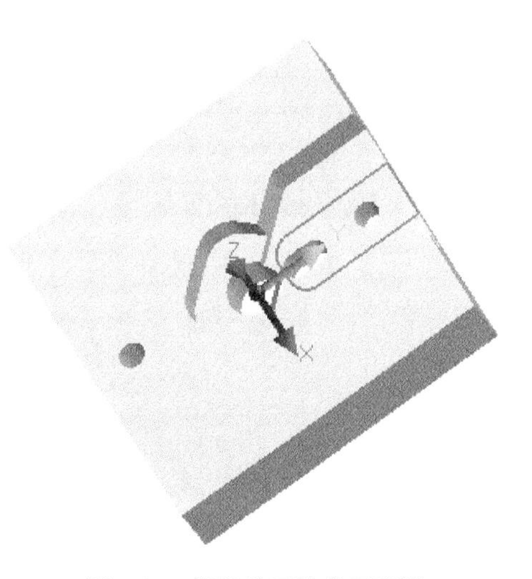

图 4-16　滑块位下阶梯面草图

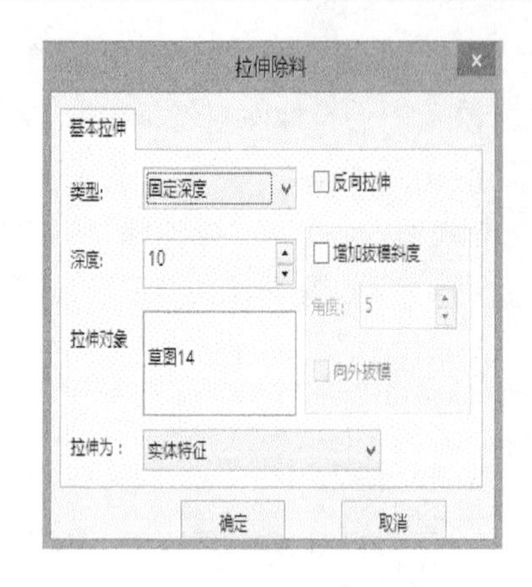

图 4-17　拉伸除料对话框

图 4-18　滑块位下阶梯面实体

(7) 在上表面建立如图 4-19 所示的草图。点击“绘制草图”按钮退出草图,再点击“拉伸除料”,在弹出的对话框中设置所绘草图的拉伸除料特征参数,见图 4-20。点击“确定”生成拉伸除料实体特征,如图 4-21 所示。

图 4-19　梅花草图

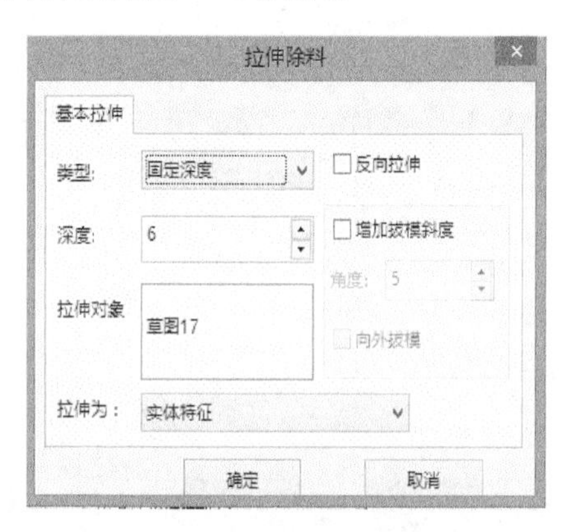

图 4-20　梅花拉伸除料对话框

(8) 在图 4-21 的基础上,在上表面建立如图 4-22 所示的草图。点击“绘制草图”

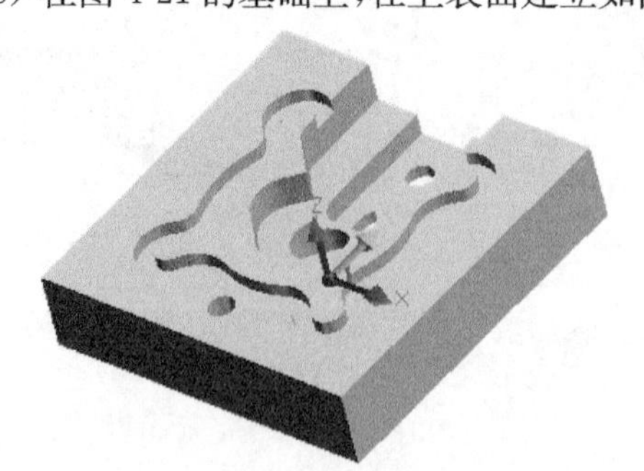

图 4-21　梅花凹槽实体

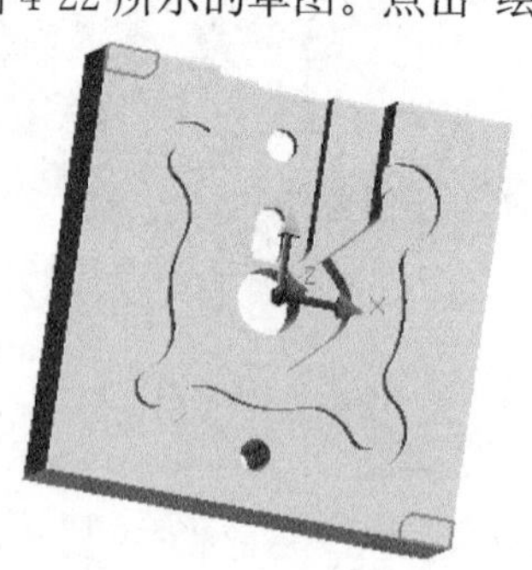

图 4-22　工艺槽草图

按钮退出草图，再点击“拉伸除料”，在弹出的对话框中设置所绘草图的拉伸除料特征参数，见图 4-23。点击“确定”生成拉伸除料实体特征，如图 4-24 所示。

(9) 在图 4-24 所示的下表面建立如图 4-25 所示的草图。点击“绘制草图”退出草图，再点击“拉伸除料”，在弹出的对话框中设置所绘草图的拉伸除料特征参数，见图 4-26。点击“确定”生成拉伸除料实体特征，如图 4-27 所示。至此，凸轮槽机构的下基座实体建模结束，按 F8 切换到轴测视图观察，如图 4-28 所示。

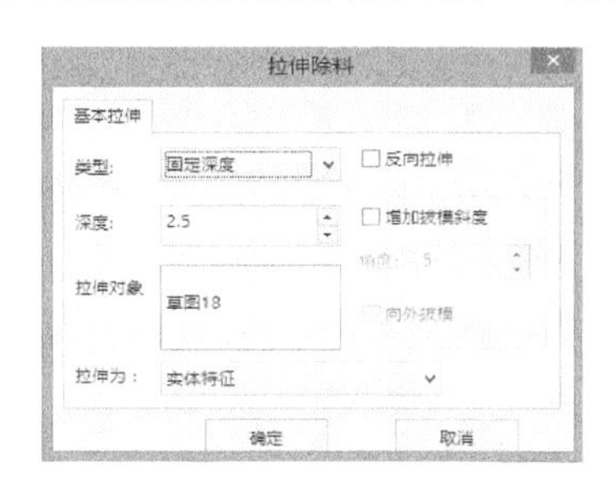

图 4-23　工艺槽拉伸除料

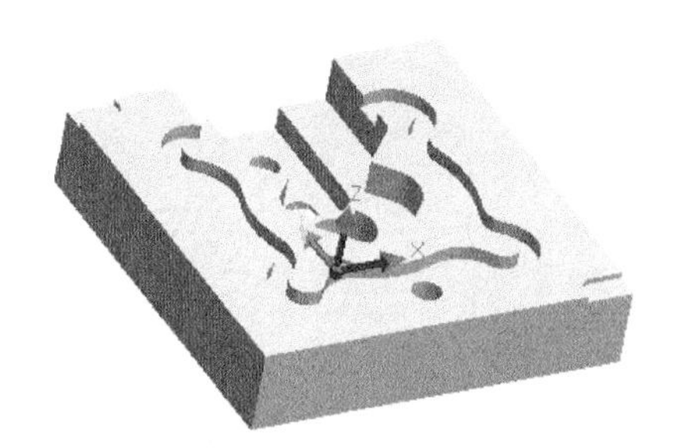

图 4-24　工艺槽实体

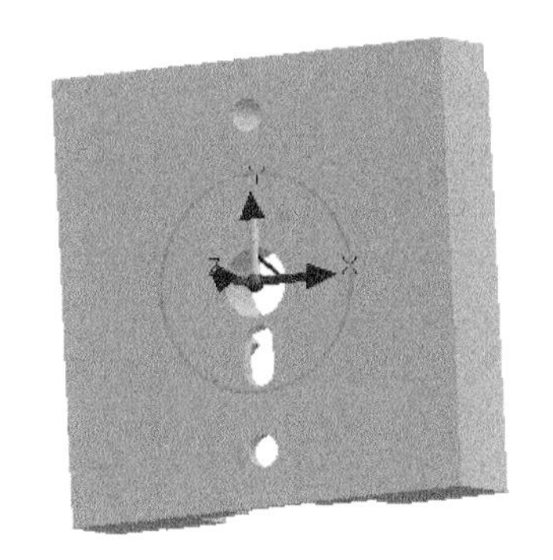

图 4-25　ϕ78 草图

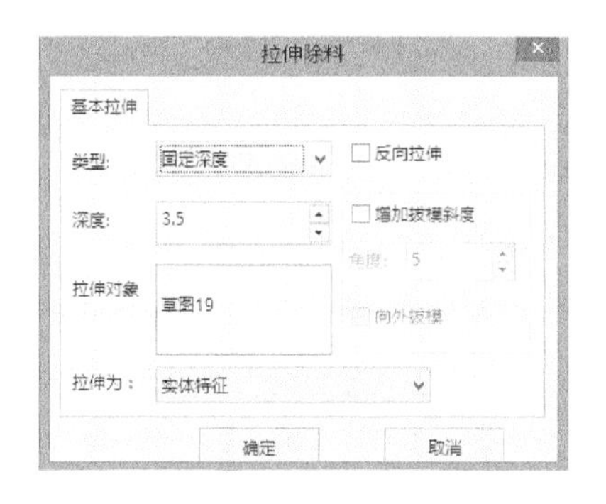

图 4-26　ϕ78 拉伸除料

图 4-27　ϕ78 实体

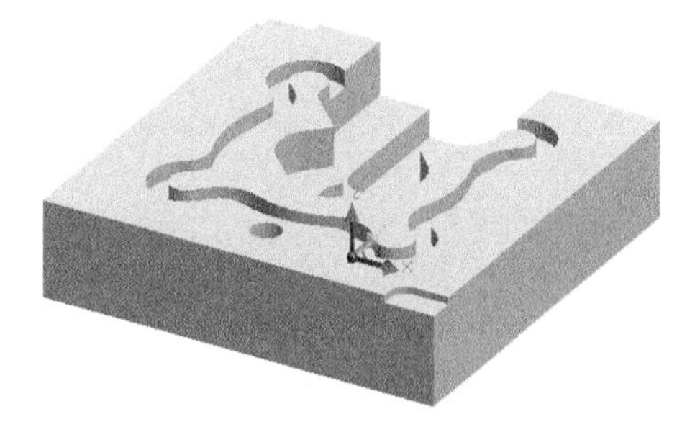

图 4-28　下基座实体

2. 上盖板的三维建模

上盖板的二维零件图如图 4-29 所示，在 CAXA 制造工程师的制造环境下建

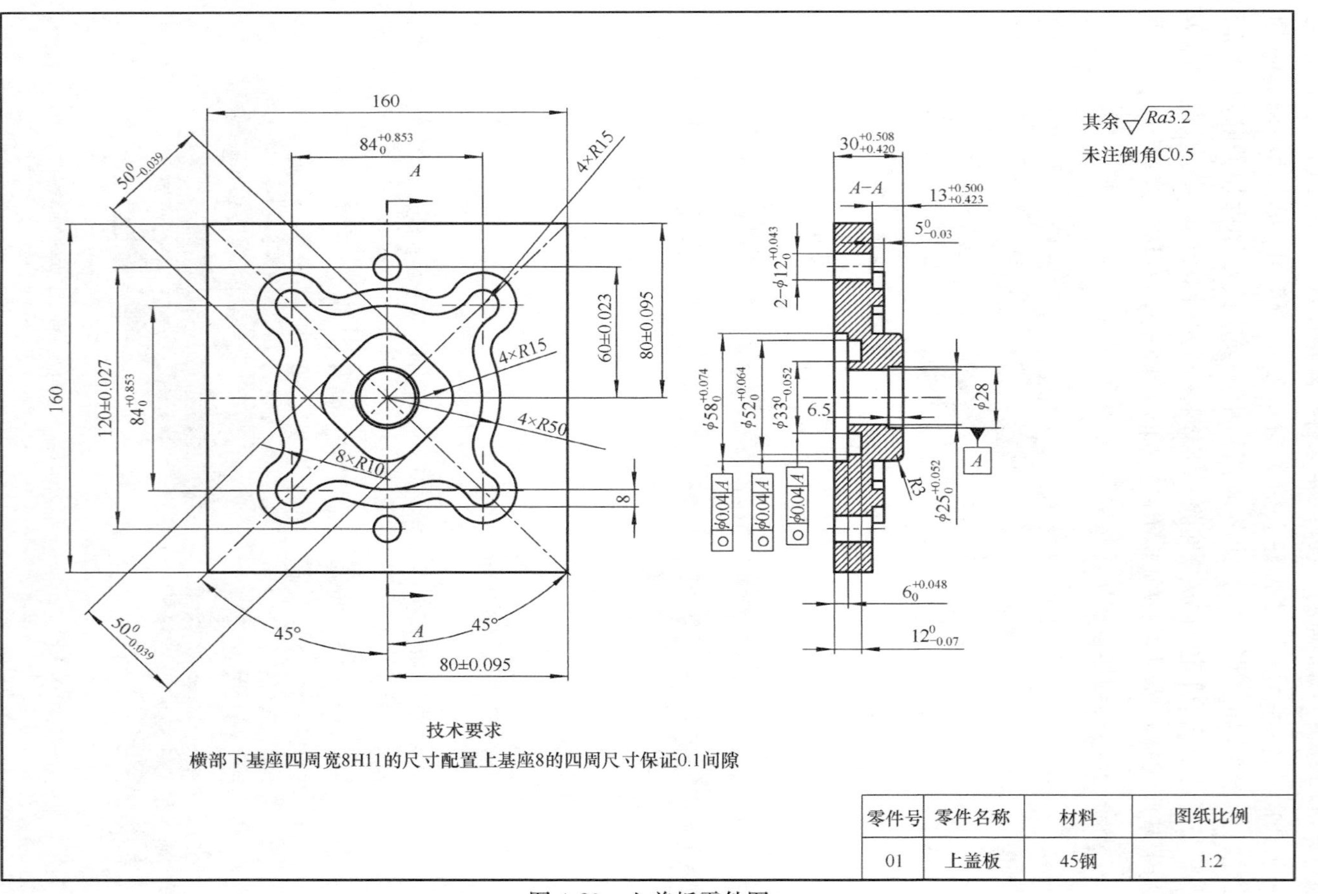
其余 Ra3.2
未注倒角C0.5
A—A
技术要求
横部下基座四周宽8H11的尺寸配置上基座8的四周尺寸保证0.1间隙
零件号
零件名称
材料
图纸比例
01
上盖板
45钢
1:2

图 4-29　上盖板零件图

立上盖板的 3D 模型，其建模步骤和方法与下基座的建模步骤和方法基本一样，主要是进行拉伸增料、拉伸除料等特征操作，这里不再赘述，只是给出部分特殊特征的建模过程和最终建模的结果，如图 4-30 和图 4-31 所示。

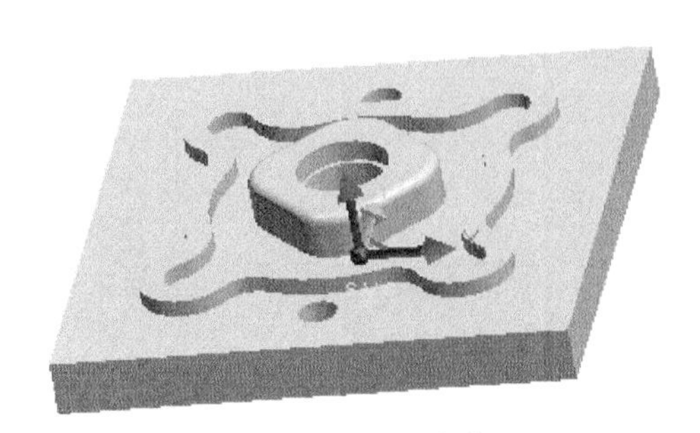

图 4-30　上盖板实体 1

图 4-31　上盖板实体 2

在上盖板上有一个过渡圆角特征，下面是其建模过程。在进行渡过特征之前的模型如图 4-32 所示。点击“过渡”，弹出对话框，设置过渡特征参数，过渡半径为 3，过渡方式为等半径，选择要过渡的棱边和面，如图 4-33 和图 4-34 所示。点击“确定”生成上盖板的最终模型。

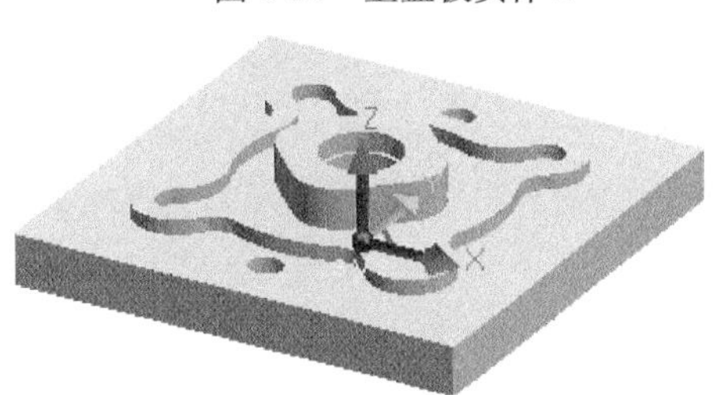

图 4-32　过渡坯体

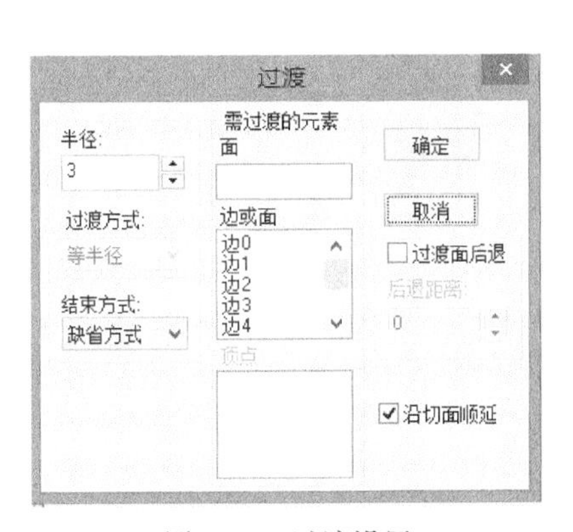

图 4-33　过渡设置

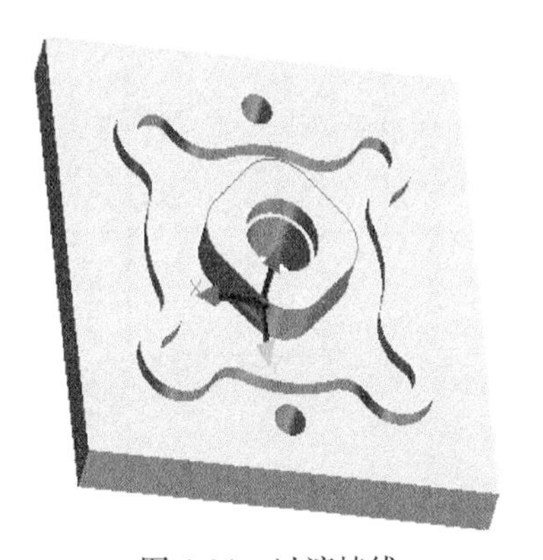

图 4-34　过渡棱线

3. 滑块的三维建模

滑块的二维零件图如图 4-35 所示，在 CAXA 制造工程师的制造环境下建立滑块的 3D 模型，其建模步骤和方法与下基座的建模步骤和方法基本一样，只是进行简单的拉伸增料、拉伸除料特征操作即可完成滑块的 3D 建模，这里不再赘述，只是给出最终建模的结果，如图 4-36 和图 4-37 所示。

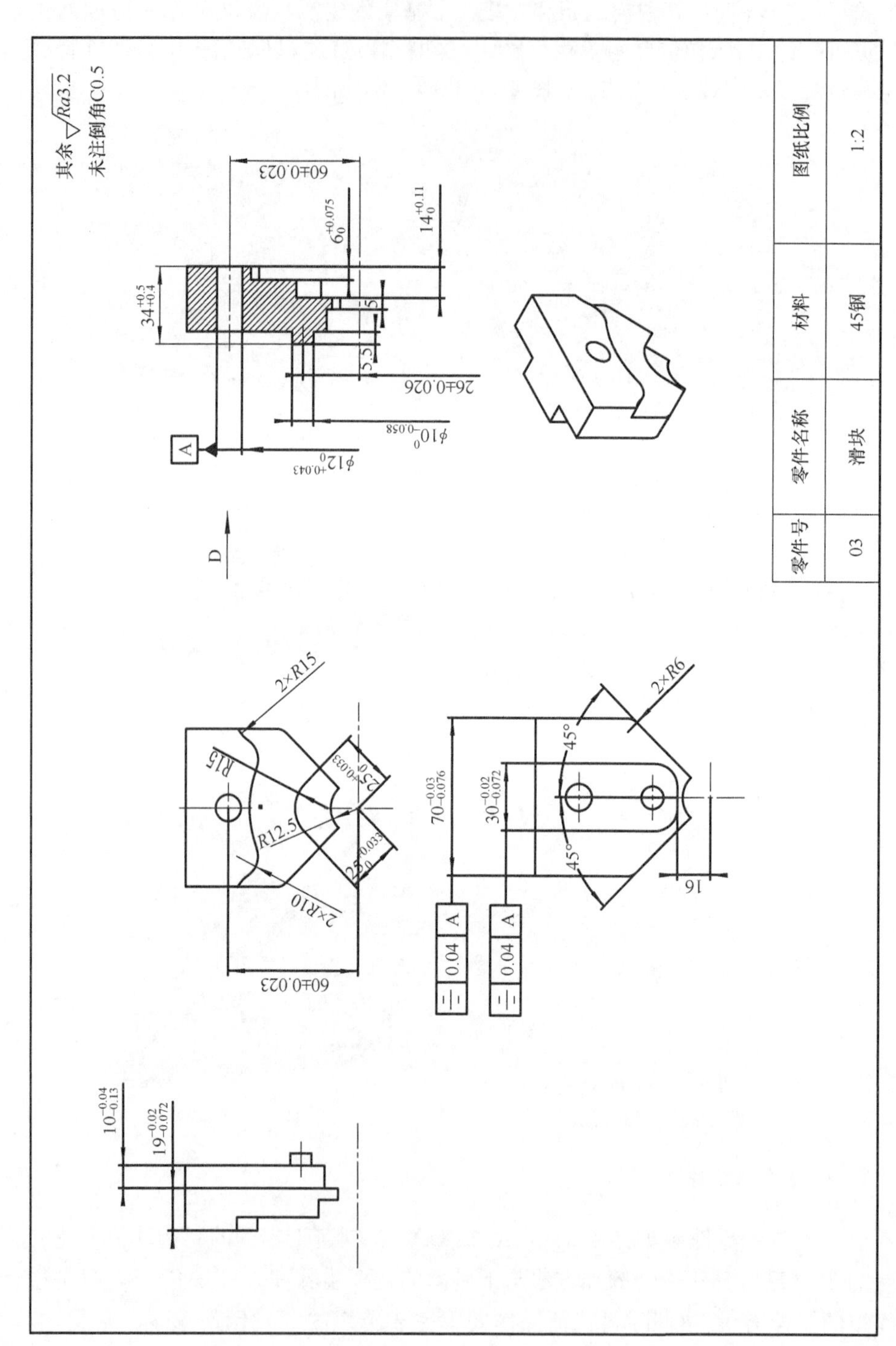
其余 Ra3.2
未注倒角C0.5
60±0.023
26±0.026
A
D
2×R15
R15
R12.5
2×R10
2×R6
45°
16
0.04 A
零件号
03
零件名称
滑块
材料
45钢
图纸比例
1:2

图 4-35　滑块图纸

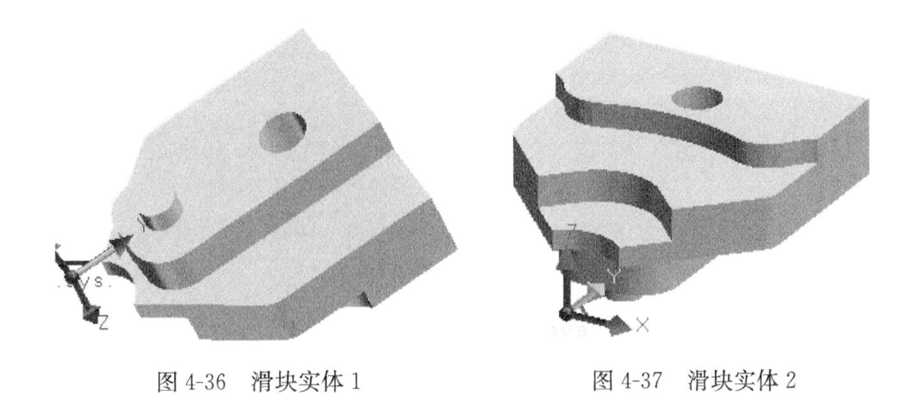

图4-36　滑块实体1　　　　图4-37　滑块实体2

4. 芯轴的三维建模

芯轴的零件图如图4-38所示。由于芯轴为旋转类零件，在CAXA制造工

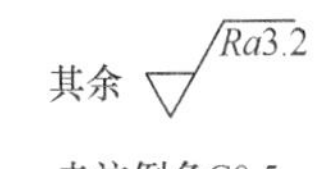

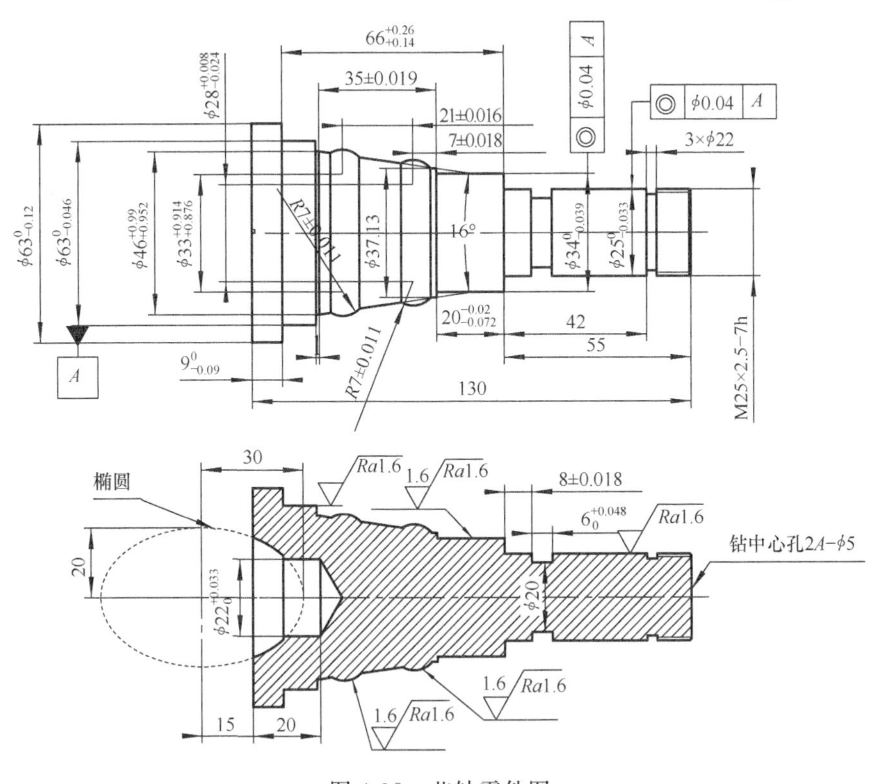

图4-38　芯轴零件图

程师的制造环境下可以由草图经过旋转增料特征来生成。详细的建模过程如下：

(1) 打开 CAXA 制造工程师软件，选中“平面 XY”，点击“绘制草图”按钮进入草图环境，根据图 4-38 芯轴的零件图在平面 XY 上绘制如图 4-39 所示的草图。

(2) 退出草图环境，在空间中绘制一条芯轴的中心轴线。点击“旋转增料”，在弹出的对话框中设置图 4-40 所绘草图的旋转增料特征参数。选择“单向旋转”，角度为 360，选中刚绘制的“草图 0”，再选择已绘制的芯轴中心线。点击“确定”生成芯轴的主体三维模型，如图 4-41 和图 4-42 所示。

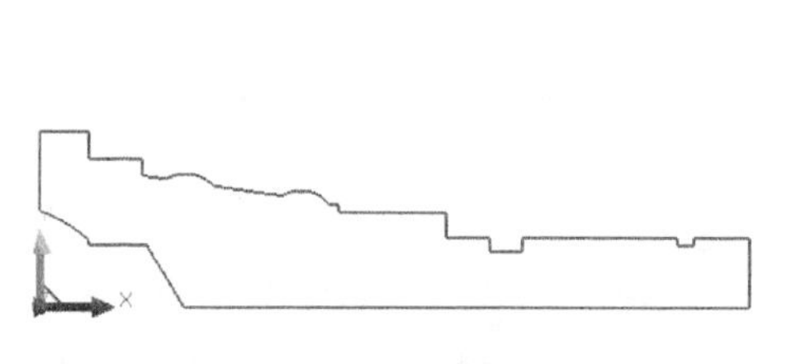

图 4-39　芯轴草图

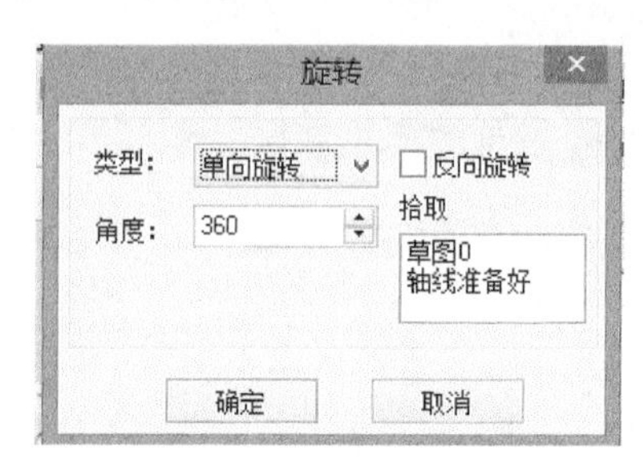

图 4-40　芯轴旋转增料

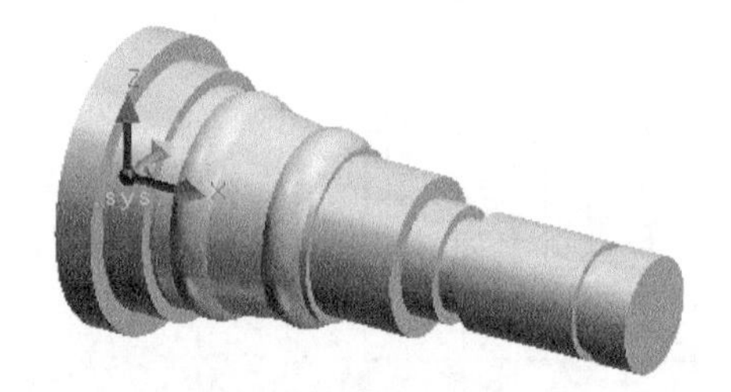

图 4-41　芯轴坯体 1

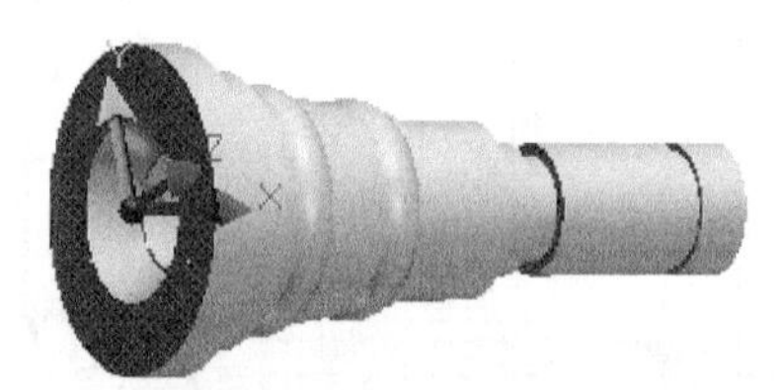

图 4-42　芯轴坯体 2

(3) 在上述的操作已建立的模型的基础上建立芯轴的倒角特征。点击“过渡”，弹出倒角特征对话框，设置距离 0.5，角度 45，如图 4-43 所示；选择要倒角的棱边如图 4-44 所示。点击“确定”，生成芯轴的倒角特征如图 4-45 所示。将芯轴另存为“芯轴 . X-T”。

(4) 打开 CAXA 实体设计软件，点击“打开”，在弹出的对话框中找到先前保存的“芯轴 . X-T”文件，点击“打开”，如图 4-46 所示。将芯轴保存为“芯轴 . ics”。

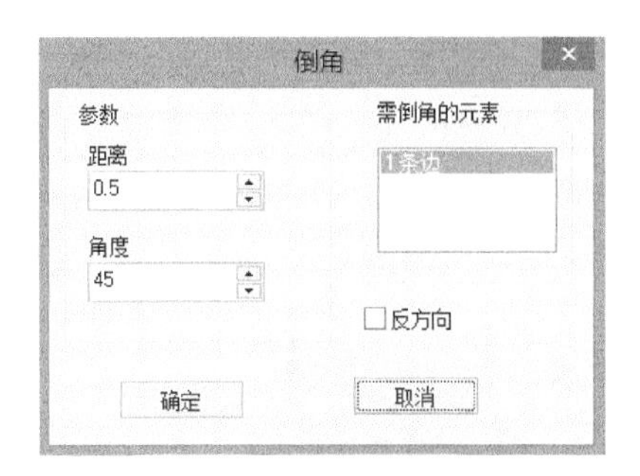

图 4-43　倒角对话框

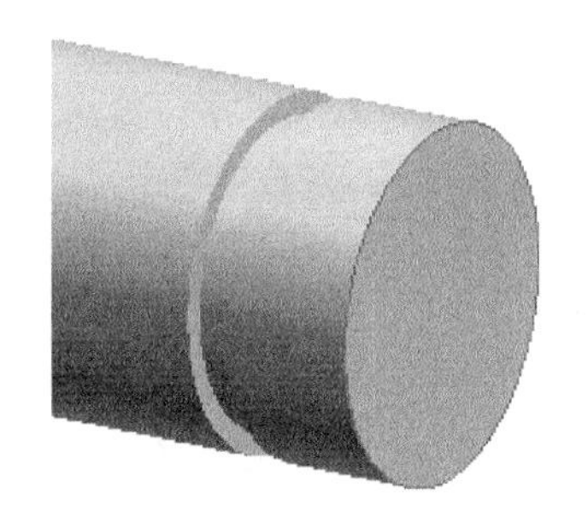

图 4-44　倒角棱线

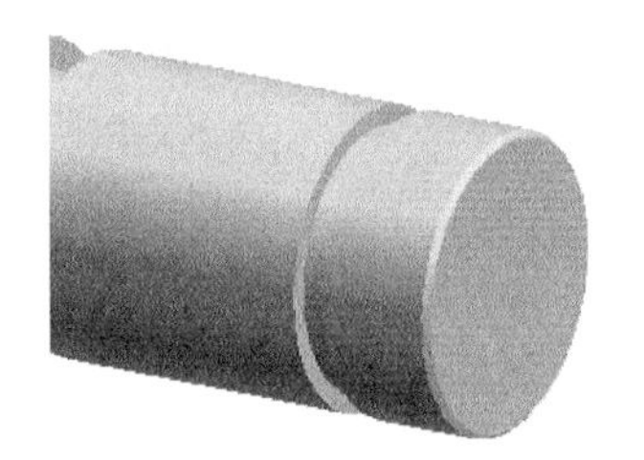

图 4-45　倒角实体

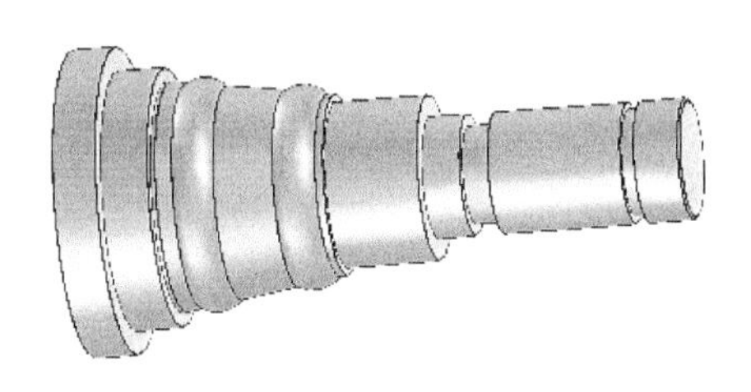

图 4-46　芯轴导入

(5) 在 CAXA 实体设计中打开芯轴 . ics，点击“螺纹特征”，弹出建立螺纹特征对话框如图 4-47 所示，选中芯轴坯体，弹出螺纹参数对话框，设置螺纹参数，材料：删除，节距：等半径，螺纹方向：右，起始螺距：2. 5mm，起始距离：－1. 25mm，如图 4-48所示。点击图 4-48 对话框中的草图下拉菜单，选择“在 X-Y 平面”，进入草图环境，弹出属性对话框如图 4-49 所示，点击“导入”，在 CAXA 电子图版下绘制

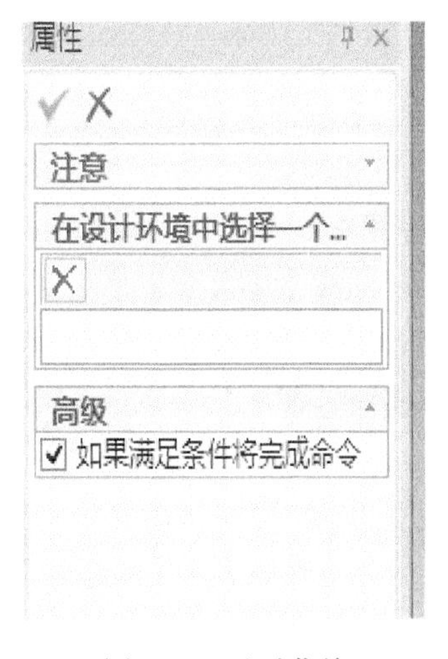

图 4-47　及时菜单

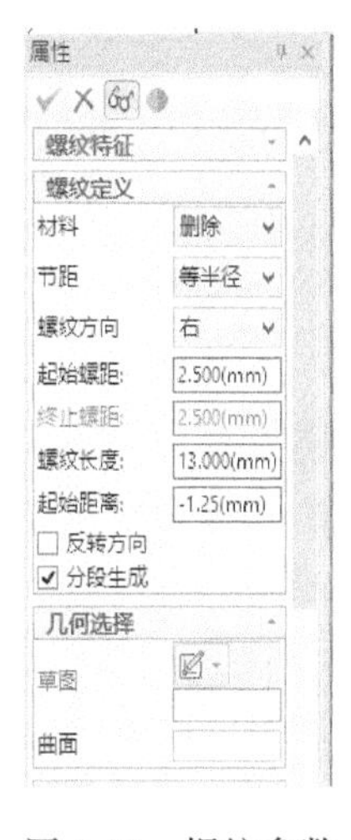

图 4-48　螺纹参数

图 4-49　草图菜单

的草图如图 4-50 所示。在弹出的对话框中选择要导入的图层如图 4-51 所示，点击“确定”导入草图。点击“完成”，选择要生成螺纹特征的轴段，单击箭头使其由轴的小端指向大端，完成芯轴螺纹的建模，如图 4-52 所示。至此在 CAXA 制造工程师与 CAXA 实体设计的协同下完成对芯轴的模型建立。

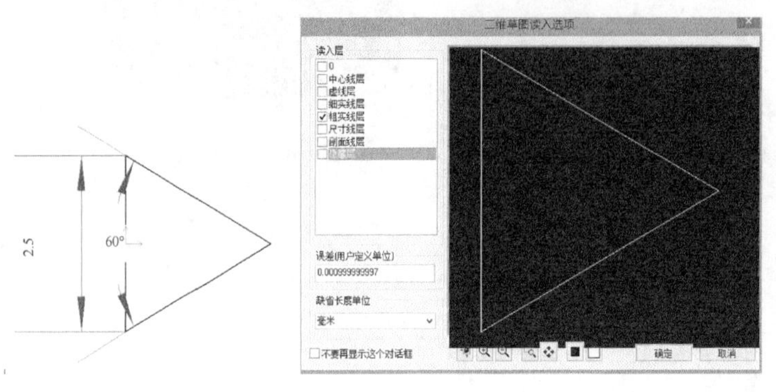

图 4-50　螺纹草图　　　　图 4-51　草图导入

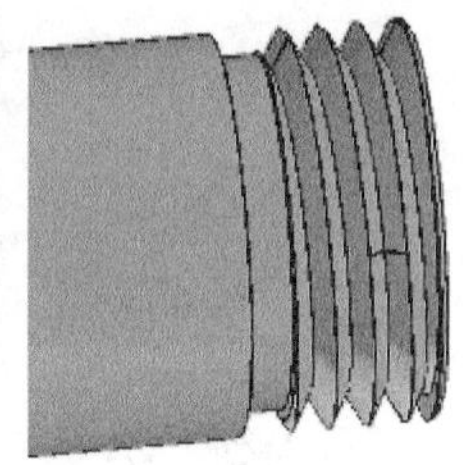

图 4-52　螺纹实体图

5. 凸轮套的三维建模

凸轮套的二维零件图如图 4-53 所示。由于凸轮为套筒类零件，可以在 CAXA 制造工程师中由旋转增料建立坯体模型，然后再对椭圆槽和“耳旁”平面采用拉伸除料特征建模，其建模过程在这里不再赘述，实体模型如图 4-54 和图 4-55所示。

6. 螺母的三维建模

螺母的二维的零件图如图 4-56 所示。螺母的特征与芯轴的类似其建模过程不再赘述，只是特别注意的是在生成螺母的螺纹特征时与芯轴螺纹特征有一处不同，如图 4-57 所示，螺纹建模其余过程均一样。最后建好的螺母实体模型如图 4-58和图 4-59 所示。

本节花费大量笔墨，以巨大篇幅详细介绍各个零件的建模过程，看似烦琐，但的确是很有必要的，因为凸轮槽机构的每一个零件对整体而言都至关重要，然而对于具有相似实体特征的零件来说，避繁趋简，只是简单给出某些特殊特征的建模过程，如滑块、螺母。在建模过程中要遵循一定的顺序，避免出现一些特殊特征的建模不成功，如下基座的建模就是在坯料的基础上正面从上往下依次是：带圆角正方形凹槽，凹滑块位上阶梯面，下阶梯面，梅花形凹槽，工艺槽。

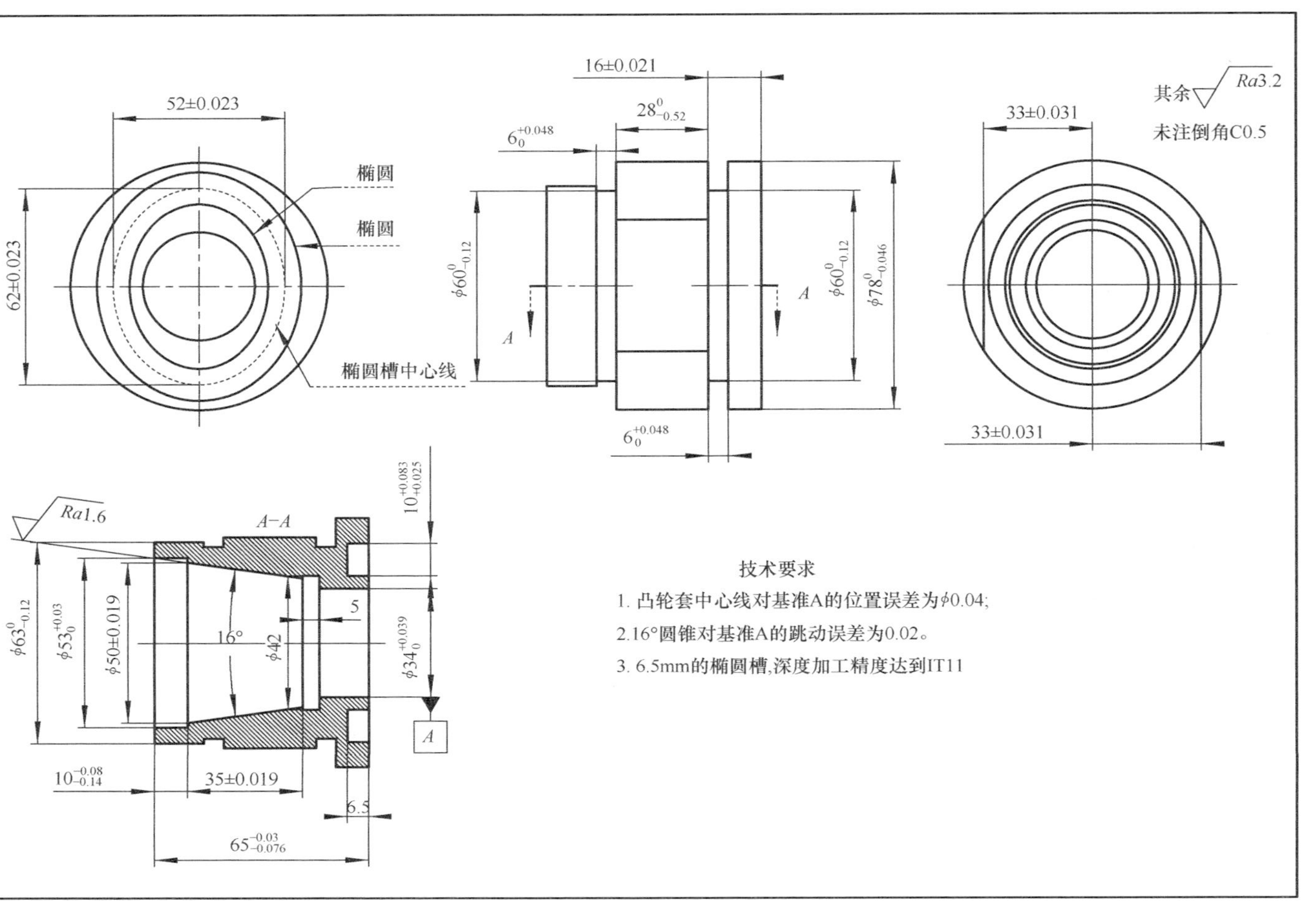
52±0.023
椭圆
椭圆
62±0.023
椭圆槽中心线
16±0.021
28 0 -0.52
6 +0.048 0
φ60 0 -0.12
A
A
φ60 0 -0.12
φ78 0 -0.046
6 +0.048 0
其余 Ra3.2
未注倒角C0.5
33±0.031
33±0.031
Ra1.6
A—A
10 +0.083 +0.025
5
φ63 0 -0.12
φ53 +0.03 0
φ50±0.019
16°
φ42
φ34 +0.039 0
A
10 -0.08 -0.14
35±0.019
6.5
65 -0.03 -0.076
技术要求
1. 凸轮套中心线对基准A的位置误差为φ0.04;
2.16°圆锥对基准A的跳动误差为0.02。
3. 6.5mm的椭圆槽,深度加工精度达到IT11

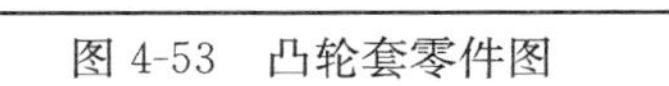
图 4-53　凸轮套零件图

图 4-54　凸轮套实体 1

图 4-55　凸轮套实体 2

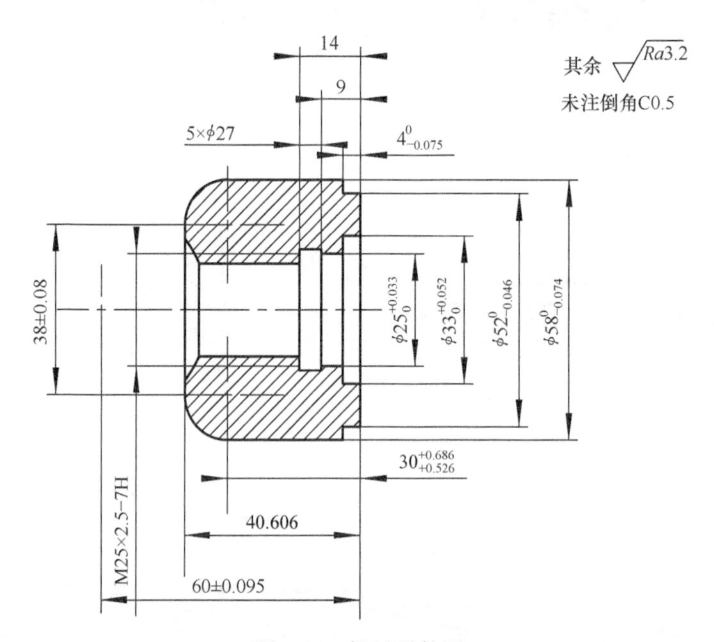

图 4-56　螺母零件图

螺纹定义	
材料	添加
节距	等半径
螺纹方向	右
起始螺距:	2.500(mm)
终止螺距:	2.500(mm)
螺纹长度:	25.599(mm)
起始距离:	-1.250(mm)

☐ 反转方向
☑ 分段生成

几何选择

图 4-57　螺纹参数图

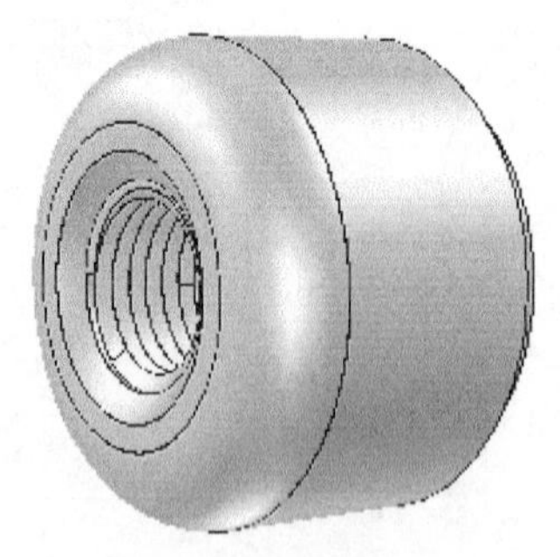

图 4-58　螺母实体 1

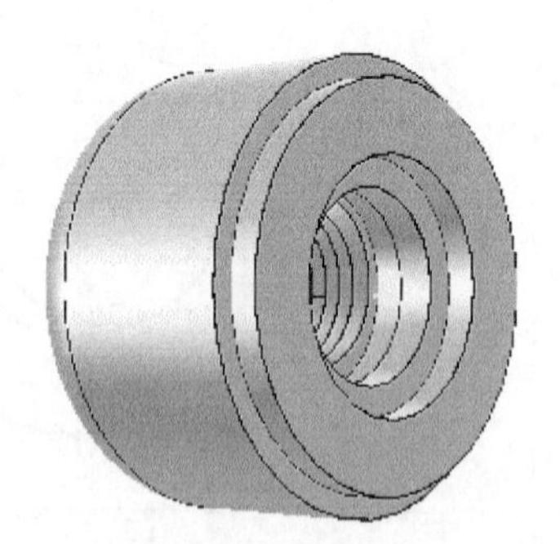

图 4-59　螺母实体 2

4.2　凸轮槽机构的装配及演示动画

4.2.1　凸轮槽机构的装配

由于 CAXA 制造工程师中没有装配模块，需要将在 CAXA 制造工程师中建好的模型导入到 CAXA 实体设计中进行装配，导入方法和在芯轴由 CAXA 制造工程师建好的主体模型，由 CAXA 实体设计进行螺纹建模时导入方法一样，此处不再赘述。在凸轮槽机构的装配中主要借助 CAXA 实体设计独特的约束、定位锚、三维球等工具，来对各个零部件进行锁定、定位和定向。

凸轮槽机构的装配步骤如表 4-1 所示。凸轮槽机构的装配结果如图 4-60 所示。

表 4-1　装配步骤表

装配步骤	配合零部件	配合约束种类
装配一	下基座、滑块	同轴，对齐，贴合
装配二	下基座、上盖板	同轴，贴合
装配三	下基座、凸轮套	同轴，贴合
装配四	芯轴、凸轮套，下基座	同轴，贴合
装配五	芯轴，螺母，下基座	同轴，贴合

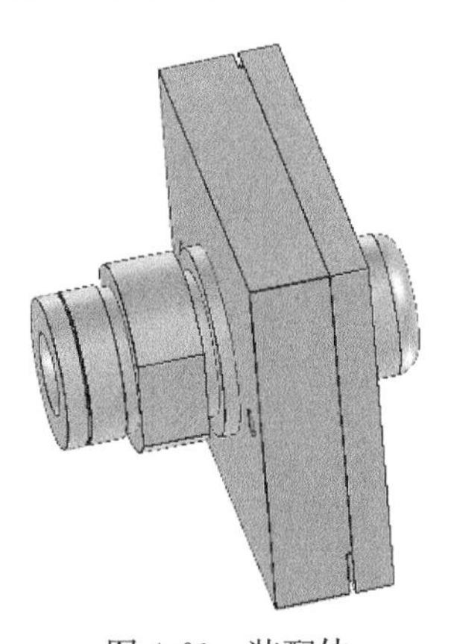

图 4-60　装配体

4.2.2　凸轮槽机构爆炸图与爆炸动画的生成

利用“装配爆炸”可生成各种装配件的爆炸图和表示装配过程的动画。但是，此操作不能应用“撤消”功能，所以建议在应用“装配爆炸”工具前要保存设计环境文件。从工具设计元素库中拖入“装配”，弹出“装配爆炸”对话框，如图 4-61 所示。点击“确定”生成凸轮槽机构的爆炸图，点击菜单栏中的“显示”→“打开”→“播放”观察爆炸图的爆炸动画效果，如果爆炸图中的零件路径不合适，可以进行修改路径参数。经调试，凸轮槽机构的爆炸图如图 4-62 所示(注:为突出效果将各个零件设置为不同的颜色)。

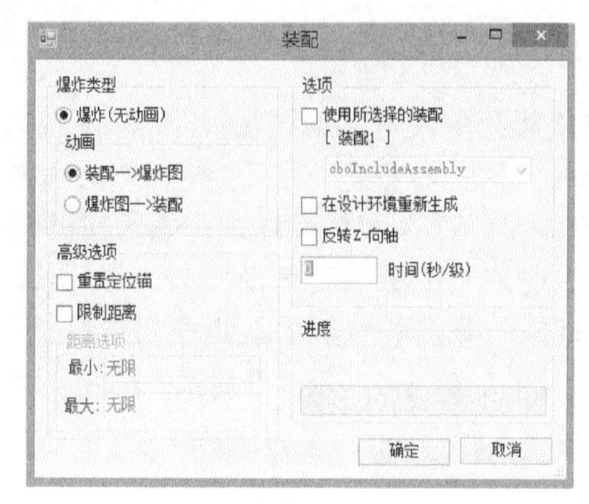

图 4-61　爆炸图对话框

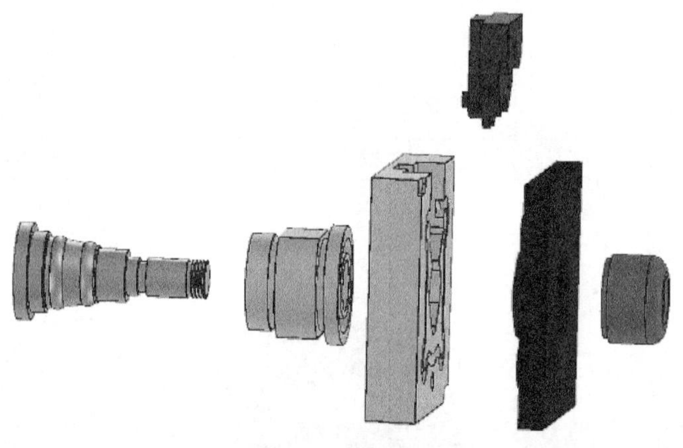

图 4-62　爆炸图

点击“智能动画编辑器”，对各个零部件的运动时间根据规定的爆炸运动顺序编辑时间轴，如图 4-63 所示。

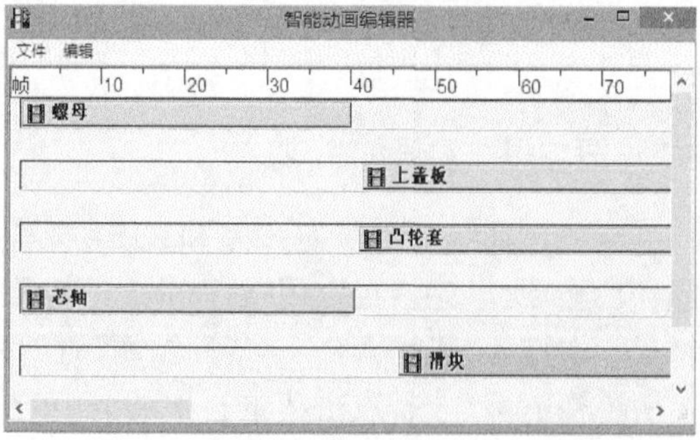

图 4-63　动画编辑

点击 CAXA 实体设计主菜单，在下拉菜单中选择“文件”→“输出”→“动画”，如图 4-64 所示。在弹出的对话框中命名动画的名字及选择保存路径和格式，点击“确定”，弹出“动画属性设置”对话框，设置动画属性如图 4-65 所示。点击“确定”生成凸轮槽机构的装配与爆炸动画。

在凸轮槽机构的各个零部件进行装配的过程中，可以看出：

(1) 在装配过程中，不同零部件之间的装配约束有一定的先后顺序，因为各个零部件装配在一起组成一个机构或者机器是靠设置的不同约束来完成零部件之间组合的，有些约束在起作用时是相互作用、相互影响的、相互制约的。所以在装配过程中要考虑不同约束的特点及其应用范围，再在三维球的辅助作用下对零部件进行移动、旋转等操作来完成装配。

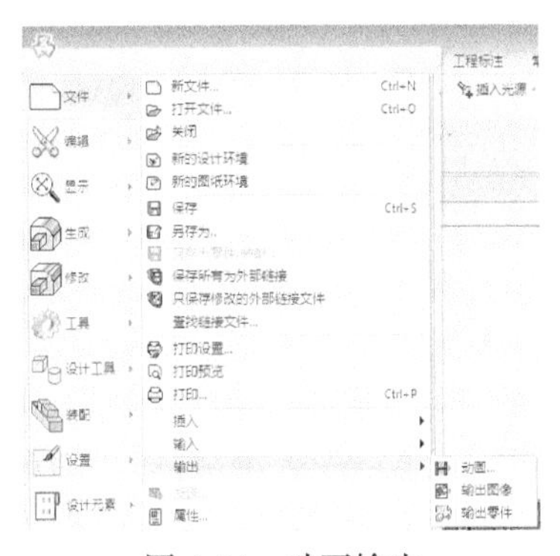

图 4-64　动画输出

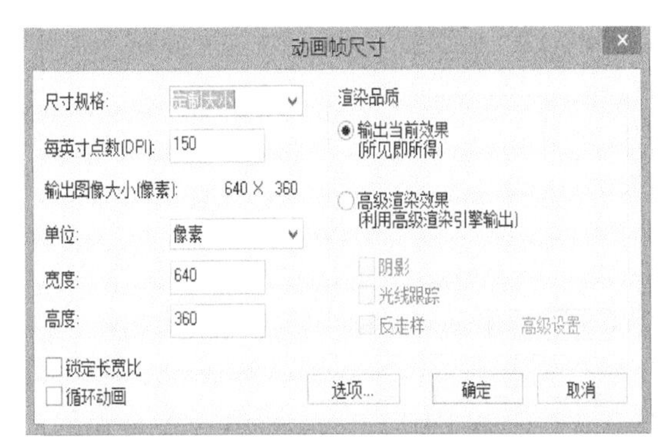

图 4-65　动画属性

(2) 在装配零部件时，要检测各个零部件之间是否存在干涉，在实体零件状态下一个机构或者机器是不允许也不可能出现干涉现象的。在用 CAXA 实体设计模拟机构或者机器的装配时也要避免出现干涉，如果出现干涉就要调整零部件之间的装配约束，甚至要改变零件的模型来达到装配件无干涉。

4.3　凸轮槽典型零件(下基座)的铣削加工

4.3.1　下基座毛坯的建立与整体工艺分析

1. 毛坯的建立

下基座的三维模型如图 4-28 所示。在 CAXA 制造工程师中打开，在轨迹管理菜单栏中选中“毛坯”，右击选择“定义毛坯”。在“毛坯定义”对话框中定义毛坯：毛坯类型为矩形，点击“参考模型”，其他为默认值，如图 4-66 所示。点击“确定”生成零件毛坯。

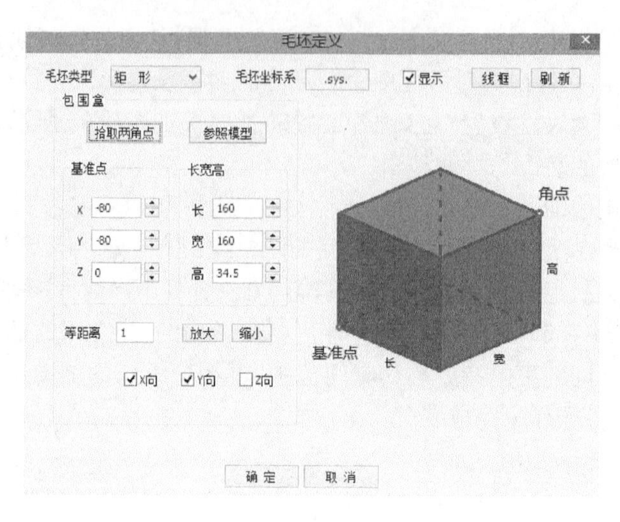

图 4-66　毛坯定义

2. 整体工艺分析

根据零件的加工工艺规程的设计原则,分析下基座的实体特征,由于下基座正反两个面都要加工,并且正面的加工精度和复杂度都要比反面高,为确保达到加工精度,先加工反面以及工件的外形。反面加工结束后翻转工件加工正面,以已加工的反面为精基准面可以提高正面加工的精度。

根据加工工艺建立下基座数控加工的刀具库,在 CAXA 制造工程师的轨迹管理菜单栏中双击"刀具库"在弹出刀具库中增加加工中所要用到的刀具,并对刀具编号,如图 4-67 所示。

刀具库

共 20 把　增 加　清 空　导 入　导 出

类 型	名 称	刀 号	直 径	刃 长	全 长	刀杆类型	刀杆直径	半径补偿号	长度补偿号
立铣刀	T01	1	6.000	50.000	80.000	圆柱	6.000	1	1
立铣刀	T02	2	10.000	50.000	80.000	圆柱	10.000	2	2
立铣刀	T03	3	12.000	50.000	80.000	圆柱	12.000	3	3
立铣刀	T04	4	16.000	50.000	80.000	圆柱	16.000	4	4
立铣刀	T05	5	20.000	50.000	80.000	圆柱	20.000	5	5
立铣刀	T06	6	32.000	50.000	80.000	圆柱	32.000	6	6
球头铣...	T07	7	6.000	50.000	80.000	圆柱	6.000	7	7
钻头	T08	8	12.000	50.000	80.000	圆柱	12.000	8	8
钻头	T09	9	25.000	50.000	80.000	圆柱	25.000	9	9

确 定　取 消

图 4-67　刀具库

4.3.2　下基座反面的铣削加工

1. 加工工艺

为了方便对刀,将加工坐标系设置在工件上表面的对称中心,如图 4-68 和

图 4-69所示的反、正面坐标系。由于下基座反面特征为几个“阶梯平面”组成，因此，下基座反面的加工所用的铣削刀具全部为立铣刀。根据零件反面的几何特征，依据加工工艺规程的设计原则、基准的选择原则以及机械加工工序及顺序的安排原则，其加工工艺路线为：

(1) 选用 ϕ32 的立铣刀铣削下基座上表面；

(2) 选用 ϕ32 的立铣刀粗铣下基座外形和 ϕ78 的轮廓，留 0.2mm 加工余量；

(3) 选用 ϕ12 的立铣刀精加工下基座外形；

(4) 选用 ϕ6 的立铣刀精加工下基座上表面、ϕ78 圆、键槽；

(5) 在需要钻孔的位置打中心孔；

(6) 选用 ϕ12 钻头钻 ϕ12 的定位销孔和中心孔；

(7) 选用 ϕ25 的中心孔进行扩孔。

图 4-68　反面坐标系

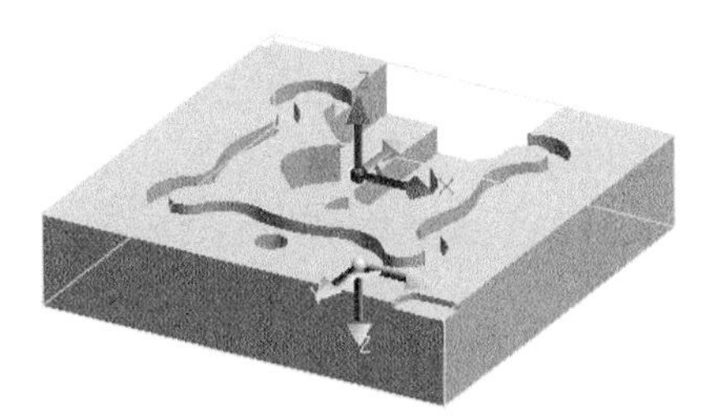

图 4-69　正面坐标系

表 4-2　数控加工刀具卡

产品名称		凸轮槽机构	零件名称		下基座	零件号	02
序号	刀具号	刀具规格	材质	数量	加工表面		备注
1	T06	ϕ32 立铣刀	硬质合金	1	上表面、ϕ78 圆、外形		粗铣
2	T03	ϕ12 立铣刀	硬质合金	1	工件外形		精铣
3	T01	ϕ6 立铣刀	硬质合金	1	上表面、ϕ78 圆、键槽		精铣
4	T07	ϕ12 钻头	硬质合金	1	定位销孔、中心孔		
5	T08	ϕ25 镗刀	硬质合金	1	中心孔		镗孔

制作加工工艺卡片如表 4-3 所示。

表 4-3 数控加工工艺卡片

零件名称 下基座		零件号 02	程序号 %1234	机床系统 华中世纪星		加工部位 反面
序号	刀具号	内容	主轴转速 /(r/min)	进给量 /(mm/min)	背吃刀量 /mm	备注
1	T06	上表面 ϕ78 圆外形	2000	1000	0.5 1 2	粗铣
2	T03	工件外形	2000	600	0.4	精铣
3	T01	上表面、ϕ78 圆、键槽	3000	600	0.4	精铣
4	T07	定位销孔、中心孔	3000	600	1	
	5	T08	中心孔	3000	600	1

2. 铣削加工

根据加工工艺路线选择加工方式，制成表 4-4 加工方式表。

1) 上表面、ϕ78 圆

采用等高线粗加工，在 CAXA 制造工程师中选择“加工”→“常用加工”→“等高线粗加工”，在弹出的对话框中设置加工参数：

(1) 选择“加工参数”，设置加工参数如图 4-70 所示。

表 4-4 加工方式表

序号	加工内容	加工方式	刀具类型
1	上表面、ϕ78 圆	等高线粗加工	ϕ32 立铣刀
2	工件外形、键槽	轮廓区域精加工	ϕ12 钻头、ϕ6 立铣刀
3	上表面、ϕ78 圆	扫描线精加工	ϕ6 立铣刀
4	定位销孔、中心孔	钻孔	ϕ12 钻头、ϕ32 钻头

(2) 选择“计算毛坯”，在“定义计算毛坯”和“使用全局毛坯”前的方框打对勾如图 4-71 所示。

(3) 选择“切削用量”，设置等切削参数，如图 4-72 所示。

(4) 选择“坐标系”，拾取反面坐标系，如图 4-73 所示。

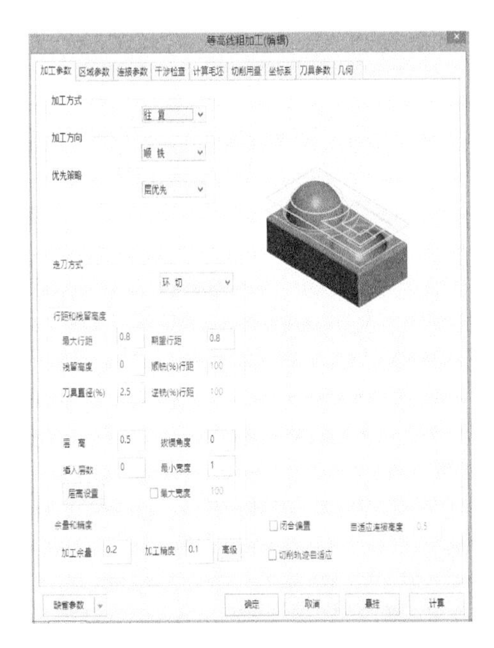

图 4-70　等高线粗加工加工参数

图 4-71　计算毛坯

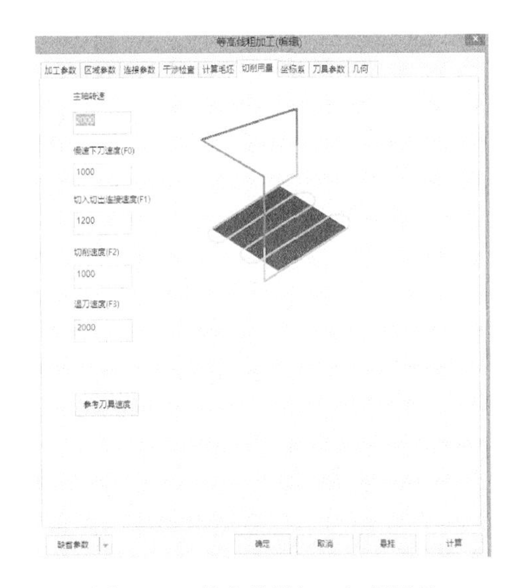

图 4-72　等高线粗加工切削用量

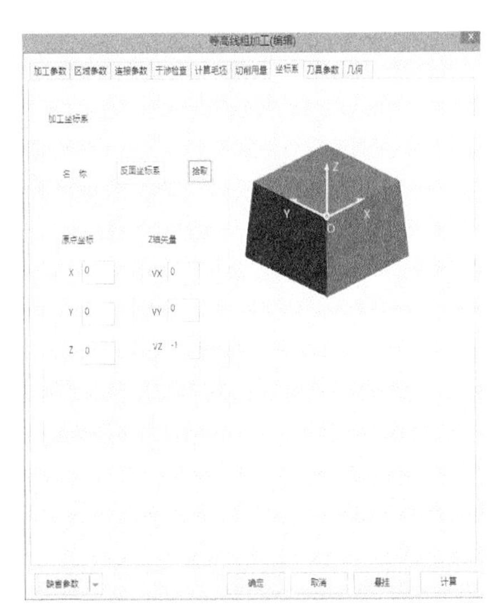

图 4-73　等高线粗加工坐标系

(5) 选择“刀具参数”，设置刀具参数，点选“刀库”，在弹出的刀库中选择所用刀具，如图 4-67 所示(注：由于根据下基座的整体工艺分析已经建立好加工刀库，在设置刀具时只需从刀库中调用所用刀具即可，后续刀具的设置与之雷同，不再赘述)。刀具的设置如图 4-74 所示。

(6) 选择“几何”→“加工曲面”→点击“下基座”,右键确定,返回到“等高线粗加工”对话框。

(7) 其他栏参数选择默认值,点击“确定”生成等高线粗加工刀具轨迹,如图 4-75所示。

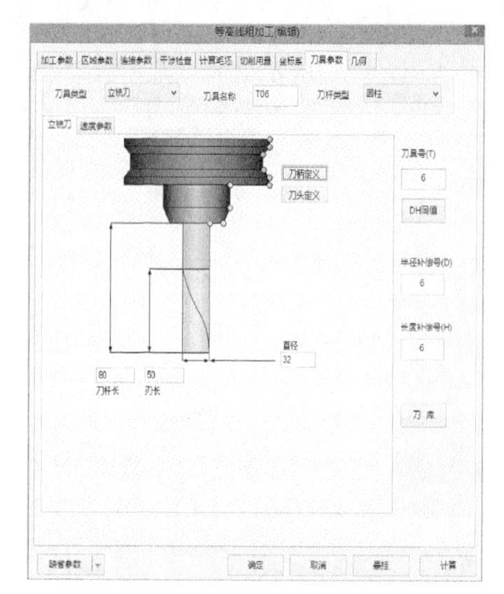

图 4-74　等高线粗加工刀具参数

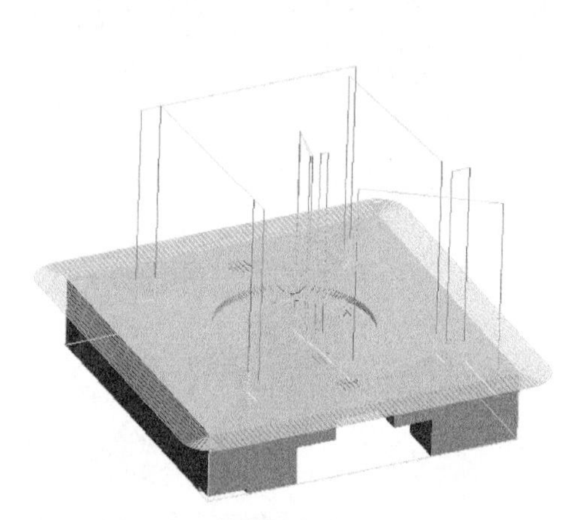

图 4-75　等高线粗加工刀具轨迹

(8) CAXA 制造工程师可以模拟刀具路径,对刀具轨迹进行实体仿真,以观察加工方法是否可以达到预期要求。在显示状态下选择“等高线粗加工刀具轨迹”,选择“实体仿真”,如图 4-76 所示,在实体仿真环境下,点击“开始”按钮,开始仿真。

2) 零件外形的加工

采用平面轮廓精加工,选择“加工”→“常用加工”→“平面轮廓精加工”,在弹出的“平面轮廓精加工”对话框中设置加工参数:

(1) 选择“加工参数”,设置平面轮廓精加工的加工参数如图 4-77 所示。

(2) 选择“切削用量”,设置切削参数,如图 4-78 所示。

(3) 选择“刀具参数”,设置刀具参数,如图 4-79 所示。

(4) 选择“几何”,点击“轮廓曲线”选择零件外形闭合曲线,右击“确定”(注:在平面轮廓精加工前,要用“相关线”指令中的实体边界生成零件的外形精加工加工辅助线,即平面轮廓精加工的加工轮廓线)。

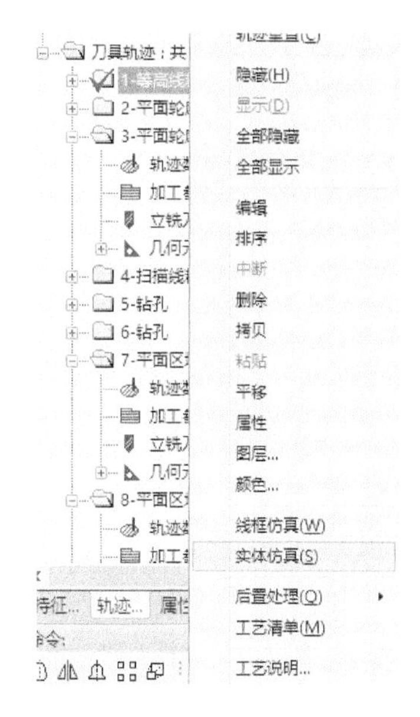

图 4-76　实体仿真

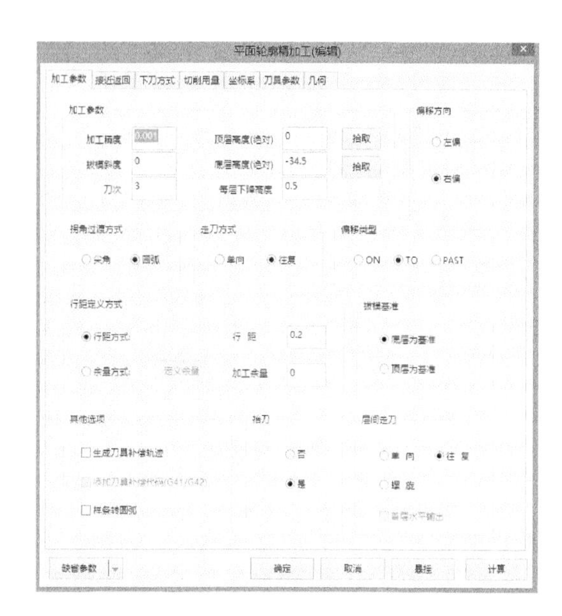

图 4-77　平面轮廓精加工加工参数

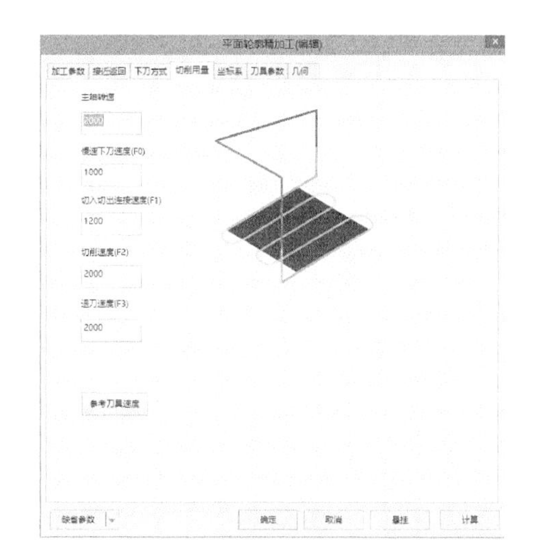

图 4-78　平面轮廓精加工切削用量

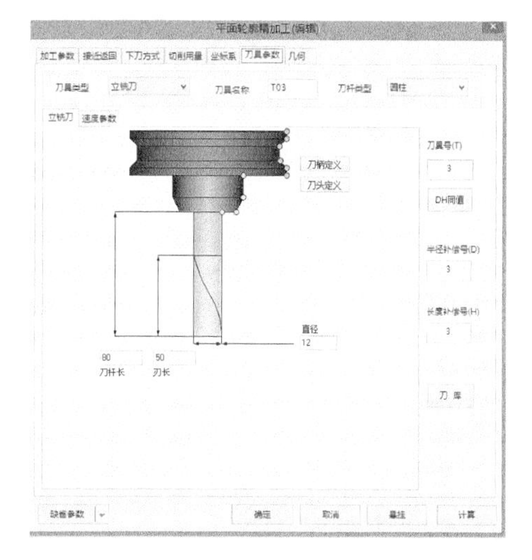

图 4-79　平面轮廓精加工刀具参数

(5) 在设置好上述的参数后，其他栏的参数设置为默认值，点击“确定”生成平面轮廓精加工的刀具路线，如图 4-80 所示。

3) 键槽的加工

采用平面轮廓精加工，在 CAXA 制造工程师的轨迹管理中，选择已经生成的平面轮廓精加工路线，右键“拷贝”→右键“粘贴”，将粘贴的加工路线展开，双击“加工参数”，在弹出的对话框中设置键槽加工的加工参数。由于键槽和零件外形加工方式一样，只是加工高度、刀具以及加工轮廓不一样，其他参数均一样，只需在“加工参数”、“刀具参数”和“几何”中设置参数即可。

图 4-80　平面轮廓精加工刀具轨迹

(1) 选择“加工参数”，设置如图 4-81 所示。

(2) 选择“刀具参数”，设置如图 4-82 所示。

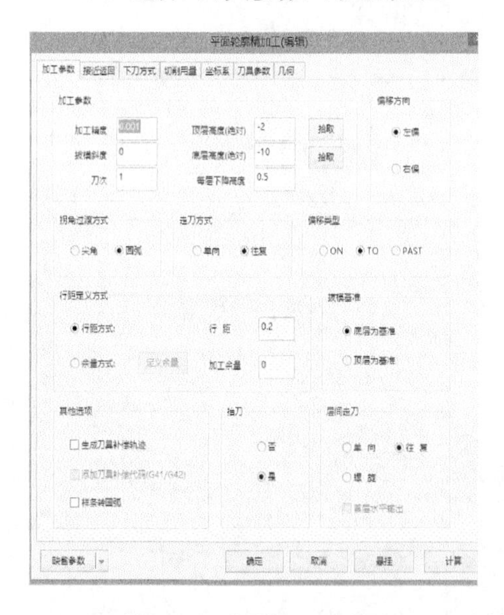

图 4-81　键槽加工参数

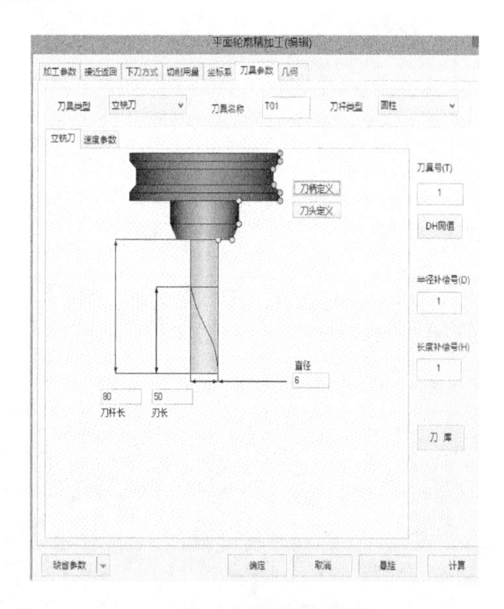

图 4-82　键槽刀具参数

(3) 选择“几何”，点击“删除”以清除原先的加工轮廓，点击“轮廓曲线”拾取键槽轮廓，右击“确定”。

(4) 其他参数和上述平面轮廓精加工的参数一致，保持默认值，点击“确定”生成键槽的平面轮廓精加工刀具路线，如图 4-83 所示(注:由于在选择轮廓时确定的搜索方向可能存在差异，导致生成的刀具轨迹会产生过切现象，以键槽为例，如图 4-84 所示，可以通过修改刀具的偏移方向来解决)。

4) 上表面、$\phi78$ 圆的加工

采用扫描线精加工，选择“加工”→“常用加工”→“扫描线精加工”，在弹出的对话框中设置加工参数。

(1) 选择“加工参数”，设置如图 4-85 所示。

(2) 选择“加工区域”，设置如图 4-86 所示。拾取要加工的轮廓，如图 4-87 所示。

图 4-83　键槽刀具轨迹

图 4-84　键槽轨迹过切

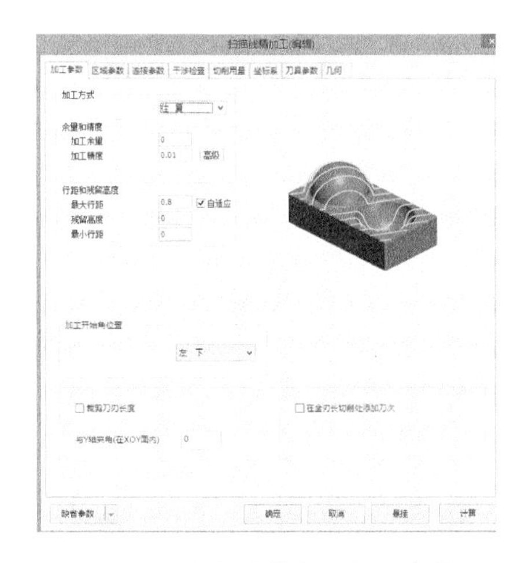

图 4-85　扫描线精加工加工参数

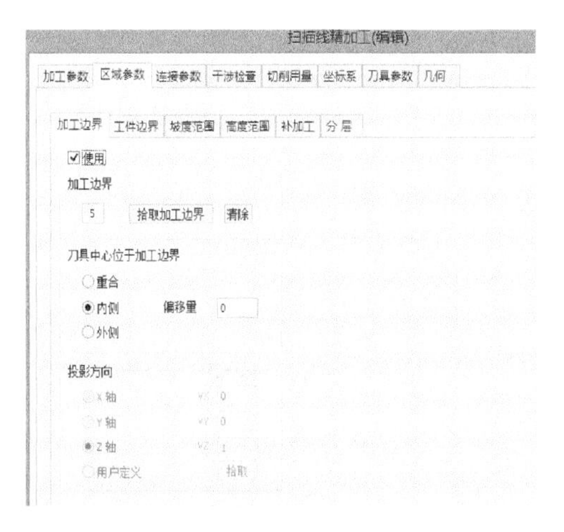

图 4-86　扫描线精加工加工区域

(3) 选择“切削用量”，设置如图 4-88 所示。

图 4-87 扫描线精加工加工轮廓

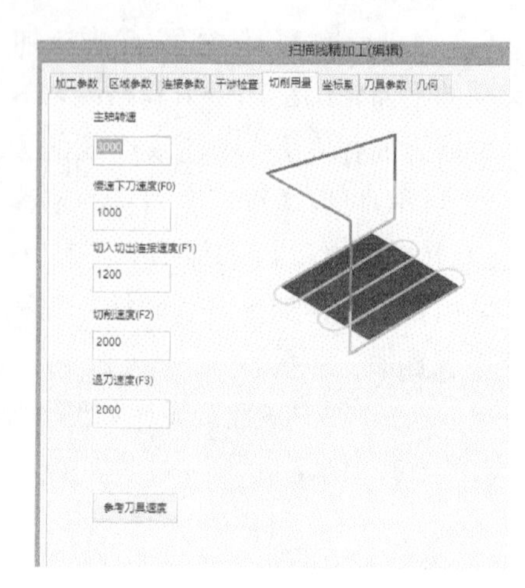

图 4-88 扫描线精加工切削用量

(4) 选择“刀具参数”,设置刀具如图 4-89 所示。

(5) 选择“几何”,拾取下基座表面。

(6) 其他参数为默认值,点击“确定”生成扫描线精加工的刀具轨迹,如图 4-90 所示。

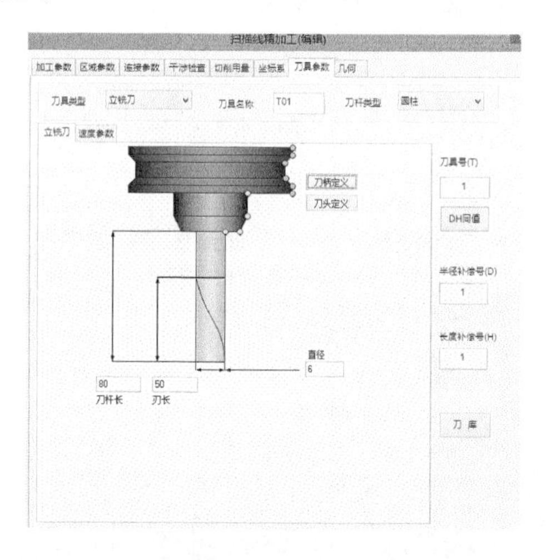

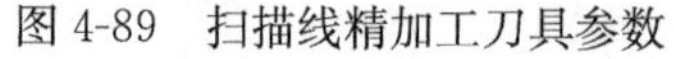

图 4-89 扫描线精加工刀具参数

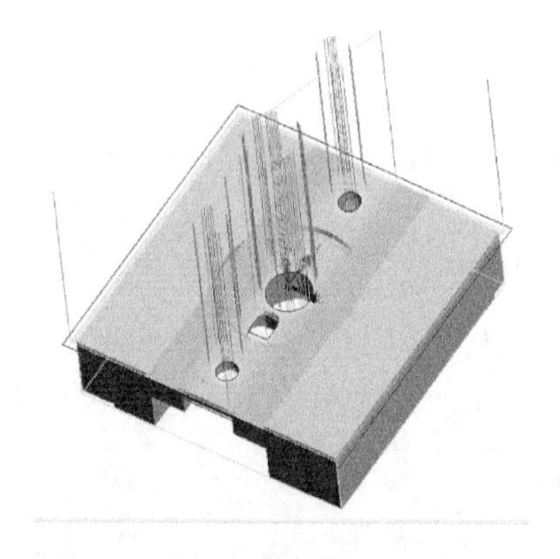

图 4-90 扫描线精加工刀具轨迹

5) $\phi 12$ 定位销孔的加工

选择“加工”→“其他加工”→“孔加工”,在弹出的对话框中设置孔加工的加工参数。

(1) 选择“加工参数”,设置如图 4-91 所示。

(2) 选择“刀具参数”,设置钻头的参数,如图 4-92 所示。

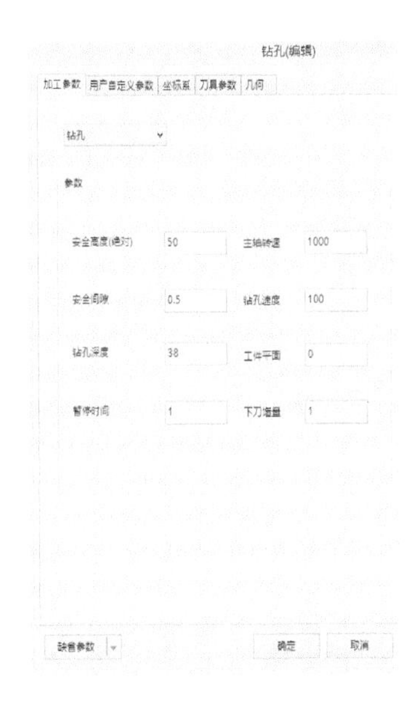

图 4-91　钻孔加工参数

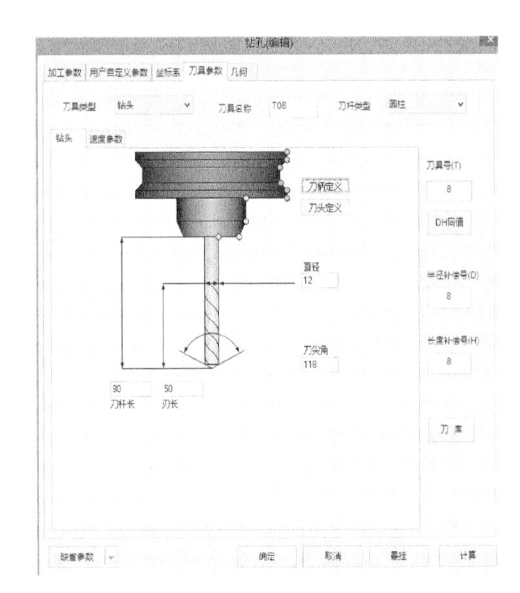

图 4-92　钻孔刀具

(3) 选择“几何”,在对话框中点选“拾取圆弧”拾取所要钻孔的圆弧,右键确定,如图 4-93 所示。

(4) 其他参数为默认值,点击“确定”生成钻孔的刀路,如图 4-94 所示。

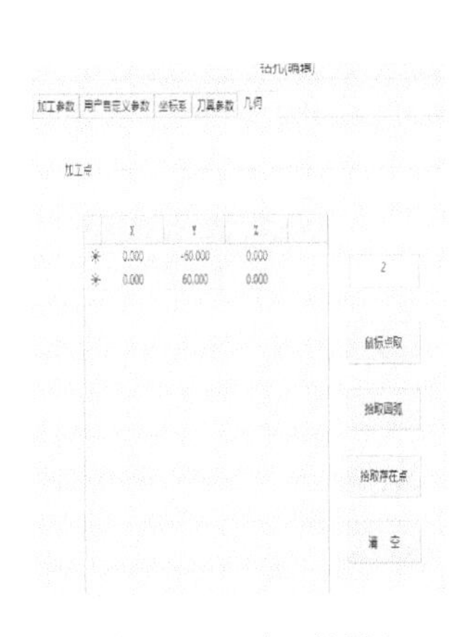

图 4-93　几何对话框

图 4-94　钻孔刀具轨迹

6) ϕ25 孔的加工

其镗孔操作和 ϕ12 的孔的加工基本一样,其区别在于在孔的深度、直径、位置不同,在弹出的孔加工对话框中根据孔的几何参数设置,其操作参照 ϕ12 定位销孔的加工,这里不再赘述,钻孔加工的刀路如图 4-95 所示。

下基座反面的粗、精加工结束，其全部刀路如图 4-96 所示。

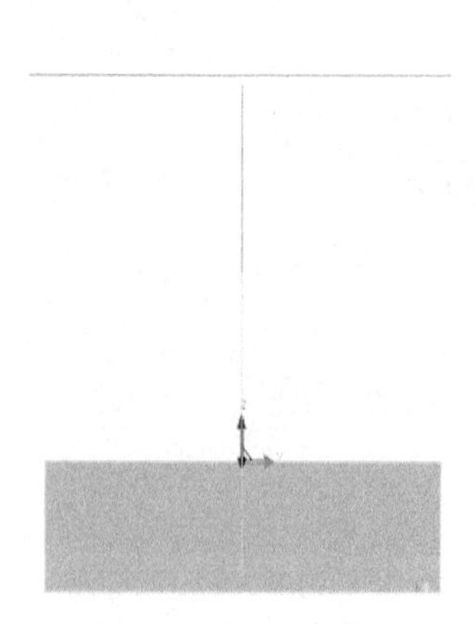

图 4-95　镗孔刀具轨迹

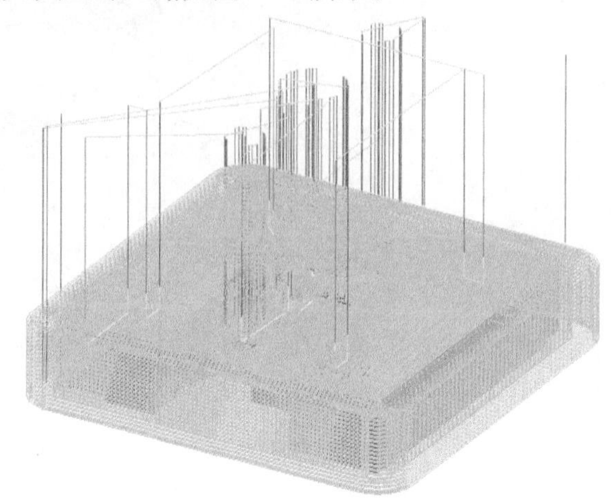

图 4-96　反面加工刀具轨迹

4.3.3　下基座反面的铣削加工

1. 加工工艺

在反面已加工完毕后，激活正面坐标系，同时将反面坐标系隐藏即切换加工坐标系到正面坐标系，坐标零点为零件正面对称中心位置。根据加工工艺规程设计原则，为了减少换刀、对刀等的辅助加工时间，下基座正面的精加工和部分粗加工选用 $\phi6$ 的立铣刀来加工。正面铣削加工的数控加工路线为：

(1) 选用 $\phi32$ 的立铣刀粗、精加工下基座上表面，保证尺寸 34.5mm，达到 IT9。

(2) 选用 $\phi20$ 的立铣刀粗加工下基座带圆角正方形凹槽，留 0.2mm 加工余量。

(3) 选用 $\phi10$ 的立铣刀粗加工下基座凹滑块位，留 0.2mm 加工余量。

(4) 选用 $\phi6$ 的立铣刀粗加工拆装组合件的工艺槽、梅花形凹槽，精加工下基座正面所有表面。

其数控加工刀具卡如表 4-5 所示。制造加工工艺卡片如表 4-6 所示。

表 4-5　数控加工刀具卡

产品名称		凸轮槽机构	零件名称		下基座	零件号	02
序号	刀具号	刀具规格	材质	数量	加工表面		备注
1	T06	$\phi32$ 立铣刀	硬质合金	1	上表面		粗、精铣
2	T05	$\phi20$ 立铣刀	硬质合金	1	带圆角正方形凹槽		粗铣
3	T02	$\phi10$ 立铣刀	硬质合金	1	凹滑块位		粗铣
4	T01	$\phi6$ 立铣刀	硬质合金	1	梅花凹槽、工艺槽		粗、精铣

表 4-6　加工工艺卡片

零件名称 下基座		零件号 02	程序号 %4321	机床系统 华中世纪星		加工部位 正面
序号	刀具号	内容	主轴转速 /(r/min)	进给量 /(mm/min)	背吃刀量 /mm	备注
1	T06	上表面	2000	1000	0.5	粗铣
2	T05	带圆角正方形凹槽	2000	1000	1	粗铣
3	T02	凹滑块位	2600	600	1	粗铣
4	T01	梅花凹槽 工艺槽 带圆角正方形凹槽 凹滑块位	3000 2600 2600 2600	600 600 600 600	1 1 0.4 0.4	粗、精铣 粗、精铣 精铣 精铣

2. 下基座上表面粗加工内容

根据加工工艺路线选择加工方式，制成表 4-7 所示加工方式表。下基座上表面粗加工内容介绍如下。

表 4-7　加工方式表

序号	加工内容	加工方式	刀具类型
1	上表面	平面精加工	ϕ32 立铣刀
2	带圆角正方形凹槽	平面区域粗加工、平面轮廓精加工	ϕ20 立铣刀、ϕ6 立铣刀
3	凹滑块位	平面区域粗加工、平面轮廓 精加工	ϕ10 立铣刀、ϕ6 立铣刀
4	工艺槽、梅花凹槽	平面区域粗加工、平面轮廓精加工	ϕ6 立铣刀
5	带圆角正方形凹槽底面、凹滑块位底面、梅花凹槽底面	平面精加工	ϕ6 立铣刀

1) 带圆角正方形凹槽的加工

采用平面区域粗加工，在 CAXA 制造工程师中选择“加工”→“常用加工”→“平面区域粗加工”，在弹出的“平面区域粗加工”对话框中设置加工参数；

(1) 选择“加工参数”设置如图 4-97 所示。

(2) 选择“清根参数”，设置如图 4-98 所示。

(3) 选择“切削用量”，设置如图 4-99 所示。

(4) 选择“坐标系”，拾取下基座正面坐标系，如图 4-100 所示。

(5) 选择“刀具参数”，设置刀具参数，如图 4-101 所示。

(6) 选择“几何”，设置需要加工的区域轮廓和不需要加工的岛屿轮廓，如图 4-102所示。在拾取加工轮廓线时，由于由相关线下的实体边界所生成的空间闭合曲线不能够加工出带圆角的正方形凹槽，需要对空间曲线进行编辑，增加部分曲线以得到可以包围加工区域的闭合曲线，并能够按要求加工出凹槽，如图 4-103所示。

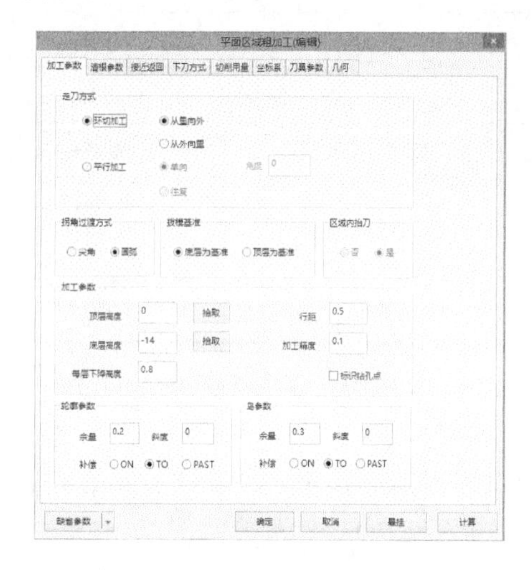

图 4-97 平面区域粗加工

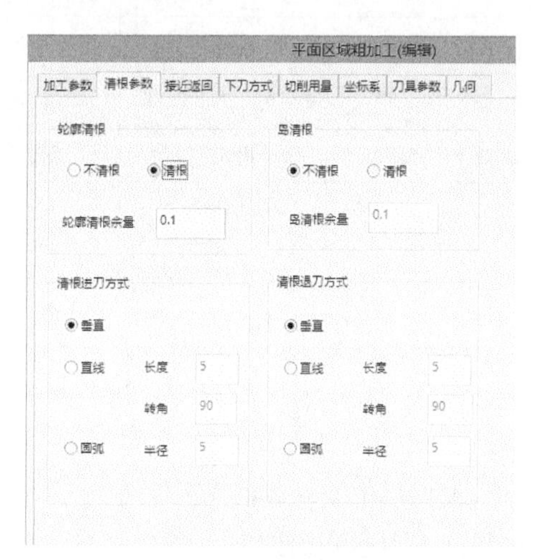

图 4-98 设置清根

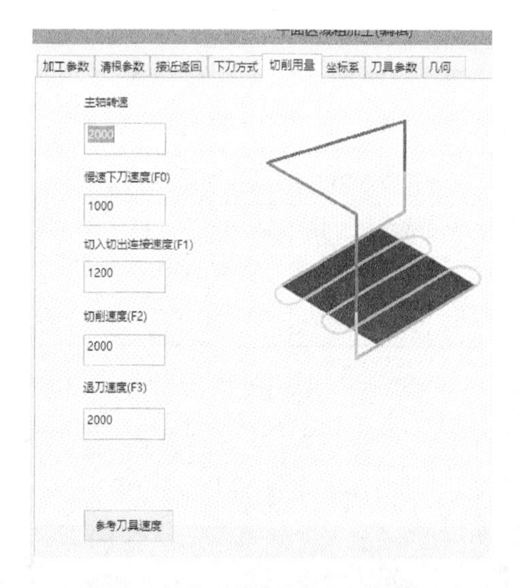

图 4-99 平面区域粗加工切削用量

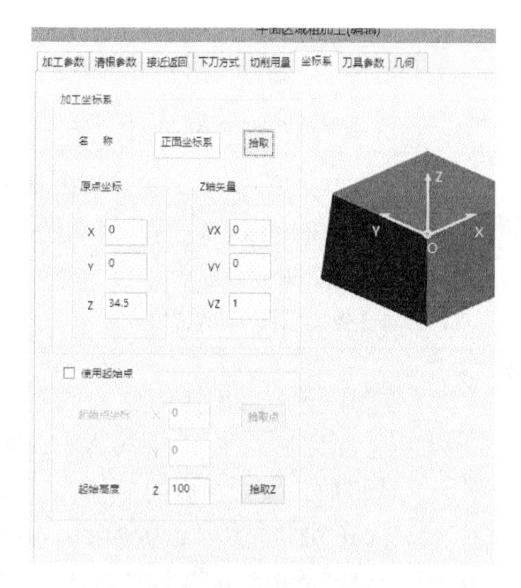

图 4-100 正面坐标系

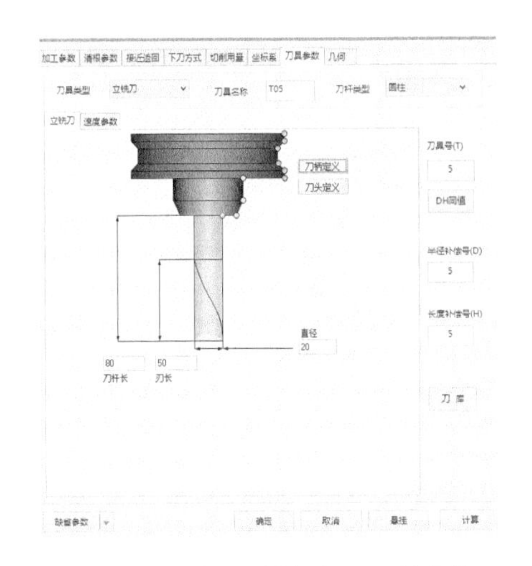

图 4-101　平面区域粗加工刀具参数

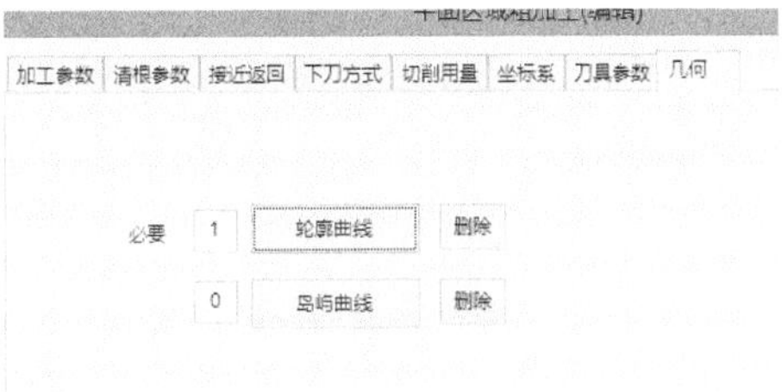

图 4-102　几何对话框

(7) 其他参数为默认值，点击“确定”生成平面区域粗加工的加工刀路，如图 4-104所示。

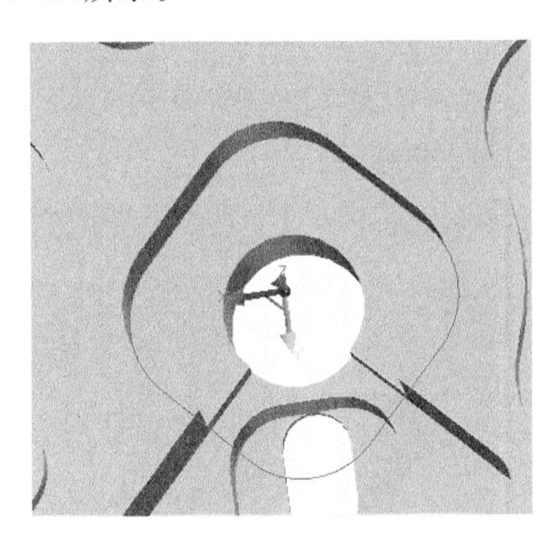

图 4-103　带圆角正方形加工轮廓

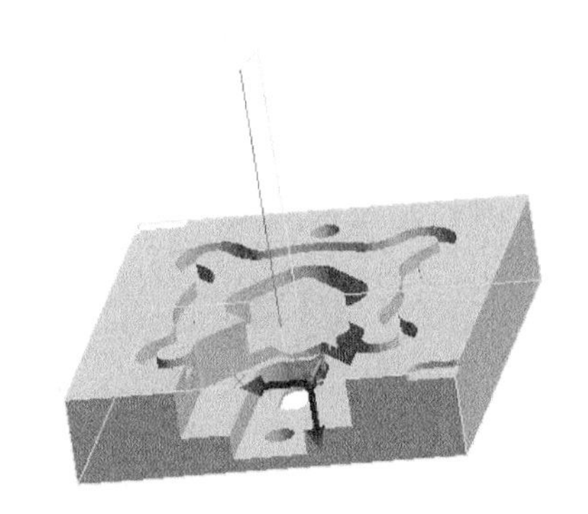

图 4-104　带圆角正方形加工刀具轨迹

2) 凹滑块位的加工

采用平面区域粗加工，由于加工方式和带圆角正方形凹槽的一样，其具体操作在这里不再赘述，只给出在参数设置中不同的部分和最后结果。由于滑块位由两个“阶梯面”组成，采用两次平面区域粗加工来完成对滑块位的粗加工。不同部分内容如下。

滑块位凹槽上阶梯面：

(1) 设置加工参数如图 4-105 所示。

(2) 设置刀具参数如图 4-106 所示。

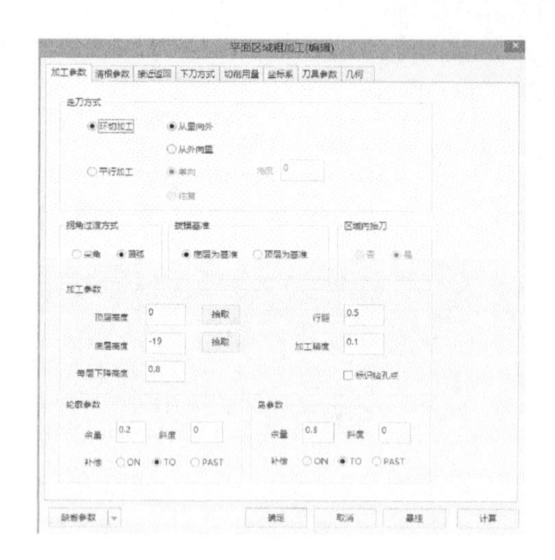

图 4-105　上阶梯面加工参数

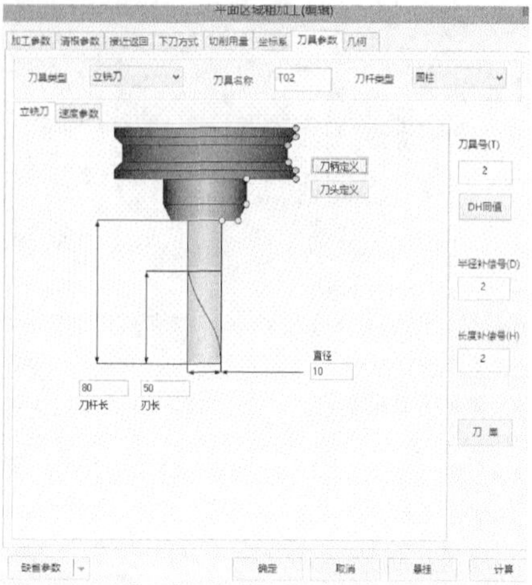

图 4-106　上阶梯面刀具参数

(3) 选择“几何”,在几何对话框中点击“轮廓曲线”拾取上阶梯面的轮廓曲线,右键确定,轮廓拾取完毕。在进行滑块位上阶梯面加工前要用相关线下的实体边界命令来生成滑块位的上阶梯面加工轮廓,由于其上阶梯面存在夹角,如果只用其实体边界线会存在尖角处加工不彻底,这就需要将轮廓线适当的伸出滑块位上阶梯面轮廓,以使能够加工出尖角部分,其轮廓如图 4-107 所示。

(4) 其他参数与带圆角的正方形凹槽一致,点击“确定”生成上阶梯面的最后加工刀具轨迹,如图 4-108 所示。

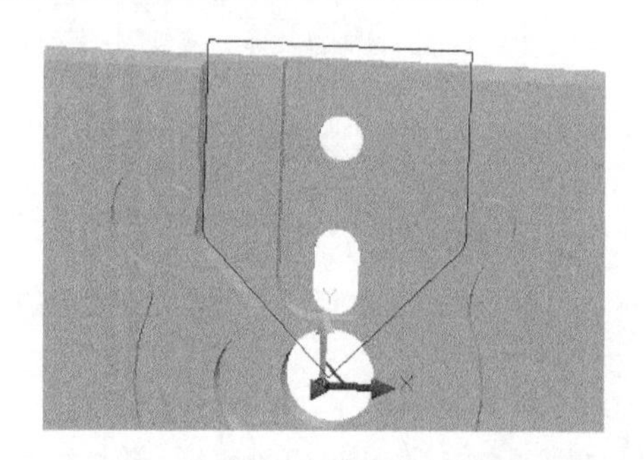

图 4-107　上阶梯面加工轮廓

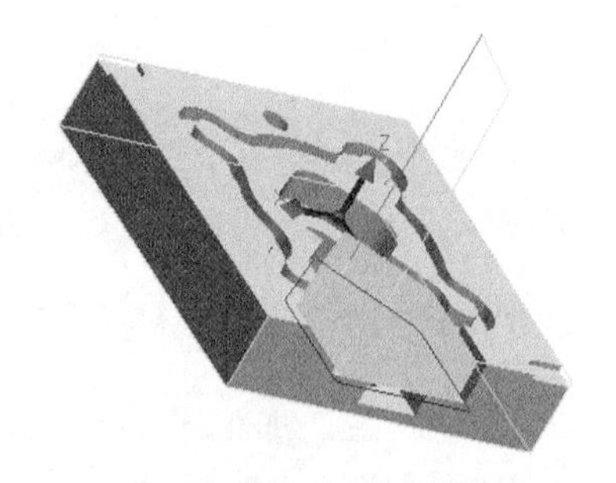

图 4-108　加工刀具轨迹

滑块位凹槽下阶梯面:

(1) 设置加工参数如图 4-109 所示。

(2) 设置刀具参数如图 4-110 所示。

(3) 几何:选择“几何”,在几何对话框中点击“轮廓曲线”拾取上阶梯面的轮廓曲线,右键确定,轮廓拾取完毕。同样在进行滑块位下阶梯面加工前要用相关线下的实体边界命令来生成滑块位的下阶梯面加工轮廓，由于其下阶梯面存在夹角，如果只用其实体边界线会存在尖角处加工不彻底，这就需要将轮廓线适当的伸出滑块位上阶梯面轮廓，以使能够加工出尖角部分，其轮廓如图 4-111 所示。

(4) 其他参数与带圆角的正方形凹槽一致，点击“确定”生成下阶梯面的最后加工刀具轨迹，如图 4-112 所示。

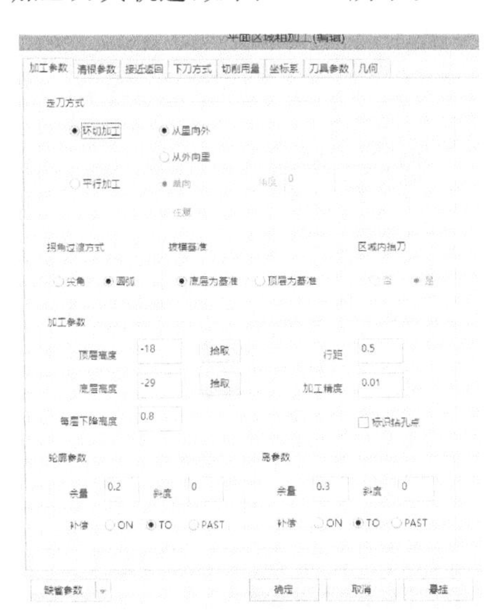

图 4-109　下阶梯面加工参数

图 4-110　下阶梯面刀具参数

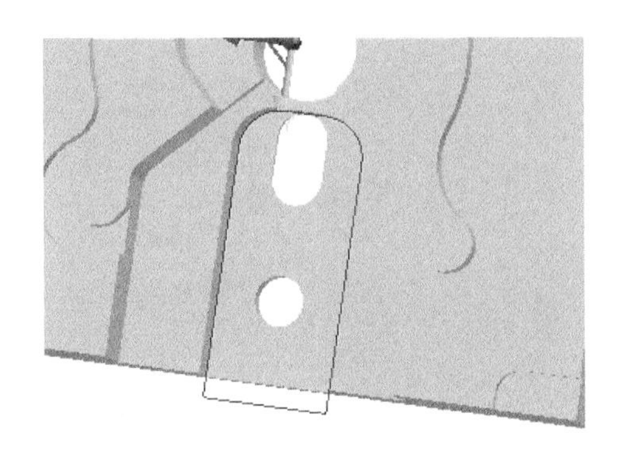

图 4-111　下阶梯面加工轮廓

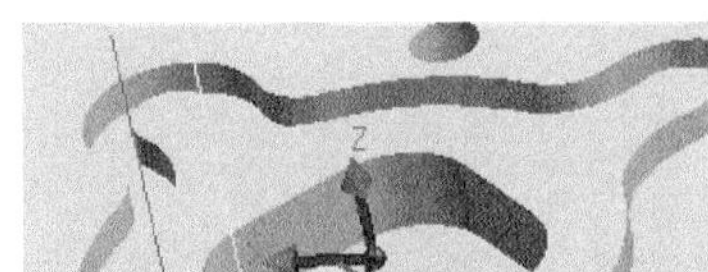

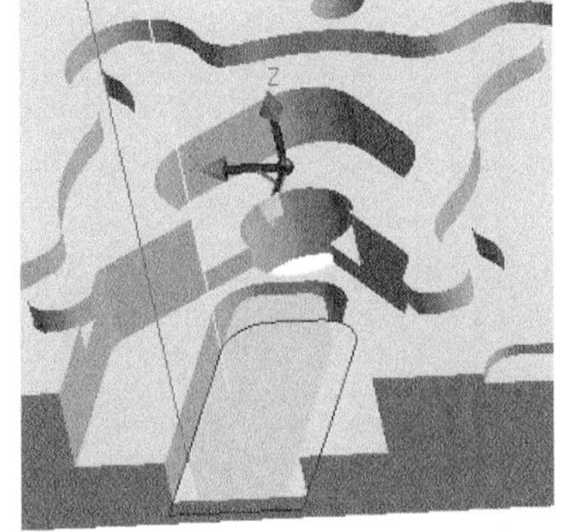

图 4-112　下阶梯面加工刀具轨迹

3) 梅花形凹槽的加工

采用平面区域粗加工，由于加工方式和带圆角正方形凹槽的一样，其具体操作在这里不再赘述，只给出在参数设置中不同的部分和最后结果。

(1) 设置加工参数如图 4-113 所示。

(2) 设置刀具参数如图 4-114 所示。

(3) 同加工滑块位一样，梅花形凹槽也存在尖角，对在相关线下的实体边界线进行编辑，其加工轮廓如图 4-115 所示。

(4) 其他参数与带圆角正方形凹槽一样，梅花形凹槽加工刀具轨迹如图 4-116 所示。

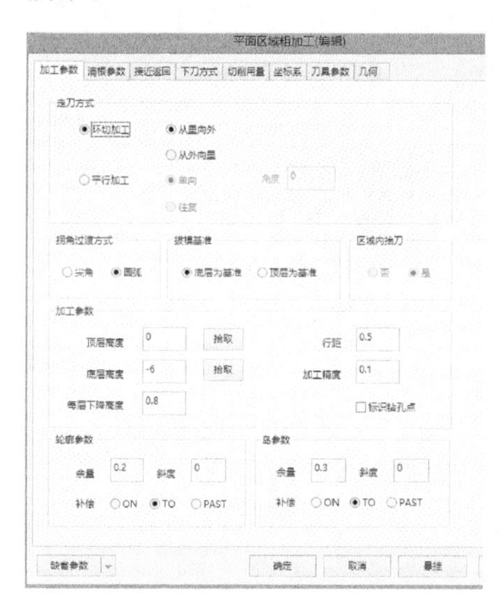

图 4-113　梅花加工参数

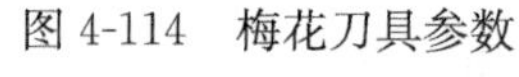

图 4-114　梅花刀具参数

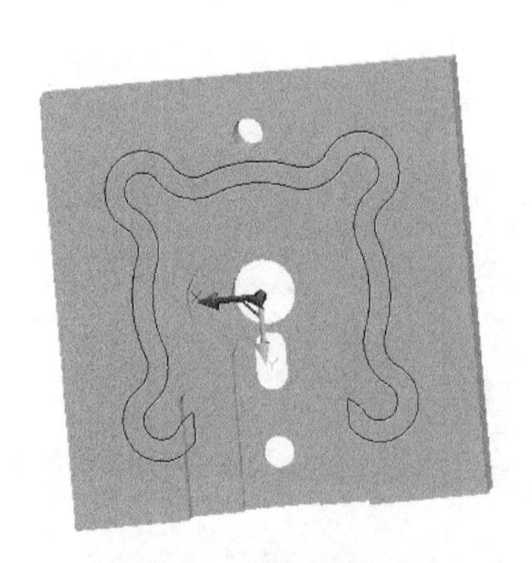

图 4-115　梅花加工轮廓

图 4-116　梅花加工刀具轨迹

4) 工艺槽的加工

采用平面区域粗加工，由于加工方式和梅花形凹槽的一样，其具体操作在这里不再赘述，只给出在参数设置中不同的部分和最后结果。

(1) 设置参数如图 4-117 所示。

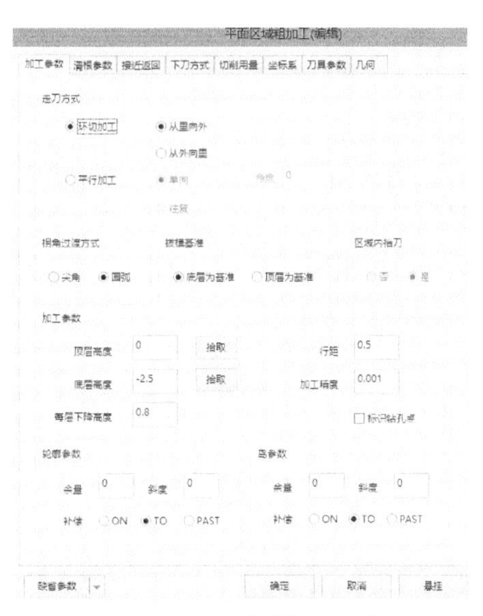

图 4-117　工艺槽加工参数

(2) 几何:工艺槽也存在夹角,其加工轮廓如图 4-118 所示。

(3) 其他参数与梅花形凹槽一样,工艺槽的加工刀具轨迹如图 4-119 所示。

(4) 另一个工艺槽的加工操作和参数与上述工艺槽一样,不再赘述,其加工轮廓如图 4-120 所示,刀具的轨迹如图 4-121 所示。

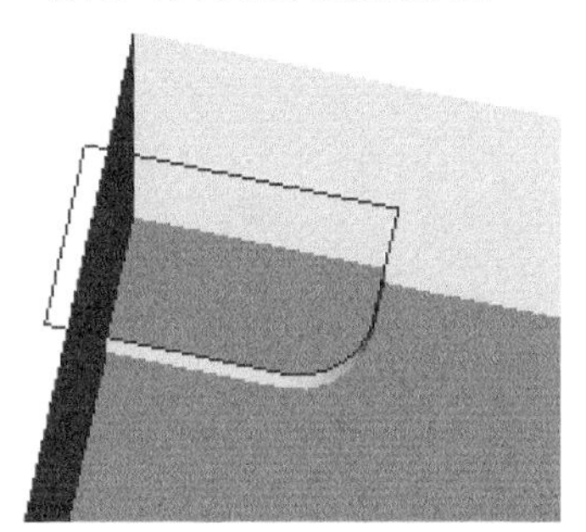
图 4-118　工艺槽加工轮廓

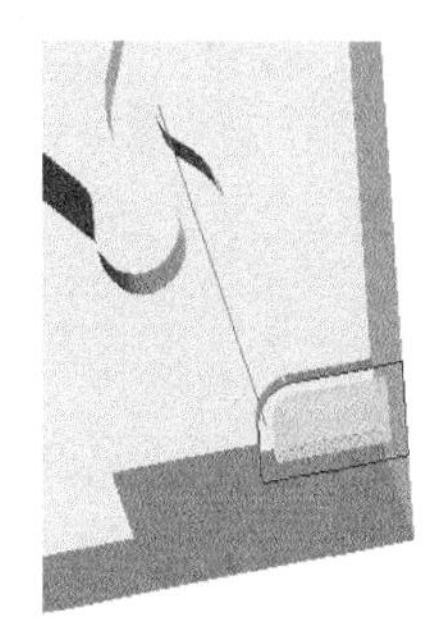
图 4-119　工艺槽刀具加工轨迹

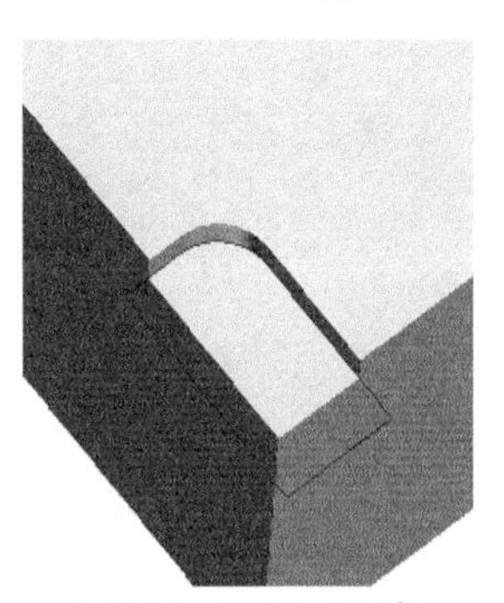
图 4-120　加工轮廓

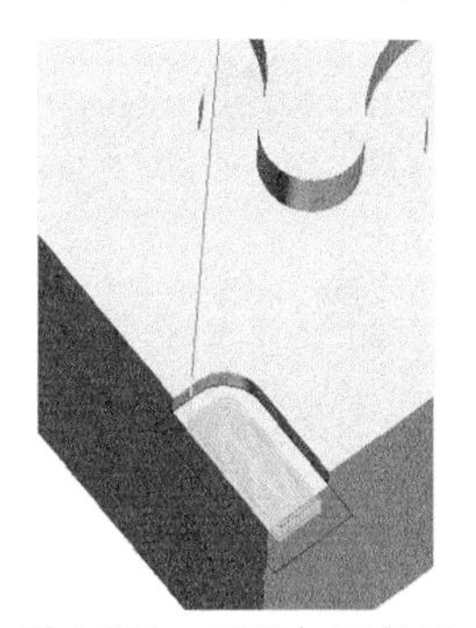
图 4-121　刀具加工轨迹

3. 下基座上表面精加工内容

1）带圆角的正方形凹槽加工

采用平面轮廓精加工，在 CAXA 制造工程师中选择“加工”→“常用加工”→“平面轮廓精加工”，在弹出的对话框中设置加工参数。

（1）选择“加工参数”，设置如图 4-122 所示。

（2）选择“切削用量”，设置如图 4-123 所示。

（3）选择“刀具参数”，设置如图 4-124 所示。

（4）选择“几何”，点击“轮廓曲线”拾取带圆角正方形凹槽的加工轮廓，选用粗加工时的加工轮廓，如图 4-103 所示。

（5）其他参数采用默认值，点击“确定”，生成带圆角正方形凹槽的平面轮廓精加工刀具轨迹，如图 4-125 所示。

图 4-122 设置加工参数

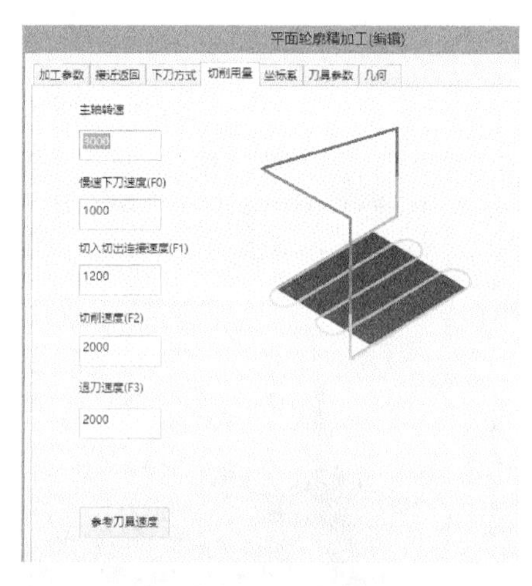

图 4-123 设置切削用量

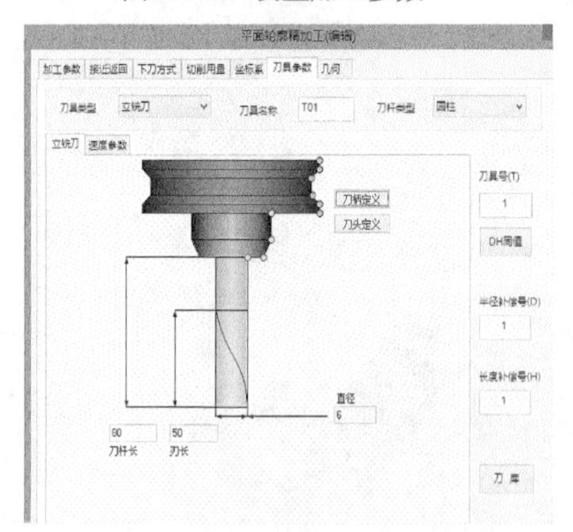

图 4-124 设置刀具参数

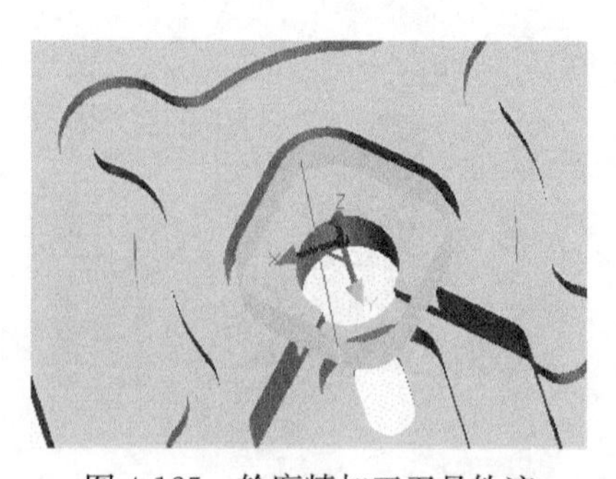

图 4-125 轮廓精加工刀具轨迹

2）凹滑块位加工

采用平面轮廓精加工，由于加工方式和带圆角正方形凹槽的一样，其具体操作在这里不再赘述，只给出在参数设置中不同的部分和最后结果。由于滑块位由两个“阶梯面”组成，采用两次平面轮廓精加工来完成对滑块位的精加工。不同部分内容如下：

滑块位凹槽上阶梯面：

（1）加工参数设置如图 4-126 所示。

（2）几何：选择“轮廓曲线”拾取上阶梯面的轮廓如图 4-107 所示。

（3）其他参数均与带圆角正方形凹槽一样，点击“确定”生成上阶梯面的平面轮廓精加工刀具轨迹，如图 4-127 所示。

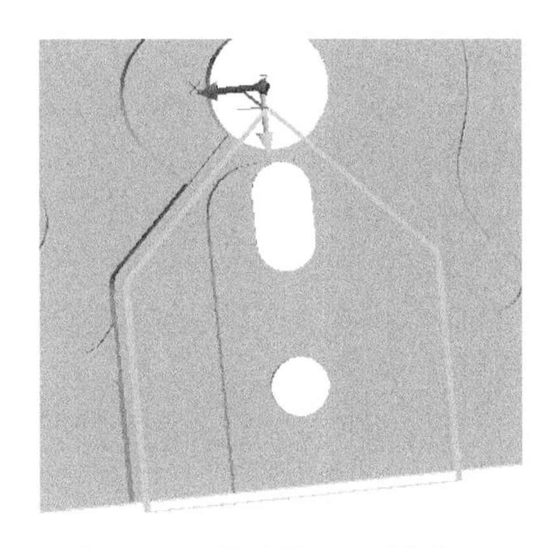

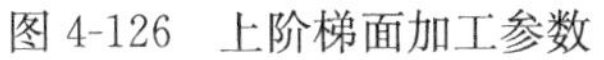
图 4-126　上阶梯面加工参数　　　图 4-127　轮廓精加工刀具轨迹

滑块位凹槽下阶梯面：

（1）加工参数设置如图 4-128 所示。

（2）几何：选择“轮廓曲线”，拾取下阶梯面的轮廓曲线如图 4-111 所示。

（3）其他参数均与带圆角正方形凹槽一致，其平面轮廓精加工刀具轨迹如图 4-129所示。

3）梅花形凹槽的加工

采用平面轮廓精加工，由于加工方式和带圆角正方形凹槽一样，其具体操作过程在这里不再赘述，只给出在参数设置中不同的部分和最后结果。

（1）加工参数设置如图 4-130 所示。

（2）几何：拾取梅花形轮廓如图 4-115 所示。

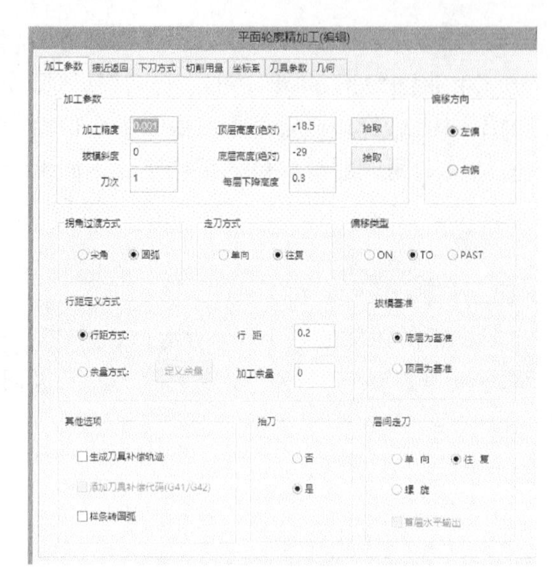

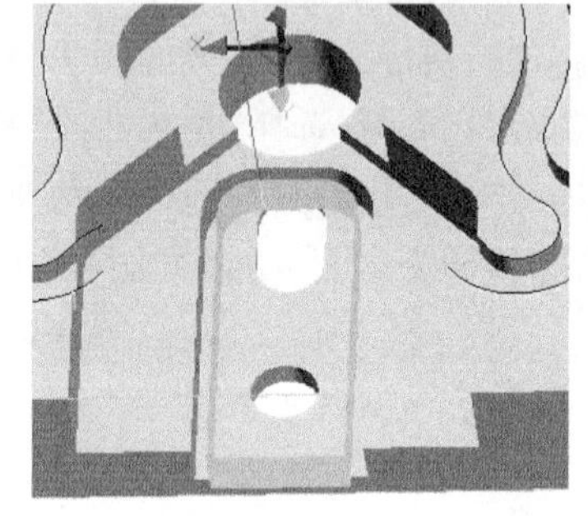

图 4-128　下阶梯面加工参数　　　　图 4-129　轮廓精加工刀具轨迹

(3) 其他参数均与带圆角正方形平面轮廓精加工参数一致,其加工刀具轨迹如图 4-131 所示。

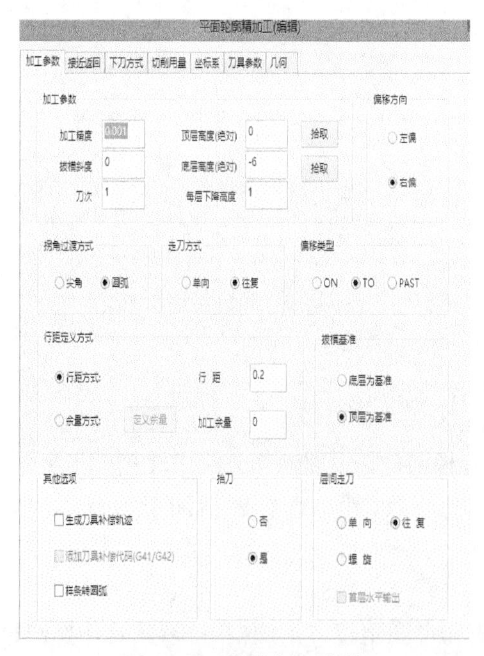

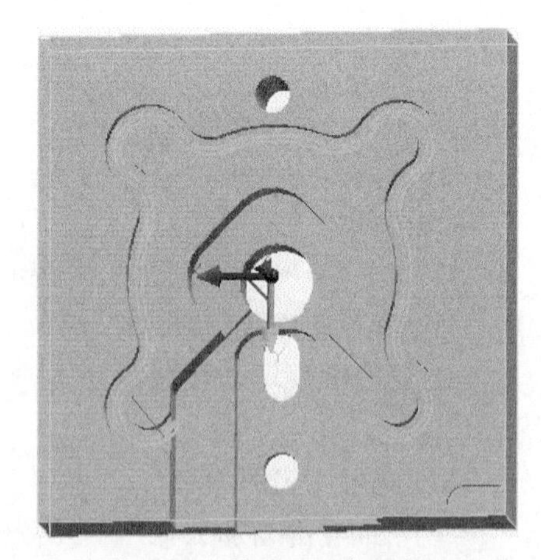

图 4-130　梅花加工参数　　　　图 4-131　梅花刀具加工轨迹

4) 两个工艺槽的加工

采用平面轮廓精加工,操作过程不再赘述,加工参数设置如图 4-132 所示,拾取工艺槽轮廓曲线如图 4-118 和 4-120 所示，加工刀具轨迹如图 4-133 和图 4-134 所示。

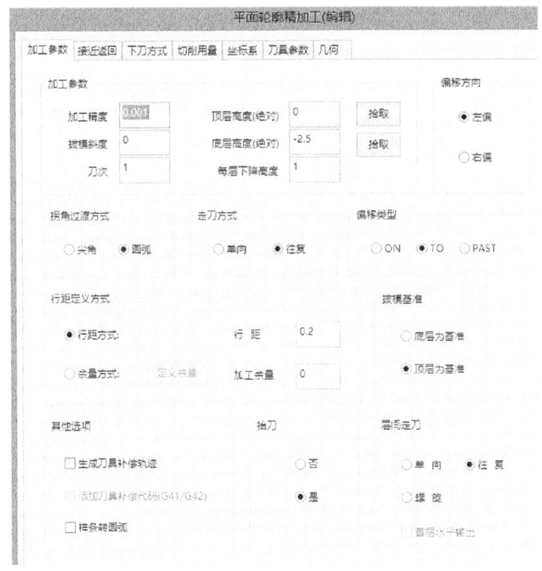

图 4-132　工艺槽加工参数

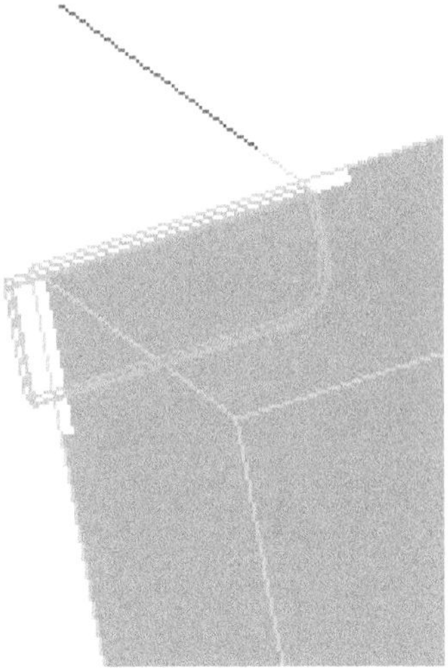

图 4-133　轮廓精加工轨迹

5）上表面的加工

采用平面精加工，在 CAXA 制造工程师中选择“加工”→“常用加工”→“平面精加工”，在弹出的“平面精加工”参数设置对话框中设置加工参数。

(1) 选择“加工参数”，设置如图 4-135 所示。

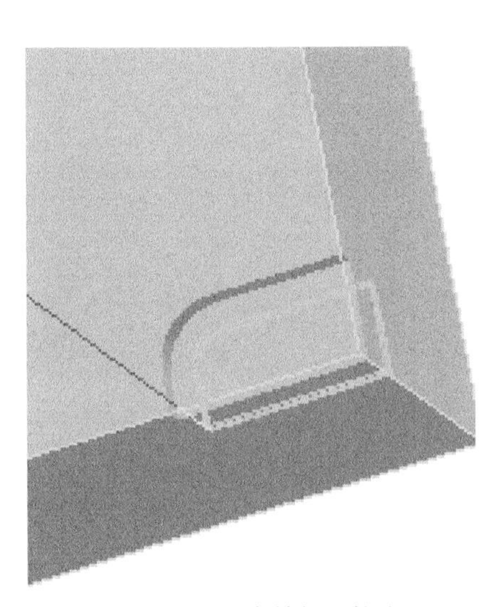

图 4-134　轮廓精加工轨迹

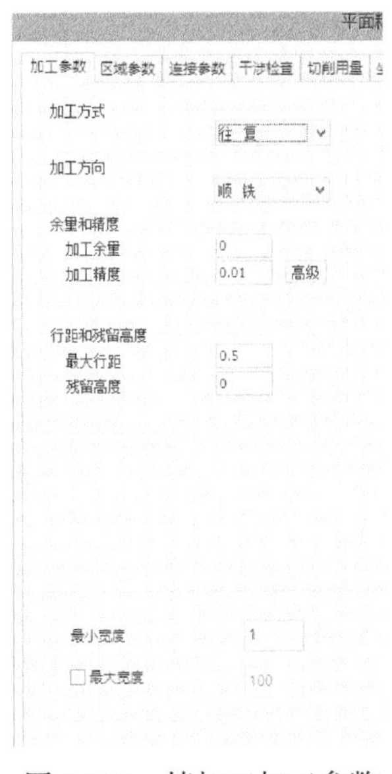

图 4-135　精加工加工参数

(2) 选择“区域参数”，设置区如图 4-136 所示，平面精加工的区域轮廓如图 4-137所示。

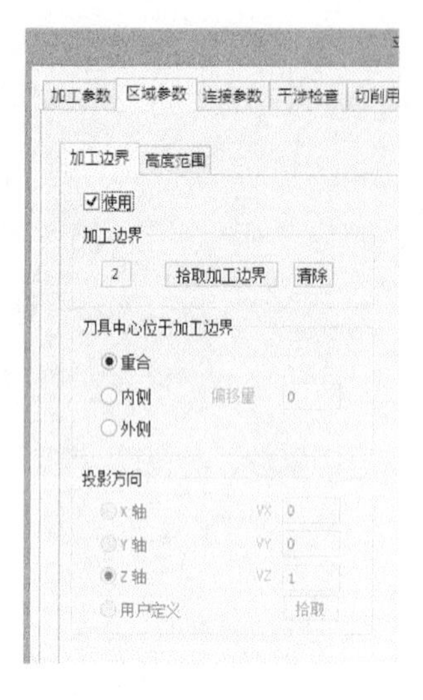

图 4-136　加工区域

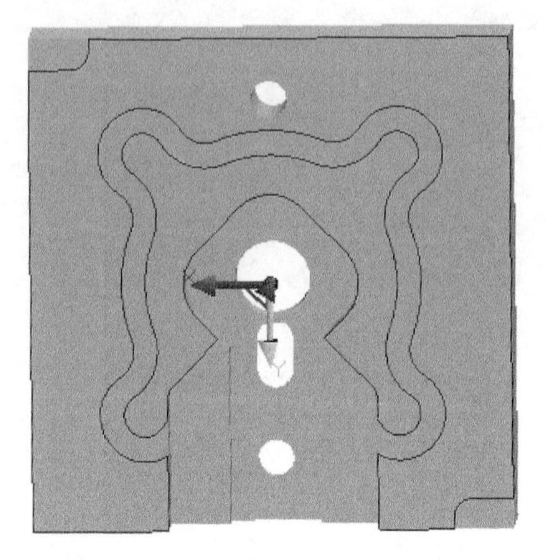

图 4-137　加工轮廓

(3) 选择“切削用量”，设置如图 4-138 所示。

(4) 选择“刀具参数”，设置如图 4-139 所示。

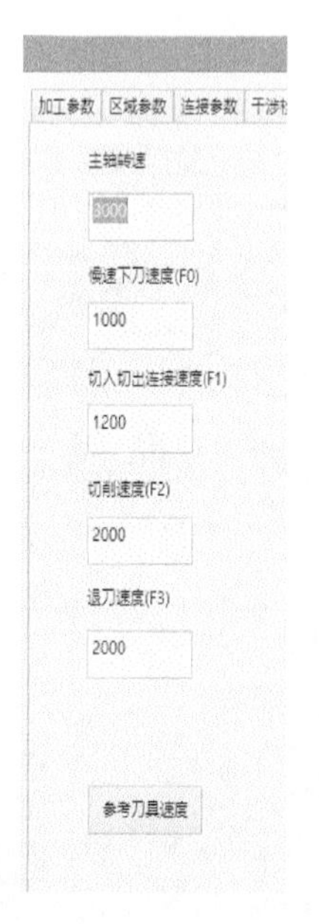

图 4-138　设置切削用量

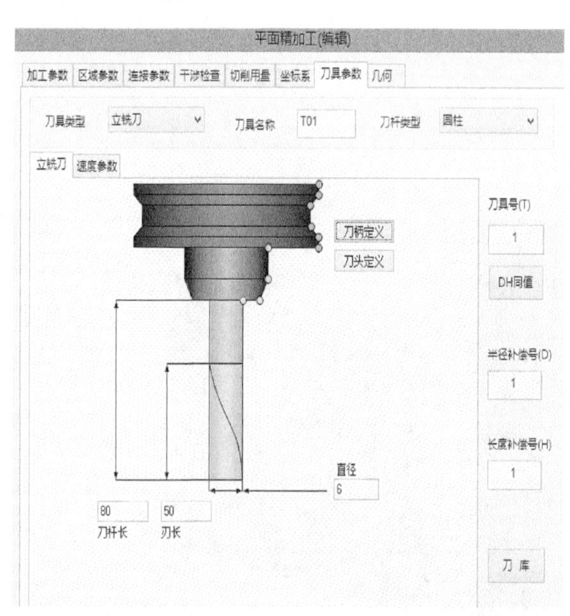

图 4-139　设置刀具参数

(5) 选择“几何”，点击“加工曲面”，拾取零件表面。

(6) 其他参数选择默认值，点击“确定”，生成下基座上表面的平面精加工刀具轨迹，如图 4-140 所示，加工结果如图 4-141 所示。

图 4-140　平面精加工轨迹

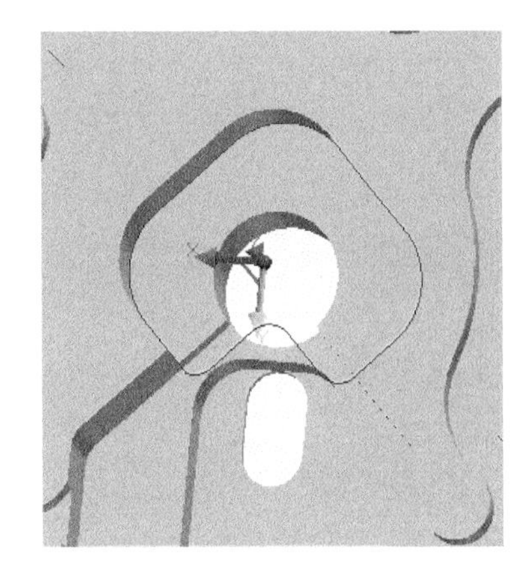

图 4-141　加工轮廓

6) 带圆角正方形凹槽底面、凹滑块位阶梯面、梅花形凹槽底面的加工

这些加工均采用平面精加工，由于加工操作过程与下基座上表面加工方法一样，这里不再赘述，只给出各个平面的加工轮廓和最后加工结果。

(1) 带圆角正方形凹槽底面平面精加工的加工刀具轨迹如图 4-142 所示。

(2) 凹滑块位阶梯面平面精加工轮廓如图 4-143 所示，加工刀具轨迹如图 4-144 所示。

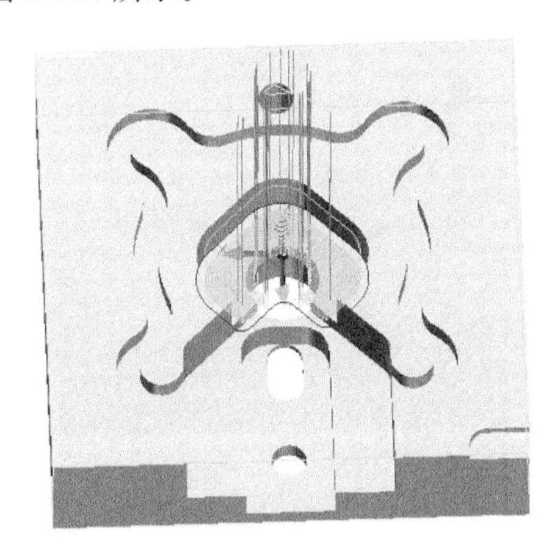

图 4-142　平面精加工轨迹

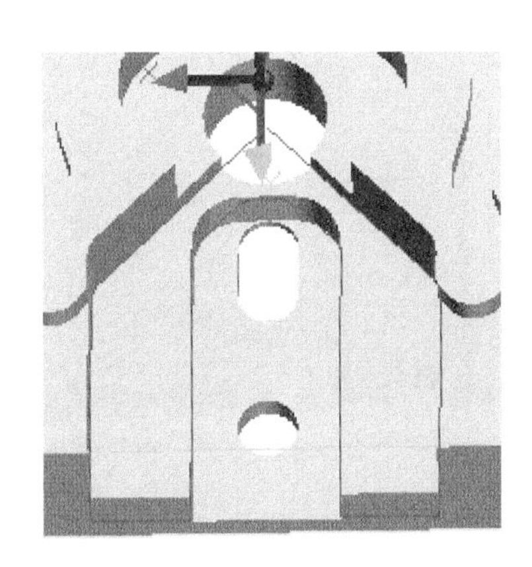

图 4-143　滑块位加工轮廓

(3) 梅花形凹槽底面平面精加工轮廓如图 4-115 所示，加工刀具轨迹如图 4-145所示。

下基座正面粗、精加工结束，其全部刀具轨迹如图 4-146 所示。

下基座正反两面刀具轨迹生成结束，在轨迹管理栏中选择所有刀具轨迹并显示，如图 4-147 所示。根据加工工艺规程和加工顺序原则可以对已经生成的刀具轨迹的进行排序，此操作只有刀具轨迹在显示状态下才有效。

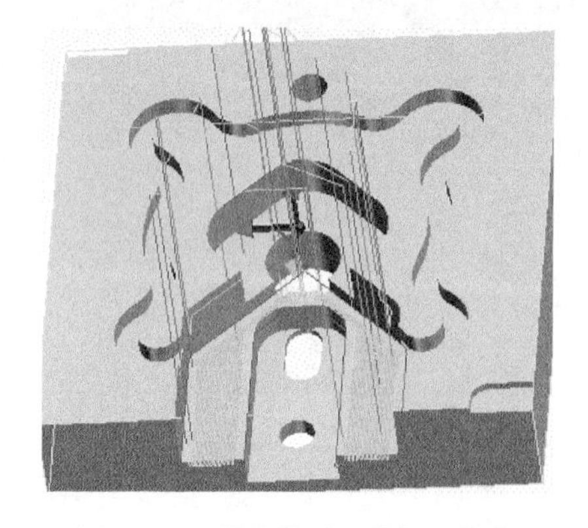

图 4-144　滑块位平面精加工轨迹

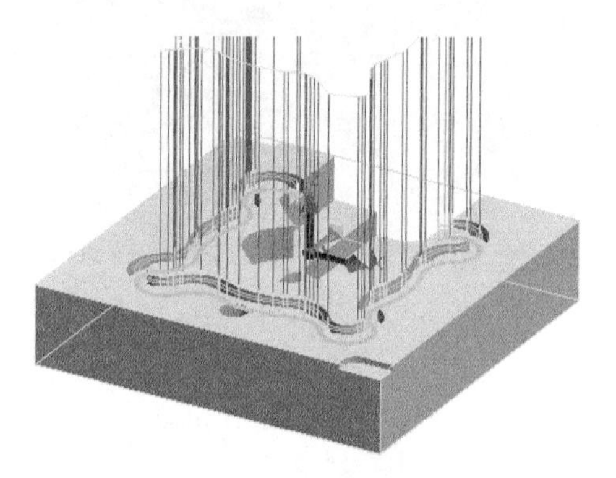

图 4-145　梅花平面精加工轨迹

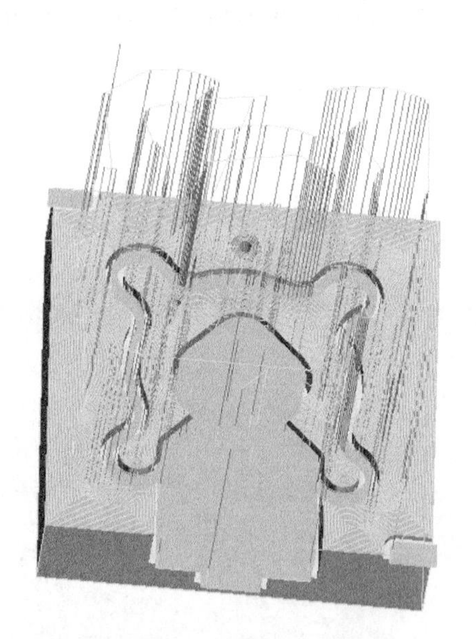

图 4-146　正面加工刀具轨迹

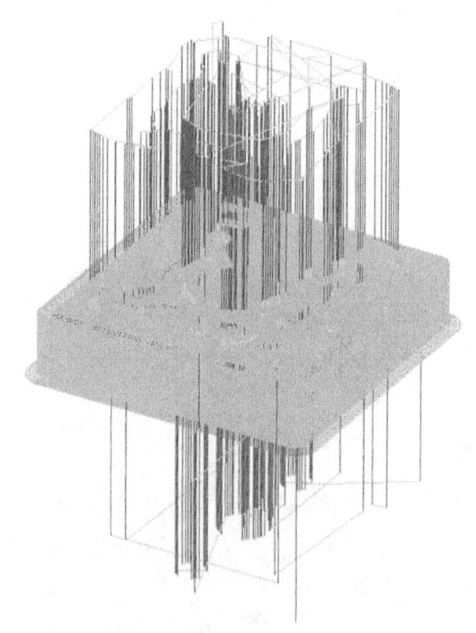

图 4-147　整体加工刀具轨迹

4.3.4　后置处理及 G 代码的生成

在经过上述操作过程已经完成了在 CAXA 制造工程师 CAM 模块下的加工

刀具轨迹的生成，如果在真实数控铣床或者加工中心利用生成的刀具轨迹进行加工，并且不同的机床厂所生产的数控铣床或者加工中心的系统不同，其 NC 代码一般也不通用，因此在进行加工前必须对在 CAXA 制造工程师 CAM 模块下的刀具轨迹后置处理，才能使后续生成的 NC 代码适用已有的铣床或者加工中心。

CAXA 制造工程师的后置处理操作：

（1）在 CAXA 制造工程师中，在“加工”下拉菜单下选择“后置处理”→“后置设置”，如图 4-148 所示，在弹出的对话框中选择“fanuc 机床”，设置机床信息，如图 4-149 所示，点击“另存为”，保存机床信息。

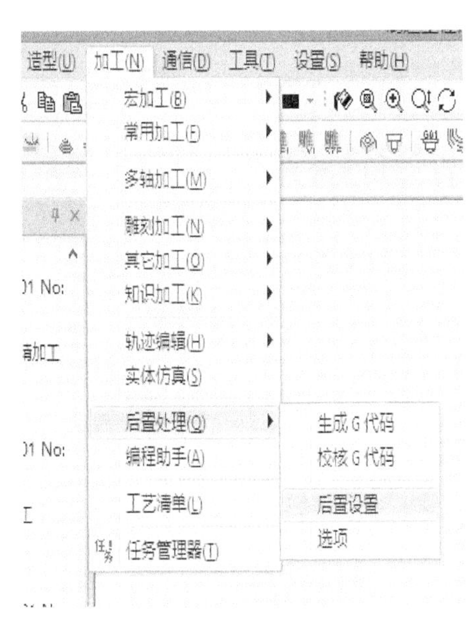

图 4-148　后置设置

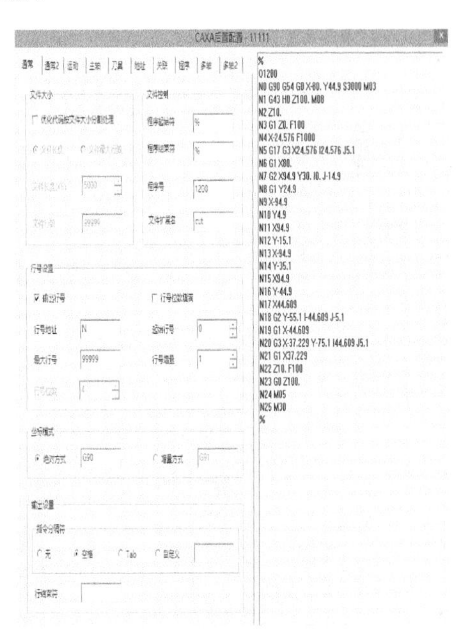

图 4-149　设置机床信息

（2）如图 4-148 所示，选择“生成 G 代码”，在弹出的对话框中设置 G 代码生成参数，如图 4-150 所示，点击“确定”，拾取要生成 G 代码的刀具轨迹，右键确定生成 G 代码，如图 4-151 所示。

下基座正反两面的数控铣削结束，在 CAXA 制造工程师中对所有刀具轨迹实体仿真，结果如图 4-152 和图 4-153 所示。

下基座是凸轮槽机构中具有典型特征的盘类零件，可以利用铣削的方式进行加工。对零件结构进行工艺分析，为保证零件的加工精度，正反两面分为粗加工和精加工，根据不同的加工方法的特点和适用范围，对于不同的实体特征安排不同的加工方法。根据加工工艺规程的设计原则、基准的选择原则以及机械加工工序及顺序的安排原则来安排具体的加工内容，对于相似的实体特征可以采用相同的加工方法以及在无特殊的加工精度要求的条件下使用相同的加工参数，这样可以简化加工过程，减少加工中的辅助时间，进而提高加工效率。利用实体仿真可以对生成的刀具轨迹进行检验，观察是否加工合格。

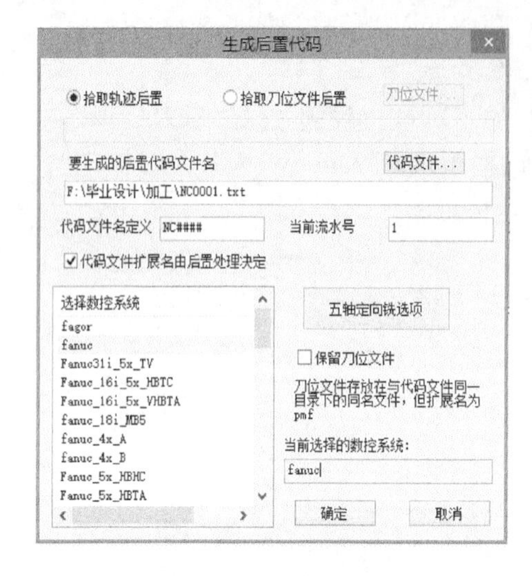

图 4-150　G代码属性

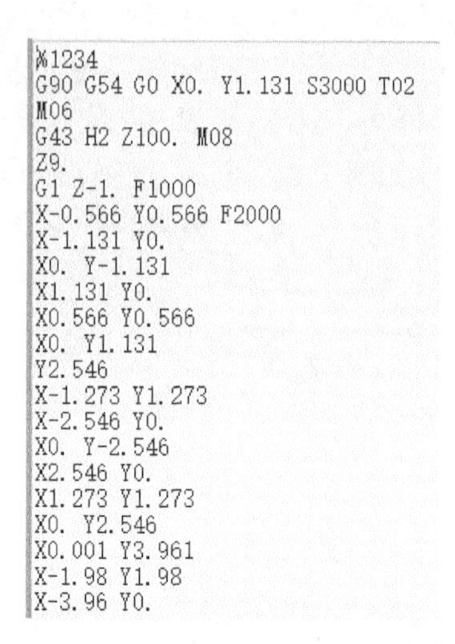

图 4-151　G代码

图 4-152　反面实体仿真

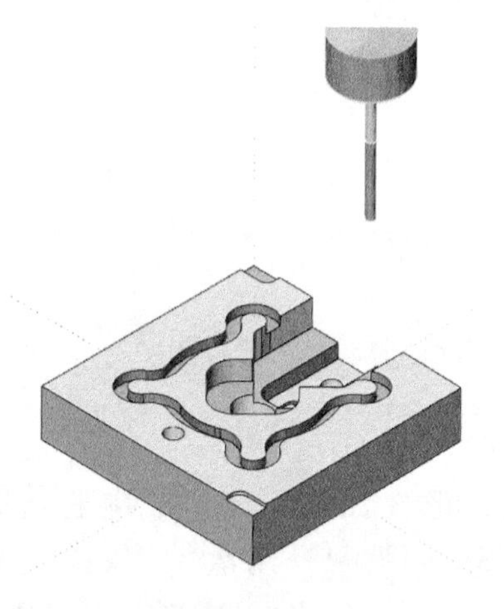

图 4-153　正面实体仿真

4.4　凸轮槽典型零件(芯轴)的车削加工

4.4.1　芯轴的工艺分析与毛坯的建立

芯轴的数控轮廓图和毛坯轮廓如图 4-154 所示。

芯轴毛坯选用 ϕ38×135 的棒料，用三爪卡盘装夹。根据芯轴几何特征分析加工工艺如下。

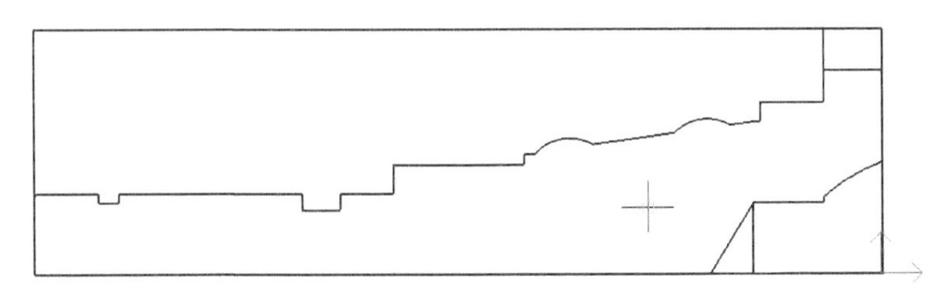

图 4-154　芯轴毛坯

1. 芯轴第一次装夹加工

1）装夹方案

第一次装夹，夹毛坯，伸出 65mm。

2）数控加工刀具卡

选用硬质合金刀具，根据图样选择合适的加工刀具，制成数控加工刀具卡如表 4-8所示。

表 4-8　数控加工刀具卡

产品名称		凸轮槽机构	零件名称		芯轴	零件号	04
序号	刀具号	刀具规格	材料	数量	加工表面		备注
1	T01	93°外圆车刀	硬质合金	1	ϕ63 外圆		粗车
2	T02	35°外圆车刀	硬质合金	1	ϕ63 外圆		精车
3	T04	ϕ20 钻头	硬质合金	1	预加工内轮廓钻 ϕ20 孔		
4	T03	ϕ16 内孔刀	硬质合金	1	ϕ22 内孔、内椭圆		粗、精车

3）数控加工工艺卡

为对刀方便，将坐标原点设在工件右端面的中心处。根据加工工艺规程的设计原则、基准的选择原则以及机械加工工序及顺序的安排原则，设计芯轴的工艺路线如下：

（1）93°外圆车刀粗车外圆，留 0.2mm 精加工余量。

（2）35°外圆车刀精车外圆。

（3）ϕ20 钻头钻中心孔，为 ϕ22 内孔、内椭圆加工钻预制孔。

（4）ϕ16 内孔刀粗、精车 ϕ22 内孔、内椭圆。

制作数控加工工艺卡如表 4-9 所示。

表 4-9　数控加工工艺卡

零件名称 芯轴		零件图号 04	程序号 %5678	机床系统 华中世纪星		加工部位 左端
序号	刀具号	加工内容	主轴转速 /(r/min)	进给量 /(mm/min)	背吃刀量 /mm	备注
1	T01	ϕ63 外圆	1000	180	2	粗车
2	T02	ϕ63 外圆	1800	180	0.5	精车
3	T04	内轮廓预制孔	3000	180	2	
4	T03	ϕ22 内孔、内椭圆	1000	150	2 0.3	粗车 精车

2. 芯轴掉头装夹加工

1) 装夹方案

(1) 掉头装夹，夹 ϕ63 外圆，50mm，伸出 80mm，平总长 130mm，钻中心孔。

(2) 一夹一顶，夹位为 ϕ63 外圆，7mm 长。

2) 数控加工刀具卡

选用硬质合金刀具，根据图样选择合适的加工刀具，制成数控加工刀具卡如表 4-10所示。

表 4-10　数控加工刀具卡

产品名称		凸轮槽机构	零件名称		芯轴	零件号	04
序号	刀具号	刀具规格	材质	数量	加工表面		备注
1	T06	ϕ5 钻头	硬质合金	1	顶尖孔		
2	T02	35°外圆车刀	硬质合金	1	芯轴外圆		粗、精加工
3	T05	3mm 外圆槽刀	硬质合金	1	3mm，6mm 槽		粗、精加工
4	T07	60°外螺纹刀	硬质合金	1	M25×2.5 外螺纹		粗、精加工

3) 数控加工工艺卡

同样为方便对刀，将加工坐标系设在芯轴右端面中心位置，工艺路线如下：

(1) ϕ5 钻头钻中心孔，尾座顶紧。

(2) 35°外圆车刀粗、精车外圆、圆弧和锥度。

(3) 3mm 外圆槽刀切制 3mm、6mm 槽。

(4) 60°外螺纹刀车削 M25×2.5 外螺纹。

4.4.2　芯轴的第一次装夹车削加工

由于芯轴加工分两次装夹加工，第一次装夹加工如下：

1. 外轮廓粗车

在 CAXA 数控车中打开图 4-154 所示的芯轴轮廓图，点击“数控车”→“轮廓粗车”，在弹出的对话框中设置粗车加工参数如下：

(1) 选择“加工参数”，设置如图 4-155 所示。

(2) 选择“进退刀方式”，设置如图 4-156 所示。

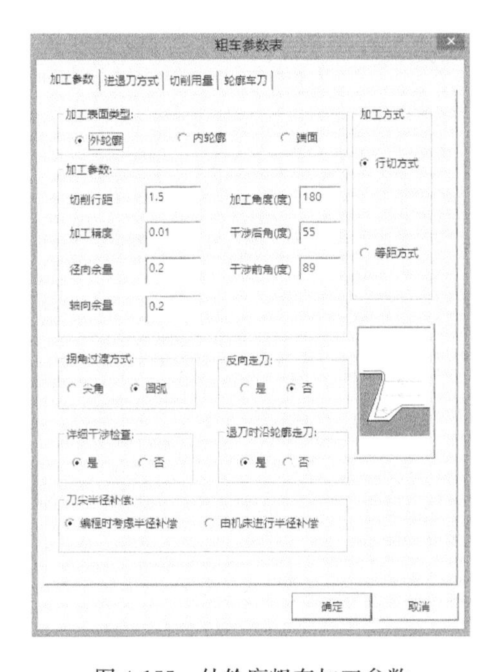

图 4-155　外轮廓粗车加工参数

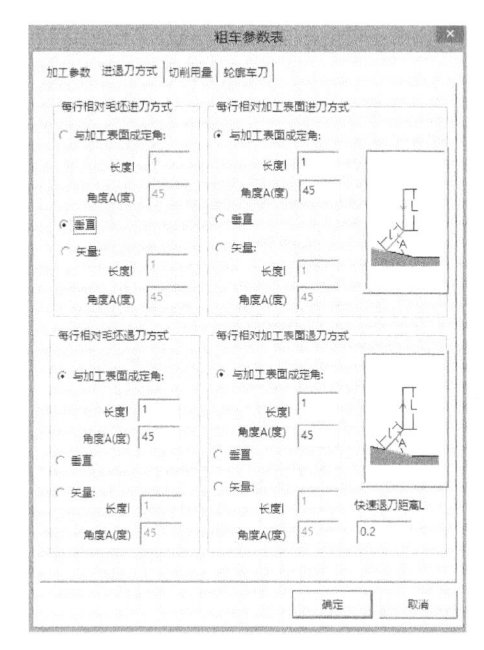

图 4-156　外轮廓粗车进退刀方式

(3) 选择“切削用量”，设置如图 4-157 所示。

(4) 选择“轮廓车刀”，设置如图 4-158 所示。

(5) 点击“确定”，拾取加工轮廓和毛坯轮廓，如图 4-159 所示。

(6) 右键确定，选择进退刀点，生成芯轴外轮廓粗车刀具轨迹，如图 4-160 所示。

2. 外轮廓精车

点击“数控车”→“轮廓精车”，设置精车加工参数如下：

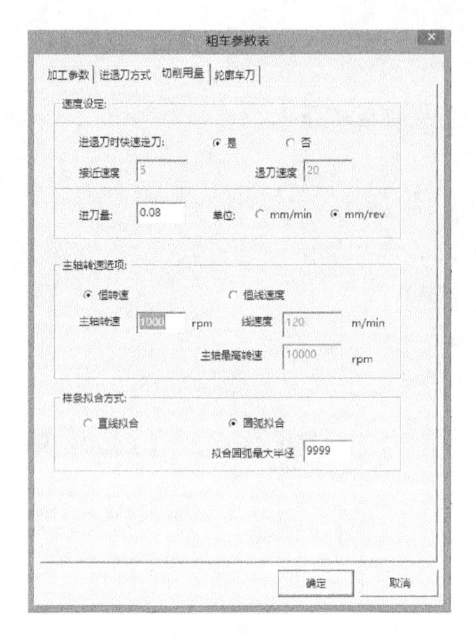

图 4-157　外轮廓粗车切削用量

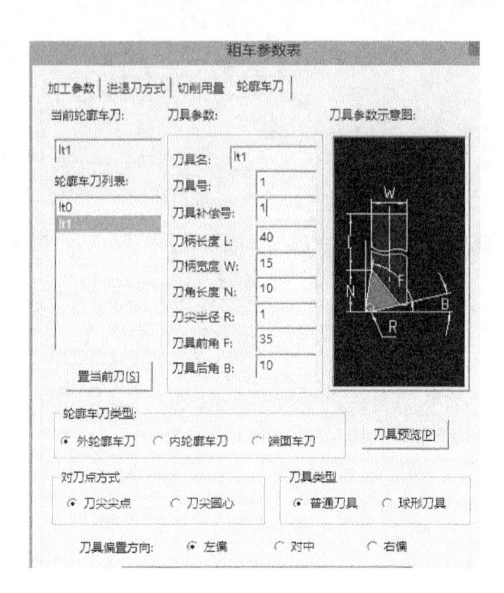

图 4-158　外轮廓粗车刀具参数

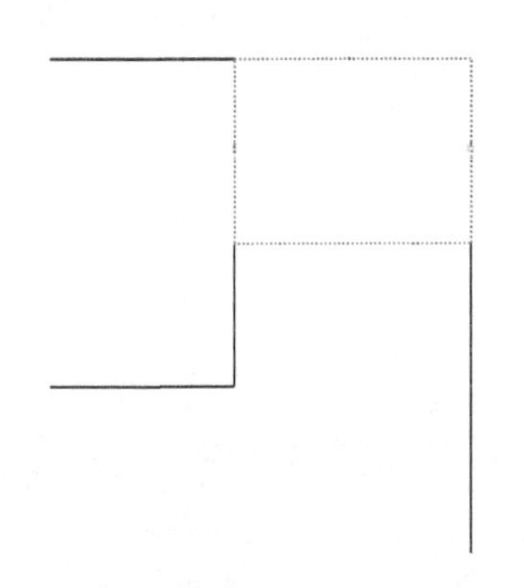

图 4-159　外轮廓粗车轮廓

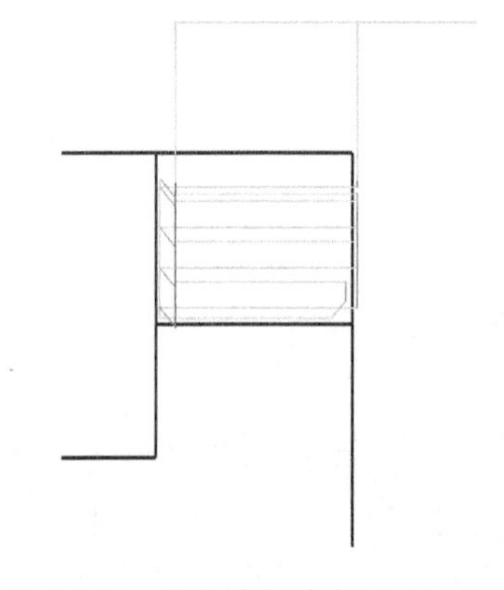

图 4-160　外轮廓粗车加工刀具轨迹

(1) 选择“加工参数”,设置如图 4-161 所示。

(2) 选择“进退刀方式”,设置如图 4-162 所示。

(3) 选择“轮廓车刀”,设置刀具如图 4-163 所示。

(4) 点击“确定”,拾取精车轮廓线如图 4-164 中的虚线所示(图中没有隐藏粗加工轨迹,虚线所示为精加工轨迹)。

(5) 右键确定,选择进退刀点,生成芯轴外轮廓精车刀具轨迹,如图 4-165 所示。

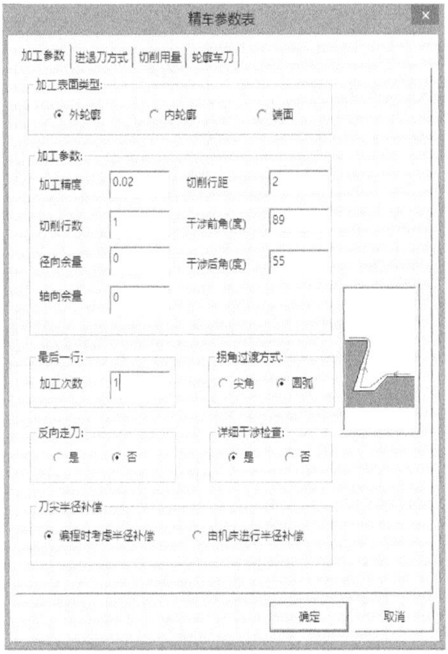

图 4-161　外轮廓精车加工参数

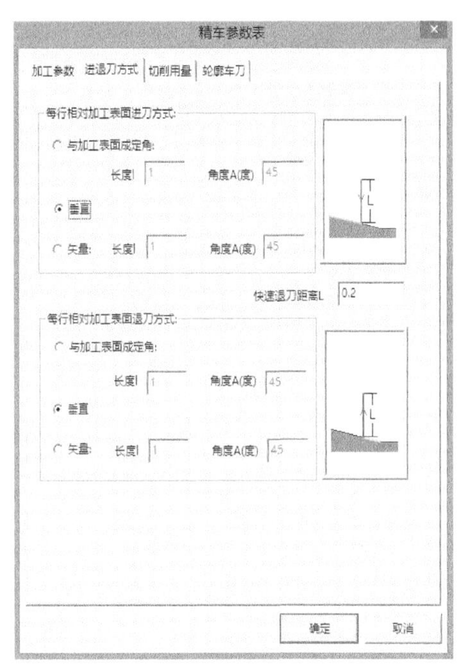

图 4-162　外轮廓精车进退刀方式

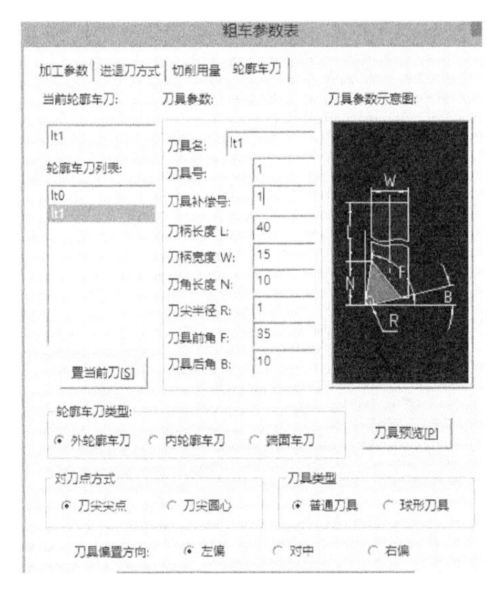

图 4-163　外轮廓精车刀具参数

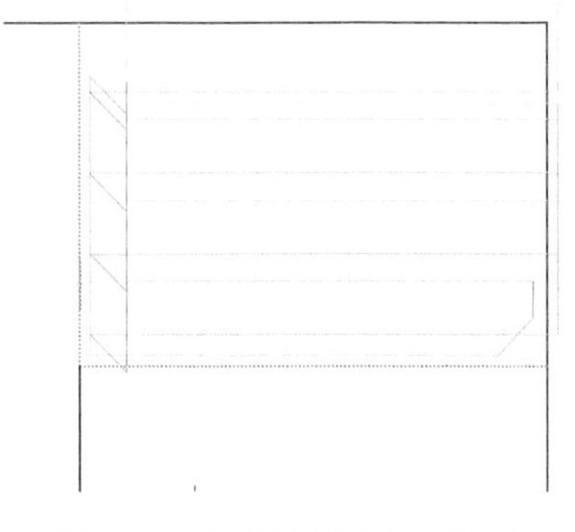

图 4-164　外轮廓精车加工轮廓

3. 内轮廓预加工

点击“数控车”→“钻中心孔”，设置钻孔参数如下：

(1) 选择“加工参数”，设置如图 4-166 所示。

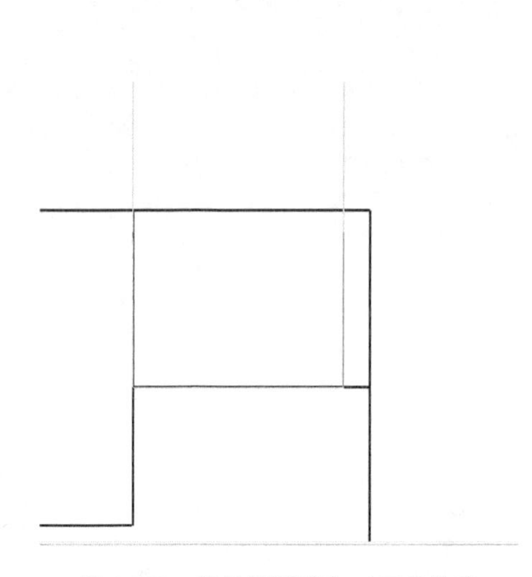

图 4-165　外轮廓精车加工刀具轨迹

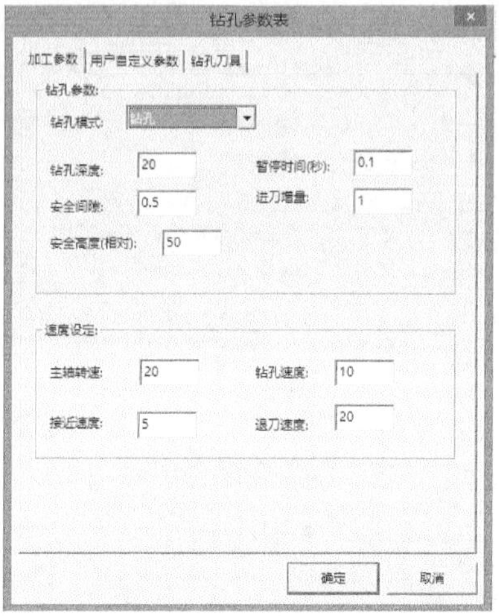

图 4-166　钻孔加工参数

(2) 选择“钻孔刀具”，设置刀具如图 4-167 所示。

(3) 点击“确定”，拾取钻孔中心位置生成钻孔刀具轨迹如图 4-168 所示。

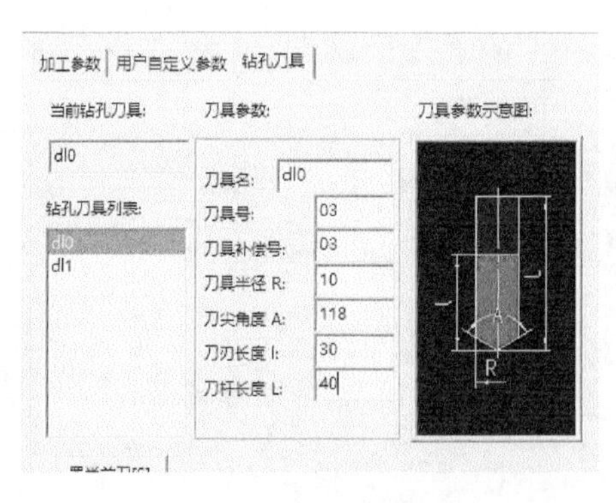

图 4-167　钻头

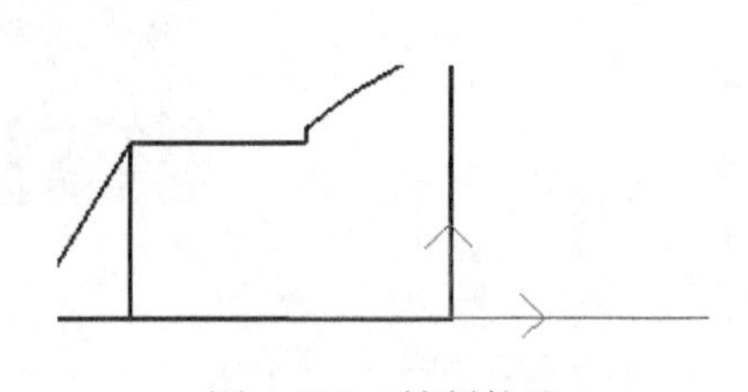

图 4-168　钻削轨迹

4. ϕ22 内孔、内椭圆内轮廓粗车

内轮廓粗车和外轮廓粗车基本一样，这里不再赘述，只给出不同部分参数设置。

(1) 参数设置,如图 4-169 所示。

(2) 轮廓车刀,设置如图 4-170 所示。

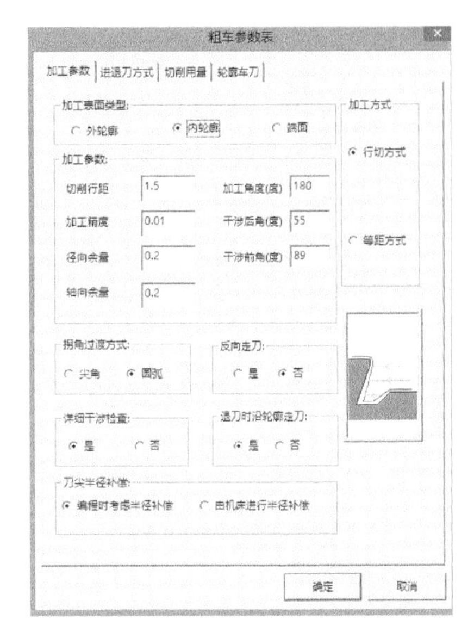

图 4-169　内轮廓粗车加工参数

图 4-170　内轮廓粗车进退刀方式

(3) 粗加工和毛坯轮廓如图 4-171 所示。

(4) 加工刀具轨迹如图 4-172 所示。

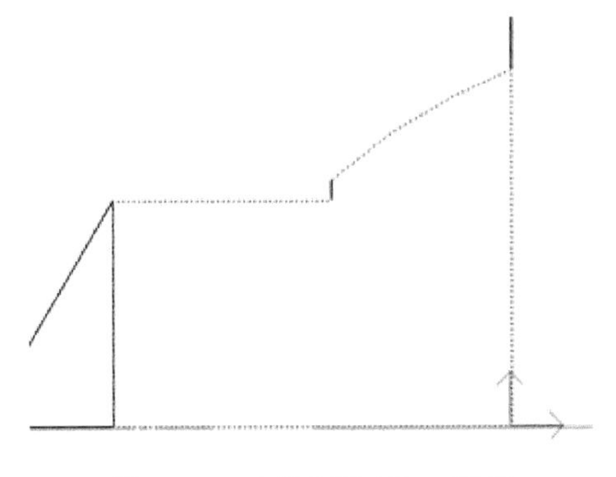

图 4-171　内轮廓粗车加工轮廓

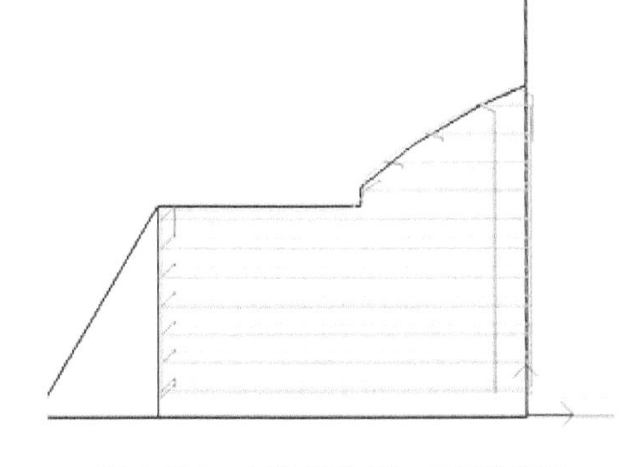

图 4-172　内轮廓粗车加工刀具轨迹

5. ϕ22 内孔、内椭圆内轮廓精车

内轮廓精车与外轮廓精车基本一样,不同部分参数设置如下:

(1) 参数设置如图 4-173 所示。

(2) 加工刀具与内轮廓粗加工所用刀具一样,加工轮廓如图 4-174 所示。

(3) 加工刀具轨迹如图 4-175 所示。

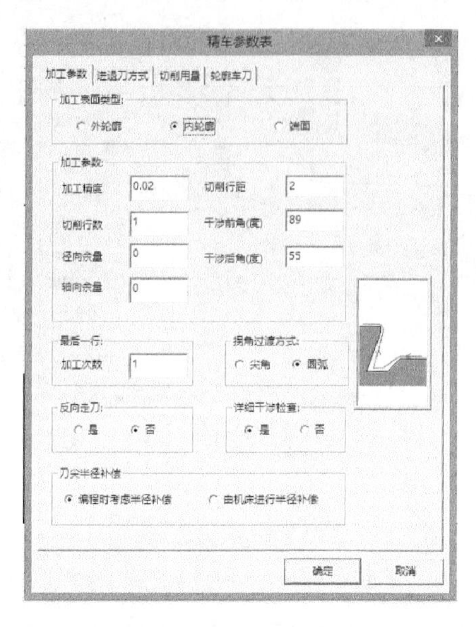

图 4-173　内轮廓精车加工参数

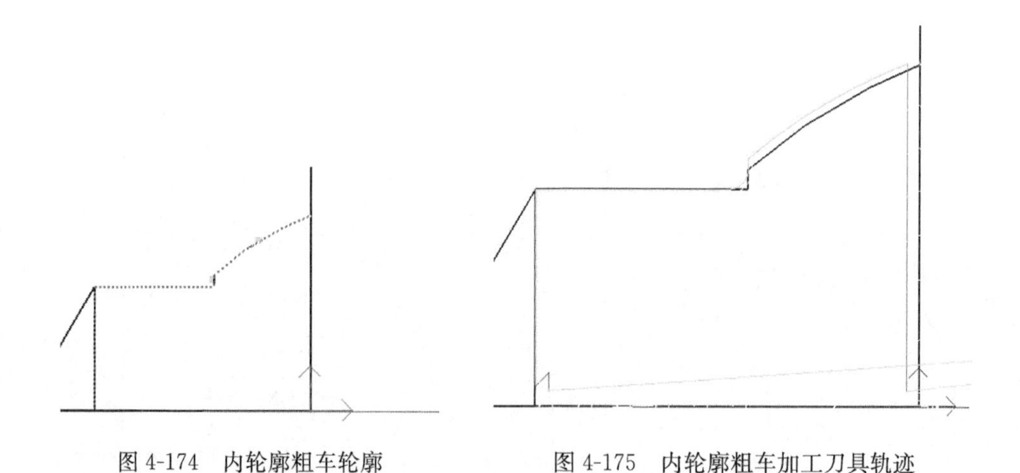

图 4-174　内轮廓粗车轮廓　　　　图 4-175　内轮廓粗车加工刀具轨迹

6. 整体加工刀具轨迹效果图

芯轴第一次装夹加工结束,其整体加工刀具轨迹如图 4-176 所示。

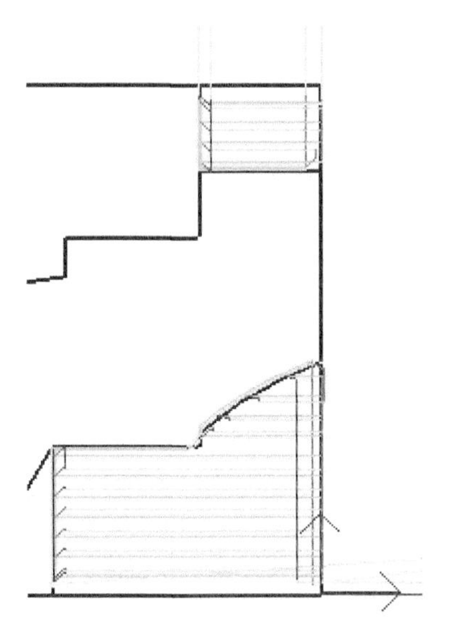

图 4-176　整体加工刀具轨迹

4.4.3　芯轴的第二次装夹车削加工

1. 掉头装夹，钻中心孔

掉头装夹，将加工坐标系设置在右端中心位置，钻中心孔，选用 35°外轮廓车刀粗、精加工芯轴外轮廓，加工操作不再赘述，其钻孔，粗、精加工刀具轨迹如图 4-177～图 4-179 所示。

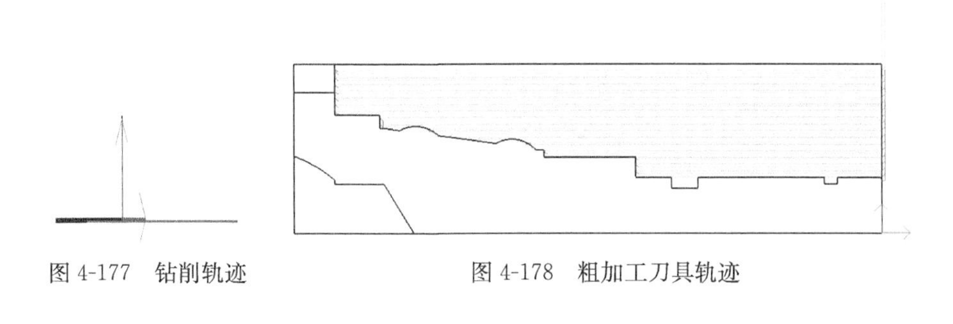

图 4-177　钻削轨迹　　图 4-178　粗加工刀具轨迹

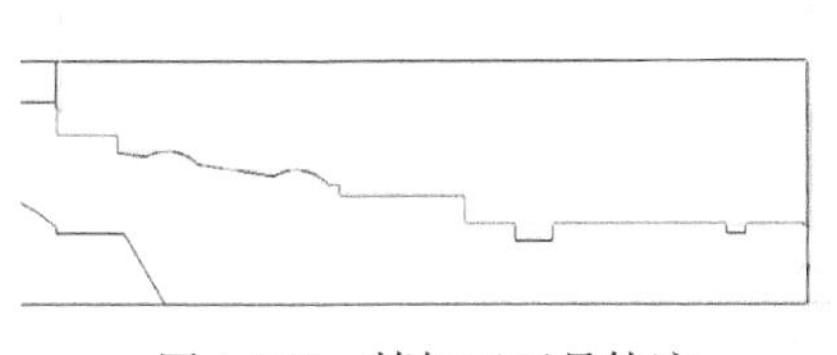

图 4-179　精加工刀具轨迹

2. 加工 3mm 槽

点击“数控车”→“切槽，设置切削参数。

(1) 选择“切槽加工参数”，设置如图 4-180 所示。

(2) 选择“切削用量”，设置如图 4-181 所示。

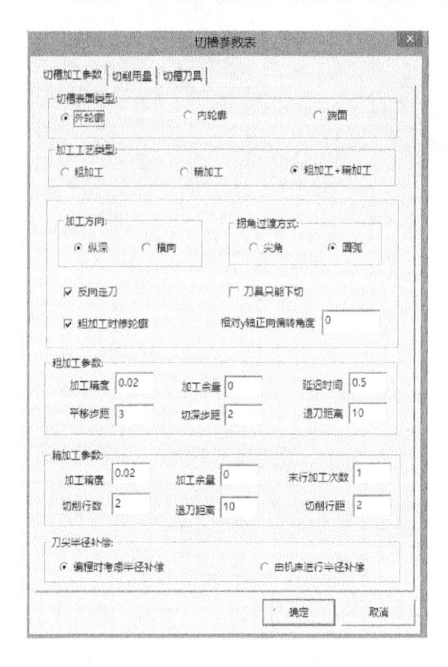

图 4-180 切槽加工参数

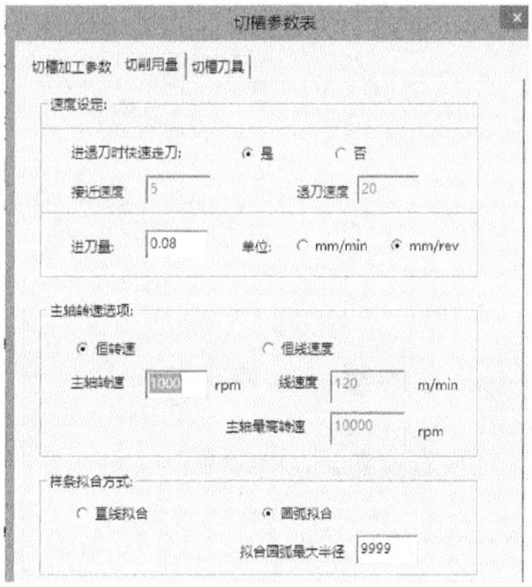

图 4-181 切槽切削用量

(3) 选择“切槽刀具”，设置刀具参数如图 4-182 所示。

(4) 点击“确定”，拾取槽轮廓，生成切槽刀具轨迹，如图 4-183 所示。

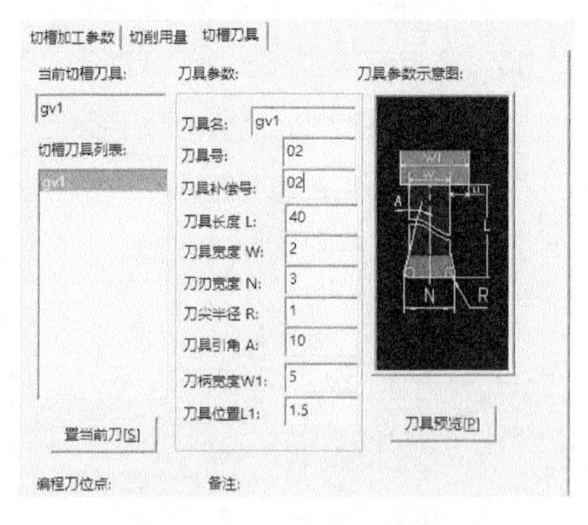

图 4-182 槽刀设置

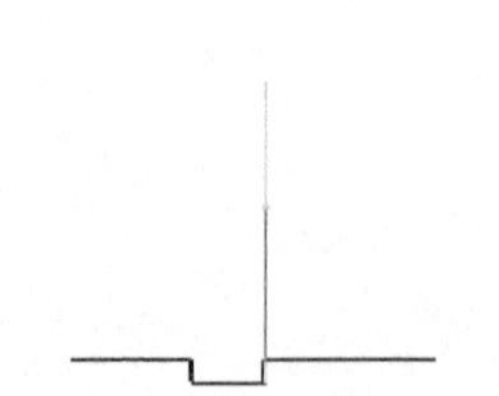

图 4-183 3mm 切槽轨迹

3. 加工 6mm 槽

切削加工操作与 3mm 槽操作过程一样，不再赘述，其加工刀具轨迹如图 4-184 所示。

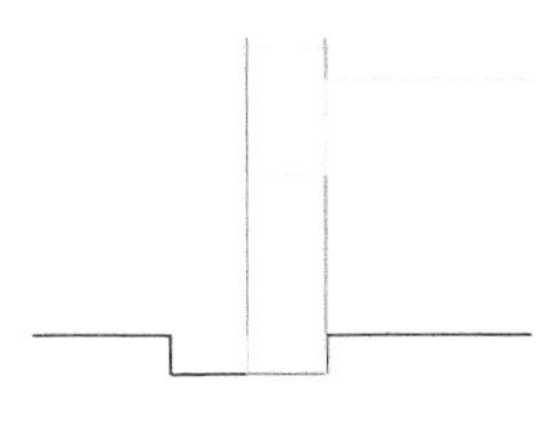

图 4-184　6mm 切槽轨迹

4. M25×2.5 外螺纹的加工

点击“数控车”→“车螺纹”，设置切削参数：

(1) 选择“螺纹参数”，设置如图 4-185 所示。

(2) 选择“螺纹加工参数”，设置如图 4-186 所示。

(3) 选择“进退刀方式”，设置如图 4-187 所示。

(4) 选择“螺纹车刀”，设置刀具参数如图 4-188 所示。

(5) 其他参数选为默认值，点击“确定”，确定进退刀点，生成螺纹车削刀具轨迹，如图 4-189 所示。

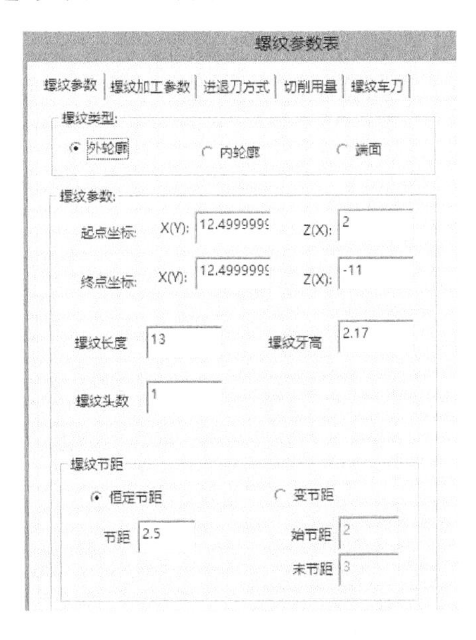

图 4-185　螺纹参数

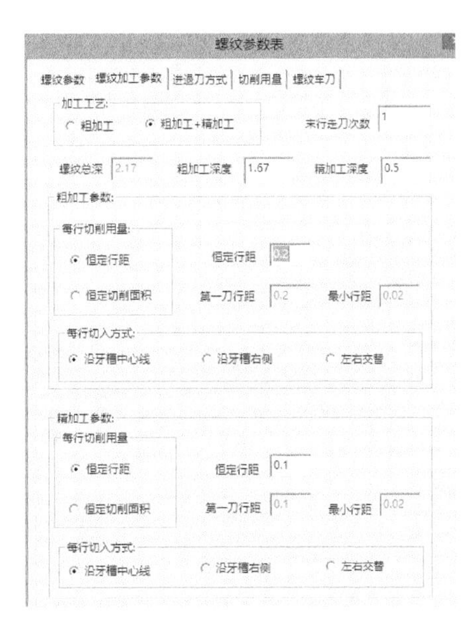

图 4-186　螺纹加工参数

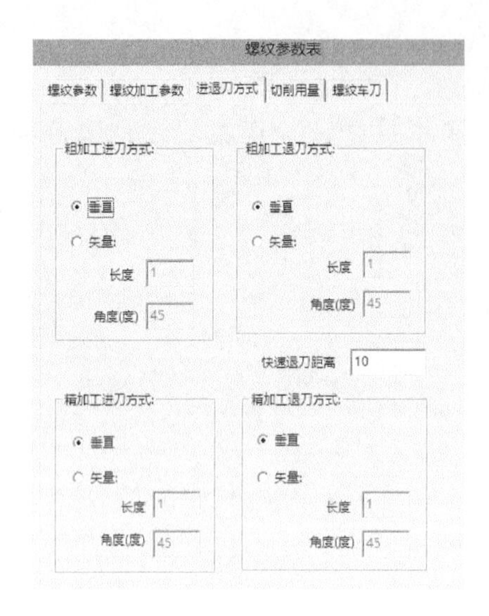

图 4-187　螺纹进退刀方式

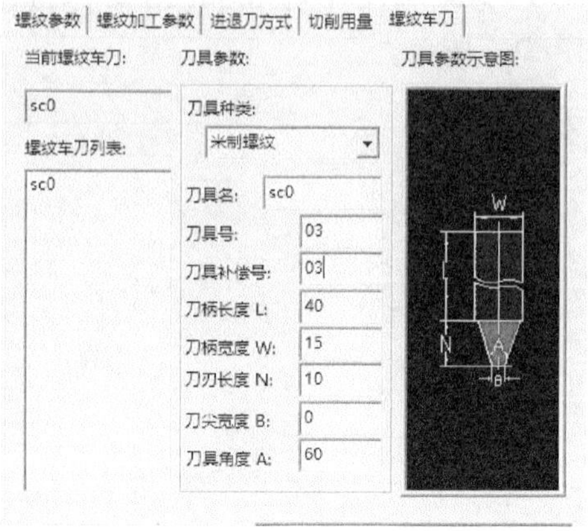

图 4-188　螺纹车刀

5. 二次装夹加工效果图

芯轴第二次装夹车削加工结束时，其整体加工刀具轨迹如图 4-190 所示。

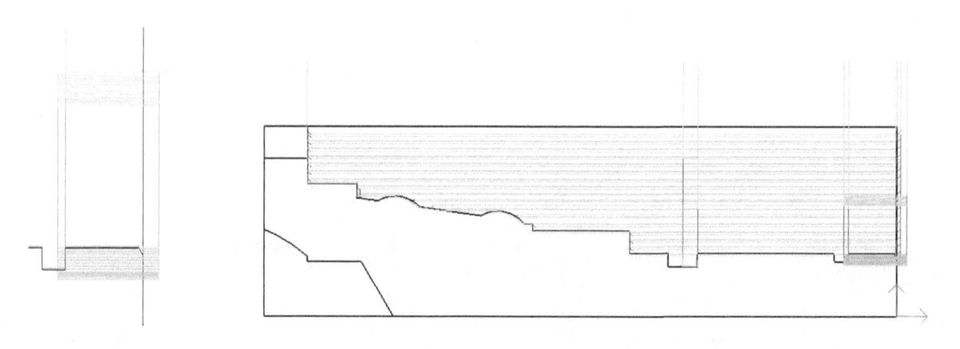

图 4-189　螺纹加工轨迹

图 4-190　整体加工刀具轨迹

6. 机床后置设置

点击“数控车”→“后置设置”，弹出“后置设置”对话框，设置参数如图 4-191 所示。

7. 代码生成

点击“数控车”→“代码生成”，弹出“代码生成”对话框，如图 4-192 所示。拾取加工轨迹，生成 G 代码，如图 4-193 所示。

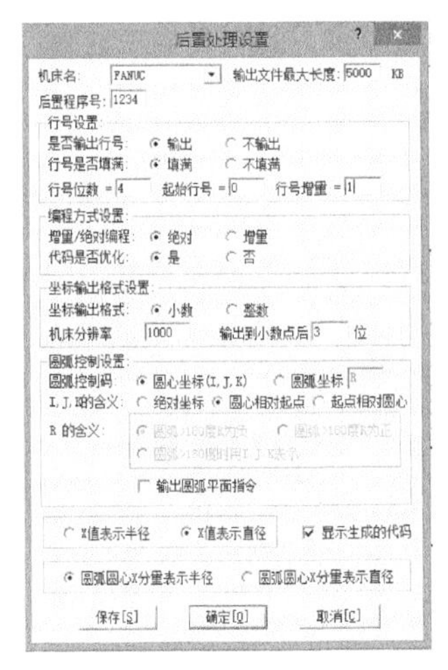

图 4-191　后置处理

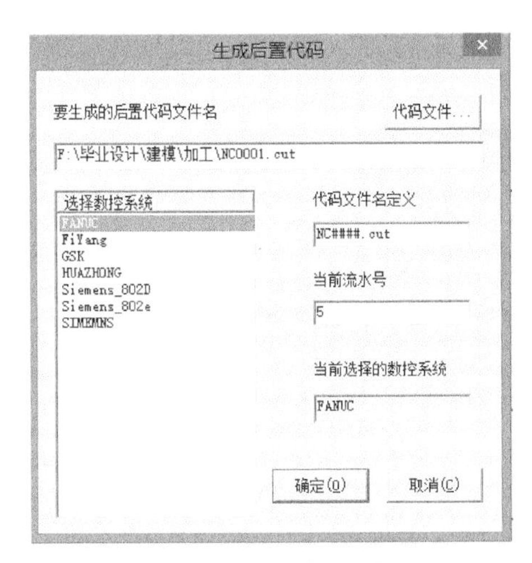

图 4-192　G 代码属性

```
%4321
G50 S10000
G00 G97 G54 S1000 T01
M03
M08
G00 X100.940 Z65.876
G00 Z0.000
G00 X73.185
G98 G01 X72.785 F5.000
G01 Z-59.000 F1000.000
G01 X73.785
G01 X72.371 Z-58.293 F20.000
G01 X72.771
G00 Z0.000
G01 X69.785 F5.000
G01 Z-59.000 F1000.000
G01 X72.785
G01 X71.371 Z-58.293 F20.000
G01 X71.771
G00 Z0.000
G01 X66.785 F5.000
G01 Z-59.000 F1000.000
```

图 4-193　G 代码

芯轴是凸轮槽机构中具有典型的轴类特征的零件，需要经过两次装夹才能完成，在 CAXA 数控车上通过设定加工参数来自动生成数控程序。

4.5　凸轮槽机构典型零件的仿真加工

4.5.1　凸轮槽(下基座)的铣削仿真

1. 机床选择

打开 VNUC 软件，点击“选项”→“选择机床和数控系统”，为跟实际实习操作

图 4-194　选择机床

一致，本文选用华中世纪星三轴加工中心，如图 4-194所示。

2. 毛坯设置

点击“设定毛坯”，设置毛坯，根据在 CAXA 制造工程师中的毛坯尺寸设置相同的毛坯，如图 4-195 所示。毛坯采用工艺板装夹，设置夹具和压板分别如图 4-196 和图 4-197 所示。选择建立的毛坯，点击“安装此毛坯”，将毛坯安装到工作台上，然后安装毛坯、压板，如图 4-198 所示。

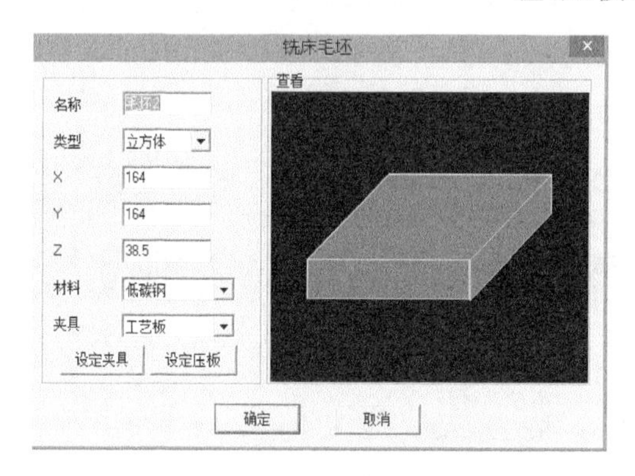

图 4-195　设置毛坯

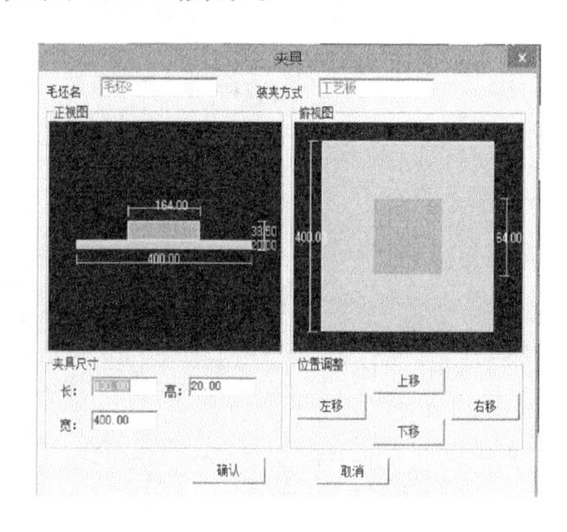

图 4-196　设置工艺板

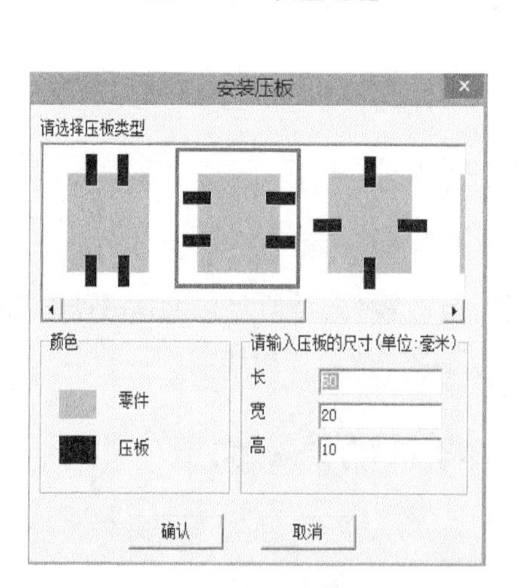

图 4-197　选择压板

图 4-198　毛坯安装

3. 设置刀具

根据在 CAXA 制造工程师中所选用的刀具信息，在 VNUC 仿真设置对应刀具，建立下基座铣削刀具库。点击“设定刀具”，在弹出的对话框中设置刀具，如图 4-199所示。在建立的刀库中选择第一把刀点击“安装”，刀具安装到主轴上，如图 4-200 所示。刀具信息如表 4-11 所示。

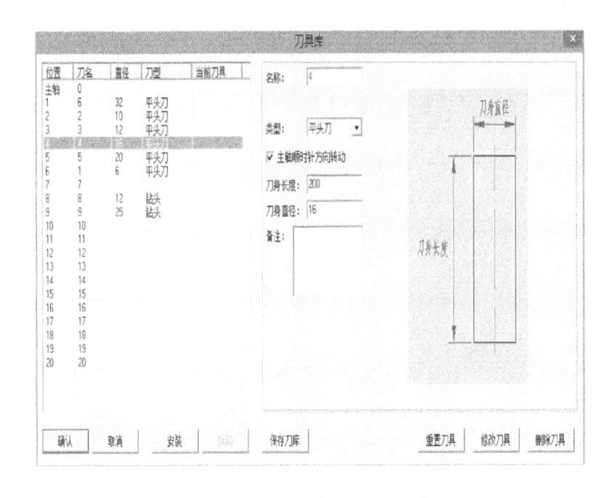

图 4-199　建立刀具库

图 4-200　安装刀具

表 4-11　刀具信息表

序号	刀具号	直径/mm	长度/mm	类型
1	T01	6	150	立铣刀
2	T02	10	160	立铣刀
3	T03	12	170	立铣刀
4	T04	16	180	立铣刀
5	T05	20	190	立铣刀
6	T06	32	200	立铣刀
7	T07	12	200	钻头
8	T08	25	200	钻头

4. 对刀

(1) 首先放松急停按钮，点击“回参考点”，分别点击 X、Y、Z 机床回参考点。

(2) 点击“手动”，机床切换为手动模式；点击“主轴正转”，由于在 CAXA 制造工程师中生成刀具轨迹时的坐标系为零件上表面中心位置，故在 VNUC 仿真中同样要将加工坐标系选在零件上表面中心位置，分别点击-X，-Y，-Z 将毛坯移动到主轴正下方适当高度。

(3) 在“显示”下拉菜单中调出手轮，在“工具”调出辅助视图，如图 4-201 所示。

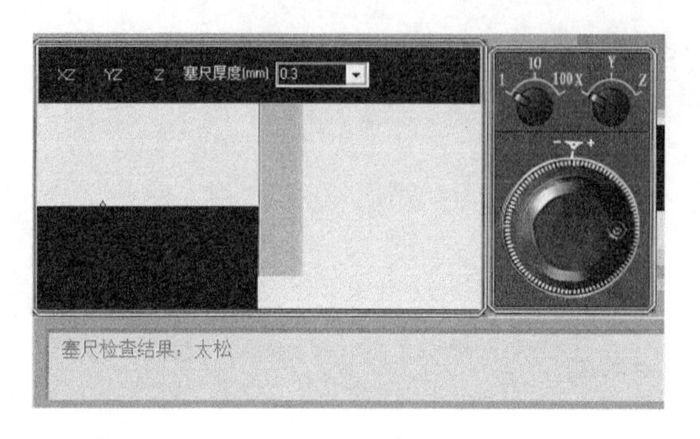

图 4-201　塞尺和手轮

(4) 先进行 X 轴方向对刀，将辅助视图切换到 XZ 方向，塞尺厚度选为 0.1mm，使毛坯沿 X 轴移动，将刀具慢慢靠近毛坯侧壁，即将接近时点击“增量”，将机床切换至手轮模式，将手轮打至 X 方向，在靠近毛坯时选用较小的倍率，使塞尺检查结果由“太松”变为“合适”，记录此时的机床坐标系下 X 轴坐标值为 $X1$，提升刀具，移动到另一边进行对刀，同样记录塞尺检查结果由“太松”变为“合适”时机床坐标系下 X 轴坐标值为 $X2$，即加工坐标系原点在机床坐标系中 X 轴的坐标为 $X=(X1+X2)/2$。

(5) 同理进行 Y 轴方向对刀，对刀方法和 X 轴方向一样，不再赘述，在 Y 轴方向毛坯两侧对刀时的机床 Y 轴坐标分别为 $Y1$，$Y2$，则加工坐标系原点在机床坐标系中 Y 轴的坐标为 $Y=(Y1+Y2)/2$。

(6) 将毛坯移动到主轴正下方，将辅助视图切换到 Z 方向，在手动和增量模式下移动主轴至塞尺检查结果由“太松”变为“合适”时停止，记录机床坐标系 Z 轴坐标为 $Z1$，则加工坐标系原点在机床坐标系中 Z 轴的坐标为 $Z=Z1-$塞尺厚度。

(7) 将主轴停止，点击“F10”，将操作面板切换至如图 4-202 所示。点击“F5”→“F1”→“F1”，将以上所得的 X、Y、Z 值输入，设定 G54 坐标系，即完成本把刀的对刀及加工坐标系建立，如图 4-203 所示。

(8) 更换刀具，只对 Z 轴方向对刀，记录机床坐标系 Z 轴坐标 $Zi(i=2,3,4,5,6,7,8)$。点击“F10”，切换到如图 4-202 所示界面，点击“F4”→“F2”，设置刀具补偿值，以第一把刀为基准，在长度栏输入 Li，其中 $Li=Zi-Z1$，如图 4-204 所示。

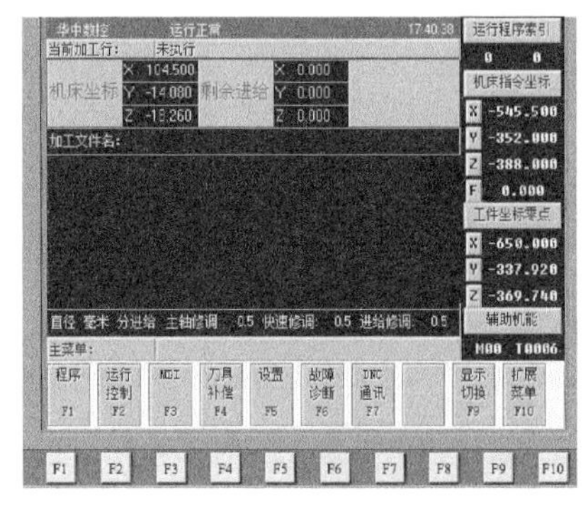

图 4-202　界面

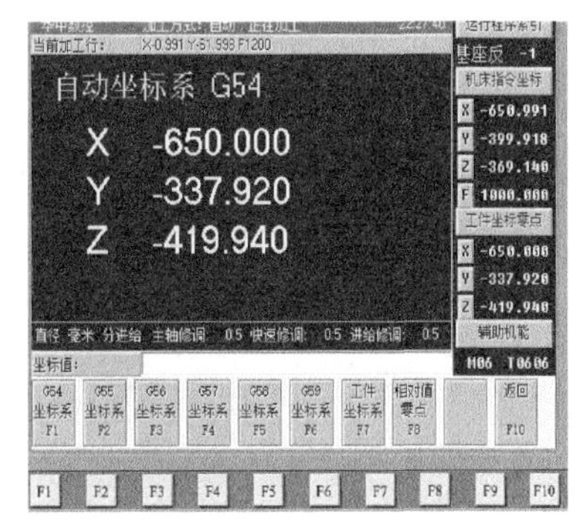

图 4-203　设定坐标系

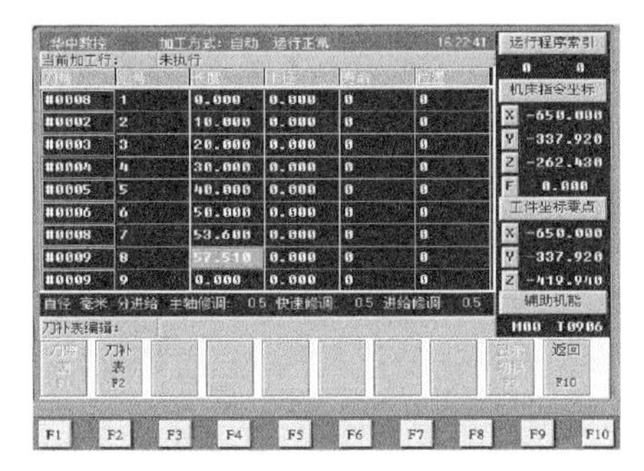

图 4-204　刀具补偿

5. G 代码导入

点击“F10”,切换到如图 4-202 所示界面,点击“F1”→“F2”,点击“导入 G 代码”,选择在 CAXA 制造工程师中生成的经过修改和拼接的 G 代码,点击“F4”保存 G 代码,然后检验 G 代码,若有错误则修改直到无误。

6. 仿真加工

将机床在手动模式下启动主轴,在切换到自动模式下点击“循环启动”,零件开始仿真加工,加工过程如图 4-205 所示,加工结果如图 4-206 所示。

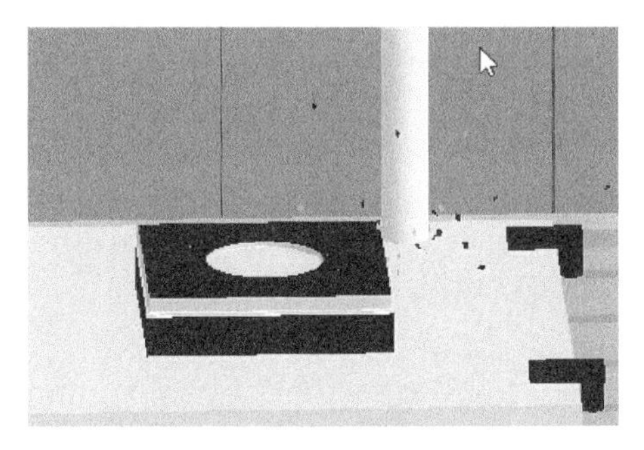

图 4-205　反面加工过程

图 4-206　反面加工结果

7. 加工结果

更换毛坯，重新导入下基座铣削加工的另一面G代码，其加工结果如图4-207所示。

图4-207 正面加工结果

4.5.2 凸轮槽(芯轴)的车削仿真

综合两次装夹加工工艺，考虑机床中坐标系设定数目和机床刀架刀位数目，分配刀具如表4-12所示。

表4-12 刀具分配表

序号	刀具类型	第一次装夹		掉头装夹	
		刀具号	坐标系	刀具号	坐标系
1	外圆车刀	T01	G54	T01	G54
2	内圆车刀			T02	G55
3	外螺纹刀	T03	G57		
4	槽刀	T02	G56	T04	G57
5	钻头 $\phi 20$			T03	G58
6	钻头 $\phi 2.5$	T04	G59		

1. 机床选择

打开VNUC，选择卧式车床中的华中世纪星车床。

2. 设置毛坯

由于VNUC仿真软件在装夹时，所夹最短长度有限制，故在数控车的仿真中不能按照所设计的装夹顺序进行加工。解决方法是将两次的装夹顺序调换，同时将毛坯长度设置为180mm，稍微修改一下芯轴在CAXA数控车中的车削加工。在VNUC中设置毛坯如图4-208所示，装夹时毛坯设置如图4-209所示。

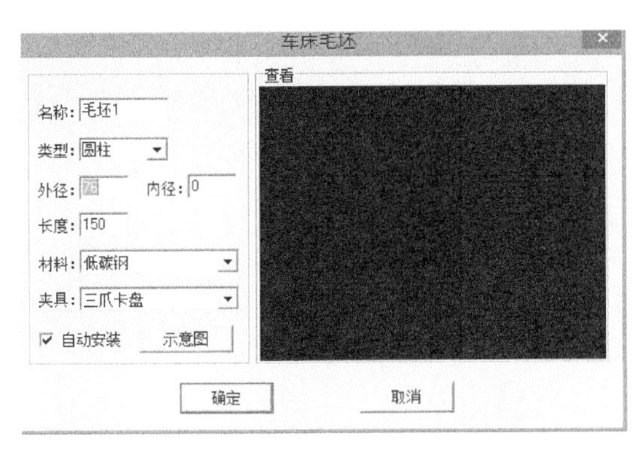

图4-208 毛坯设定

图4-209 装夹毛坯

3. 刀具设置

根据第二次装夹所设计的加工工艺路线，设置在VNUC仿真中所用的刀具如图4-210所示。

4. 对刀

(1) 放松急停按钮，使机床回参考点，将机床打至手动模式，点击“刀位选择”，“刀位转换”使一号刀具转至加工位置，在手动模式下试切一段外径，并沿Z方向退刀，停机，测量所切外径的直径记录D1，然后试切端面，沿X方向退刀。点击“F10”，切换至如图4-211所示的界面，点击“F4”→“F1”，在试切直径一栏中输入D1，点击“Enter”，在试切长度一栏输入0.0，点击“Enter”，第一把刀对刀结束。

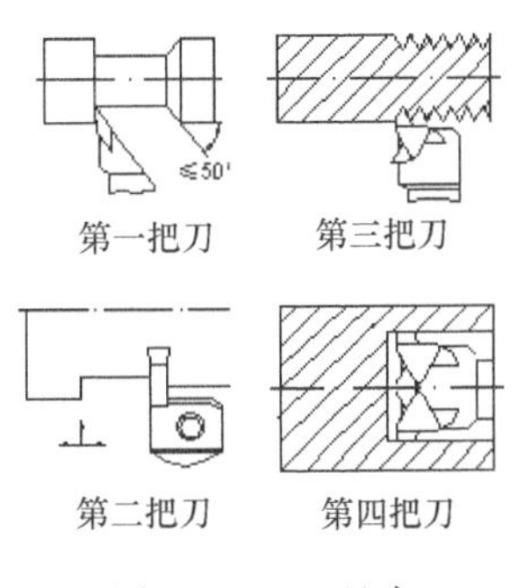

图4-210 刀具库

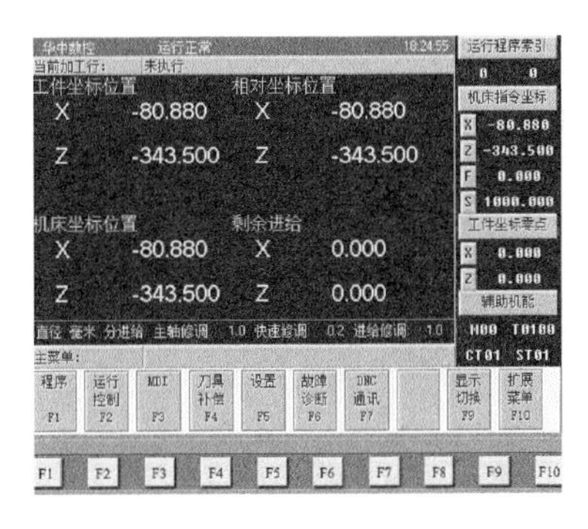

图4-211 界面

(2) 点击“刀位选择”,“刀位转换”使二号刀具转至加工位置,同样试切一段直径,记录直径值为 D2,用左刀尖轻刮右端面,然后沿 X 方向退刀,同样在试切直径栏输入 D2,在试切长度栏输入 0.0,第二把刀对刀结束。

(3) 转换刀具,按同样方法对剩下刀具,对于无法试切外径的刀具(如钻头,但在实体机床加工中钻头是在尾座上的,一般无需对刀,钻孔一般为顶尖孔或者内轮廓加工的预制孔,一般无深度要求)选择以刀尖轻刮右端棱边对刀。按同样方式在试切直径栏输入 D3、D4…,在试切长度栏输入 0.0,所有刀具对刀结束,如图 4-212 所示。

(4) 刀具坐标系设置:记录刀具 X,Z 方向的偏距值 Xi,Zi(i=1,2,3,4),点击“F10”切换到图 4-211 所示的界面,点击“F5”→“F1”,将 Xi,Zi,分别 G54 至 G55 中,刀具坐标系建立完毕,对刀结束。

5. G 代码导入和仿真

由于车床与加工中心操作一样,将芯轴在 CAXA 数控车中生成的 G 代码拼接后导入,仿真操作不再赘述,加工结果如图 4-213 所示(加工后剖开,方便读者看到内部形状)。

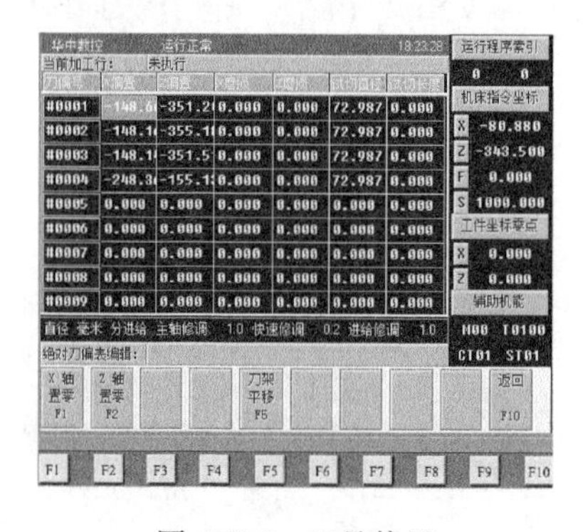

图 4-212　刀具偏置

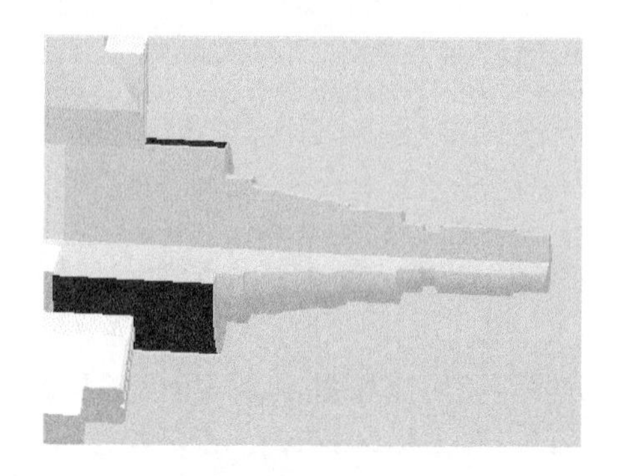

图 4-213　加工结果(加工后剖视)

6. G 掉头装夹

掉头装夹,装夹时设置伸出长度为 105.451mm,根据上一节中加工的第一次装夹加工工艺路线,设置刀具如图 4-214 所示,按照相同方法对刀具对刀,设置刀偏和刀具坐标系,导入 G 代码,仿真加工,其加工结果如图 4-215 所示(加工后剖开,方便读者看到内部形状)。

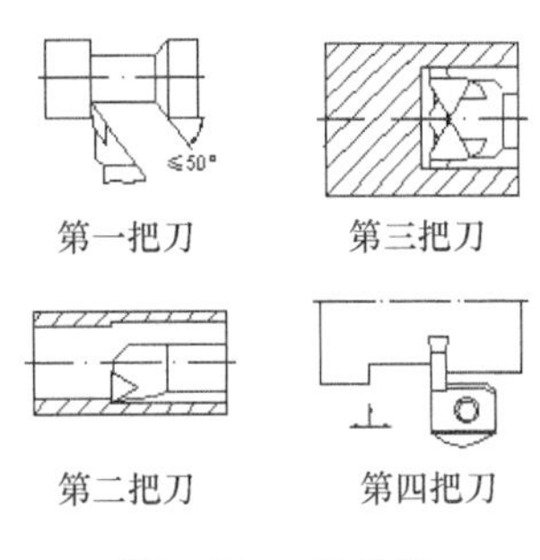

图 4-214　刀具库

图 4-215　整体加工结果(加工后剖视)

将 CAXA 制造工程师和 CAXA 数控车中生成的 G 代码进行修改、拼接成一次装夹的不同工序的所有加工 G 代码,导入到 VNUC 中进行仿真加工,其加工结果经测量与零件图纸和三维模型进行对比,准确无误,从而验证加工工艺、加工方法、刀具加工轨迹和 G 代码的正确。

本章通过对凸轮槽机构零件图的分析,在 CAXA 制造工程师软件完成凸轮槽机构各个零件的主体三维建模和个别盘类零件进行铣削加工,通过后置处理,选择机床系统生成不同加工方法加工刀具轨迹的 G 代码。基于 CAXA 制造工程师进行三维建模时,可以借助与其特有的空间曲线映射功能,非常方便地将二维图转化为三维实体。CAXA 实体设计软件上对个别零件特征进行建模和虚拟装配,并生成动画。进行装配时要检验各个零件之间的配合是否存在干涉,确保所设计的零件模型数据是否合理,能否按要求进行实物装配,在生成爆炸图时可以通过修改各个零件的运动路径,来使爆炸效果更直观、真实、合理。对于轴类零件借助与 CAXA 数控车软件进行车削加工,生成加工刀具轨迹和 G 代码。至于二维零件图,可以通过三维软件中集成的三维到二维图的转化模块输出,在 CAXA 电子图版上对输出的零件图进行适当修改和标注。将铣削和车削的 G 代码通过在 VNUC 仿真软件上进行仿真加工、测量并与零件图纸进行比较,验证加工刀具轨迹和 G 代码的正确性。经比较,仿真加工零件尺寸和零件图纸要求一致,验证了建模、加工方法、加工刀具轨迹、G 代码均正确。

第5章 活塞机构的3D设计与NC加工

5.1 基于CAXA平台活塞机构各部分零件的3D设计

活塞是发动机中的重要零件之一，它在工作时承受发动机汽缸内高温气体的压力，并通过活塞销、连杆将压力传给曲轴。因此活塞是在高温、高压和连续变负载下工作的，可谓是内燃机的心脏。随着中国汽车市场的快速发展，我国车用发动机活塞市场也将“水涨船高”，其机械加工也越来越重要。数控技术和数控机床是制造业现代化的基础，是一个国家综合国力的重要体现。数控加工具有较好的一致性和互换性，其加工的准确性和精度都可以得到很好的保证。因此对活塞机构的数控加工技术进行研究，进而提高车用发动机活塞生产企业的市场竞争能力，为我国中高档柴油发动机活塞市场提供巨大的发展契机。因此对活塞机构的数控加工技术进行研究具有重要的现实意义。

5.1.1 活塞机构的实体建模概述及活塞机构的组成

本章研究的是活塞机构的3D设计和数控加工技术。此活塞机构由底板、侧板、缸体、曲轴、活塞、连杆、皮带轮、螺钉、手柄及其螺母等几个主要部分组成。活塞机构的曲轴和活塞在连杆的作用下，通过皮带轮做活塞运动。为了方便理解，增加一手柄，通过人工摇动手柄使活塞能自由运动，其运动行程为22mm。使用CAXA实体设计软件的CAD模块实现活塞机构主体零件的三维建模和装配。在建模过程中对零件进行了拉伸(增料、除料)、旋转(增料、除料)、实体倒圆角、实体倒角等特征操作。利用CAXA实体设计工程图模式绘制零件图及装配图。

图5-1是活塞机构装配三维图。

5.1.2 活塞机构的实体建模

1. 底板的实体建模

下列实体建模部分仅对底板和曲轴部分进行详细的步骤操作及过程说明，对于后边的零件部分如侧板、缸体、连杆、活塞、皮带轮等进行详细的步骤说明，但不再进行每一步的过程截图，只给出关键过程的操作截图及结果截图。在建模过程中不进行具体尺寸的说明，具体的尺寸将在零件工程图和加工操作过程中显示。

图5-2是底板的零件图，图中给出了底板的具体尺寸和技术要求。根据零件图要求，下面对底板进行实体建模。

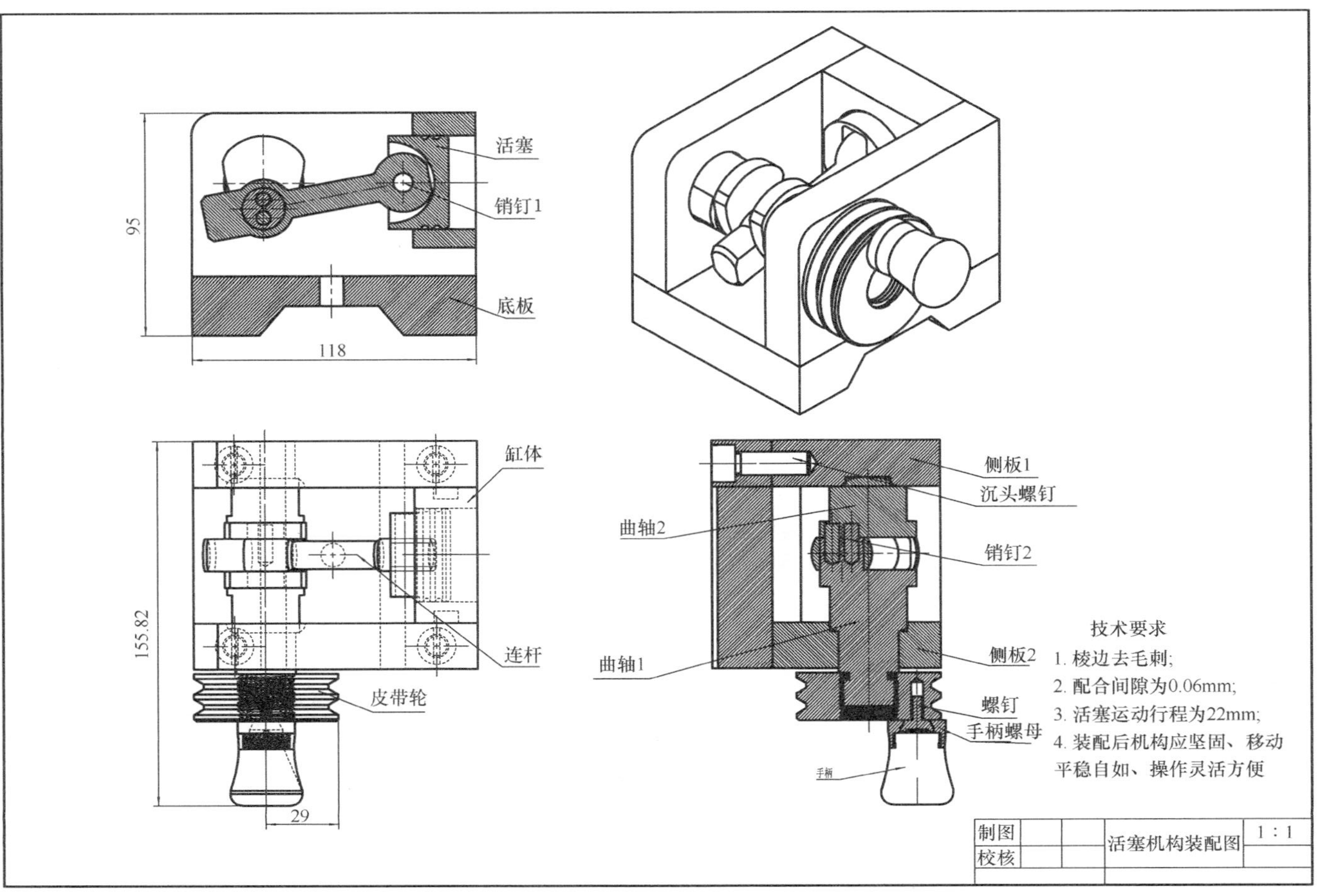

图 5-1　活塞机构装配三维图

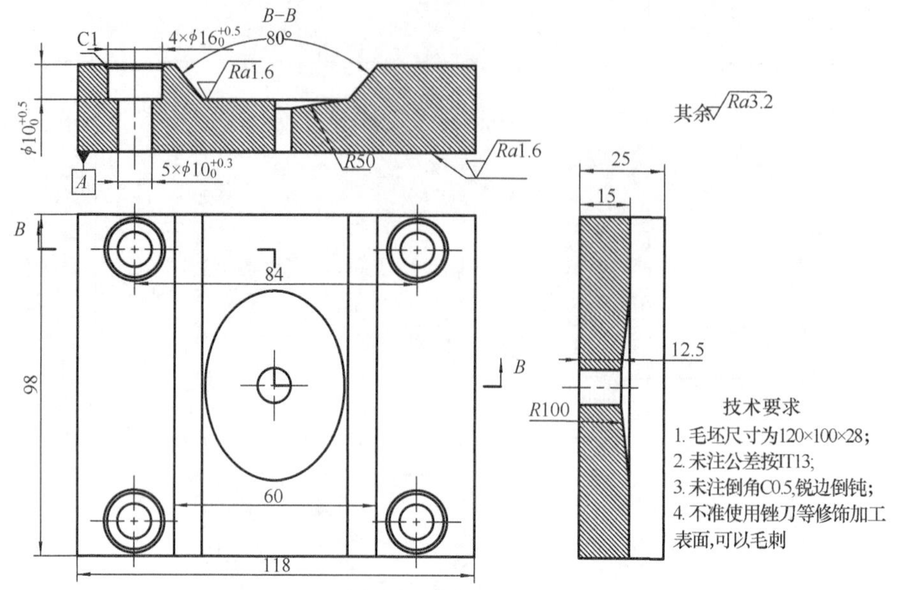

图 5-2　底板零件图

(1) 打开 CAXA 实体设计，根据零件图点击“拉伸向导”，设置参数后创建如图 5-3 所示草图。

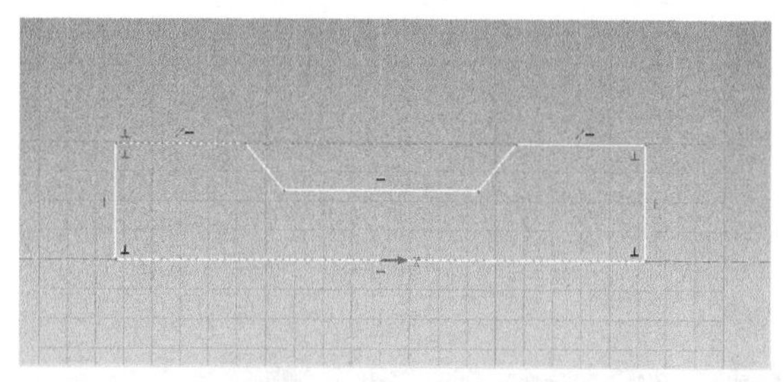

图 5-3　底板截面草图

(2) 点击“完成拉伸”得到实体模型，如图 5-4 所示。

(3) 加工四个沉孔及五个通孔，利用设计元素库工具中的自定义孔生成沉孔及通孔如图 5-5 所示。

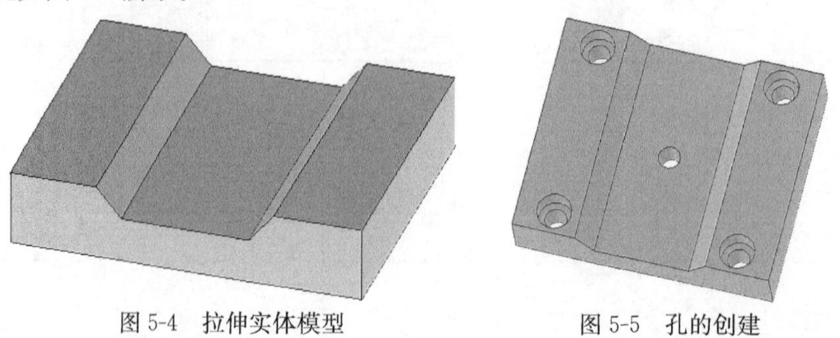

图 5-4　拉伸实体模型　　　　图 5-5　孔的创建

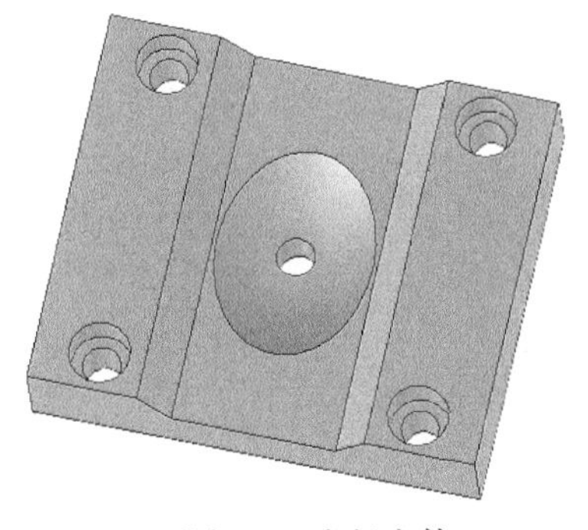

图 5-6　底板实体

(4) 建立中心曲面经分解零件与曲面再压缩得到最终底板建模结果如图 5-6 所示。

2. 侧板 1 的实体建模

图 5-7 是侧板 1 的零件图，其具体尺寸和技术要求如图所示。下面对其进行实体建模。

(1) 在设计环境中拖入长方体，并对包围盒尺寸进行设置，完成侧板 1 的初步创建。根据零件图对长方体进行倒圆角操作，其结果如图 5-8 所示。

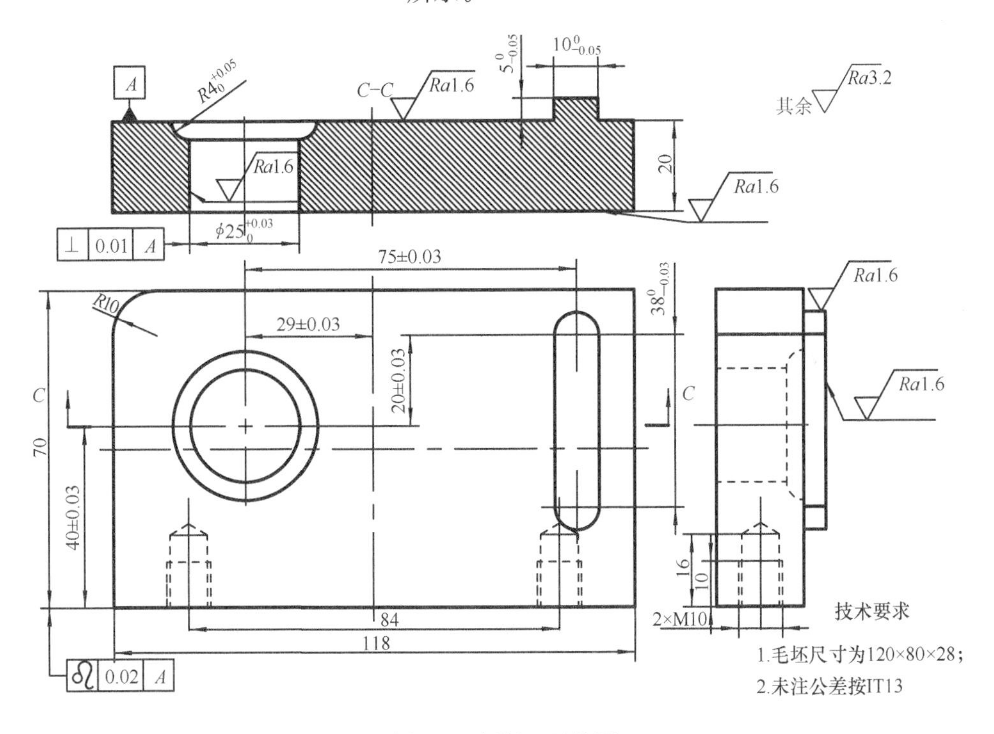

图 5-7　侧板 1 零件图

(2) 拖入孔类圆柱体及键，并倒圆角得实体如图 5-9 所示。

(3) 用自定义孔生成螺纹盲孔，最终侧板 1 建模结果如图 5-10 所示。

3. 侧板 2 的建模

侧板 2 与侧板 1 相似，其加工工艺与侧板 1 相同，零件图如图 5-11 所示，其建模结果见图 5-12。

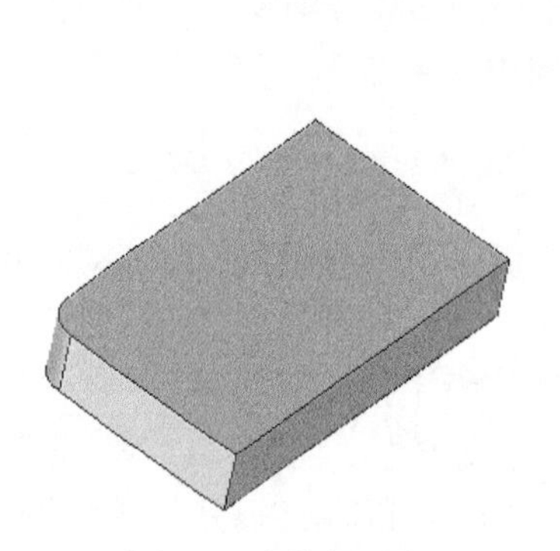

图 5-8　实体倒圆角

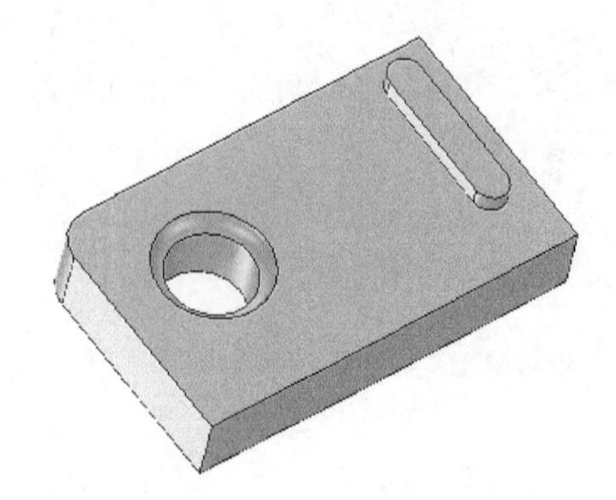

图 5-9　拖入孔类圆柱体

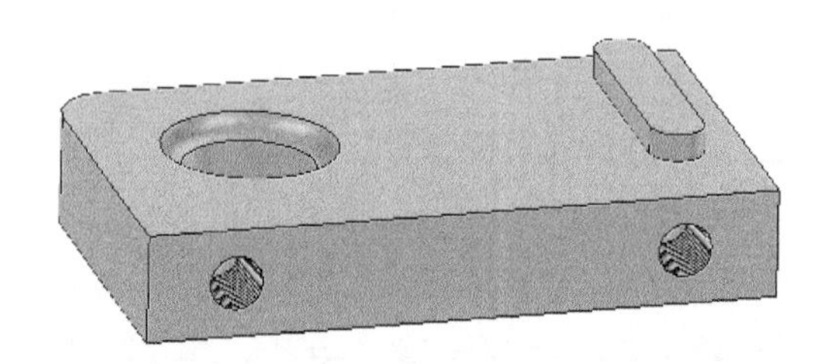

图 5-10　侧板 1

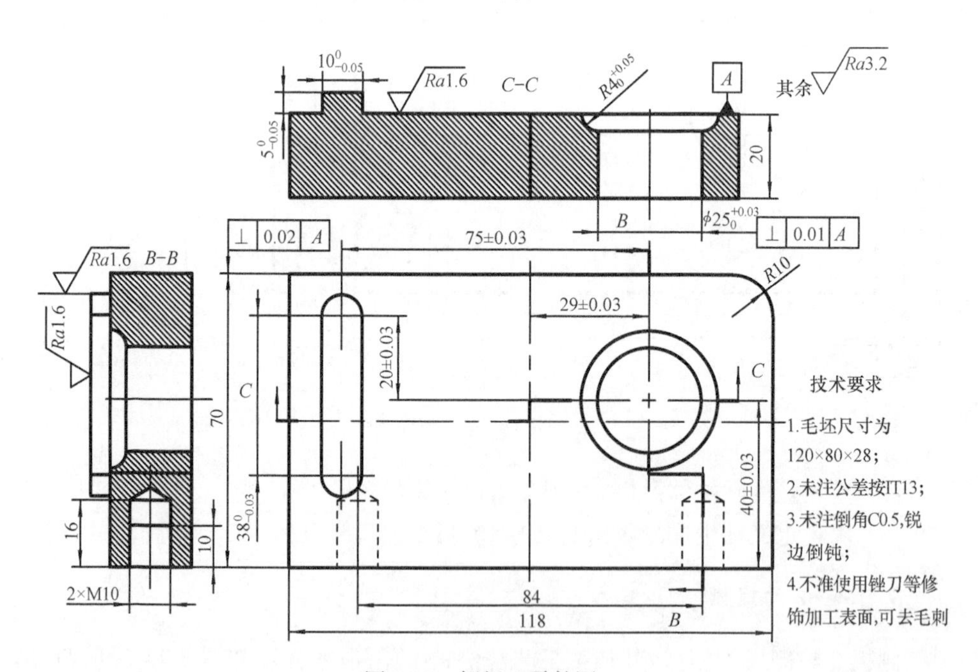

图 5-11　侧板 2 零件图

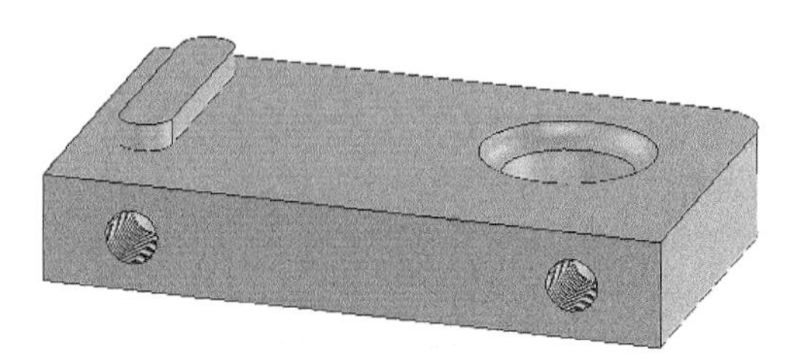

图 5-12 侧板 2

4. 缸体的建模

缸体主要由活塞孔和侧面固定槽组成，其加工工艺安排不复杂，但精度要求较高，且孔的位置度要求也高，如果加工不合理，会影响装配，其零件图见图 5-13，建模实体见图 5-14。

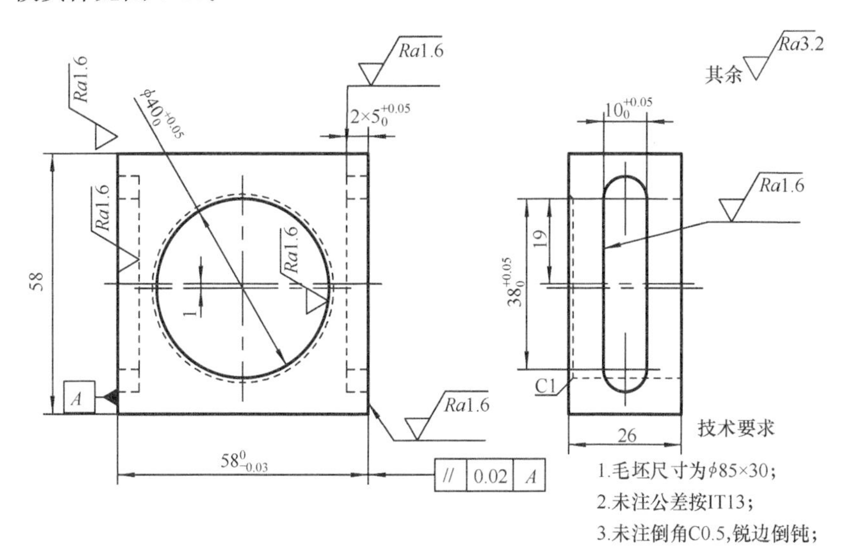

图 5-13 缸体零件图

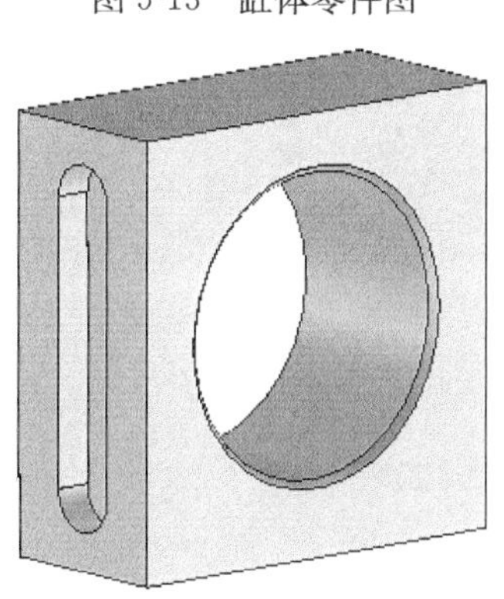

图 5-14 缸体实体建模

5. 曲轴 1 的建模

曲轴 1 具有端面上的圆柱及销钉孔，且需要数控铣进行外形轮廓的加工，另有一左旋螺纹的特征，需要用数控车床和数控铣两种设备来加工，其零件图如图5-15所示。

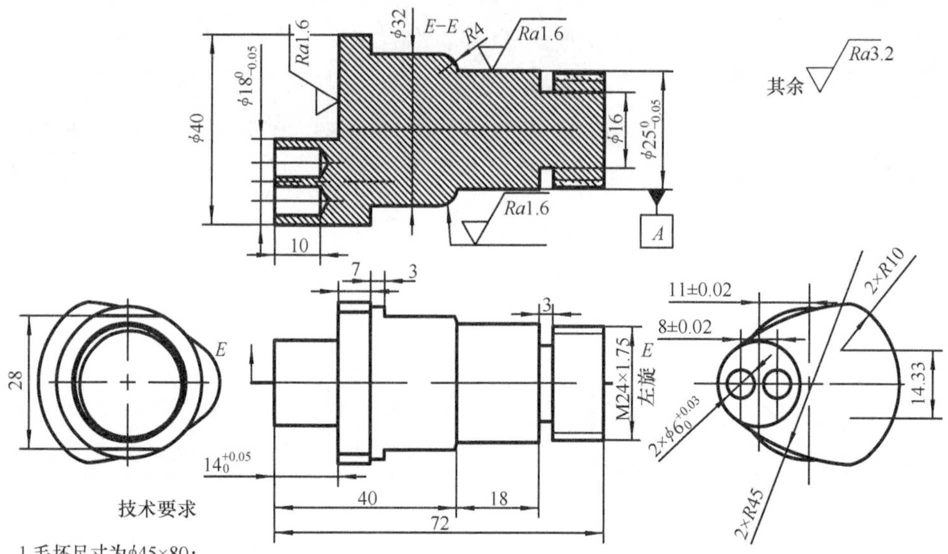

图 5-15　曲轴 1 零件图

(1) 点击旋转特征向导，设置好参数，创建如图 5-16 所示草图，然后点击“完成草图”，得到如图 5-17所示实体。

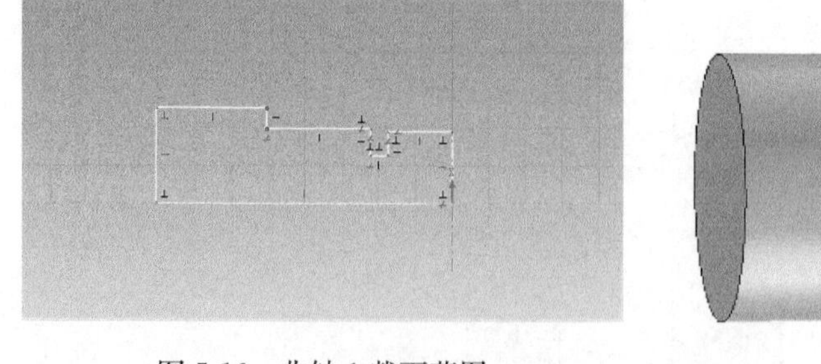

图 5-16　曲轴 1 截面草图

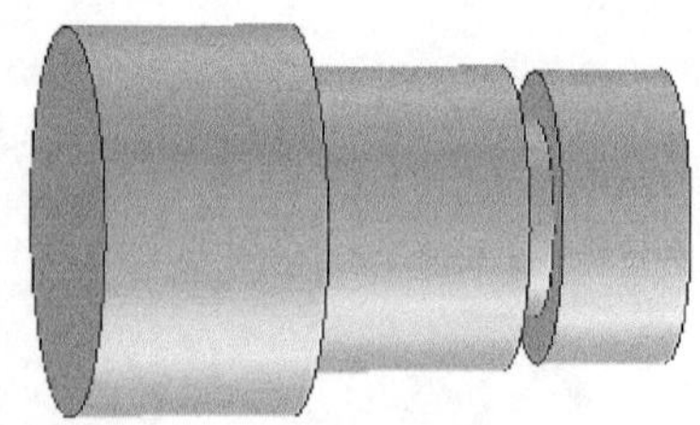

图 5-17

(2) 创建螺纹特征，参数设置如图 5-18 所示，螺纹特征生成如图 5-19 所示。

(3) 配重块生成，建立拉伸草图(图 5-20)，单击“完成草图”，得到实体如图 5-21 所示。

(4) 拖拽圆柱体到配重块合适位置，利用设计元素库工具选项自定义孔创建曲轴 1 的两个 $\phi6$ 销钉孔，然后用孔类长方体得到曲轴 1 两侧扁平位，最终建模结果如图 5-22 所示。

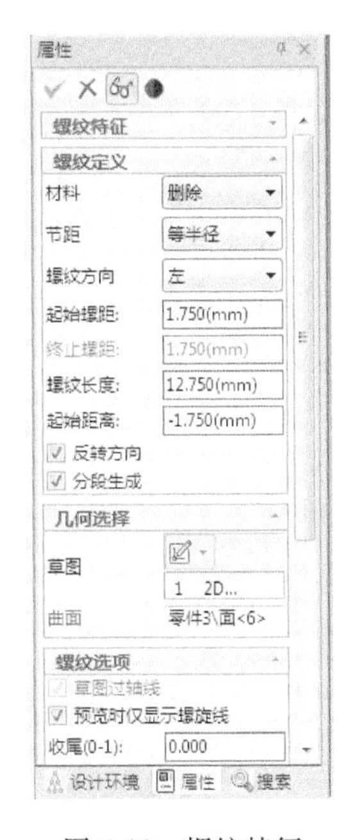

图 5-18　螺纹特征参数对话框

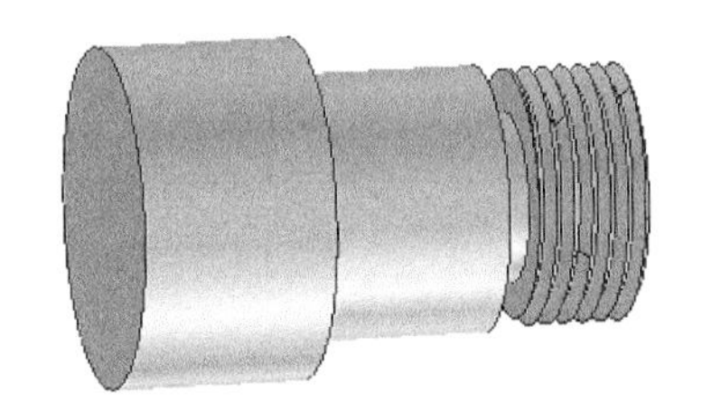

图 5-19　螺纹实体

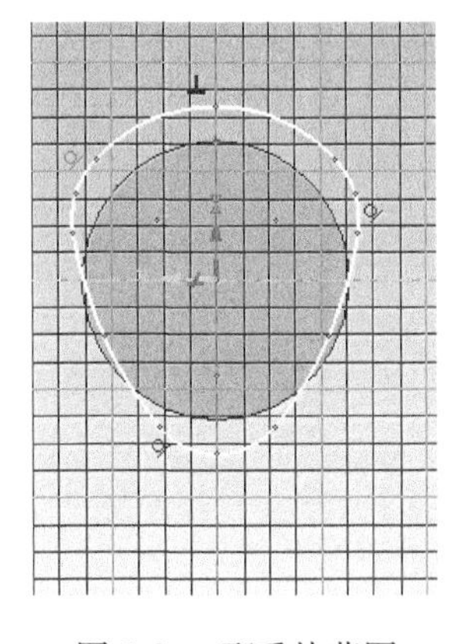

图 5-20　配重块草图

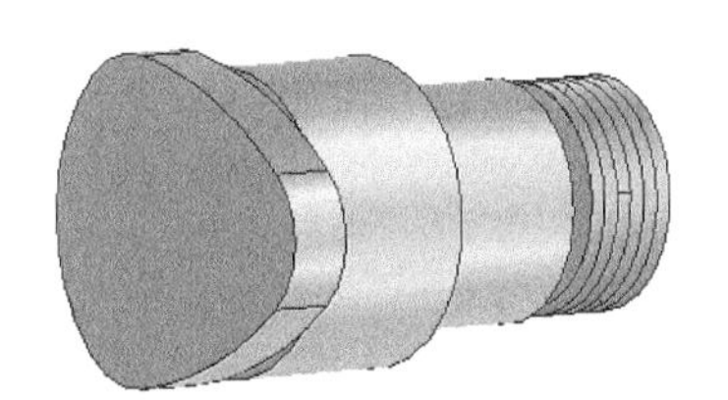

图 5-21　拉伸实体

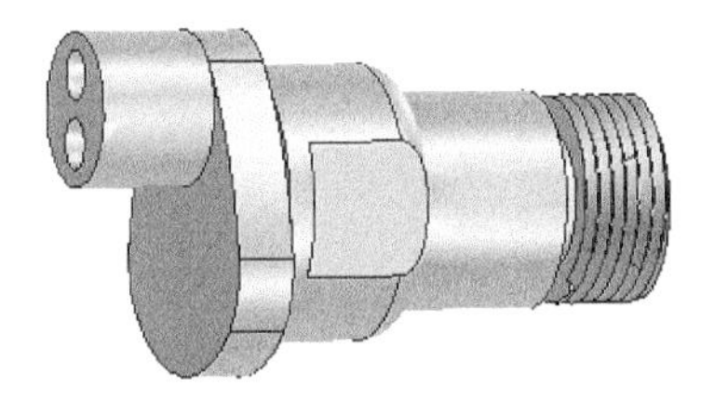

图 5-22　曲轴 1 建模实体

6. 曲轴 2 的建模

曲轴 2 与曲轴 1 相似，只具有端面上的销钉孔，且需要数控铣进行外形轮廓的加工，需要用数控车床和数控铣床两种设备来加工，零件图如图 5-23 所示，实体建模如图 5-24 所示。

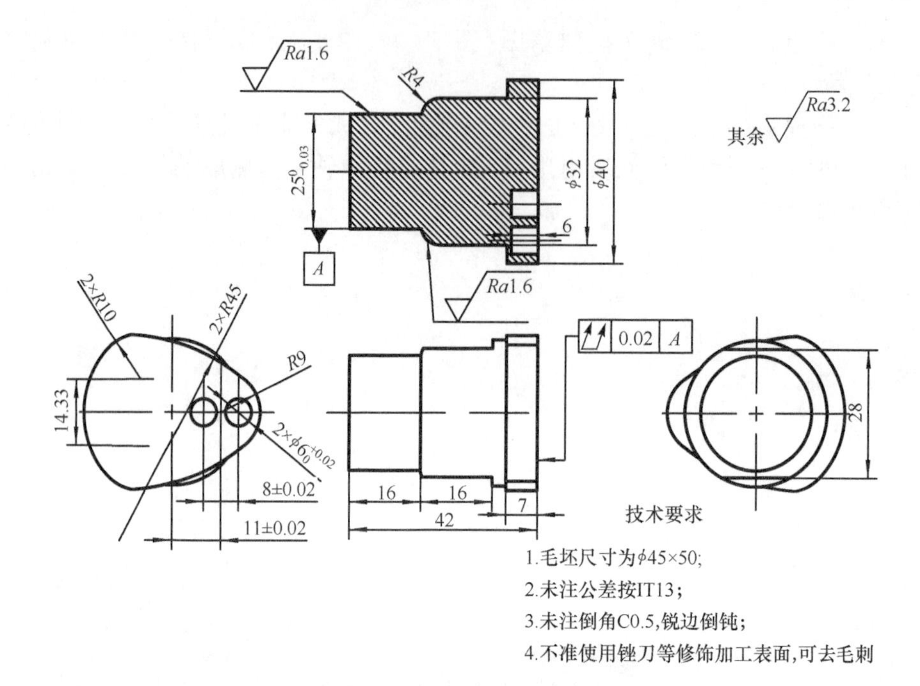

图 5-23　曲轴 2 零件图

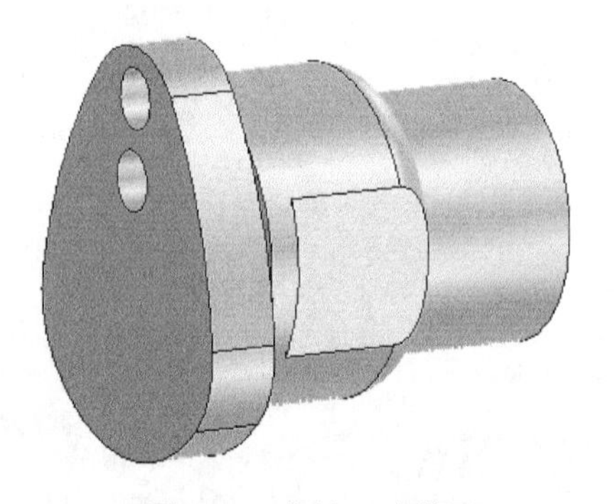

图 5-24　曲轴 2 建模图

7. 活塞的建模

(1) 活塞为一圆柱体,端面上有一连杆槽、与连杆连接的销钉孔,柱面上有两圆弧槽,侧面有两扁位,如图 5-25 所示。

(2) 点击“旋转向导”创建如图 5-26 所示草图,完成草图得到实体图 5-27。

(3) 利用设计元素库图素选项中孔类椭圆柱创建与连杆的连接槽,活塞最终建模实体如图 5-28 所示。

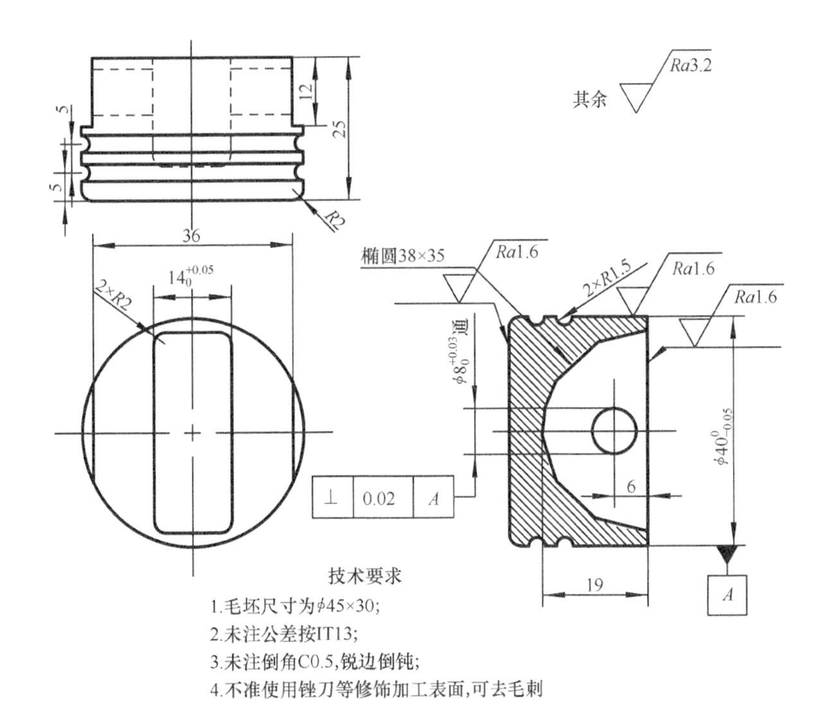

图 5-25　活塞零件图

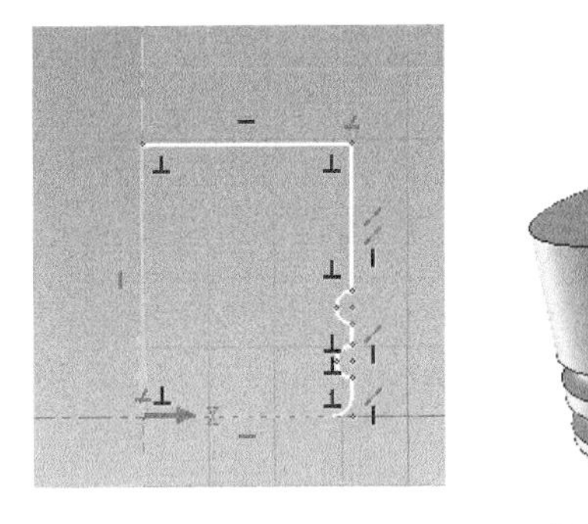

图 5-26　活塞截面草图

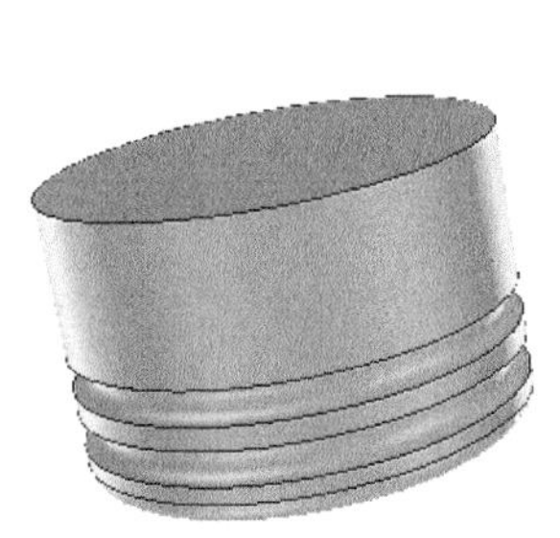

图 5-27　旋转实体模型

图 5-28　活塞实体建模

8. 连杆的建模

连杆是该活塞机构的重要连接部位，柱面上有一销钉孔和一基准孔，如图 5-29所示。

点击“旋转向导”创建如图 5-30 所示草图，完成草图得到实体图 5-31，最终建模实体如图 5-32 所示。

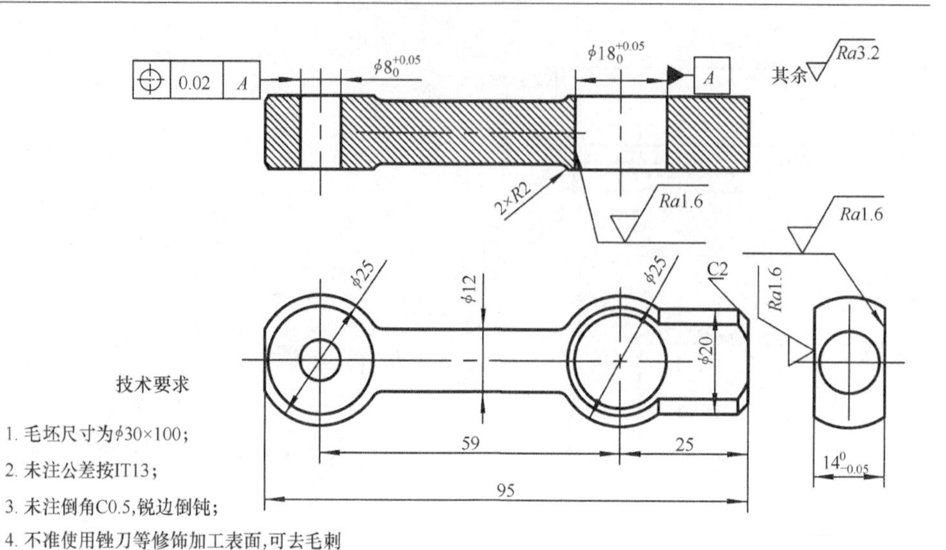

图 5-29　连杆零件图

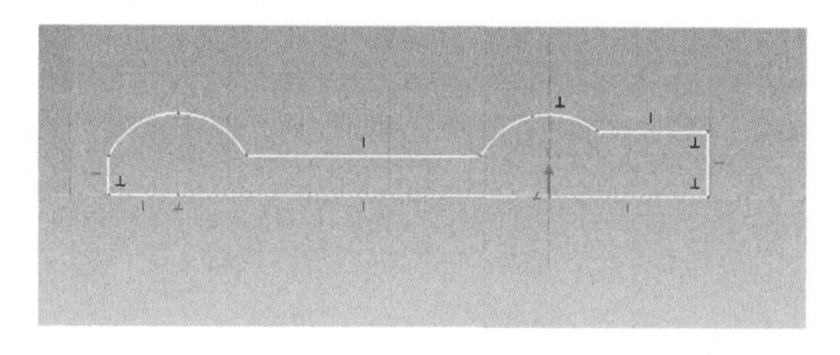

图 5-30　连杆截面草图

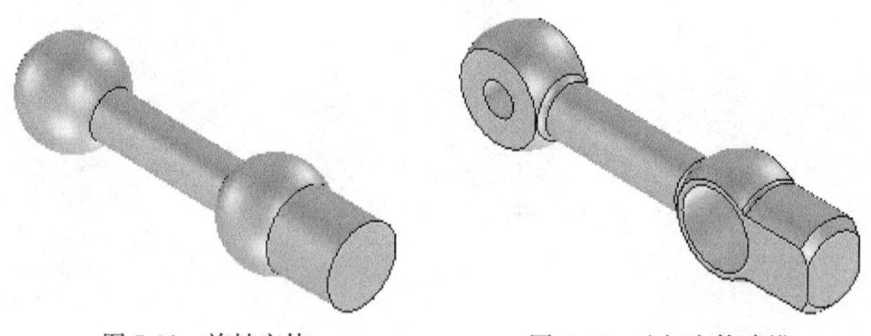

图 5-31　旋转实体　　　　图 5-32　连杆实体建模

9. 皮带轮的建模

皮带轮有两个 V 形槽，一个左旋内螺纹，在其端面上有一小螺钉孔，如图 5-33 所示，经“旋转向导”创建如图 5-34 所示草图，得到如图 5-35 所示实体图，最终实体建模如图 5-36 所示。

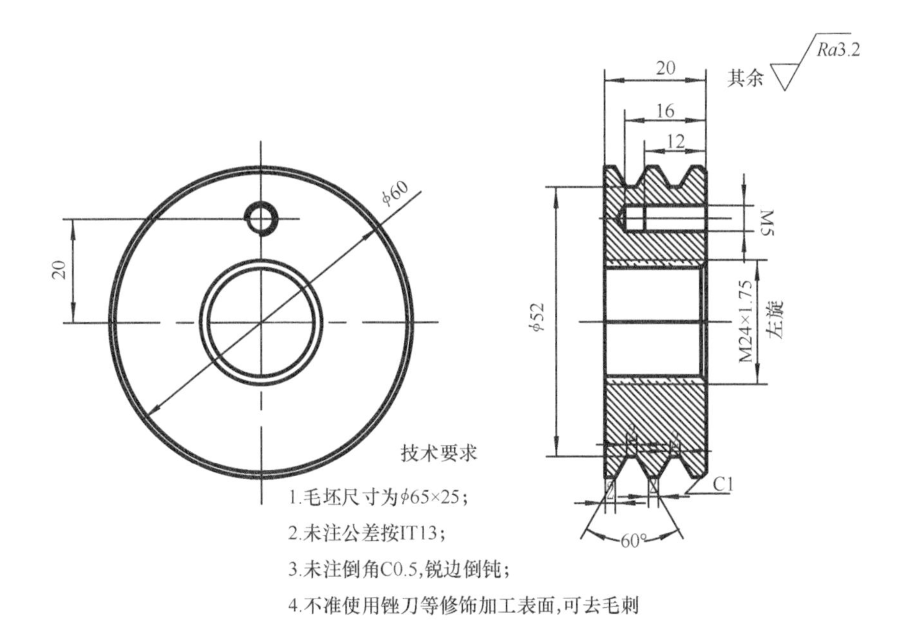

图 5-33　皮带轮零件图

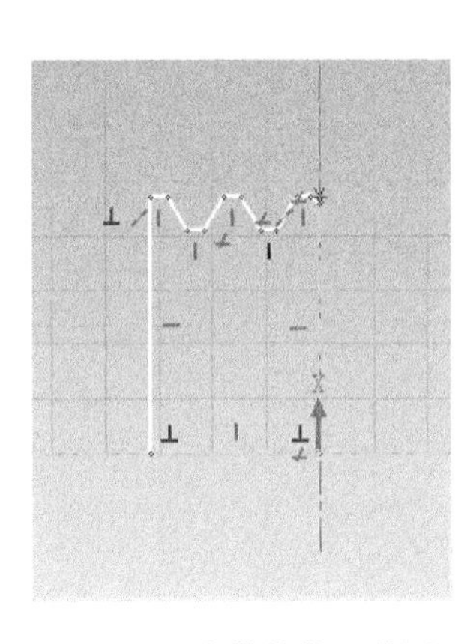

图 5-34　皮带轮截面草图

图 5-35　旋转实体

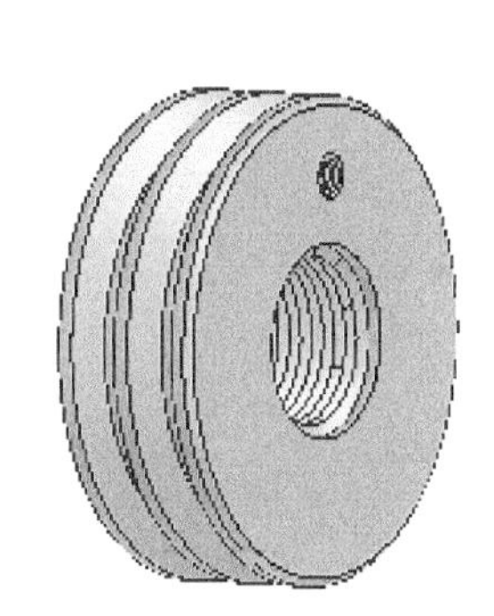

图 5-36　皮带轮

10. 手柄螺钉的建模

螺钉零件较小,由 M5 螺纹、锥度面、端面上 $R1$ 的小槽组成,如图 5-37 所示。创建旋转草图(图 5-38),得到实体图(图 5-39),然后螺纹特征生成得到实体建模(图 5-40)。

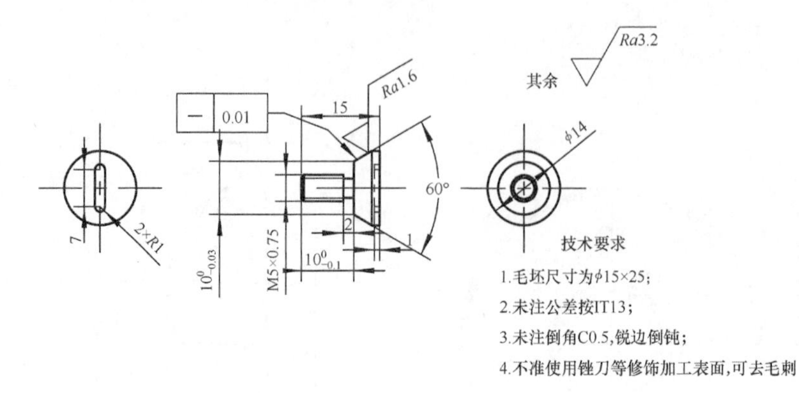

图 5-37　螺钉零件图

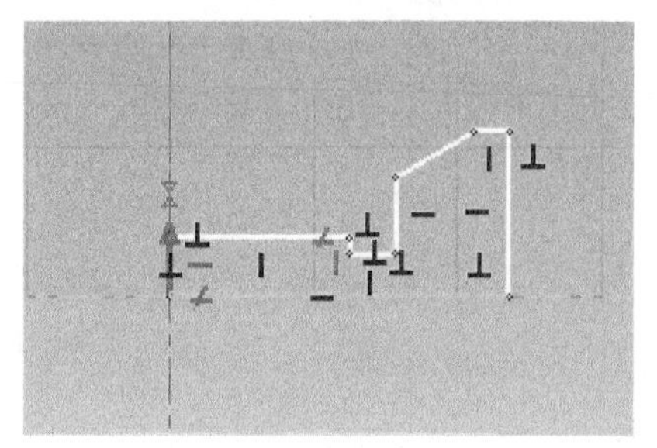

图 5-38　螺钉截面草图

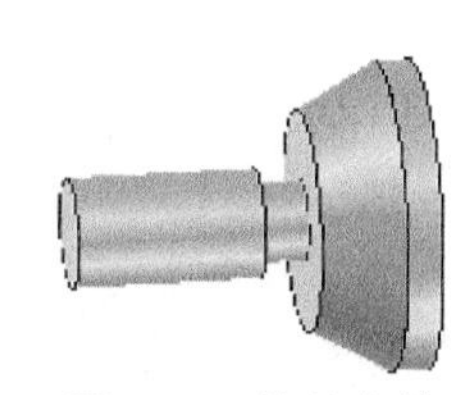

图 5-39　旋转实体

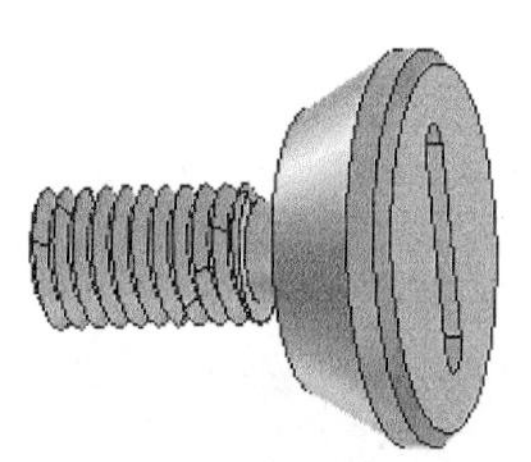

图 5-40　螺钉实体建模

11. 手柄及其螺母的建模

手柄零件较小，有外形曲线和 M20 螺纹组成；手柄螺母由内螺纹、锥孔、内槽、外形曲线组成；两零件配合起来后有一条曲线，如图 5-41～图 5-43所示，实体建模如图 5-44 所示。

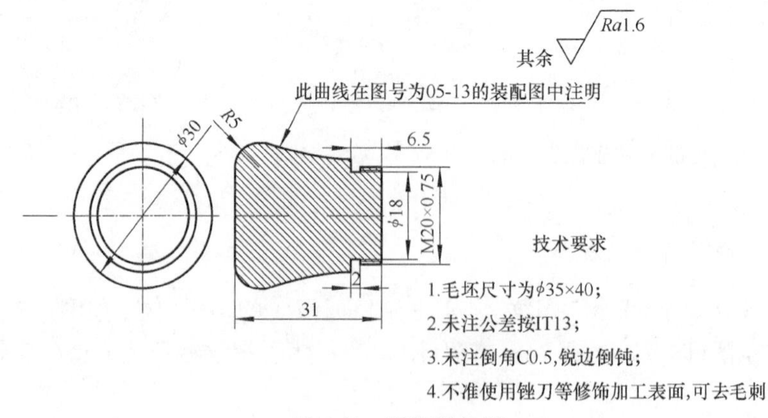

图 5-41　手柄零件图

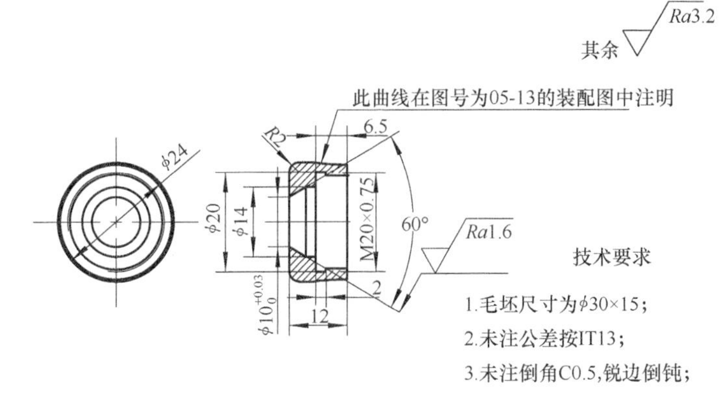

图 5-42　手柄螺母零件图

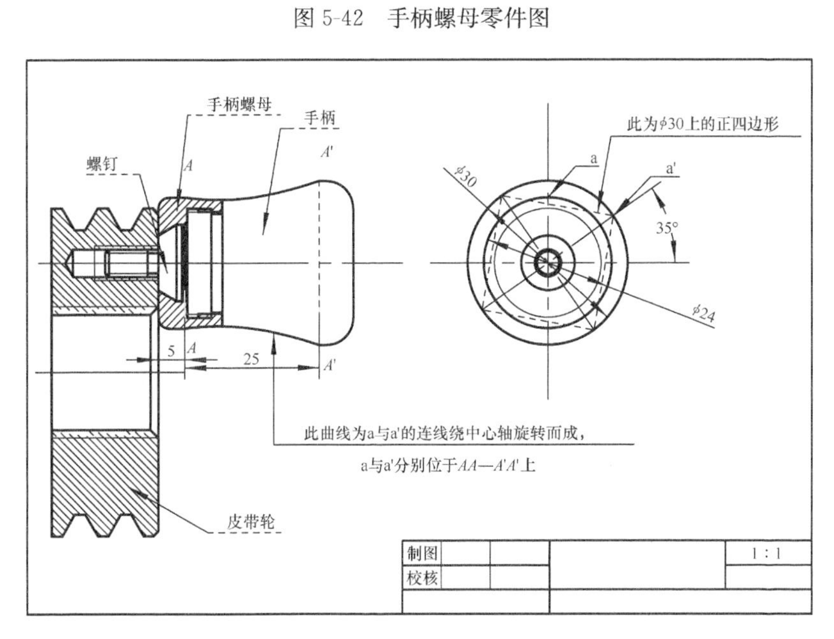

图 5-43　手柄装配图

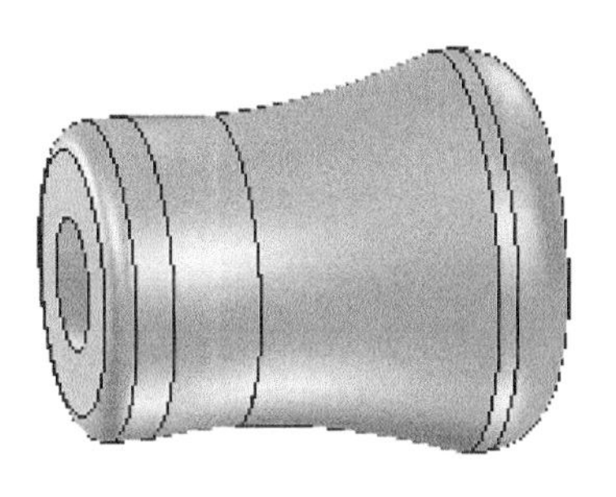

图 5-44　手柄及其螺母

本节详细介绍了每一个零件的建模，看似赘余，实际上是很有必要的，从各个零件的重要性而言，一个都不能缺。CAXA实体设计的设计元素库囊括了大量常见的标准智能图素，能快捷地从设计元素库中直接拖拽到设计环境中创建特征。通过活塞零件实体建模的设计过程，可掌握基本零件实体建模的创建方法和规律。

5.2 活塞机构的装配及爆炸图的生成

5.2.1 活塞机构的装配

1. 曲轴的装配

曲轴装配图中，由曲轴1和曲轴2通过2×ϕ6销钉连接紧配在一起，连杆的ϕ18孔与两曲轴间ϕ18的圆柱间隙配合，能够自由转动；活塞体与连杆间通过ϕ8销钉连接，杆与销钉为间隙配合，销钉与活塞为过盈配合，连杆能绕着活塞体的销钉运转，如图5-45所示。实体模型如图5-46所示。

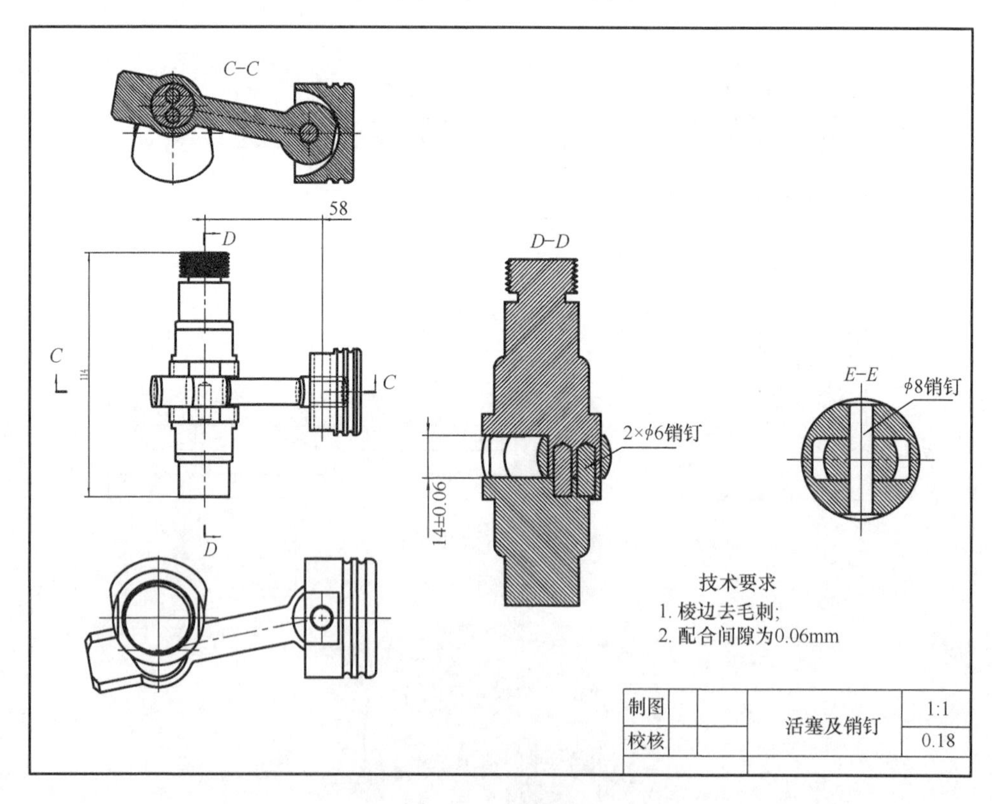

图5-45 曲轴装配

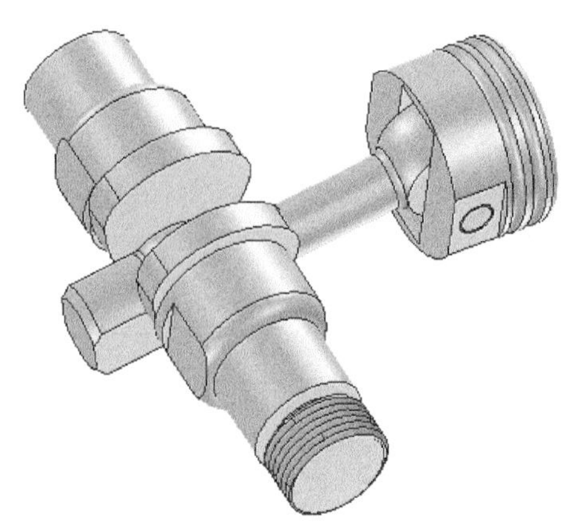

图 5-46　曲轴装配实体

2. 基座装配

基座装配中，两侧板通过 4-M10-30 的螺钉固定，缸体通过侧板的两个凸台紧配，如图 5-47 所示。实体模型如图 5-48 所示。

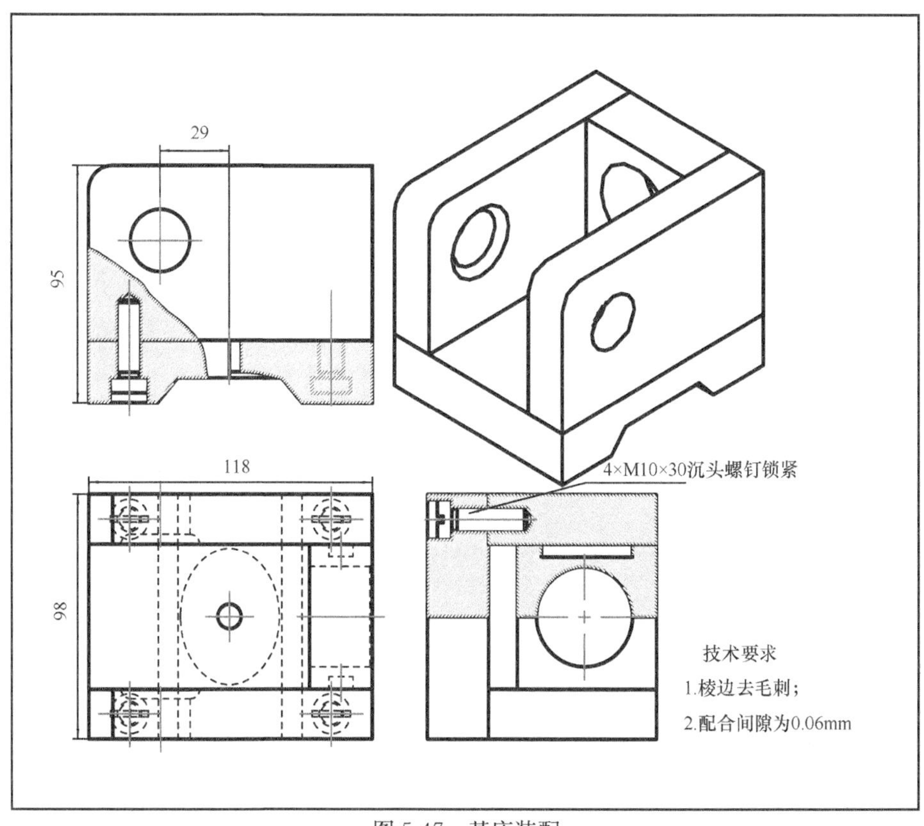

图 5-47　基座装配

3. 手柄装配

如图 5-43 手柄装配图所示，手柄装配时，手柄通过螺钉与皮带轮连接；安装时，先将手柄螺母和螺钉用螺丝刀安装在皮带轮上，再将手柄与固定好的手柄螺母通过 M20 的螺纹连接起来；最后，将该部件通过皮带轮的左旋螺纹安装至曲轴上。实体建模如图 5-49 所示。

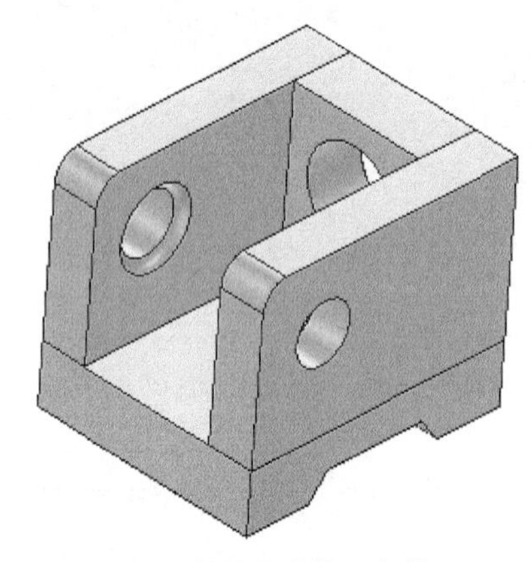

图 5-48 基座装配实体

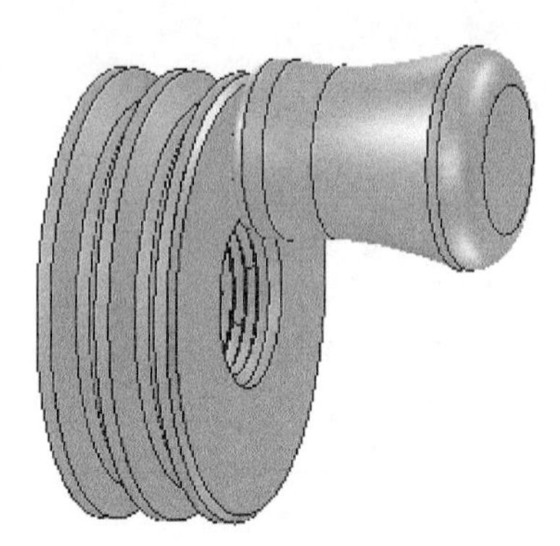

图 5-49 手柄装配实体

4. 曲轴与基座装配

如图 5-50 所示，总装配如图 5-51 所示，至此完成装配。

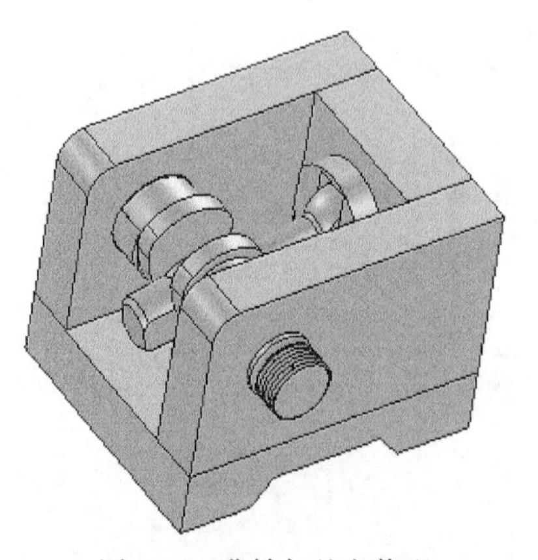

图 5-50 曲轴与基座装配

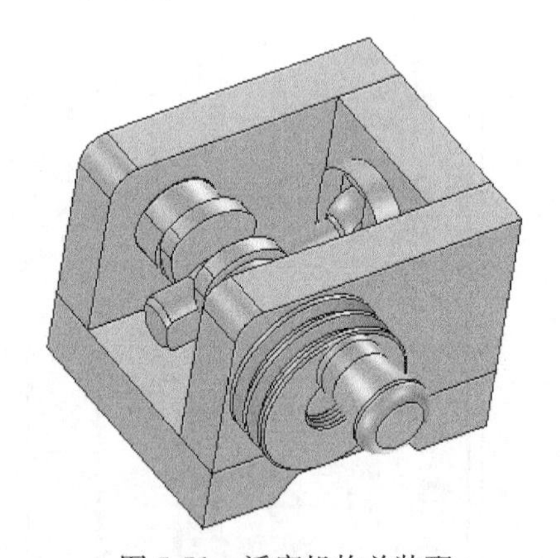

图 5-51 活塞机构总装配

5.2.2 活塞机构的爆炸图生成

从设计元素库工具选项中将装配拖入到设计环境，打开装配生成爆炸图的对话框(图 5-52)，生成的爆炸图如图 5-53 所示。

零件的实体建模部分到此就结束了，接下来就要对活塞机构中典型的零件进行加工以及代码生成。

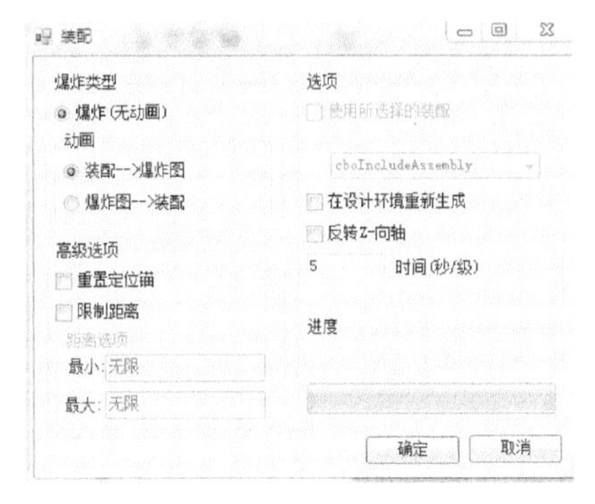

图 5-52　对话框

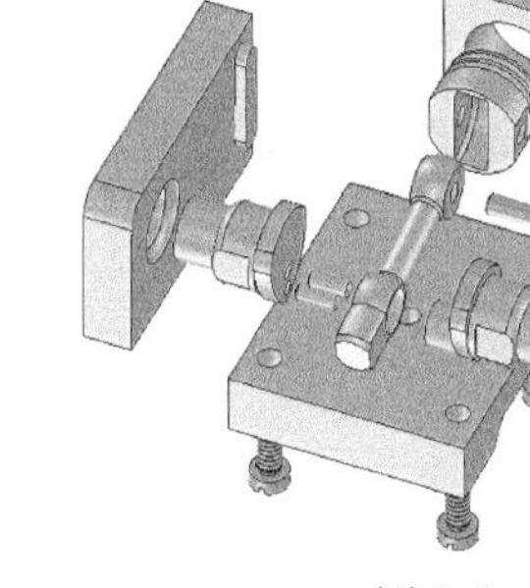

图 5-53　爆炸图

5.3　活塞机构典型零件(底板)的铣削加工

5.3.1　数控加工工艺的设计

图 5-2 是底板的零件图。按图纸画出的底板三维实体模型如图 5-6 所示。现在仅对底板下表面进行数控加工，本例底板零件既有平面区域轮廓，又有三维曲面和孔。根据零件图所示尺寸和技术要求，完成底座零件的加工编程。已知零件毛坯为 120×100×28 的 45 钢板，基准面及侧面已加工到位，单件生产。该零件长度为 119mm，宽度为 98mm，厚度为 25mm。相对于一些复杂零件来说，该零件的造型比较简单，但对于数控铣削来说，其加工又是一个相对复杂的过程。处理的顺序以及加工所需的刀具和刀具的数量见表 5-1。

表 5-1　数控加工刀具卡片

零件名称		底板	零件号	05-1
序号	刀具号	刀具类型	加工内容	备注
1	01	ϕ6 立铣刀	上表面，外形，类 V 形槽	粗、精铣
2	02	R3 球头铣刀	扫描面、外形	精铣
3	03	ϕ3 中心钻	孔	钻中心孔
4	04	ϕ10 钻头	孔	钻孔

5.3.2　底板下表面数控加工

1. 毛坯设定

在特征树中双击“毛坯”，弹出“毛坯定义”对话框如图 5-54 所示，点选“参照模型”,然后单击“确定”,完成毛坯建立。原点建立在工件底面中心点处。

2. 选择加工方式

(1) 选择“等高线粗加工”和“等高线精加工”,对上表面、外形、V形槽进行粗精加工,粗加工时预留0.3mm的加工余量留作精加工。

(2) 扫描线精加工,对扫描面、外形进行精加工。

3. 加工路线

1) 等高线粗加工

打开软件CAXA制造工程师,从菜单栏中选择“加工”→“常用加工”→“等高线粗加工”选项。在弹出的“等高线粗加工”对话框中设置加工参数。

(1) 加工参数设置如图5-55所示。

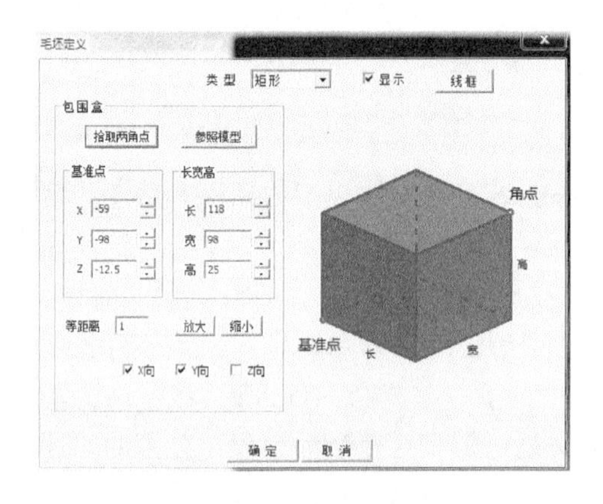

图5-54　定义毛坯

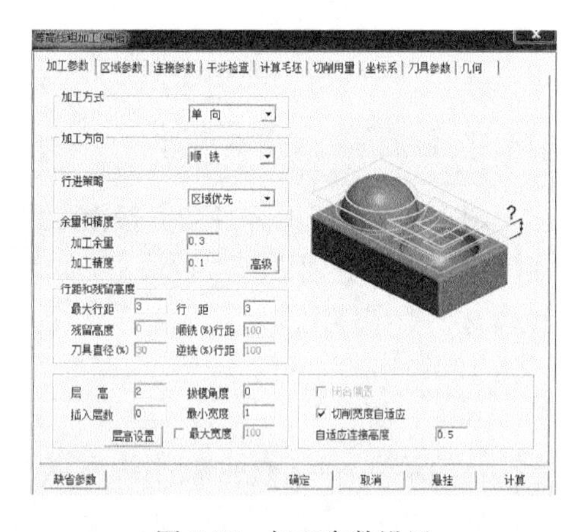

图5-55　加工参数设置

(2) 区域参数设置如图5-56所示。

(3) 切削用量设置如图5-57所示。

(4) 刀具参数设置如图5-58所示。

(5) 共参数和边界加工为系统默认。

(6) 选项设置完成之后,单击“确定”按钮。然后根据提示选择处理对象的拾取,生成的刀具路径如图5-59所示。

2) 等高线精加工

单击“加工”→“常用加工”→“等高线精加工”,弹出“等高线精加工”对话框后设置加工参数。精加工和粗加工的参数设置仅需要修改个别项即可。

(1) 加工参数项设置参数如图5-60所示。

(2) 切削用量参数设置如图5-61所示。

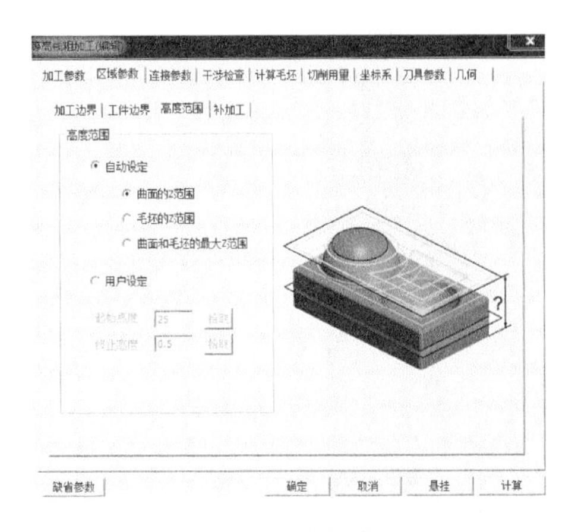

图 5-56　区域参数设置

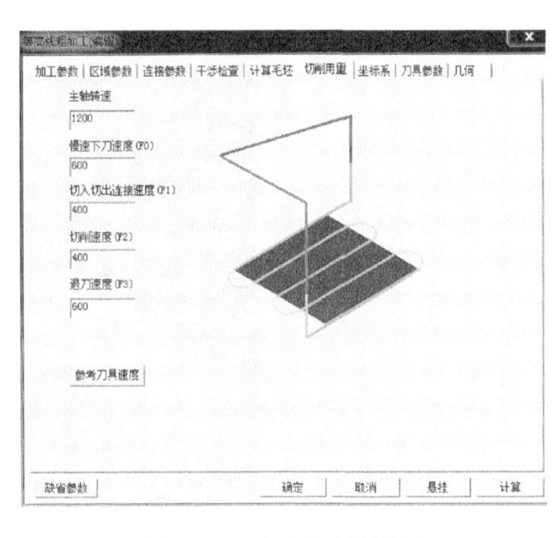

图 5-57　切削用量设置

图 5-58　刀具参数设置

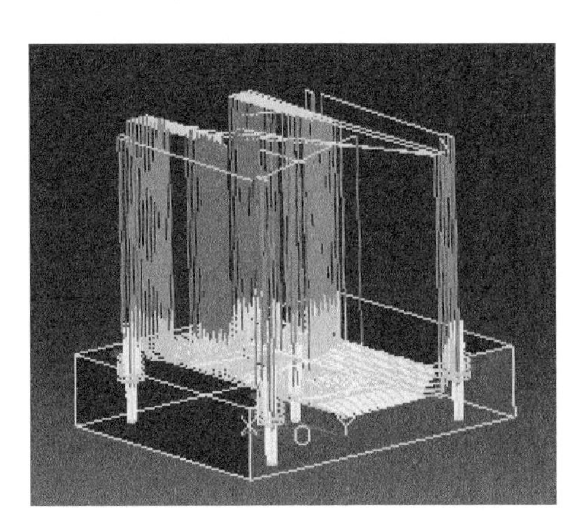

图 5-59　等高线粗加工刀具轨迹

图 5-60　加工参数设置

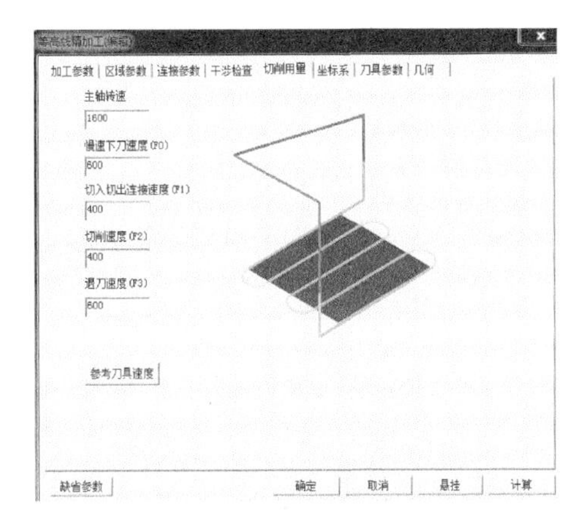

图 5-61　切削用量参数设置

(3) 其余选项与粗加工相同。生成的精加工轨迹如图 5-62 所示。

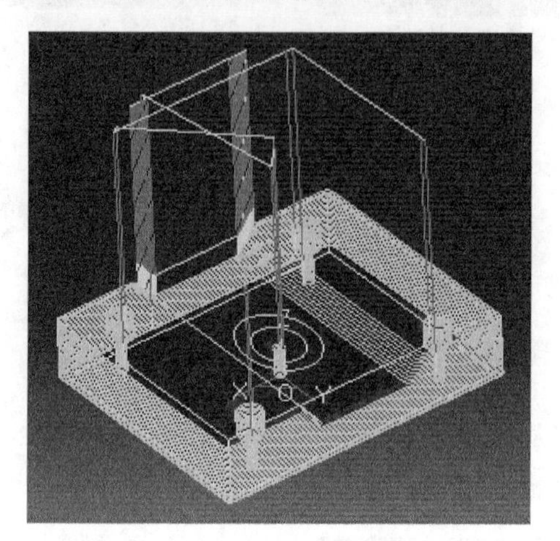

图 5-62　等高线精加工刀具轨迹

3) 扫描线精加工

选择“加工”→“常用加工”→“扫描线精加工”，出现“扫描线精加工”对话框后，设置加工参数。

(1) 加工参数设置如图 5-63 所示。

(2) 切削用量设置如图 5-64 所示。

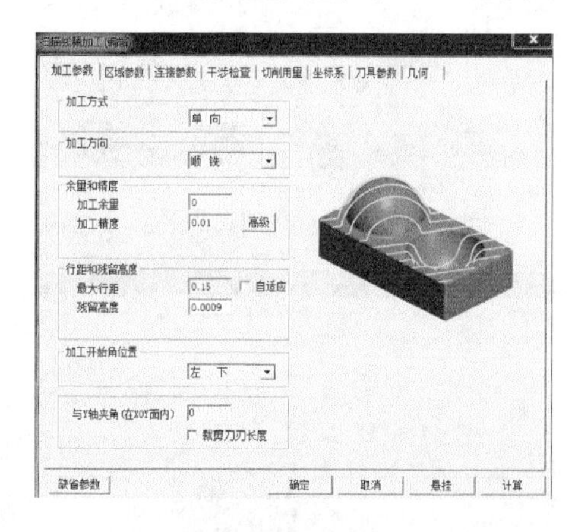

图 5-63　加工参数设置

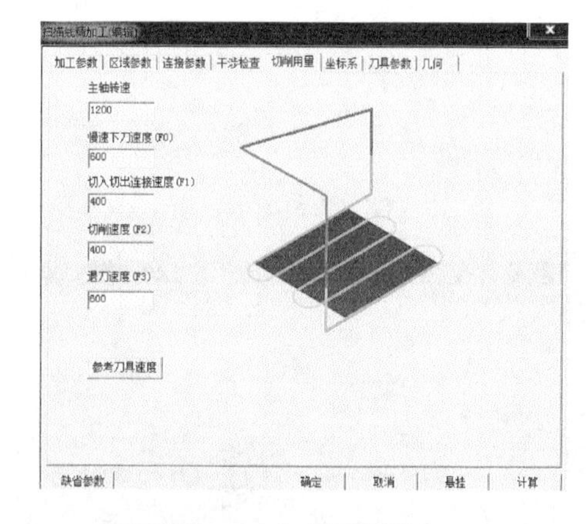

图 5-64　切削用量设置

(3) 刀具参数设置如图 5-65 所示。

(4) 生成的精加工轨迹如图 5-66 所示。

4. 实体仿真结果

对加工路线进行实体仿真效果图如图 5-67 所示。

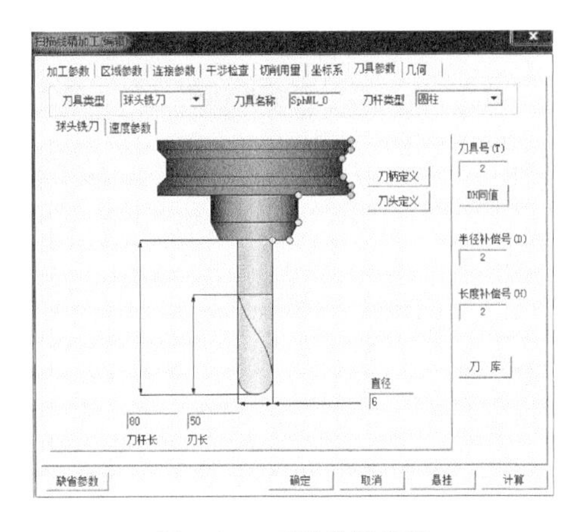

图 5-65　刀具参数设置

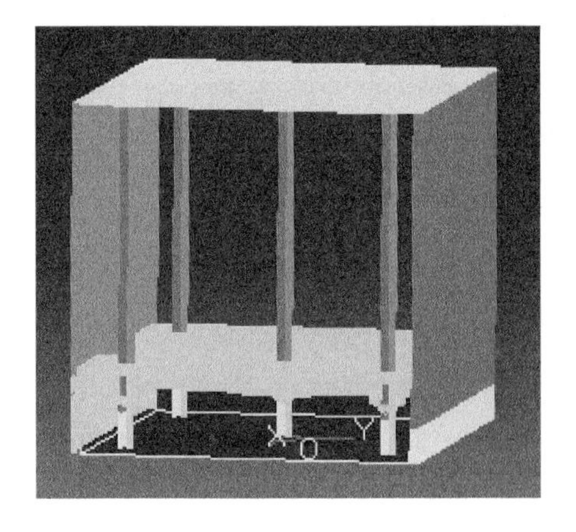

图 5-66　扫描线精加工刀具轨迹仿真

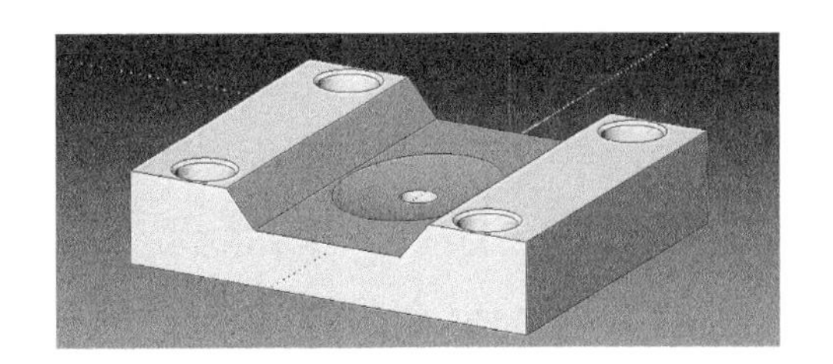

图 5-67　加工仿真效果图

5.3.3　后置处理及代码生成

(1) 选择刀具轨迹后置处理方式如图 5-68 所示。

(2) CAXA 制造工程师生成后置处理代码文件，后置处理设置对话框如图 5-69所示。

(3) 生成 G 代码程序如图 5-70 所示。

底板是活塞机构中典型的铣削加工零件，根据零件的结构特点、技术要求，需要设计正确的加工工艺方案。对于底面类 V 形槽和扫描面的加工采用两把刀具，由于精度有要求，故分别有粗、精加工，根据加工除料部分特征和参考各种资料对于加工方法的介绍，综合考虑后，选择了不同的加工方法，然后观察仿真结果，择优而定。通过加工轨迹仿真、轨迹编辑和后置处理最终生

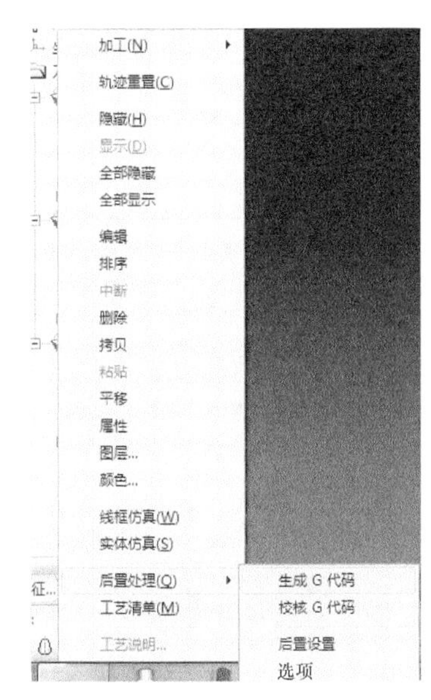

图 5-68　刀具轨迹后置处理

成G代码程序。

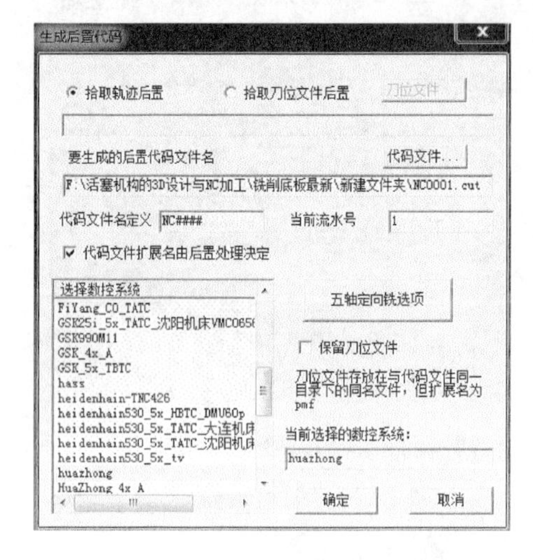

图 5-69　后置处理对话框设置

```
NC0001 - 记事本
文件(F) 编辑(E) 格式(O) 查看(V) 帮助(H)
%0001
N10 T1 M6
N12 G90 G54 G0 X-39.991 Y-40.321 S1200 M03
N14 G43 H1 Z100. M07
N16 Z45.
N18 Z35.
N20 G01 X-39.718 Y-39.646 Z34.936 F400
N22 X-39.691 Y-38.672 Z34.85
N24 X-40.053 Y-37.767 Z34.764
N26 X-40.746 Y-37.081 Z34.678
N28 X-41.654 Y-36.727 Z34.593
N30 X-42.628 Y-36.763 Z34.507
N32 X-43.507 Y-37.184 Z34.421
N34 X-44.147 Y-37.919 Z34.335
N36 X-44.441 Y-38.849 Z34.249
N38 X-44.341 Y-39.818 Z34.163
N40 X-43.865 Y-40.668 Z34.077
N42 X-43.089 Y-41.259 Z33.991
N44 X-42.143 Y-41.492 Z33.906
N46 X-41.182 Y-41.329 Z33.82
N48 X-40.364 Y-40.798 Z33.734
N50 X-39.826 Y-39.986 Z33.648
```

图 5-70　代码文件

5.4　活塞机构典型零件的车铣复合加工

5.4.1　曲轴车铣复合加工工艺的设计

图 5-15 为曲轴的零件图。由图可以看出，曲轴 1 具有端面上的圆柱及销钉孔，且需要数控铣进行外轮廓的加工，另有一左旋螺纹的特征，需要用数控车床和数控铣两种设备来加工，数控加工方案如下。

1. 装夹方案确定

曲轴形状简单，毛坯尺寸采用 ϕ45mm×80mmm 毛坯，数控车采用两头加工，夹具采用三爪卡盘，反面加工时，采用装夹红铜片的方式，保护已加工面。数控车床加工完成后，曲轴 1 的轴线与钳口基准面互相垂直装夹，且图样中标有全跳动位置公差的一面与基准面贴合，选用 ϕ10 的立铣刀铣削扁平位，根据图样的位置尺寸对 Z 轴方向铣深 2mm。对称一侧装夹方式与上述一样，铣深 2mm，完成装夹位的铣削。

2. 数控车加工顺序和刀具选择

表 5-2 为数控车加工顺序和刀具选择。

表 5-2　加工顺序和刀具选择

零件名称	曲轴 1	零件号	05-5	
序号	刀具号	刀具类型	加工内容	
1	01	93°外圆车刀	外圆	粗车
2	02	35°外圆车刀	外圆	精车
3	03	3mm 外切槽刀	3mm×16mm 槽	粗、精车
4	04	60°外螺纹刀	M24×1.75 外螺纹	粗、精车

3. 数控车加工工艺

对刀时，将坐标原点设在工件右端面（图样中的方向）的对称中心，为了保证零件尺寸链正确，采用从右到左加工的原则。其加工路线如下：

(1) 93°外圆车刀粗车外圆，留精加工余量。

(2) 35°外圆车刀精车外圆。

(3) 3mm 外切槽刀切削 3mm×16mm 槽。

(4) 60°外螺纹刀粗精车 M24×1.75 外螺纹。

制作加工工艺卡片如表 5-3 所示。

表 5-3　数控加工工艺卡片

零件名称	曲轴 1			加工部位		右端
序号	内容	零件号	01-5	进给量 /(mm/min)	直径切深 /mm	备注
1	外圆	01	1000	300	3	粗车
2	外圆	02	1600	150	0.5	粗车
3	3mm×16mm 槽	03	1200	40	—	粗、精车
4	粗精车 M24×1.75 外螺纹	04	1200	1.75/(mm/r)	—	粗、精车

4. 数控铣加工工艺

1) 数控加工刀具卡片

通过选择合适的刀具、加工方式，制作数控加工刀具卡见表 5-4。

表 5-4 数控加工刀具卡片

零件名称		曲轴 1	零件编号	05-5
序号	刀具号	刀具类型	加工内容	备注
1	01	ϕ10 立铣刀	平面、外形	粗精铣
2	02	ϕ16 立铣刀	外形	粗铣
3	03	ϕ6 钻头	销钉孔	—

2）对刀

对刀时，将坐标系原点设在工件上表面的圆心。其工艺路线如下：

（1）ϕ10 立铣刀铣削扁平位，根据图样的位置尺寸对 Z 轴方向铣削深度 2mm，完成装夹位的铣削。

（2）ϕ16 立铣刀粗加工 ϕ18 圆柱及其底面；加工外部圆弧状轮廓，留精加工余量。

（3）ϕ10 立铣刀精加工 ϕ18 圆柱及外部圆弧状轮廓。

（4）ϕ6 钻头进行销钉孔钻孔。

5.4.2 曲轴 1 螺纹端外圆车削加工

1. 螺纹端外圆粗加工

（1）打开 CAXA 数控车软件绘制图形，设定毛坯，如图 5-71 所示。

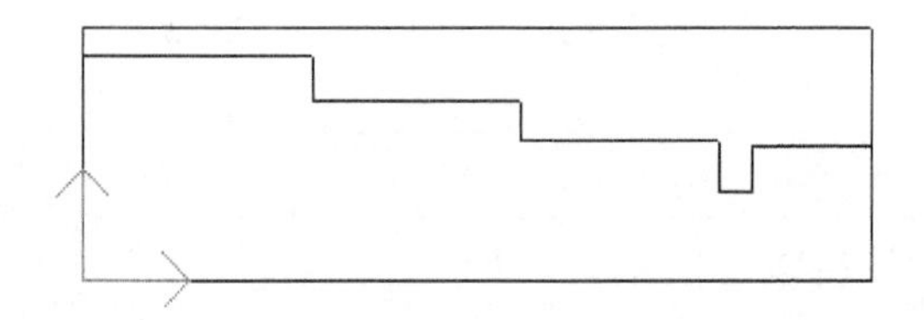

图 5-71 草图

（2）设定加工路线及参数具体如下：

① 加工参数及进退刀方式设置如图 5-72 和图 5-73 所示。

② 切削用量设置如图 5-74 所示，轮廓车刀设置如图 5-75 所示。

③ 参数设置完成后，拾取被加工工件表面轮廓和毛胚轮廓得到外轮廓加工轨迹线如图 5-76 所示。

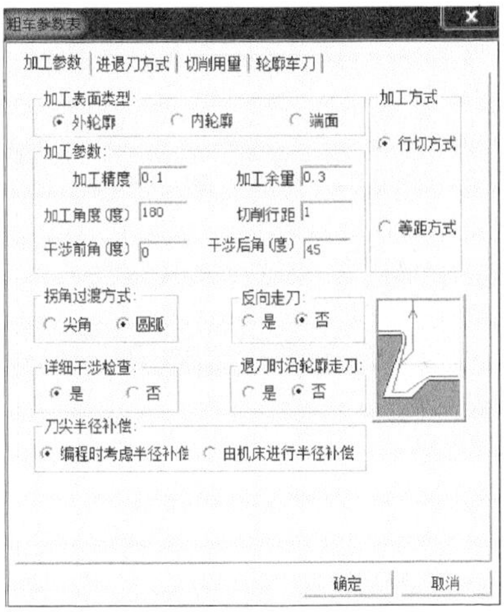

图 5-72　加工参数设置

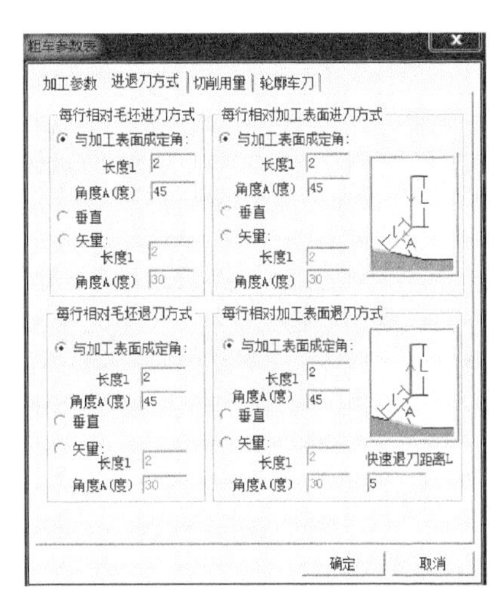

图 5-73　进退刀方式设置

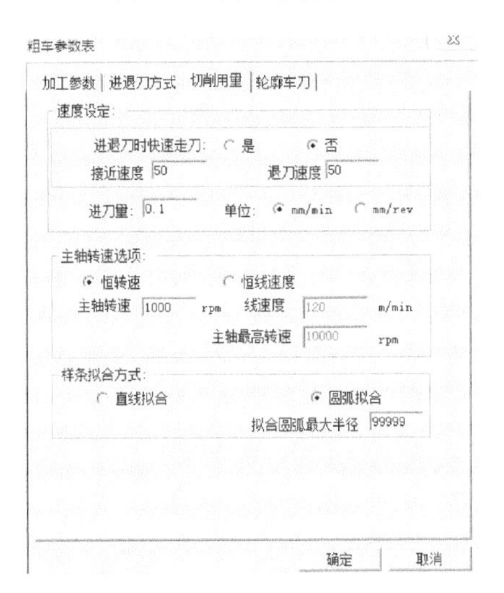

图 5-74　切削用量设置

图 5-75　轮廓车刀设置

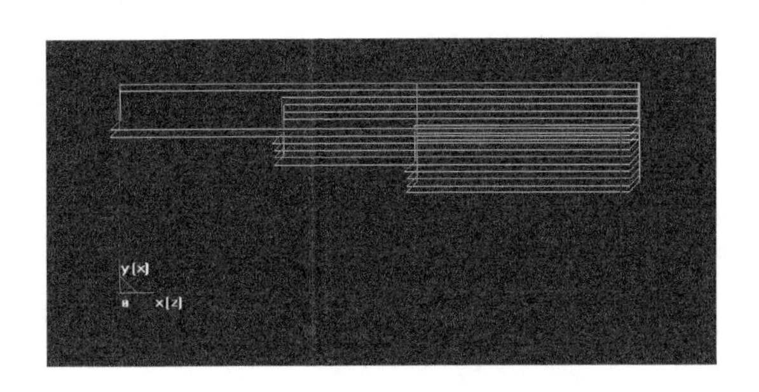

图 5-76　外轮廓粗车加工轨迹

2. 螺纹端精加工

螺纹端精加工路线及参数设置如下：

(1) 选择“加工”，点击“轮廓精车”，弹出“精车参数表”对话框，如图 5-77 所示。

(2) 设置进退刀方式如图 5-78 所示，切削用量设置如图 5-79 所示。

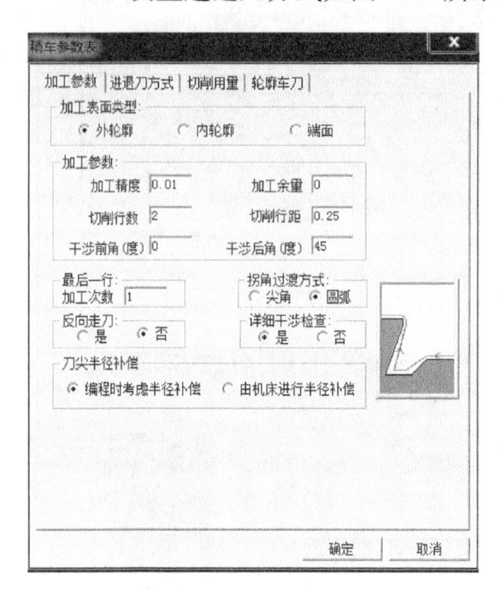

图 5-77　加工参数设置

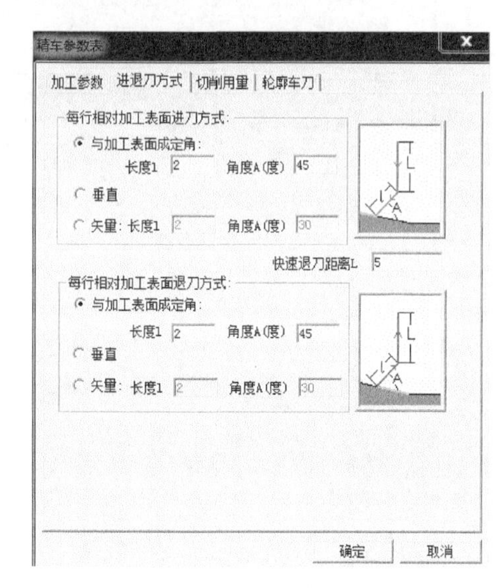

图 5-78　进退刀方式设置

(3) 轮廓车刀采用 35°外圆车刀精车外圆，设置如图 5-80 所示。

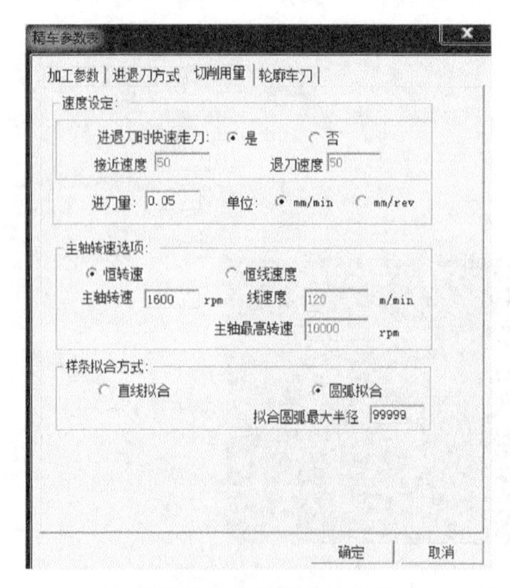

图 5-79　切削用量设置

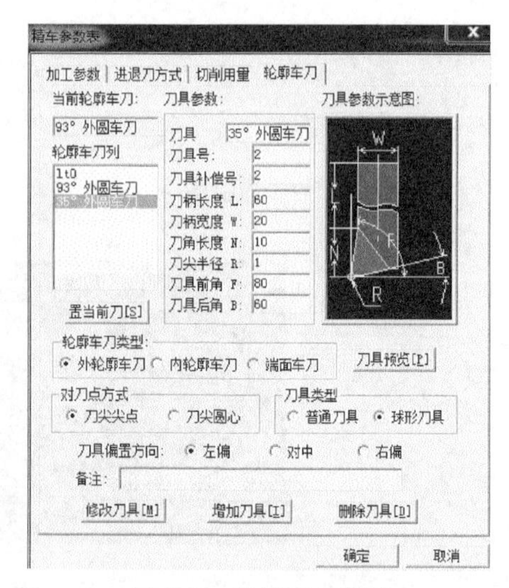

图 5-80　轮廓车刀设置

(4) 参数设置完成后,单击“确定”,拾取被加工表面,选择“进退刀点”,生成轮廓外圆精车刀具路径如图 5-81 所示。

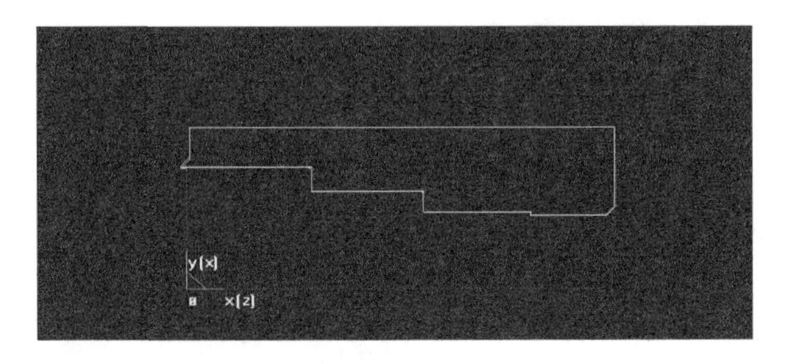

图 5-81　轮廓外圆精车刀具路径

3. 螺纹端外圆切槽

粗精加工路线及参数设置如下:

(1) 选择“加工”→“切槽加工”,在“切槽参数表”对话框弹出后,设置切槽加工参数如图 5-82 和图 5-83 所示。

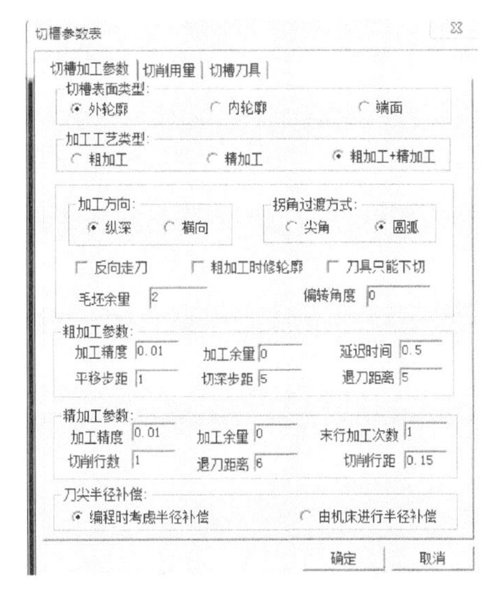

图 5-82　切槽加工参数设置

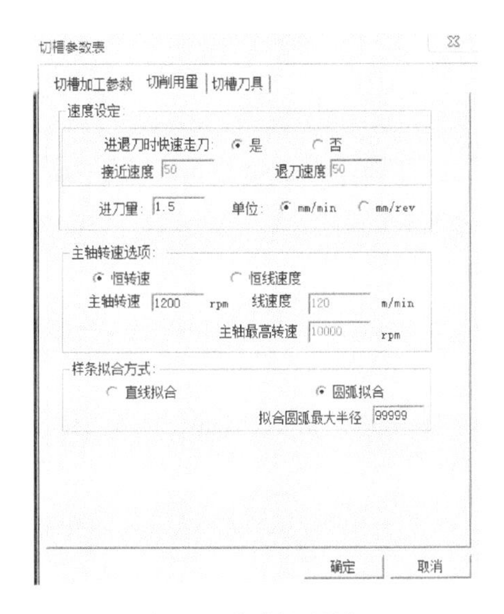

图 5-83　切削用量设置

(2) 切槽刀具参数设置如图 5-84 所示。

(3) 拾取被加工表面轮廓,确定进退刀点,生成加工刀具轨迹如图 5-85 所示。

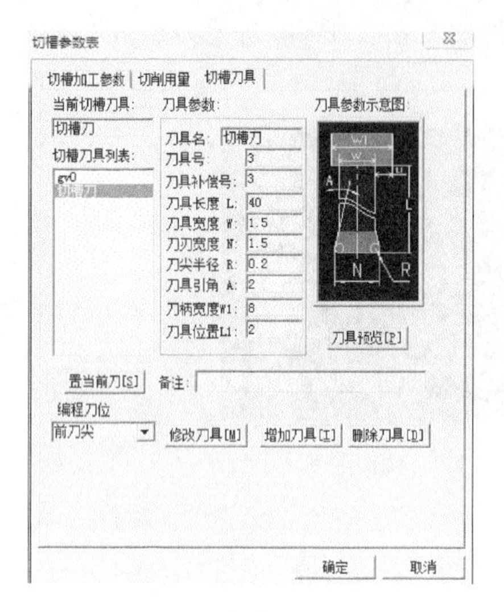

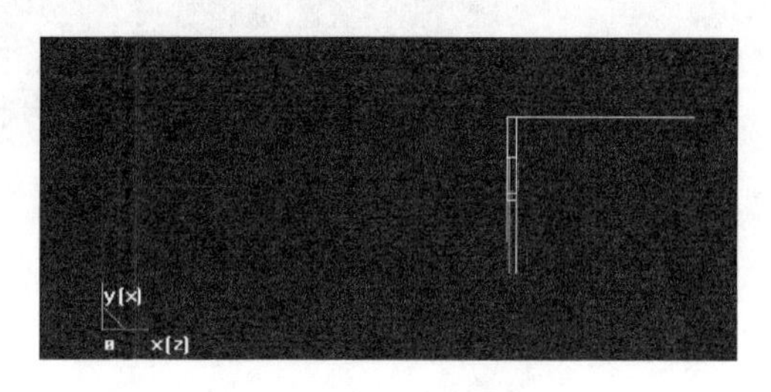

图 5-84　切槽刀具设置　　　　图 5-85　切槽刀具轨迹

4. 螺纹端外螺纹加工

(1) 点击“加工”→“车螺纹”选项，拾取螺纹起始点，填写螺纹加工参数表，如图 5-86～图 5-90 所示。

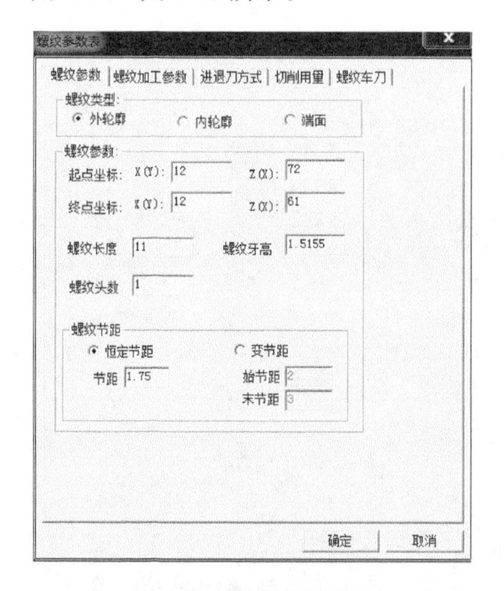

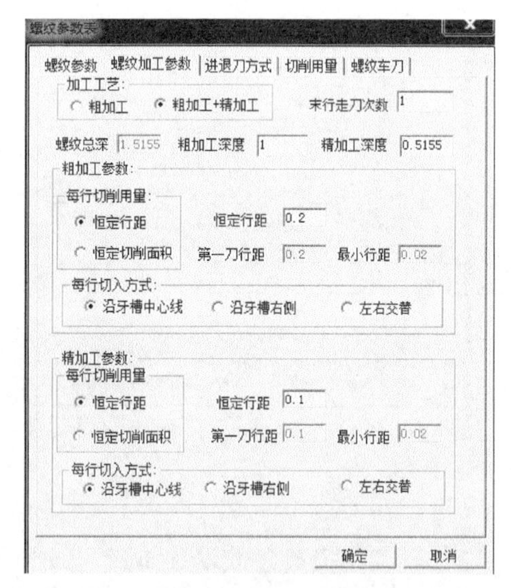

图 5-86　螺纹参数设置　　　　图 5-87　螺纹加工参数设置

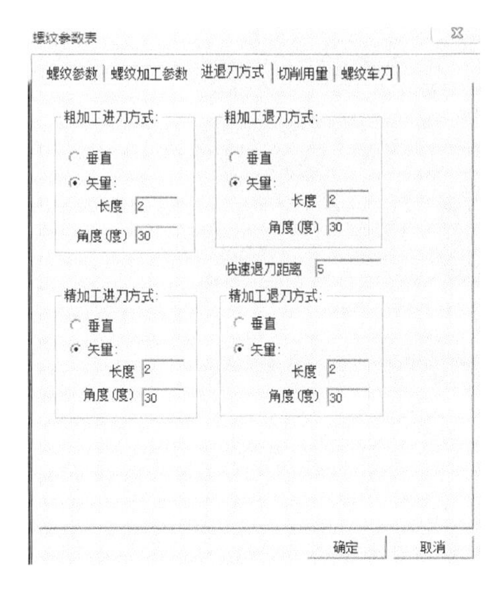

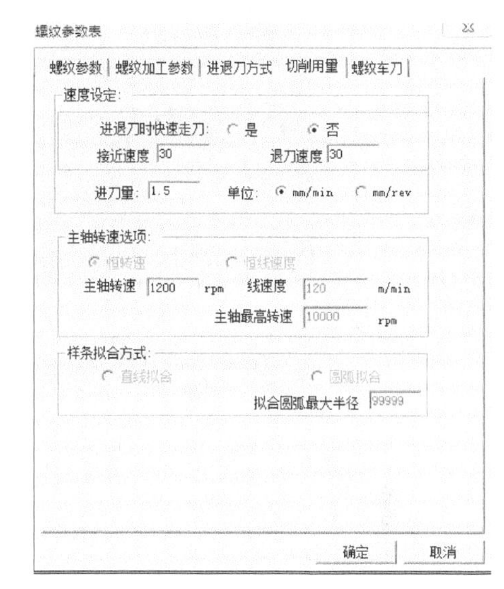

图 5-88　进退刀方式设置　　　　图 5-89　切削用量设置

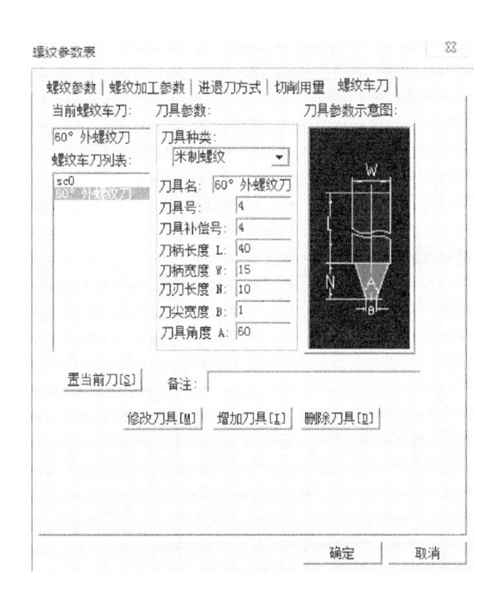

图 5-90　螺纹车刀设置

(2) 确定进退刀点，生成螺纹刀具路径如图 5-91 所示。

(3) 点击“加工”，选择“机床设置”，弹出“机床设置”对话框设置如图 5-92 所示。

(4) 点击“后置”设置，填写后置参数如图 5-93 所示，然后选择“代码生成”，拾取刀具轨迹，生成代码如图 5-94 所示。

图 5-91 螺纹刀具路径

机床类型设置

机床名: LATHE2　增加机床　删除机床

行号地址:	N	行结束符:		速度指令:	F	换刀指令:	T
快速移动:	G00	顺时针圆弧插补:	G02	逆时针圆弧插补:	G03	直线插补:	G01
主轴转速:	S	主轴正转:	M03	主轴反转:	M04	主轴停:	M05
冷却液开:	M08	冷却液关:	M09	绝对指令:	G90	相对指令:	G91
恒线速度:	G96	恒角速	G97	最高转速限	G50	螺纹切削:	G33
半径左补偿:	G41	半径右补偿:	G42	半径补偿关闭:	G40	长度补偿:	G43
坐标系设置:	G54	延时指令:	G04	程序起始符号:	%	分进给:	G98
程序停止:	M30	延时表示:	X	程序结束符号:	%	转进给:	G99

刀具号和补偿号输出位　○ 一位　◉ 补足两位　螺纹节距: K

说明: 0 $POST_CODE

程序头: $G50 $ $SPN_F $MAX_SPN_SPEED @G00 $ $IF_CONST_VC $ $SPN_F $CONS

换刀: M01@ $G50 $ $SPN_F $MAX_SPN_SPEED @G00 $ $IF_CONST_VC $ $SPN_F $(

程序尾: $COOL_OFF@$PRO_STOP

确定[O]　取消[C]

图 5-92 机床设置

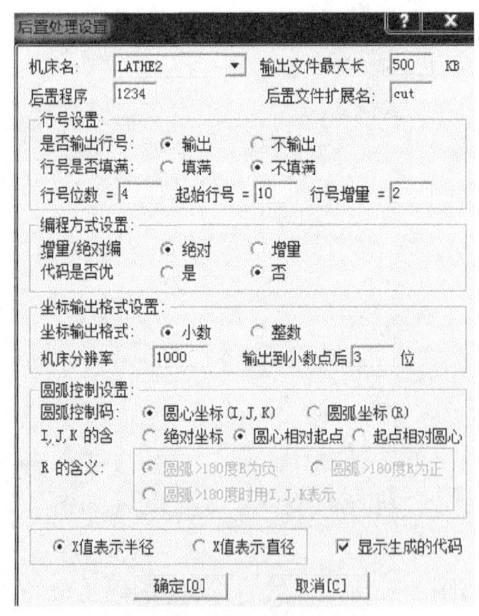

图 5-93 后置处理设置

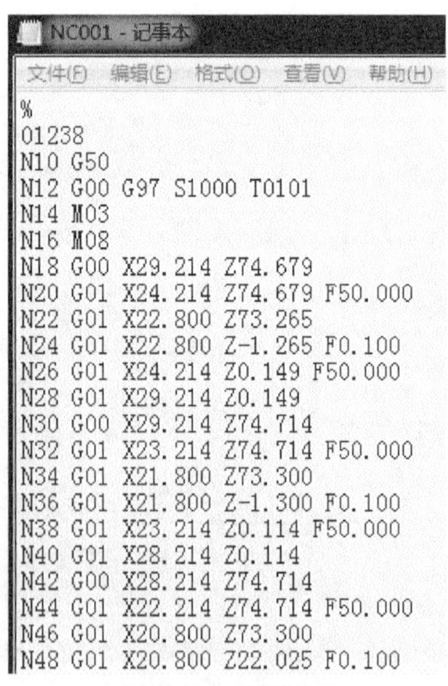
NC001 - 记事本

文件(F) 编辑(E) 格式(O) 查看(V) 帮助(H)

```
%
01238
N10 G50
N12 G00 G97 S1000 T0101
N14 M03
N16 M08
N18 G00 X29.214 Z74.679
N20 G01 X24.214 Z74.679 F50.000
N22 G01 X22.800 Z73.265
N24 G01 X22.800 Z-1.265 F0.100
N26 G01 X24.214 Z0.149 F50.000
N28 G01 X29.214 Z0.149
N30 G00 X29.214 Z74.714
N32 G01 X23.214 Z74.714 F50.000
N34 G01 X21.800 Z73.300
N36 G01 X21.800 Z-1.300 F0.100
N38 G01 X23.214 Z0.114 F50.000
N40 G01 X28.214 Z0.114
N42 G00 X28.214 Z74.714
N44 G01 X22.214 Z74.714 F50.000
N46 G01 X20.800 Z73.300
N48 G01 X20.800 Z22.025 F0.100
```

图 5-94 代码生成

5.4.3 曲轴1铣削部分加工

1. 曲轴1扁平位的铣削加工

(1) 打开CAXA制造工程师软件,绘制扁平位外轮廓草图如图5-95所示。

(2) 选择加工方式和加工路线。

① 选择“加工”→“常用加工”→“平面轮廓精加工”,弹出“平面精加工(创建)”对话框,设定加工参数,进行外形的精加工。

② 点选“加工参数”选项,设定加工参数如图5-96所示,点选“切削用量”选项设定参数如图5-97所示,点选“刀具参数”选项,设置参数如图5-98所示。

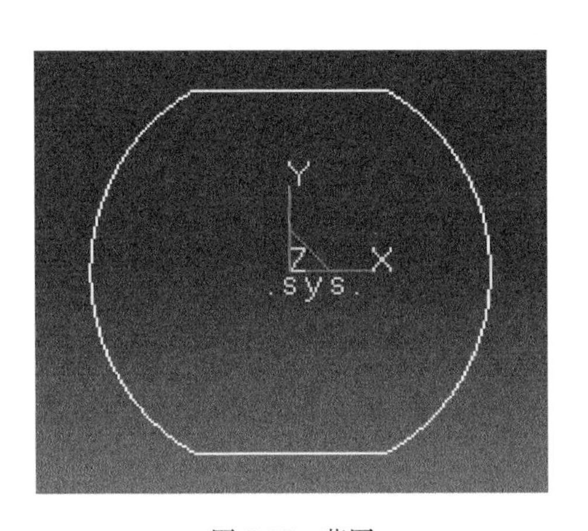

图5-95 草图

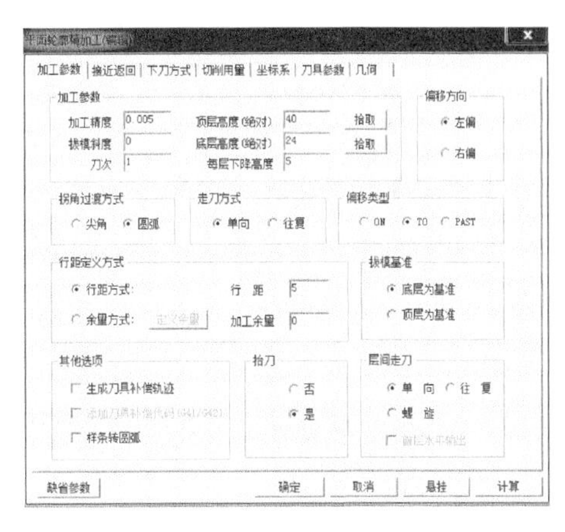

图5-96 加工参数设置

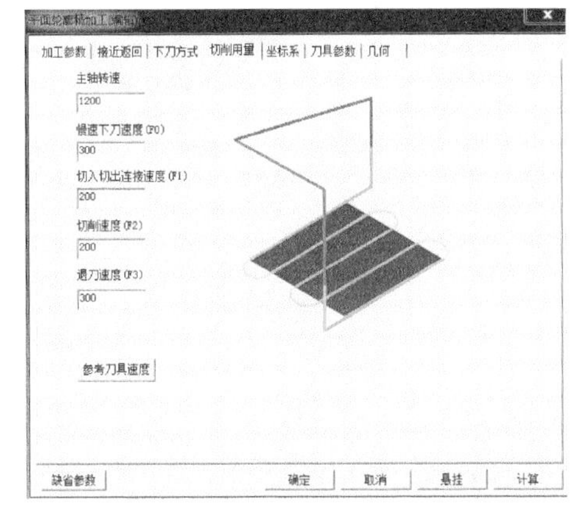

图5-97 切削用量设置

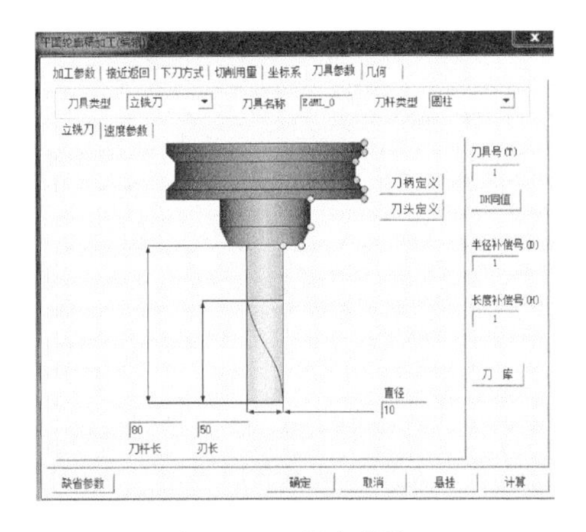

图5-98 刀具参数设置

(3) 参数设置完成后单击“确定”,拾取加工曲面,生成刀具轨迹如图5-99

所示。

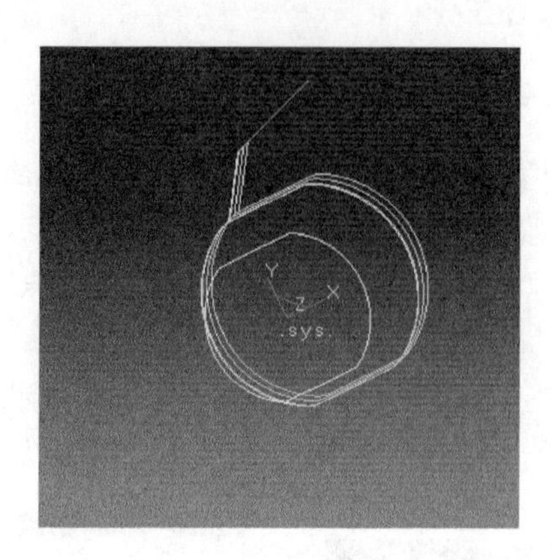

图 5-99　刀具轨迹

2. 曲轴 1 销钉孔凸台和外形的铣削加工

(1) 等高线粗加工。点击“加工”→“常用加工”→“等高线粗加工”，在“等高线粗加工”对话框弹出后，点选各选项对加工参数进行设置，分别如图如图 5-100～图 5-102所示。

图 5-100　加工参数设置

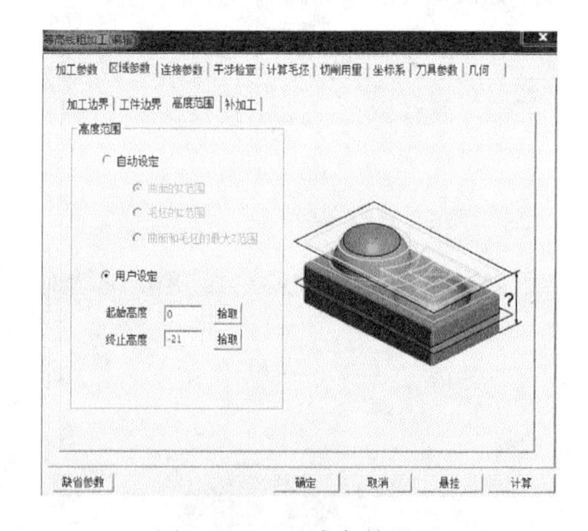

图 5-101　区域参数设置

设置完成后，点击“确定”，生成刀具轨迹如图 5-103 所示。

(2) 等高线精加工。单击“加工”→“常用加工”→“等高线精加工”，弹出“等高线精加工”对话框，然后点选各选项对加工参数分别进行设置(如图 5-104、图 5-105 所示)，设置完成后单击“确定”，生成的刀具轨迹如图 5-106 所示。

(3) 平面精加工。单击“加工”→“常用加工”→“平面精加工”，弹出“平面精加工”对话框，然后点选各选项对加工参数分别进行设置(如图 5-107、图 5-108 所示)，生成的刀具轨迹如图 5-109 所示。

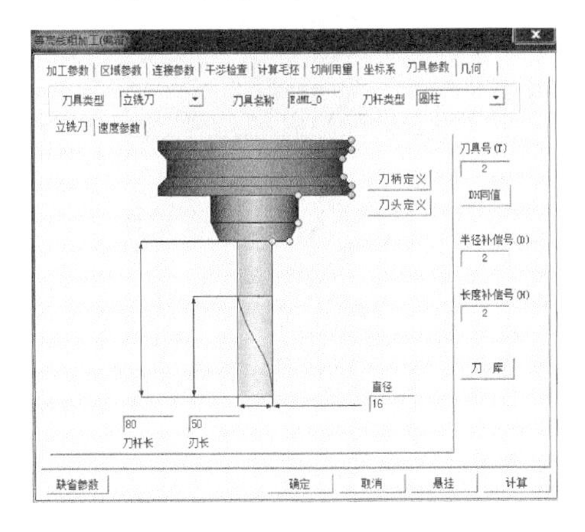

图 5-102　刀具参数设置

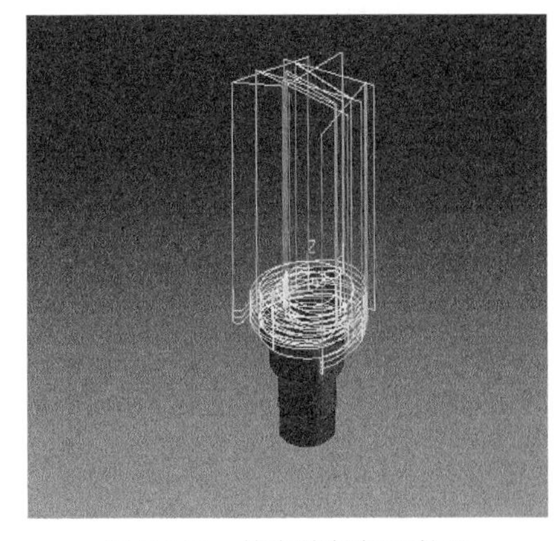

图 5-103　等高线粗加工轨迹

图 5-104　加工参数设置

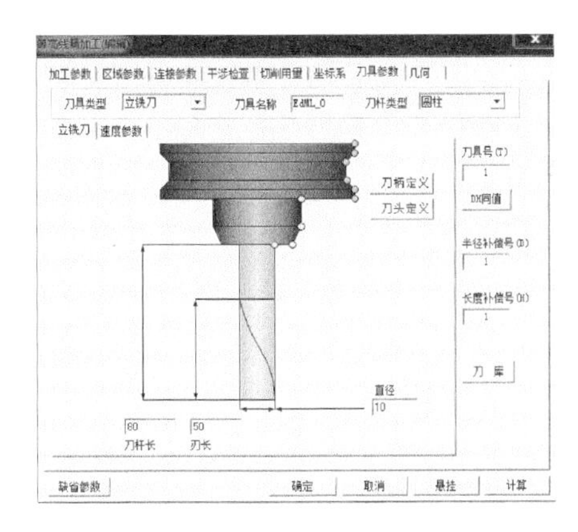

图 5-105　刀具参数设置

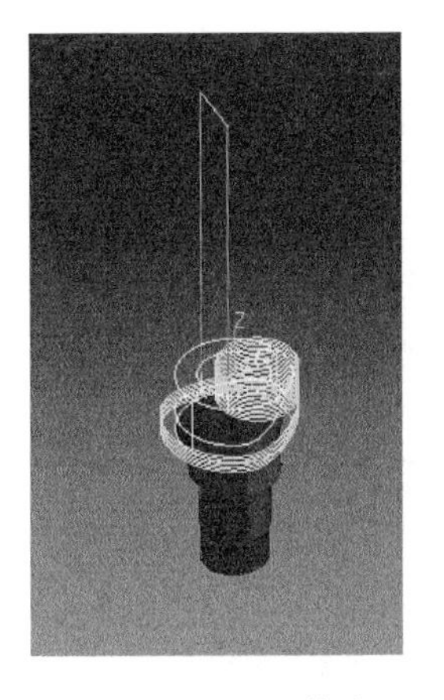

图 5-106　刀具轨迹

图 5-107　加工参数设置

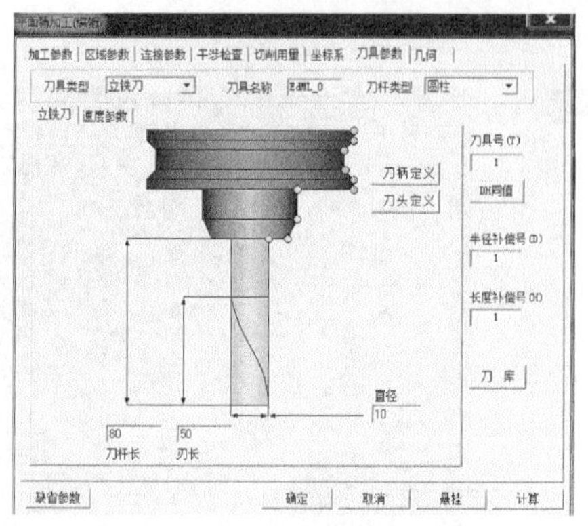
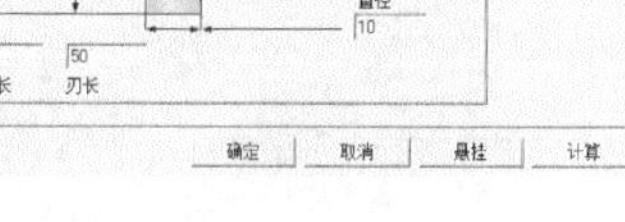

图 5-108　刀具参数设置

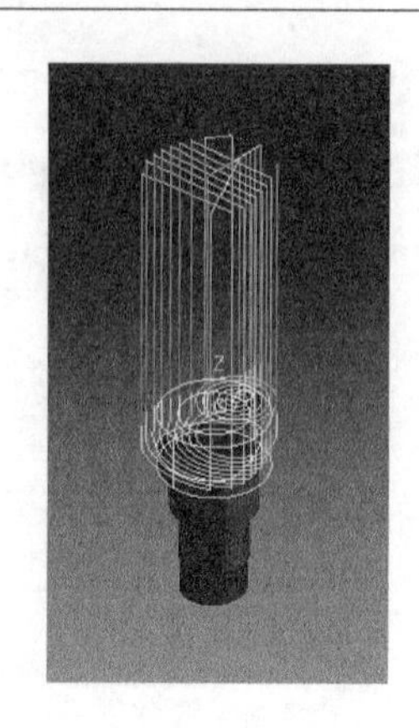

图 5-109　刀具轨迹

(4) 钻孔加工。点击“加工”→“其他加工”→“孔加工”，弹出“钻孔(创建)”对话框，对各选项参数进行设置分别如图 5-110、图 5-111 所示，生成的刀具轨迹如图 5-112 所示。

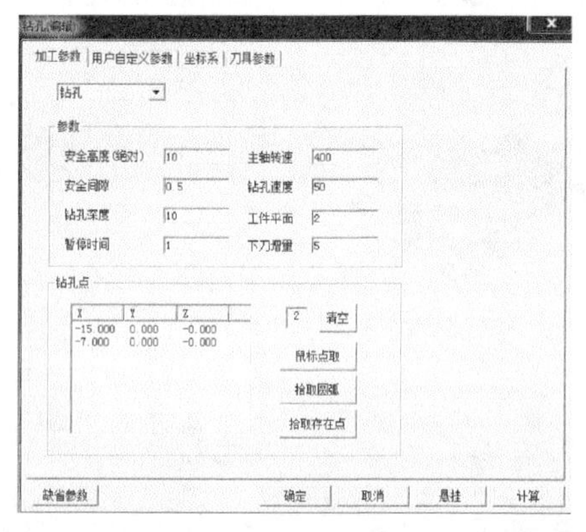

图 5-110　加工参数设置

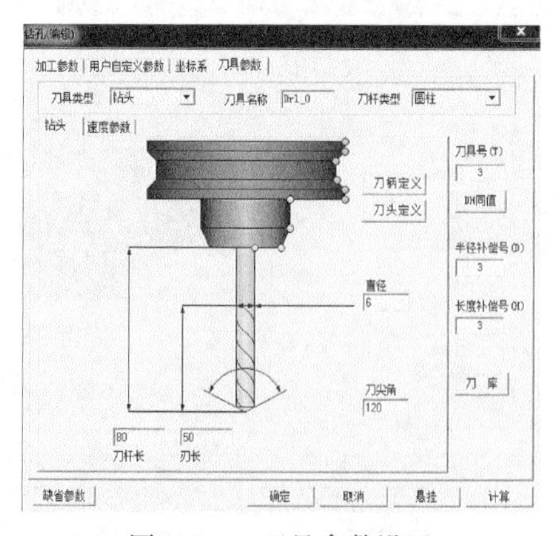

图 5-111　刀具参数设置

图 5-112　刀具轨迹

有了曲轴 1 铣削的刀具的路径，再进行机床的后置设置，就可以生成曲轴 1 铣削的 G 代码程序了。同前面介绍的类似，此处不再介绍。

曲轴是活塞机构中典型的车铣复合加工零件，零件的数控加工主要是通过自动编程来完成的，对此零件的车削和铣削加工使我对零件的车铣工艺有了更深刻的理解。在此过程我学习到了零件自动编程过程中各项参数的设定以及各种车削、铣削加工命令和轨迹生成的操作方法。每种刀具路径的生成不是孤立的，而是相互衔接，可以互相补充，应根据零件的结构和技术要求，全面考虑，以保证加工合格的零件的目的。

5.5　活塞机构典型零件的仿真加工

首先打开 VNUC 仿真软件，选取所要用的机床。本次设计选用的机床为华中世纪星三轴立式铣床，如图 5-113 所示。

图 5-113　机床与系统选择

接着安装毛坯。根据加工零件的需要设置毛坯大小并且选择毛坯的材料如图 5-114 所示，另外还要定义夹具类型，确定安装如图 5-115 所示。

选择刀具并设置刀具参数之后安装刀具。此工件用到一把 $\phi6$ 的立铣刀和一把 $R3$ 的球刀。图 5-116、图 5-117 分别是两把刀具的设置图。图 5-118 显示了安装刀具之后的铣床（实际加工过程中需要用到钻头，因为钻孔时必须先用钻头钻孔再用铣刀扩孔）。

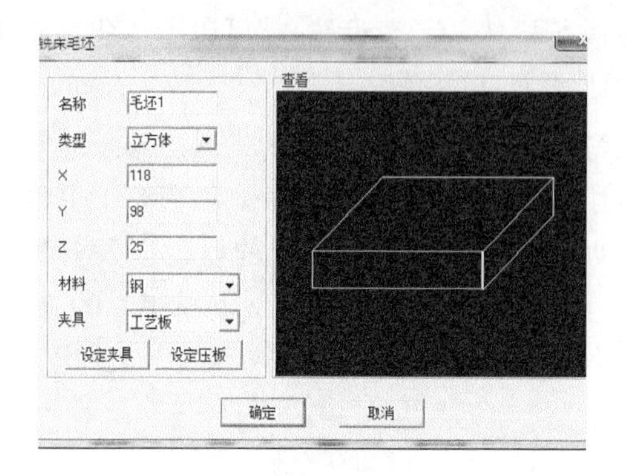

图 5-114　毛坯设定

图 5-115　工件安装

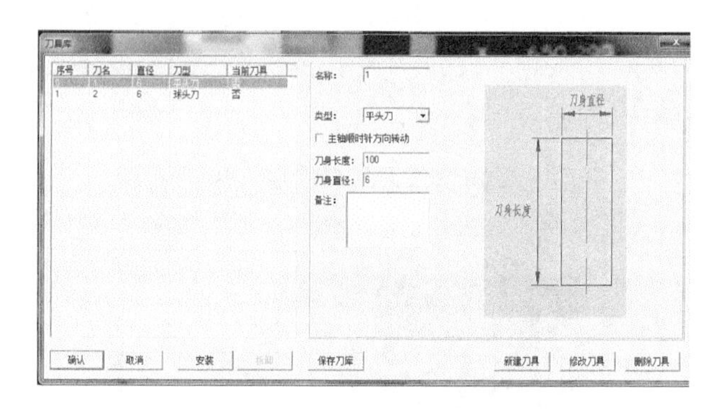

图 5-116　$\phi 6$ 立铣刀设置

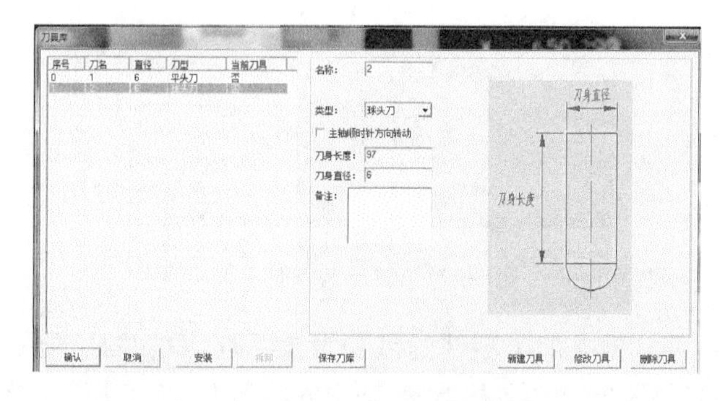

图 5-117　$R3$ 球刀设置

在 X、Y、Z 方向上分别进行对刀，把坐标系回参考点，在对刀中使用软件附带的辅助视图和测量仪来确定刀具和工件的直接距离，待塞尺显示由太松变为合适时即停止，记下 $X1$、$X2$、$Y1$、$Y2$ 和 Z 的坐标值，最后的 X 轴上坐标为$(X1+X2)/2$，Y 轴上坐标为$(Y1+Y2)/2$，Z 轴上坐标为 $Z-$工件厚度。图 5-119 为对刀后建立的坐标系。图 5-120 为塞尺检查结果。

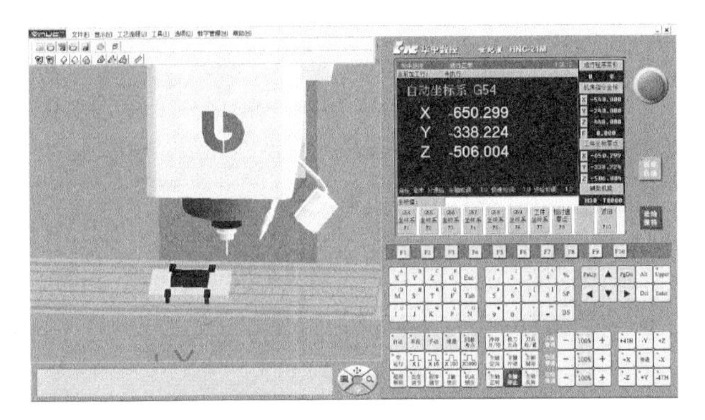

图 5-118　机床刀具安装

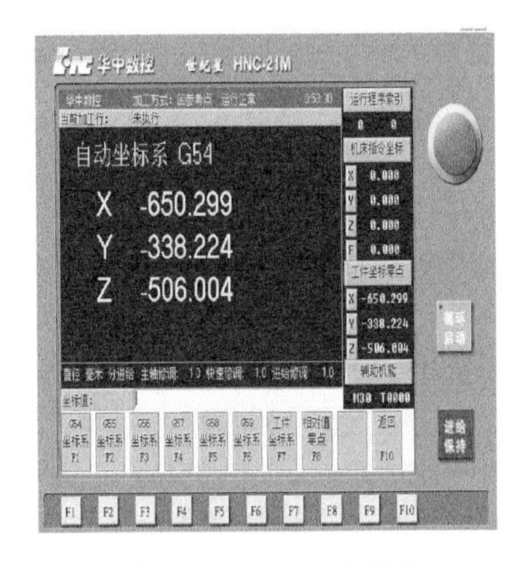

图 5-119　对刀后坐标系

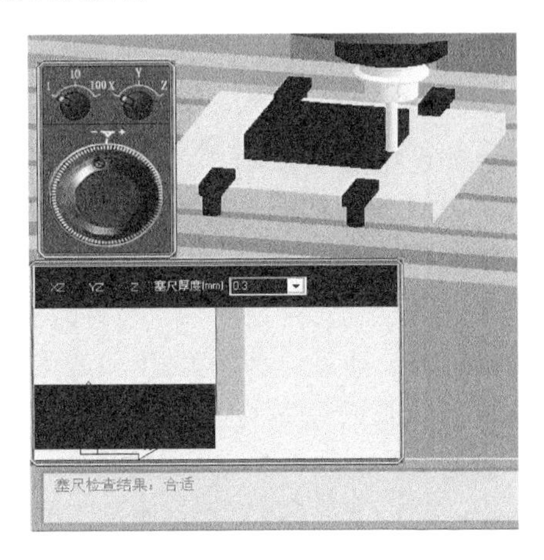

图 5-120　塞尺检查结果

导入程序代码，对零件进行数控加工仿真。将在 CAXA 软件中生成的 G 代码程序加载到数控机床中，对 G 代码进行程序校验，校验无误后点击“自动运行”，再单击“循环启动”即可自动加工。零件加工过程分别如图 5-121、图 5-122 和图 5-123 所示。

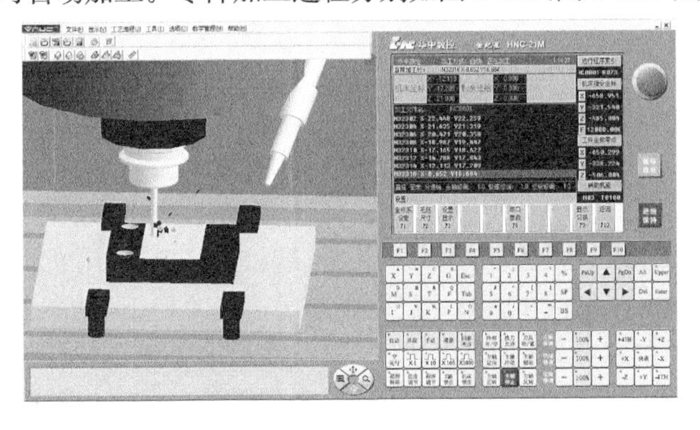

图 5-121　类 V 槽、孔加工

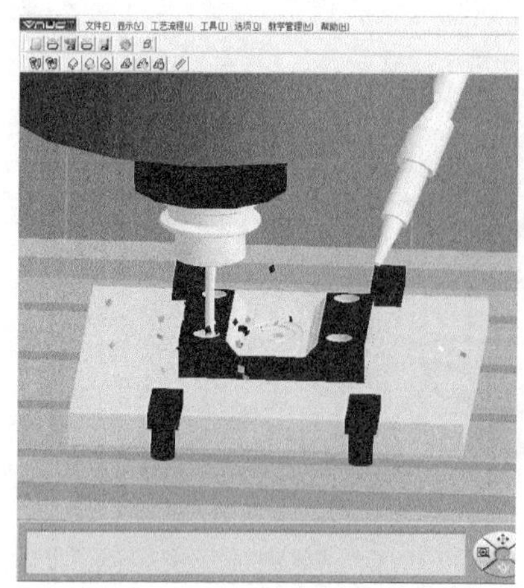

图 5-122　精加工外形

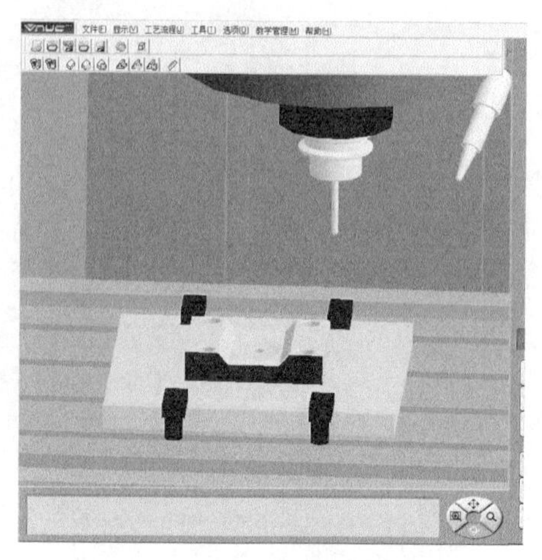

图 5-123　扫描面加工

本节是在前面章节 G 代码生成的基础之上，对 G 代码程序修改后导入 VNUC 软件并进行程序校验，然后机床自动加工完成零件仿真加工的过程，最终加工出符合要求的零件。在加工中观察加工过程是否有异常现象，如过切、欠切、超程等，根据反馈进行及时调整，并且通过仿真加工验证工艺流程、程序、操作过程的正确与否。经过仿真加工，生成的零件与所设计的零件是完全一致的，验证了刀具轨迹和 G 代码程序的正确性。

加工工艺的分析和设计在数控加工过程中是非常重要的，在加工前无论是手工编程还是自动编程，都要对所加工的零件结构、技术要求进行分析，进而确定加工方案，然后对加工设备、刀具类型、夹具类型进行选择，对切削参数、加工顺序、刀具加工轨迹等进行设置。在程序编制的过程当中，还需注意对一些工艺如对刀、刀具补偿、换刀点等问题做出适当处理。因此，在编程过程中，加工过程的设计与分析是一个非常重要的工作。

本章详细讨论了活塞机构的三维建模、虚拟装配及其典型零件的数控加工技术。此活塞机构是由底板、侧板、缸体、曲轴、活塞、连杆、皮带轮、螺钉、手柄及其螺母等零部件组成的。首先，通过 CAXA 制造工程师软件对活塞机构的各个零件进行建模并对其进行装配；然后根据活塞机构典型零件的图纸及技术要求，对该零件进行数控加工工艺分析，根据分析的结果，零件的加工工艺方案、夹紧方式、定位基准的选择、刀具类型、切削参数、刀具加工轨迹、加工顺序的安排、工步的划分等得到初步确定，并编制零件的数控加工工艺卡、数控加工工艺卡和刀具卡等，最后对活塞机构的典型零件底板和曲轴 1 进行铣削与车削的加工，最终生成了程序 G 代码；再把 G 代码程序加载到数控铣床里，利用数控加工仿真软件对零件加工过程进行动态仿真演示，来检测刀具在加工过程中是否存在过切与欠切、刀具与机床部件和工件夹具之间是否存在干涉碰撞，从而验证程序的正确性。

第6章　风车的3D设计与NC加工

6.1　基于CAXA平台风车各部分零件的3D设计

风能作为一种可再生蕴含量巨大的清洁能源，逐渐被世界各国重视。我国的风能储量大分布面广，其中仅陆地上的风能储量就有约2.53亿千瓦。随着技术进步和环保事业的发展，风能市场也迅速发展起来，风能发电是用风车发电机组将风能有效地转变为电能。风车是把风的动能转化为机械能的重要部分，只有风车的零部件满足其图纸的加工要求，才能提高风车制造的效率并节约生产成本，促进我国风能发电行业的发展。

6.1.1　风车实体建模概述

本节研究的是风车的三维设计与数控加工技术。此风车是由底座、立柱、转轴、叶片、前盖、后盖、外壳、螺帽和两种螺钉等零件组成的。利用CAXA实体设计的CAD功能完成这些零件的建模与装配。风车的装配二维图如图6-1所示，以下实体建模中只对底座和转轴建模过程详细说明和每步截图，其他零件进行详细的建模说明和关键步骤截图。建模过程中零件的具体尺寸不再进行说明，在电子图版绘制的零件图有具体的尺寸和技术要求。

6.1.2　风车各部分零件的实体建模

1. 底座的实体建模

图6-2为底座的零件图，图中给出了底座的具体尺寸参数和技术要求。下面对底座进行实体建模。

(1) 打开CAXA实体设计软件，单击“草图”，在“在X-Y基准面”绘制草图，长为120mm，宽为50mm，如图6-3所示，然后单击“完成草图”绘制。

(2) 选中草图，单击右键，鼠标放在弹出菜单里“生成”选项上，在子菜单里单击“拉伸”命令，增料生成实体，拉伸距离设置为28mm，单击“确定”，草图拉伸成实体如图6-4所示。

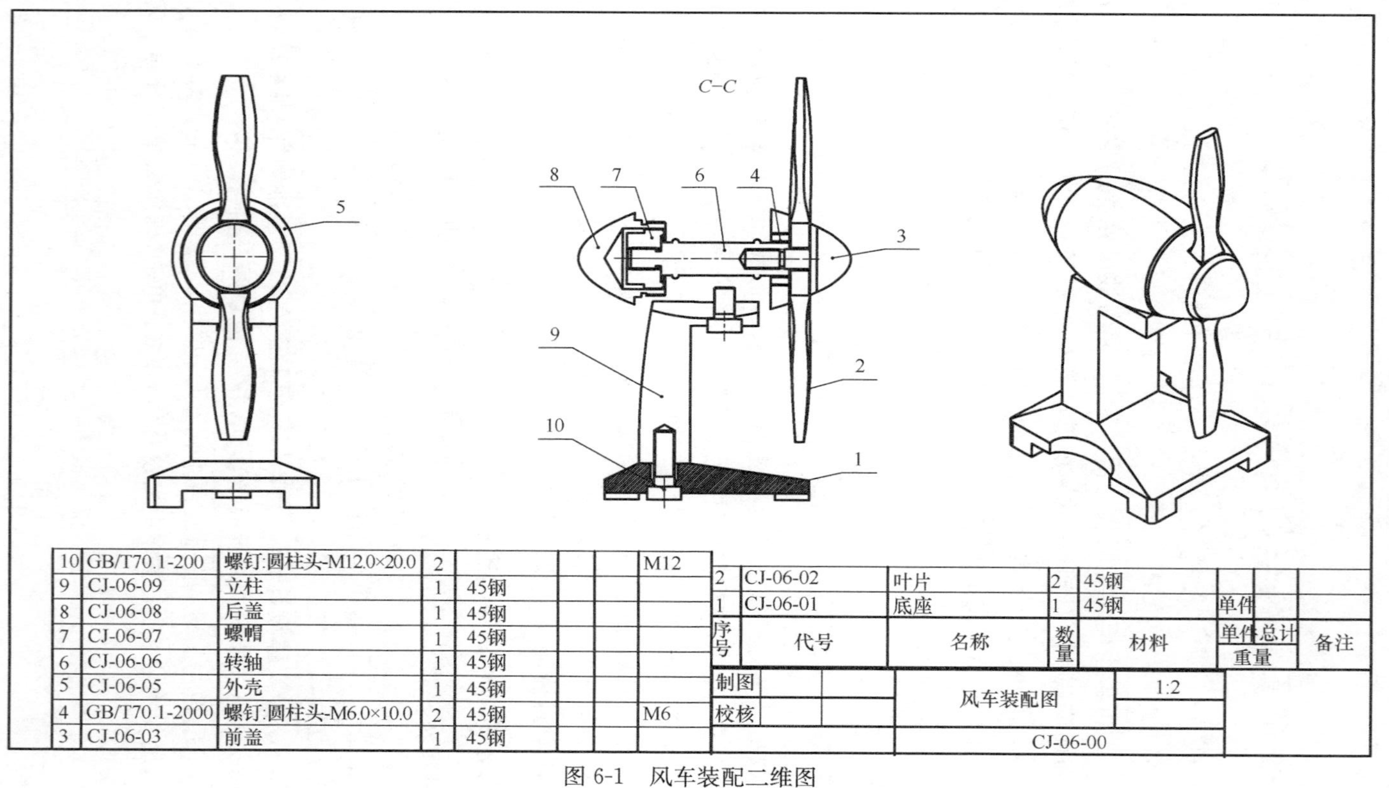
C–C
1
2
3
4
5
6
7
8
9
10
10 GB/T70.1-200 螺钉:圆柱头-M12.0×20.0 2 M12
9 CJ-06-09 立柱 1 45钢
8 CJ-06-08 后盖 1 45钢
7 CJ-06-07 螺帽 1 45钢
6 CJ-06-06 转轴 1 45钢
5 CJ-06-05 外壳 1 45钢
4 GB/T70.1-2000 螺钉:圆柱头-M6.0×10.0 2 45钢 M6
3 CJ-06-03 前盖 1 45钢
2 CJ-06-02 叶片 2 45钢
1 CJ-06-01 底座 1 45钢 单件
序号 代号 名称 数量 材料 单件 总计 重量 备注
制图
校核
风车装配图
1:2
CJ-06-00

图 6-1 风车装配二维图

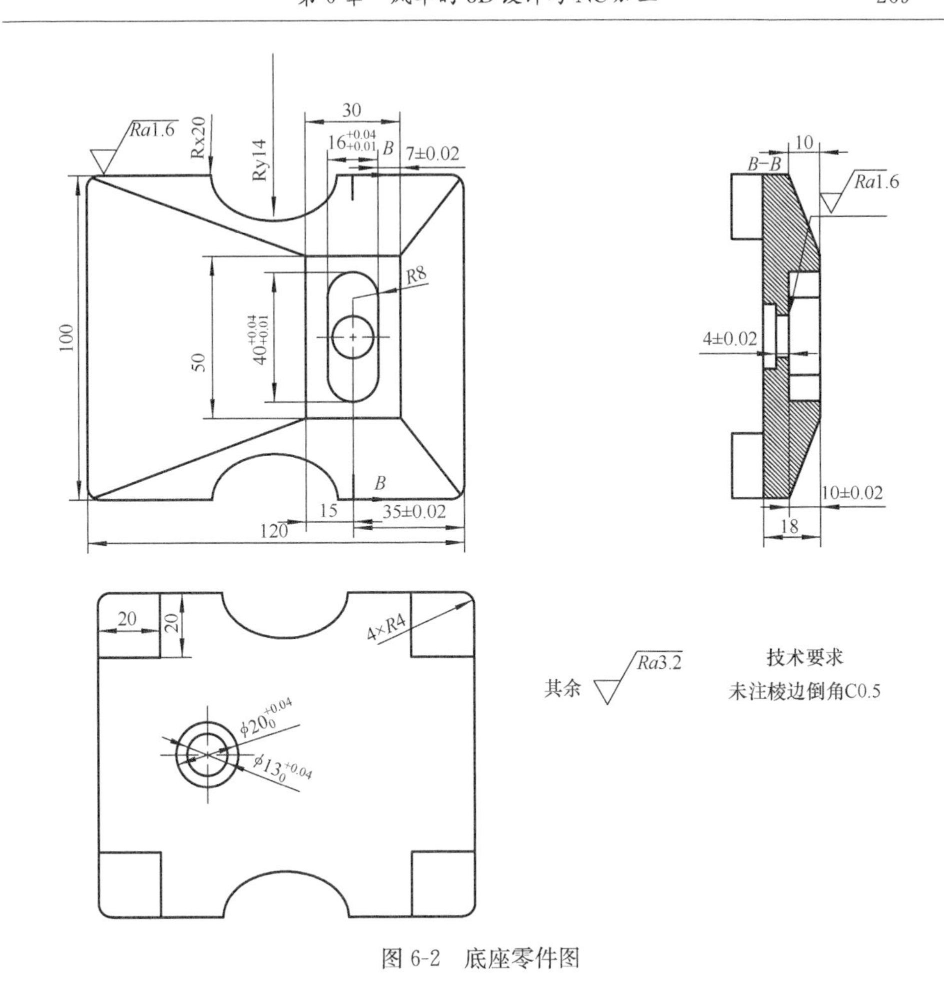

图 6-2　底座零件图

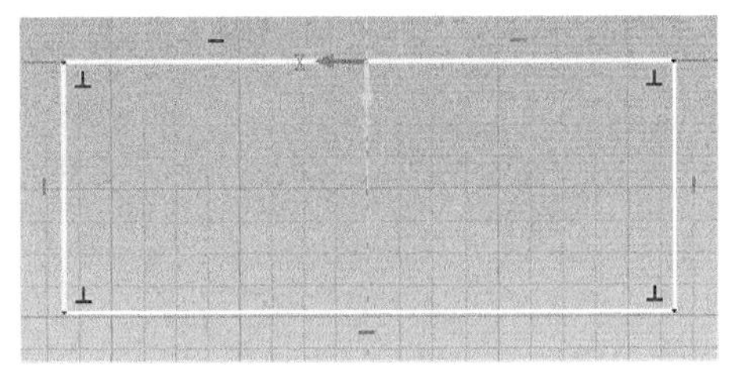

图 6-3　绘制的草图

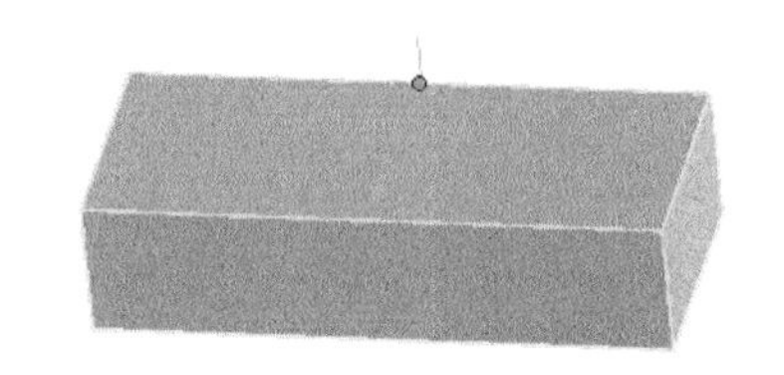

图 6-4　拉伸后长方体

(3) 单击“草图”，在“在 Z-X 基准面”绘制草图，按“F10”调出三维球工具，使用三维球工具在长方体侧面上绘制曲线，如图 6-5 所示，单击“完成草图”。选中草图，右键在弹出菜单里选中“生成”，在子菜单里选中“拉伸”，选择生成曲面，拉伸距离 60mm，完成命令曲线生成曲面，拉伸曲面两端，使曲面两端超出长方体，如图 6-6 所示。

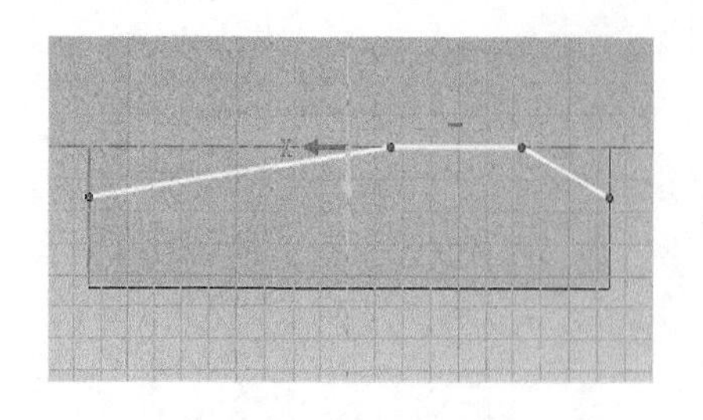

图 6-5　绘制的草图

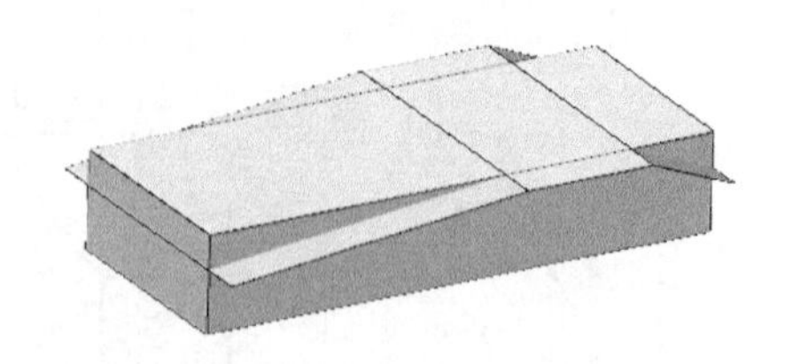

图 6-6　拉伸后生成的曲面

(4) 单击“特征”,再单击“分割”命令,如图 6-7 所示,再选中分割后不需要的零件,右键单击“压缩”命令,得到实体如图 6-8 所示。

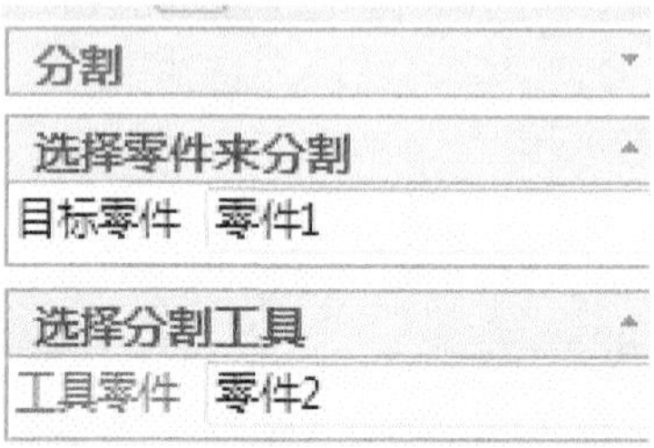

分割

选择零件来分割

目标零件　零件1

选择分割工具

工具零件　零件2

图 6-7　分割菜单

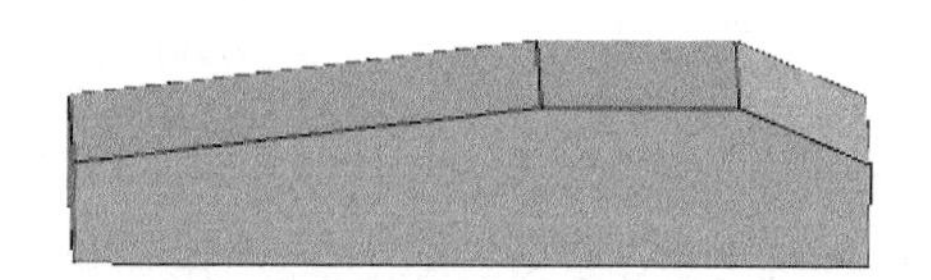

图 6-8　分割后的实体

(5) 在实体上表面和侧面绘制一个草图,单击“草图”,在“在 Z-X 基准面”绘制草图,按“F10”调出三维球工具,使用三维球工具,在实体上表面和侧面绘制草图,如图 6-9 所示,单击“完成绘制草图”;然后拉伸草图,选择生成实体,拉伸距离 50mm,拉伸实体如图 6-10 所示。

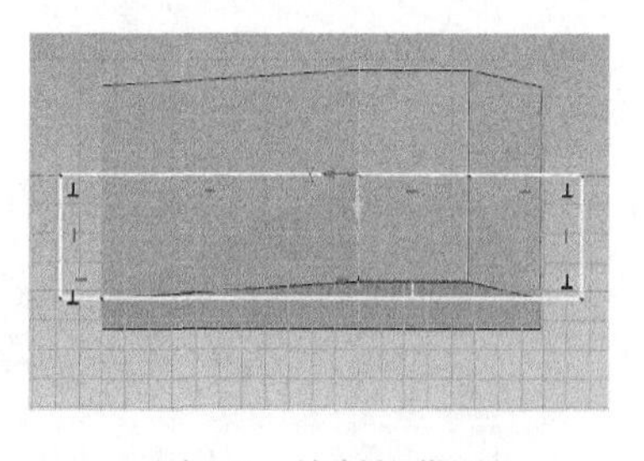

图 6-9　绘制的草图

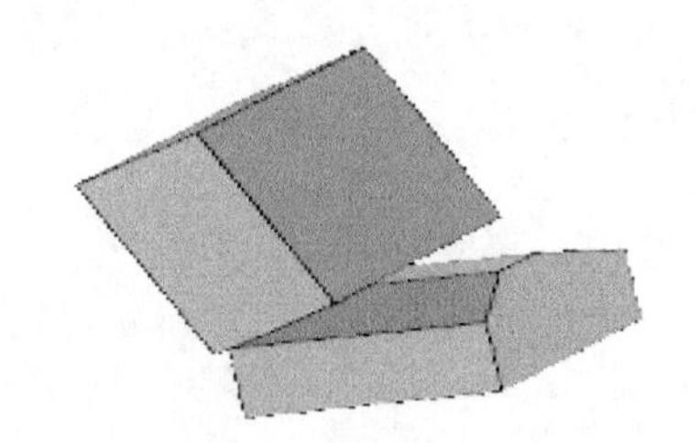

图 6-10　拉伸后的实体

(6) 单击“特征”,再单击“布尔特征”命令,点选布尔减操作,选择被布尔减和要布尔减的零件体,然后生成实体如图 6-11 所示。

(7) 单击“特征”,再单击“镜像特征”命令,选择镜像平面零件和要镜像的零件特征,生成实体如图 6-12 所示。

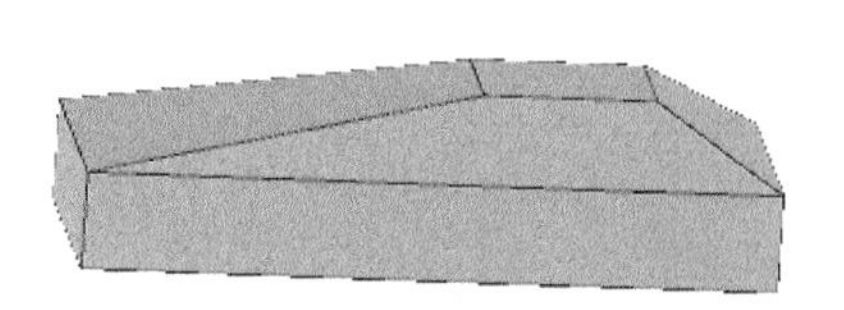

图 6-11 布尔减后生成实体

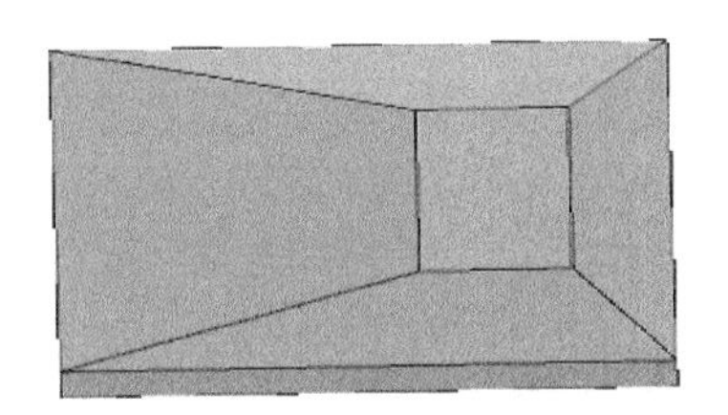

图 6-12 镜像后生成实体

(8) 从“图素”里面拖入两个相互垂直的孔类长方体，把它们放到生成实体的下表面上，完成后生成的实体如图 6-13 所示。

(9) 从“图素”里面拖入两个孔类椭圆柱，把它们放到实体的两个侧面，完成后生成的实体如图 6-14 所示。

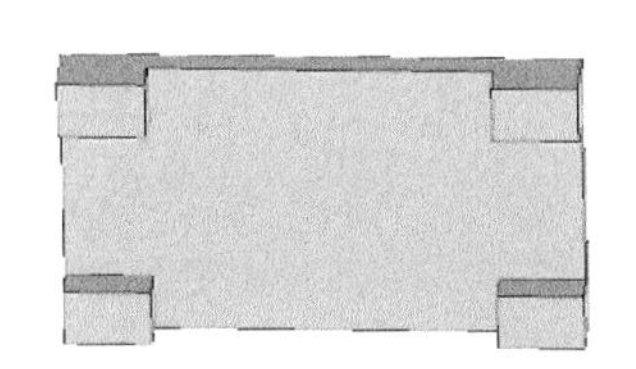

图 6-13 拖入孔类长方体后底面

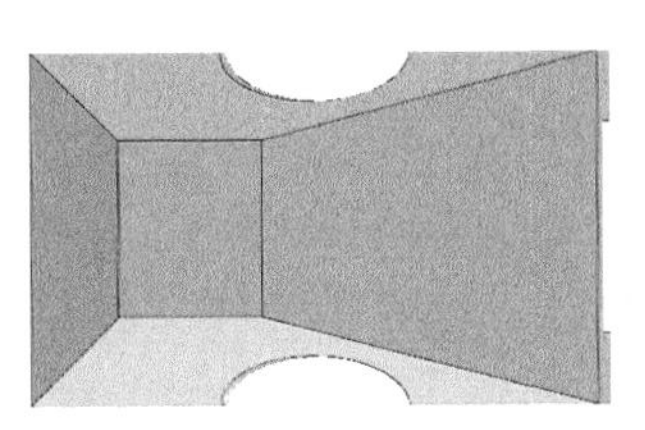

图 6-14 拖入孔类托圆柱

(10) 从“图素”里面拖入孔类键，把它放到实体的上顶面中心处，完成后生成实体如图 6-15 所示。

(11) 单击“特征”，再单击“自定义孔”命令，在即时菜单里选择孔位置，打孔类型为简单孔，孔深度为 4mm，孔直径为 13mm，单击即时菜单上面的对勾，完成自定义孔命令，生成实体如图 6-16 所示。另一个直径 20mm 的孔生成方法如上，孔深度选择贯穿，完成自定义孔命令生成实体如图 6-17 所示。

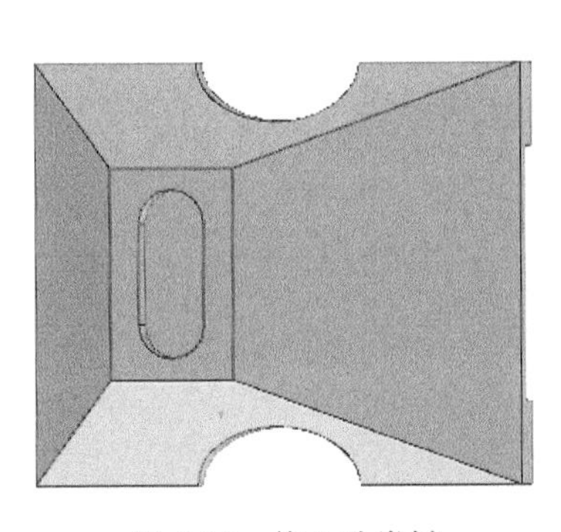

图 6-15 拖入孔类键

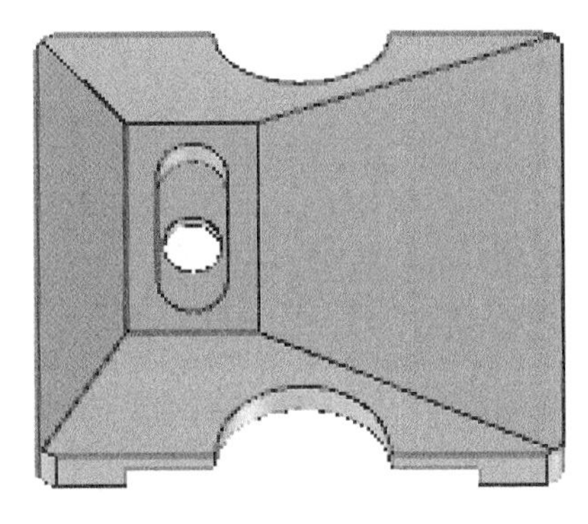

图 6-16 顶面自定义孔生成

(12) 单击“特征”，再单击“圆角过渡”命令，过渡类型为等半径，半径长为 4mm，选择需倒角的棱，单击对勾，完成圆角过渡，生成实体如图 6-18 所示。底座的建模完成，实体如图 6-19 所示。

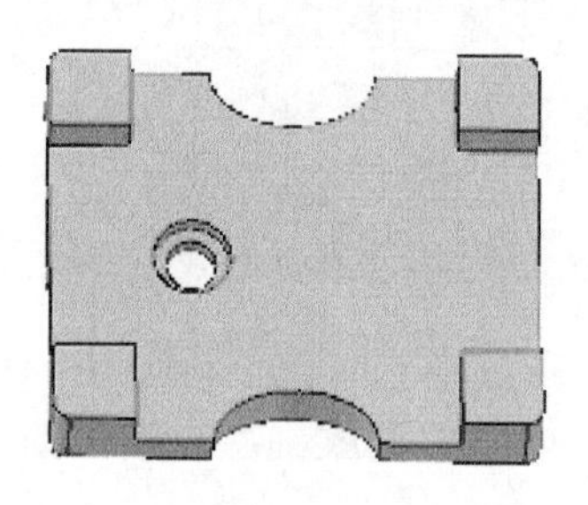

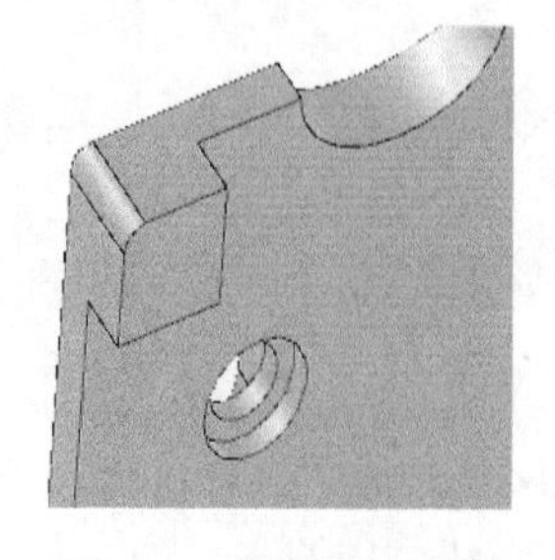

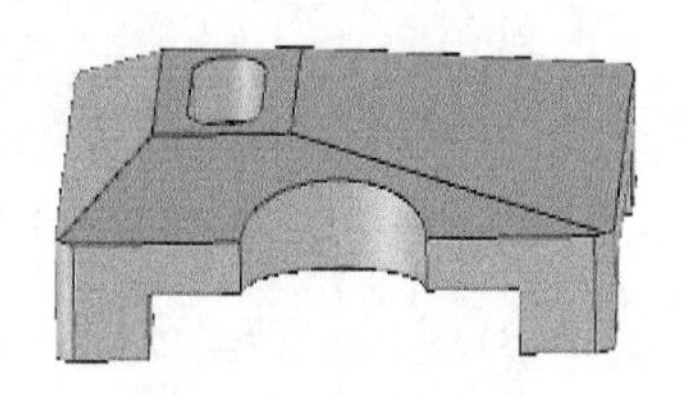

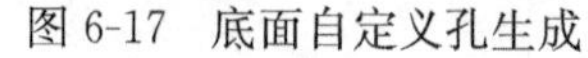

图 6-17　底面自定义孔生成　　图 6-18　倒圆角后实体　　图 6-19　底座实体完成

2. 转轴的实体建模

转轴的零件图如图 6-20 所示。图中给出了转轴的具体尺寸参数和技术要求。下面对转轴进行实体建模。

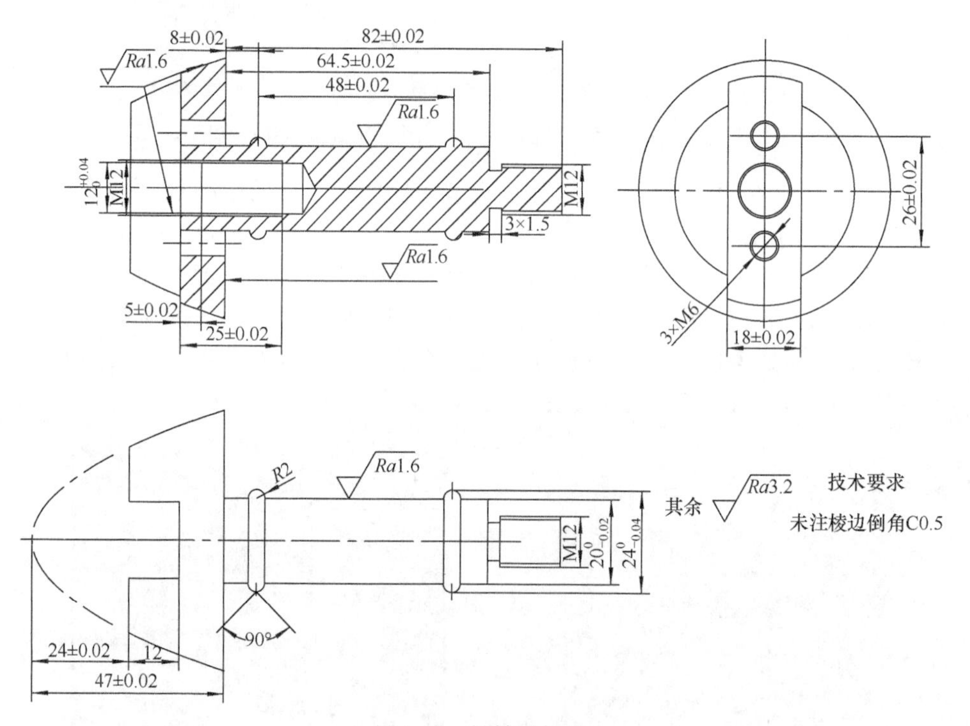

图 6-20　转轴零件图

(1) 单击“草图”，在“在 X-Y 基准面”绘制草图，先绘制样条曲线，如图 6-21 所示；然后绘制转轴的草图，如图 6-22 所示。草图绘制完成后，指定旋转轴。

(2) 选中“特征”，再单击“旋转“命令，选择要旋转的轮廓，旋转角度 360°，增料旋转为实体，单击对勾，完成对草图的旋转，生成实体如图 6-23 所示。

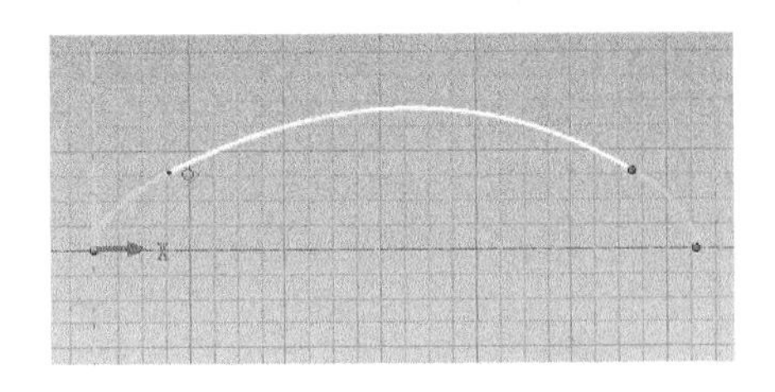

图 6-21　绘制样条曲线草图

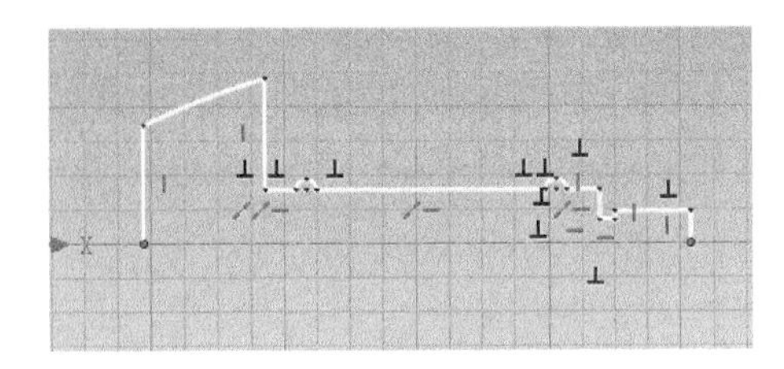

图 6-22　绘制零件轮廓草图

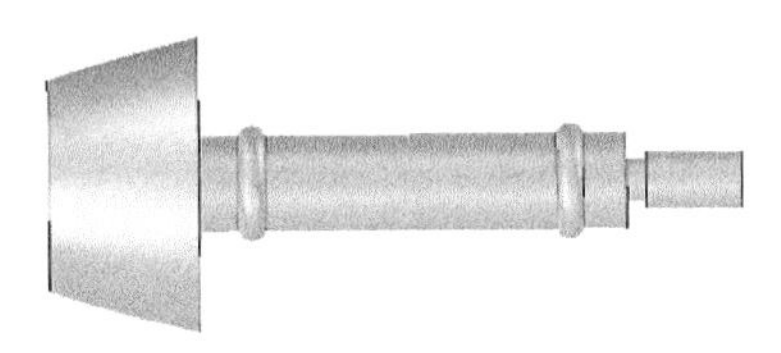

图 6-23　旋转后生成的实体

(3) 单击“特征”,再单击“边倒角”命令,根据倒角即时菜单修改参数,对小端倒角。然后单击“螺纹”命令,选择要生成螺纹的零件,修改即时菜单里螺纹参数(如图 6-24 所示),绘制螺纹牙型草图(如图 6-25 所示),单击“确定”生成外螺纹(如图 6-26所示)。

螺纹特征

螺纹定义

材料	删除
节距	等半径
螺纹方向	右
起始螺距:	1.000(mm)
终止螺距:	1.000(mm)
螺纹长度:	15.500(mm)
起始距离:	-1.000(mm)

☐ 反转方向

☑ 分段生成

几何选择

草图	1　Ge...
曲面	零件1\面<2>

图 6-24　螺纹属性

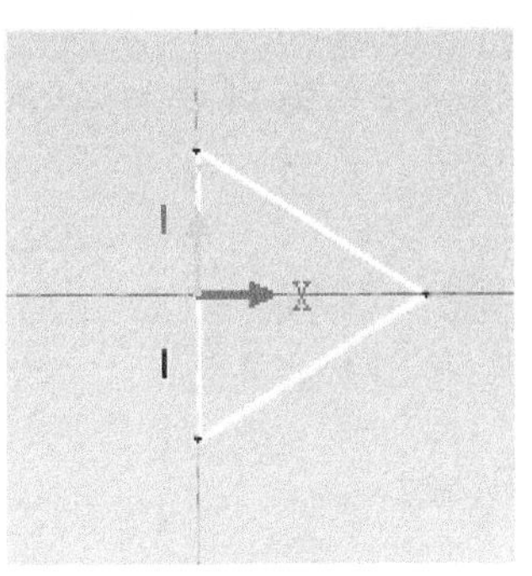

图 6-25　牙型草图

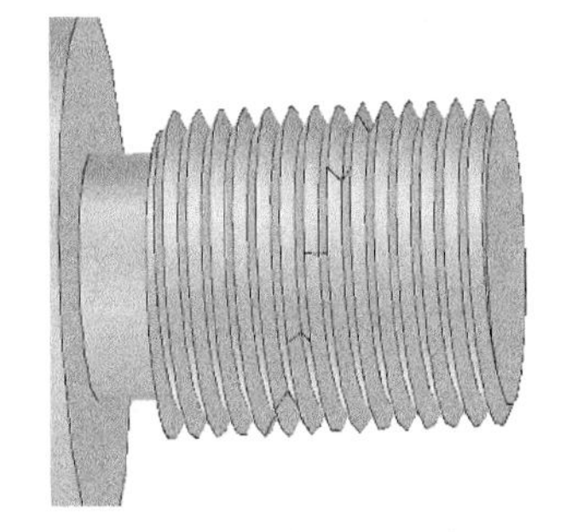

图 6-26　外螺纹生成

(4) 从“图素”里面拖入孔类长方体,把孔类长方体拖到大端圆心处,如图 6-27 所示;输入包围盒尺寸,生成实体如图 6-28 所示。

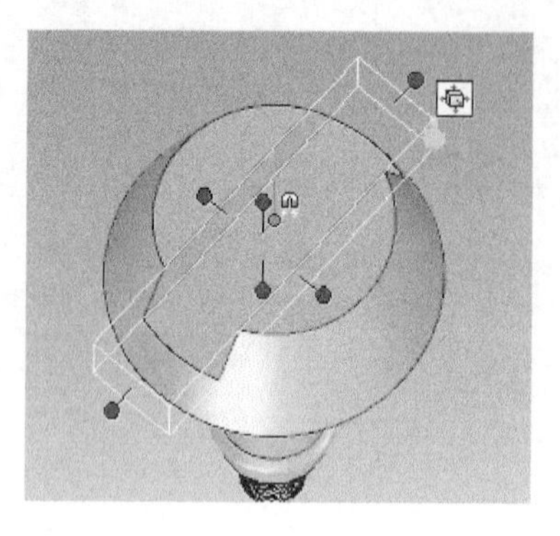

图 6-27 顶面拖入孔类长方体

图 6-28 顶面实体

(5) 单击“特征”,再单击“自定义孔”命令,把孔放到槽中心处,生成一个直径为 6mm,深度为 15mm 的简单孔,完成自定义孔命令,如图 6-29 所示。利用三维球工具,将生成的孔平移到实体中心轴线的一侧,然后用三维球的镜像拷贝功能复制一个孔到中心轴线的另一侧,如图 6-30 所示。进行同样自定义孔操作,设置参数,生成在槽中心位置深度为 25mm,直径为 12mm,带 V 形底的简单孔,实体如图 6-31所示。

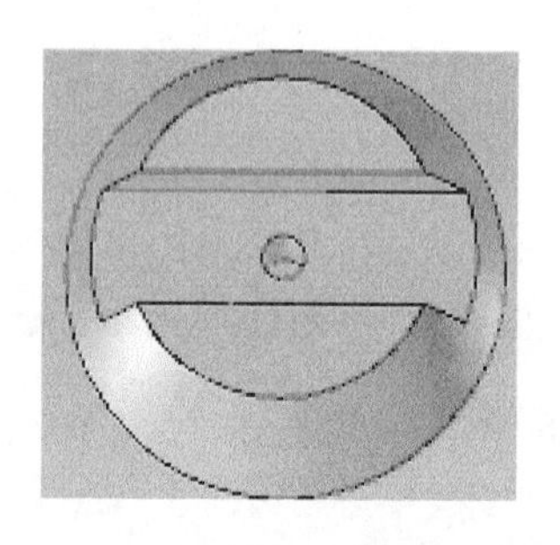

图 6-29 孔生成

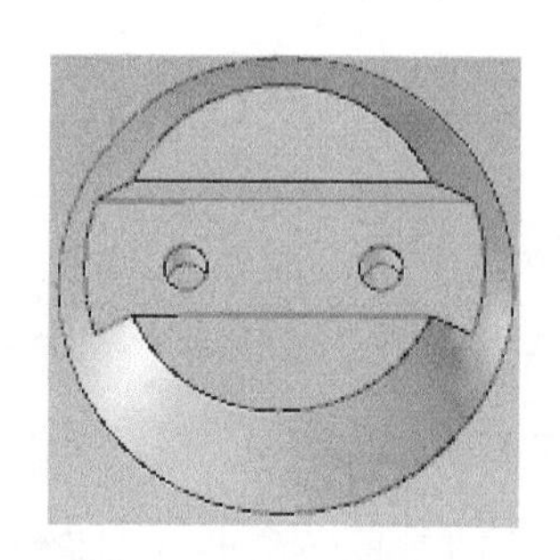

图 6-30 用三维球拷贝侧孔生成两个侧孔

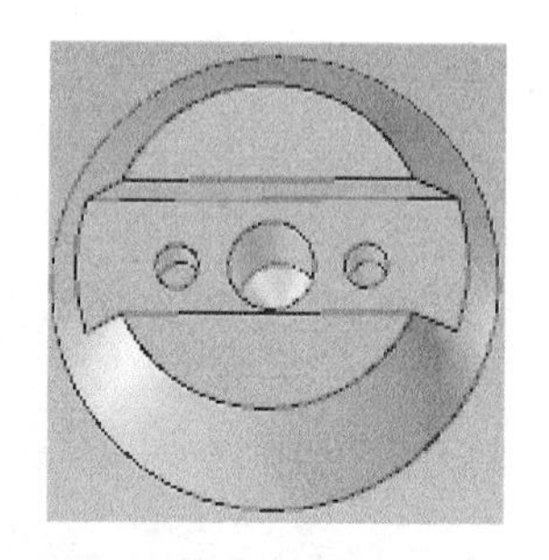

图 6-31 中心孔生成

(6) 单击“特征”,再单击“螺纹”命令,修改螺纹属性即时菜单里面的参数,如图 6-32 所示,螺纹牙型为边长为 1 的正三角形,根据预览效果,调整螺纹起始的方向,完成侧孔内螺纹生成如图 6-33 所示,同样对另一侧的孔采取同样的操作,得到实体如图 6-34 所示。生成中心孔内螺纹的操作与上面一样,修改螺纹属性菜单里的参数,如图 6-35 所示,绘制螺纹牙型,调整螺纹方向,完成中心孔内螺纹的生成,如图 6-36 所示。转轴建模完成,如图 6-37 所示。

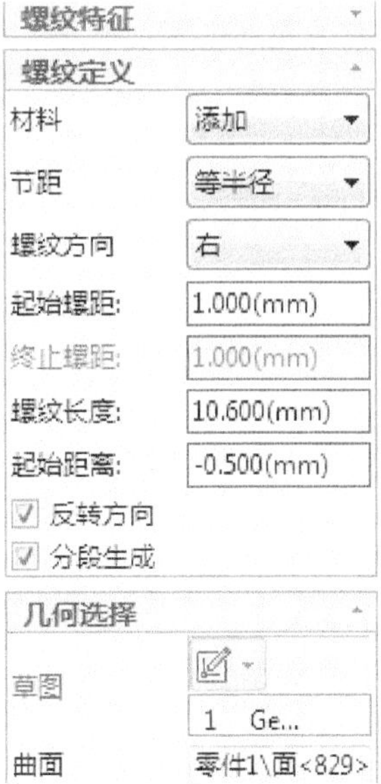

螺纹特征
螺纹定义
材料
添加
节距
等半径
螺纹方向
右
起始螺距:
1.000(mm)
终止螺距:
1.000(mm)
螺纹长度:
10.600(mm)
起始距离:
-0.500(mm)
反转方向
分段生成
几何选择
草图
1　Ge...
曲面
零件1\面<829>

图 6-32　侧孔螺纹属性

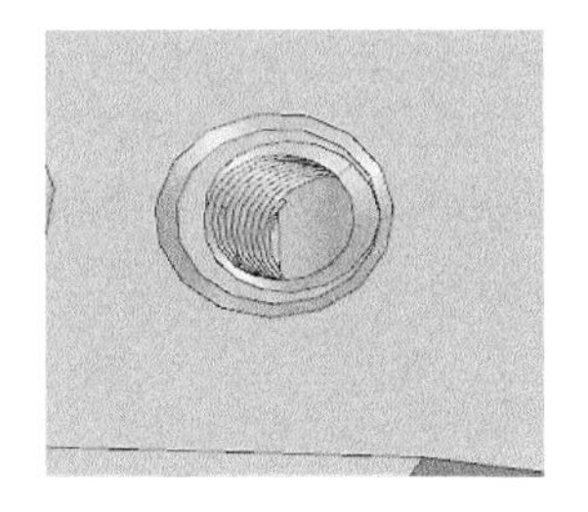

图 6-33　侧孔螺纹生成

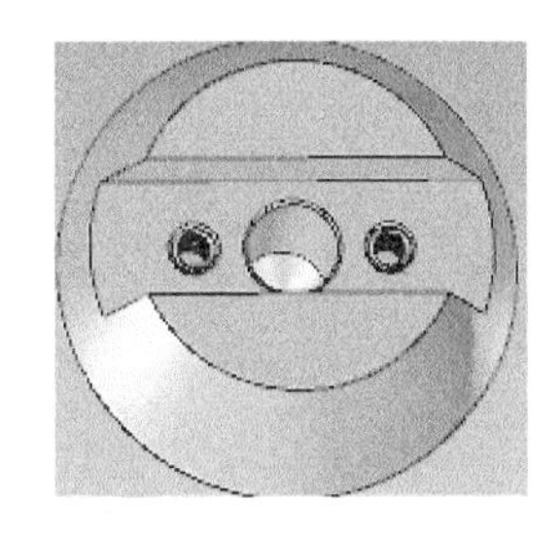

图 6-34　两个侧孔螺纹生成

螺纹特征
螺纹定义
材料
添加
节距
等半径
螺纹方向
右
起始螺距:
1.000(mm)
终止螺距:
1.000(mm)
螺纹长度:
25.000(mm)
起始距离:
-0.500(mm)
反转方向
分段生成
几何选择
草图
1　Ge...
曲面
零件1\面<681>

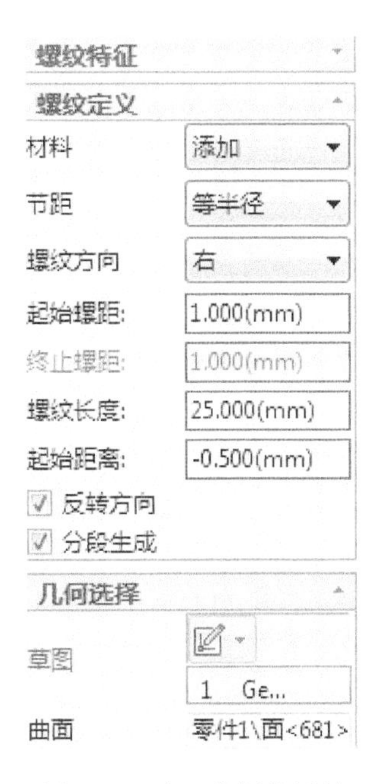

图 6-35　中心孔螺纹属性

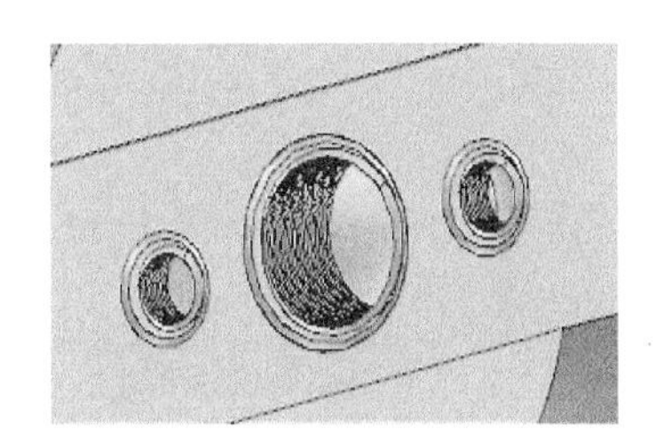

图 6-36　中心孔螺纹生成

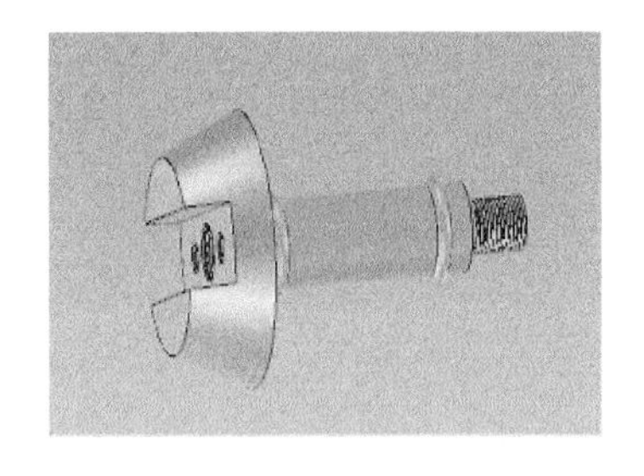

图 6-37　转轴实体完成

3. 立柱的实体建模

立柱的零件图如图 6-38 所示。图中给出了立柱的具体尺寸参数和技术要求。下面对立柱进行实体建模。

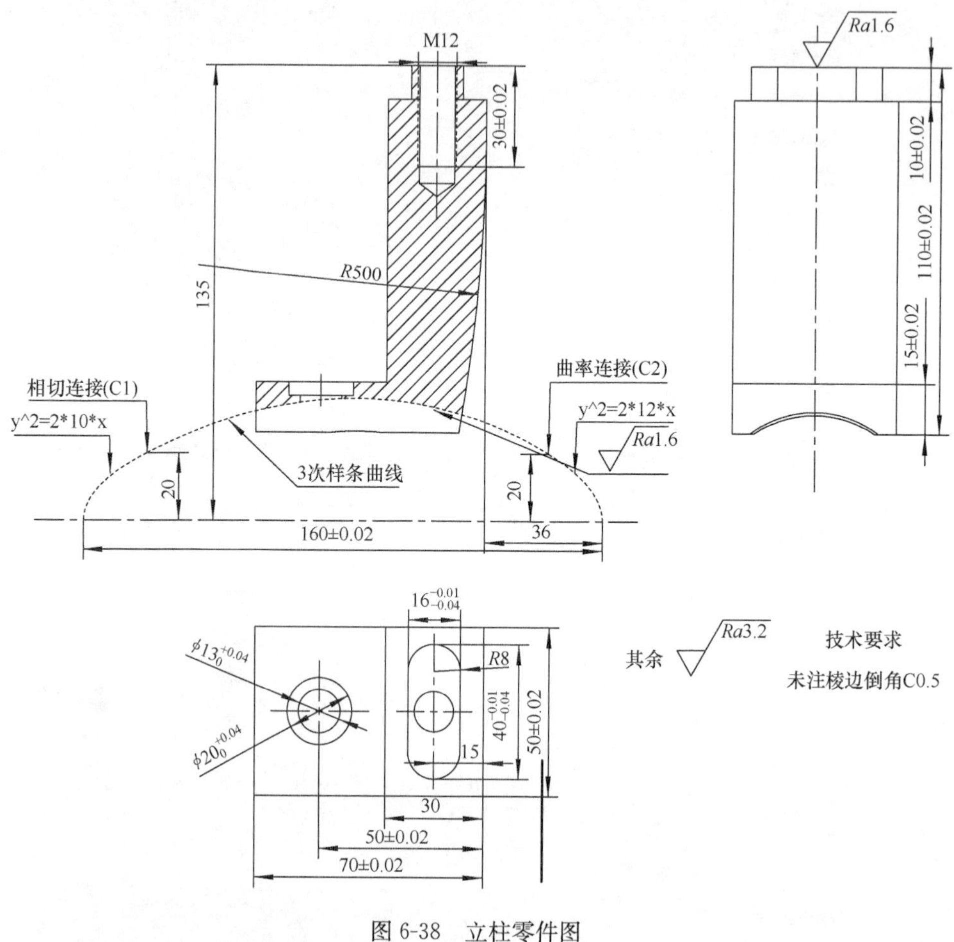

图 6-38　立柱零件图

(1) 单击“草图”菜单，选择“在 X-Y 基准面”绘制草图，立柱截面草图如图 6-39所示。

(2) 选中草图，单击“特征”，再单击“拉伸”命令，修改弹出的拉伸特征属性即时菜单参数，设定拉伸方向，拉伸高度为 50min，增料拉伸完成，生成实体，如图 6-40 所示。

(3) 从“图素”里把键拖到底端长方形的中心处，修改键的包围盒尺寸，得到实体如图 6-41 所示。

(4) 单击"特征",再打开"自定义孔"命令,修改即时菜单里参数,在侧面中心打一个孔直径为 13mm,沉头直径为 20mm,沉头深度为 4mm 的沉头孔,完成孔命令,实体侧孔生成,如图 6-42 所示。

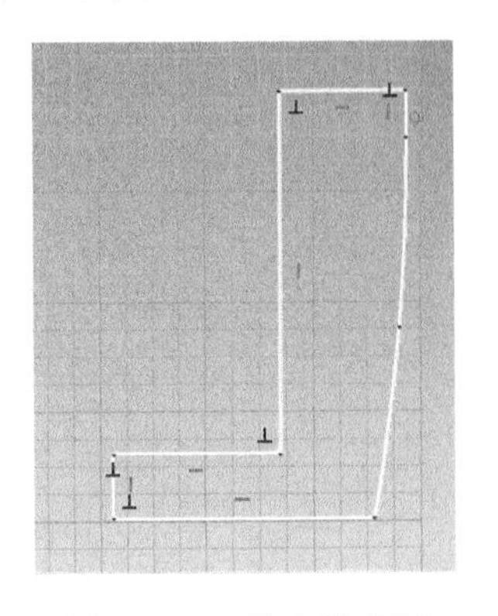

图 6-39　立柱主体草图

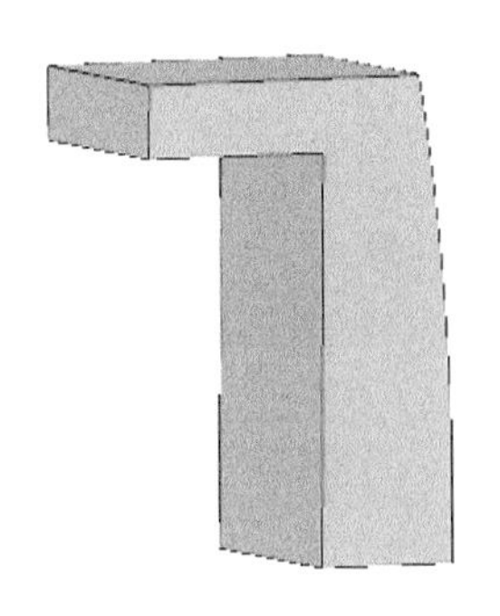

图 6-40　立柱实体

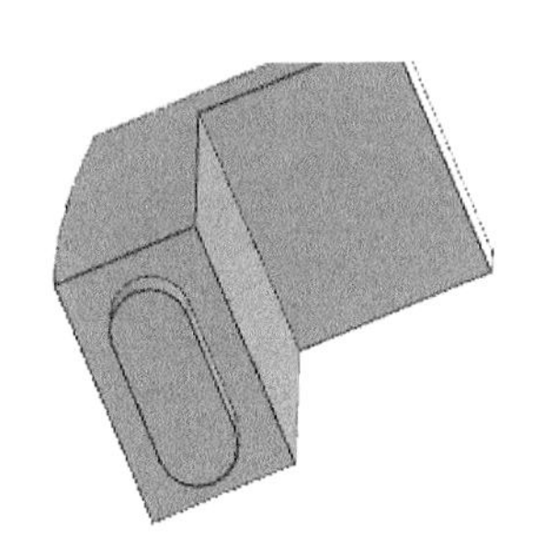

图 6-41　立柱主体拉伸完成

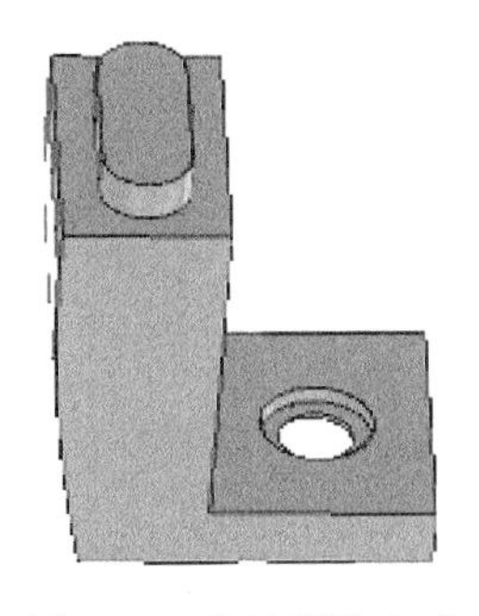

图 6-42　立柱侧孔生成

(5) 单击"草图",在"在 X-Y 基准面"绘制草图,用三维球工具把绘制草图的平面移动到生成立柱实体棱的中心,使平面平行于侧面,新建草图位置如图 6-43 所示,绘制好的草图如图 6-44 所示,指定好旋转轴,单击"完成草图绘制"。

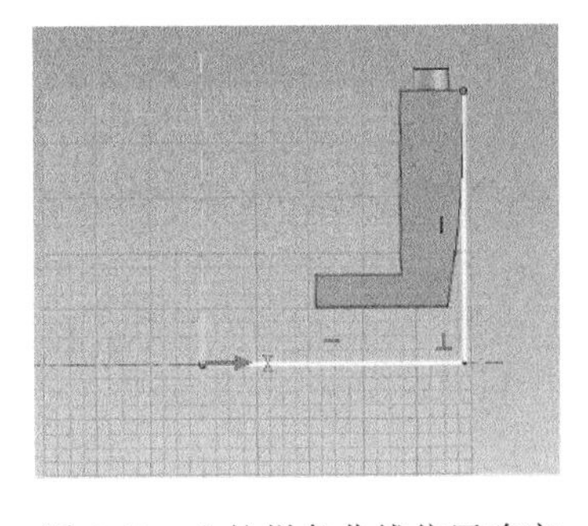

图 6-43　立柱样条曲线位置确定

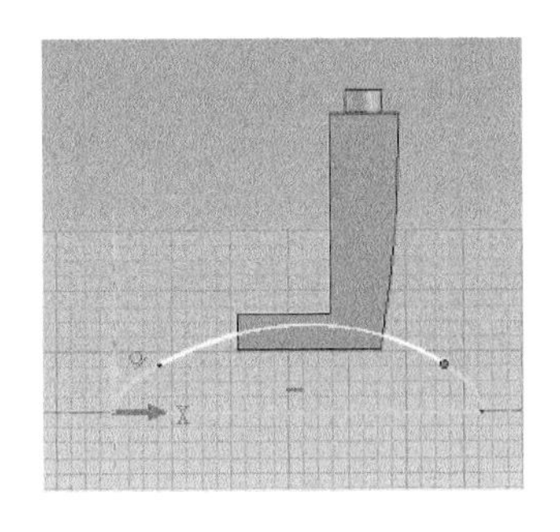

图 6-44　立柱样条曲线草图

(6) 选中草图，单击“特征”，再打开“旋转”命令，选择要旋转的轮廓草图，绕旋转轴旋转 360°，旋转后生成实体如图 6-45 所示。

(7) 单击“特征”，再单击“布尔特征”命令，修改属性即时菜单，点选布尔减操作，选择被布尔减和要布尔减的零件，完成命令生成实体如图 6-46 所示。

(8) 单击“自定义孔”命令，修改即时菜单里参数，在中心处打一个深度为 30mm，直径为 12mm 带 V 形底的简单孔，完成自定义孔命令生成实体如图 6-47 所示，然后对孔倒圆角，圆角半径为 0.5mm。

(9) 单击“螺纹”命令，修改即时菜单参数，单击对勾完成螺纹命令，生成螺纹如图 6-48 所示。立柱建模完成如图 6-49 所示。

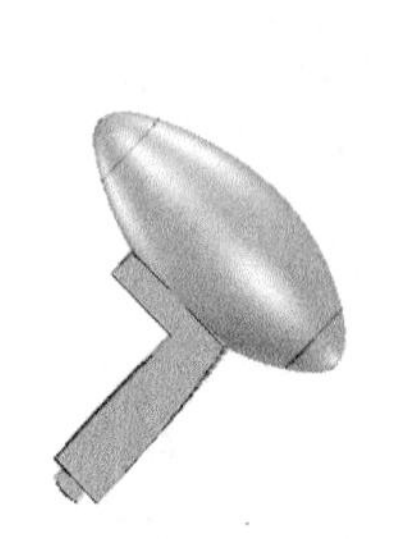

图 6-45 曲线旋转后实体

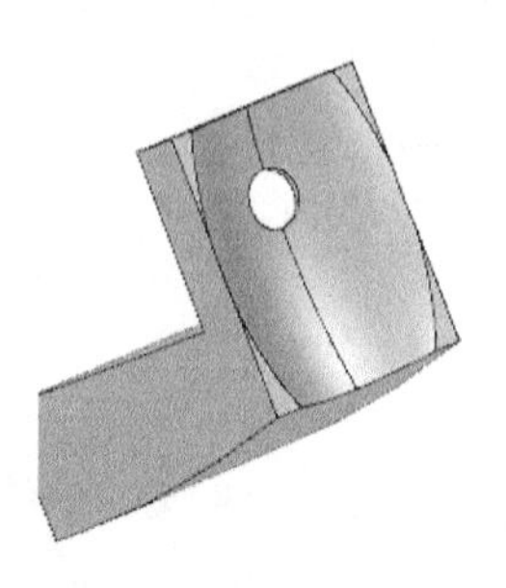

图 6-46 布尔减后实体

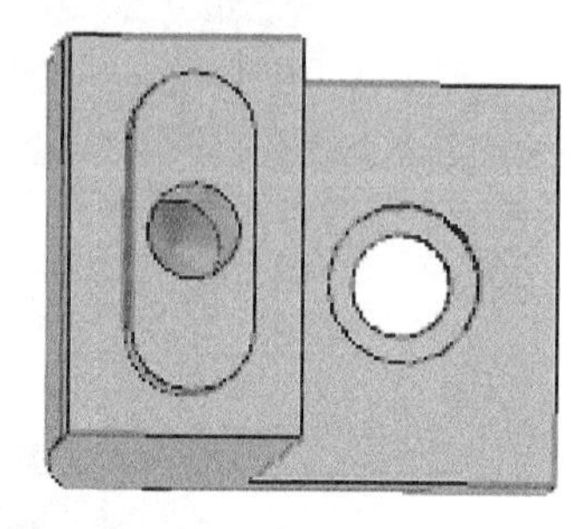

图 6-47 中心孔生成

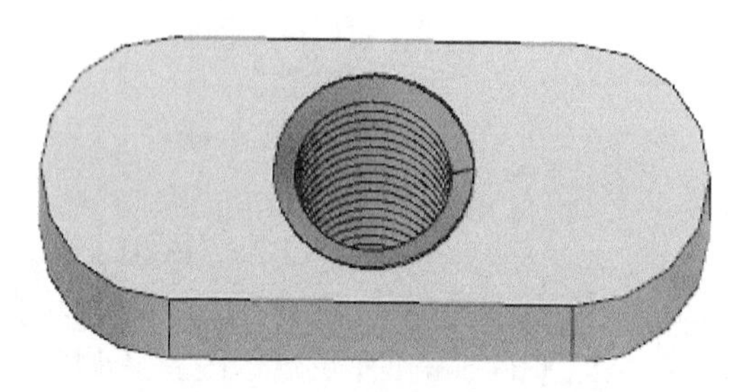

图 6-48 中心孔螺纹生成

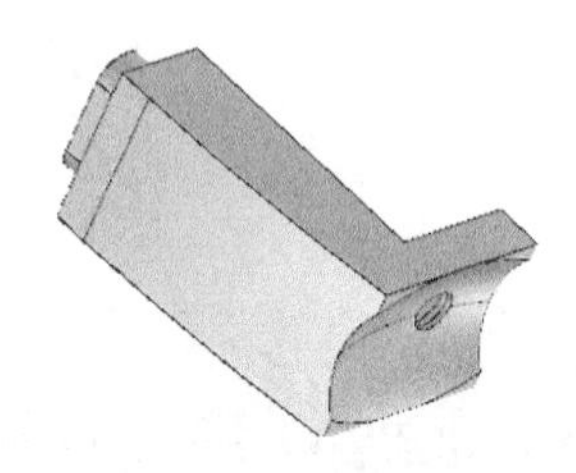

图 6-49 立柱建模完成

4. 叶片的实体建模

叶片的零件图如图 6-50 所示。图中给出了叶片的具体尺寸参数和技术要求。下面对叶片进行实体建模。

(1) 从“图素”里拖入长方体，修改长方体包围盒尺寸，单击“自定义孔”命令，修改自定义孔参数，在长方体上表面标出打孔位置，打一个沉头直径为 11mm，沉

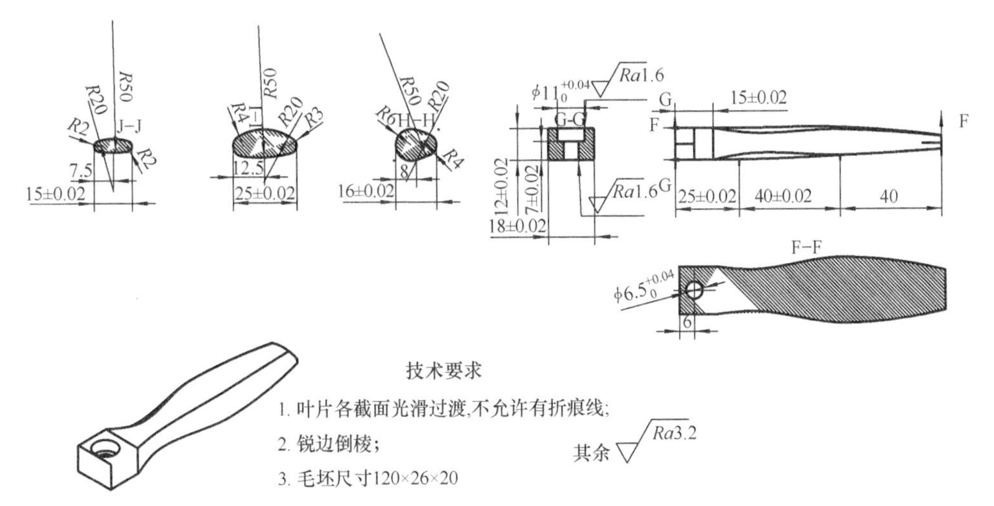

图 6-50　叶片零件图

头深度为 5mm,孔直径为 6.5mm 贯穿长方体的沉头孔,完成自定义孔命令,生成孔如图 6-51 所示。

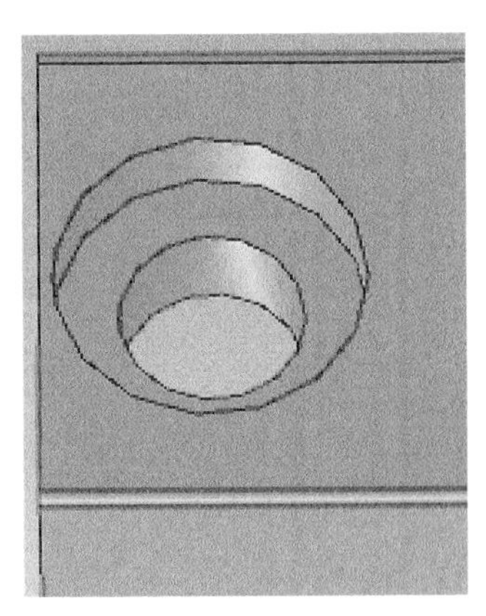

图 6-51　自定义孔生成

(2) 单击“放样向导”命令弹出放样向导对话框,放样向导第一步如图 6-52 所示,第二步如图 6-53 所示,第三步如图 6-54 所示,第四步如图 6-55 所示。

(3) 单击“完成”,修改定位曲线的长度,完成后确定完成造型,开始编辑放样的第一个截面,如图 6-56 所示,编辑完成后,单击“下一截面”,用三维球工具修改截面之间的距离,截面 2 如图 6-57 所示。依次编辑截面 3 和截面 4,分别如图 6-58 和图 6-59 所示。

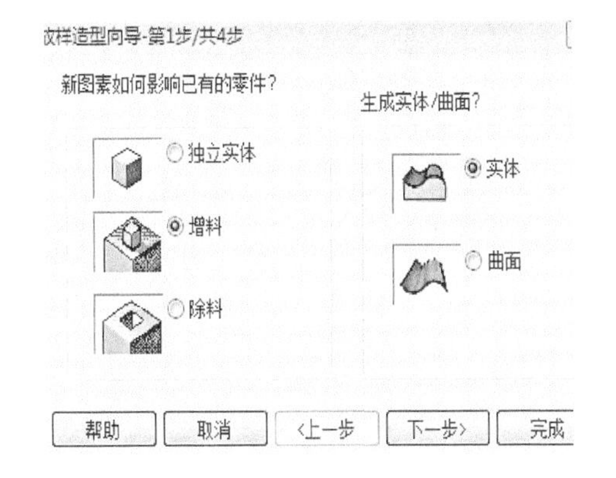

图 6-52　叶片放样向导第一步

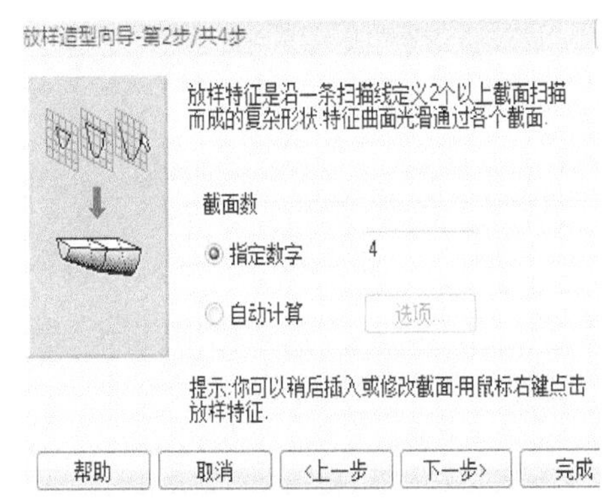

图 6-53　叶片放样向导第二步

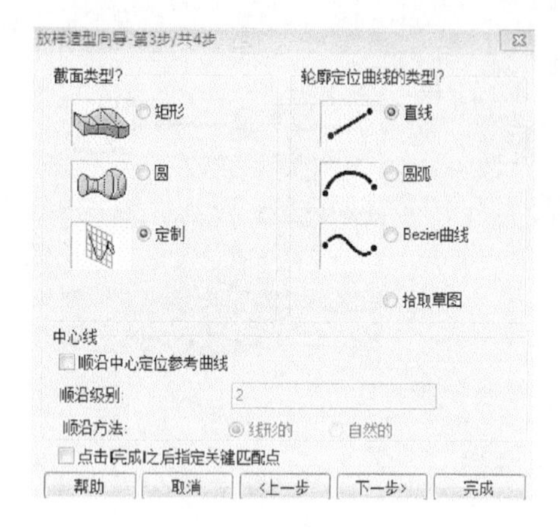

图 6-54　叶片放样向导第三步

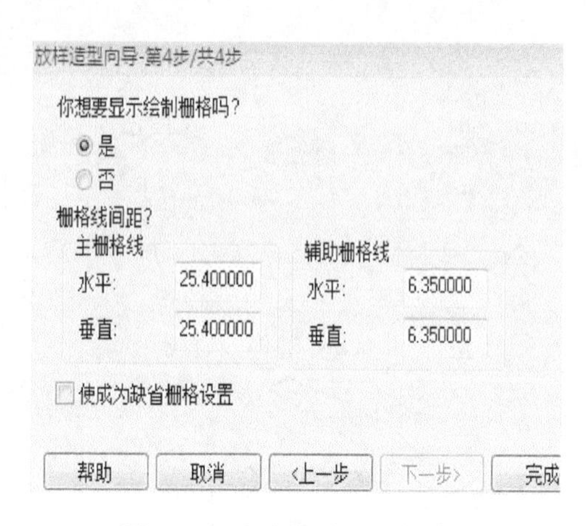

图 6-55　叶片放样向导第四步

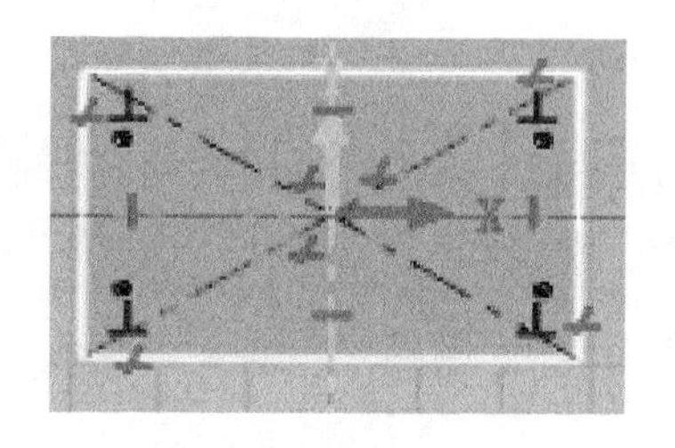

图 6-56　放样第一个截面

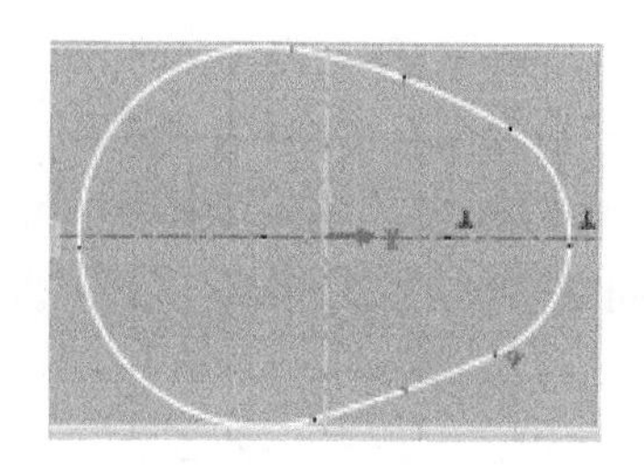

图 6-57　放样第二个截面

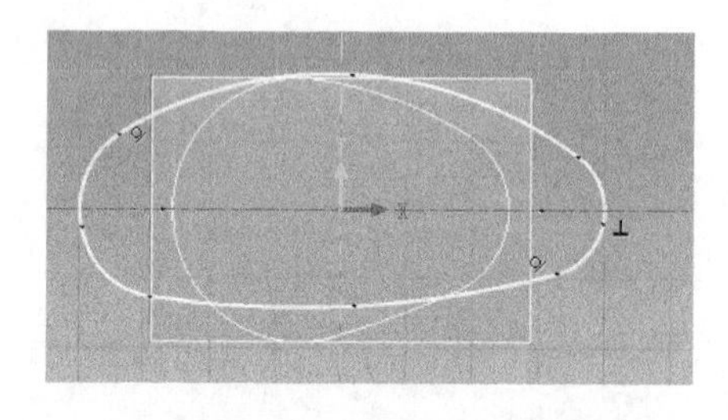

图 6-58　放样第三截面

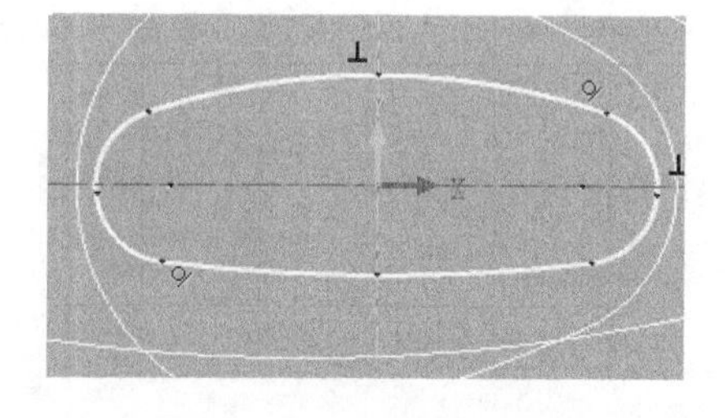

图 6-59　放样第四个截面

(4) 四个截面都编辑完成后,单击“完成造型”,生成实体如图 6-60 所示。单击“边倒角”命令,对棱边倒角,单击“倒角”即时菜单上对勾,完成边倒角命令,实体建模完成,如图 6-61 所示。

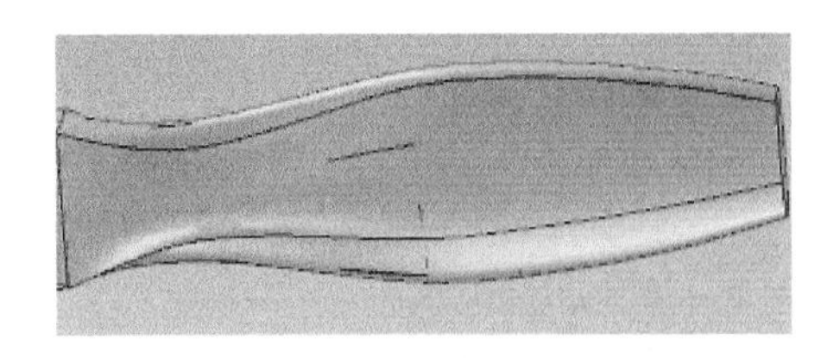

图 6-60　放样完成

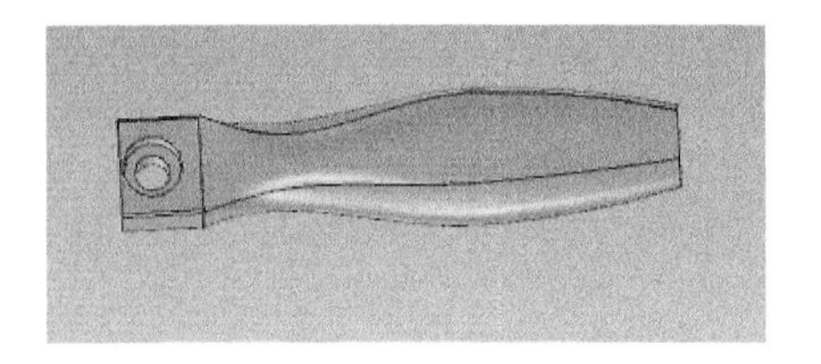

图 6-61　叶片实体完成

5. 外壳的实体建模

外壳的零件图如图 6-62 所示。图中给出了外壳的具体尺寸参数和技术要求如图所示。下面对外壳进行实体建模。

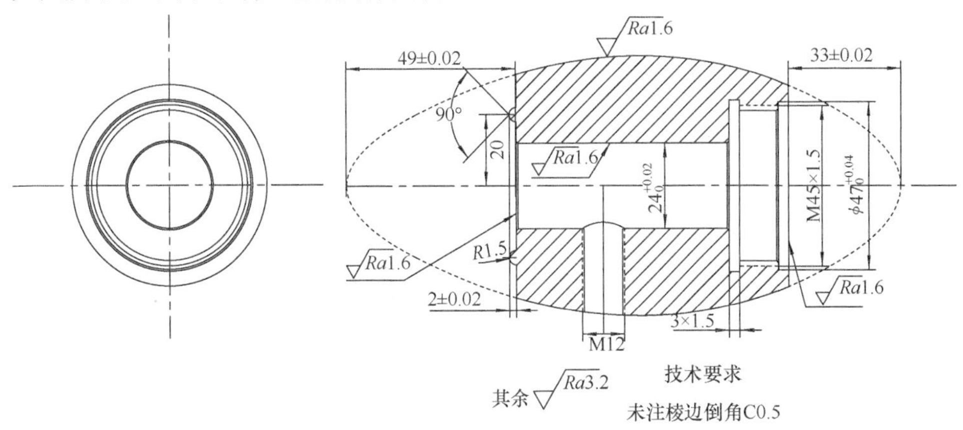

图 6-62　外壳零件图

(1) 单击“草图”,在“在 X-Y 基准面”绘制外壳草图,如图 6-63 所示,指定旋转轴。

(2) 单击“特征”,再单击“旋转”命令,绕旋转轴旋转 360°,完成旋转并倒角,实体如图 6-64 所示。

(3) 单击“特征”,再单击“螺纹”命令,修改属性即时菜单里螺纹参数,如图 6-65所示,确定螺纹牙型,完成生成螺纹。内螺纹生成如图 6-66 所示。

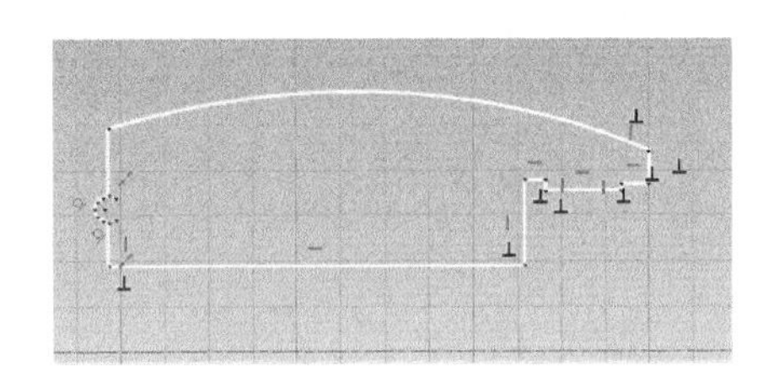

图 6-63　外壳草图

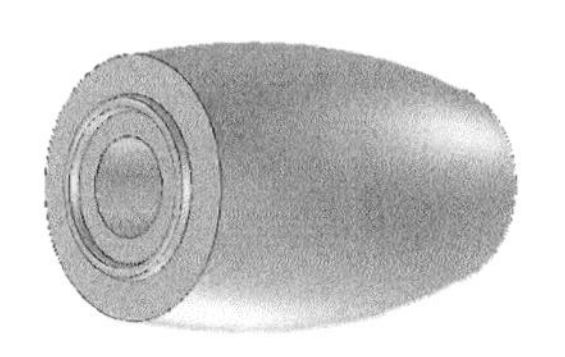

图 6-64　外壳旋转实体

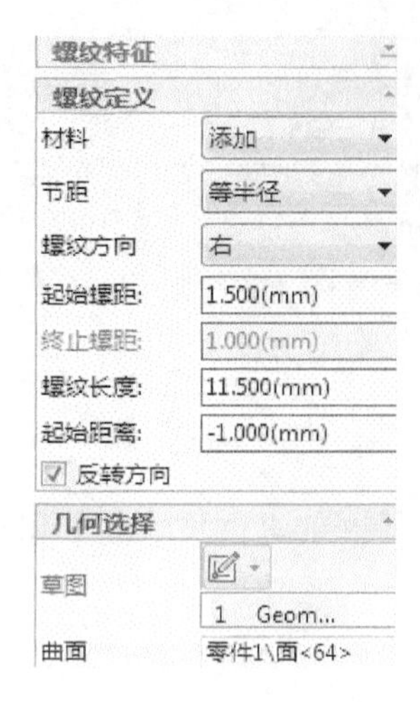

图 6-65　内螺纹属性

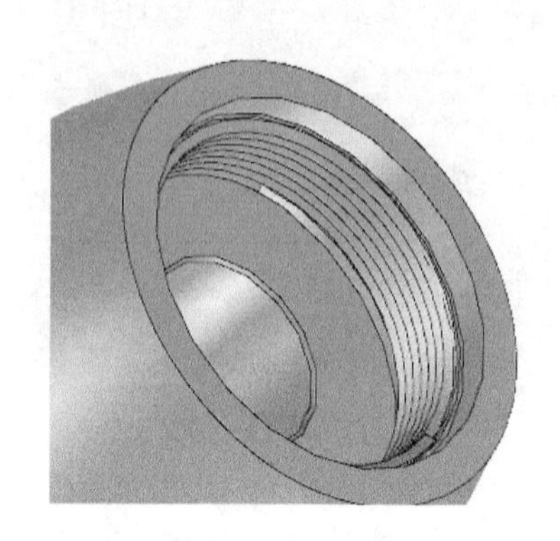

图 6-66　内螺纹生成

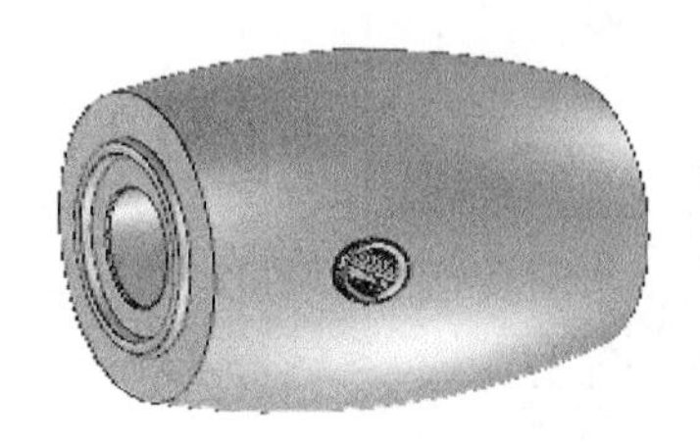

图 6-67　外壳建模完成

(4) 单击“草图”，在“在 X-Y 基准面”绘制需要打孔的位置草图，然后单击“自定义孔”命令，修改属性即时菜单里参数，在打孔位置处生成一个直径为 12mm 贯穿外壳一侧的简单孔，单击完成自定义孔命令后对孔边缘倒角。

(5) 单击“螺纹”命令，修改属性菜单参数，完成命令，则外壳实体建模完成，如图 6-67所示。

6. 后盖的实体建模

后盖的零件图如图 6-68 所示。图中给出了后盖的具体尺寸参数和技术要求。下面对后盖进行实体建模。

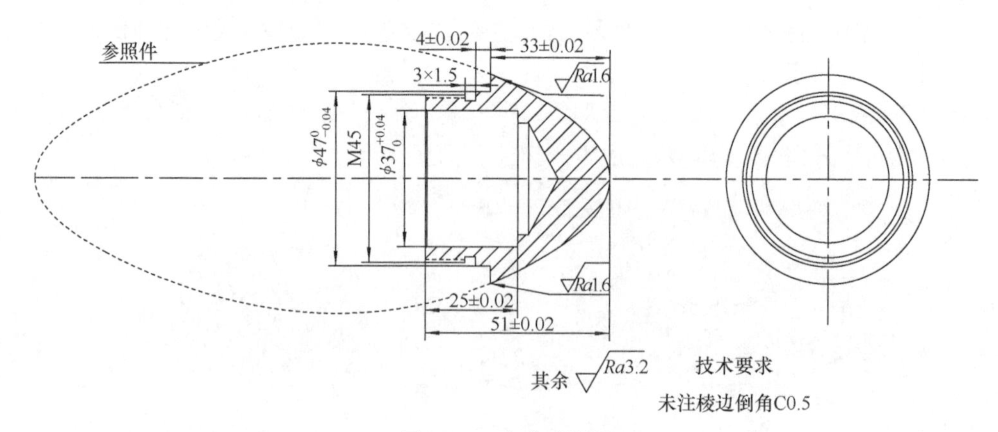

图 6-68　后盖零件图

(1) 单击“草图”，在“在 X-Y 基准面”中绘制后盖的草图，并指定旋转轴，如图 6-69 所示。

(2) 单击“特征”，再单击“旋转”命令，修改旋转特征参数，单击“完成旋转”，生成实体如图 6-70 所示。

(3) 从“图素”里拖入一个长 37mm，宽 37mm，高 5mm 的圆柱体，放在后盖圆面中心处，如图 6-71 所示，然后单击“螺纹”命令，修改即时菜单里参数，单击对勾完成螺纹命令，生成螺纹如图 6-72 所示。

(4) 单击“特征”，再单击“自定义孔”命令，修改即时菜单里的参数，单击对勾完成自定义孔命令，生成孔如图 6-73 所示，后盖建模完成如图 6-74 所示。

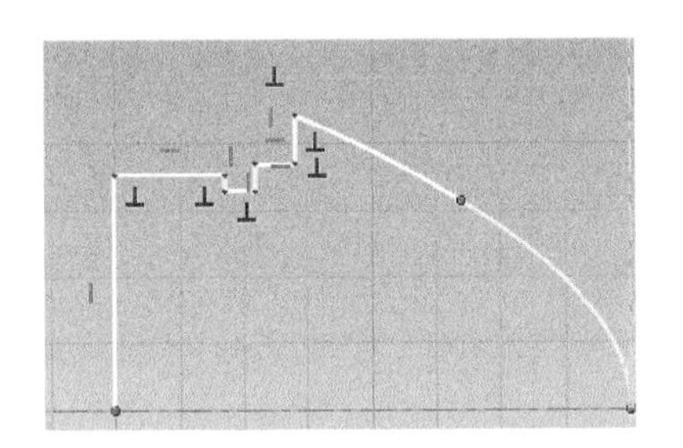

图 6-69　后盖草图

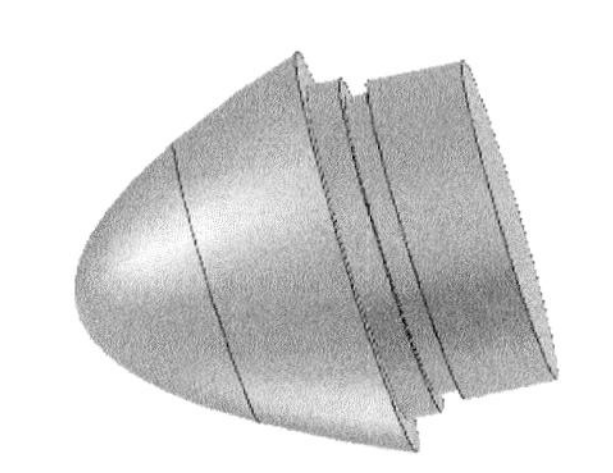

图 6-70　旋转完成

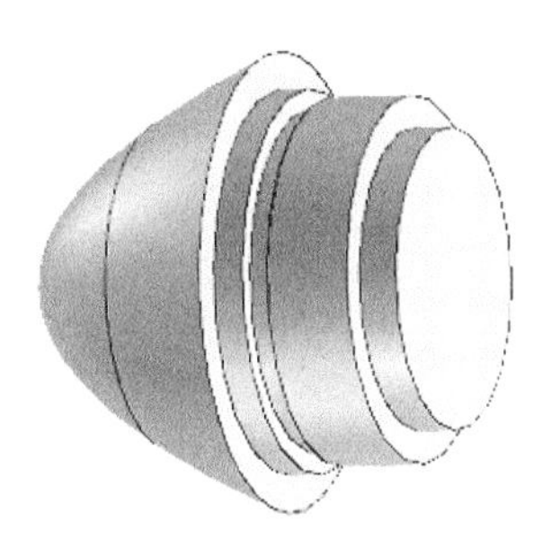

图 6-71　拖入圆柱体

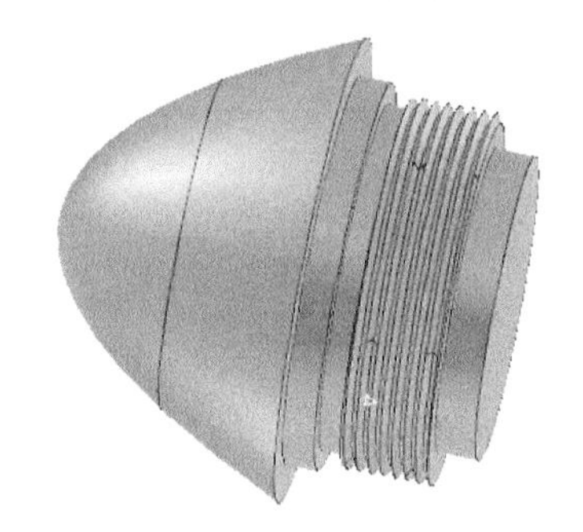

图 6-72　螺纹生成

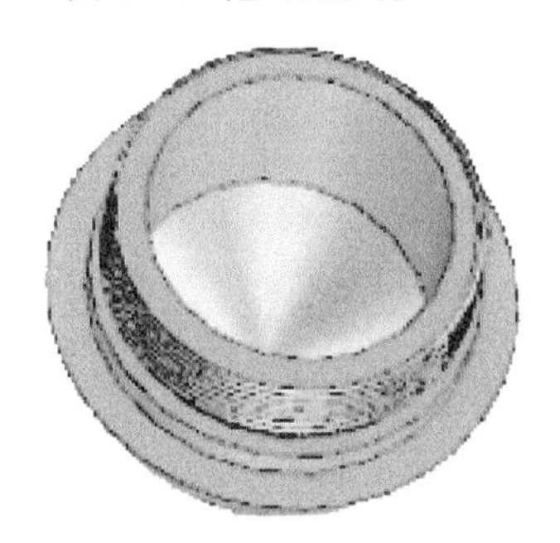

图 6-73　中心孔生成图

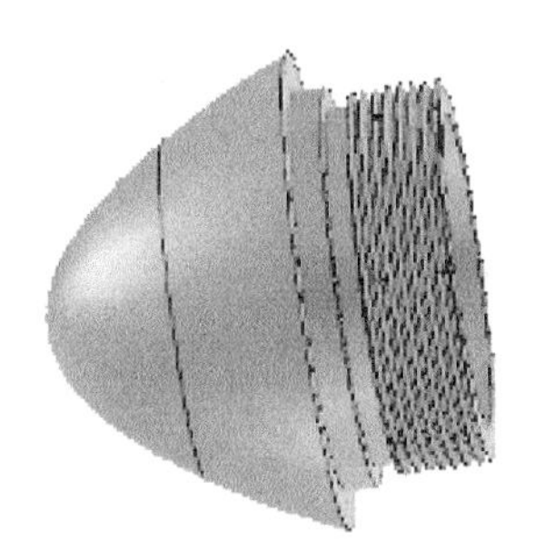

图 6-74　后盖实体完成

7. 前盖的实体建模

前盖的零件图如图 6-75 所示。图中给出了前盖的具体尺寸参数和技术要求。下面对前盖进行实体建模。

(1) 单击“草图”,在“在 X-Y 基准面”绘制前盖截面草图,如图 6-76 所示,指定草图的旋转轴。

(2) 单击“特征”,再单击“旋转”命令,修改旋转即时菜单里面的参数,单击对勾完成旋转命令,实体如图 6-77 所示。

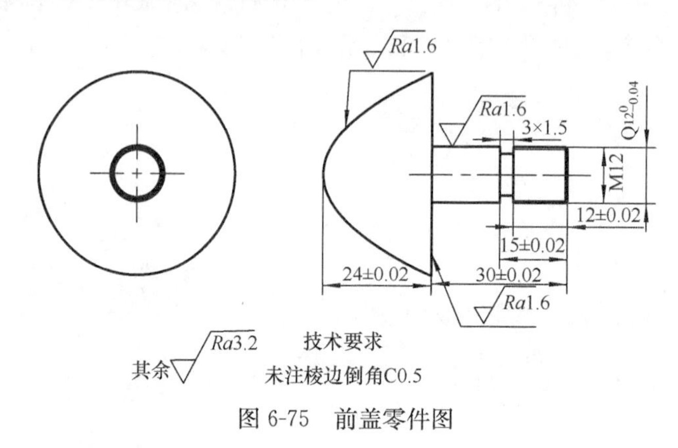

图 6-75　前盖零件图

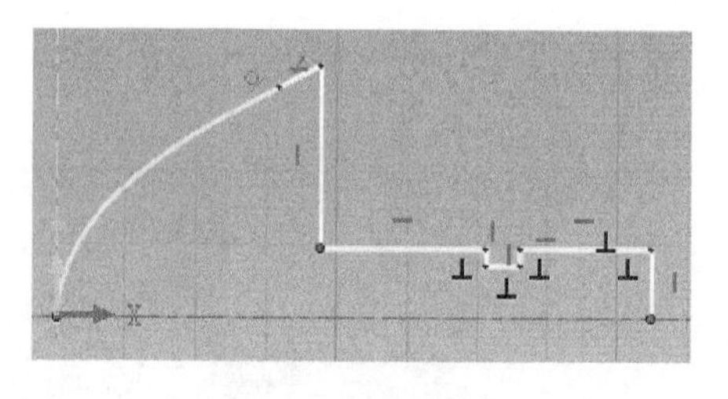

图 6-76　前盖草图

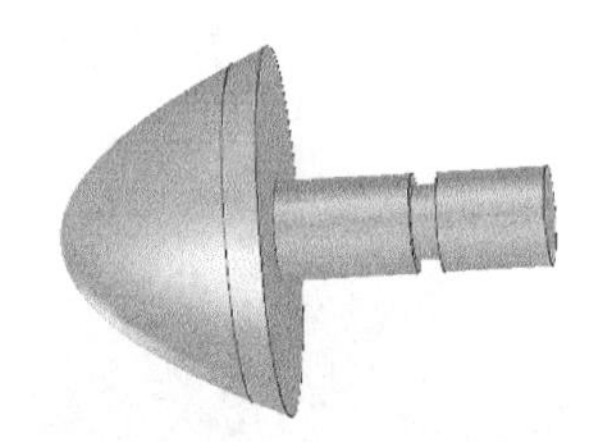

图 6-77　前盖旋转完成

(3) 单击“特征”,再单击“边倒角”命令,输入倒角参数,单击完成倒角命令。然后单击“螺纹”命令,修改弹出的即时菜单里的参数,如图 6-78 所示,单击“完成螺纹生成”,前盖的实体建模完成。实体如图 6-79 所示。

8. 螺帽的实体建模

螺帽的零件图如图 6-80 所示。其具体尺寸参数和技术要求如图所示,下面对其进行实体建模。

(1) 单击“草图”,在“在 X-Y 基准面”绘制螺帽草图,如图 6-81 所示,指定旋转轴。

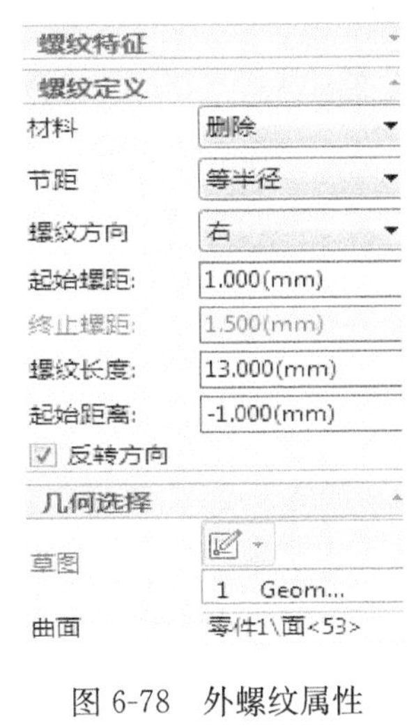

图 6-78 外螺纹属性

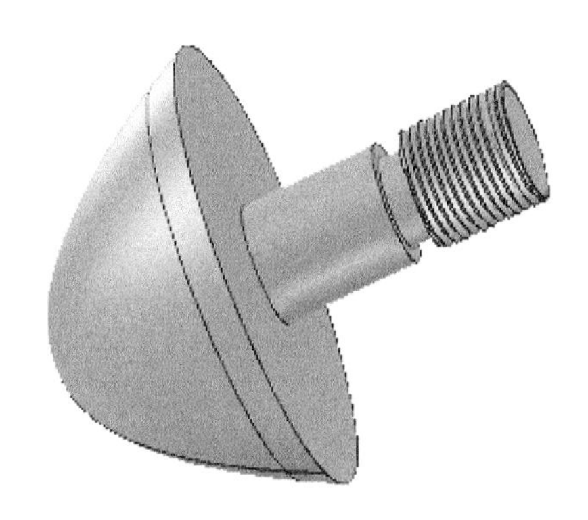

图 6-79 前盖实体完成

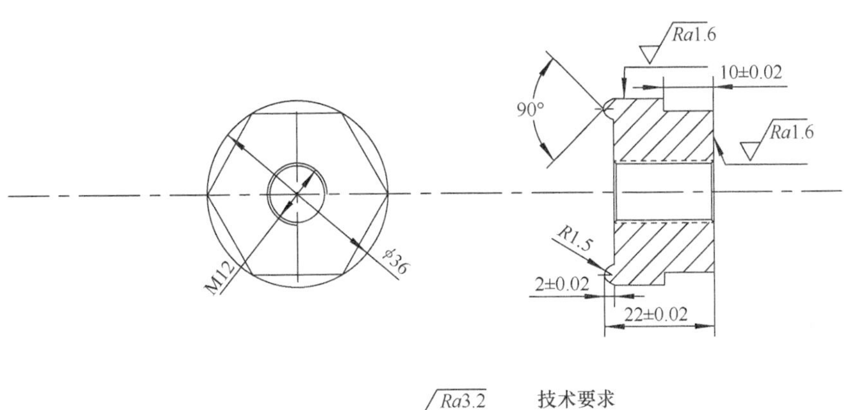

图 6-80 螺帽的零件图

(2) 单击“特征”，再单击“旋转”命令，修改即时菜单里面的旋转参数，单击“完成旋转”命令，实体生成如图 6-82 所示。

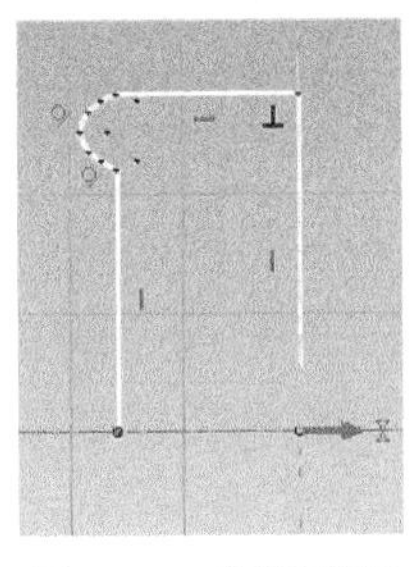

图 6-81 螺帽草图

图 6-82 旋转完成

(3) 从“图素”里拖入多棱体，把它放到实体圆面的中心处，如图 6-83 所示，单击“特征”里的“自定义孔”命令，在中心处打一个直径 12mm 贯穿的简单孔，单击完成自定义孔命令，生成孔如图 6-84 所示。

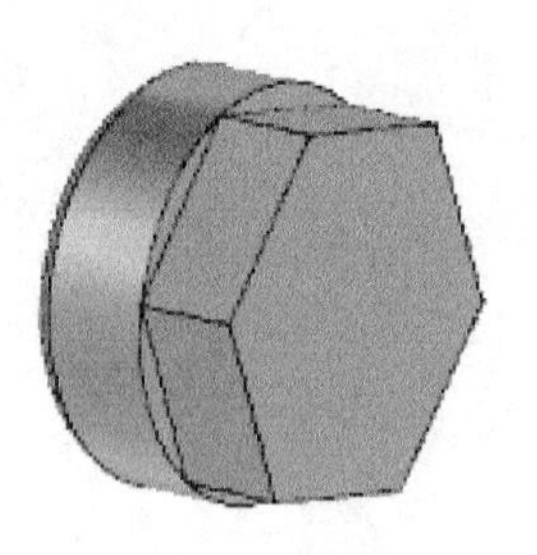

图 6-83 拖入多棱体

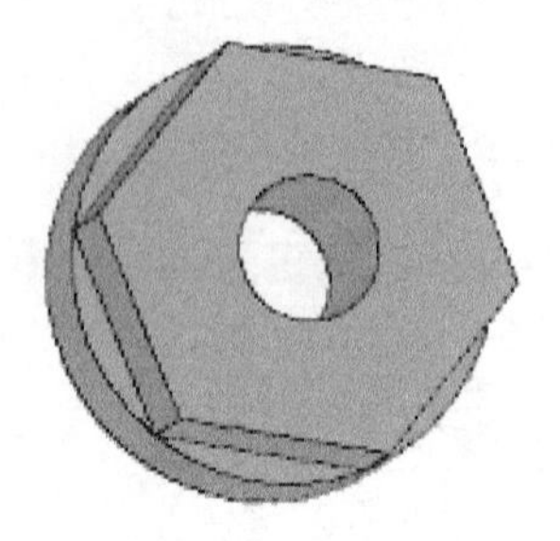

图 6-84 中心孔生成

(4) 单击“特征”里“边倒角”命令，修改即时菜单里面的参数，单击“完成边倒角”命令。单击“特征”里“螺纹”命令，修改即时菜单里螺纹的参数，单击“完成螺纹”命令，生成螺纹如图 6-85 所示。螺帽实体建模完成如图 6-86 所示。

图 6-85 中心孔螺纹生成

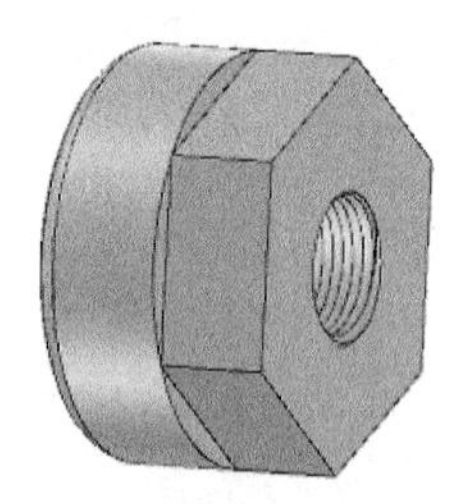

图 6-86 螺帽实体完成

9. 螺钉的实体建模

风车中需要用到两种规格的螺钉，分别是 M6X1 和 M12X1，螺钉是标准件，软件里面的螺钉的螺纹是假螺纹，假螺纹在装配时存在问题，所以要对螺钉进行实体建模，应该在选择好螺钉类型和参数后，重新对螺杆生成螺纹，这里详细介绍 M6X1 螺钉的建模步骤，M12X1 螺钉的建模步骤就不做介绍了。

(1) 从软件右侧“工具”中选择“紧固件”拖入绘图区，如图 6-87 所示；选择紧固件主类型和子类型，如图 6-88 所示；然后再选择和修改螺钉的各个参数，如图 6-89所示；完成后生成紧固件，如图 6-90 所示。

(2) 删除生成螺钉的螺钉杆，从“图素”中拖入圆柱体，把它放到螺钉头的中心处，根据需要的尺寸修改圆柱体的包围盒。

(3) 单击“特征”里“螺纹”命令，修改弹出的即时菜单里的螺纹参数，单击“完成螺纹”命令，螺纹生成如图 6-91 所示。建模完成如图 6-92 所示。

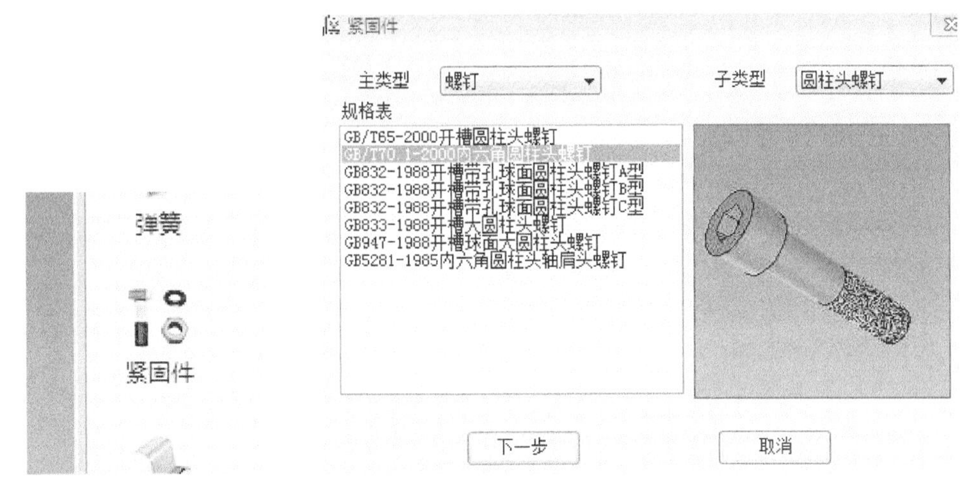

图 6-87　禁固件　　　　图 6-88　螺钉类型选项

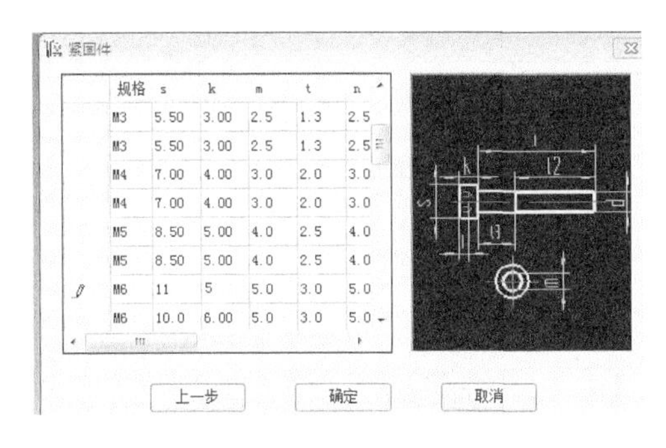

图 6-89　螺钉参数选项

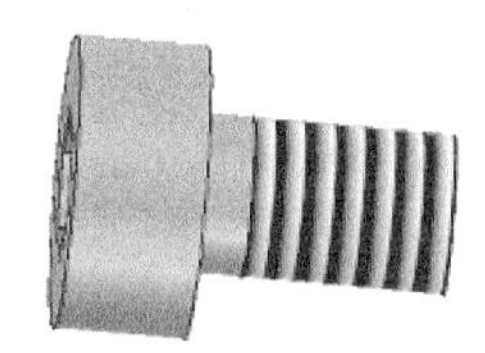

图 6-90　螺钉生成

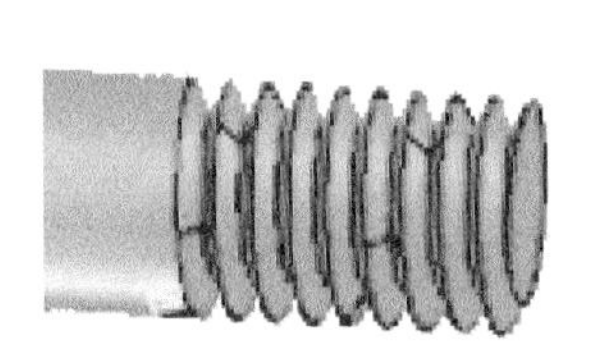

图 6-91　螺纹生成

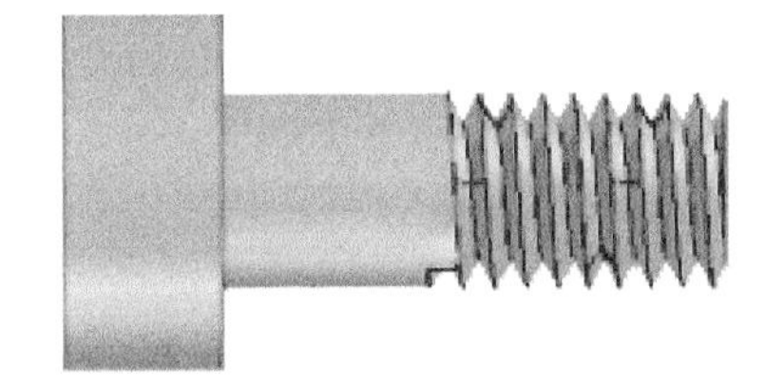

图 6-92　螺钉建模完成

本节详细的介绍了风车各个零件的建模方法和过程，从建模步骤上可以看到大部分零件的建模方法基本是一样的，只是具体的操作步骤不同而已。在建模之前要好好考虑各个零部件应该用的建模方法和建模命令，使零件一步一步的完成建模,这样即让建模思路变得清晰可见又便于建模出错后查找出错的位置。

6.2　风车的装配及爆炸图的生成

6.2.1　风车的装配

（1）打开软件,单击“装配”里面的“输入”,找到立柱零件文件并确定输入,双击左侧立柱文件名,修改装配名,输入 M12 螺钉零件文件,将立柱与螺钉装配,如图 6-93 所示,装配好单击“工具”里“干涉检查”检查干涉。

（2）输入外壳零件,与螺钉和立柱零件装配,如图 6-94 所示,并检查干涉。

（3）输入转轴零件,与外壳零件装配,如图 6-95 所示,并检查干涉。

（4）输入两个叶片零件,与转轴零件装配,如图 6-96 所示,并检查干涉。

（5）输入两个 M6 螺钉零件,与叶片和转轴装配,如图 6-97 所示,并检查干涉。

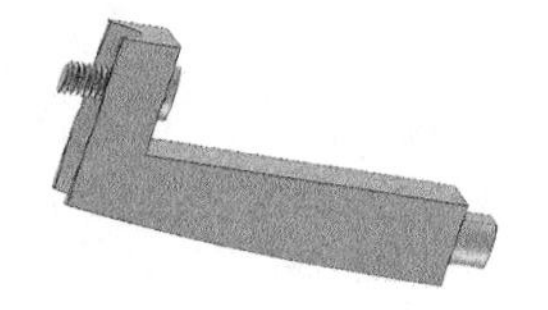

图 6-93　立柱与螺钉装配

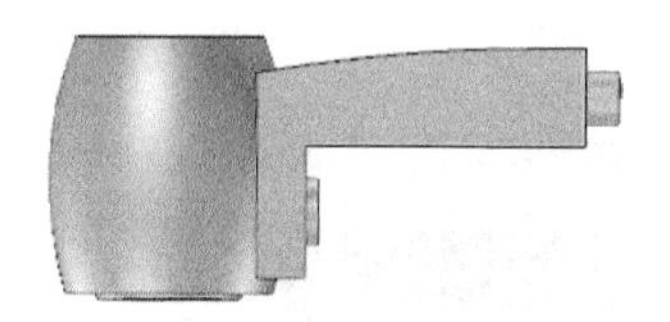

图 6-94　外壳与立柱螺钉装配

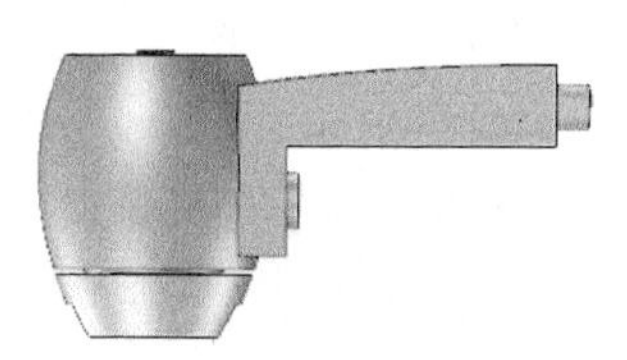

图 6-95　转轴与外壳装配

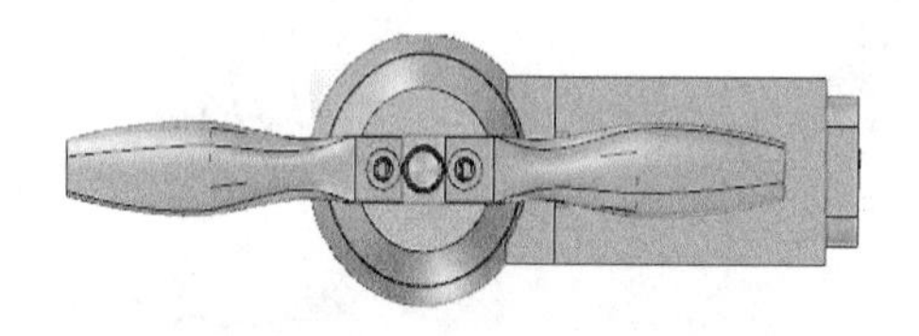

图 6-96　叶片与转轴装配

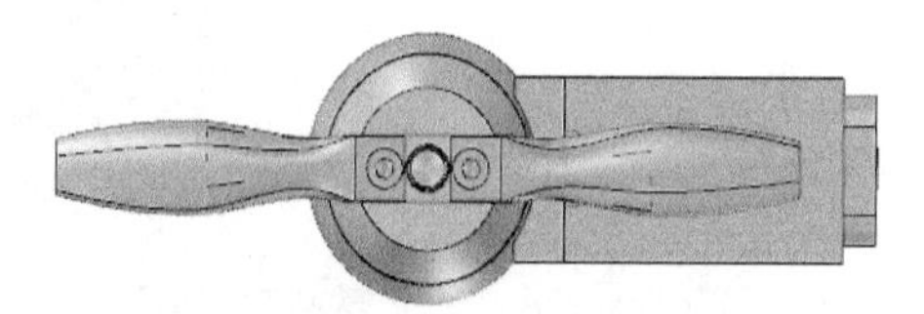

图 6-97　螺钉与叶片转轴装配

（6）输入前盖零件,与转轴零件装配,如图 6-98 所示,并检查干涉。

（7）输入螺帽零件,与转轴零件装配,如图 6-99 所示,并检查干涉。

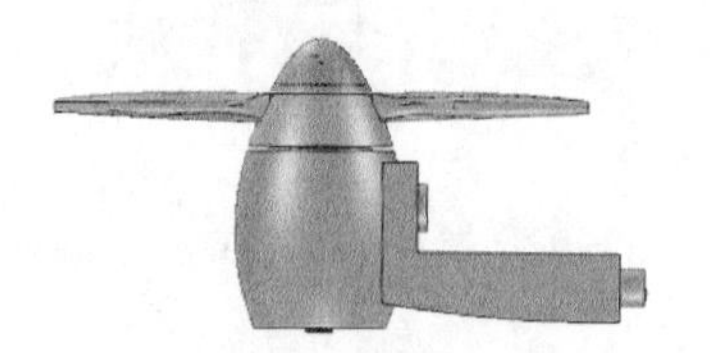

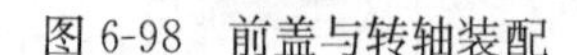

图 6-98　前盖与转轴装配

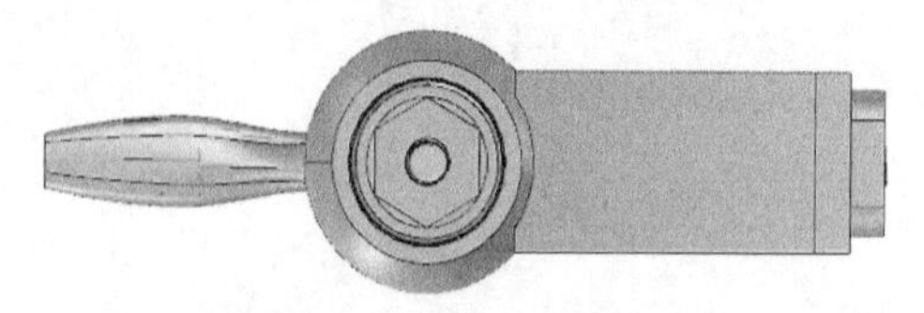

图 6-99　螺帽与转轴装配

（8）输入后盖零件,与外壳零件装配,如图 6-100 所示,并检查干涉。

(9) 输入底座零件,与立柱零件装配,如图 6-101 所示,并检查干涉。

(10) 输入 M12 螺钉零件,与底座和立柱装配,如图 6-102 所示,并检查干涉。

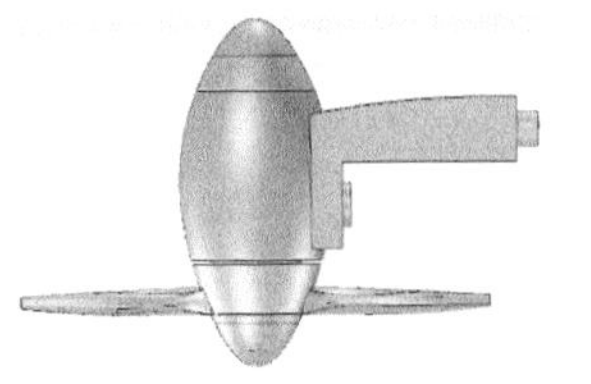

图 6-100　后盖与外壳装配

图 6-101　底座与立柱装配

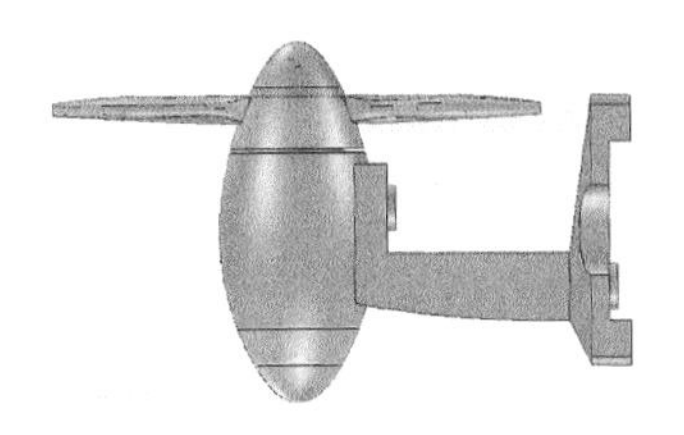

图 6-102　螺钉与底座立柱装配

(11) 选择装配体,单击“工具”里“干涉检查”命令,对装配体装配进行检查,检查结果如图 6-103 所示,结果无干涉,则风车装配完成,如图 6-104 所示。

图 6-103　干涉检查

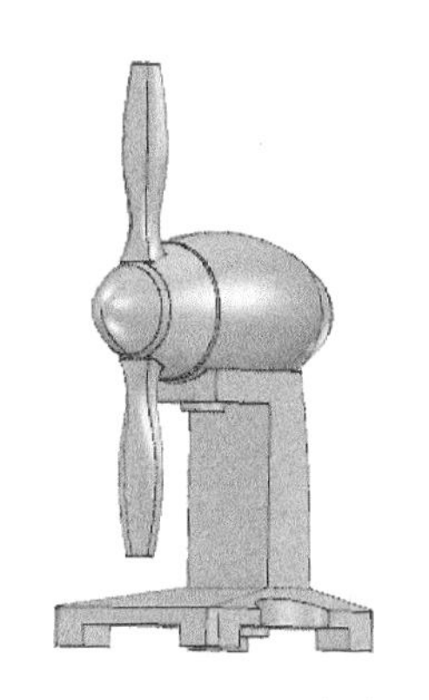

图 6-104　装配完成

6.2.2　风车爆炸图的生成

(1) 选中装配好的风车,从右侧“工具”中拖入装配,把它拖到装配体上,弹出“装配”对话框,编辑对话框内容,如图 6-105 所示,单击“确定”完成。

(2) 单击“显示”命令,找到“智能动画编辑器”,单击“打开”命令,会显示出“播放”命令,单击“播放”命令则装配体开始生成爆炸图,修改爆炸图路径,得到合适的爆炸图,如图 6-106 所示。

风车零件的装配过程中,要用到定位约束、无约束装配命令,还用的三维球工具。在装配过程中要合理的运用这些工具,通过减少或替代不同的装配方法能达到同样的装配目的,还能优化装配的过程。在有螺纹的装配过程中,最容易出现干涉。本节中零件上的螺纹使用的都是真螺纹,牙根和牙尖容易发生干涉,其解决方法就是选择螺纹,使牙根和牙尖能相互配合,就能避免干涉发生。

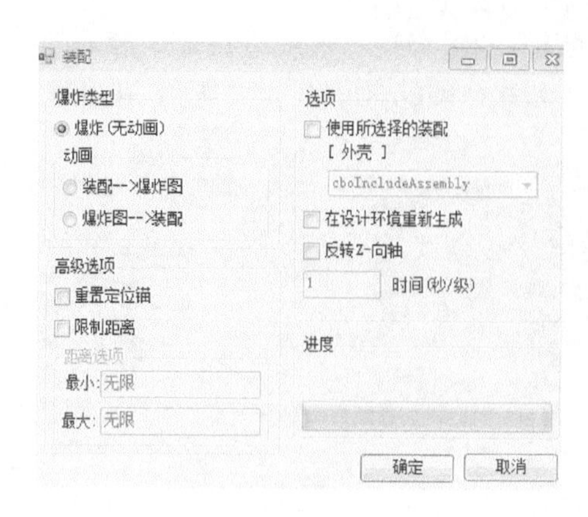

图 6-105　装配对话框

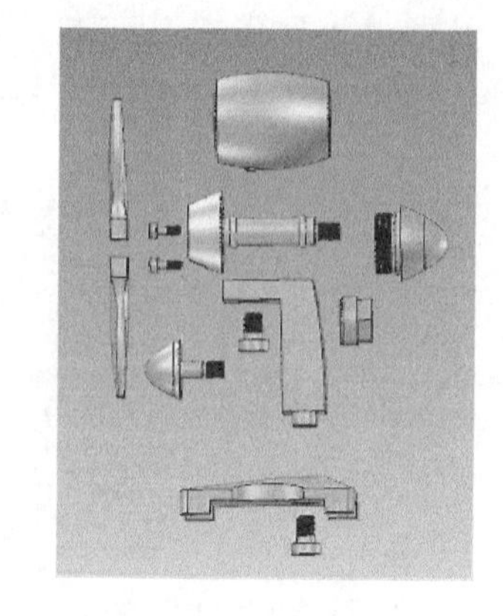

图 6-106　爆炸图生成

6.3　风车典型零件(底座)铣削加工

6.3.1　数控加工工艺的设计

根据底座的零件图,我们设定毛坯的尺寸为 132×112×40mm,因为我们要对底座的上下表面都加工,下表面零件结构比较简单,所以先以上表面毛坯为基准,加工下表面,然后将加工好的下表面作为基准加工上表面。为了优化数控程序设计,要对加工工艺进行分析。数控加工工艺见表 6-1。

表 6-1　数控加工工艺卡片

零件名	底座	图号	CJ-06-02	加工部位		下表面
序号	内容	刀具号	主轴转速/(r/min)	进给量/(mm/min)	背吃刀量/mm	备注
1	下表面孔	ϕ12 钻头(T01)	3000	1000	—	钻孔
2	下表面 高 18mm 侧面	ϕ8 立铣刀(T02)	3000	1000	2 2	粗铣
3	高 18mm 侧面 底面凸台 下表面	ϕ8 立铣刀(T02)	3500	800	0.3 0.3 0.3	精铣
				加工部位		上表面
4	上表面 高 10mm 侧面	ϕ8 立铣刀(T02)	3000	1000	2	粗铣
5	高 10mm 侧面	ϕ8 立铣刀(T02)	3500	800	0.3	精铣
6	上表面	ϕ6 球头铣刀(T03)	3500	800	0.3	精铣
7	孔	ϕ10 铰刀(T04)	3000	1000	—	铰孔

6.3.2　底座的铣削加工和刀具路径的生成

1. 画出底座轮廓线

打开 CAXA 制造工程师 2013,单击“文件”弹出下拉菜单,单击“打开”,找到要打开的文件,单击完成打开文件,然后单击绘图命令栏中的“相关线”命令,选择“实体边界”,把零件中的轮廓线画出来,如图 6-107 所示。

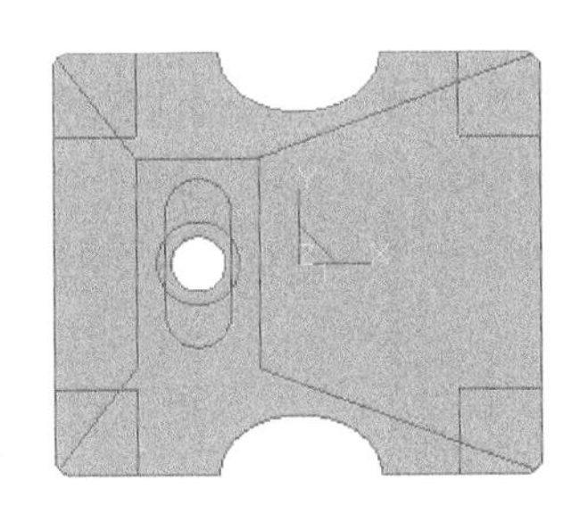

图 6-107　底座轮廓线

2. 设定毛坯尺寸

设定毛坯尺寸,参数设定如图 6-108 所示。

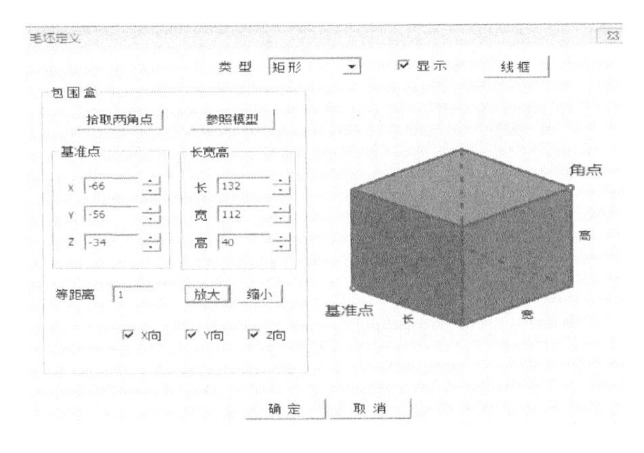

图 6-108　毛坯定义

3. 设定工件原点

工件原点与工件坐标系设在同一位置,这样毛坯就均匀分布在工件坐标系的周围。

4. 加工方式的选择

(1) 选择等高线粗加工和等高线精加工完成对毛坯表面的粗精加工,粗加工时预留 0.3mm 的加工余量。

(2) 选择“平面精加工”,对下表面多余的毛坯切除,并保证四脚平面的平整度。

(3) 选择“扫描线精加工”,对上表面斜面进行精加工,切除等高线粗加工留下的加工余量。

5. 下表面粗加工

(1) 单击“加工”在下拉菜单中“其他加工”选项，选择单击“G01 钻孔”加工，弹出 G01 钻孔对话框，为了优化刀具和加工时间，根据工件信息设置参数。

① 点选“加工参数”，设置如图 6-109 所示。

② 点击“刀具参数”，设置如图 6-110 所示。

③ 其他参数默认，设置完成后单击“确定”，生成刀具轨迹，如图 6-111 所示。

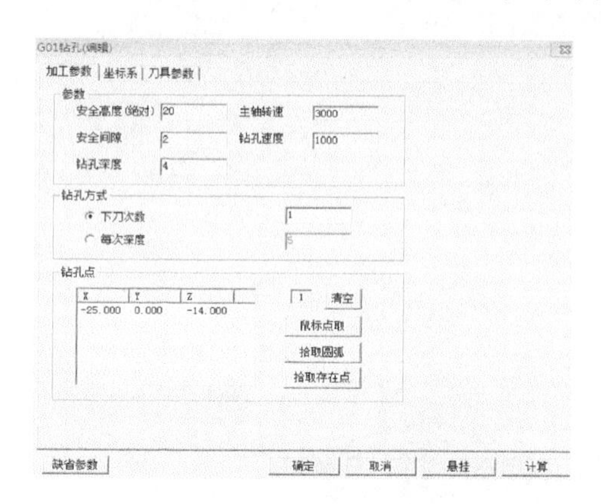

图 6-109 加工参数

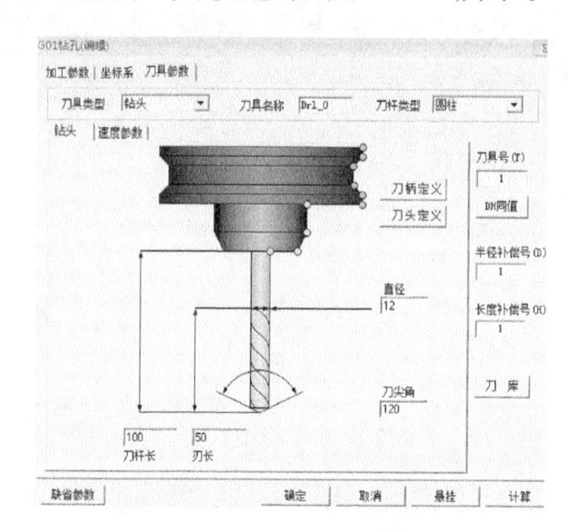

图 6-110 刀具参数

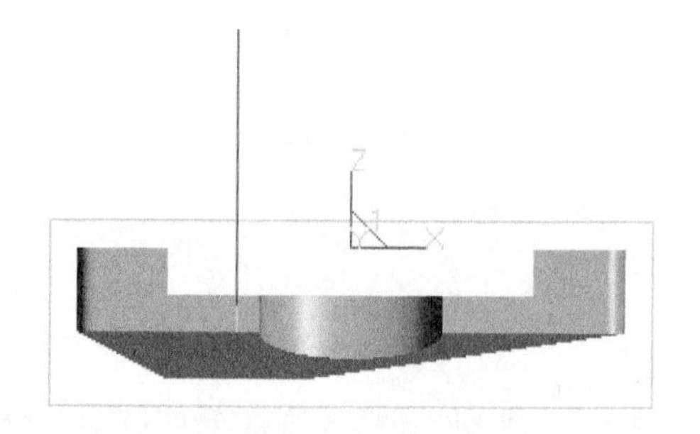

图 6-111 刀具轨迹

(2) 单击“加工”在下拉菜单中选择单击“等高线粗加工”，弹出等高线粗加工对话框，设置参数。

① 点击“加工参数”，设置如图 6-112 所示。

② 点击“区域参数”，设置如图 6-113 所示。

③ 点击“切削用量”，设置如图 6-114 所示。

④ 点击“刀具参数”，设置如图 6-115 所示。

⑤ 其他参数默认，单击“确定”，根据提示生成刀具轨迹，如图 6-116 所示。

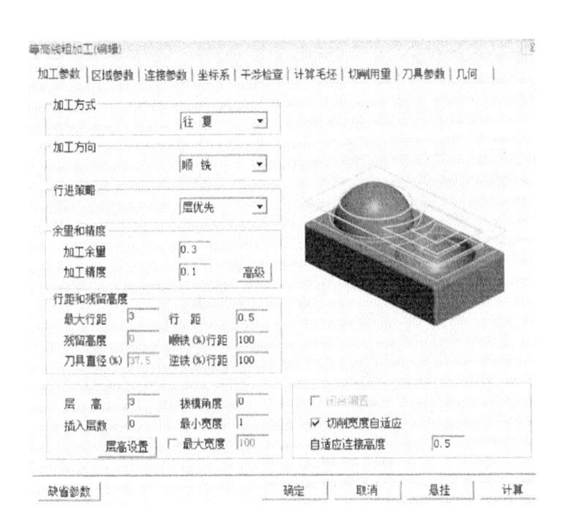

图 6-112　加工参数

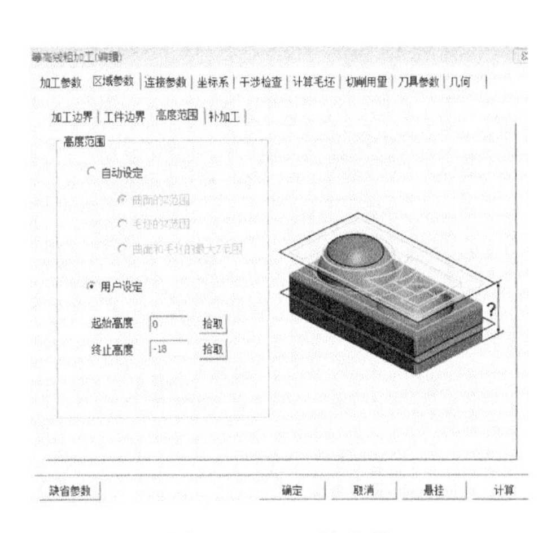

图 6-113　区域参数

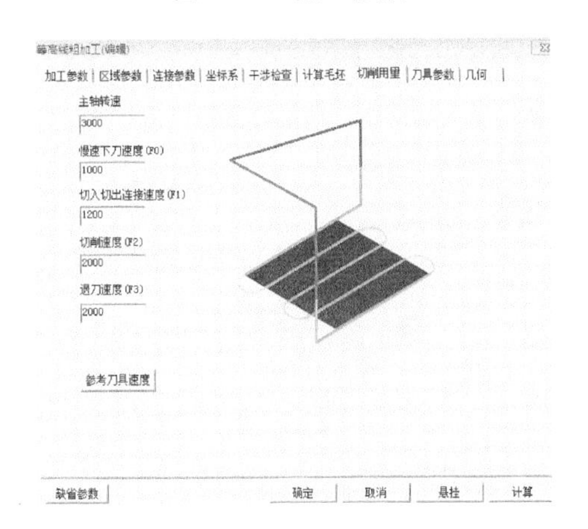

图 6-114　切削用量

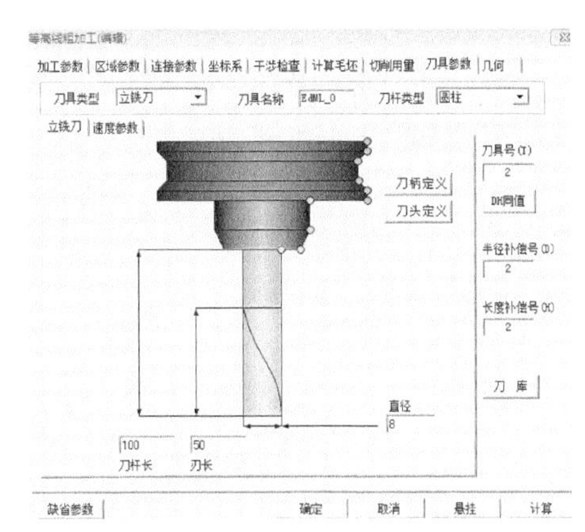

图 6-115　刀具参数

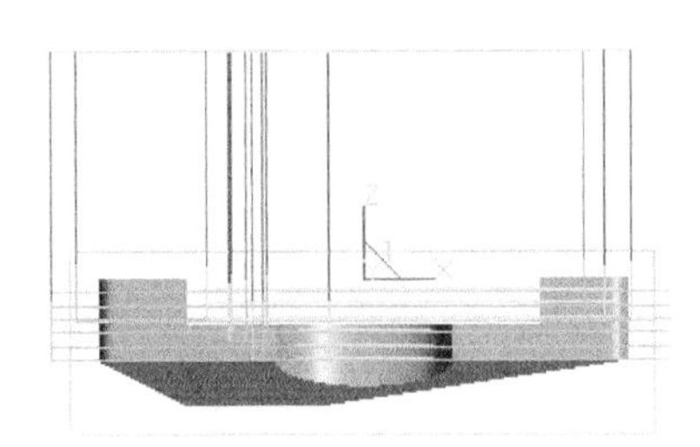

图 6-116　刀具轨迹

6. 下表面精加工

(1) 单击“等高线精加工”,弹出等高线精加工对话框,设置参数。

① 点击“加工参数”,设置如图 6-117 所示。

② 点击“区域参数”，设置如图 6-118 所示。

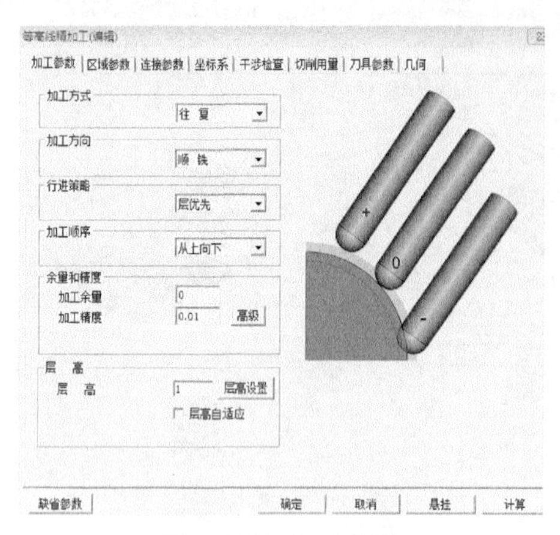

图 6-117　加工参数

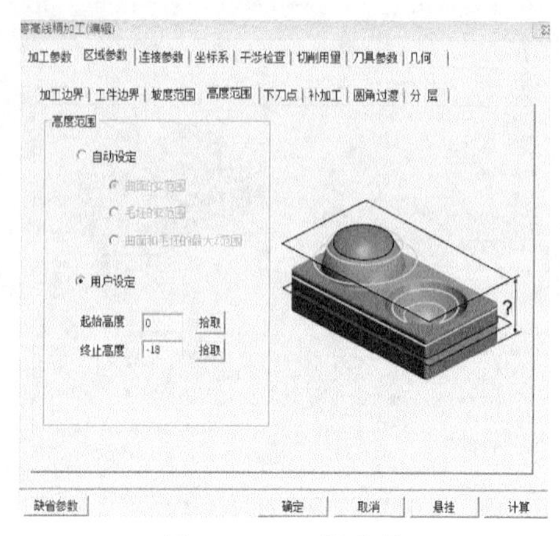

图 6-118　区域参数

③ 点击“切削用量”，设置如图 6-119 所示。

④ 点击“刀具参数”，设置如图 6-120 所示。

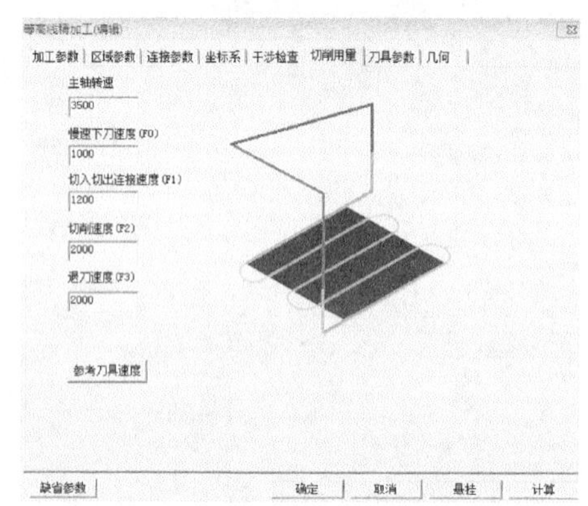

图 6-119　切削用量

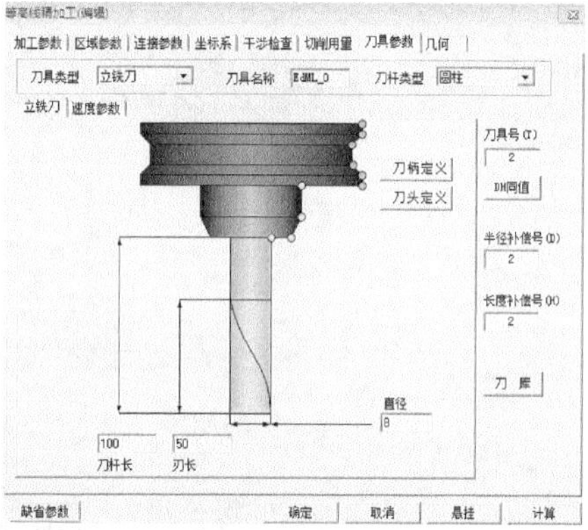

图 6-120　刀具参数

⑤ 其他参数默认，单击“确定”，根据提示生成刀具轨迹，如图 6-121 所示。

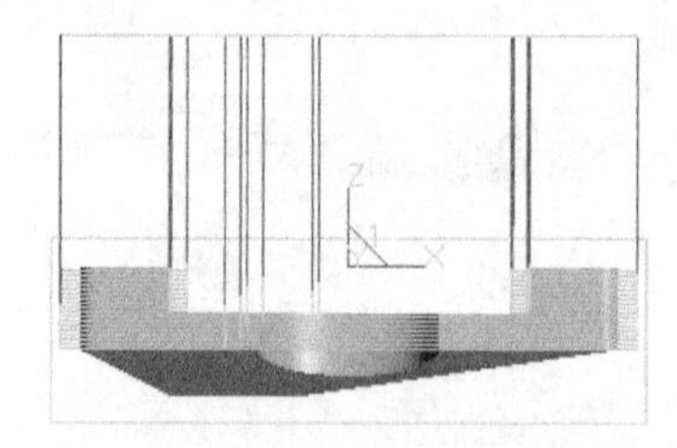

图 6-121　刀具轨迹

(2) 单击“平面精加工”，弹出“平面精加工”对话框，设置参数。

① 点击“加工参数”，设置如图 6-122 所示。

② 点击“区域参数”，设置如图 6-123 所示。

③ 点击“切削用量”，设置如图 6-124 所示。

④ 点击“刀具参数”，设置如图 6-125 所示。

⑤ 其他“参数默认”，单击“确定”，根据提示生成刀具轨迹，如图 6-126 所示。

图 6-122　加工参数

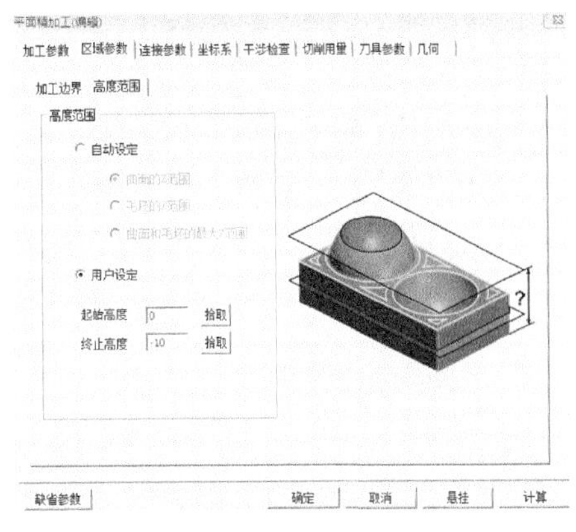

图 6-123　区域参数

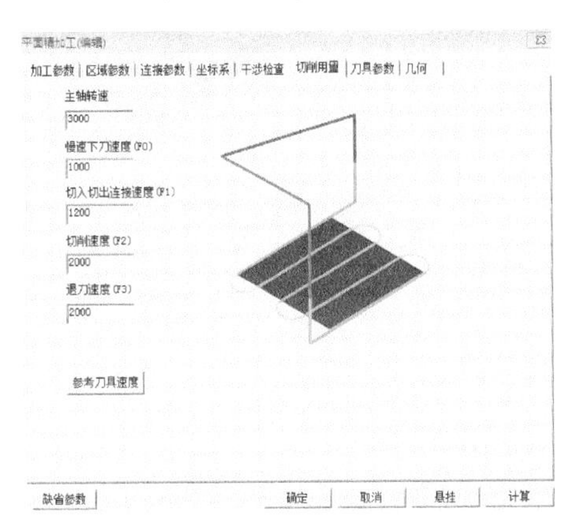

图 6-124　切削用量

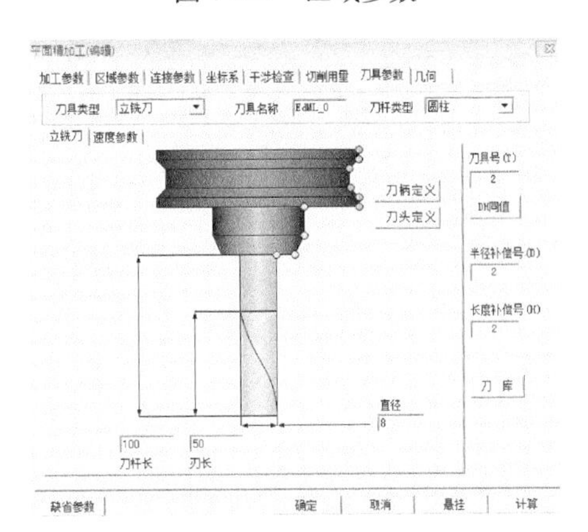

图 6-125　刀具参数

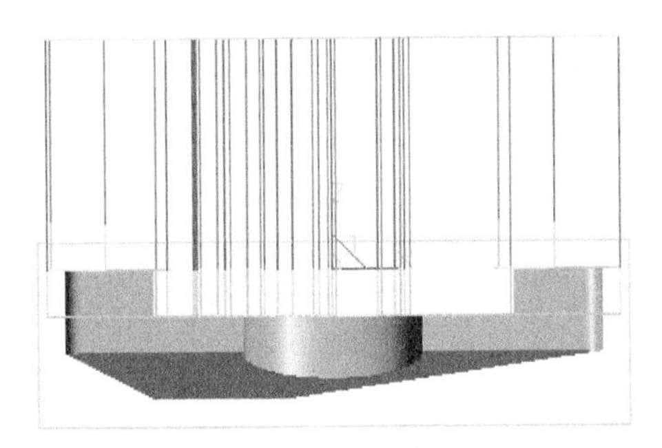

图 6-126　刀具轨迹

7. 上表面粗加工

下表面加工完成后，单击“工具”，将鼠标放到下拉菜单中“坐标系”上面，单击子菜单中“创建坐标系”，根据提示，创建一个在工件上表面的坐标系，然后翻转毛坯加工底座上表面。

单击“加工”在下拉菜单中选择单击“等高线粗加工”，弹出“等高线粗加工”对话框，设置参数。

(1) 点击“加工参数”，设置如图 6-127 所示。

(2) 点击“区域参数”，设置如图 6-128 所示。

(3) 点击“切削用量”，设置如图 6-129 所示。

(4) 点击“刀具参数”，设置如图 6-130 所示。

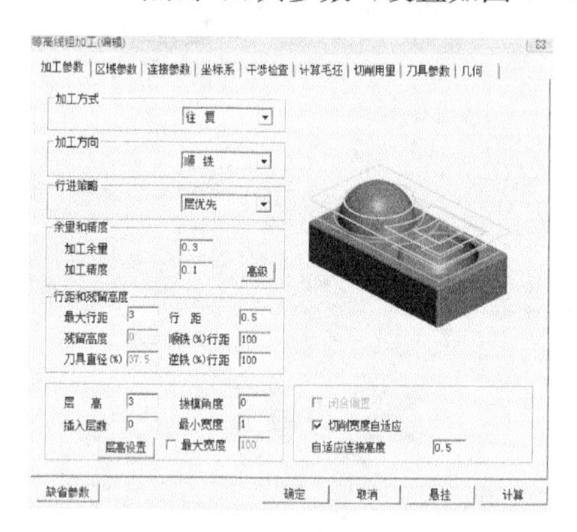

图 6-127　加工参数

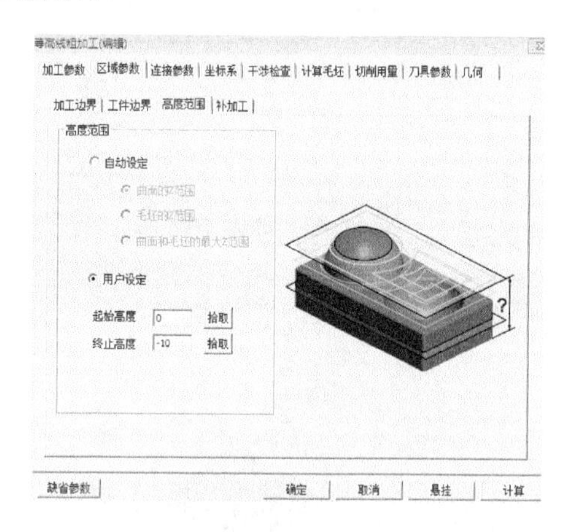

图 6-128　区域参数

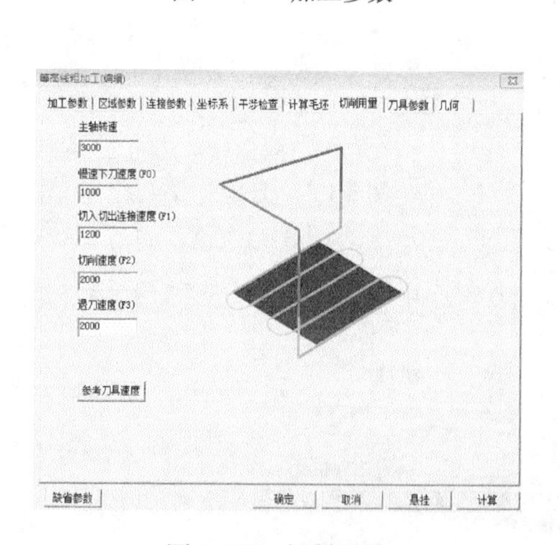

图 6-129　切削用量

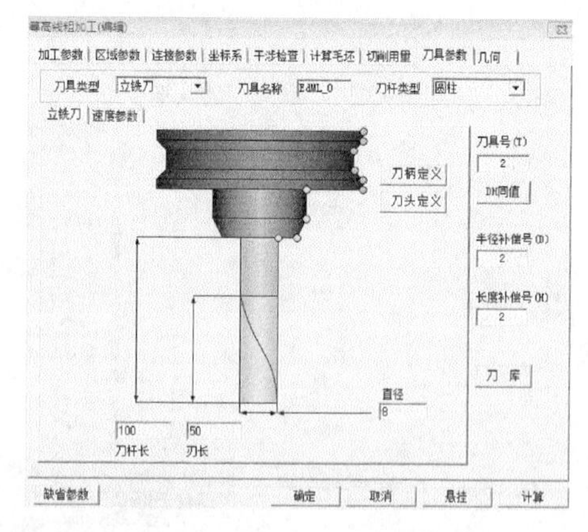

图 6-130　刀具参数

(5) 其他参数默认，设置完成后单击“确定”按钮，根据提示生成刀具轨迹，如图 6-131 所示。

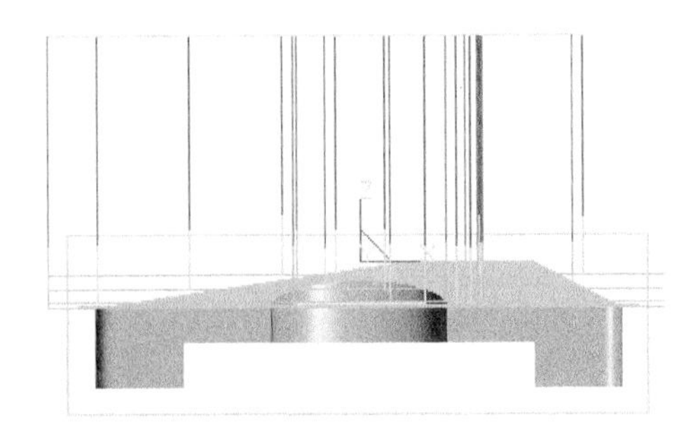

图 6-131　刀具轨迹

8. 上表面精加工

(1) 单击“等高线精加工”，弹出“等高线精加工”对话框，设置参数。

① 点击“加工参数”，设置如图 6-132 所示。

② 点击“区域参数”，设置如图 6-133 所示。

图 6-132　加工参数

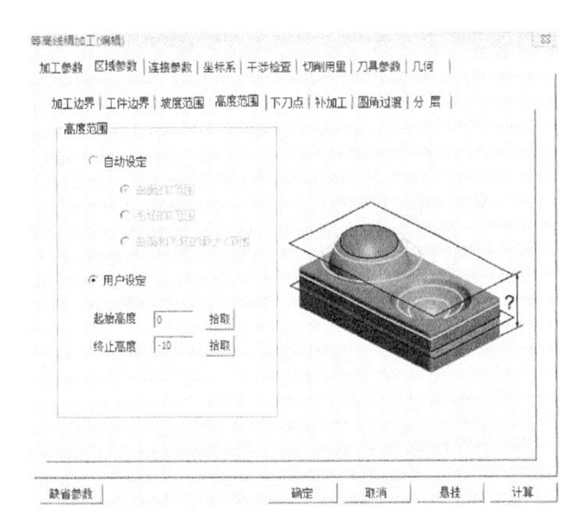

图 6-133　区域参数

③ 点击“切削用量”，设置如图 6-134 所示。

④ 点击“刀具参数”，设置如图 6-135 所示。

⑤ 其他参数默认，单击“确定”，根据提示生成刀具轨迹，如图 6-136 所示。

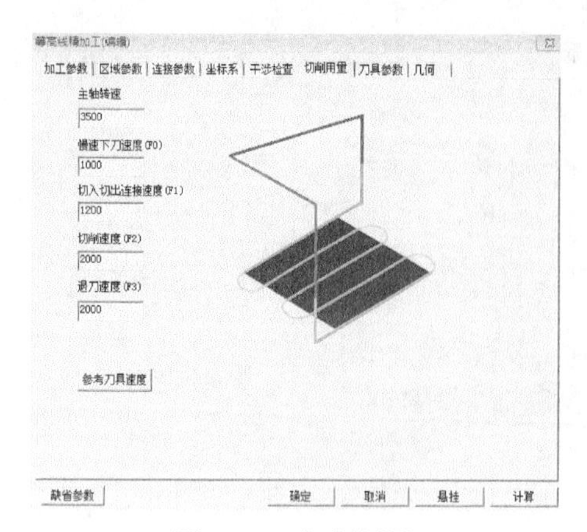

图 6-134　切削用量

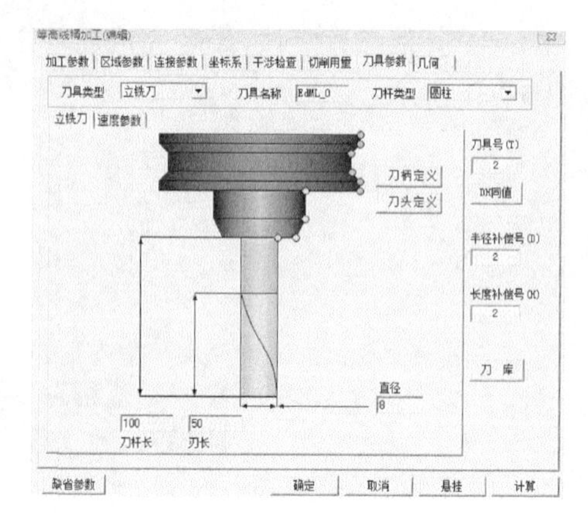

图 6-135　刀具参数

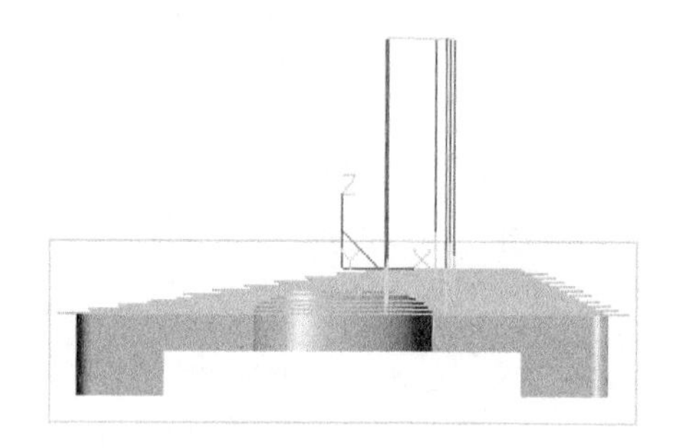

图 6-136　刀具轨迹

(2) 单击“加工”,在下拉菜单中单击“扫描线精加工”命令,修改扫描线精加工对话框里面的参数。

① 点击“加工参数”,设置如图 6-137 所示。

② 点击“区域参数”,设置如图 6-138 所示。

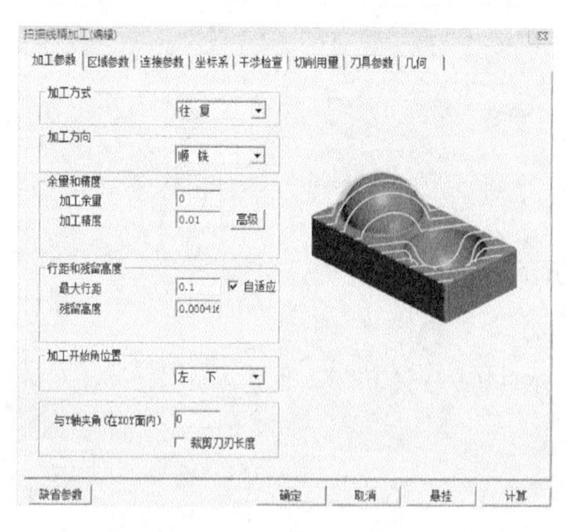

图 6-137　加工参数

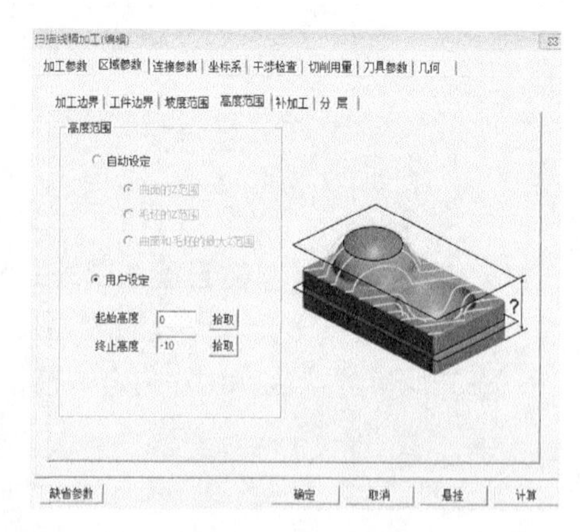

图 6-138　区域参数

③ 点击“切削用量”，设置如图6-139所示。

④ 点击“刀具参数”，设置如图6-140所示。

⑤ 其他参数默认，单击“确定”，根据提示生成刀具轨迹，如图6-141所示。

6.3.3　加工代码生成

(1) 单击“后置处理”，在子菜单中单击“后置设置”，弹出对话框，如图6-142所示。

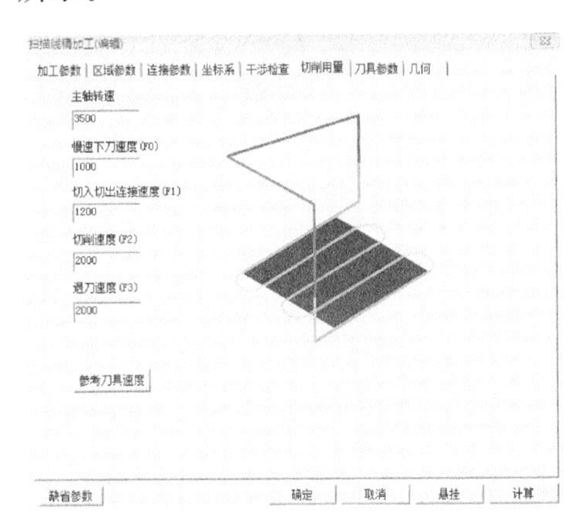

图6-139　切削用量

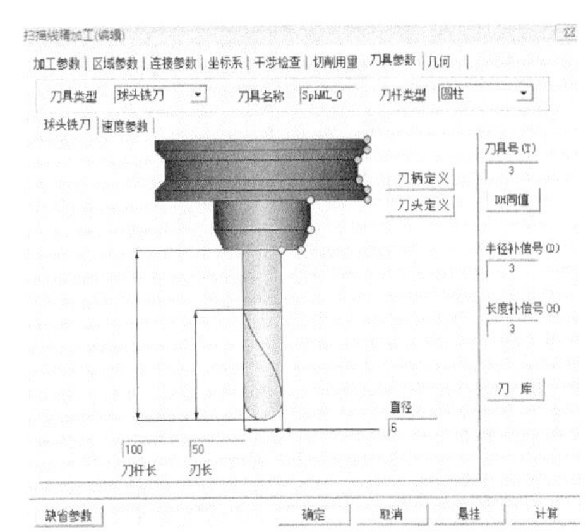

图6-140　刀具参数

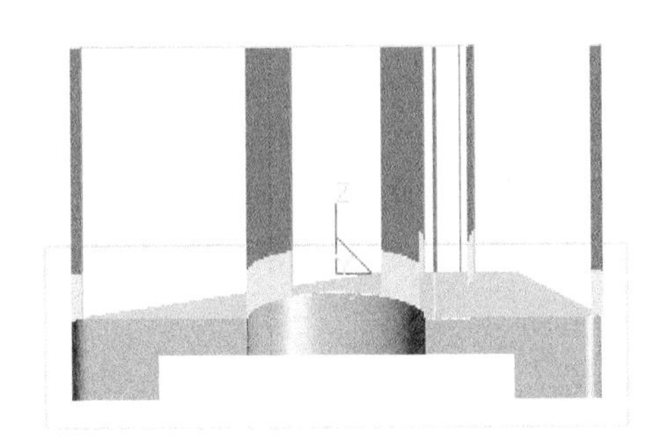

图6-141　刀具轨迹

选中图6-142中的“huazhong”单击“编辑”，弹出“后置配置”对话框，如图6-143所示。完成参数设置，单击保存，完成后置处理。

(2) 分别拾取刀具轨迹，单击“加工”，在后置处理中单击“生成G代码”，弹出对话框如图6-144所示。

根据提示，生成代码，以G01钻孔为例，其他加工方式代码生成不在详细讲解，G01代码如图6-145所示。底面铣削加工全部代码如图6-146所示。最后对孔用铰刀进行精加工，由于软件中没有铰刀，不能进行铰孔加工，所以这里不在讲解，至此底面铣削加工完成。

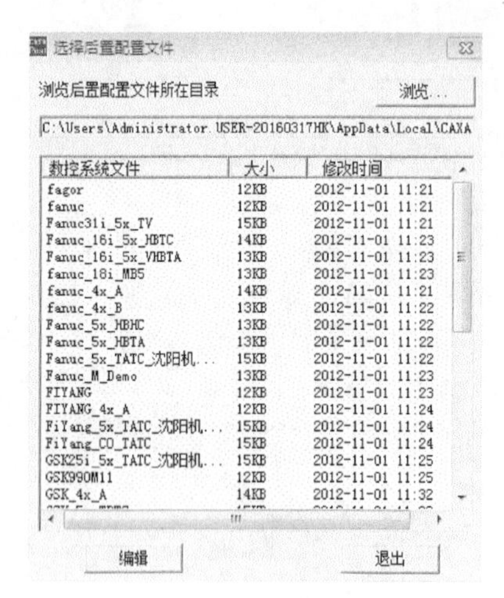

图 6-142　后置设置

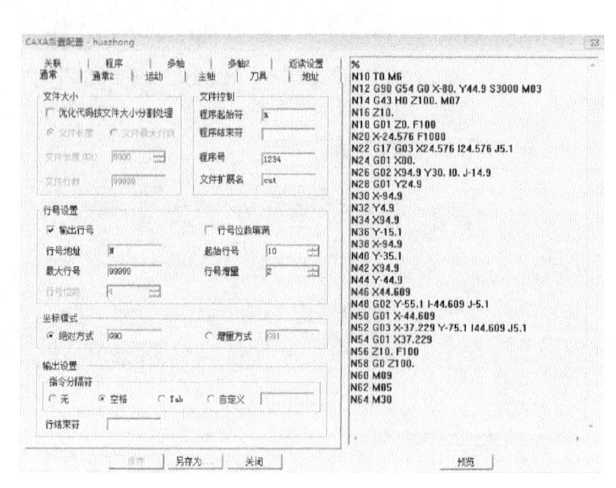

图 6-143　后置配置

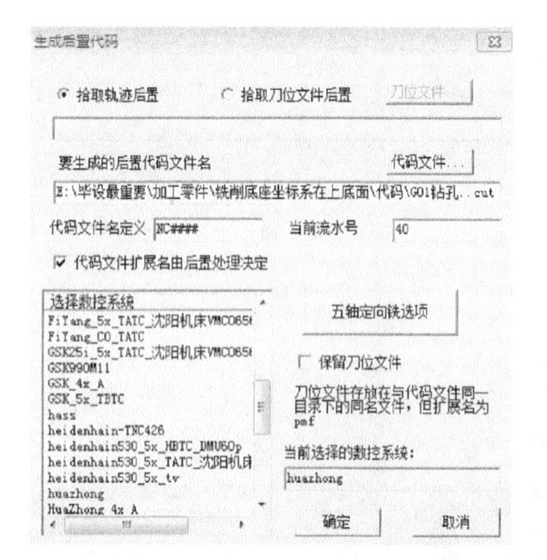

图 6-144　生成后置代码

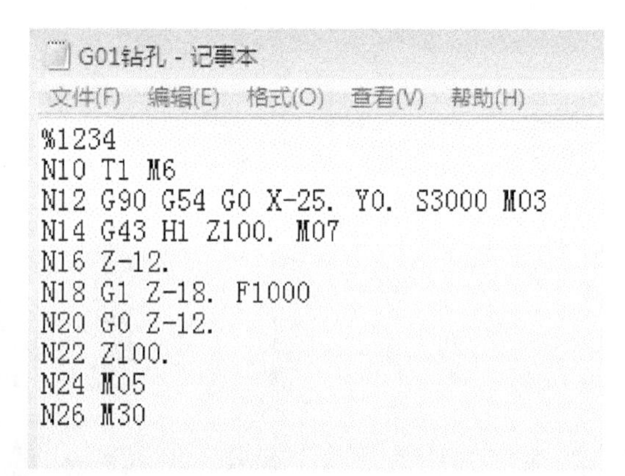

图 6-145　G01 代码

G01钻孔
上表面等高线粗加工
上表面等高线精加工
上表面扫描线精加工
下表面等高线粗加工
下表面等高线精加工
下表面平面精加工

图 6-146　全部代码

底座零件图上有指定的精度要求的地方，要选用合适的精加工方式进行加工。不同的加工方式和加工顺序都能完成同样的加工目标，在认真分析完零件形状后，要多尝试几种不同的加工方式和加工顺序，观察加工结果，择优选择最终的加工路线。优化刀具方向和其他设置，保证铣削加工的稳定性，进而优化刀具路径。

6.4　风车典型零件（转轴）的车铣复合加工

6.4.1　转轴数控加工工艺设计

根据转轴的零件图，设定转轴的毛坯尺寸为 110mm×80mm×80mm，因为要对转轴的螺纹端和曲面端都要加工，如果先加工曲面端，再加工螺纹端时不好装夹，所以先加工螺纹端，螺纹端加工完成后再掉头装夹，加工曲面端，夹具采用三爪卡盘，掉头加工时在已加工表面装夹红铜片，保护已加工面。完成曲面端的加工后，要用铣床加工曲面端铣削部分。加工顺序及加工用到的刀具和刀具号见表 6-2，车削部分数控加工工艺见表 6-3。

表 6-2　数控加工加工顺序及刀具和刀具号

刀号	刀具类型	加工内容
螺纹端加工顺序和刀具选择		
1	80°左偏外圆车刀	转轴螺纹端多余毛坯快速切除
2	35°左偏外圆车刀	转轴螺纹端外轮廓的粗精加工
3	外切槽车刀	转轴螺纹端槽的粗精加工
4	左偏外螺纹车刀	转轴螺纹端外螺纹的粗精加工
曲面端加工顺序和刀具选择		
2	左偏外圆车刀	转轴曲面端外轮廓的粗精加工
曲面端铣削加工加工顺序和刀具选择		
1	ϕ6 钻头	曲面端两个小孔的粗加工
2	ϕ12 钻头	曲面端中心孔的粗加工
3	ϕ4 立铣刀	曲面端槽的底面和侧面的精加工
4	ϕ3 螺纹铣刀	曲面端两个小孔铣螺纹
5	ϕ6 螺纹铣刀	曲面端中心孔铣螺纹

表 6-3　数控加工工艺卡片

零件名	转轴	图号	CJ-06-20	加工部位		螺纹端
序号	内容	刀具号	主轴转速/(r/min)	进给量/(mm/min)	直径切深/mm	备注
1	ϕ30 外圆	T01	800	100	2	粗车
2	ϕ20 外圆	T02	800 1000	100 100	2 0.4	粗车 精车
3	3mm 槽	T03	800	100	—	—
4	M12X1 外螺纹	T04	1000	1/(min/r)	—	粗精车
				加工部位		曲面端
1	外圆曲面	T01	800 1000	100 100	2 0.4	粗车 精车

6.4.2　转轴的车削加工和自动编程

1. 螺纹端外圆粗车快速去多余毛坯

(1) 绘制工件轮廓图形，如图 6-147 所示；绘制毛坯，如图 6-148 所示。

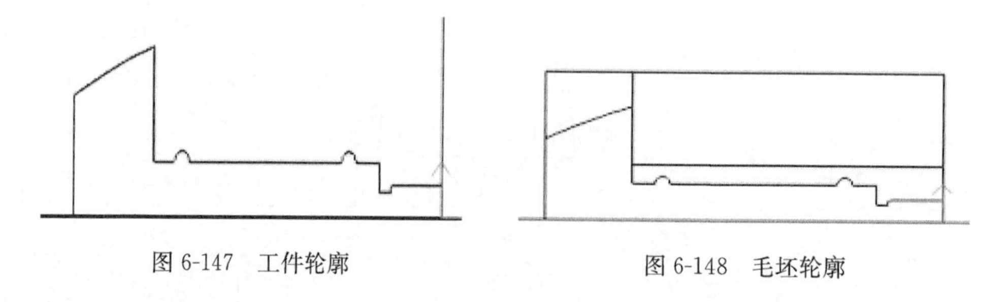

图 6-147　工件轮廓　　　　图 6-148　毛坯轮廓

(2) 单击“数控车”，在下拉菜单中选择并单击“轮廓粗车”命令，弹出对话框，设置参数如下：

① 点击加工参数，设置如图 6-149 所示。

② 点击切削用量，设置如图 6-150 所示。

③ 点击轮廓车刀，设置如图 6-151 所示。

④ 进退刀方式默认设置，单击“确定”完成参数设置，先选取工件轮廓，如图 6-152所示；然后选取毛坯轮廓，如图 6-153 所示。

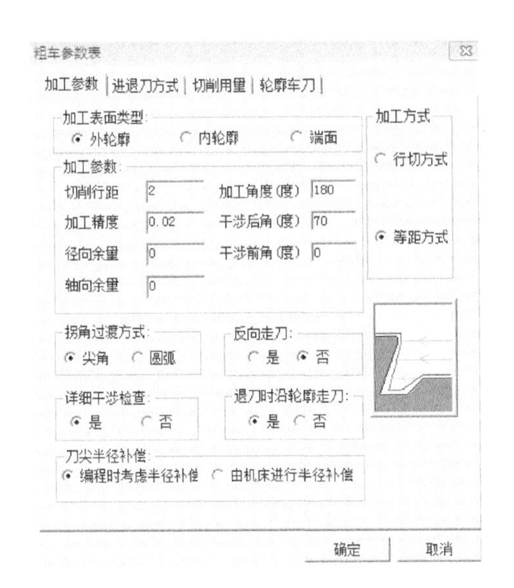

图 6-149　加工参数

图 6-150　切削用量

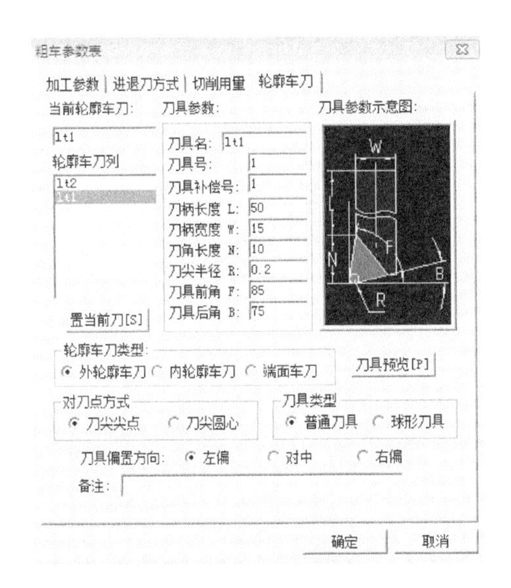

图 6-151　轮廓车刀

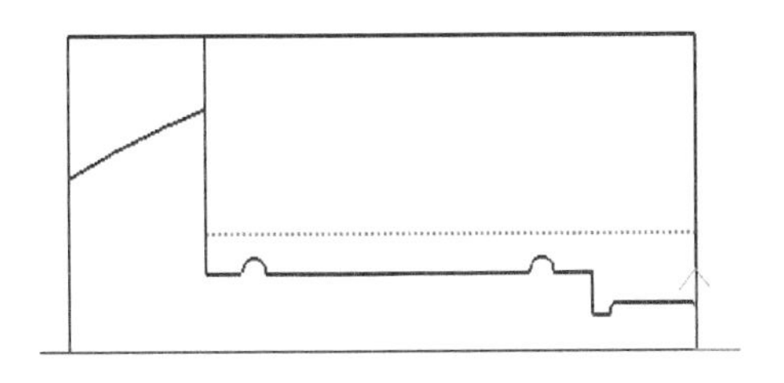

图 6-152　选中工件轮廓

⑤ 输入指定的进退刀点坐标，生成加工刀具轨迹，如图 6-154 所示。

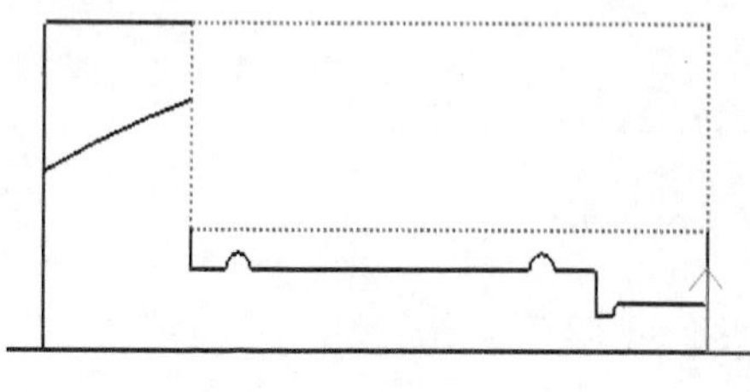

图 6-153　选中毛坯轮廓

图 6-154　刀具轨迹

2. 螺纹端外圆粗车

单击“数控车”,在下拉菜单中选择并单击“轮廓粗车”命令,弹出对话框,设置参数如下:

(1) 点击“加工参数”,设置如图 6-155 所示。

(2) 点击“切削用量”,设置如图 6-156 所示。

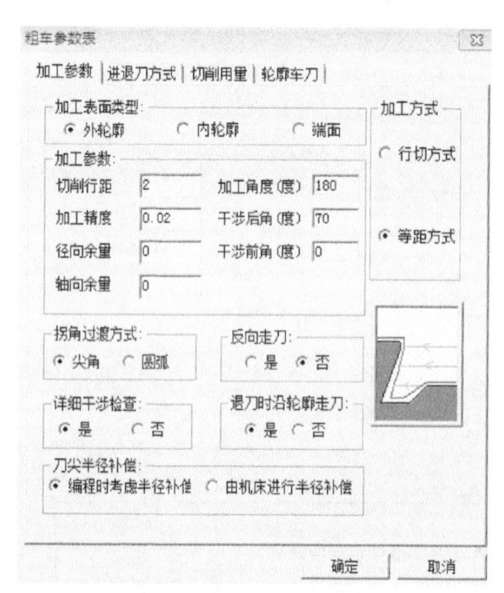

图 6-155　加工参数

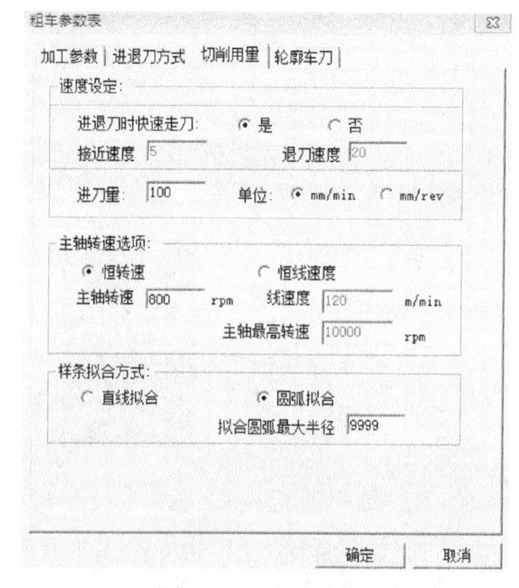

图 6-156　切削用量

(3) 点击“轮廓车刀”,设置如图 6-157 所示。

(4) 进退刀方式默认,设置完成后单击“确定”根据提示选取工件轮廓,如图 6-158所示,然后选取毛坯轮廓,如图 6-159 所示。

(5) 输入指定的进退刀点坐标,生成加工刀具轨迹,如图 6-160 所示。

3. 螺纹端外圆精车

单击“数控车”菜单,在下拉菜单中单击“轮廓精车”命令,修改精车参数表里面参数如下:

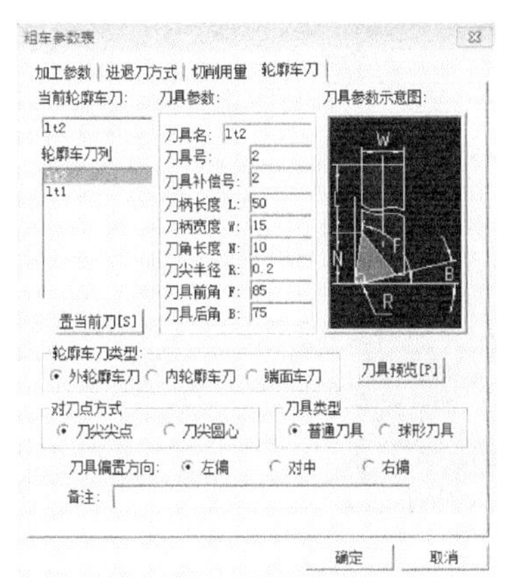

图 6-157　轮廓车刀

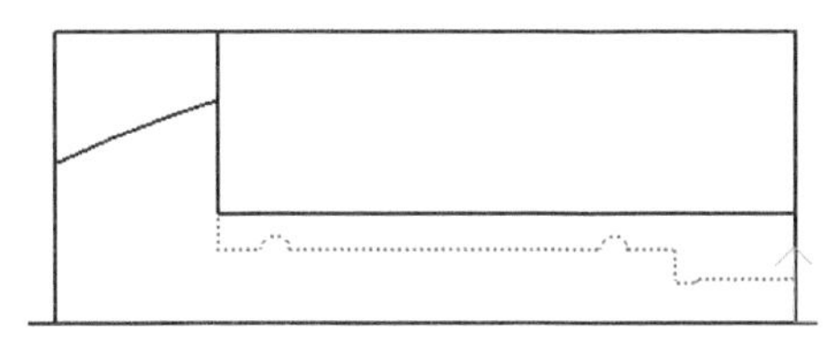

图 6-158　选中工件轮廓

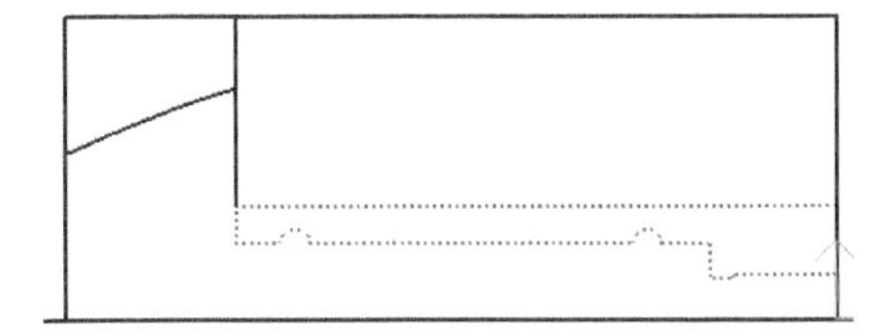

图 6-159　选中毛坯轮廓

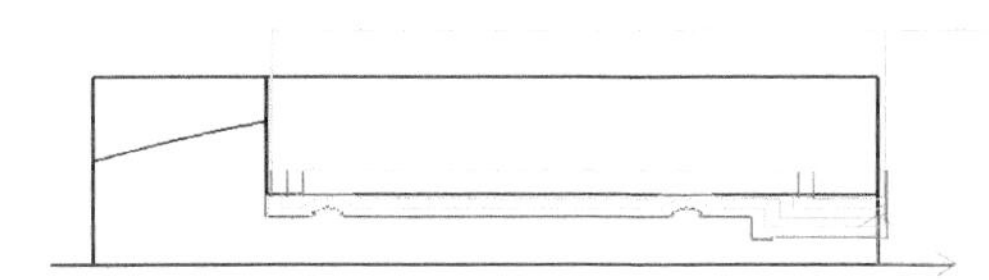

图 6-160　刀具轨迹

(1) 点击“加工参数”,设置如图 6-161 所示。

(2) 点击“切削用量”,设置如图 6-162 所示。

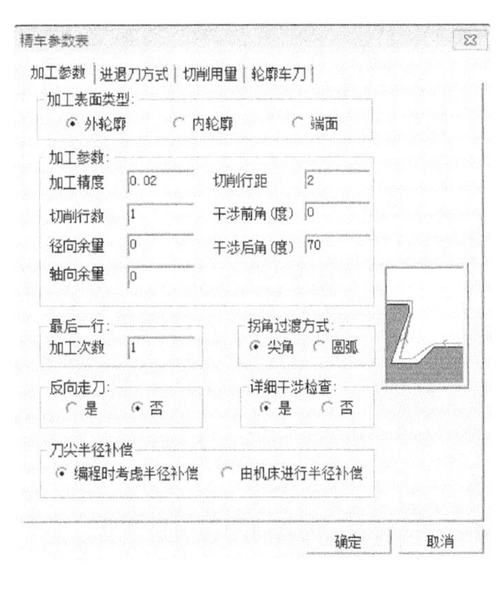

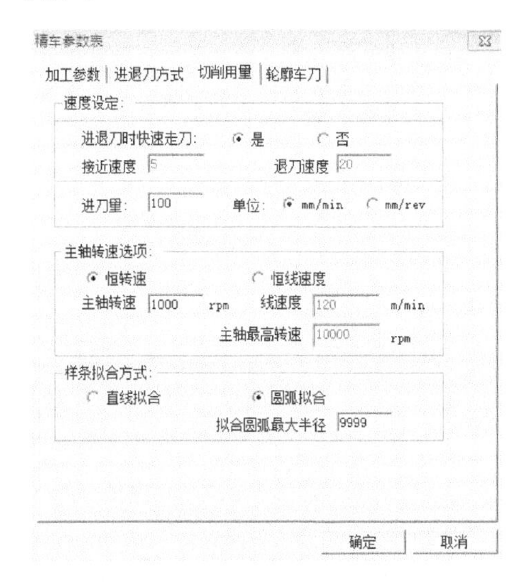

图 6-161　加工参数　　图 6-162　切削用量

(3) 点击“轮廓车刀”,设置如图 6-163 所示。

(4) 进退刀方式默认，设置完成后单击“确定”根据提示选取工件轮廓，如图 6-164 所示。

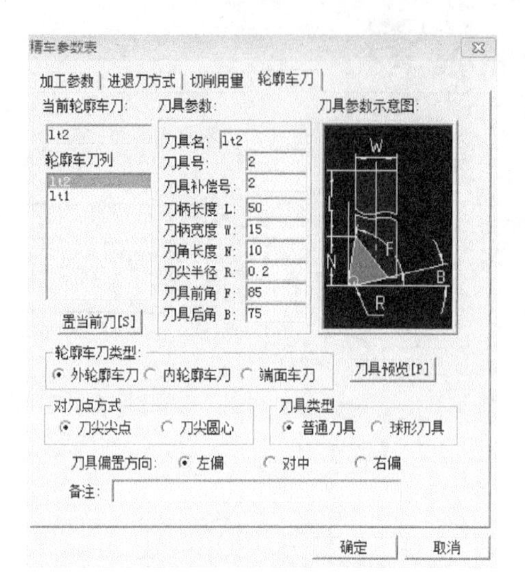

图 6-163　轮廓车刀

(5) 输入指定的进退刀点坐标，生成加工刀具轨迹，如图 6-165 所示。

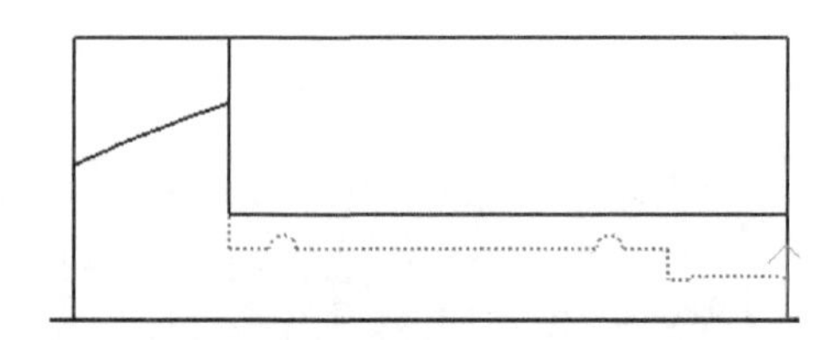

图 6-164　选中工件轮廓

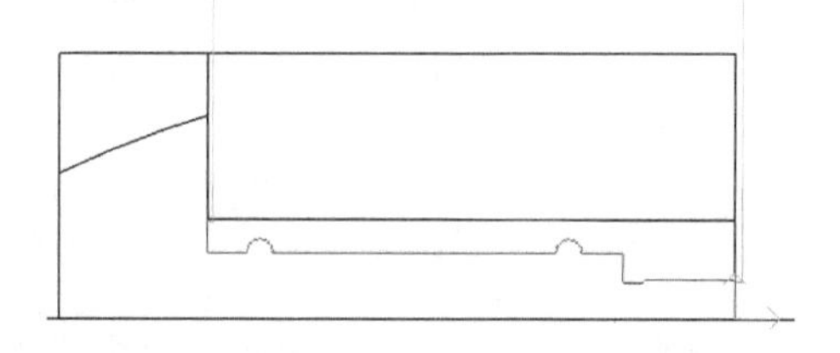

图 6-165　刀具轨迹

4. 螺纹端外圆轮廓切槽

单击“数控车”，在下拉菜单中选择并单击“切槽”命令，弹出对话框，设置参数如下：

(1) 点击“切槽加工参数”，设置如图 6-166 所示。

(2) 点击“切削用量”，设置如图 6-167 所示。

(3) 点击“切槽刀具”，设置如图 6-168 所示。

(4) 设置完成后单击“确定”根据提示选取工件轮廓，如图 6-169 所示。

(5) 输入指定的进退刀点坐标，生成加工刀具轨迹，如图 6-170 所示。

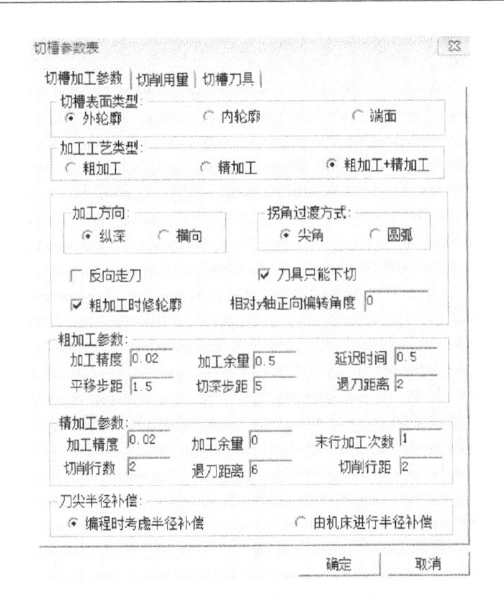

图 6-166　切槽加工参数

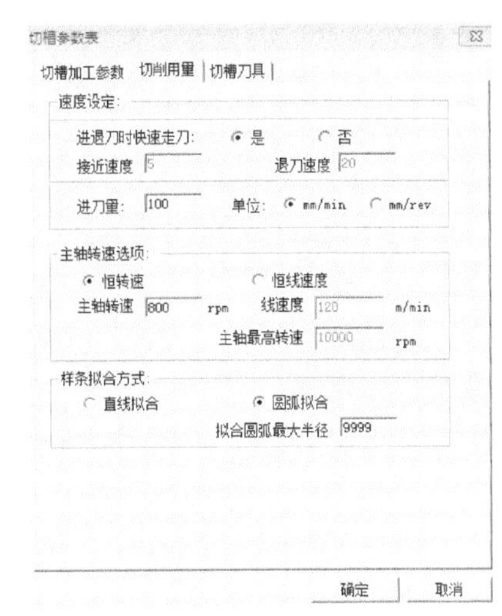

图 6-167　切削用量

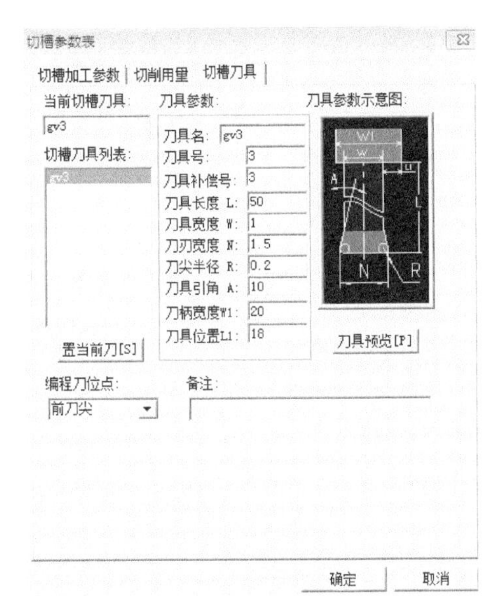

图 6-168　切槽刀具

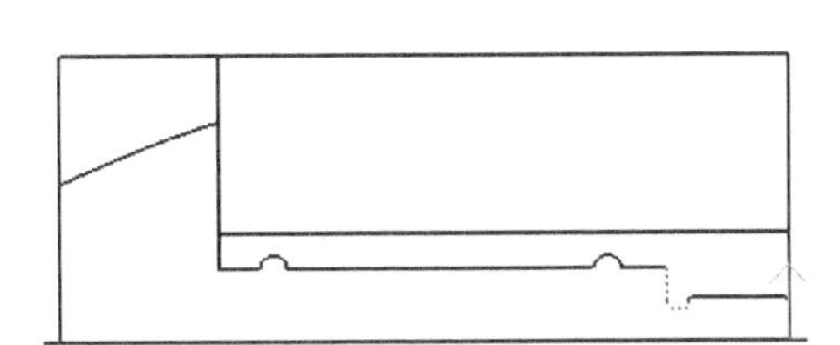

图 6-169　选中工件轮廓

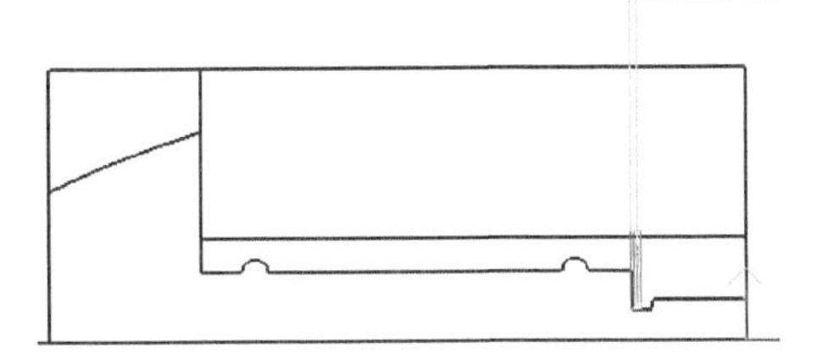

图 6-170　刀具轨迹

5. 螺纹端外圆轮廓车螺纹

单击“数控车”,在下拉菜单中选择并单击“车螺纹”命令,弹出对话框,设置参数如下:

(1) 点击“螺纹参数”,设置如图 6-171 所示。

(2) 点击“螺纹加工参数”,设置如图 6-172 所示。

(3) 点击“切削用量”,设置如图 6-173 所示。

(4) 点击“螺纹车刀”,设置如图 6-174 所示。

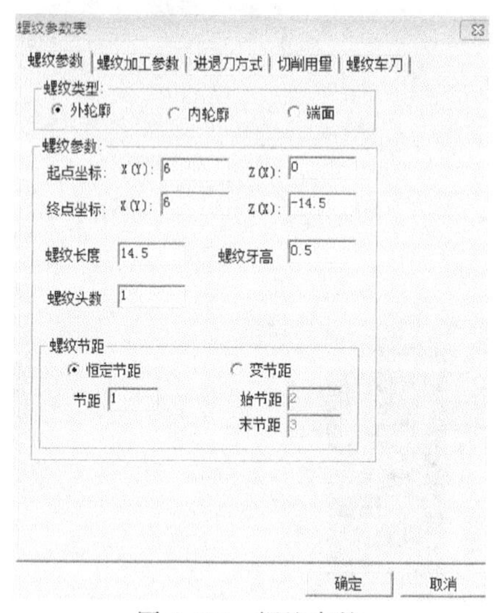

图 6-171　螺纹参数

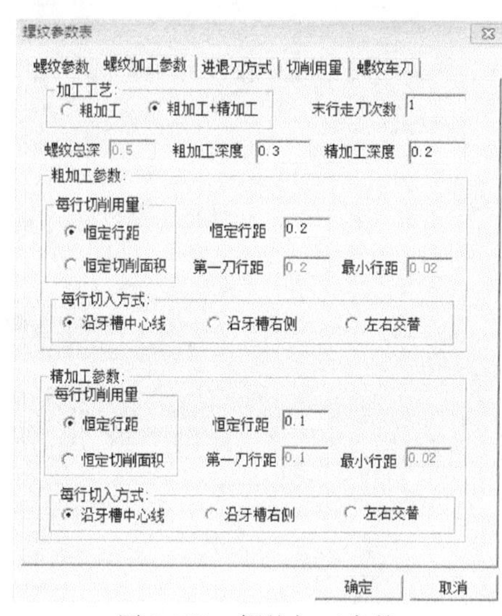

图 6-172　螺纹加工参数

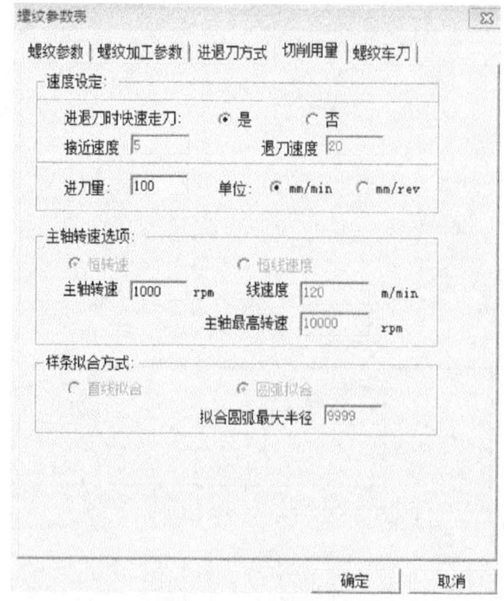

图 6-173　切削用量

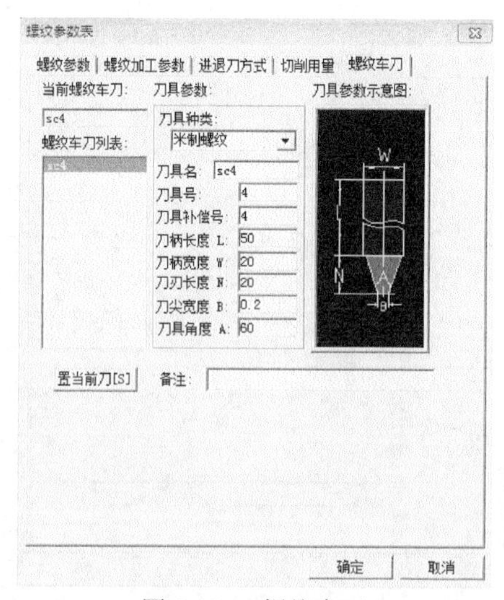

图 6-174　螺纹车刀

(5) 输入指定的进退刀点坐标，生成加工刀具轨迹，如图 6-175 所示。

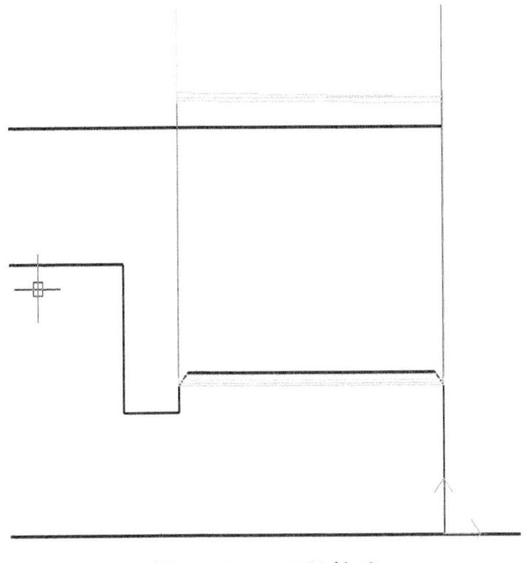

图 6-175　刀具轨迹

6. 工件掉头装夹，曲面端外圆轮廓粗车

(1) 使用镜像工具将工件的轮廓图掉头，原点设在曲面端面的中心处，然后进行车床加工。

(2) 单击“数控车”，在下拉菜单中选择并单击“轮廓粗车”命令，弹出对话框，设置参数如下：

① 点击“加工参数”，设置如图 6-176 所示。

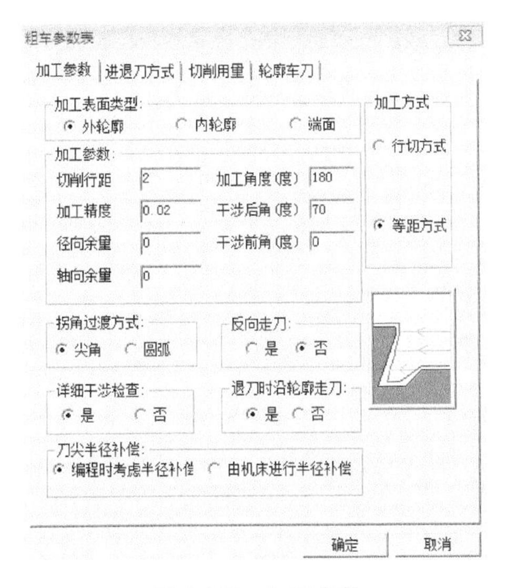

图 6-176　加工参数

② 点击“切削用量”,设置如图 6-177 所示。

③ 点击“轮廓车刀”,设置如图 6-178 所示。

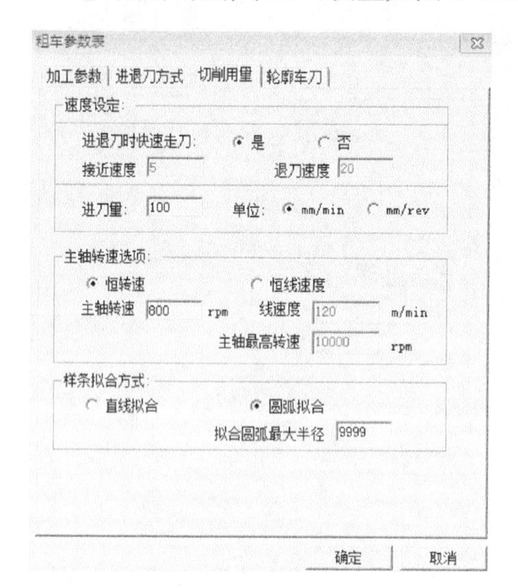

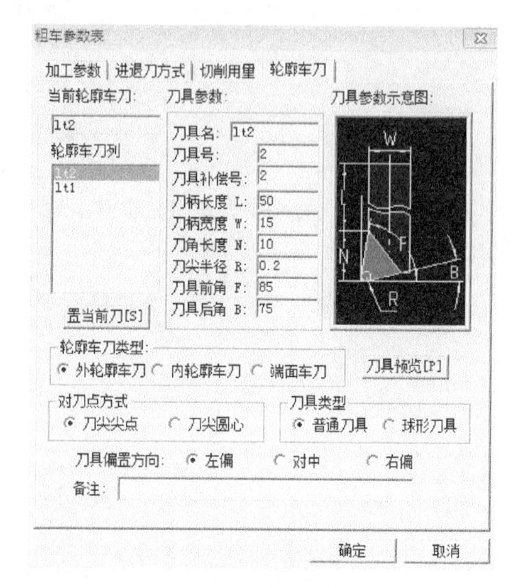

图 6-177 切削用量　　图 6-178 轮廓车刀

④ 进退刀方式默认,设置完成后单击“确定”,根据提示选取工件轮廓,如图 6-179所示,然后选取毛坯轮廓,如图 6-180 所示。

⑤ 输入指定的进退刀点坐标,生成加工刀具轨迹,如图 6-181 所示。

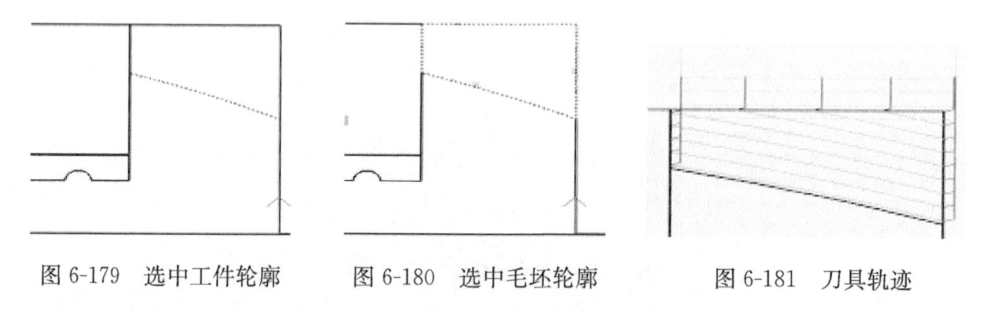

图 6-179 选中工件轮廓　　图 6-180 选中毛坯轮廓　　图 6-181 刀具轨迹

7. 曲面端外圆轮廓精车

单击“数控车”菜单,在下拉菜单中单击“轮廓精车”命令,修改精车参数表里面的参数如下:

(1) 点击“加工参数”,设置如图 6-182 所示。

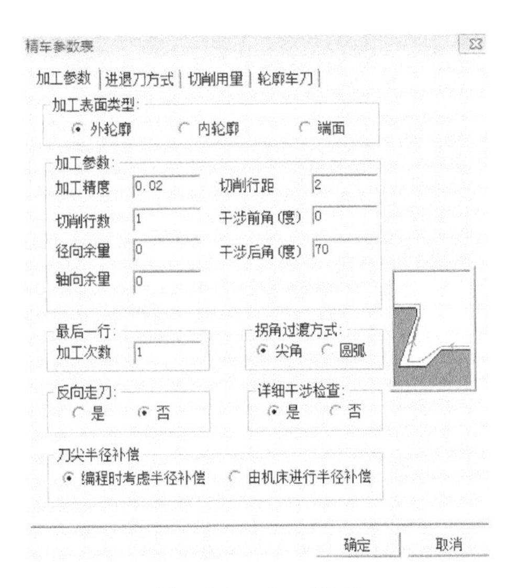

图 6-182　加工参数

(2) 点击“切削用量”,设置如图 6-183 所示。

(3) 点击“轮廓车刀”,设置如图 6-184 所示。

(4) 进退刀方式默认,设置完成后单击“确定”根据提示选取工件轮廓,如图 6-185所示。

(5) 输入指定的进退刀点坐标,生成加工刀具轨迹,如图 6-186 所示。

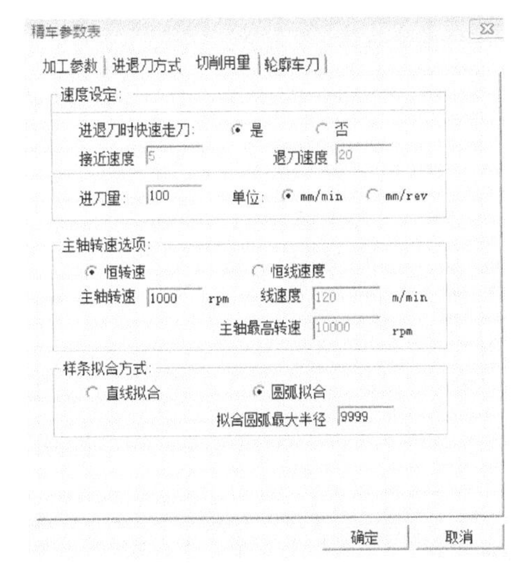

图 6-183　切削用量

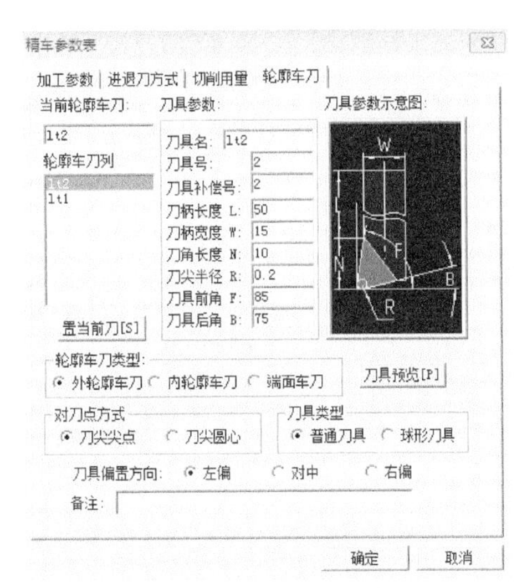

图 6-184　轮廓车刀

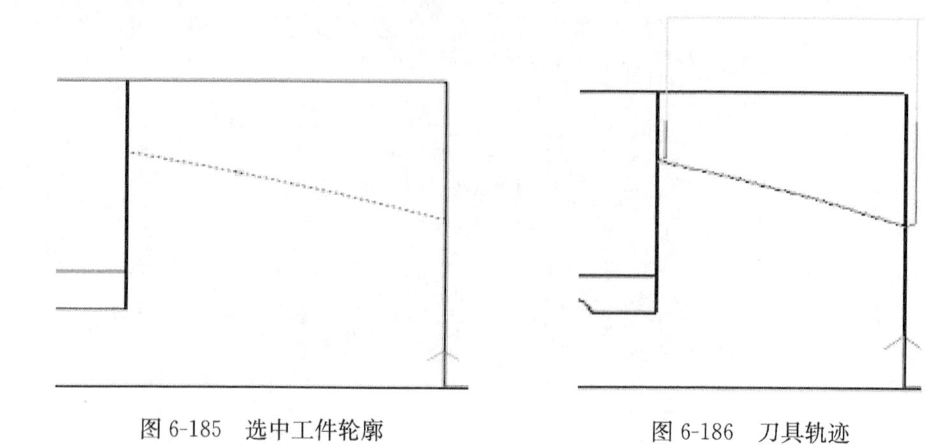

图 6-185　选中工件轮廓　　　　图 6-186　刀具轨迹

6.4.3　转轴车削代码生成

车削加工轨迹生成后，先对机床类型和后置处理进行设置，然后生成加工代码，这里以螺纹端轮廓粗车为例生成代码，其他加工方式生成代码方式与此相同，故不再赘述。

单击“数控车”，在下拉菜单中找到并选中“机床设置”命令，修改弹出的对话框参数，如图 6-187 所示。修改完成后，在下拉菜单中选中“后置设置”命令，修改弹出对话框参数，如图 6-188 所示。

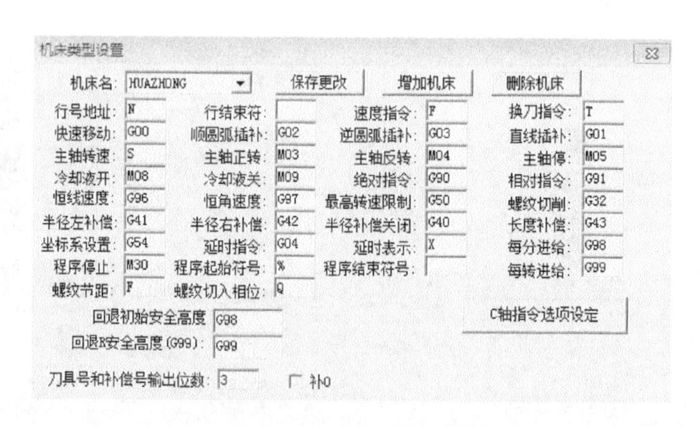

图 6-187　机床设置

设置完成后，选中刀具轨迹，单击数控车下拉菜单中“代码生成”命令，选好机床系统类型和代码保存的文件位置，单击确定，生成代码，如图 6-189 所示。其他加工方式生成代码步骤与此相同，故此车削全部代码可生成，如图 6-190 所示。

后置处理设置
机床名: HUAZHONG　输出文件最大长度: 5000 KB
后置程序号: 1234
行号设置:
是否输出行号: ◉ 输出　○ 不输出
行号是否填满: ○ 填满　◉ 不填满
行号位数 = 4　起始行号 = 10　行号增量 = 2
编程方式设置:
增量/绝对编程: ◉ 绝对　○ 增量
代码是否优化: ◉ 是　○ 否
坐标输出格式设置:
坐标输出格式: ◉ 小数　○ 整数
机床分辨率 1000　输出到小数点后 3 位
圆弧控制设置:
圆弧控制码: ◉ 圆心坐标(I,J,K)　○ 圆弧坐标 R
I,J,K的含义: ○ 绝对坐标 ◉ 圆心相对起点 ○ 起点相对圆心
R 的含义: ◉ 圆弧>180度R为负　○ 圆弧>180度R为正　○ 圆弧>180度时用I,J,K表示
☐ 输出圆弧平面指令
○ X值表示半径　◉ X值表示直径　☑ 显示生成的代码
◉ 圆弧圆心X分量表示半径　○ 圆弧圆心X分量表示直径
保存[S]　确定[O]　取消[C]

图 6-188　后置设置

粗车螺纹端 - 记事本
文件(F)　编辑(E)　格式(O)　查看(V)　帮助(H)

```
%1234
N10 G50 S10000
N20 G00 G97 S800 T0202
N30 M03
N40 M08
N50 G00 X100.000 Z30.000
N60 G00 Z0.707
N70 G00 X90.000
N80 G00 X78.414
N90 G00 X77.000 Z0.000
N100 G98 G01 Z-15.137 F100.000
N110 G03 X80.000 Z-20.500 I-28.500 K-1
```

图 6-189　粗车代码生成

粗车螺纹端
精车螺纹端
螺纹端车螺纹
螺纹端切槽
曲面端粗车
曲面端精车

图 6-190　全部代码

6.4.4　转轴铣削部分加工和自动编程

1. 画零件上的轮廓线

单击 CAXA 制造工程师 2013 软件里“文件”选项，弹出下拉菜单，单击“打开”命令，单击要打开的文件，然后单击绘图命令中的“相关线”命令，选择“实体边界”选项，把零件上的轮廓线画出来，如图 6-191 所示。

图 6-191　曲面端轮廓

2. 设定毛坯尺寸

设定毛坯尺寸，如图 6-192 所示。

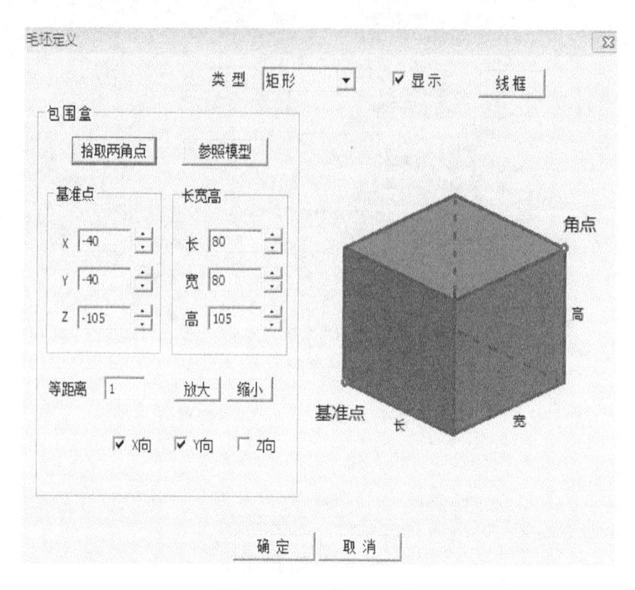

图 6-192　毛坯尺寸

3. 设定工件原点

工件原点与工件坐标系设在同一位置，这样毛坯就均匀分布在工件坐标系的周围。

4. 加工方式的选择

(1) 转轴的有两种不同的孔，需要用两种不同的钻头，使用“G01 钻孔”加工方式进行粗加工。

(2) 转轴上槽的加工，需要用“平面精加工”精加工槽底面和“平面轮廓精加工”精加工槽侧面。

(3) 对已粗加工过的孔，用螺纹铣刀进行加工螺纹。

5. 加工路线

1) 转轴上两侧孔粗加工

单击“加工”，把鼠标指针定位在“其他加工”选项位置，在弹出的子菜单中单击“G01 钻孔”命令，设置弹出的参数对话框，步骤如下：

（1）点击“加工参数”，设置参数如图 6-193 所示。

（2）点击“刀具参数”，设置参数如图 6-194 所示。

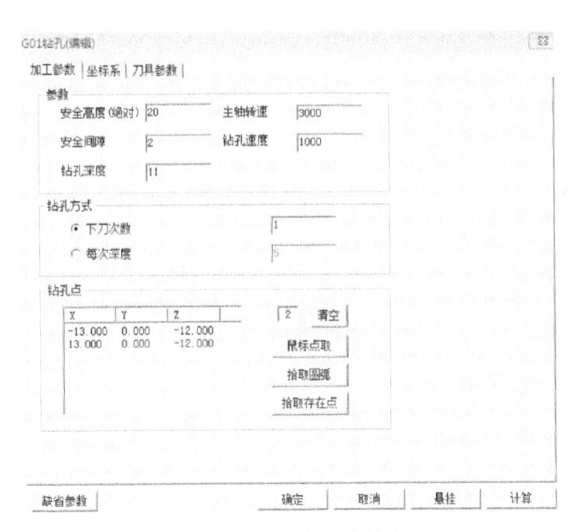

图 6-193　加工参数

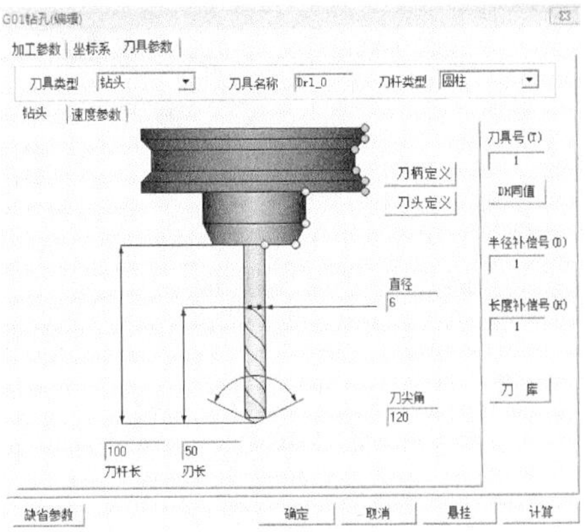

图 6-194　刀具参数

（3）坐标系选择默认设置，设置完成，单击“确定”，生成刀具轨迹如图 6-195 所示。

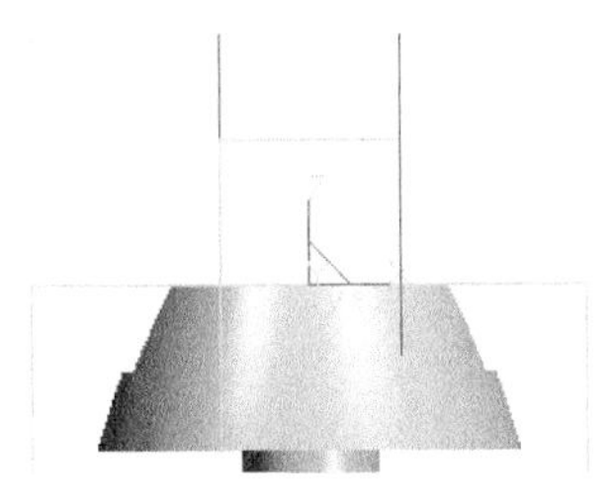

图 6-195　刀具轨迹

2）转轴上中心孔粗加工

单击“其他加工”，再单击“G01 钻孔”命令，设置参数，步骤如下：

（1）点击“加工参数”，设置参数如图 6-196 所示。

（2）点击“刀具参数”，设置参数如图 6-197 所示。

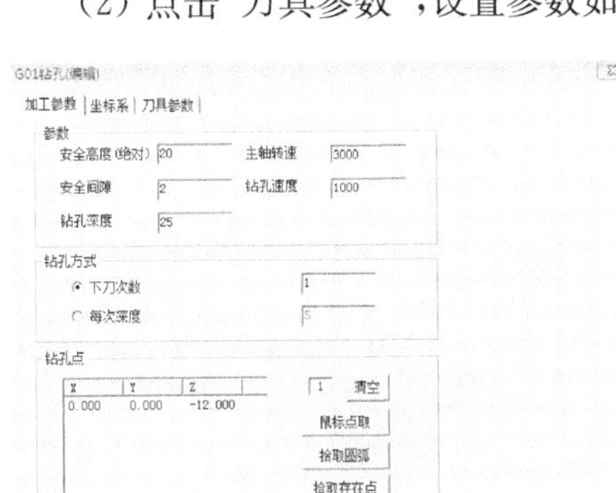

图 6-196　加工参数图

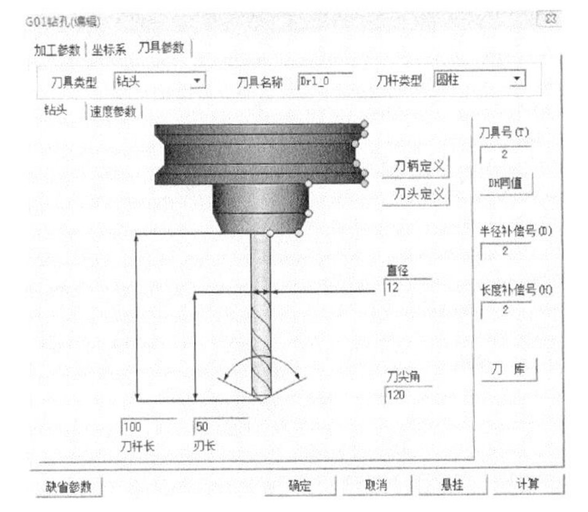

图 6-197　刀具参数图

（3）坐标系默认设置，单击“确定”完成设置，生成刀具轨迹如图 6-198 所示。

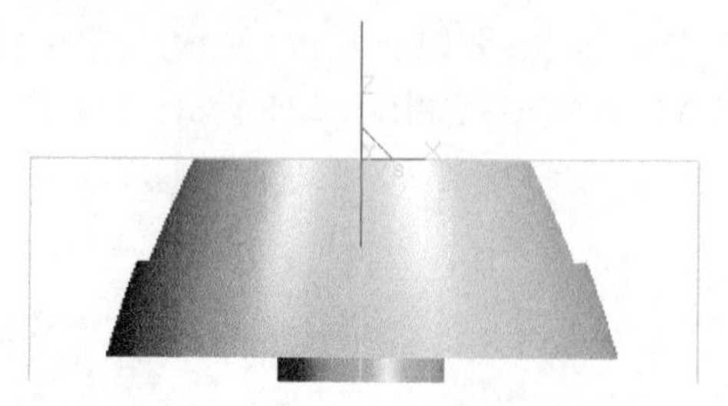

图 6-198　刀具轨迹

3）转轴上槽底面精加工

单击“加工”，把鼠标指针定位在“常用加工”选项位置，在弹出的子菜单中单击“平面精加工”命令，设置弹出的参数对话框，步骤如下：

（1）点击“加工参数”，设置参数如图 6-199 所示。

（2）点击“区域参数”，设置参数如图 6-200 所示。

（3）点击“切削用量”，设置参数如图 6-201 所示。

（4）点击“刀具参数”，设置参数如图 6-202 所示。

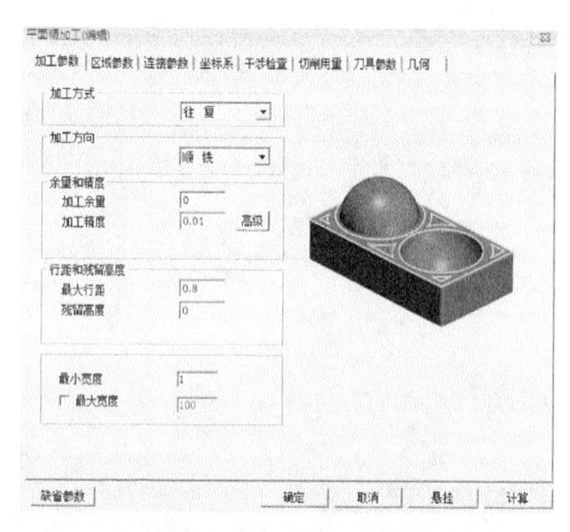

图 6-199　加工参数

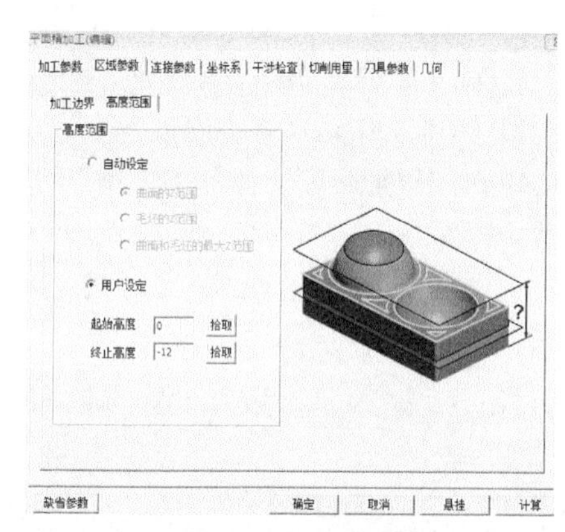

图 6-200　区域参数

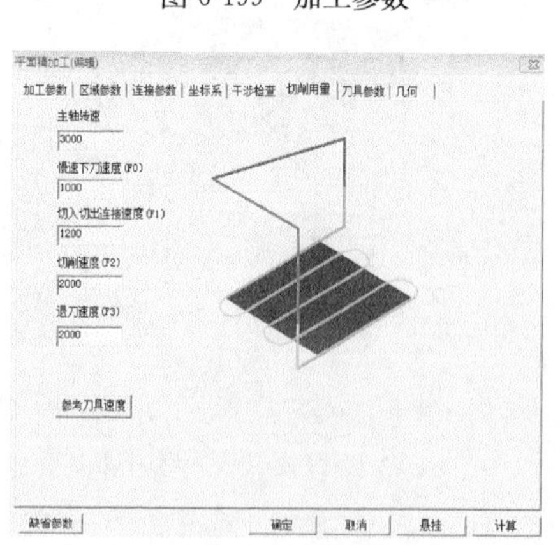

图 6-201　切削用量

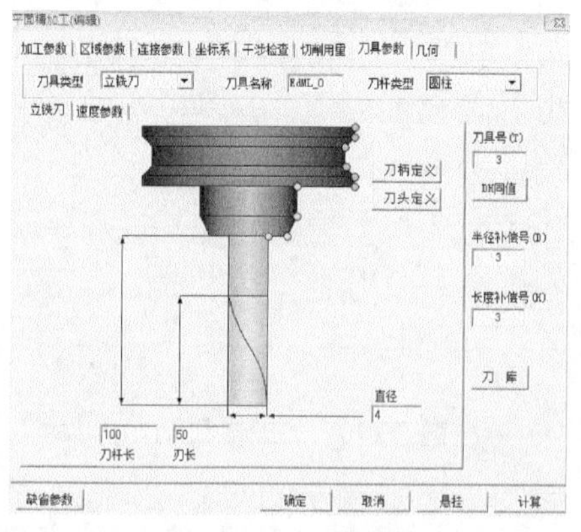

图 6-202　刀具参数

(5) 其他参数默认设置,点击“确定”完成,生成刀具轨迹如图 6-203 所示。

4) 转轴上槽侧面精加工

单击“平面轮廓精加工”命令,设置弹出的参数对话框,步骤如下:

(1) 点击“加工参数”,设置参数如图 6-204 所示。

(2) 点击“切削用量”,设置参数如图 6-205 所示。

(3) 点击“刀具参数”,设置参数如图 6-206 所示。

(4) 其他参数默认设置,点击“确定”完成,生成刀具轨迹如图 6-207 所示。

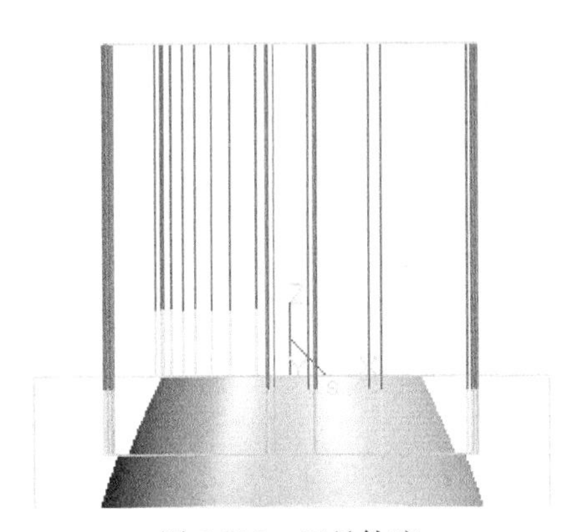

图 6-203　刀具轨迹

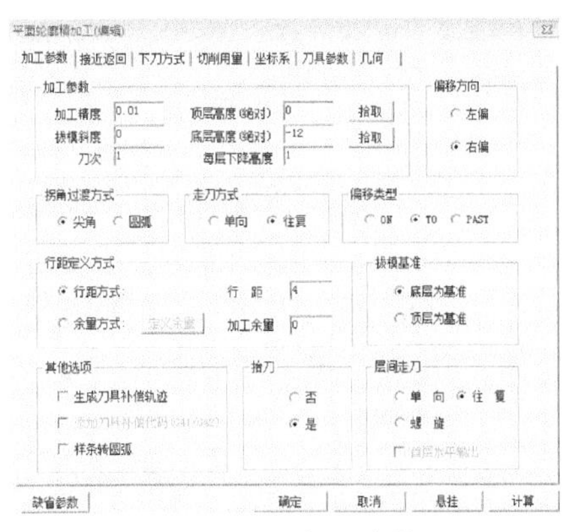

图 6-204　加工参数

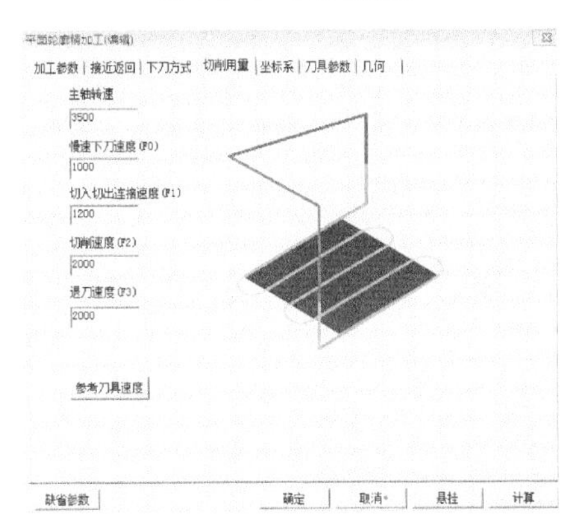

图 6-205　切削用量

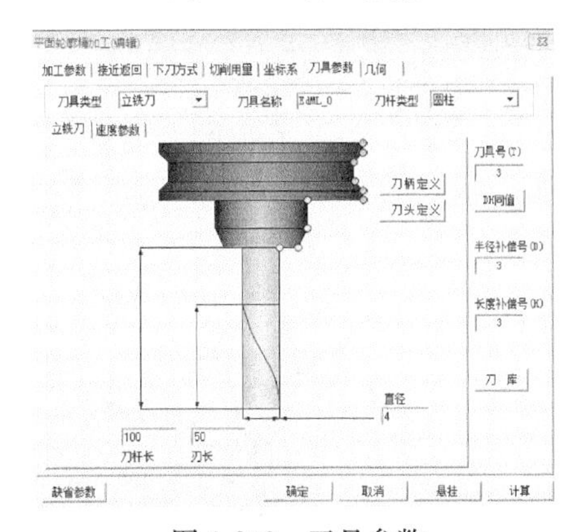

图 6-206　刀具参数

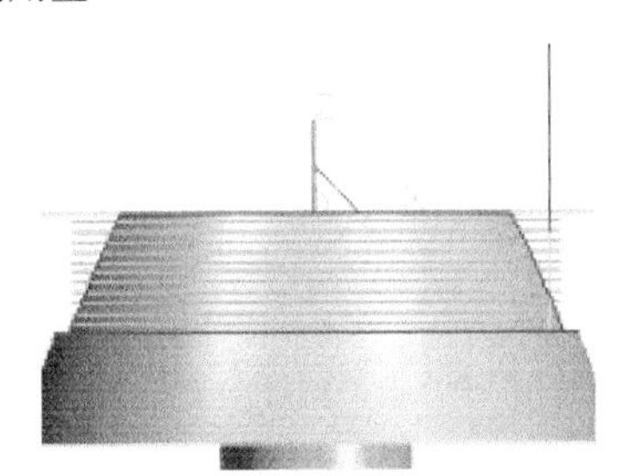

图 6-207　刀具轨迹

5）转轴上孔内螺纹生成

孔内螺纹分别使用两把螺纹铣刀进行加工，由于 CAXA 制造工程师 2013 上只有“铣螺纹加工”命令，没有相应的螺纹铣刀，加工出的螺纹不会显示在工件上，这里不再详细叙述孔内螺纹的加工方法。

6.4.5　转轴铣削部分代码生成

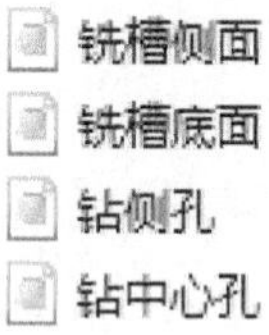

铣槽侧面
铣槽底面
钻侧孔
钻中心孔

图 6-208　全部代码

铣削代码的生成与第 4 章铣削底座代码生成的操作步骤是一样的，就不再详细叙述。按照第 4 章代码生成步骤，转轴铣削部分全部代码如图 6-208 所示。

转轴在车床上的零件加工分两次装夹完成的，加工完螺纹端后，对转轴毛坯进行掉头装夹，对已加工表面加上红铜片进行保护。在拾取工件轮廓和毛坯轮廓时，要把毛坯与工件轮廓相接的线打断，不然不能拾取成功，加工命令也不能完成。数控机床能跟踪刀具轨迹，利用程序循环指令能提高加工精度。

6.5　风车典型零件的仿真加工

6.5.1　风车底座的模拟仿真加工

（1）打开 VNUC 数控仿真软件，单击“选项”，在下拉菜单中选择并单击“选择机床和系统”命令，在弹出的对话框中机床类型选择三轴立式加工中心，数控系统选择华中世纪星，如图 6-209 所示，单击“确定”完成机床的选择。

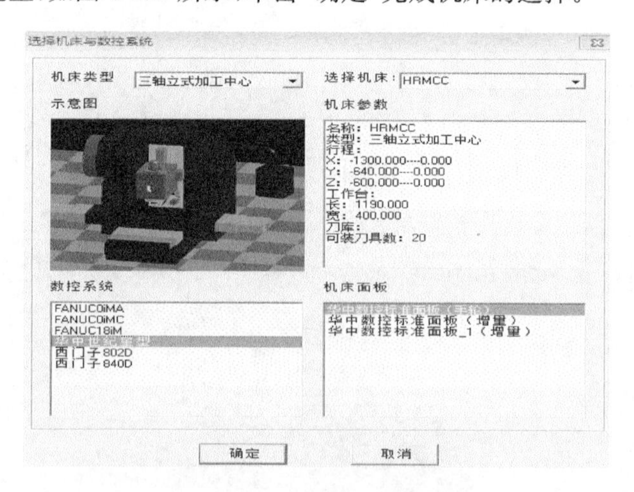

图 6-209　选择机床与数控系统

(2) 点击“急停”按钮，机床正常运行，点击“回参考点”，然后分别点击“+X”、“+Y”和“+Z”，使机床回到参考点。

(3) 安装前先定义毛坯尺寸和材料，再定义工艺板尺寸，选择压板类型，安装毛坯和工艺板后，安装压板，分别如图 6-210～图 6-212 所示。机床安装毛坯后如图 6-213 所示。

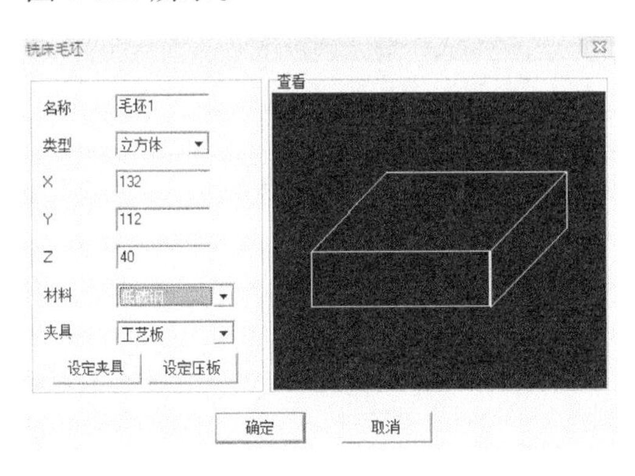

图 6-210　毛坯定义

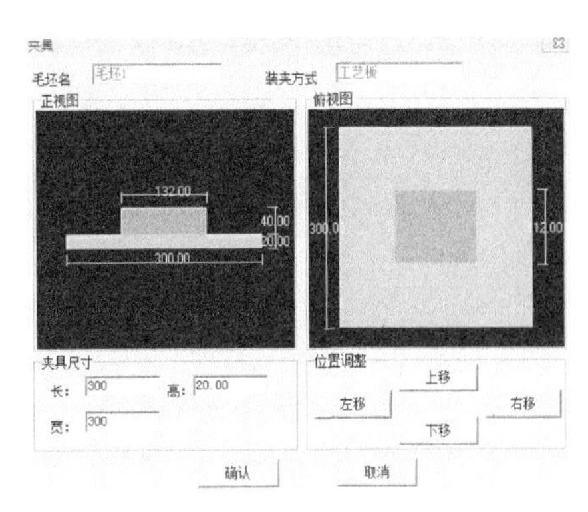

图 6-211　夹具选项

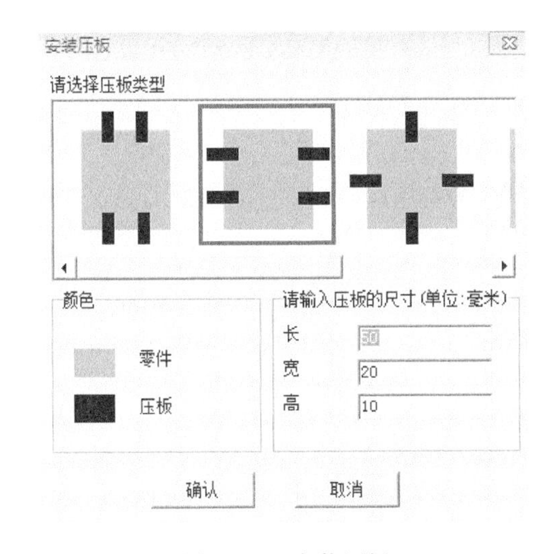

图 6-212　安装压板

图 6-213　毛坯安装

(4) 由于对底座的仿真加工是分两部分的，先仿真加工底座下表面，然后仿真加工底座上表面，现在先选择加工下表面的刀具并安装。加工下表面需要 1 号刀和 2 号刀，对 1 号刀的设置如图 6-214 所示，2 号刀如图 6-215 所示。加工上表面用到 2 号刀和 3 号刀，对 3 号刀设置如图 6-216 所示。机床安装刀具后，如图 6-217所示。

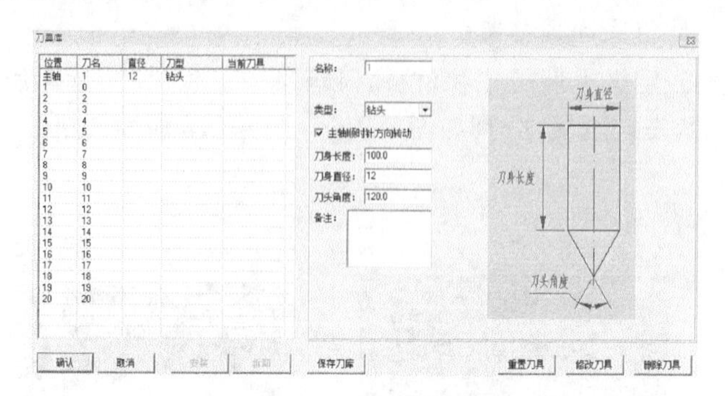

图 6-214 一号刀参数设置

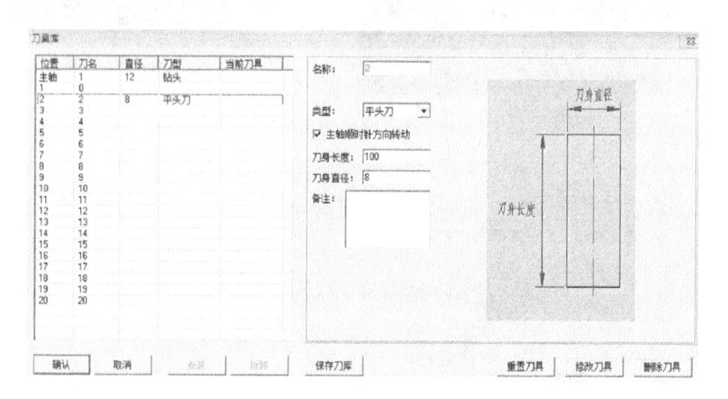

图 6-215 二号刀参数设置

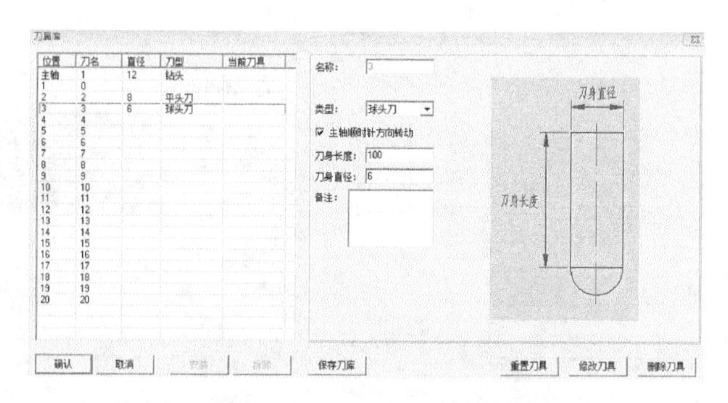

图 6-216 三号刀参数设置

对刀建立工件坐标系。先加工下表面，1 号刀和 2 号刀分别在 X、Y、Z 轴上进行对刀，待塞尺显示为合适时即停止移动轴，将分别得到 $X1$、$X2$、$Y1$、$Y2$ 和 Z，最后对的的 X 轴上坐标为$(X1+X2)/2$，Y 轴上坐标为$(Y1+Y2)/2$，Z 轴上坐标为 $Z-$塞尺厚度$-$工件坐标到毛坯顶面厚度。在对刀的过程中要使用塞尺来判断刀具和工件直接的距离。1 号刀塞尺检查如图 6-218 所示，其余的也分别对刀。

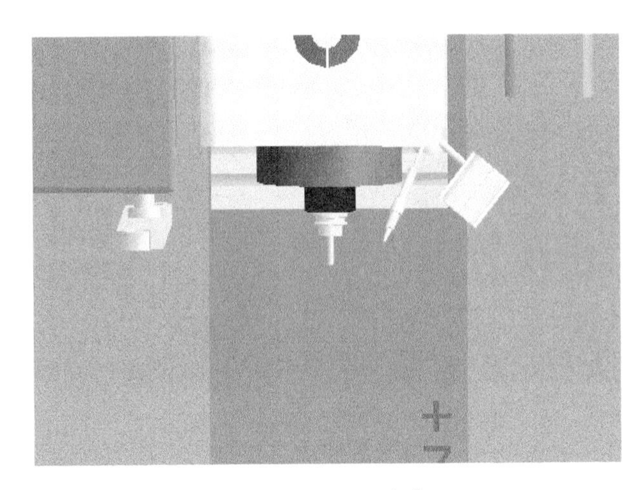

图 6-217　刀具安装

以 1 号刀为基准刀具，2 号刀和 3 号刀在长度方向与 1 号刀的差值就是刀的刀补，把数值填到机床刀补表中，如图 6-219 所示。对刀后建立的坐标系如图 6-220所示。

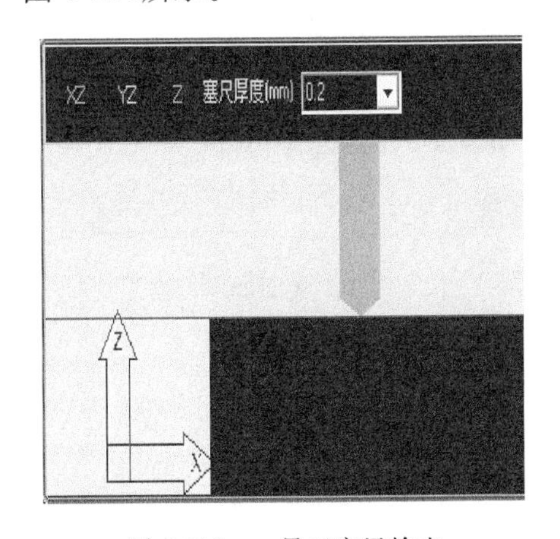

图 6-218　一号刀塞尺检查

刀号	组号	长度	半径	寿命	位置
#0001	0	0.000	0.000	0	0
#0002	0	-3.460	0.000	0	0
#0003	0	-0.46	0.000	0	0
#0004	0	0.000	0.000	0	0
#0005	0	0.000	0.000	0	0
#0006	0	0.000	0.000	0	0
#0007	0	0.000	0.000	0	0
#0008	0	0.000	0.000	0	0
#0009	0	0.000	0.000	0	0

图 6-219　刀补表

把修改后的 G 代码加载到 VNUC 仿真软件的机床里，校验代码无误后，点击“自动运行”，再点击“循环启动”即可进行下表面和上表面的仿真加工。对孔的精加工需要使用到铰刀，但是仿真软件中没有铰刀，所以不再叙述。下表面加工过程如图 6-221所示，下表面加工完成如图 6-222 所示，上表面加工过程如图 6-223 所示，上表面加工完成如图 6-224 所示。

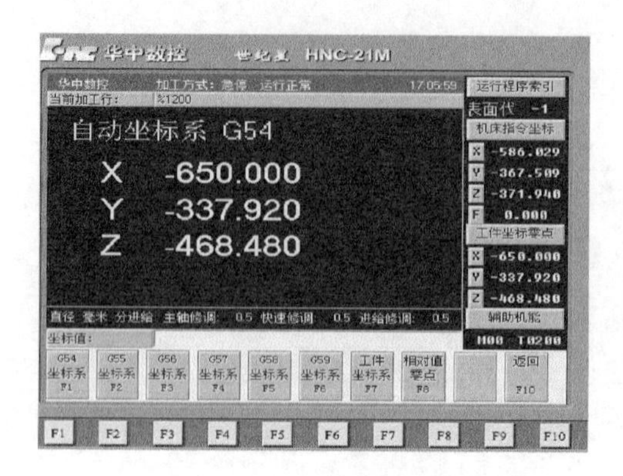

图 6-220 对刀后坐标系

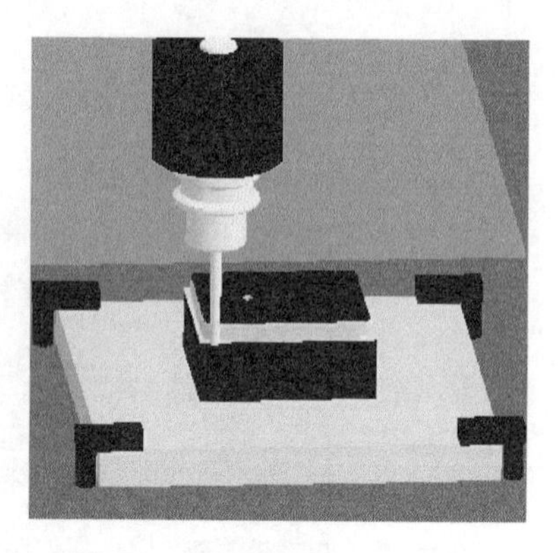

图 6-221 下表面加工过程

图 6-222 下表面加工完成

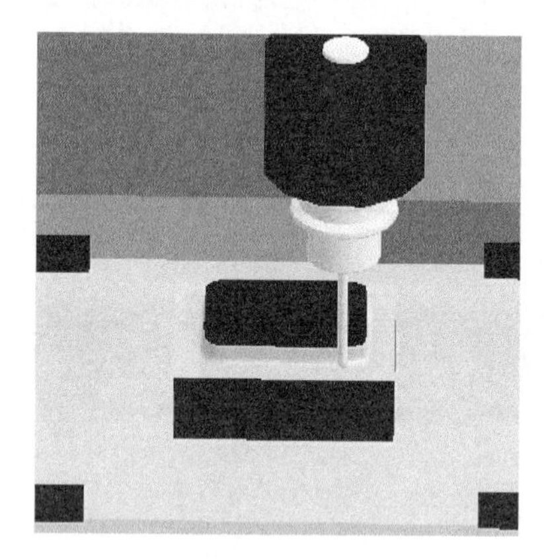

图 6-223 上表面加工过程

图 6-224 上表面加工完成

6.5.2　风车转轴的模拟仿真加工

(1) 选择卧式车床，如图6-225所示，单击“确定”完成机床的选择。

图6-225　选择机床额数控系统

(2) 打开机床，选择“回参考点”，分别点击“+Z”和“+X”，机床回到参考点。

(3) 安装前先定义毛坯尺寸和材料，再定义夹具，然后安装毛坯，毛坯定义如图6-226所示，安装后调整毛坯伸出夹具位置，如图6-227所示。

(4) 选择刀具并设置刀具参数，然后安装刀具。转轴加工工艺里设计了四把刀，加工转轴螺纹端部分要用到全部四把刀，加工转轴曲面端部分只用到第二把刀，分别对四把刀进行设置，设置如下：1号刀设置如图6-228所示，2号刀设置如图6-229所示，3号刀设置如图6-230所示，4号刀设置如图6-231所示。

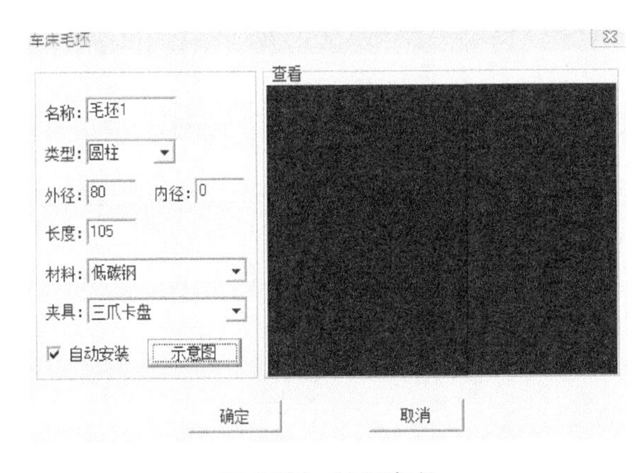

图6-226　毛坯定义

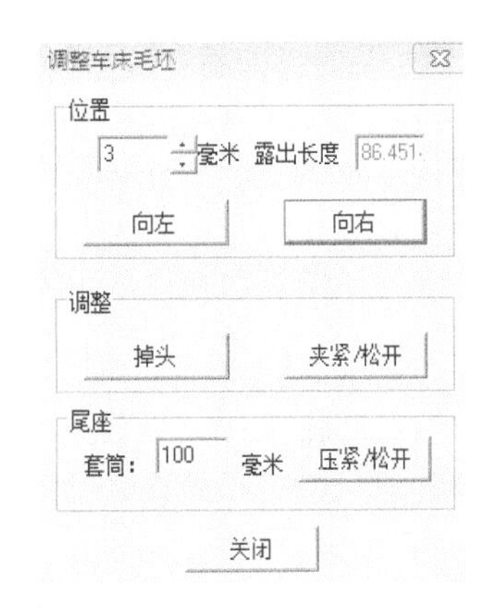

图6-227　调整毛坯露出距离

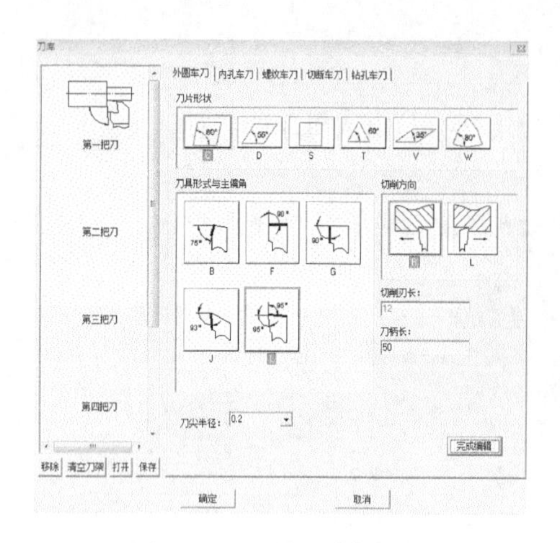

图 6-228　一号刀参数设置

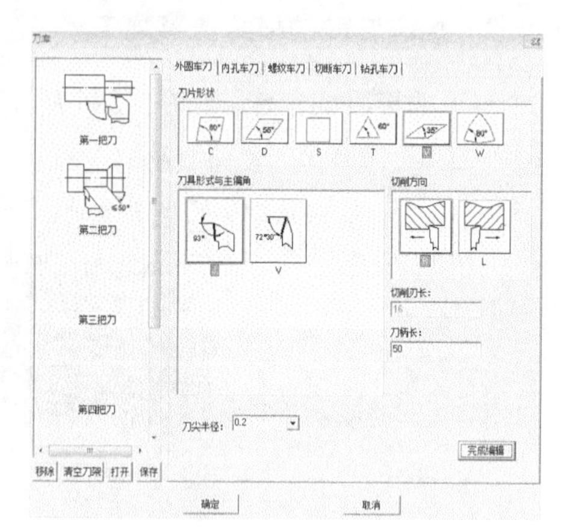

图 6-229　二号刀参数设置

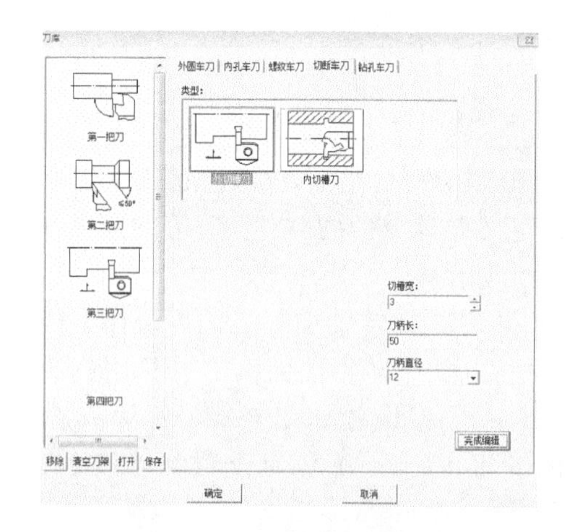

图 6-230　三号刀参数设置

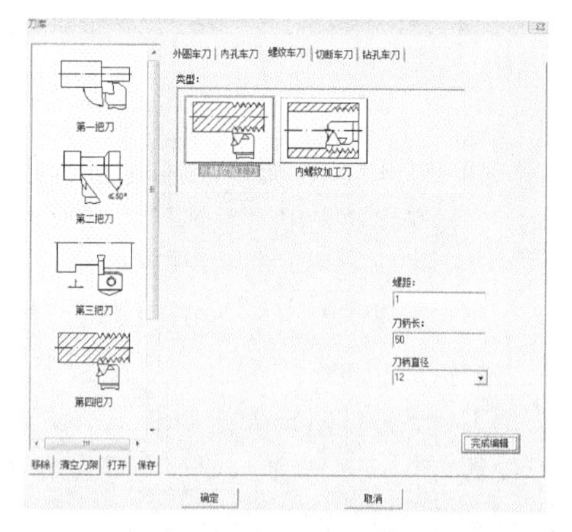

图 6-231　四号刀参数设置

(5) 对刀。分别对四把刀对刀。先对第一把刀，调整第一把刀与工件位置，通过观察机床俯视图用手轮进行调整，让第一把刀沿 Z 轴方向切削工件，主轴停止后，用测量工具测量切削后的直径，把数值填入刀偏表第一把刀“试切直径”位置，沿 X 轴，用第一把刀切工件端面，再沿 X 方向退出，在刀偏表里第一把刀“试切长度”位置写零，第一把刀对刀完毕。其余三把刀对刀方法基本同第一把刀，所不同的是，在获得试切直径和试切长度时，只需将刀尖紧贴在第一把刀切过的工件位置即可，然后在刀号后面的“试切直径”和“试切长度”位置填入第一把刀的数值即可。对刀完成后，刀偏表如图 6-232 所示。

把修改过的代码加载到 VNUC 仿真软件的机床里，校验代码无误后，点击“自动运行”，再点击“循环启动”即可。转轴螺纹端加工过程如图 6-233 所示，转轴螺

华中数控　运行正常　7:39:56

当前加工行：

刀偏号	X偏置	Z偏置	X磨损	Z磨损	试切直径	试切长度
#0001	-135.6	-415.6	0.000	0.000	77.612	0.000
#0002	-148.6	-415.7	0.000	0.000	77.612	0.000
#0003	-148.1	-419.7	0.000	0.000	77.612	0.000
#0004	-148.2	-415.3	0.000	0.000	77.612	0.000
#0005	0.000	0.000	0.000	0.000	0.000	0.000
#0006	0.000	0.000	0.000	0.000	0.000	0.000
#0007	0.000	0.000	0.000	0.000	0.000	0.000
#0008	0.000	0.000	0.000	0.000	0.000	0.000
#0009	0.000	0.000	0.000	0.000	0.000	0.000

直径　毫米　分进给　主轴修调: 1.0　快速修调: 1.0　进给修调: 1.0

图 6-232　刀偏表

纹端加工完成如图 6-234 所示。加工完转轴的螺纹端，点击“毛坯”，弹出“调整车床毛坯”对话框，设置毛坯掉头，对已加工面安装红铜片保护，点击“确定”，开始车曲面端。转轴曲面端加工过程如图 6-235 所示，转轴曲面端加工完成如图 6-236 所示。转轴铣削部分仿真方法同底座的仿真，故此不在赘述。

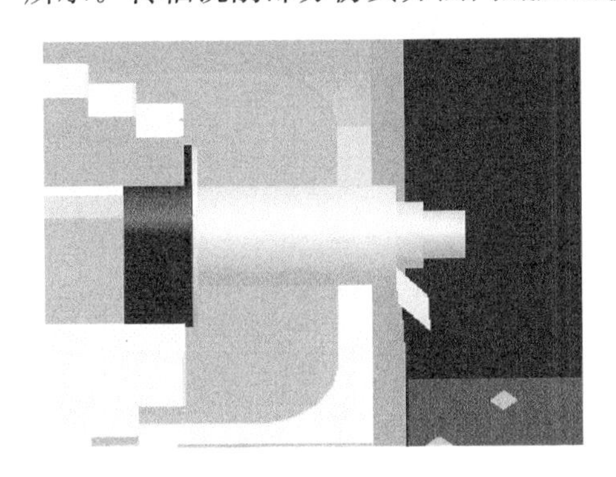

图 6-233　螺纹端加工过程

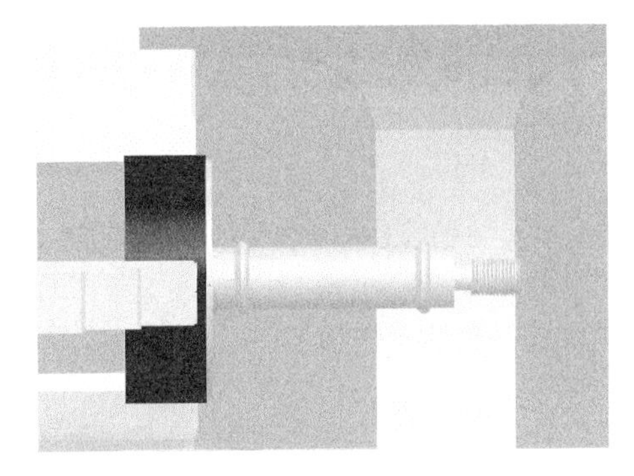

图 6-234　螺纹端加工完成

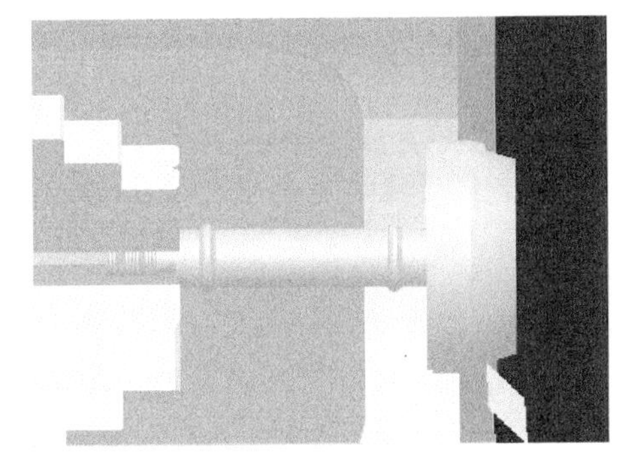

图 6-235　曲面端加工过程

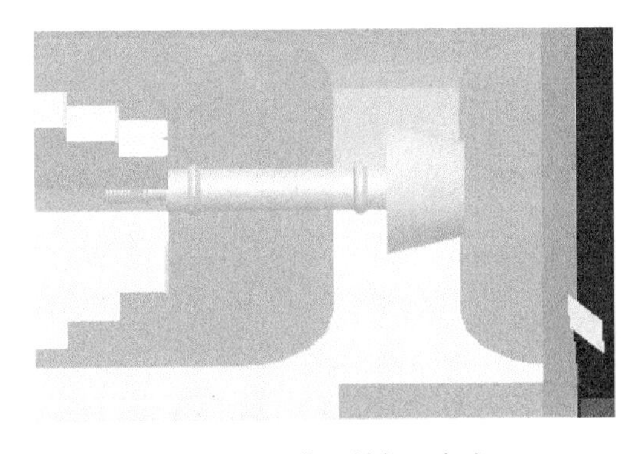

图 6-236　曲面端加工完成

本节主要使用仿真软件对工件进行铣削和车削的仿真加工。铣床仿真对刀后应将其他刀与第一把刀在 Z 轴方向的差值填入刀补表中，车床仿真时应该注意在第一把刀对好后，其他刀在第一把刀切削的基础上紧贴已切削面即可。

计算机技术的高速发展，为传统制造行业带来了巨大的变化。数控加工技术比传统手工加工技术更加高效和精确。随着发电风车的广泛应用，风车的数控加工显得尤为重要。

本章主要研究的是风车的 3D 设计与 NC 加工技术。风车的主要零件包括底座、立柱、转轴、叶片、前盖、后盖、外壳、螺帽和两种螺钉。首先利用 CAXA 实体设计对风车的零件进行建模，建模过程中对零件草图进行旋转、拉伸、螺纹和自定义孔等多种操作，利用三维球对建模完成的零件进行装配，其次对建模后的底座和转轴分别进行铣削和车削数控加工工艺设计，利用 CAXA 制造工程师和 CAXA 数控车进行加工和实体仿真，加工和仿真过程中选择毛坯尺寸、刀具型号和加工顺序，在铣削加工过程中使用等高线粗加工、等高线精加工、平面精加工和扫描线精加工等命令，在车削加工过程中使用外轮廓粗车、外轮廓精车、切槽和车螺纹等命令。加工完成后，进行后置处理，对铣削和车削的刀具轨迹生成 G 代码，并对 G 代码进行路径校检，检验刀具路径的正确性。将 G 代码加载到 VNUC 数控仿真软件中，设定好刀具类型、刀具号和毛坯尺寸，使机床回参考点对刀，然后对零件进行模拟数控加工。

参 考 文 献

程雅琳. 2010. 复杂曲面多轴数控加工精度预测与控制[D]. 济南:山东大学.

范文学. 2007. 基于 CAXA 工程师的车间级网络制造技术的研究[D]. 呼和浩特:内蒙古工业大学.

贺炜,曹巨江,杨芙莲,等. 2005. 我国凸轮机构研究的回顾与展望[J]. 机械工程学报,41(6):1-6.

江剑锋. 2011. CAD/CAM 与数控机床加工[M]. 北京:中国人事出版社.

罗霞荣. 2015. 探讨 CAXA 的复杂曲面数控铣削加工工艺[J]. 中国培训,6(21).

穆以东. 2007. 数控铣削刀具路径优化系统研究及实验分析[D]. 北京:北京工商大学.

欧阳兆升. 2007. CAXA 实体设计在运动仿真中的应用[J]. 制造业信息化,(10):30-33.

彭芳瑜. 2012. 数控加工工艺与编程[M]. 武汉:华中科技大学出版社.

邱海飞. 2016. CAXA 环境下的 NC 加工工艺设计与仿真[J]. 工具技术,50(4):44-46.

苏杭,邢琳. 2005. CAXA 实体设计在新产品设计中的应用[J]. 山东机械,(2):33-36.

苏慧. 2011. 曲柄摇杆机构设计研究[D]. 北京:华北电力大学.

孙金荣. 2008. CAXA 实体设计在机械类课程教学中的应用[J]. 科技创新导报,(7):202,203.

王国庆. 2014. 基于 CAXA 数控车软件的加工应用[J]. 自动化与控制,(2):61-63.

王军. 2011. 零件的数控铣削加工[M]. 北京:电子工业出版社.

王先奎. 2007. 机械加工工艺手册[M]. 北京:机械工业出版社.

王亚辉,任保臣,王全贵. 2011. 典型零件数控铣床/加工中心编程方法解析[M]. 北京:机械工业出版社.

夏美娟,舒志兵. 2005. CAD/CAM 软件技术技术及其在数控机床中的应用[N]. 南京工业大学学报,27(2).

张慧萍. 2003. 数控切削加工工艺参数及刀具运动轨迹的研究[D]. 哈尔滨:哈尔滨理工大学.

张立振. 2012. 基于 CAXA 的复杂曲面数控加工技术研究[D]. 济南:山东大学.

张清郁. 2014. CAXA 实体设计在曲轴结构设计中的应用[J]. 河南科技,(4).

赵绪平. 2006. 数控切削加工参数优化的研究[D]. 沈阳:沈阳工业大学.

Guo X G,Liu Y D,Yamazaki Y,et al. 2008. A study of a universal NC program processor for a CNC system[J]. The International Journal of Advanced Manufacturing Technology,36(7):738-745.

Huang R,Zhang S S,Bai X L,et al. 2015. An effective numerical control machining process reuse approach by merging feature similarity assessment and data mining for computer-aided manufacturing models[J]. Proceedings of the Institution of Mechanical Engineers,Part B:Journal of Engineering Manufacture,229(7):1229-1242.

Hung J P,Lai Y L. 2012. Wide Roller Guide Machining By Four-Axis Machine Tools For Cylindrical Cams[C]. London:Springer-Verlag Limited.

Qian X L, Ye P Q. 2010. Research of hybrid NC programming technology for lathe machining center[J]. International Journal of Robitcs & Automation, 25(1): 9-16.

Sata A, Student P G. 2010. Error measurement and calibration of five axis cnc machine using total ball bar device[C]. Association for Computing Machinery.

He W, Bin H Z. 2007. Simulation model for CNC machining of sculptured surface allowing different levels of detail[J]. International Journal of Advanced Manufacturing Technology, 33: 1173-1179.